流域计算机模拟与自然地理过程定量化研究

Study on Basin Computer Simulation and Quantizition
of Physio-Geographical Processes

曾志远　李　硕　赵寒冰　著

东南大学出版社
SOUTHEAST UNIVERSITY PRESS
·南京·

内容简介

本书是作者研究团队以流域为地域单位,使用数学模型法对液体径流(水径流)、固体径流(泥沙径流)和化学径流(元素和化合物径流)等过程进行多年计算机模拟研究工作的总结,是从自然地理过程的高度定量化着眼,从流域过程的计算机模拟着手进行的研究。计算机模拟的计算全部以物理—数学方程为依据,不含任何经验公式和统计回归方程。使用的模型是美国的 SWRRB 和 SWAT 模型体系,主要是后者,含有方程 701 个。此外还自建了地理模型数据库,在此基础上构建了中国自己的模型体系 GPMSW,含方程 571 个(从自己收集的约 750 个中筛选而出)。本书第一~四章是对普遍性问题的论述,第五~八章是专题分论,第九章是对自然地理定量化要义的总体概括。

本书可供地理、水文、水利、农业、林业、水土保持、环境保护、遥感、地理信息系统、地学的数学建模、流域过程的计算机模拟和自然地理过程定量化等领域的研究和应用工作者,以及高等院校相关专业的师生学习参考选用。

图书在版编目(CIP)数据

流域计算机模拟与自然地理过程定量化研究 / 曾志远,李硕,赵寒冰著. — 南京:东南大学出版社,2023.12

ISBN 978 - 7 - 5766 - 1175 - 5

Ⅰ. ①流… Ⅱ. ①曾… ②李… ③赵… Ⅲ. ①流域-计算机模拟 ②自然地理-定量化-研究 Ⅳ. ①TP302.1 ②P9

中国国家版本馆 CIP 数据核字(2024)第 021004 号

责任编辑:周荣虎　责任校对:韩小亮　封面设计:顾晓阳　责任印制:周荣虎

流域计算机模拟与自然地理过程定量化研究

Liuyu Jisuanji Moni Yu Ziran Dili Guocheng Dinglianghua Yanjiu

著　　者	曾志远　李　硕　赵寒冰
出版发行	东南大学出版社
出 版 人	白云飞
社　　址	南京四牌楼 2 号　邮编:210096　电话:025 - 83793330
网　　址	http://www.seupress.com
电子邮件	press@seupress.com
经　　销	全国各地新华书店
印　　刷	广东虎彩云印刷有限公司
开　　本	889 mm×1 194 mm　1/16
印　　张	28
字　　数	780 千字
版　　次	2023 年 12 月第 1 版
印　　次	2023 年 12 月第 1 次印刷
书　　号	ISBN 978 - 7 - 5766 - 1175 - 5
定　　价	280.00 元

* 本社图书若有印装质量问题,请直接与营销部调换。电话(传真):025 - 83791830。

谨以此书献给曾志远的导师：已故的北京大学原地质地理系教授、中国科学院原综合考察委员会研究员李孝芳；已故的中国科学院南京土壤研究所副研究员文振旺；以及已故的中国科学院院士，南京土壤研究所研究员、副所长，江苏省人大常委会副主任李庆逵。

▶ 引 论

Introduction

1. 研究缘起

本书第一作者曾志远教授,1992 年获得欧共体(现欧盟)居里夫人研究奖金(Marie Curie Research Bursary,授奖号:BICII-923262),到欧洲荷兰王国国际航空航天调查与地球资源学院(International Institute for Aerospace Survey and Earth Sciences),后改名国际地理信息科学与地球观测学院[International Institute for Geo-information Science and Earth Observation (ITC,1999)],作访问教授和进行博士后研究。

他的导师向他推荐美国农业部草地、土壤和水研究实验室和水质与流域研究实验室研发的 SWRRB 模型(乡村流域水资源模拟者 Simulator for Water Resources in Rural Basin),或叫流域尺度水土资源管理模拟模型,Basin Scale Simulation Model for Soil and Water Resources Management(Arnold et al. ,1990),希望他用该模型研究和模拟西班牙特瓦河(Teba River)流域水径流和泥沙径流的动态变化。

曾志远教授接受了这个任务。他先是学习和钻研 SWRRB 模型的理论论述和操作手册(Arnold et al. ,1990),然后收集西班牙马拉加(Malaga)省特瓦河流域的地形图、航空片、美国的陆地卫星 Landsat 图像和法国的 SPOT 卫星图像。先在实验室里使用航空相片进行立体观察,确定流域内的地面覆盖和土地利用类型;接着使用法国 SPOT 卫星图像的黑白图像,对航空相片确定的各种类型进行综合和转绘;再使用美国陆地卫星的数字图像,借助于既能进行卫星图像处理 SPOT 又能进行地理信息处理的土地和水一体化信息系统(Integrated Land and Water Information System——ILWIS;ITC Computer Department),进行数字图像非监督分类,并在激光打印机上打印出彩色分类图。同时,他使用小型数字化仪,对地形图上已经勾绘出的流域界线、水系、山峰、出水口、居民点和道路等进行数字化,并打印出水系、山川、河道、道路和居民点的流域图。再利用 ILWIS 的矢量和栅格数据转换、图运算和表运算等功能,对特瓦河流域的地形、水文、植被和土壤等进行了初步研究。

因为陆地卫星数字图像的接收时间是 5 月份,所以曾志远教授在 1993 年 5 月到学院设在西班牙马拉加西北的加拉特拉加(Carratraca)基地,对特瓦河研究区进行了半个多月的考察和填图。在流域内选择了戛涅特、赛拉多、鬼娃子南山峰、河源区最高峰和河口区小高峰等 5 个制高点,对照室内的航空相片解译和卫星图像数据非监督分类结果与野外实地情况进行对照和填图,得到了很有价值的野外考察数据,确定了陆地卫星数字图像监督分类所需要的各种地面覆盖和土地利用类型的训练区,并草绘在地形图上,同时收集了一定数量的关于流域自然地理的资料。

　　曾志远教授回到荷兰后,先利用 ILWIS 的图像处理功能对研究区的陆地卫星数字图像进行监督分类,确定了最后的、正式的地面覆盖和土地利用类型,并打印出它的彩色分类图。然后,根据彩色的监督分类图确定了流域的两个亚区:西北部以农耕地类型为主的亚区和东南部以自然覆盖类型为主的亚区。

　　之后,曾志远教授依从导师建议,借用了硕士研究生穆塞·费娥(Moussé Ferrer)制作的流域原始数字高程模型(DEM),用 ILWIS 的 GIS 功能作了 DEM 处理。

　　在上述工作基础上,按照 SWRRB 模型的要求,进行流域模拟准备。

　　由于 SWRRB 是流域尺度的土壤和水资源管理模拟模型(Arnold et al.,1990),是由 198 个方程构成的集成和系统化的庞大模型体系,它需要大量的输入数据,包括几乎所有的地理要素,如气候气象、水文、地形、植被、土壤、人类经济活动等。气候气象中又有气温、降雨、辐射等,降雨中又有日降雨、暴雨频率、湿日后干日的概率、干日后湿日的概率等等。土壤一项中则有土壤类型、分层、土层深度、土层厚度、粉砂和黏粒含量、土壤水分、饱和导水率、田间持水量等。此外,还需要一定的人类经济活动数据。输入项目总计有 120 余项,有些项目还要按亚区(subarea)或亚流域(subbasin)甚至按日或按月输入。总计就更多了。这些输入数据又要求特定的输入格式,所以数据准备就成为流域模拟的最重要的工作之一。

　　这些地理描述或地理过程数据输入以后,通过模型的 198 个方程计算它们各自的行为和相互联系、相互作用。实际上,模拟对象已不限于水资源和土壤资源,而是高度综合的研究。换句话说,就是重点研究土壤和水的相互作用,进一步将地壳各个圈层——岩石圈、土壤圈、水圈和大气圈整体地联系起来,构成研究地理因素与过程的统一体系。

　　计算完成以后,按照模型的输出表输出模拟结果,输出项目包括地表径流、地下径流、产水量、产沙量、渗漏损失、转输损失、土壤水分、蒸发量、生物量、洪峰量、洪峰频率等。各项目可按年、月、日输出,也可分亚区输出,实际上实现了一些重要自然地理过程的小间隔离散时间或准连续时间的动态监测,同时也揭示了它们的空间分布。

　　模拟计算过程和输出并不是一次完成的,而是要反复试验,特别是要以现有的实测数据为准绳,在特瓦河流域就是以流域出口水文站自动记录的径流变化实测数据为准绳,反复地、不断地调整输入参数,进行模拟实验,使输出结果最大限度地接近实测数据。由于各因素和各过程的相互依赖和相互作用,如果某一项或某几项模拟结果与实测数据结果相一致,可以认为,其他项目的模拟结果也比较接近于客观实际,尽管这些项目并没有实测数据作参照。

　　西班牙特瓦河的最后模拟结果,还是比较接近于实际的(Zeng et al.,2002;Zhao et al.,1991)。

2. 研究的扩大和深入

　　因为流域计算机模拟这个研究领域当时在国内几乎还是空白,所以曾志远从欧洲回国以后,立即部署在国内开展这方面的研究。他最先是争取到中国科学院院长基金的小额资助作为启动资金。起步以后,又争取到国家自然科学基金(项目名称:"南方典型地区小流域模拟、动态监测与水土资源研究",批准号 49571035)的资助。研究取得明显进展之后,又得到国家自然科学基金("流域土壤和水资源模拟模型的集成和系统化及其应用",批准号:40071043)的后续资助。有了资金投入的加大,曾志远组织了一个团队,才使得流域模拟研究以较大的规模开展和加深。

　　这项研究也得到了江西省水土保持局和江西省兴国县水土保持局的协助和部分襄助,并和他们协商,共同开展了实验研究区的工作,最后选择了江西省兴国县激水流域。这个流域易于到达,面积较大,在中国南方丘陵区很有代表性;而且流域不仅有水径流的多年观测记录,而且有泥沙径流的多年观测记录,流域内还有多个雨量站记录,附近的兴国县城更有长期的气象观测记录,还包括太阳辐射记录,很适合使用大型流域模拟模型体系进行计算机模拟研究,特别是水径流、泥沙径流的模拟研究。略加外延,还可进行化学径流(氮、磷、农药等)的模拟研究。

在国外和国内分别进行的这两项研究,以流域为单位,通过向计算机输入土壤、气候、地形、植被、水文以及人类的活动等因素的数据,来模拟各种地理过程,实现了地理过程定量化。

到世纪之交的 2001 年,江苏省科学技术委员会组织专家鉴定委员会,对这两项成果进行了鉴定,鉴定结论是国内领先水平。实际上,从 1998 年开始,在上述两项研究的基础上,研究规模就开始进一步扩大,深度也进一步加深。首先是研究队伍的扩大,除了主持人曾志远以外,先后还有多名硕士研究生和博士研究生的参加。

模拟的流域面积,最初是西班牙特瓦河的 200 km²,后来增加到中国江西省兴国县潋水河流域的 500 km² 以上。

早期使用的模拟模型是 SWRRB 模型,比如特瓦河研究和潋水河早期研究。由于在 1999 年发表了 SWRRB 模型的扩展版——SWAT 模型(Soil and Water Assessment Tool)(Neitsch S et al. 2001),所以从 2000 年开始,我们立即采用了 SWAT 模型。SWRRB 模型只有 198 个数学物理方程,而 SWAT 模型有 701 个数学物理方程。

模拟研究的内容,开始只限于液体径流(水径流)和固体径流(泥沙径流),但在采用了 SWAT 模型后,2000 年开始了化学径流(氮和农药等)的研究,用于模型输入调整和模拟结果检验的实测数据,特瓦河流域只有水径流数据,潋水河流域又有了泥沙径流数据,后来还有部分化学径流数据,至于一般的输入数据就更多了。

流域内雨量站数目较多,流域附近气象站观测项目也多,而且观测有了长时间的记录。模拟年限也随之加长,由特瓦河流域的 2 年加长到潋水河流域的 3 年,后来又加长到 10 年。研究也有了较大进展。

在上述这些流域模拟的基础上,2001 年又开始了以水土资源为中心的地理模型数据库的研究和建立更适合中国国情的自主模型体系的实验研究,这些研究均获得了可喜的成果。与此同时,还进行了潋水河流域水土资源数据库的建立与应用研究,以及潋水河流域资源信息系统的构建及其应用研究。这两项研究虽然只是初步的,但为进一步深入研究奠定了基础。

这些研究工作已经达到新的水平,无论是与 1992 年研究肇始相比,还是与 2001 年首次鉴定相比,都已经不可同日而语了。

3. 研究意义

近两个世纪以来,科学技术的飞速发展给人类带来了现代文明的种种辉煌,但也产生了一系列的负面效应。人类在走向现代文明的同时,过度地攫取自然资源,使原先的生态环境遭到破坏,并引发了严重的环境问题。人类在享受现代文明的同时,也受到了自然界的严厉惩罚,面临着环境污染、生态破坏和资源短缺等严重问题。

幸运的是,我们已经认识到这种严重性,在今后的发展与探索中,会更加注重人与自然的关系,并投入更多的精力进行地理过程定量化、地球表层学等研究,使之成为研究全球变化的一把钥匙,让人类享受现代文明的同时生活在一个与自然协调的世界里!

传统的地理学主要研究发生在陆地表层各种自然和人文现象的空间分异和空间组织。认识这种分异和组织的规律,对于合理布局经济活动,开发、利用和保护自然资源以及避免和减轻自然灾害,有着重要的价值。然而,停留在经验性、描述性范围的空间格局研究,所能达到的视野有很大的局限性,不能提供为认识和预测地理环境变化所必需的资料(http://www.pep.com.cn/2003)。

国际上早在 20 世纪初已开始较多地注意地理过程研究定量化这个问题。例如,Green 等研究了土壤物理学和通过土壤运动的气体流和水流的问题(Green et al.,1911);美国土壤学家坚尼在研究土壤形成因素中应用了数学方法。例如他提出了南北商数(N-S quotient)的概念,计算和制作了美国的南北商数图。他以怀俄明州谢里登(Sheridan)城为例,用其气象数据计算出该城的南北商数值为 160。到 60 年代,已有学者提出了地理学数学研究的方向,掀起了一个地理学数量化研究的高潮。北美与欧洲国家的一些地理学家,已不满足于传统地理学研究中单纯的文字描述和解释,试图利用数学方法和物理模式来定量解释地理过程的发生、发展及其变化规律。我国地理学家也紧随其后,进行了一系列有意义的探索,80年代出现了地理数学模型建模的热潮,90年代进行了大量系统化的工作。1996年以S. Openshaw为首的科学家们,从自然、气候等多因素着手,预测了地中海地区未来50年的土地利用和土地退化的变化趋势。20世纪末至今又进行了一系列模型数据库建库等相关研究。

20世纪60年代以来,由于遥感、地理信息系统、全球定位系统、地学数学建模、地学过程模拟和数字地球等技术的飞速发展,自然地理学已从传统的定性科学进入了定量科学发展的快车道。特别是地学过程的数学建模和计算机模拟,更展示了自然地理过程定量化的灿烂前景。

到80年代,由于人类所面临的资源、环境和发展问题,地球系统科学应运而生。它将地球看作一个整体,研究发生在地球系统中主导全球变化和相互作用的物理、化学、生物过程以及人类诱发的全球变化,从而揭示全球变化的规律,提高人类预测全球变化的能力。

我国在地理过程定量化方面的研究起步较晚。地理学家黄秉维一直致力于地理学的综合研究。1956年,他高瞻远瞩地提出地表物理过程、化学过程与生物过程是地表过程(或地理过程)研究方向,在50年代中期就提出发展定位观测与实验研究来模拟自然界中的条件和过程,寻求测定某些自然现象的变化规律。20世纪60年代,黄秉维更综合了当时地理学家们的共识,提出了地表热量与水分平衡、地理环境中化学元素的迁移转化以及生物群落与其环境之间的物质、能量交换等地理学的三个研究方向。显然,物质和能量交换在这三大方向的研究中都占有十分重要的地位。

导弹科学家钱学森也曾说过:"地学现象是自然、经济、社会各因素在地球表面相互作用而形成的综合结果,是一个复杂的巨系统";应该用"从定性到定量的综合集成方法"研究地球表层系统的结构与功能。他强调这是地学的重要的基础科学。1983年钱学森提出了"地球表层学"的概念。钱学森将地理科学的研究精辟地概括为定量与定性的综合集成,可见地理过程的定量化研究隐含于各项研究之中。在地球系统科学研究中,地球表层是一个十分庞大并且极其复杂的巨系统,因而在系统论指导下,进行地理现象和过程的规律性研究,是地理学发展的重要方向(钱学森等,1994)。

黄秉维认为,人类的生活主要集中在陆地上,任何脱离人类集中居住的陆地,其跨学科研究将是舍本逐末,但目前对于陆地的研究在深度和广度上不及对海洋和大气子系统的研究。他于1994年提出"陆地表层系统科学"。陆地表层系统包括与人类密切相关的环境、资源和社会经济在时空上的结构、演化、发展及其相互作用,是地球表层最复杂、最重要、受人类活动影响最大的一个子系统。因此,对陆地表层过程(简称地理过程)与格局的综合研究成为地理科学未来发展的重要领域(黄秉维,1999)。

中国大体上在20世纪70年代才将数学引入地质学和地理学,80年代才开始发展数量地理学(中国地理学会数量地理专业委员会,1999)。中国科学院也启动了集成中国陆地表层自然要素的空间数据库及人口和社会经济空间数据库及其元数据库——国家资源环境数据库的建设与数据共享项目。我国在这个领域的研究也跨入一个新的时代。

曾志远教授,即本书第一作者、团队的组织者,于1992—1993年在欧洲做博士后期间,经年近古稀的导师A. M. J.麦热润克老教授引导,开创了使用数学模型体系进行流域计算机模拟研究的新领域。这是他的第二个重要研究领域。他在1993年底回国以后,便在中国开展了这个领域的研究。此后,研究队伍进一步扩大,研究领域也进一步拓宽和加深。

随着研究的进行,我们团队逐渐明确了一些问题,并逐渐调整和端正我们的研究方向。总体上说,我们实际上是从流域计算机模拟着手,从自然地理的高度定量化着眼,来组织和进行这一庞大的研究工程。

我们逐渐体会到,自然地理定量化研究的要义是:近百年来,特别是近60年来,各自然学科的突破性进展,包括遥感、地理信息系统、全球定位系统、地学数学建模、计算机模拟和数字地球等科学技术的发展,已经为自然地理过程的高度定量化奠定了坚实的基础。地学数学建模和计算机流域模拟,是自然地理过程高度定量化研究的核心。水循环是自然地理过程物质和能量循环的主要介质和基础。以流域为基本地域单位，是实现地球表面从各个区域直到各国和各大洲自然地理过程高度定量化的可行之路，甚至是必由之路。我们在流域模拟中所采用的国际模型体系 SWRRB 和 SWAT，以及我们自己研发的模型体系 GPMSW，在本质上都是地理过程的模型体系，而且 GPMSW 更是在我们预先建成了地理模型数据库基础上研发出来的。我们已经进行和完成的液体径流、固体径流和化学径流研究，所达到的模拟精度和自然地理过程的定量化程度，也证明自然地理过程的高度定量化是可以实现的。特别是我们的流域化学过程模拟的两项研究，从初步探寻走向广阔和纵深，更是开创了化学过程模拟的先河。

4. 本书的内容简述

本书的第一至第四章为通论部分。

第一章介绍与流域计算机模拟有关的基本概念。包括：模拟和模拟器、物理模拟和计算机模拟、系统和系统模拟、静态模拟和动态模拟、确定性模拟和随机性模拟以及离散事件模拟和连续事件模拟；流域和流域模拟；数学模型；数学建模；参数和参数率定；数据库与数据库管理系统；信息系统等。

第二章介绍流域计算机模拟的主要模型。包括：HEC-1、ANSWERS、HSPF、SWATRE、WEPP、AGNPS、CREAMS、GLEAMS、SWRRB 和 SWAT 模型等。重点介绍了后两种。

第三章介绍研究实验区。包括：国外的研究区——西班牙特瓦（Teba）河流域；国内的研究区——江西潋水河流域。

第四章介绍流域模拟中的若干普遍性问题研究。包括：流域外数据移植到流域内的方法研究；流域模拟模型和 GIS 集成的应用研究；流域划分为细小单元的空间离散化方法研究；流域细小单元空间参数化方法研究；流域细小单元自动赋值和模拟逐级汇总研究；模型模拟运行中预热期的研究。

第五至第八章分论流域模拟的各种实例研究。

第五章和第六章为流域模拟实例分述。第五章介绍水径流（液体径流）和泥沙径流（固体径流）模拟研究，包括：SWRRB 模型模拟西班牙特瓦河流域水径流和泥沙径流研究；SWRRB 模型模拟中国潋水河流域水径流和泥沙径流研究；SWAT 模型模拟中国潋水河流域水径流和泥沙径流研究。

第六章介绍化学径流模拟研究。包括：SWAT 模型模拟中国潋水河流域化学径流研究Ⅰ；SWAT 模型模拟中国潋水河流域化学径流研究Ⅱ。

第七章是以水土壤资源为中心的地理过程模型数据库的建设和适应中国流域模拟模型体系的建立。两者分别论述。

第八章是潋水河流域水土资源数据库的建设与潋水河流域信息系统的建设及其应用研究。两者分别论述。

第九章为总结性地以流域为基本地域单位进行自然地理过程定量化研究的浅论。

这里需要特别说明的是参加本书研究工作的除了三名署名作者之外，还有潘贤章、李伟、张运生、赵鸿燕、彭立芹等，他们都对这一研究工程做出了较大的贡献，在此一并致谢。

要特别衷心感谢欧盟居里夫人研究奖金项目（Marie Curie Research Bursary，授奖号 BICII—923262）、荷兰王国国际地理信息科学与地球观测学院（International institute for geo-information science and earth observation，Enschede）、中国国家自然科学基金委员会、中国科学院院长基金、江西省水土保持局、江西省兴国县水土保持局和兴国县东村水文站的资助和支持。

目录 CONTENTS

第一章
》与计算机流域模拟有关的基本概念

因为研究中涉及一些读者不一定熟悉的概念,所以在介绍各项研究之前,先集中介绍一下这些概念。

(一)模拟和模拟器

模拟(simulation)——对一个过程、功能或系统的模仿。这个定义过于简单。根据我们的经验,可以作这样的叙述:模拟是用某种适合的方式,在实验室里以较小的尺度来模仿和再现现实世界中或生产中的大尺度的客体或系统的状态、功能或过程。模拟的目的,有时候是为了学习或训练专业技术人员,更多的时候则是以较小代价的实验、寻求和掌握客观世界的规律或者优化的生产步骤和工艺。用来进行模拟的工具多种多样,有时候是物理设备,有时候是计算机。

模拟器(simulator)——模仿另一个装置或过程的装置或计算机程序。实际上,计算机也是一个用来进行模拟的装置,因此,它本身或它的内置程序都可理解为一个模拟器。

(二)物理模拟和计算机模拟

物理模拟(physical simulation)——试图以实验室尺度复制现实世界的过程,而且其复制方式以产生的结果能够用来解决现实世界的问题为原则(Kasamatsu,2013)。

例如,可以在实验室里用物理学的方法,即机械学或热力学,对生产过程或自然界过程进行重现和再造。在材料加工工艺中,若进行和实际生产过程规模相同的反复实验,代价太大,也无必要性,如果用一个小样品,进行小规模、反复的,但与实际生产过程一样的模拟机械热处理,寻找出最佳的生产工艺,这是最经济的,也是可行的。例如,很容易在炉子里将一个冶金样品加热到一个标定的均匀温度,然后将它冷缩,测定它在一个特定温度下的变形情况,这就是一个热实验,而且如果进行得恰当,它能够给出一个可再次生产的结果。

又如,锻压厂要生产一种新合金,通常先进行物理模拟。任何看过钢锻压过程的人都会注意到,钢板边缘的颜色总是比它的中心颜色暗,尤其边线相交处的四角。这是因为四角和边缘比主体冷却得快,钢板的温度就不是各向同性或均匀的。钢板的冷热两部分之间存在一个热梯度。这个热梯度存在于每一次锻压过程中,也几乎存在于每一次金属制造过程中。研究已经清楚地显示,热梯度影响金属的延展性,因而也影响它的可加工性。因此,对于更精细的研究,将必须用物理学的方法来模拟这些热梯度(以及其他因子),以便在实验室里收集有意义的信息,这些信息必将成功地应用于生产锻压厂的建设中。

在精确模拟的情形下,物理模拟的结果很容易从很小规模的实验室过程转化到完全规模的生产过程。

对于自然界的客体和过程,也可以进行物理模拟。例如,与水力发电有关的实验室水动力学实验、为研究水流对地面和河岸的冲刷及土壤侵蚀过程的实验室水槽实验、为研究飞行器高空飞行的各种特性而在地面上进行风洞实验等,都是物理模拟的典型例子。

计算机模拟(computer simulation)——用计算机和程序来模仿一个过程、功能或系统。详细点说，就是在单个计算机或计算机网络上运行一个计算机程序或程序包来模仿一个特定系统的状态、功能及其变化过程(Wikipedia,2008;Hartmann,2009)。

计算机模拟经常用辅助或替代的简单封闭形式，来分析和解决复杂的建模系统。

计算机模拟的类型是很多的，它们共有的特征是为一个难以达到的代表性场景或不可能被完全计数的模型生成一个样本。

计算机模拟已经成为物理学(计算物理学)、天文物理学、化学和生物学中许多自然系统和经济学、生理学、社会科学和工程技术中许多人文系统的数学建模的一个重要部分。一个系统的模拟就是这个系统的系列模型的运行(running)。这种系统的模拟可以用来对一个新技术进行新的洞察和拓宽，或对一个过于复杂难以进行分析解答的系统的性状进行估计。

例如，用天气研究和预报模型做出的台风"马瓦尔"(Maward)48 h动态的计算机模拟示意图就是一个很好的计算机模拟的例子(图1-1)(Wikipedia,2008)。

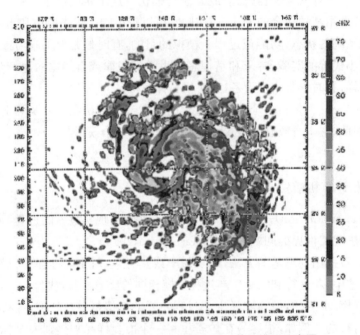

图1-1　台风"马瓦尔"48 h动态的计算机模拟示意图

计算机模拟运行的时间差异很大，从一个几分钟就可完成的计算机程序，到需要几小时才能完成的网络计算机组模型系统，甚至需要几天才能完成的持续模拟(ongoing simulations)。

计算机模拟事件的规模，远远超过用传统纸笔进行的数学建模，甚至所能想象的任何规模。例如，一场沙漠战役，即一个军事强国强力侵入另一个国家的战役模拟，涉及几万辆坦克、军车和其他机动车辆在周围地面上的模拟建模，使用了名为DoD高性能计算机现代化项目(DoD High Performance Computer Modernization Program)的多地址超级计算机系统。另外一些例子，包括物质破坏的十亿—原子的模型;2005年进行的所有有机体复杂蛋白体制造者——核糖体RNA的264万—原子的模型;2012年进行的分枝杆菌血浆生命周期的全模拟;还有2005年在瑞士EPFL开始的蓝色大脑(Blue Brain)项目;后者旨在第一次于分子水平上进行全人脑计算机模拟。

计算机模拟的发展是与计算机的迅速发展相关联的。它紧随着计算机在第二次世界大战中曼哈顿计划(Manhattan Project)期间首次大规模展开对核爆炸进行建模，它是用一种蒙特卡洛算法对12硬球(hard spheres)进行的模拟。

对一个复杂的系统进行计算机模拟，通常都要涉及数目繁多的模型。因此，除非国内或国外已经有了现成的模型可供选用,否则就要自己先建构模型,即进行数学建模,因为一个复杂系统的模拟,多半都是用数学模型。

(三)系统和系统模拟

系统(system)——设计出来实现某一目标的一些相互作用的客体的集合。它们是由相互关联、相互依赖的一些实体(entity),即要素(elements)、客体(object)、组分、因子、成员、部件等集合而成的,被看作一个"整体"(whole)的,有组织、有一定目的的结构(structure)。这些实体无时无刻不在相互影响,进行它们的活动和维持系统的存在,以便达到它们的共同目的或系统的目标(goal),或者说指向一个逻辑结果的完成(Dessouky,2012)。

所有的系统都有以下特色:① 有输入、输出和反馈机制;② 能维持一个内部稳定状态(叫做体内平衡,homeostasis),尽管其外部环境是处在变化中的;③ 展现出一些对整体来说是特别的性质(叫做浮现性质,emergent properties),但并不是任何一个要素所具有的性质;④ 有通常被系统观察者定义的边界。

每个系统都是一个更大的系统的一部分,系统本身又是由若干亚系统组成的,它和其他的系统有一些共同的性质,系统与系统互相帮助,从而实现理解和解决办法从一个系统传输到另一个系统。

系统模拟(systems simulation)——使用多重亚元件(sub-elements)并同时融合各种物理学门类于一炉,来模仿和再现一个复杂系统的整体在某一时间点上的状态及其随时间的变化(Dessouky,2012)。

例如在物理模拟中,对一个运转中的水电站操控系统(electro-hydraulic power steering system)(图1-2)或洗衣机系统(washing machine system)(图1-3)进行模拟,就是对它们在运转中某一点的状态及其随时间变化的动态过程进行多物理学科的模仿性描述,以再现它们的状态和变化。

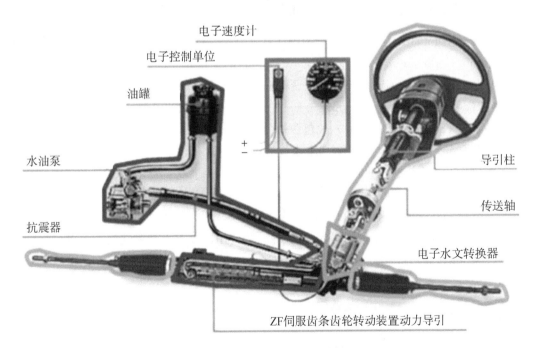

图1-2　水电站操控系统图

就一个电力系统的模拟来说,它是基于电力交换的瞬时分析为目的而进行的多物理学科(机械学、热力学、电子学等)的模拟。它可以在一个预设计和指定的阶段,以不多的参数开始。系统模拟通常以与时间有关的方程为基础来进行。系统模拟是与系统内部的电流相连接的,可以将相关问题归结如下:

电流流向哪里？电流损失在哪里？电流是在哪里生成的？电流在哪里进行交换？比较精确的系统模拟在大部分时间里都是与自动和控制紧密联系着的，也是与电子学紧密相联系的。这一与控制和电子学集成的性质促进了机械电子学研究、智能系统的意义和形状的研究。

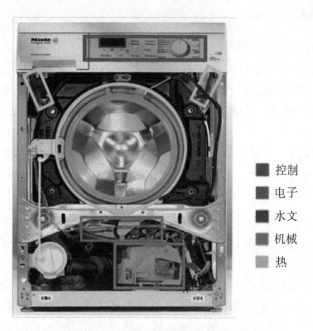

控制
电子
水文
机械
热

图 1-3　洗衣机系统示意图

（四）静态模拟和动态模拟、确定性模拟和随机性模拟以及离散事件模拟和连续事件模拟

静态模拟（static simulation）——对一个系统在某一个时间点上的表述。静态模拟有时候也叫做蒙特卡洛模拟（Monte Carlo simulation）。

动态模拟（dynamic simulation）——对一个系统随着时间演进（evolve）的表述。

确定性模拟（deterministic simulation）——一种不包含随机变量的模拟。

随机性模拟（stochastic simulation）——包含一个或多个随机变量的模拟。

离散事件模拟（discrete event）——对离散事件进行的模拟。所谓事件（event）就是系统状态的一次改变；所谓离散事件就是系统状态只在离散的或不连续的时间点上发生变化。

连续事件模拟（continuous event）——对连续事件进行的模拟。所谓连续事件就是系统状态随着时间不间断的变化，例如储液罐中液体液面的不断变化。连续事件的时间点与时间点之间的间隔，通常是很小的，而且，如果时间在一个很小的间隔内演进，那就需要用微分方程来表述这个演进，这就要用到计算机模拟了（Dessouky，2012）。

（五）流域和流域模拟

流域（river basin，watershed，catchment）——地表和地下河流的集水区，以分水线为其边界。在地表分水线或地下分水线相一致的情况下，流域是地面集水区和地下集水区的总称。但有时地上分水线和地下分水线是不一致的。

河流的地上分水线在地形图上表现为河流的分水岭，即分别向两边流去的水系之间的地形最高点的连线。分水岭在遥感图像上也能够显示出来。按照河流主流和支流水系网的结构、水流的流向和地形的高低起伏，可以直接在遥感图像上勾绘出流域的界限。

流域模拟(basin simulation)——把流域看成一个系统,对其中各种要素及其相互作用的状态和过程和它们随时间的动态变化,在计算机上模仿和重现出来。

流域要素包括地形、气象、水文、岩石、土壤、植物、生态环境、人类经济活动等自然和人文要素。流域过程包括水文过程、土壤侵蚀和泥沙过程、化学过程、生物过程、人类经济活动过程等。

这些要素和过程之间的关系,通常都是在深入科学研究基础上揭示出来,并用数学方程即物理性数学模型表达出来的。

因此,流域模拟都是用一整套数学方程体系或是模型体系的运算来实现的。运算除了需要模型体系外,还需要各种流域要素的输入数据。这些数据很多是实测及观测数据,如太阳辐射、气温、降雨、流量、流速、泥沙含量、土壤侵蚀量、土壤水分、生物生产力、生产量等。但是对于缺乏甚至没有观测数据的地段、时段和项目,还需要用各种办法进行必要的估计和推算。

流域模拟的对象可以是单过程模拟,也可以是多过程模拟。单过程模拟如水文过程模拟,多过程模拟除水文过程以外,还有侵蚀过程、泥沙过程、化学过程、生物过程等。

本书所介绍的研究,都把流域作为一个大自然系统进行计算机模拟。

(六) 数学模型

环境模型(environment model)——用语言描述环境的模型或用一系列数学公式表述环境的模型。Steyaert 将环境模型分为尺度模型(scale models)、概念模型(conceptual models)和数学模型(mathematical models)三大类。尺度模型主要表示一定尺度下的环境现状。如不同尺度(不同比例尺)下的地形图、不同分辨率的数字地形模型等,都属于尺度模型的例子。概念模型是在环境模型建模过程中用流程图来表示主要的系统、过程、子系统以及它们之间的定性关系。

在计算机模拟和流域模拟中,多半需要数学模型或数学模型体系,而这些模型和模型体系都是通过数学建模构建起来的。

数学模型(mathematical model)——用来捕捉和描述被建模系统状态的许多算法和方程。计算机模拟概念与数学模型概念不同。前者涉及的是含有这些数学模型的程序及其运行,因此可以说,计算机模拟涉及的是运行模型的实例。换句话说,你不能"构建一个模拟",你只能"构建一个模型";但是你能"运行一个模型",或者"运行一个模拟"。

数学模型可以进一步分为确定性模型(deterministic models)和随机模型(stochastic models)。确定性模型是和环境过程相联系的,是在对于某一环境过程或多种环境过程综合作用机理的认识基础之上,通过物理定律加以描述,确定性模型中没有随机变量(random variables),对于给定的输入值产生唯一对应的输出结果。

随机模型是以观测数据的经验分析为基础的,由随机理论加以描述,随机模型中至少包含由一个或多个随机变量控制的一个或多个随机过程的描述,随机模型的输出结果同样包含有随机变量。

确定性模型和随机模型又可以进一步分为稳态模型和动态模型。动态模型中至少有一个变量是时间的函数。确定性稳态模型可以通过代数表达式描述。确定性动态模型可以通过包含时间段的微分公式或包含时间项的代数式表达。

流域模拟的数学模型(mathematic model for basin simulation)——对流域内的自然地理过程(水文过程、泥沙过程、化学过程、生物过程等)进行计算机模拟所使用的数学模型或数学模型体系(Kirkby et al., 1987)。

Kirkby 等把自然地理学领域的计算机模拟模型分为黑箱模型(black box models)、过程模型(process models)、物质平衡模型(mass balance models)和随机模型(stochastic models)四个类。

黑箱模型也称之为输入/输出模型(input/output model),是自然地理数学模型中一种最简单的模型形式,黑箱模型的内部运行机制不是直接描述现实世界的实际过程,而是对于一定的输入数据产生相应的输出结果。比如,输入、输出通过统计曲线拟合以及一些回归分析方程就是最普遍的黑箱模型。对于使用者而言,无法知道也没有必要知道模型运行的内部机制,这也就是所谓"黑箱"的含义。

过程模型是人们对真实世界存在的某些自然过程发生、发展的机理有了一定的认识,并在此基础上对这些自然过程进行数学描述而建立的模型。比如,对于土壤侵蚀的黑箱模型而言,可以通过降水、坡长和坡度用经验公式来估计土壤侵蚀速率;对于土壤侵蚀的过程模型而言,可以分解成雨水打击和坡面冲刷两个过程,雨水打击可以通过降雨强度和地表土壤性质得到;坡面冲刷则可以通过坡面流和地表传输能力得到。当然,这种过程还可以细分,取决于人们对于土壤侵蚀过程机理的认识。换句话说,过程模型是通过对于真实世界物质和能量流程的描述而建立起来的,是采用数学描述方法对实际自然过程的一种逼近。对于许多自然地理过程来说,包含多种子过程。子过程之间往往有着相互作用,单一子过程或多个子过程则分别由子模型加以描述。一个有效的过程模型是多个子模型在一定的时间和空间分辨率下的组合。正因为过程模型具有可以分解、组合的特性,我们在研究流域模拟时也确定了通过提高模型分辨率来提高模拟精度的研究方向。

物质平衡模型是依据物质、能量守恒原理而构建的模型。对于自然地理过程而言,物理过程和化学过程是同时存在的,环境物质可以以多种状态存在、转化,但物质和能量是守恒的。自然地理过程中,水文循环就是这种守恒的典型例子。这种守恒是模型构建的物理基础。事实上,很多地理模型具有很强的预测能力,不是因为人们对于地理过程机理的理解有多深入,而是将模型系统构建在物质、能量守恒的基础之上(Anderson et al.,1986)。在建模中,单一过程模型通常以它们之间的内在关系相互联结,物质、能量平衡方程就是一种最为普遍的联结方式。

随机模型是通过随机理论构建的模型。建模者所要模拟的现实世界通常被认为是确定性的,自然地理过程从原理上来讲也不具有随机性,但由于地理过程的复杂性,真正确定性的描述是不可能的。所以,对于某一地理过程可以被描述为一系列具有某种特殊概率分布的随机数值。比如,对于一个水文模拟模型,可以通过降雨量模拟径流量,用可能的序列降雨量及概率分布(可以通过本地降雨量分布统计而产生)来模拟产生相应的序列径流量及概率分布,这种研究对于多年洪水的预报非常有意义。目前,这种随机模型在一些比较著名的模型系统中常常用来模拟产生模型运行所需要的气象因素,如:SWAT模型(Neitsch et al.,1999)和WEPP模型(Flanagan et al.,1995)中的气象因素模拟系统。

流域模型多为确定性、动态过程模型,通常具有一定的物理基础,并按某个时间间隔(基于事件、日、月或年)对流域内自然地理过程进行数学描述。

流域模型被普遍分为集总式参数模型(lumped parameter models)和分布式参数模型(distributed parameter models)。

流域模型的输入参数通常涉及气候、地形、植被、土壤、水质、流域管理措施等多种因素。集总式参数模型是模型构建中相对简单的一种形式。流域尺度的地理过程响应是非线性的,获得单独的空间参数的确定性数值是困难的,在很多情况下,模型只能预测研究区的平均响应(Moore et al.,1992)。所以,集总式参数模型把整个流域当成一个整体,各因素的输入参数通常为流域平均值,尽管计算效率高,但集总式模型并没有考虑流域内部各地理因素的空间变化。另一方面,许多自然过程大多是非线性的,如区域的水文响应过程,集总的方法一般采用优势、均值来处理,这种情况下,"集总"具有明显的缺陷。

分布式参数模型通常将流域分成一些小的地域元,地域元的划分有多种类型,可以是格网,也可以是子流域。通常假设这些地域元内部是均一的,各地理要素具有相应的模型输入参数,地域元之间有一定的拓扑关系,通过这种拓扑关系能够说明物质的传输方向,分布式参数模型在每个地域元上运行,结果输出通过演算的方法从每个地域元依次到流域出口。

早期的流域模拟研究通常将整个流域作为一个集总系统(lumpeds system)来处理,相关的地理因素的属性一般采用空间平均的方式,对于流域地形以及河网等特性并没有作详细的说明,这类模型有:USLE模型(USDA Soil Conservation Service,1972)、HEC-1模型(Maidment,1993)、USGS模型(赵卫民等,2000)。

如果需要更为详尽的空间描述,在技术上进行了改进,采用了集总联结的方式(linked-lumped system),这样的模型例子有 SWRRB 模型、HEC-1 模型。集总联结的方式已经具有了某些分布式的特征。20 世纪 80 年代期间,集总联结的方式为大部分流域模型系统所采用。

20 世纪 90 年代以来,遥感、GIS 技术被广泛应用到流域模拟研究中,研究者更多地尝试将流域作为分布式系统(distributed system)来模拟,采取了将流域划分为更小地域元的离散方法。利用 GIS 提取模型参数,管理输入数据,进行可视化输入、输出显示和结果分析。

在分布式流域模拟技术的发展过程中,最突出的进展就是数字高程模型(digital elevation model, DEM)和数字地形分析技术的应用。DEM 被用来进行表面水文分析建模,生成流域河网,子流域划分以及流域界限的确定。流域地形参数、河道地形参数,如子流域坡度、坡面长度、河道坡度、河道长度、河道宽度等都利用 DEM 通过地形分析方法得到。遥感技术被用来快速获得研究区土地利用现状、植被盖度估算、反演地表参数等(Lumagne et al,2001;Su,2000;Biftu,2001),从遥感图像直接获取模型运行所需要的相关参数,也是当前研究的一个热点。

目前,在空间离散方法上则更多地采用了子流域离散、格网离散、水文响应单元(hydrologic response unit,HRU)等离散地域元的分布式描述方法。分布式机理、过程模型的发展得到了重视。分布式参数模型的例子有:AGNPS(agricultural non-point source pollution)模型(Young et al.,1986)、ANSWERS(aerial non-point source watershed response simulation)模型(Donigian et al.,1991)、SWAT(soil and water assessment tool)模型等(Arnold et al.,1999)。分布式参数模型由于具有更高的空间分辨率而成为目前流域模型发展的主流。

（七）数学建模

数学建模(mathematical modeling)——构建数学方程的过程。一个数学方程也就是一个模型。一个系统往往包含若干个子系统,一个子系统往往涉及若干个数学方程,这些方程就依据它们要解决的子系统中的若干过程集合成一个方程系统,或者说构成一个子模型体系;许多子模型体系集成起来,就成为一个大的、完整的模型体系。

例如本书讨论的主题流域模拟,其中早期使用的 SWRRB 模型体系,包括约 200 个数学方程,后期使用的 SWAT 模型体系则包括 700 多个数学方程。这些方程都是通过数学建模一个一个地构建起来的。

模型中的数学方程可能包括物理方程和经验方程。但是一个现代的、好的数学方程都是物理方程,即根据过程物理原理研究和构建出来的确定性方程。上面提到的 SWRRB 和 SWAT 模型,其构成都是物理方程。

需要强调的是,真实世界的环境过程是三维的、非线性的,随时间变化发生。这种过程极其复杂,任何数学公式都不可能精确地加以描述,所有类型的数学模型仅仅只是对于环境过程的一种数学逼近;同样,人类对于环境过程的机理研究,也处于不断地摸索阶段,对于过程机理的认识也具有一定的局限性;而且,某些模型建立在某种特定条件的某些假设之上,仅仅是对真实环境过程的一种简化,是为了解决某种问题而采取的数量方法,要辩证地应用和分析。

经验方程的构建常常是根据相关和回归分析。这里不作介绍,读者可查阅相关参考书。

（八）参数和参数率定

任何模型在开发期间,都经过一个参数率定的过程,也就是调整参数使模型模拟结果尽可能反映现实。应用模型指导和调整的数据收集方案可能并不是最经济的。模型敏感性分析过程能帮助将数据收集并集中到最为相关的信息上。通过这些分析,可以判断出模型结果相对于方程或者变量之类模型组件轻微变动的敏感程度。在模型建立阶段,敏感性较小的组件和其他组件相比,可以更为安全地忽略掉。在模型开发阶段,有一些变量常常因为开发小组遭遇时间限制、专业技能缺乏和资金不足之类的问题,被开发人员去除。模型建成以后,可以就不同变量的重要性展开正式的分析。通过分析,仍会发现,部分变量对模型结果影响相对很小,而其他变量对模型结果影响显著。精确地测量那些重要变量,可以使模型运行更经济有效。

敏感性分析并不是一个容易实现的过程,特别是对于具有大量参数的应用模型。并且,有些参数在某种程度上是相互影响、此消彼长的,反复调整的后果是模型运行周期增加,而对最终结果影响不大。

(九) 数据库与数据库管理系统

数据库(database)——长期存在计算机内的、有组织的、可共享的数据集合。数据库中的数据按一定的数据模型组织、描述和存储,具有较小的冗余度、较高的数据独立性和较容易的扩展性,并可为各种用户所共享(王珊,1995)。它不仅包括数据本身,还包括数据之间的联系。数据之间有一定的逻辑关系,能够表达确定的意义,及时反映现实生活的某个方面。

数据库技术主要用在数据密集型应用的领域,如铁路订票/售票系统、办公自动化系统、银行信息系统、地理信息系统、军事情报信息/指挥决策/军事调度管理信息系统等。

数据库系统(database system)——对数据进行存储、管理、处理和维护的软件系统。它是现代计算环境中的一个核心部分。一个数据库系统包括以下四个主要部分:数据库、用户、软件、硬件(Silberschatz et al.,2000)。简而言之,数据库系统是一种管理数据的工具。

数据库管理系统(database management system,DBMS)——对数据库中的数据专门实时管理的软件系统(萨师煊等,1991)。它是数据库系统的核心组成部分,可以用它来实现数据库系统的各种功能。

关系数据库技术从20世纪80年代开始发展到现在,已经相当成熟,各方面功能完善,并且成为目前数据库应用的首选。数据库管理系统从最初的系统到FoxPro、Visual FoxPro,再到今天的Oracle、Sybase、Informix、Microsoft SQL Server和IBM DB2等高性能的关系数据库系统,其种类不断增多,发展不断加快。

按照数据库的规模大小,可以分为大型和小型(微型)两大类。

(1) 大型数据库管理系统:如Oracle、Sybase、Informix、IBM DB2、Microsoft SQL Server等。它们能够存储大容量的数据,具有良好的性能,数据安全性高、完整性强,支持并发操作和分布式处理等。

Oracle:协同服务器数据库,提供了一个可伸缩的环境,同时提供了触发器、约束机制、存储过程及对透明数据共享和协同服务的强有力支持等先进功能,是超大型的数据库管理系统。

Sybase:成立于1984年1月的Sybase公司的产品。它是支持企业范围的"客户\服务器体系结构"的数据库系统。1992年才正式进入中国市场,在国内的应用相对较少。

Informix:美国INFORMIX软件公司的产品。在我国应用很少。

DB2:IBM公司的代表性关系数据库。对那些有大量关键性数据的用户,它是一种具有可恢复能力的系统,支持一系列的分布式网络解决方案。

Microsoft SQL Server:Microsoft SQL Server 2000是Microsoft的著名数据库产品,是一种高性能、客户\服务端方式的关系数据库管理系统(RDBMS)(袁鹏飞,2001)。它的主要特点有:与Windows 9X和Windows NT集成;允许集中管理服务器;提供企业级的数据复制;提供并行的体系结构;支持超大型数据库;与OLE对象紧密集成。

本研究采取SQL Server 2000为平台。

(2) 小型数据库管理系统:如Microsoft Access、Paradox、FoxPro或Visual FoxPro系列。它们简单易用,维护方便,是用于开发小型的数据库应用系统。但是数据库安全性、完整性、并发控制和恢复的数据库保护级别不高,不能适应大型数据库上复杂应用的要求。

目前使用最为广泛的微机数据库当属 xBASE 类产品,包括 dBASE 系列、CLIPPER、FoxBASE++、FoxPro 等,代表了微机数据库技术的发展趋势。xBASE 是 Ashton-Tate 公司的产品,包括 1982 年的 dBASEⅡ、1984 年的 dBASEⅢ、1988 年的 dBASEⅣ。Fox Software 公司 1987 年研制了 FoxBASE++,1990 年研制了 FoxPro。虽然它们的功能越来越强大,已成为微机数据库的主导产品,但从对关系模型的支持角度看,它们对关系操作、关系完整性、安全性、并发控制等的支持,还是不充分的,甚至根本不支持。

第二章

>> **计算机流域模拟模型简述**

第一节　HEC-1、ANSWERS、HSPF、SWATRE、WEPP、 AGNPS、CREAMS、GLEAMS 等模型

世界上对于流域计算机模拟模型,已经进行了长期、广泛和深入的研究。许多模型已经被应用,如 HEC-1 模型(Feldman,1981)、ANSWERS 模型、HSPF 模型(Johanson et al.,1984)、SWATRE 模型 (Spieksma et al.,1996)、WEPP 模型(Laflen,2000)、AGNPS 模型(Young et al.,1986)、CREAMS 模型、GLEAMS 模型(Leonard et al.,1987;Chow et al.,1988)、CREAMS/GLEAMS 模型,等等。

前四种模型对我们的研究不太重要,这里只作简单的介绍。

1. HEC-1 模型

该模型的意思是(美国)水文工程兵团一号模型(hydrological engineering group model－1),于 1967 年 开发,属集总式模型。它是以水文和水力模块,模拟降雨对地表径流的影响。

2. ANSWERS 模型

此模型是区域非点源流域环境响应模拟(areal nonpoint source watershed environmental response simulation)。

3. HSPF 模型

它是水文模拟的 FORTRAN 程序(hydrological simulation program-FORTRAN)(Johanson et al., 1984)。

4. SWATRE 模型

它是耕作土壤水平衡模拟模型(simulation model of the water balance of a cropped soil),关注土壤 水—根系吸收,能把土壤的饱和—非饱和系统作为整体来处理(Belmans et al.,1983)。

5. CREAMS 模型

CREAMS 是美国农业经营体制下的化学物质、径流和泥沙模拟模型(chemicals, runoff and erosion from agricultural management systems)。20 世纪 70 年代中期,美国开展了"清洁水行动"(clean water act),USDA-ARS 组织了全国各地的多名科学家组成了一个多学科的研究队伍,开发了一个以自然过程 为基础的非点源模拟模型 CREAMS(Young et al.,1986)来模拟不同的土地利用对于产水、产沙、土壤 养分以及化学物质的流失影响。

CREAMS 是地块尺度(field size)、连续时间的模拟模型,可以在每日的基础上计算日径流量、峰值

流量、表面水入渗、过滤、蒸散发以及土壤水分,同时可以估计在径流、泥沙中融解的化学物质的集聚。

6. GLEAMS 模型

GLEAMS 是美国农业经营体制下的地下水负载效应模型(ground water loading effects of agricultural management systems)(Leonard et al.,1987)。20 世纪 80 年代中期,在 CREAMS 模型的基础上,增加了一个模拟农药/杀虫剂(pesticides)在植被根部带垂直运动的组件,研制出了 GLEAMS 模型。GLEAMS 分成水文(hydrology)、侵蚀/产沙(erosion/sediment yield)和农药/杀虫剂(pesticides)三个组件。在 GLEAMS 模型中,降雨可以被分成表面径流和入渗水,利用美国农业部土壤保护署(USDA-SCS)开发的径流曲线数方法(runoff curve number method)(Chow et al.,1988)模拟。土壤可以分成不同厚度的层,入渗水和农药/杀虫剂可以在土壤内部寻径流动。

7. CREAMS/GLEAMS 模型

在地块版本的基础上,20 世纪 90 年代初期推出了流域版(watershed version)的 CREAMS/GLEAMS 模型。两者组成了一个多种地理过程的综合模型体系,可以模拟径流和泥沙的传输过程、化学物质的传输过程、土壤内部碳和营养物质微循环和热量传导以及作物的生长过程。日径流通过修改的 SCS 径流曲线数方法(modified SCS Curve Number)计算。土壤侵蚀通过 MUSLE(modified universal soil loss equation)方法计算(Williams,1969)。模型所需的气象参数则通过一个模拟模型 WGEN(weather generation model)计算得出。此模型在美国、澳大利亚和欧洲得到广泛的应用。

8. WEPP 模型

WEPP 的意思是水侵蚀预报研究项目(water erosion prediction project)。它是美国农业部(USDA)下属的农业研究所(Agriculture Research Service)、自然资源保护所(Natural Resources Conservation Service)、森林所(Forest Service)以及美国内政部土地管理局(Bureau of Land Management),四个单位共同开发的模型系统(Mitchell,1993;Bingner,2001)。

WEPP 的开发目标是"用新一代水蚀技术"代替传统的 USLE 方程,进行水土资源的保护以及环境规划和评价研究。此项目在美国的不同地区,选择了农地、牧场、森林等多种土地利用类型,在实验室以及野外条件下进行了大量的试验,获得了可以应用到多种气候、地形、土壤和土地利用条件下的模型参数。

WEPP 在 DOS 和 Windows 95、98 和 NT 环境下运行,有坡面、流域、网络版三个版本,是一个面向过程的、连续时段的、地块(field size)尺度的空间显式模型。研究范围最大限制为 260 hm²,主要应用于小流域和坡面。WEPP 将整个流域分为三部分:坡面、渠道和拦蓄设施。土壤侵蚀过程包括分离、搬运和沉积,分离发生在坡面和渠道中,概括起来 WEPP 模拟如下过程:①气候模拟,用气候发生器模拟日降雨量、降雨历时等气候要素;②冬天过程,包括土壤冻融、积雪和融雪;③灌溉系统,模拟灌溉类型、灌溉量、径流量和侵蚀量等;④水平衡,模拟入渗、径流、蒸发蒸散、土壤水下渗等;⑤植物生长,模拟植物逐日生长状况、覆盖度、高度、产量等;⑥残茬分解,计算地上、地下、站立的和平铺的植物枯枝落叶的分解速率;⑦土壤参数,利用土壤基本特性计算土壤可蚀性、临界剪切力、水力传导率等;⑧渠道水文;⑨渠道侵蚀;⑩拦蓄沉积等。按模型开发者的说明,此模型可应用到小的、地形简单的流域(small and topographically simple watershed)。WEPP 既可模拟土壤的剥离过程,也能模拟土壤的沉积过程。

WEPP 研究项目始于 1985 年,历时 10 年。1991 年开发出了 WEPP 1.0 版,1991 年和 1994 年陆续推出了更新版本。1995 年发布了流域版(watershed/hillslope)。

WEPP 模型是建立在土壤侵蚀的机理研究的基础之上的,而不是通过有限站点数据的统计分析得到的经验性公式,所以可以在不同的地点应用。研究人员在美国各地选择了数以千计的具有观测资料的地块进行了模型验证。迄今为止,包括中国在内的很多国家已经验证了模型的有效性。

美国农业部森林所(USDA-FS)已经开始应用 WEPP 模型来研究确定点位的侵蚀问题,如:林木砍伐引起的河道淤沙问题。美国内政部土地管理局(USDI-LMA)也使用 WEPP 模型来研究控制草地侵蚀的对策。

Cochrane(Purdue University)及 Flanagan(USDA-ARS,国家土壤侵蚀研究实验室)于 1999 年在农业研究所(ARS)的 6 个试验流域利用 WEPP 模型进行了土壤侵蚀的研究,比较了手工方法和利用 DEM 获取河道两种方法下模拟结果的合理性(Cochrane et al.,1999)。

9. AGNPS 模型

它是农业非点源污染模型(agricultural nonpoint source pollution)(Young et al.,1986;Mitchell et al.,1993;Bingner, et al.,2001)。

AGNPS 模型最初是由农业研究服务署(USDA-ARS)、土壤保护署(USDA-SCS)、明尼苏达州污染控制处联合开发的模型。模型研制的目的是为研究农业区径流水质提供分析工具。农业流域非点源污染的预报是 AGNPS 模型的焦点。

早期的 AGNPS 模型是以降雨事件为基础的(event based)分布式参数模型,可以模拟农业区内径流、泥沙以及养分(氮、磷)的传输,主要的模型组件包括水文(hydrology)、侵蚀(erosion)、泥沙(sediment)和化学传输(chemical transport)。这是一个空间显式的模拟模型,需要大量输入。包括地形导出的参数、土壤特性、土地覆盖、流域水道和蓄水、施肥信息、化学因素和降雨特征等。它的输出包括侵蚀和沉积的流域信息、化学浓度随时间的变化、产沙量及其浓度等。流域管理人员可将选择的管理方案与输出的信息进行对比。此模型的模拟范围可以从几公顷到 2×10^4 hm^2 的小流域。

降雨事件版本的 AGNP 模型,在 20 世纪 90 年代中期停止了开发。2001 年,AGNPS 推出了以年模拟结果输出的新版本 AnnAGNPS(Bingner et al.,1999)。AnnAGNP 在事件版本的模型基础上作了很大的改进:①可以自动地完成输入数据的准备,使得模型可以在较大的流域应用;②集成了 USDA-ARS 的最新的 RUSLE 模型(revised universal soil loss equation)来预测土壤侵蚀;③更新了流域河网(stream network channel)评价模型以及河道(reaches)分析模型。

AGNPS 模型是一个应用较广的流域尺度模型。模型采用了格网(grid cell)离散化的方法。所以许多研究者都将其和基于栅格的 GIS 软件进行了集成。比如,它和著名的地理信息系统软件 GRASS 进行了集成(Mitchell et al.,1993;Evans et al.,2001);还将 AGNPS 和著名的集图像处理与 GIS 功能于一体的 ERDAS 系统进行了集成;可以利用 ERDAS 软件来计算 AGNPS 格网平均的坡度、河道坡度、径流曲线数、粗糙系数、地表常数、土壤质地、USLE 方程的 C 因子等。当每个网格的平均值计算完成后,可以直接生成 AGNPS 模型运行的输入文件。

Vieux et al. 选择了美国明尼苏达州 Morris 附近一个 282 hm^2 的以农林为主的流域作为试验区,利用 Arc/Info grid 模块研究了 AGNPS 模型对格网尺寸变化的敏感程度,将格网尺寸从 1~16 hm^2 进行了调整,AGNPS 模型模拟的产沙量也随之发生变化。结果表明,离散格网尺寸的选择,应该建立在能反映流域参数空间可变性的基础之上。

1999 年,加拿大麦吉尔(McGill)大学的 Perrone et al. 将 AGNPS 模型应用到 26.1 km^2 的 Quebec 流域,格网面积为 2.3 hm^2,模拟了 12 个降水事件,模拟结果的平均误差为 28%。

以上模型都有较广泛的应用。我们在研究中采用了更为完善的 SWRRB 模型(Arnold et al.,1990)和 SWAT 模型(Neitsch et al.,1999)。它们都是研究流域水资源和土壤资源的大型综合模型。下面作重点介绍。

第二节　SWRRB 模型

SWRRB 是 Simulator for Water Resources in Rural Basins 的缩写,中文意思是农业区流域水资源模拟器。20 世纪 80 年代中期开始,美国农业部农业研究所的研究人员致力于修改 CREAMS 模型,使它可以模拟多种土壤、多种地面覆盖、多种管理措施的复杂流域。最后就发展为 20 世纪 90 年代初推出的 SWRRB 模型(Arnold et al. ,1990)。

该模型的发展主要概括为几个方面:

(a) 可以使模型同时计算多个子区,预测整个流域的产水量;

(b) 增加了回流组件;

(c) 增加了水库和池塘组件,模拟对径流和泥沙的影响;

(d) 增加了气象模拟模型(降雨、太阳辐射、气温)组件,可以从时间、空间两个方面模拟长期气象输入数据;

(e) 开发了更好的方法预测径流峰值率(peak runoff rate);

(f) 增加了作物生长模型;

(g) 增加了简单的水流演算组件;

(h) 增加了模拟泥沙在水库、池塘、河流以及山谷的移动组件;

(i) 可以计算传输损失。

这样修改后推出的 SWRRB 模型可以应用到面积达几百平方公里的流域,它被称为乡村流域水资源模拟器(simulator for water resources in rural basins)(Williams et al. ,1985),又称用于土壤和水资源管理的流域尺度的模拟模型(basin scale simulation model for soil and water resources management)(Arnold et al. ,1990)。

具体来说,它是一个由 198 个数学方程构成和集成系统化的庞大模型体系。其集成和系统化是通过流域来实现的,而流域本身是通过水网联系成一个整体的。以流域为基础的模型易于实现地理因素与过程的综合。这些方程把一个流域内的几乎所有地理因素,即影响径流、土壤侵蚀、生物以及人类活动的有关因素,如气象气候、水文、地形、岩石、土壤、植被都联系到一起,揭示了这众多因素之间的内部关系、相互影响和相互作用。

SWRRB 模型继续发展,其开发集中在水质的模拟,增加了 GLEAMS 模型的农药杀虫剂(pesticides)组件(SWRRB 的 pesticides 版本),采用了新的产沙公式(MUSLE)以及 SCS 估计径流峰值率的新技术(Smith,1992;Williams,1985)。

SWRRB 模型采用了子区(subarea)空间离散单元,采用了集总联结的方式(linked-lumped system),子区内部采用集总处理,每个子区模拟结果在流域出口计算汇总。集总联结方式使得它已不限于小流域和水资源,而是可以应用到几百平方公里复杂流域的水土资源研究。

但 SWRRB 模型有一定的局限性,就是它采用的子区离散方法最多能将流域分成 10 个子区,而且子区间没有拓扑关系,因而缺乏河道传输过程的模拟(李硕,2002)。它只能用简单演算方法从子区出口直接到流域出口。当研究几千平方千米的较大流域时,可能需要将整个流域分成几百个子流域,SWRRB 模型就显得无能为力。

20 世纪 90 年代中期,针对以上问题,SWRRB 的开发者又开发了一个 ROTO 模型(routing outputs to outlet)(Arnold et al. ,1999)。ROTO 模型提供了一个在河道、水库的演算方法,把多个 SWRRB 模型的运行连接在一起,克服了 SWRRB 模型限制子区数目的问题。

我们在 1992—1993 年国际合作项目西班牙特瓦河流域水径流和泥沙径流模拟研究中，以及 1994 年开始的中国科学院院长基金项目和中国自然科学基金项目江西潋水河流域水径流和泥沙径流模拟研究中，使用的是 90 年代中期之前的 SWRRB 模型（A Basin Scale Simulation Model for Soil and Water Resource Management）（Arnold et al.，1999），即流域子区限于 10 个的 SWRRB 模型。

模型的输入项目几乎包括所有的地理因素，如气候气象、水文、地形、植被、土壤、人类经济活动等，每一项又包括许多更详细的分项。例如，气象和气候因素就包括太阳辐射、最高最低日气温、日降雨、暴雨频率、干日后雨日的发生概率、雨日后干日的发生概率、降雨季节分布的偏斜系数等；土壤因素又包括土壤类型、土壤发生层、土层深度、土层厚度、粉砂和黏土含量、土壤水含量、饱和导水率、田间持水量等。每一项差不多都要求有不同时间或不同空间（亚区）的数据。例如，有些项目要求按亚区（subarea）或亚流域（subbasin）输入，这样模型的输入参数即输入变量，总计约 120 余项。

需要输入的数据中，有一些来自观测数据，例如气象的、水文的和其他测量数据记录，但是观测数据毕竟有限，大量的输入数据则需要估算。这种估算应当基于研究者的专门知识、工作经验和对于流域地面实况的广泛而深入地了解。同时，现代技术包括遥感（RS）和地理信息系统（GIS）技术起着重要的作用。RS 和 GIS 技术已经用于预测产水量和土壤侵蚀（Pan et al.，2016）。在我们的研究中也广泛地使用了这些技术。

模型的输出包括地表径流、地下径流、产水量、产沙量、渗漏损失，转输损失，土壤水分，蒸发量、生物量，洪峰量、洪峰频率等。各项目可按年、月、日输出，也可分亚区输出。因此，可实现准连续时间的动态监测，并说明其空间分布。

SWRRB 模型虽然庞大，但运行它所需的计算机容量并不太大，在普通计算机上即可实现。因为我们在研究中实行过程模拟模型与遥感图像处理和地理信息系统的集成，故使用了"奔腾"586/133 主机，配以 17 英寸三星彩色显示器，外加小型数字化仪和黑白监视器等小型外设。模型的运行软件选用了 ILWIS 软件。ILWIS 的意思是土地和水资源一体化信息系统（Integrated Land and Water Information System）。它是由荷兰国际航空航天测量和地球科学学院研发的（Gorte et al.，1988；Valenzuela，1988）。这个系统也特别适用于水土资源的综合研究。

ILWIS 系统还有一个特别适合本研究的优点，那就是它是一个将遥感图像处理功能和地理信息系统功能紧密结合在一起的系统。它除了常规遥感图像处理功能外，还有很强的图运算（map calculation）、表运算（table calculation）以及矢量-栅格转换（vector-raster convertion）功能等。因此它能有效地综合和处理图像（image）数据、图形（graphic）数据、表格（table）数据等空间（spatial）数据和属性（attributes）数据。同时，它也有一定的建模（modelling）功能，我们的遥感图像处理、线划图计算和表计算，都是用 ILWIS 软件包进行的。

数据输入后就可运行 SWRRB 软件，进行模拟实验。经过反复试验和调整得到较满意的最后结果后，就会有产水量、产沙量和有关的许多液体的、固体的以至生物的模拟结果，以固定的表格形式输出。

SWRRB 模型本身有一个限制，在空间上，整个流域最多能被离散成 10 个子区，模型难以应用到面积相对较大的流域。本质上，SWRRB 模型是一个集总式模型（lumped models），对于模拟多种气候条件、多种地面覆盖、多种土壤类型、多种管理措施的复杂流域而言，模型的空间分辨率是远远不够的，难以描述流域内部多种地理因素的空间变化以及这些变化对地理过程的影响。

从 SWRRB 模型组成而言，虽然 SWRRB 已经是由约 200 个数学公式组成的庞大的模型体系，但对于复杂的自然地理过程而言，远非这 200 个数学公式所能精确描述的，模型的分辨率也是远远不够的，所以还应该集成更多的地理过程模型，组成更为全面的模型体系。

第三节　SWAT 模型

SWAT 的意思是 soil and water assessment tools 的简称,中文意思是土壤和水的评价工具(Aronld et al.,1999)。多个 SWRRB 模型还必须单独运行,然后再分别输入到 ROTO 模型中,这种方法需要处理多个输入、输出文件,对计算机容量要求也很大,所以开发者就把 SWRRB 和 ROTO 两个模型融合为一体,开发出 SWAT 模型。

在 20 世纪 90 年代中期推出 SWAT 模型,是一个连续时间的、以日为时间单位运行的模型,迄今已经推出了多个版本,并研制出与 GRASS 和 ArcView 两个 GIS 软件集成的版本。

SWAT 模型是在 SWRRB 基础上开发的流域尺度、连续时段、基于过程的综合模型,目前已发展为由 701 个数学方程、1 013 个中间变量组成的模型体系,该模型集成了 USDA-ARS 的诸多模型,代表了国际流域尺度非点源污染模型的最新进展。模型由水文、气象、泥沙、土壤温度、作物生长、养分、农药/杀虫剂和农业管理 8 个组件构成,可以模拟地表径流、入渗、侧流、地下水流、回流、融雪径流、土壤温度、土壤湿度、蒸散发、产沙、输沙、作物生长、养分流失(氮、磷)、流域水质、农药/杀虫剂等多种过程以及多种农业管理措施(耕作、灌溉、施肥、收割、用水调度等)对这些过程的影响。特别是与 GIS 软件 ArcView、GRASS、IDRISI 进行了不同程度的集成,为遥感和 GIS 技术集成运用到流域模拟提供了极大的便利,已被集成到美国环保署(EPA)开发的 BASINS(better assessment science integrating point and nonpoint sources)模型系统中,成为 EPA 非点源污染控制研究的主要模型系统(Sidney et al.,1995; Neitsch,2001)。

SWAT 模型仍然是具有物理基础的、流域尺度的动态模型,但相比于 SWRRB 模型来说,它有了飞跃性的发展。它是由 701 个数学方程、1013 个中间变量组成的更大型的综合模型体系。它可以应用于几千几万至几百万平方千米大流域或大区域。例如,《用于欧洲大陆尺度的水文水质模型:高分辨率大尺度 SWAT 模型的定标和不确定性》(*A continental-scale hydrology and water quality model for Europe:Calibration and uncertainty of a high-resolution large-scale SWAT model*)的作者们得出结论:SWAT 是一个普遍适用的模型,可以应用到全世界任意大的区域(Abbaspour et al.,2015)。

SWAT 的流域亚区或小区的划分基本上是无限的。它除了有效地模拟液体径流(水径流)和固体径流(泥沙径流)外,还可以模拟化学径流。

SWAT 模型在 20 世纪 90 年代中后期开始推出,迄今已经推出了 1994.2 版、1996.2 版、1998.1 版、1999.2 版、2000.7 版等多个版本。早在 1998 年还推出了分别和 GRASS 和 ArcView 两个 GIS 软件集成的版本。

SWAT 模型可以模拟流域内部的多种地理过程。模型的软件包由水文(hydrology)、气象(weather)、泥沙(sediment)、土壤温度(soil temperature)、作物生长(crop growth)、养分(nutrient)、农药/杀虫剂(pesticides)和农业管理(agriculture management)等 8 个组件构成。

水文方面,包括:

(1) 地表径流:SWAT 模型可由降雨量直接计算径流量。径流量通过修改的 SCS 径流曲线数方法计算。SCS 曲线数模型把土壤类型、土地利用和管理措施和径流量联系在一起。径流曲线数表示为流域每一土被组合的水滞留参数(retention parameter)的函数。径流曲线数从条件 1(Dry condition, Wilting point)到条件 3(Wet condition,at Field Capacity)之间非线性变化。美国土壤保护局(SCS)对各种水文土被组合给出了径流曲线数。SWAT 模型还推出了有冻土径流计算的版本。径流峰值率的预测采用了修改的 Rational Formula 方法和 SCS TR-55 方法预测。降雨强度为降雨量的函数,通过随机方法计算。坡面流和河道流积聚时间通过曼宁公式(Manning's formula)来计算。

（2）下渗：SWAT 模型采用土壤蓄水量演算技术来计算植被根系带每层土壤之间的水的流动。如果土壤层的含水量超过了田间持水量，而且下层土壤含水量没有达到饱和状态，就会存在向下的流动，流动速率由土壤层的饱和传导率来控制。当下部土壤层的含水量超过了田间持水量，就会存在水的向上流动，从下到上的流动过程由上、下两层土壤含水量和田间持水量的比率来调节。土壤温度对水的入渗也产生一定的影响，如果某一土壤层的温度为 0 ℃或零下，此土壤层就不会有水的流动。

（3）侧流：土壤层(0～2 m)内的侧流是和入渗同时计算的。SWAT 模型采用动力学蓄水容量模型来计算每一土壤层的侧流量。这个模型说明了土壤水传导、含水量和坡度等因素对侧流的影响。

（4）地下水流：SWAT 模型中地下水流对总产水量的贡献通过浅水带蓄水模型来模拟。地下水的补给路径从土壤根系带由入渗水补给到浅水层，也可以通过日径流观测值计算出回退系数和浅水带出流量。

（5）蒸发蒸腾：SWAT 模型提供了三种估计蒸发蒸腾的方法：a) Hargreaves 方法(Hargreaves et al.，1985)；b)Priestly-Taylor 方法；c)Penman-Monteith 方法(Monteith,1965)。Penman-Monteith 方法需要日太阳辐射、日气温、日风速，以及日相对湿度的值作为输入数据。如果没有这些输入数值，可以选择其他两种方法。

模型可以分别计算植被蒸散发以及土壤蒸发。土壤水分的蒸发由包含"土壤深度"和"含水量"两个变量的指数函数计算。植被蒸散发则通过由潜热和叶面指数组成的线性函数计算。

（6）融雪流：如果雪盖存在，当日最高温度超过 0 ℃时就会产生融雪。融雪量通过一个气温的线性函数来计算。

（7）传输损失(Transmission Losses)：SWAT 模型利用 SCS 的 Lane's Method 来计算传输损失。河道传输损失量是河道宽度、长度和径流历时的函数。在计算过程中，预测的径流量和峰值率也进行了相应调整。

气象方面，包括降水量、日最高气温、日最低气温、太阳辐射、风速和相对湿度。这些数据都可以由一个气象模型从空间和时间两个方面模拟产生。在 1999 版以前的版本中，观测的降水量、最高气温和最低气温可以直接输入模型，太阳辐射、风速和相对湿度总量由气象模拟模型模拟产生。2000 版经过改进，后三项数值也可以作为模型的直接输入数据。下面分述之。

（1）降水：SWAT 的降水模拟模型由一个一级马尔可夫链模型组成。模型输入数据需要多年日降水资料的多项概率统计数值作为输入值。

（2）气温和太阳辐射：日最高、日最低气温和太阳辐射通过由干湿状态概率校正的正态分布统计产生。校正因子由长期日记录统计的标准差计算得来。

（3）风速和相对湿度：日风速通过修改的指数公式模拟，需要多年每月的日风速的平均值作为输入数据。日平均相对湿度由长期的月平均值通过三角分布模拟产生。并且随着气温和太阳辐射的变化进行调整，来反映出湿日和干日条件下的影响。

泥沙方面，主要是产沙量。对于每个离散单元，产沙量由修正的水土流失通用方程 MUSLE 计算。表面径流量和峰值率由水文模型模拟值产生。植被管理因子由地面生物量、地表残茬量和最小的 C 因子计算得来。对于 MUSLE 中的其他因子的计算，Wischmeier 等作了详细的说明。

土壤温度方面，每一层土壤中心部分日平均土壤温度由日最高气温,日最低气温以及雪被、植被、田间残茬量等因素模拟计算。需要土壤容重和土壤水分等参数作为输入数据。

作物生长方面，有一个单独的作物生长模型，是从 EPIC(Erosion-Productivity Impact Calculator)模型(Williams et al.，1995)中的作物生长模块修改集成的。作物生长所需的能量获取表示为太阳辐射和作物叶面指数的函数。生物量的日增加利用作物参数和获取的能量来转化计算。叶面指数通过热量单位的变化模拟得到。作物产量通过由收割指数的概念建立的模型计算。收割指数是热量单位的非线性函数,随热量值变化从作物种植开始到作物成熟非线性增加。作物种植时,设为零,对于不同的作物成熟时,具有不同的优化值。收割指数可以根据水胁迫因子在植被生长不同的阶段进行调节。

养分方面,有氮素和磷素:

(1)氮素(Nitrogen):包含在径流、侧流和入渗中的 NO_3^- 通过水量和平均聚集度来计算。在地下的入渗和侧流中考虑了过滤的因素影响。降雨事件中有机氮的流失利用了 McElroy 等开发经由 Williams 等修改的模型来模拟。此模型不但考虑了氮元素在上层土壤和泥沙中的集聚,同时利用了供—求方法计算了作物生长的吸收。

(2)磷素(Phosphorus):溶解状态下的磷元素在表面径流中的流失,采用了 Leonardet 等研究的方法。这个方法将磷素分成溶解和沉淀两种状态进行模拟。磷元素的流失计算考虑了表层土壤聚集、径流量和状态划分因子等因素的影响,同时考虑了作物生长的吸收。

农药/杀虫剂方面,模拟应用了 GLEAMS 模型的方法。可以模拟农药/杀虫剂在表面径流、入渗水、泥沙中的传输以及在土壤表面的蒸发量。杀虫剂在大气中的挥发通过挥发率模拟计算。对于不同类型的杀虫剂,SWAT 模型设置有多种参数,如溶解度、在土壤和叶面中的半衰期、冲刷比率、有机碳吸收系数等。农药/杀虫剂在植物表面和土壤中的降解随半衰期以指数函数形式变化模拟。农药/杀虫剂在径流和泥沙中的传输则通过每一次降雨事件进行计算,当有入渗水存在时,也同时考虑了过滤的因素。

农业管理因素方面,可以模拟多年生植被的轮作(年数没有限制),年内最多可以模拟三季轮作,可以输入灌溉、施肥和农药/杀虫剂的数据(以日期、数量方式)来模拟多种农业管理措施的影响。耕作和田间残茬组件可以把地面生物量分解成收割量、混入土壤量和田间残茬三个部分。模型对于土壤内的残茬部分没有再作进一步的模拟。假设耕作方式对于土壤属性没有影响。对于作物灌溉的模拟分成多种情况考虑,如果有灌溉措施,就必须确定灌溉用水量和作物的水胁迫因子阈值,当到了用户定义的胁迫水平值时,模型自动产生灌溉的操作,直到土壤根部带的含水量达到田间持水量为止。

模型中的水分循环过程和养分循环过程见图 2-3-1 和图 2-3-2(Kirkby et al.,1987)。

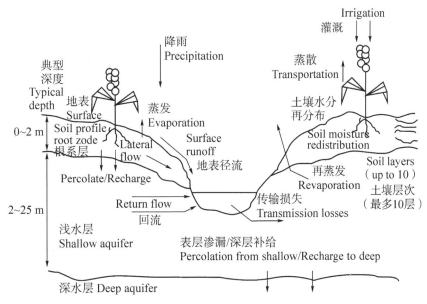

图 2-3-1　SWAT 模型中水分循环图

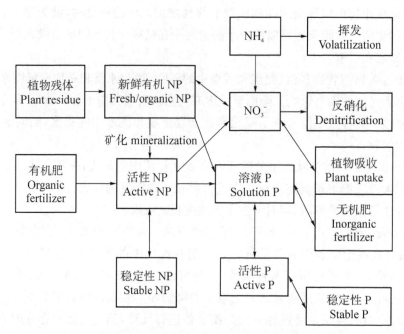

图 2-3-2　SWAT 模型中 N、P 的循环图

SWAT 模型的演算组件包括河道洪水演算、河道泥沙演算、河道内养分和杀虫剂的演算、水库内的演算等。

河道洪水演算：采用了由 Williams 开发的模型。河道输入数据包括河段长度、河道坡度、河道宽度和深度、河道两端河岸坡度、河漫滩坡度以及河床和河滩曼宁系数。流率和平均流速（average velocity）通过曼宁公式来计算。河道的出流（outflow）也根据传输损失、蒸发量、河道曲直度和回流等因素进行调整。

河道泥沙演算：由沉淀和降解两个组件构成，从子流域出口到整个流域出口这段距离上，河道内以及河滩上的泥沙沉淀可以通过泥沙颗粒的沉降速率计算。颗粒沉降速率是颗粒直径的函数，可以通过 Stokes 定律计算。颗粒在某段河道内的沉降深度由沉降速率和径流历时计算。泥沙的传输率按照不同的泥沙颗粒大小，分别由沉降速度、河道径流历时和沉降深度进行计算。河道内泥沙降解过程通过河流功率来计算，Bagnold 将河流功率定义为河水密度（water density）、流率（flow rate）以及水面坡度（water surface slope）共同作用的结果。Williams 修改了 Bagnold 公式，增加了河流功率的权重。河流功率的作用使得泥沙颗粒和沉淀物质变得松散分离直到水流将其冲走。如果水流的冲刷力过大，就会引起河床底部的侵蚀，河床侵蚀过程模拟可通过河床土壤可蚀性、河道以及河滩的覆盖物等因素加以调节。

河道内养分和杀虫剂的演算：养分和农药/杀虫剂在河道中的传输和分解没有模拟计算。溶解的化学物质被当成是恒定不变的，被泥沙吸收的化学物质随泥沙发生沉淀。

水库内的演算，包括：

（1）水库内的水平衡和演算：水库的水平衡由流入、流出、水库表面降水、蒸发、水库底部的渗漏和回流等过程组成，目前有三种方法来计算出流量。第一种方法是出流量采用观测值，其他的水平衡过程采用不同的模型来模拟。第二种方法针对小的、无控制的水库。按照水库的库容来自动控制。当蓄水量超过理论库容时，出流按照某一特定的释放率计算；当蓄水量超过紧急泄洪道的理论库容时，超过的水量在一天内释放完。第三种方法针对大型的、有工作人员专门管理的水库。水库的流入量、出流量等输入数据都采用相应的日观测值来模拟。

（2）水库内泥沙演算：流入水库的泥沙量通过 MUSLE 方法计算；流出泥沙量按照水的出流量和流出水中泥沙聚集度来计算。出流中的泥沙聚集由流入水量、流入水量泥沙聚集度和水库容积量等参数通过动态连续性公式计算。初始的泥沙聚集由模拟者输入。两次降水之间泥沙聚集度的变化由颗粒大小和入流泥沙量进行模拟。

（3）水库内的养分和农药/杀虫剂的演算：磷元素在水库中的物质平衡计算采用 Thomann 和 Mueller 开发的模型。此模型建立在多项假设之上，可以模拟磷元素在水库中的聚集以及流入、流出。水库中农药/杀虫剂的演算模型采用了 Chapra 开发的模型。模型可以模拟流入、流出、化学反应、挥发、扩散等过程。

SWAT 模型已经比较广泛地应用到美国国家项目。例如：

（1）HUMUS 项目（Hydrological Unit Modeling of United State）。此项目建立的 HUMUS 系统主要用来研究美国国家和地区的水量和水质问题，为美国水资源的总体评估提供技术支持。在这项研究中，约 2 150 个流域按照 HUMUS 项目拟定的框架进行模拟，并通过 350 个观测站的观测数据进行了验证。

（2）NOAA's Coastal Assessment Framework。研究内容涉及流域水平衡、河流流量预测和非点源污染等诸多方面，该模型的有效性也得到了证明。

（3）缅因湾近海流域评价（Coastal Watershed Assessment Of Gulf Of Maine）。在这个项目中，SWAT 模型被用来模拟缅因州海湾的点源和非点源污染状况，并对污染控制提供决策支持。

（4）集成 SWAT 和 QUALZL 模型，QUALZL 模型是动力学的河道水质模型。在这个研究项目中，SWAT 和 QUALZL 模型进行了集成，用来研究 Wister Lake 流域的水平衡和水质问题。

（5）Rio Grande/Rio Braro 流域的水文模拟。SWAT 模型用来研究 Rio Grande/Rio Braro 流域的泥沙和有害物质的传输，研究生态系统动态变化对流域环境的影响。

（6）美国得克萨斯州 Bosque River TMDL（Total Maximum Daily Loading）研究。在这个研究项目中，选择了不同的地区（垃圾站、荒芜区、市区、农业用地、草地等），利用 SWAT 模型模拟了流入 Lake Waco 的泥沙、氮、磷的量，进行了多种管理策略的影响分析。

（7）1996 年，美国制定了食品质量保护法案。美国环境保护署（EPA-Environmental Protection Agency）为了研究杀虫剂对饮用水和食物的污染，组织了各方面的专家选择了包括 SWAT 模型、Ann-AGNPS 模型、BASIN-HSDF 模型在内的多个流域尺度的模型，对模型的性能、模拟精度进行了全方位的评价（Arnold et al.，1999）。评价分两个步骤进行：第一步采用了美国环境建模工作组（Environmental Modeling Work Group）和 EPA 的传输模型比较的标准评价模式，由模型的开发者就模型的组成、功能、适用范围进行判断性的说明；第二步选择了美国印第安纳州白河流域的 Kessinger Ditch 和 Sugar Creek 两个流域（设有相应的观测站）进行模拟实验，以评价模型的模拟精度。在模型评价中，SWAT 模型的功能和有效性得到了研究者的肯定。最后评价意见是："模型的优点：SWAT 模型反映了当前非点源污染建模技术的进步，模型经过测试证明了模型的有效性；不足之处：模型的使用需要多方面的学习，需要使用者具有水文学知识和 GIS 处理的训练。由于模型需要大量的输入数据和众多的结果输出分析，模型的使用需花费大量的人力和时间"。在这个评价报告中对于 SWAT 模型在美国 15 个流域（流域面积大者约 40 407 km²）中应用的有效性也进行了证明。

此外的研究工作还有：模型开发者 Mamillapalli 等在得克萨斯的一个 4 300 km² 的流域研究模拟空间尺度的变化对流域尺度建模的影响。流域被分别分成了 54、40、35、29、24、20、14、8、6 个子流域，分别采用优势（dominant）地面覆盖/优势土壤类型、20/40（表示阈值为占子流域面积 20% 以上的土地利用及占此类土地利用 40% 以上的土壤类型生成的 HRUs，下同）、15/30、10/20、5/10 阈值生成水文反映单元，模拟了 1965—1974 年共 10 年的径流量，效率系数变化范围为 0.31～0.74。研究表明，增加离散的精度在某种程度上可以增加模拟精度，但一旦超过某个水平，精度就不会改进，这暗示空间上更精细的模拟未必能得到更高的精度，虽然提出了流域离散的优化配置概念，但没有得出具体的结论。

FitzHugh 等在 Dane County，Wisconsin 的 Pheasant Branch 流域，面积约 48 km²，主要研究子流域数目的变化对模型精度影响。研究表明，河道参数对 SWAT 模型产沙模拟的重要性，并对模型的尺度行为提出了计算方法。2001 年,在同一个研究区,研究了流域特征(传输限制、源区限制)对 SWAT 模型产沙模拟的影响(FitzHugh et al. ,2000)。

Arnold 等利用 SWAT 模型研究了密西西比河流域上游的地下水补给和基流。他利用 SWAT 模型和数字滤波技术分别模拟了地下水补给,比较了两种方法的模拟精度。

值得说明的是,美国环境保护署已经将 SWAT 模型作为其 TDML 项目的首选模型,集成到其开发的 BASINS(Better Assessment Science Integrating Point and Nonpoint Sources)模型系统中,和 SWAT 模型的相关的研究项目大多还在进行中,模型也在不断地改进过程中。例如,从 2001 年 2 月—2002 年 3 月时间内,就有了 4 次更新。

除了美国以外,其他国家也有不少利用 SWAT 模型的成功案例。如:印度 Nagwan 的产污重点区域评价(Tripathi et al. ,2003);芬兰 Vantaanjoki 流域进行的点源和非点源污染负荷迁移过程的模拟。

现在的流域模拟模型已经比较完善。但是我们也应该清醒地认识到,现实世界的环境过程是三维的、非线性的,随时间变化发生。这种过程极其复杂,任何数学公式都不可能精确地加以描述,所有类型的数学模型仅仅只是对于环境过程的一种数学逼近;同样,人类对于环境过程的机理研究也处于不断地摸索阶段,对于过程机理的认识也具有一定的局限性;而且,某些模型建立在某种特定条件的某些假设之上,仅仅是对真实环境过程的一种简化,是为了解决某种问题而采取的数量方法,要辩证地应用和分析。

我们团队在 1999 年后的多年流域模拟研究中,都使用 SWAT 模型。主要原因是:①SWAT 模型经过多年的研究改进,目前是国际上较为先进的流域模型体系,模型的有效性已经通过多种方式、多个研究项目的验证;②我们已经有利用 SWRRB 模型进行模拟工作的基础,而 SWAT 模型又是在 SWRRB 模型基础上的发展,选用 SWAT 模型可以保持模型的延续,也可以保持研究内容的延续性;③SWAT 模型经过一系列的改进,无论是模型结构还是模拟内容都相对完善,适合我们的研究目标;④SWAT 模型已经和 GIS 软件进行了集成,便于研究目标的技术实现。

但是,SWAT 模型结构复杂,模型运行有着严格的数据格式要求,有时难以达到。加之,模型的研制开发是以美国国家基础地理数据库为基础的,所以,在我国的应用也会受到一定限制。例如在美国,土壤数据、气象数据、流域特征数据、水文数据、地面覆盖数据等都建立了完善的基础数据库。我国在这些方面还有所不足。我们在研究工作中感觉较难解决的问题主要就是实测数据不足的问题。

第三章

研究实验区简述

第一节 国外研究区——西班牙特瓦(Teba)河流域

3.1.1 研究区简况

国外研究区在西班牙(Spain)马拉加(Malaga)省的特瓦(Teba)河流域。它位于地中海西岸城市马拉加的西北 50 km,西南距龙达(Ronda)古镇 10 km,靠近地中海和直布罗陀海峡。流域中心大约是北纬 37°、西经 5°。特瓦河由西南向东北流入瓜达豪斯(Guadahorce)湖和瓜达豪斯河,而瓜达豪斯河则继续南流,在马拉加城附近流入地中海。

特瓦河流域总面积为 200.9 km²。它是一个地形比较开阔的大盆地,内部具有丘陵和低山的特征,地势缓缓向东北倾斜。坡度平缓,而且从四面八方直接延伸到窄而浅的河道,没有形成明显的河谷阶地。在流域边缘,有许多孤立、高直、平顶的山峰,类似于中国的崮,如孟良崮、抱犊崮等。流域的一般高程大约是海拔 500~1 000 m。最高峰达 1 306 m,最低点为 400 m。流域的出口就在那里,建有简易的水文测量设置,自动记录特瓦河的流量变化。

a. 从流域西北小镇加涅特向东南望全流域

b. 从流域东南峡谷口处向西北望全流域

c. 亚区 I 典型景观:农地为主

d. 亚区 II 的典型景观:灌木草地为主

e. 特瓦河中段河床及沿河林带　　　　　　　　f. 特瓦河流域丘岗上网格状橄榄林

g. 特瓦河流域出口处的流量自动观测站　　　　h. 特瓦河终端的瓜达豪斯湖

彩色版Ⅰ　图3-1-1　西班牙特瓦河流域的景观(曾志远摄影翻拍)

图3-1-1(见彩色图版I)是特瓦河流域的景观照片。图3-1-2是特瓦河流域的水系、道路和居民点分布图。对照两者,可以看出流域的全貌。

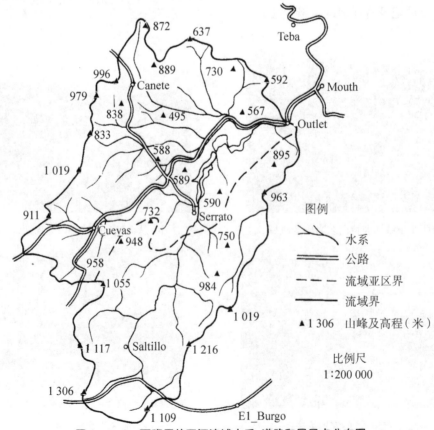

图3-1-2　西班牙特瓦河流域水系、道路和居民点分布图

此流域比较特别的是,特瓦河的源头是一个与整个盆地隔开的孤立而封闭的小盆地。从图 3-1-2 的东南角,可以看到流域源头有个丁字形水系。这就是小盆地。对照图 5-1-1(见彩色图版 V)可以看到,这个丁字形水系的右支流,以蓝色和品红色为主,说明那里比较潮湿,植被稀疏;左支流绿色和黄色较多,说明那里植被较好。左右支流会合后进入峡谷,冲出峡谷后,又接纳了左边来的一个支流,遂形成特瓦河干流。实地考察时,看到这个山口非常狭窄,两旁都是高耸的峭壁。

流域 1:10 万比例尺的地形图的等高线、水系、出口、山峰、道路、村镇以及事先画好的流域界线、亚区界线等,都借助于 ILWIS 软件和小型数字化仪,进行了数字化,生成了流域水系、道路、居民点和其他地物的分布图,即图 3-1-2。

流域内的地表组成物质是石灰岩、砂岩和第四纪沉积物。典型土壤是夏旱淡色始成土(xerochrept)和艳色夏干变性土(chromoxerert)。气候为代表性的地中海气候:夏季干热而冬季温湿。7 月平均气温约 25 ℃,1 月平均气温约 10 ℃。平均年降水量约 600 mm,主要降水量集中在 10 月至 3 月,而 7 月和 8 月几乎为 0。自然植被以针叶林、灌木和草为代表,主要农作物是小麦,水果是橄榄、杏、桃和柑橘。

﹡请教过西班牙人:Teba 读"给娃",Malaga 读"麻辣嘎",Spain 读"斯巴尼亚"。

3.1.2　数字高程模型

在流域地形图等高线数字化的基础上,进行了数字高程模型(digital elevation model,简称 DEM)的制作。等高线数字化等基础工作是由当时国际航空航天调查和地球资源学院的在读硕士生、西班牙姑娘穆塞·费娥(Moussé Ferrer)完成的。作者依导师麦热润克教授的建议借用过来,作了与数字高程模型有关的进一步处理,加上了地理注记,并用它来计算和估计某些模拟参数,特别是和地形有关的参数。

3.1.3　遥感图像所揭示的研究区地面状况

研究区有 74 张 1:25 000 比例尺的黑白航空相片:有接收于 1990 年 6 月的、分辨率为 10 m×10 m 的法国 SPOT 卫星图像,在实验室里放大为 1:50 000 比例尺的黑白照片,还有接收于 1991 年 5 月 2 日的美国 Landsat-5 的 7 个波段的 TM 数字图像。

通过航空相片立体像对的解译和勾绘的 273 个图斑,了解到研究区内有 22 个地面覆盖和土地利用类型。参考航空相片解译结果,对放大的 SPOT 黑白相片进行了勾绘,了解到研究区更加综合的地面覆盖和土地利用类型。对 TM 2、3、4、5 波段数字图像进行了 LBV 数据变换(Zeng,2002a,b),将得到的 L、B、V 图像分别赋色红、蓝、绿,生成了接近自然色彩的彩色合成图像,如图 3-1-3(见彩色图版 Ⅱ)所示。观察此图对研究区可有更多的了解。

在这张彩色合成图像上,三个主色红、绿、蓝,分别对应裸露地、密植被和水体。三个过渡色是合乎逻辑的黄(红+绿)、品红(红+蓝)、青(绿+蓝),分别对应稀疏植被(裸露地+密植被)、浑浊水或较裸露湿地(泥沙+水体或裸露地+多水分的偏湿地)和水与植被混合体或有植被的偏湿地段(水生植物区或密植被+多水分的偏湿地)。

图 3-1-3 上部偏右是瓜达尔豪斯湖。可见到从西南方流入该湖的一段特瓦河河道,湖西南直到图 3-1-3 的左下角就是以此湖为归宿的特瓦河流域,亦即研究区。流域内略成矩形的小斑块是农田;青色的是未成熟的滨河小麦地;红色的是裸露的农田;黄绿色的是有点稀疏的橄榄、柑橘、杏等果林和其他稀疏森林和稀疏草地。

宏观地看,研究区内没有大片的纯绿色,即没有典型的密植被——绿色的密树林、绿色的密草地或绿色的密作物地。区内也没有纯黄色,即没有典型的半裸地————半密树林、密草地或密作物地配一半裸露地。有的是大片的青色,亦即较密的作物地加水分多的低河滩地。还有较大片的黄绿色,亦即中密或较密的作物地、较密的林地或较密的草地加上一小半裸露地。还有大片的蓝色,即很潮湿的地段,特别是在研究区外东部和南部的瓜达尔豪斯湖下游地带。

红-裸露地;绿-密植被;蓝-水体;黄(红+绿)-稀疏植被;
品红(红+蓝)-潮湿裸露地;青(蓝+绿)-水或湿地与植被混合体

彩色版Ⅱ　图3-1-3　西班牙特瓦河地区 TM 图像的 LBV 变换生成的彩色合成图像

第二节　国内研究区——江西潋水河流域

此后的许多研究,都在江西潋水河流域内进行,所以在这里做一个统一的介绍。

3.2.1　研究区特征与选择理由

国内研究区选择了位于江西省兴国县境内东北部的潋水河流域(图3-2-1)。此流域的平面形状,像一只小猫,你看它头、脚、尾、嘴、耳齐备,真是鬼斧神工。流域处在东经 $115°30'\sim115°52'$ 和北纬 $26°19'\sim26°37'$ 之间,流域面积 579 km²,是一个闭合流域,流域内部水系发达。

流域地势东北高而西南低。最高峰为其东北边境上的宝华山,海拔 1 157.1 m。西南端长岗水库库尾的东村水文站为控制流域的出口,此处河床高程 192 m,流域最大高差 965 m。流域内低丘约占 40%,高丘和山约占 50%,河谷平原约占 10%。域内包含了 3 个盆地:中部的古龙岗大盆地,西北部的莲塘小盆地和西南部的樟木小盆地;包含古龙岗、莲塘、樟木,再加上兴江和梅窖,共 5 个自然村镇。

图3-2-2(见彩色图版Ⅱ)是潋水河流域的几张景观照片。从上左到右下依次是樟木盆地、莲塘河谷、雄心水库和古龙岗低丘,由它们可以窥知流域的一般面貌。因为潋水流域面积大,而且山高谷深,很难像西班牙特瓦河流域那样在某一个地方可以拍到流域的全景照片。

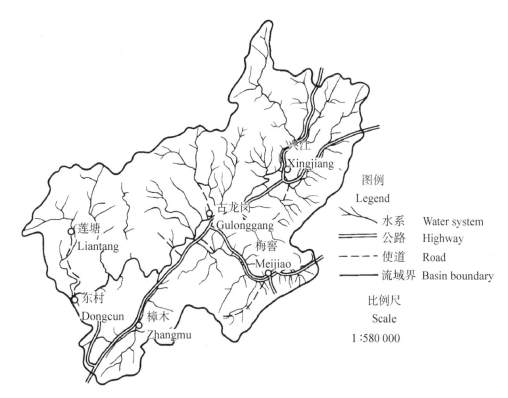

图 3-2-1　潋水河流域水系、道路和居民点分布图

左上角-樟木盆地;右上角-莲塘河谷;左下角-雄心水库;右下角-古龙岗丘陵
彩色版Ⅲ　图 3-2-2　潋水流域的自然景观(李硕摄影)

流域的母岩和母质主要是花岗岩和第四纪沉积物,局部有千枚岩和石灰岩。

土壤主要是水稻土、棕红壤,局部有红壤、黄红壤、石炭岩土等。这些土壤的地方名称则有红砂土、白砂土、灰砂土、灰红土、红壤土等。根据1982年兴国县第二次土壤普查的资料,分4类、10个亚类、25个土属(不包括复区)。

气候为亚热带季风湿润气候。全年气候温和,雨量充沛,四季分明,光照充足,无霜期长。其特点是春早、夏长、秋短、冬迟。夏季高温多雨。据兴国县城气象站的资料,7月平均气温29.3 ℃,1月平均气温7.2 ℃,年平均气温18.9 ℃,多年平均降水量1 500 mm,4～6月降雨最多。

植被为常绿阔叶林和针叶林。以马尾松林为主,尚有部分由木荷、栲、槠、栎、樟组成的阔叶林,但多为次生林,天然林破坏严重。人工林主要是油茶林。灌草类有铁芒箕、映山红、野枯草、白茅、巴茅等。农地中稻田约占90%,旱地很少,有红薯、油菜等。1982年曾进行过一次飞机播种,加上后来的封山育林,对现在植被覆盖的保护和发育起着重要作用。

本区由于植被破坏严重,水土流失严重,是中国土壤侵蚀最剧烈的地区之一,也是国家投入治理资金较多的地区之一。

选择激水河流域是因为中国南方以丘陵为主,而它正是中国南方丘陵的典型区之一,加之它地处中亚热带,而中亚热带又是中国亚热带中面积最大的一个亚带,在气候上也具有一定的代表性。同时,流域面积较大,流域内部地形、土壤、植被、人类经济活动等又较为复杂多样,适合使用遥感、GIS等技术和大型模型体系进行流域模拟研究。

3.2.2　地形图和河网的数字化与数字高程模型的生成

利用ILWIS软件和小数字化仪,将1974年出版的1∶10万比例尺地形图上的水系、道路、重要居民点、水文站(流域出口)及重要山峰等数字化。同时在地形图上沿分水岭划流域界线,然后将它数字化。在后续处理划定流域亚区后,也将各亚区的界线勾绘出来,然后进行数字化。流域界线、亚区界线、水系、道路、居民点等在数字化时分别被赋予属性码,便于以后检索和使用。这些数字化的结果用来生成精确的河网、道路、居民点和水库分布图(图3-2-1)。然后以mif格式存储,并转为ArcView和MapObjects支持的Shapefile文件格式。

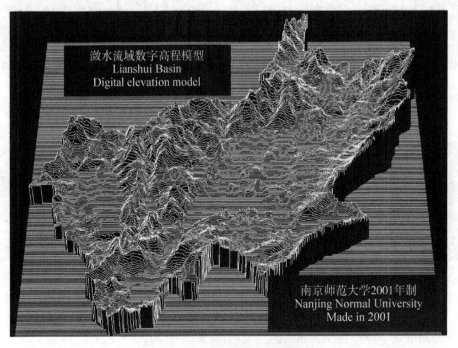

图3-2-3　激水流域数字高程模型

地形图数字化主要是等高线的数字化,等高线间距取为 20 m,并以该等高线代表的高程数字作为该线的属性码,这样得到的数字化等高线图是矢量数据(Vector 中的 segments)。利用矢量-栅格转换功能将它变成栅格数据(像元数据),然后利用内插功能将栅格化的等高线图变成数字高程模型 DEM(图 3-2-3)。可以说,这个 DEM 在视角、水平和垂直比例、灰度调整、精细程度、纹理、底座和断崖诸方面的处理,都做得非常棒,恰到好处,全区和各亚区的地形都一目了然。再参考彩色版 II 的景观照片,会对全流域有更清楚的印象。

此 DEM 的每一像元具有高程值及地理坐标 x 值和 y 值,各数值均取整数(integer)形式。为了以后数字高程模型和遥感彩色合成或分类图像进行合并处理,以及其他运算的需要,将整数形式的 DEM 变换为字节(byte)形式。

栅格(即地形图网格 Grid)的大小为 25 m×25 m。全研究区共 1 441 行×1 441 列。此 DEM 以 ArcView 的 Grid 文件形式存放。

另外,我们还从江西省基础地理中心获得了网格大小为 100 m×100 m,基于 1∶25 万地形图数字化得到的 DEM。

此外,还将兴国县行政区划图和兴国县土壤类型图进行了数字化、处理与存储。

3.2.3 TM 遥感图像揭示的流域特征

图 3-2-4 是潋水河流域 2000 年 12 月 7 日 Landsat-5 的 TM 卫星影像 4、5、2 波段合成的传统标准彩色合成图像,又叠加了流域河网的三维视图,是在美国的 ENVI 3.5 与 EARDAS 8.5 中进行合成处理的。流域河网的生成和叠加是在 GIS 软件协助下以 ArcView 的 Grid 形式实现的。

**图 3-2-4 潋水流域 2000 年 12 月 7 日陆地卫星 TM4、5、2 波段彩色合成图像
并叠加了流域河网的三维视图(原图是彩色)**

在这种三维视图上,能清楚地看出研究区的宏观面貌,一个大盆地和两个小盆地十分突出。仅就这种彩色合成图像而言,红色代表密植被,由此可见流域内植被是比较好的,特别是山区;灰青色代表比较裸露的土地。在流域内多半是农田因为在冬季,农田、居民点或村镇这时都比较裸露。蓝色代表水体,

在流域内占的面积很小。最大水库是位于流域东北部的面积 14.6 km² 的桐林水库,还须把图像放大才能看到。其次是流域西南部面积 8 km² 的立新水库,还有 3 个更小的水库,在图像上均看不出来。河流因为都很窄,图像上更显示不出来。可是因为叠加了水文网,而且用的是蓝色线条,这就使得水系在红色和灰青色背景上显得十分鲜明。整个地形地势和山川大观也十分鲜明。

3.2.4 研究区的研究基础

由于所选研究区江西省潋水河流域的典型性和代表性,有不少研究单位都对它有较大的兴趣。直接关系到本研究区的有关研究如下:

(1) 1982 年全国进行了第二次土壤普查。中国科学院南京土壤研究所史德明等汇总了普查资料,出版了《兴国县土壤》一书,书中包括较为详细的兴国县土壤普查资料及相关图件。我们的研究中使用的土壤资料和图件大多源于此书。

(2) 1995 年中国科学院南京土壤研究所史德明、梁音、吕喜玺和杨艳生等在全国农业区划委员会资助项目中,利用 1958 年 11 月的 1:5 万的黑白航空相片为第一时相,1975 年 11 月的卫星磁带数据为第二时相,1988 年 11 月的 1:5 万的彩红外航片为第三时相,并以 1970 年的 1:5 万的地形图为基础图件,通过目视解译,绘制了全县 3 个年份的土壤侵蚀动态监测图,对土壤侵蚀的动态演变进行了研究(史德明 等,1995)。

(3) 李德成等在水利部水土保持司的主持和资助下,应用卫星图像(1982 MSS,1992 TM,1996 TM)采用全国土壤侵蚀分类分级标准和统一的遥感调查方法,对兴国县的遥感影像进行解译,编制相应的土壤侵蚀系列图,通过科学比较分析,研究了不同年代之间水土流失变化情况及其演变趋势(李德成 等,1996)。

(4) 叶青等以 20 世纪 80 年代第二次土壤普查取样点为背景,在原取样点再取样分析,同时收集全县有关农田养分收支状况,并进行对比,分析了兴国县农田 N、P、K 等养分现状,并给出了调整对策。

(5) 潘剑君等利用遥感与地理信息系统技术的结合,对兴国县土壤状况进行了时空研究。结果表明,兴国县土壤在侵蚀面积和程度上有了改善,但仍是一个突出的问题,值得重视。

(6) 刘琪景等以 1995 年和 2000 年的 Landsat TM 两个时期图像以及土地利用的 GIS 数据研究了兴国县造林生态保护所带来的植被变化,得出兴国县植被面积略有增加的结论。

由此地区的研究历史来看,监测土壤侵蚀已经被提高到了一个很重要的地位,多人采用多种途径在不同时期研究了研究区的土壤侵蚀情况,进而对该区的生态发展提供了建设性建议。但是研究方法基本上是从遥感图像的目视解译与 GIS 技术的结合的角度来展开的。遥感数据虽然可以最快地获取最新的空间分布信息,但是因为受很多因素的限制,大多研究还不能用全时间序列的遥感图像来验证研究结论,因此缺乏整体说服力。GIS 的空间分析功能也非常强大,但没有得到充分地利用。至于数学模型特别是关于流域自然地理过程的物理模型的使用,基本上还是空白。我们的研究正好可以弥补这些不足,使这个流域的研究登上了一个新台阶。

第四章

» 流域模拟中若干普遍性理论问题研究

流域模拟中的许多问题的研究,都带有普遍性,在各项具体的区域或专题研究中的处理,大体上是一样的。所以在本章先做一个统一地叙述,分项研究时不再重复,只在需要时做些细节的补充。

第一节　流域外数据移植到流域内的方法研究

流域模拟中观测数据不足是一个普遍的问题。因此往往要借用流域外附近甚至远方的数据,这些数据要在被研究的流域使用,就需要进行移植。移植方法没有现成的,需要模拟者进行一些摸索和研究。这里简述 SWRRB 模型使用中几种域外数据移植到流域内的方法研究。

1. 流域外日降雨数据移植方法——降雨的高程校正系数

在用 SWRRB 对西班牙特瓦河流域进行模拟时,流域内只有鬼娃子镇(Town Cuevas)有一个雨量站,而且只有短时期的雨量记录,又不在我们的模拟时期内,数据没法使用。于是,我们选用了位于流域外北侧不远的特瓦镇(Town Teba)的雨量记录代表我们的亚区 I,用流域外东南侧不远的艾尔布尔格镇(Town EL Burgo)的雨量记录代表我们的亚区 II(参看图 3-1-2)。

现在来看流域外相邻地点的日降雨数据怎样被移植到流域之内。

(1)用同一时段的鬼娃子镇和特瓦镇的雨量记录,求出了它们的降雨量之比,降雨量$_鬼$/降雨量$_特$=1.494 5。鬼娃子镇的高程是 735 m,大约可代表亚区 I 的一般高程。所以亚区 I 的降雨校正系数就定为 1.494 5。

(2)用同一时段的鬼娃子镇和艾尔布尔格镇的雨量记录,求出了它们的降雨量之比,降雨量$_鬼$/降雨量$_艾$=0.994 9。但是,亚区 II 的一般高程高于鬼娃子镇的高程,不能代表亚区 II。于是有亚区 II 中部海拔稍高的萨尔提洛镇(Town Saltillo)来代表亚区 II,还需要进行高程校正。萨尔提洛镇的高程是 885 m,鬼娃子镇的高程是 735 m。因此,高程$_萨$/高程$_鬼$=1.204 1。考虑到降雨量随高程的增加而增加的规律,在大致认为降雨随高程的增加是直线增加的情况下,降雨量$_萨$/降雨量$_鬼$=1.204 1。由此可知,降雨量$_萨$/降雨量$_艾$=1.204 1×0.994 9=1.198 0。我们就取 1.1980 作为亚区 II 的雨量校正系数。

2. 流域外月平均太阳辐射数据移植方法——大气上界辐射梯度

在用 SWRRB 对西班牙特瓦河流域进行模拟时,特瓦河流域内没有太阳辐射观测数据。而 SWRRB 模型是需要将月平均太阳辐射观测数据直接输入的。在 50 km 外的地中海海滨大城市马拉嘎(Malaga)应该是有这样观测数据的。但我们在西班牙停留时间有限,没有来得及去寻求。我们在航空航天调查学院图书馆找到了北非摩纳哥首都拉巴特城(Rabat City)的月平均太阳辐射观测数据,就用它来估计特瓦河流域的平均太阳辐射。

现在来看怎样将远在非洲的观测数据移植到流域之内(Zeng,2002a)。

(1) 拉巴特位于非洲西北角的大西洋沿岸,北距地中海北岸的特瓦河流域约 150 km。特瓦河流域中心的纬度约为 36.9°N,而拉巴特城的纬度约为 34.03°N。根据文献中常见的不同纬度大气上界的月平均太阳辐射分布图,可以分别查找到特瓦河和拉巴特的平均月太阳辐射数值。由此可以算得特瓦河和拉巴特大气上界月平均太阳辐射的梯度变化比值 k。

(2) 假定在地面上特瓦河与拉巴特月平均太阳辐射之比,大致上等于它们在大气上界之比,那么特瓦河地面上的月平均太阳辐射(Rtg),应该就等于拉巴特地面月平均太阳辐射(Rrg),乘以比值 K,即 Rtg＝K·Rrg。由此得到表 4-1-1 所列的太阳辐射数据。

表 4-1-1　特瓦河流域地面月平均太阳辐射的估计

月份	特瓦河大气上界月均太阳辐射 Rtu/(MJ·m⁻²)	拉巴特大气上界月均太阳辐射 Rru/(MJ·m⁻²)	k (Rtu/Rru)	拉巴特地面月均太阳辐射 Rrg/(MJ·m⁻²)	特瓦河地面月均太阳辐射 Rtg/(MJ·m⁻²)
1	400	455	0.879	210	184.6
2	540	570	0.947	292	276.5
3	700	750	0.933	366	341.5
4	840	855	0.982	480	471.4
5	935	940	0.995	536	533.3
6	967	960	1.007	556	559.9
7.	960	957	1.003	583	584.7
8	870	880	0.989	545	539.0
9	755	770	0.981	450	441.5
10	590	625	0.944	341	321.9
11	490	485	0.928	246	228.3
12	370	415	0.892	202	180.2

3. 流域外日最高和日最低气温移植方法——气温的高程校正系数

在江西潋水河流域模拟中缺乏流域内的气温观数据,故由兴国县城气象站的观测气温值 t_0 来推算。以 t_0 为基准,由各亚区的平均高程 h_2(数值见表 4-1-2)与兴国县城高程 h_1(130.0 m)的差 $\Delta h = h_2 - h_1$(m),计算各亚区的平均气温。气温随高程的递减率,就全球而言,在自由大气中平均为 $-0.65\ ℃/100\ m$;在距研究区不远的井冈山山区,平均递减率为 $-0.56\ ℃/100\ m$。我们采用距研究区不远的井冈山区的数值。于是各亚区温度校正值 Δt(℃)的计算式为 $\Delta t = 0.005\ 6 \times \Delta h$。计算结果如表 4-1-2。

表 4-1-2　各亚区温度校正

亚区	平均高程/m	与兴国县城的高差/m	温度校正值/℃
河谷低平区	268.4	138.4	-0.78
莲塘低丘区	287.9	157.9	-0.88
樟木低丘区	314.3	184.3	-1.03

续表

亚区	平均高程/m	与兴国县城的高差/m	温度校正值/℃
古龙岗低丘	294.8	164.8	−0.92
高丘低山	427.5	297.5	−1.67
低山区	616.0	486.0	−2.72

第二节　流域模拟模型和 GIS 集成的应用研究

我们团队的多项研究都使用了 SWAT 模型。该模型和 GIS 的集成、空间的离散化和空间的参数化是各项研究中共同而重要的问题,所以在这里先做一个简述。

SWAT 模型和 ArcView 软件已经由模型开发者进行了紧密集成。基础数据的预处理、输入数据的准备、模拟、结果分析、图表的生成等一系列工作都是在 ArcView 系统的辅助下进行的。

从流域模型发展和应用可以明显看到,早在 20 世纪 60 年代,流域模型的理论基础就已经十分完善,但真正分布式的流域模型却是在 20 世纪 90 年代逐渐发展起来的。造成这种滞后的主要原因就是:缺乏有效的技术手段来分析流域内部各种地理因素、地理过程所具有的复杂的空间模式;缺乏获取模型运行参数以及将其纳入地理信息数据库进行管理的有效方法。

遥感和地理信息系统技术的发展,为解决这些问题提供了新的思路和方法。遥感技术被用来进行 TM 图像的监督分类继而获得研究区土地利用现状图,进行水文响应单元生成、土地利用参数化等工作。RS 和 GIS 技术已经在包括流域模拟在内的环境建模(environment modeling)和环境模拟(environment simulation)领域得到了广泛的应用。GIS 和环境模型的集成研究成为近几年 GIS 领域和环境模拟领域的热点。

我们从 SWAT 模型和 ArcView 的集成应用出发,对环境模拟模型和 GIS 集成应用进行了以下几个方面的研究和总结。

1. 环境模拟技术和 GIS 技术研究领域的重叠

环境建模将多种环境过程和现象的信息转变成为可以计算的形式,以多种概念的和数量的模型加以描述。环境模拟是通过环境建模建立起来的众多模型的集合,作为预测、分析、评价环境的科学工具,在环境研究领域中已得到广泛的应用。

环境模拟的基本单元是人口、物种、环境媒介(水、大气、土壤等)以及环境化学物质,构成环境模拟的核心则是大量的多种类型的概念模型和数量模型,这些模型涉及环境科学的各方面,从一些确定性的过程模型(deterministic process models,通过物理定律加以描述)和随机过程模型(stochastic process models,由随机理论加以描述)向综合的区域环境质量管理模型系统以及集成的环境-能量-经济评价模型系统发展(Fischer et al. ,2019)。

另一方面,GIS 是以计算机技术为基础的获取、管理、处理和显示空间数据或具有地理参照系统信息的工具,这些数据通常被分为几何数据和属性数据。作为比较,GIS 中最基本的概念是对象的空间位置、空间分布和空间关系。空间物体抽象出的点、线、面,以及空间物体所固有的特性构成 GIS 基本单元。GIS 的核心则是空间数据库的管理和分析。现阶段的发展主要强调多种数据格式的集成,GIS、遥感、全球定位系统的集成(3S 集成),以及更强大的空间数据分析及空间模拟的能力。

　　几乎所有的环境问题都涉及空间维。构成环境模拟的基本单元及其他与环境模拟相关的因素大多都具有空间分布的特性,而且这种空间分布有效地影响着环境要素间相互作用的过程和空间过程的动态演化。而对空间分布、空间关系、空间过程的处理恰恰为 GIS 所擅长。环境模拟和 GIS 两者之间的领域重叠和相互关系是显而易见的,将 GIS 与环境模拟这两个领域在技术上、研究内容上、方法上进一步集成,具有广泛的应用前景。这一点已成为 GIS 和环境模拟领域专家、学者的共识。

　　2. 环境模拟模型和 GIS 集成的必要性

　　20 世纪 80 年代以来,随着计算机技术的发展,愈来愈多地采用空间分布的数学模型来模拟、研究环境问题。GIS 技术的应用随处可见。随着研究的深入,集成环境模拟模型和 GIS 是十分必要的,可以从以下 3 个方面来认识。

　　(1) 就环境模拟模型而言,GIS 技术是环境模拟模型空间离散化参数化以及可视化的有力工具。

　　环境空间过程与其发生的环境本底(substrate)之间存在相互作用。环境本底给环境模拟模型提供了一维、二维或三维的运行框架。一般情况下,环境本底通过离散化(discretization)的方法被划分成一系列的基本单元。这些基本单元被作为有限元加以模拟,而且通常假设这些基本单元的内部是均一的、各向同性的(homogenous),也就是说在基本单元内部,模型参数是相同的。模拟单元的划分也就是地学研究中比较重要的空间尺度(Scale)问题。不同方法、不同尺度的离散单元是模拟模型构建的基础。模型的输入数据则通过参数化(parameterization)的方法,从离散单元中的空间实体中得到,通过参数化的方法实现了多种环境因素和环境过程之间的定量联系。参数化的过程中,有些模型输入数据可以通过 GIS 的分析功能方便地得到,而且可以纳入统一的地理坐标系中。在环境模拟领域,现阶段的研究主要是用更高空间分辨率的分布式模型取代集总式模型。多维空间差异性研究,是空间模型从集总式到分布式转化不可缺少的内容。要实现这个目标,没有 GIS 技术的支持是不可能的。虽然在环境模拟领域根据需要也发展了一些独立于 GIS 的相应软件来辅助模型的运行。如:美国农业部农业研究实验室开发的 TOPAZ 软件(TOpographic PArameteriZation)(Garbrecht et al., 1999)、RSI 公司的 Rivertools 等都是建立在数字高程模型(DEM)分析的基础上来完成地形评价、河网指示、流域分割、子流域参数化等工作。这些软件独立于模拟模型,通过数据的导入、导出来辅助模拟。从根本而言,这些软件所具有的功能也是 GIS 相关功能的再实现,是 GIS 和环境模拟模型集成的一种方式。从模型输入数据的准备和输出结果的分析而言,这些过程可以利用 GIS 的可视化模块进行可视化分析,将工作人员从枯燥的纯数据分析中解脱出来。

　　(2) 就 GIS 而言,集成环境模拟模型是其现有的空间分析功能的扩展,丰富了 GIS 的理论、拓宽了 GIS 的应用领域。20 世纪 90 年代初期,GIS 软件所具有的空间分析功能是面向图层的,如缓冲区分析、多边形叠加分析、简单的网络分析、地形分析等。90 年代中期,在 GIS 理论研究中引入了广义的空间分析概念,将面向图层的空间分析扩展到空间数据分析和空间建模模拟的层面。新的空间分析功能和标准的 GIS 软件连接的问题开始作为重要的研究领域(Ficher et al., 1993)。GIS 和空间分析领域的学者有一个广泛的共识,即有的 GIS 软件的分析功能在研究解决环境、社会、资源等具体的问题中是远远不够的。将来的 GIS 技术的成功在很大程度上取决于结合更有力的空间分析和空间建模模拟的功能。缺乏探索性、缺乏确定性数据分析功能及空间建模模拟功能,是当前 GIS 系统的主要缺陷。

　　Dobson 指出了地理信息系统的长处和短处:长处就是 GIS 提供了功能强大的工具来集成空间数据库;短处就是现有的 GIS 技术对各种现象的相互作用、相互影响的处理还很贫乏;最主要的问题是,依赖于数量模型的空间关系和空间过程分析模型还没有很好地集成到 GIS 的框架中;而对于描述多种环境过程而言,这些模型间彼此也没有很好地集成。当代的 GIS 像传统的空间模型那样,不适于探索性的或预测性的模拟。从某种程度上,可以说 GIS 似乎更适合于进行数字描述,而不是一个直接的分析工具。

　　从技术观点来看,GIS 的功能发展很快,但很难说什么功能使 GIS 自成一体。事实上,大多数的

GIS 开发者都认识到,GIS 的发展史是一个不断挑战的历史,这个挑战就是将分离的硬件系统、软件系统、数据库和各种空间分析方法和概念加以集成。集成环境模拟和 GIS 是技术上的一大进步,在很大程度上扩展了 GIS 的应用范围。

(3) 就数据层面而言,缺乏模型运行所必需的数据以及点位参数获取困难已成为当前模拟应用中模型选择的最大限制。

以地面和地下过程模拟模型需要的输入数据为例,就包括:①气候/气象数据;②地形数据;③土壤物理、土壤化学数据;④地质数据(包括物理的、化学的、地层剖面属性以及地下水特征等);⑤地面覆盖和土地利用数据;⑥水文和水质数据。这些数据必须纳入标准的数据库统一管理。而且这些数据一般具有不同的时空尺度和量测方法,并且往往和模型所需要的尺度和方法不直接兼容,这是我们在实际工作中经常遇到的问题,在模拟的应用过程中需要将数据纳入统一的地理参照系统中,以栅格、多边形、线、点的形式加以应用。要解决这些问题,就迫切需要 GIS 系统的辅助。

20 世纪 90 年代以来,国际上众多的 GIS 专家以及环境建模模拟专家也愈来愈多地认识到集成 GIS 和环境模拟的重要性,召开了多次会议专门讨论这一议题,撰文论证,并启动多项研究项目加以实施。Dobson 在其《遥感、地理信息系统和地理学集成的概念、框架及方案》一文中写道:"遥感、地理信息系统的连接和两者最终与环境传输模型和过程模型的融合,仍然是对下一轮地理信息系统发展的主要挑战。指责地理信息系统没有分析也主要是由于现有的地理信息系统缺乏环境过程模型。遥感和地理信息系统如果不在技术上与过程模型联系起来,它们的价值就不能充分体现,也不能被其他科学团体所理解。"国际 GIS 领域的一些专家学者,如 Goodchild、Fisher、Openshow 等,近年来已将研究重点从 GIS 系统设计和应用转到空间信息分析和空间模型的研究上。正是在这样一个认知推动之下,美国国家地理信息与分析中心(NCGIA)制订了集成 GIS 与环境模拟的计划(Star,1991)。

3. 环境模拟模型和 GIS 集成的发展与集成的概念框架

所谓集成(integration)也就是有机组合。GIS 和环境模拟作为关键词在现阶段的 GIS 和环境模拟的文章中不断出现,表明了 GIS 和环境模拟的集成是目前研究的热点。1991 年在美国科罗拉多州摩尔德召开了首次环境模型和 GIS 集成的研讨会。与会专家进行了交流,强调了集成环境模型和 GIS 的重要性。

20 世纪 90 年代以来,集成 GIS 和环境模型进行资源、环境问题的研究层出不穷,广泛应用于气象、水文学与水资源、水土流失、沙漠化、灾害、决策支持、环境监测以及全球变化等诸多领域。Chen 等集成了 GIS 和风险评价模型,建立了管理石油油井污染的决策支持系统。2001 年,Dickett 和 Danison 利用 ArcView 的 AVENUE 宏语言编制了扩展模块,集成了 CAL3QHC 模型系统,研究沿高速公路空气中一氧化物的聚集。在第一届 GIS 和环境模型集成研讨会上,Maidment 给出了集成 GIS 和水文模型的实例。1996 年,在墨西哥召开的"第三次 GIS 和环境模型集成研讨会"上,Maidment 总结了 GIS 和水文模型集成的进展,提出了新的研究方向(Maidment,1996)。Olivera 等开发了水文建模系统的预处理软件 HEC-prepro。Maidment 所在的得克萨斯奥斯丁大学的水资源研究中心和 ESRI 合作开发了 ArcGIS 的水文数据模型。前面所提到的一些比较著名的模型系统如:BASINS、AGNP(Ficher et al.,1993;Mitchell et al.,1993)、WEPP 和 SWAT 都与比较著名的 GIS 软件 ArcView、GRASS、IDRISI 等进行了不同程度的集成。

在中国,许多学者也进行了集成 GIS 和环境模型的研究。刘学等设计了基于 GIS 和数学模型集成的泥石流过程可视化分析系统(刘学 等,1999)。赵玲等利用 ArcView 的宏语言,将模型统计数据和空间数据连为一体,实现了模型和 GIS 的联结。林年丰、汤洁采用模块组合的方法实现了水质评价模型和国产 GIS 软件 MAPGIS 的耦合(林年丰 等,2000)。吴青柏、李新等利用多年冻土分布下界的统计方程和关系模型及基于格网的地理信息分析系统,对青藏公路沿线多年冻土下界分布和多年冻土地温带分布进行了计算机模拟。

在集成应用的同时,GIS 领域和环境模拟领域的专家学者探讨了两者集成的理论和方法。GIS 领域的学者将环境模拟的研究作为 GIS 扩展的空间分析的一部分,提出了适宜于 GIS 环境的空间分析方法。环境模拟领域的学者在自己的学科领域内分析了环境模拟研究中应该具有的 GIS 功能(Nyerges,1993)。一些大型的商业 GIS 软件开发商(如 ESRI 公司)也认识到了集成的必要性,近几年陆续推出了功能更为强大的环境分析扩展模块,开发出了建立在 OLE 基础上的专供开发人员使用的 GIS 功能组件 MapObjects(Environmental System Research Institute, Inc. 1996)。开发人员可以在自己熟悉的开发环境里利用 MapObjects 开发出系统开销小的 GIS 应用,或在现有的应用中添加 GIS 功能。ESRI 公司最新推出的全系列 GIS 平台 ArcGIS 是完全组件化的,提供了超过 1 100 个独立的 COM 组件,既可以通过内嵌的 VBA(Visual Basic for Application)进行二次开发,也可以通过任何一个支持 COM 技术的编程语言,如 Visual Basic、Visual C++或 Delphi 与其他系统结合。

GIS 和环境模拟现已成为广泛接受的方法和研究领域,已积累了相当多的理论和方法。一些国际会议、专著、相关的期刊、报道都证明了这一点。对于 GIS 和环境模拟而言,任何一个领域都不能完备地包容其他领域的理论和技术。两者的集成最好是研究领域间的融合,也就是两个成熟的研究领域中范例的融合。这一集成的概念框架可以从现有的集成范例中体现出来。

从技术上讲,GIS 和环境模拟的集成包括功能的集成和结构的集成两个方面的含义。功能的集成主要考虑研究目标的实现而需要的功能组合,技术的集成则主要考虑系统的构建。

环境模拟模型和 GIS 的结合是经常见到的。但大多数情况下,两者不是真正的集成,只不过在一起使用罢了。考虑到环境模拟要达到的目标和工作复杂性,所需要的基本数据和 GIS 的功能,可以使用的界面和数据模型的兼容性、硬件环境,以及 GIS 和模型软件的整体系统构架等因素,集成的方法和集成度应该是各种各样的。从通过交换 ASC II 码文件的最松散连接到复杂的完全嵌入,有多种方法。按照不同的集成方式,一般情况下,分为分离应用、松散集成、紧密集成、完全集成四种。Fedra 等都对集成方式进行了不同程度的概念说明(Nyerges,1993;Tim et al. ,1994;Openshaw,1990)。

(1) 分离应用:GIS 和环境模型可能在不同硬件环境下运行。不同数据模型的数据可通过人工方式离线传输(如:以 ASC II 码文件)。用户充当数据传输界面,需要编制的辅助程序较少,但集成效率最低。这种方式主要是早期的工作站版本的 GIS 软件和微机环境下的模拟模型的结合方式,目前已不多见。

(2) 松散集成:用户需要使用某种格式定制文件(如:二进制文件),需对不同的数据模型进行交叉索引,使得用户定制文件在两种数据模型下都可以使用。GIS 和模拟模型通过数据连接。这种方式可以在同一个工作站或局域网实现数据在线传输,同样需要编制一定的辅助程序。集成效率也较低。

(3) 紧密集成:在这种情况下,GIS 和模拟模型的数据模型是不一样的,但在没有人工干涉的情况下,数据可以自由地调用,而且 GIS 和模型系统具有共同的界面,使得数据传输的效率大大提高。这种情况下,需要编制更多的应用程序(如:宏语言编程)。用户在使用中需要检验数据的完整性。

(4) 完全集成:这种情况从用户的观点出发,将 GIS 和模拟模型设计在一个共同的系统内,使用共同的数据模型,数据纳入共同的数据库管理系统。这种情况下,两个子系统的相互调用变得简单而有效,但必须使用共同的标准化计算机语言(如 C 语言)编程,从系统底层做起,开发的代价很大。

四种集成方式的系统结构如图 4-2-1 所示。完全集成这种方式,在技术上为大多数建模者和 GIS 学者所推崇。由于模拟模型和 GIS 的数据结构不完全兼容,环境模拟模型的专业性又比较强,完成起来难度较大。目前比较著名的 GIS 软件都是商业化的,在没有市场压力的情况下,想要说服 GIS 软件开发商全面集成环境模型是比较困难的。完全集成的系统目前还没有见到。但从目前 GIS 的发展趋势看,GIS 软件的组件化以及二次开发能力的扩展,使得完全集成变得相对容易。

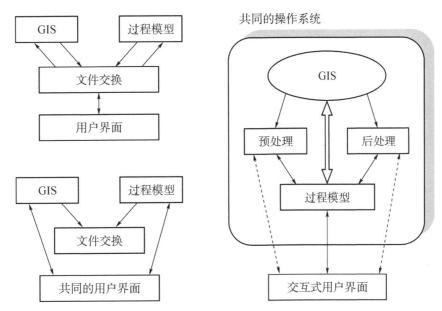

图 4-2-1　GIS 和模拟模型集成的方式说明（来自 Tim and Jolly，1994，但经过修改）

上面的(2)和(3)这两种集成方式，应用得比较多。尤其是紧密集成的方式，是目前 GIS 和环境模型集成应用的主流，这一趋势比较明显地表现在 GIS 的应用领域，通常为一些研究经费比较充足的专业研究机构所采用，如美国农业部(USAD)和环境保护署(EPA)所属的研究所，欧美一些大学的研究所。在具体实现中，可以将模型嵌入 GIS 系统，也可以将 GIS 系统嵌入模型，前一种方式采用得较多。通常利用 GIS 软件内嵌的宏语言（如：ArcInfo 的 AML，ArcView 的 Avenue，MapInfo 的 MapBasic 等）来编制数据间的内部接口，利用 MapObjects 设计模拟模型的 GIS 功能组件。大多数专业模型软件通常采用 FORTRAN 语言编程，集成时有一定的技术难度，需要和专业软件开发公司合作。

松散集成不需要太多的编程，通常可以利用软件现有的文件导入、导出功能来进行数据传输，在20 世纪90 年代初、中期为多数使用者采用，而且在力所能及的范围内通常加以改进以提高效率。

4. SWAT 模型和 GIS(ArcView)的集成实现

SWAT 模型已经和 ArcView 软件进行了紧密集成。集成工作是由美国农业部农业研究所委托美国的一家专业软件开发公司完成的。集成中 SWAT 模型保持了自己的完整性，作为单独的可执行文件存在。而 SWAT 模型运行时的数据准备部分被定制成 ArcView 的扩展模块在应用时激活。输入数据的准备工作在 ArcView 的界面下进行。可以利用 ArcView 的栅格图和表直接准备和可视化显示 SWAT 模型的输入数据。数据准备工作完成后，通过数据化接口程序生成特定格式的模型输入文件。在不退出 ArcView 界面的情况下，直接调用 SWAT 模型的可执行程序进行模拟，模型运行结果可以通过 ArcView 的表、图形、视图加以显示和进行分析。这样就可以在 SWAT 模型模拟工作中充分利用其他 ArcView 扩展模块的功能。除了 ArcView 以外，SWAT 还推出了和另一个著名 GIS 软件 GRASS 集成的模型版本。

5. 环境模拟模型与 GIS 和遥感技术集成的前期研究

在我们早期的流域模拟研究中，已经涉及集成环境模拟模型和 GIS 以及遥感图像处理软件的研究内容，主要是进行了技术上的尝试。系统设计的框图如图 4-2-2 所示。

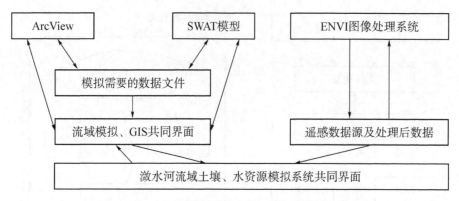

图 4-2-2 潋水河流域土壤、水资源模拟系统设计框图

虽然采用的是松散集成的方法,但在松散集成基础上,利用 VB 编制了一个共同的界面。将模拟模型、GIS、图像处理系统置于同一界面之下有机管理,以提高工作效率。图 4-2-3 为系统的主界面及功能菜单。

仅集成 GIS 和遥感就是一个比较棘手的问题,也是目前一再倡导的研究热点。但由于研究目的、时间、经费、技术条件等各方面的限制,这些只是很初步的工作,集成的问题还没有根本解决。这一艰巨任务直到引进 SWAT 模型并经过我们深入研究以后才得到解决。

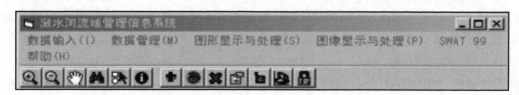

图 4-2-3 潋水河流域土壤、水资源管理信息主界面和功能菜单示意图

第三节 流域划分为细小单元的空间离散化方法研究

要想得到流域模拟的更高精度,空间离散化和空间参数化非常重要。从集总式模型到分布式模型的转变,就是通过空间离散化和空间参数化的过程实现的。

离散化(discretization)就是将流域分成模型运行的较小地域元的方法。参数化(parameterization)就是对地域元属性进行说明和定值的方法。

流域内部的地理因素和地理过程在不同的时间、空间尺度(scale)上总是呈现出很大程度的非均一性(heterogeneity)和可变性(variability)。非均一性主要用来描述环境物质的物理特性(如土壤水文传导率)在空间上的变化;可变性主要用来表示流域内部的地理过程(如径流)和一些状态变量(如土壤水分)的时空变化。尺度则主要描述研究或者观察范围大小(size)的变化。地理因素和地理过程的非均一性和可变性在不同的时空尺度下有不同的呈现。

自然状态的流域特征非常复杂,流域内部各地理要素和地理过程存在着较大的时空变异。如何对这种时空变异进行描述和体现,就是空间离散化的任务。在流域建模模拟研究中比较常用的方法就是分布式流域建模,即将整个流域离散(或划分)成较小的空间单元或地域元,模型在每一个空间单元或地域元上运行。在一定的离散尺度下,可以认为在每一个空间单元内部,各影响因子的属性是相对均一的,具有相似的地理过程响应。

地域元可以是亚区(subarea)、子流域(subbasin)、坡面(hillslope)或网格元或网格单元(grid cell)。早期的分布式参数模型要求参数需要实地量测,事实证明是不可行的。所以早期的分布式参数模型离散化和参数化多是在各种地图上手工完成,工作量极大,精度有限,难以扩展到较大区域,这也是早期限制分布式模型发展的主要因素。

只是在近几年中,随着遥感、GIS 技术的发展,真正意义上的分布式参数的流域模型才得以实现。

子区在 SWRRB 模型中,被描述为根据流域内部土壤、植被、地形、气候等地理因素所呈现的空间分布特征,人为划分的区域,子区的划分是典型的集总联结的方式(linked-lumped),子区内部是集总处理,子区的界线也是大概确定的,模型在每个子区运行,具有不同的输入参数,各子区的运行结果在流域出口(outlet)通过 add 命令汇总。子区之间没有相互的空间拓扑关系。子区划分数目是有限制的,物质的传输、流动过程没有被很好地模拟。

子流域是根据流域整体的地形特征划分的,类似于地理、地貌研究中的实际子流域概念,区别在于,流域模拟中子流域的界限是根据数字高程模型来确定的。首先定义最小河道的上游集水区面积阈值,生成起始河道和流域河网,从最低一级的河道交叉点沿分水岭界限就可以勾绘出起始子流域,如此类推到高一级的河道直到整个流域,大流域界限和内部各子流域界限就完整勾绘出来。各子流域内部包含实际相仿的河道,表示了径流、泥沙、环境化学物质实际传输的路径。子流域的数目和实际流域地形的复杂程度、具体的研究目标密切相关,可以通过改变上游集水区面积阈值来生成不同复杂程度的流域河网以及子流域。

子流域离散法将整个研究区分成多个子流域,又通过流域河网将各个子流域连成一个统一的整体。子流域之间有着确定的空间关系,通过各个子流域内部河道表示径流、泥沙、环境化学物质流入、流出的路径。

水文响应单元(HRUs)是在子流域基础上的进一步细化。不同的水文响应单元是一系列空间分布的、各向结构非均一的空间实体。每一个空间实体内部具有共同的气候特征、土地利用方式以及土壤-地形-地质的组合,这种组合控制其水文动态过程。从类型意义上说,模型模拟的类别精度可以描述最小的地面覆盖和土壤类型。这个概念的引入,使得分布式流域模型的特点更加突出。

"水文响应单元"这个概念被引入到 SWAT 模型中,并简化为表示单一地面覆盖、单一土壤类型的具有水文意义的研究单元(单一类型的土被组合)。每个子流域可以生成多个水文响应单元。需要说明的是,就 SWAT 模型而言,子流域内部的水文响应单元局限于统计意义上的虚拟划分(属性意义),而不是空间意义上的实际划分,每一类 HRUs 的空间位置是无法确定的,输出结果的空间定位精度只能达到子流域。

坡面(hillslope)离散化方法主要模拟山坡的过程,是在子流域基础上一种空间细分。要求将子流域内部划成单一地面覆盖、单一土壤类型的区域。适用于小范围的细节模拟,如滤土带、动物供水点等。

网格(grid)离散化方法用来模拟地理因子在空间上的细微变化对地理过程的影响,尤其强调了模拟的空间定位精度。格网尺度的大小非常重要,格网的尺寸要小到足以表示地面覆盖和土壤类型等地理因素在空间上的微小差异,又要大到可以获取各种参数、运行模型的水平。这种方法主要用来研究地块尺度(field size)的地理过程或进行较小的、简单流域(watershed)的试验研究,结果分析可以精确到点位上,若应用到大的复杂流域,数据量非常大,如何去优化改进,还有待进一步的研究。

以上各种离散化方法是和不同的研究目标相对应的,分别有着具体的适用范围。要根据实际的研究目的来分别采用或综合采用。

1. 基于栅格数字高程模型(DEM)的流域水文建模研究

离散方法的选择,要从研究区的空间范围、输入数据的空间分辨率、选择的流域模型以及具体的研究目标这几个方面综合考虑。离散的尺度要小到能够反映出地理因素的空间变化,又要大到可以较正确地获取各种输入参数、运行模型的水平。

SWAT 模型在子流域离散、坡面离散、格网离散三种离散方法下都可以运行。格网、坡面离散方法主要用在小范围、空间精度要求高的研究工作中。我们对面积达 579 km² 的流域进行与土壤、水资源相关的地理过程的长期模拟,采用了流域-子流域-水文响应单元的空间离散方法。

子流域的概念类似地貌学研究中的实际子流域概念。子流域的划分基于地形因素,彼此之间以分水岭上的分水线为界进行分割。每个子流域内部具有相应的河道,通过内部河道将一个个子流域连成一个统一的整体。

对于面积较大的复杂流域,在划分出来的子流域内部,依然分布着多种土壤类型和多种土地利用方式。为了反映子流域内部不同的土地利用和不同的土壤类型引起的蒸散发、表面径流、入渗水、农业管理措施等水文条件和人类经济活动的差异性,可以在子流域内部进一步划分水文响应单元。

完整的水文响应单元概念具有空间的确定性,建立在以下两个假设之上:①与特定的土壤、地形、地质条件相关联的某种土地利用方式具有一致的水文动态过程;②这种水文过程由土壤、地形、地质所反映的物理特性和特定的土地利用方式(植被类型)来控制。

在这两个假设条件下,W. Flügel 对于水文响应单元作了如下定义:水文响应单元是一系列空间分布的、各向结构非均一的空间实体,每一个空间实体内具有共同的气候特征、土地利用方式以及土壤-地形-地质的组合,而且这种组合控制其水文动态过程(Flügel,1995)。

这样划分出来的水文响应单元具有确定的空间位置,而且划分的过程中考虑了地形、地质、气候条件的影响。这种划分方法比较复杂,实现起来难度较大。

水文响应单元的概念在引入 SWAT 模型时做了一定程度地简化,采用了不能确定空间位置的划分方法,即从统计意义上将子流域划分为单一地面覆盖、单一土壤类型的具有水文意义的研究单元(单一类型的土被组合)。这样处理可以反映不同土被组合间的水文差异,增加模拟精度,而且更加切合实际地描述子流域内部的水平衡过程。不考虑空间位置避免了面积较小的土壤类型和土地利用类型在应用阈值消除处理后空间的归属问题。具体的划分过程在下面的章节介绍。

流域-子流域-水文响应单元的空间离散方法的实现,需要完整地勾画出流域河网、流域边界以及子流域边界。这部分工作是在研究区数字高程模型的基础上通过数字分析技术实现的。

数字高程模型是描述地面高程值空间分布的一组有序数组。数字地形模型是通过地形图数字化生成的。数字地形分析技术从 DEM 中得到的反映地形特征的一系列数字组件,如:坡度、坡向、高度带等。DEM 也是数字地形模型的组件之一(Moore et al.,1993)。

数字高程模型主要有网格(GRID)、不规则三角网(TINs)、矢量(vector)或数字线划(digital line graphics)三种形式。DEM 源于水文学的研究,近 10 年来,基于 DEM 数字水文建模研究所取得的一系列成果也是水文学研究中最为显著的进步(Jenson,1992)。

过去的 20 多年来,研究者一直致力于通过数字地形分析技术从各种结构的 DEM 中提取流域河网和分水线两大地貌特征,因为这两大地貌特征是流域水文模型的主要参数,是实现流域空间离散化的有效途径。

基于栅格的地形分析技术在水文学中的应用,一般采用了 O'Callaghan 和 Mark 的坡面流模拟方法(O'Callaghan et al,1984),Jense、Domingue、Martz 和 Garbrecht 等在此基础上做了改进(Jensen et al,1988),这种算法一般称之为 D8(Deterministic eight-neighbours)算法。

基于网格结构的 GIS 是提取流域河网和分水线的适宜工具。因为栅格系统用于数字图像处理已有三十年历史,积累了丰富的经验和技术。ESRI 的 Arc/info-GRID 系统以及美国陆军工程公司研制的 GRASS(Geographic Resources Analysis Support System)系统,都是基于网格数据结构的 GIS 软件。基于网格系统的 GIS 对于重力驱动的流动模拟,是比较理想的工具。因为重力驱动的流向是由地形决定的,并不涉及其他和时间相关的变量(Maidment,1993)。

Maidment 等总结了 GIS、RS 技术在分布式水文模型中的重要作用,认为 GIS 和遥感技术是流域水文模型从集总式到分布式转化的桥梁(Maidment,1996)。目前许多基于格网数据结构的 GIS 系统都有水文建模的功能。如 Arc/info-GRID 系统和 GRASS 系统,可以进行空间任何地点的水流流向分析,计算上游集水区面积,生成流域河网,进行流域分割以及其水文建模分析。其他一些专为分布式流域水文建模开发的软件,如 TOPAZ(TOpographic PArameteri-Zation Rivertools)(Garbrecht et al. ,1997)以及 ArcView+ Spatial Analysis 等软件,也能完成分布式水文建模分析,而且各有特点。Rivertools、ArcView+Spatial Analysis 擅长于可视化分析,但对于大块平坦区的处理不尽人意。TOPAZ 算法完善,但程序必须在 DOS 下运行,运行结果必须导入到 GIS 系统里进行可视化显示,程序操作比较复杂。

基于 DEM 的数字水文建模研究,国内的学者也作了大量工作,任立良等利用 TOPAZ 进行了史灌河流域的水文模拟研究(任立良,2000;任立良等,1999);李清河等利用 D8 算法,进行了径流路径的模拟(李清河等,2000);台湾学者廖学诚等也利用 DEM 进行了森林区径流路径的模拟(廖学诚等,1999)。

值得指出的是,闾国年等提出了基于栅格 DEM 利用地貌形态组合的方法提取流域河网和分水线的新方法(闾国年等,1998a,b,c)。Dayasagar 等也利用形态学的方法研究了流域河网的提取技术。这种方法避免了 D8 算法中人为阈值的选择以及要对格网平滑处理等缺点。

下面重点介绍在我们的研究中通过数字地形分析技术,利用栅格 DEM 来精确描述流域边界、生成流域河网、进行子流域的划分以及生成水文响应单元的一系列方法和过程。

2. 流域河网的生成

下面以江西省激水流域为例来说明流域的空间离散化。

我们事先已对 1：10 万地形图进行了手工数字化,再经过等高线网格化处理得到了 DEM,网格大小为 25 m×25 m。

要生成子流域首先要生成流域河网。在流域河网的基础上进行子流域的划分。生成的子流域数目由流域河网的详细程度来控制。生成河网的详细程度则是由定义的上游集水区面积阈值大小来控制的。这一系列过程是利用地形分析技术,通过 DEM 的计算处理来完成。步骤有以下三步。

(1) DEM 的预处理

DEM 的预处理通常称之为填洼。由等高线直接生成的 DEM 中通常存在着一些凹陷点。凹陷点指四周高、中间低的一个或一组网格点。为了创建一个具有"水文意义"的 DEM,所有的凹陷点必须被填充。凹陷点通常是在手工数字化生成 DEM 的过程中产生的,当然也有可能实际地形中就存在凹陷点,如地下河流的入口点。填洼处理对每一个网格点(网格元)进行搜索,找出凹陷点,并使其高程值等于周围点的最小高程值。同时也生成一个由凹陷点位置和凹陷点填充深度的掩模(maskDEM),作为原有凹陷点的标示。

(2) 计算 DEM 中每个网格流向以及每个网格的水流聚集点数

经过预处理的 DEM 就可以用来计算网格内部的水流流向以及水流的聚集点。这种算法称为 D8 算法。D8 算法可以这样描述:中间的网格单元水流流向(flow direction)定义为邻近 8 个格网点中坡度最陡的网格单元(图 4-3-1)。

坡度 θ_j 按下式计算:

$$\theta_j = \arctan\left|\frac{h_i - h_j}{D}\right|$$

式中,h_i 是网格单元高程;h_j 是相邻网格高程;D 为格网长度。两个网格若为水平或垂直方向相邻,则两者中心之间的距离等于格网长度;两个网格若为对角线方向相邻,则两者中心之间的距离等于 $\sqrt{2} \times$ 格网长度。

流动的 8 个方向用不同的代码编码。循环处理每个网格点,直到每个网格的流向都得到确定,从而生成网格流向数据模型。在确定了每个网格点流向的基础上,计算汇聚到每个网格点上的上游网格数,就可以生成水流聚集点数据模型。

为了具体说明,建立了一个 5×5 的栅格数据模型,图 4-3-2 表示网格单元的高程值。图 4-3-3 中的箭头表示网格内水的流向(为了直观,用不同方向的箭头代替了编码值)。通过每个网格单元从高处向下游进行水流方向的寻径,表示整个流域网格单元之间连通性的水流方向网格数据模型就建立起来了。与此同时,确定了水流聚集点格网的位置,并计算汇聚于该点的上游网格数,从而建立了水流聚集点网格数据模型(图 4-3-4)。

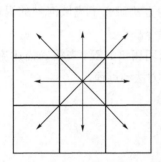

图 4-3-1 中间单元网格的 8 个流向

67	56	49	46	50
53	44	37	38	48
58	55	22	31	24
61	47	21	16	19
53	34	12	11	12

图 4-3-2 高程网格示例

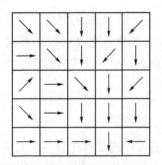

图 4-3-3 网格的流向示例

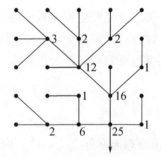

图 4-3-4 水流聚集点网格示例

(3) 流域河网的生成

当网格流向的网格数据模型和水流聚集点网格数据模型建立之后,就可以用来生成流域河网。首先要给定最小的水道上游集水区面积阈值。上游集水区面积大于阈值面积的网格点定义为水道的起始点,流域内积水区面积超过该阈值的网格点即定义为水道。生成的流域河网要尽可能地和实际河网相符。不然,就会影响下一步地形、河道参数提取的精度。

在实际工作中遇到了两个问题。一个是部分地区河道偏移问题。河道偏移是 DEM 生成过程中(栅格化或网格化过程),由于地形破碎,网格高程重采样的内插造成了系统误差。这种情况在工作中无法避免。为了解决这个问题,采用平滑的方法来消除这种情况造成的影响。

工作中选择了多种平滑方案,利用平滑后的DEM生成河网,并将生成的河网和数字化得到的河网进行比较分析。在经过多种试验研究对比后,对初始的DEM采用了9个点一组的平滑处理。

另一个问题是:直接利用D8算法,在平坦区生成的河道和实际河道相比较,存在着较大误差。在很多情况下,DEM内部可能存在着平坦区域。这些平坦区域可能原来就存在,或者通过凹陷点的填充而形成。直接利用D8算法,在平坦区域内部,河道就无法产生。而连接平地两端边缘的水流聚集网格点形成了与实际河道不完全符合的生成河道(见彩图版Ⅲ图4-3-5)。图中实际河道的线划表示1:10万地形图数字化得到的流域河网;生成河道的线划表示从DEM中利用D8算法生成的流域河网。图中的圆点表示河道的节点。从图4-3-5中可以明显地看出,生成河道和实际河道在形状上存在着较大的差异,尤其在中间的平坦地区,差别就更加明显。这些与实际河道差异很大的河道,就是伪河道。这种误差的产生有多方面的原因。除了D8算法本身对平坦区处理有不足之处外,研究区以低山丘陵为主,地形比较破碎,而且网格数据结构在描述地面高程的非连续性变化方面也有着自身的缺陷。

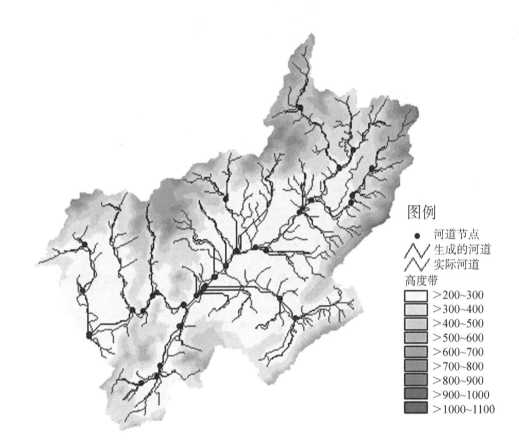

彩色版Ⅲ　图4-3-5　直接生成的流域河网和实际河网的比较

对于平坦区河道的处理,有多种算法。Garbrecht等采用了平坦区栅格单元搜索+高程微调(调高0.001 m)算法,从而设定平坦区域内的水流方向。在我们的工作中,采用了美国得州奥斯丁大学Maidment博士提出的"burn-in"算法。该算法的思想可以用栅格叠加的方法解释。将手工数字化的流域河网转化成栅格形式,栅格的大小和建立的DEM栅格大小相等,经过投影转换纳入统一的坐标系中。通过叠加运算,将实际河网叠加到DEM上,保持DEM中河道所在网格的高程值不变,而其他非河道所在网格高程值整体增加一个微小值。这样,就相当于把实际河道嵌入到原DEM中,再用D8算法就可以准确地生成流域河网。

河网生成的详细程度决定了生成的离散子流域数目。生成河网的详细程度可以通过给定河道上游集水区面积阈值来控制。实验中设定不同的上游集水区阈值,就得到与实际河网吻合程度不同的生成河道网。阈值越小,河道起始点越向上游延伸,生成的河网与实际河网的吻合度越高。我们分别实验了阈值＝1 100 hm²,400 hm² 和 200 hm² 等不同的值。当阈值＝200 hm² 时,生成的河网和实际河网几乎完全吻合(见彩图版Ⅲ图 4-3-6)。

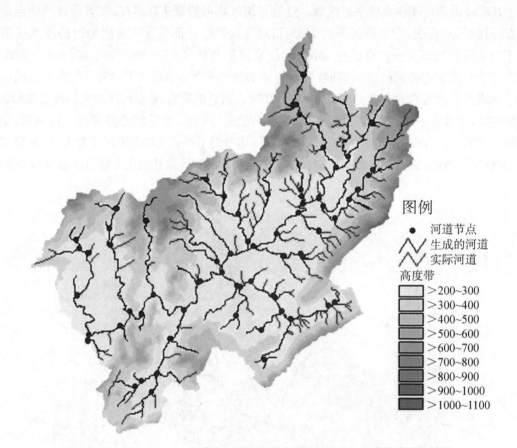

图例
● 河道节点
〜 生成的河道
〜 实际河道
高度带
>200~300
>300~400
>400~500
>500~600
>600~700
>700~800
>800~900
>900~1000
>1000~1100

彩色版Ⅲ　图 4-3-6　上游集水区面积阈值为 200 ha 时,生成的流域河网图

在河道生成的过程中,每一条河道都采用 Melton 河道排序系统进行了编码(Melton,1959),来标识河网中每条河道的级序。

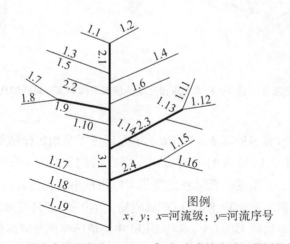

图例
x, y; x=河流级;y=河流序号

图 4-3-7　上游集水区面积为 1 100 hm² 时,生成的流域河网树状结构示意图

可识别的最小起始河道标为1,当两个1级河道交汇,就产生了2级河道,当两个不同级别河道交汇时,下游河道取两者中较高的级别。两河道的交汇点通常成为汇流点。准确地讲,在汇流点有三条水流。沿河而下,河流级别逐渐升高,主河道的级别最高。依次类推,直到所有河道标识完成。图4-3-7为上游集水区面积为1 100 hm² 时,生成的流域河网树状结构示意图。图中所标注数字的整数位和小数位分别表示河流级和河流的序号,从图中可以看到,河流的最大级数为3级,3级河道有一条(干流),2级河道有4条(一级支流),1级河道有19条(二级支流)。这个过程中,河道级序以及河道交汇点位置都已明确,为后续子流域的划分工作打下了基础。

3. 流域边界的确定及修正

当流域河网生成以后,就可以确定整个流域边界,并进行子流域的划分。流域边界的确定可以帮助我们明确具体的研究范围,对研究范围内的区域进行分析,以便提取模型运行所需要的相关参数。

确定流域边界必须先要确定整个流域的出口。潋水河试验研究区的流域出口位于流域西南端的东村水文站。确定流域出口之后,从出口沿河道向上游搜索每一条河道的积水区范围,对搜索到的所有栅格所占区域的边界进行勾画,就可以确定总的流域边界。

在实际工作中,生成的流域边界和从地形图上沿分水岭勾画的流域边界相比较,在有些部分存在着微小的差别,如图4-3-8中的圆圈所示。经过计算,两者面积误差为1.21%。

图 例

▢ 生成的流域界线

〲 流域河网

图 4-3-8 生成的流域边界和手工勾绘的流域边界差异的比较

这种差异是无法避免的,或由DEM数据重采样内插系统误差引起,或由分水岭比较陡峭引起。相似的问题在文献中也有介绍(Melton,1959)。如,207 km² 的流域,面积误差达到8.89%,比1.21%的误差大得多。起初,研究者仅说明了误差的范围及可能原因,并认为此误差在可接受的范围内,并没有进行修正。可是,后续工作中遇到较多问题,研究者才进行修正。

　　只有正确地确定流域边界,才能使我们统一编制研究区的多种专题地图(如土壤图、土地利用图等),便于多种专题图的叠加分析、资料的统计分析以及水文观测数据的改算和分析。研究中使用的土壤图和土地利用图都是手工勾画的流域边界。为了统一流域界线,把由 DEM 生成的流域边界按照手工勾画的流域边界进行了修正。

　　修正工作是利用 VB 编写的边界高程值改正程序完成的。算法思想由 D8 算法引申而来。首先把 DEM 严格按照流域界限切割,再按照 D8 算法生成流域边界。有些网格点在界限以外,这是因为它们的高程值小于生成边界所在网格的最小高程值。结果流向朝着流域外的方向,而没有被包含在生成的流域界限内。可以计算出两者之间的高差,对切割而成的 DEM 的边界网格点进行补偿改正。这样一来,就会使 DEM 的边界网格点流向都朝向流域内部。再利用改正后的 DEM 就能生成所期望的流域边界。

　　具体的方法是,将手工勾画的流域边界(多边形)通过栅格化转成栅格形式,栅格大小也同样是 25 m×25 m。多边形内部网格值全部赋为 1,多边形外部网格值全部赋为 0。

　　将转换后的流域边界文件(栅格形式)和流域 DEM 都导入到 ENVI 数字图像处理系统,将两个文件进行图像相乘运算,就会生成严格按照流域边界切割的 DEM。

　　利用切割而成的 DEM 生成流域边界。查询边界不符处(圆圈处)DEM 边界的高程最小值和所生成流域边界所在格网的高程最小值,两者之差就是边界高程的改正值。

　　将边界改正值输入我们所编写的边界高程值改正程序,程序会自动搜索 DEM 的边界格网点,并增加一个改正值,生成修正的 DEM,利用修正的 DEM,再按照 D8 算法进行处理,就会生成所期望的流域边界。

　　人为地修正了边界网格的高程值,是否会对地形参数的提取造成影响? 我们比较了同一子流域地形参数修正前后的变化,结果表明几乎没有什么影响。因为修正的仅是个别的边界网格点。Gyasi-Agyei 等的研究也支持了这个结论。他们的研究表明,DEM 垂直分辨率的降低,对于中尺度的流域(471.3 km²)所引起的多种水文参数误差百分率在 0%～5%以内。某些网格点高程的误差对所在网格坡度计算有影响,但对于整体水文参数的聚集并无影响(Gyasi-Agyei et al.,1995)。

4. 子流域的划分以及子流域的空间组合结构

　　子流域的划分首先要确定子流域的出口位置。可以有两种方法:(1) 如果子流域出口点的地理位置坐标已知,可以手工添加子流域的流域出口。子流域的范围就是汇聚于该点的上游所有栅格单元所占区域。(2) 如果不知道子流域出口点的位置,那就以两个河道的交汇点上游最近的格网水流聚集点作为流域出口。河道交汇点和网格水流聚集点在生成流域河网时已经进行了标注。沿确定的网格水流聚集点分别沿上游河道计算积水区面积就可以划分出每个子流域。本研究中采用了后一种方法。在子流域生成过程中,手工删除了一些网格水流聚集点,减少了生成的子流域数目。这使子流域的划分更符合实际。

　　我们分别实验了上游集水区面积阈值为 1 000 hm²、400 hm² 和 200 hm² 时生成的流域河网、流域边界以及子流域。在 3 个由大到小的阈值下,划分出的子流域由少到多,整个流域被分别离散成 28、62 和 102 个子流域。图 4-3-9 是上游集水区面积阈值为 200 hm² 时生成的流域边界以及子流域示意图。

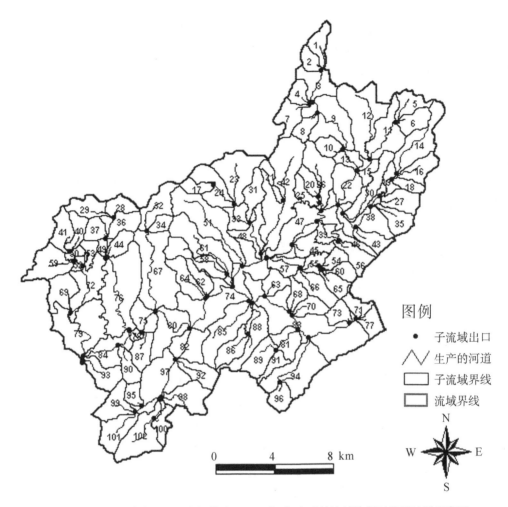

图 4‐3‐9　上游集水区面积阈值为 200 hm² 时,生成的流域边界以及子流域示意图

　　以不同的上游集水区面积阈值划分出来的子流域,在空间分布上似是平行或对等关系,实际上离散生成的子流域并不是一个个孤立的单元。子流域之间依河网的级序也存在着空间的等级关系,有着确定的空间组合结构。较低级别的子流域组成了上一级子流域,而各个上一级子流域又分别组成更上一级子流域,直至组成全流域。图 4‐3‐10 为整个流域划分成 28 个子流域后,子流域之间的枝状空间组合关系图。

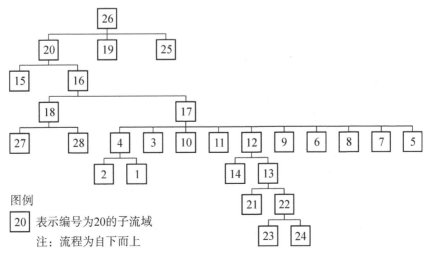

图 4‐3‐10　整个流域划分成 28 个子流域后,子流域之间的枝状空间

图 4-3-10 中的方框表示离散生成的子流域,方框中的数字为子流域编号,上下子流域之间短线表示河道的连通性,流向为自下而上,除河源子流域外,其他子流域都有着下级子流域。平行子流域之间连线可以认为是上级子流域内部河道,可以和图 4-3-9 中生成的流域河网树状结构图相对应。从图 4-3-10 可以看出,编号为 23、24 和 22 的三个子流域组成了上一级子流域(三个独立子流域的组合)。这三个子流域组合组成的上一级子流域和编号为 21 和 13 的子流域组成了更上一级的子流域(五个独立子流域的组合)。如此类推,逐级集成,直至 28 个子流域组成全流域。这种确定的组合结构对于模拟结果最终的空间集成十分有意义。

子流域的划分完成之后,就需要对每个子流域内部土地类型、土壤类型的分布进行统计,为下一步在子流域内部生成水文响应单元作准备。这个过程,是由生成的子流域界线图、土地利用图、数字土壤图的叠加分析实现的。

所有的图件都预先进行了投影转换,纳入统一的坐标系统中,并按统一的流域界限进行了切割、配准,转成了同样栅格尺寸(25 m×25 m)的 ArcView 的 Grid 文件格式。这部分工作在 ArcView 系统中可以方便地实现,此处不再详细叙述。

5. 子流域内部水文响应单元的生成

对于结构复杂的大流域,划分出的每一个子流域内部会存在着多种土地利用方式和多种土壤类型。就我们选择的 579 km^2 研究区之内,离散到 102 个子流域的情况下,每个子流域的平均面积也达 5.7 km^2。每一个子流域内部都存在着多种植被-土壤组合,不同的植被-土壤组合具有不同的水文响应。为了反映这种差异,通常需要在每个子流域内部进行水文相应单元划分。

SWAT 模型采用了不确定空间位置的水文响应单元的划分方法。使用不同的土被组合来生成 HRUs,得到的是子流域内部不同土被组合的面积,使得模型模拟的类别精度可以反映出不同土被组合间的水文差异。

水文响应单元的划分包括以下两个过程:首先将土地利用图和数字土壤图进行叠加分析,选择土地利用类型;土地类型经过运算确定下来后,再选择每一种土地利用下的土壤类型;最后生成的每个水文响应单元是一种土地利用类型和一种土壤类型的组合体。

在两个过程中,都设置了一定的阈值,来分别消除子流域中比例较小的土地利用类型,和特定土地利用类型中比例较小的土壤类型。阈值的应用可以控制生成的水文响应单元的数量,提高模型的运行效率。

为了便于说明,我们虚拟了一个格网大小为 5 行×5 列的规则子流域(图 4-3-11)来具体说明其内部水文响应单元的划分过程。

B	A	A	B	C
A	B	C	B	A
A	C	A	A	A
B	B	C	B	B
A	B	B	C	A

(a) 土地利用类型

1	2	1	3	2
2	1	1	2	1
1	2	1	2	1
2	2	3	1	1
1	1	2	1	3

(b) 土壤类型

图 4-3-11 水文响应单元划分过程示意图

图4-3-11中,左边(a)图的A、B、C分别表示不同的土地利用类型,右边(b)图的1、2、3分别表示不同的土壤类型。表4-3-1是图4-3-11中的土地利用类型、土壤类型和两者结合而成的土被组合类型的面积统计数据。

水文响应单元划分的第一步,是针对土地利用类型进行处理。将面积较小的土地利用类型去掉,将其他的按照面积比例归并到保留的类型中去。如果我们应用的面积阈值为6,面积小于6的土地利用类型(C类)就会被忽略。水文响应单元就会在保留的土地利用类型(A、B)中创建。保留的土地利用类型的面积就会按下面方式修改:

表4-3-1　图4-3-11中不同土地利用类型、土壤类型及其土被组合类型的面积统计

类型	土地利用			土壤			土被组合								
	A	B	C	1	2	3	A1	A2	A3	B1	B2	B3	C1	C2	C3
面积	10	10	5	13	9	3	6	3	1	5	4	1	2	2	1

保留的土地利用类型的面积＝原类型面积÷(大于阈值的
各类土地利用类型面积之和)×流域总面积

于是,A的面积是:$10÷(10+10)×25=12.5$;B的面积为:$10÷(10+10)×25=12.5$;忽略掉的C类中分布的土壤类型也按比例划归到A和B类中,A中分布的土壤类型面积修改为A1的面积是:$6+(10÷20)×2=7$,A2的面积是:$3+(10÷20)×2=4$,A3的面积是:$1+(10÷20)×1=1.5$。

B中分布的土壤类型面积修改为,B1的面积:$5+(10÷20)×2=6$;B2的面积是:$4+(10÷20)×2=5$;B3的面积是:$1+(10÷20)×1=1.5$。

水文响应单元划分的第二步,是针对每类土地利用类型中分布的土壤来处理。将其中面积较小的土壤类型去掉,并将其面积按照面积比例归并到余下的土壤类型中去。这样就会创建出单一土被组合的水文响应单元。

如果我们应用的阈值为2,那么A和B中面积小于2的土壤类型(土壤3)就会被忽略。其中保留的土壤类型的面积就会按下面方式修改:

保留的土壤类型的面积＝原类型面积÷(大于阈值的
各类土壤类型面积之和)×土地利用类型面积

这样一来,A和B中就会生成如下组合的水文响应单元:

A1 面积＝$7÷(7+4)×12.5=7.9545$
A2 面积＝$4÷(7+4)×12.5=4.5454$
B1 面积＝$6÷(6+5)×12.5=6.8182$
B2 面积＝$5÷(6+5)×12.5=5.6818$

这种划分方法下生成的HRUs是不能确定其空间位置的。因为在划分过程中按阈值忽略掉的类型(土地利用C类,土壤3)仅能从面积上归并到保留的其他类型中,而无法从空间上归并到保留的其他类型中。

下面以62个子流域分区中编号为3的子流域为例,来说明实际工作中水文响应单元的划分过程及其内部水文响应单元的分布状况。

划分过程中使用的土地利用图是通过Landsat-TM卫星遥感图像的监督分类来得到的。土壤类型图使用了GRID格式的数字土壤图。表4-3-2说明在子流域3中经过土地利用图和土壤类型图的叠加运算后,其内部土地利用类型和土壤类型分布统计数据。RNGB,FRSD,RNGE,WATR,FRSE,FRST,URLD,RICE分别表示不同的土地利用类型的代码。Soil-14,Soil-40,Soil-41,Soil-13分别表示不同的土壤类型代码。

表 4-3-2　子流域内部土地利用、土壤类型分布统计

项目	面积/hm²	占流域总面积/%	占子流域总面积/%
SUBBASIN ♯ 3	1 364.062 5	2.35	
土地利用(LANDUSE)：			
Range-Brush→RNGB	203.754 9	0.35	14.94
Forest-Deciduous→FRSD	414.771 1	0.72	30.41
Range-Grasses→RNGE	6.635 3	0.01	0.49
Water→WATR	25.790 2	0.04	1.89
Forest-Evergreen→FRSE	189.420 1	0.33	13.89
Forest-Mixed→FRST	301.720 0	0.52	22.12
Residential-Low Density→URLD	18.779 3	0.03	1.38
Rice→RICE	203.191 5	0.35	14.90
土壤类型(SOIL)：			
Soil-14	94.459 7	0.16	6.92
Soil-40	566.632 7	0.98	41.54
Soil-41	534.082 0	0.92	39.15
Soil-13	168.888 1	0.29	12.38

子流域 3 中水文响应单元划分的第一步是针对土地利用类型。我们使用的阈值为 10。因此,占子流域总面积<10%的土地利用类型 RNGE、WATR 和 URLD 就会被忽略。水文响应单元只在余下的土地利用类型 RNGB、FRSD、FRSE、FRST 和 RICE 中创建。它们的土地利用类型的面积将按下面的方式修改：

$$RNGB=(14.94\%\div96.24\%)\times100\%=15.52\%$$
$$FRSD=(30.41\%\div96.24\%)\times100\%=31.59\%$$
$$FRSE=(13.89\%\div96.24\%)\times100\%=14.43\%$$
$$FRST=(22.12\%\div96.24\%)\times100\%=22.98\%$$
$$RICE=(14.90\%\div96.24\%)\times100\%=15.48\%$$

子流域 3 中水文响应单元划分的第二步是针对特定土地利用类型中分布的土壤类型。我们使用的阈值为 15。因此在这个选定的土地利用类型中,面积<15%的土壤类型就会被忽略掉。余下的土壤类型也要经过同样的重新分配的过程,直到 100%的面积全部被分配。通过土壤图和土地利用图叠加分析后,在子流域 3 的土地利用类型 RNGB 中,土壤分布统计为 8.33%Soil14(即 Soil-14,下同)、45.31%Soil40、30.41%Soil41 和 16.22%Soil13。应用阈值处理之后,就会生成下列的水文响应单元：

Range-Brush→RNGB/Soil13

Range-Brush→RNGB/Soil40

Range-Brush→RNGB/Soil41

这个过程持续,直到子流域内部每种土地利用类型都处理完为止。子流域内部就被划分出多个水文响应单元。表 4-3-3 表示 HRUs 划分后子流域 3 内部的土地利用、土壤类型重新分布统计及生成

的 HRUs 统计,从表 4-3-3 中可以明显看出,子流域 3 中共生成 13 个 HRUs。

表 4-3-3　HRUs 划分后子流域内部土地利用、土壤类型分布及生成的 HRUs 统计

项目	面积/hm²	占流域总面积/%	占子流域总面积/%
SUBBASIN # 3	1 364.062 5	2.35	
土地利用(LANDUSE)类型:			
Range-Brush→RNGB	211.701 9	0.37	15.52
Forest-Deciduous→FRSD	430.948 3	0.74	31.59
Forest-Evergreen→FRSE	196.807 9	0.34	14.43
Forest-Mixed→FRST	313.487 9	0.54	22.98
Rice→RICE	211.116 5	0.36	15.48
土壤(SOIL)类型:			
Soil-14	42.925 7	0.07	3.15
Soil-40	613.767 6	1.06	45.00
Soil-41	604.740 8	1.04	44.33
Soil-13	102.628 4	0.18	7.52
水文响应单元(HRUs):13 个			
1. Range-Brush→RNGB/Soil-13	37.459 3	0.06	2.75
2. Range-Brush→RNGB/Soil-40	104.644 9	0.18	7.67
3. Range-Brush→RNGB/Soil-41	69.597 7	0.12	5.10
4. Forest-Deciduous→FRSD/Soil-40	202.493 8	0.35	14.84
5. Forest-Deciduous→FRSD/Soil-41	228.454 5	0.39	16.75
6. Forest-Evergreen→FRSE/Soil-40	127.452 8	0.22	9.34
7. Forest-Evergreen→FRSE/Soil-41	69.355 1	0.12	5.08
8. Forest-Mixed→FRST/Soil-40	127.535 2	0.22	9.35
9. Forest-Mixed→FRST/Soil-41	185.952 7	0.32	13.63
10. Rice→RICE/Soil-13	65.169 1	0.11	4.78
11. Rice→RICE/Soil-14	42.925 7	0.07	3.15
12. Rice→RICE/Soil-40	51.640 9	0.09	3.79
13. Rice→RICE/Soil-41	51.380 8	0.09	3.77

实际工作中,在三个尺度子流域划分的基础上,分别划分了水文响应单元。

表 4-3-4 显示在不同子流域划分的基础上使用特定的阈值划分生成的水文响应单元数。表中 5%、10% 和 15% 表示在处理过程中所用的阈值。阈值的大小,控制着所生成水文响应单元的数量。对于 62 个子流域划分还特别增加了 5% 和 10% 的阈值组合生成了水文响应单元。增加这个尺度的目的就是想知道在子流域数目不变、水文响应单元数目增加的情况下对模拟精度的影响。

表 4 - 3 - 4　不同离散尺度下,生成的水文响应单元数

项目	28 个子流域 10％和 15％	62 个子流域 10％和 15％	102 个子流域 10％和 15％	62 个子流域 5％和 10％
HRUs 数目	198	399	649	314

注:10％、15％表示占子流域面积 10％以上的土地利用类型及占此类土地利用面积 15％以上的土壤类型中生成的 HRUs。余类推。

地形、气候因素的差异是在子流域基础上表现出来的。每个子流域内部的 HRUs 在模型运行时具有相同的地形和气候特征。土壤、土地利用参数、径流曲线数、农业管理等属性的差异,在每个水文响应单元上表现出来。模型运行时具有不同的输入数值,或分别进行农业管理措施。

需要注意的是,流域-子流域-水文响应单元的空间离散方法生成的水文响应单元没有考虑其空间位置,模拟的空间精度只能达到子流域。如果要考虑每个子流域内部的空间模拟精度,可以在子流域内部采取坡面离散方式或格网离散方式。这样就涉及多种离散方式的组合应用问题,这有待今后的工作中进一步研究。

6. 几项对比简述

我们从江西省测绘局得到了格网大小为 100 m×100 m(从 1∶25 万地形图数字化得到)的 DEM,也用它进行了流域河网生成的对比研究。结果表明,就潋水河流域而言,生成的河网和实际差别较大,后经内插将格网大小转化成为 50 m×50 m 再进行试验,结果也不尽人意。这说明在特定流域利用 DEM 进行水文建模时,对于生成的 DEM 精度,有一定的要求。

我们也利用美国农业部农业研究实验室开发的 TOPAZ 软件和 RSI 公司的 Rivertools 2.0 软件进行河网生成和子流域分割研究。这两个软件都是在栅格 DEM 分析基础上为数字水文建模开发的专业软件,它们的理论基础都基于 D8 算法。TOPAZ 软件算法完善,结果精度较高,但它必须在 DOS 系统下运行,输入数据有特殊的格式要求,运行结果需要格式转换,导入到 GIS 系统中,才可进行可视化显示分析,软件的操作非常复杂,需要专门学习。Rivertools 2.0 有很强的可视化功能,运算效率高,但生成的河网误差较大。尤其在对平坦区域的处理上,没有较好的算法,生成的河网和子流域误差都较大。

第四节　SWAT 应用中空间参数化的研究

有了空间分布式的流域模型,有了好的空间离散化方法,还要有空间分布的输入数据。这些数据要正确地反映出所划分出的离散单元所具有的多种属性,否则,整个模拟工作都是无效的。

空间参数化(parameterization)就是对空间离散化生成的离散地域元的属性进行说明和定值的方法。这种说明和定值是按照模型运行的输入要求来做的。

空间参数化方法涉及多种数据类型。遥感技术、GIS 技术和数理统计方法等在空间参数化上起着重要的作用。

最好的参数化方法就是模型输入全部采用实测数据。但这种要求是不现实的,即使某些项目具有观测数据,如气温和雨量,但只能代表所在地点的情况且存在着如何换算、校正到每个离散单元面上的问题。对于更多的项目,流域内部并没有直接观测数据。如何由现有的基础数据采用适宜的方法计算

和估计出来,都是空间参数化研究中需要解决的问题。

SWAT 模型运行需要的输入数据可分为地形、气象、地面覆盖、土壤、水质、水库、农业管理措施等多种类型。每个类型又包括多项内容。某些对象的参数化是在子流域尺度上或以子流域为单位实现的,如地形数据和气象数据;某些对象的参数化是在水文响应单元尺度上实现的,如由土壤和地面覆盖数据综合生成的径流曲线数。

下面我们仍然以江西省激水河流域模拟为例,就每种参数的类型及采用的参数化方法,分别加以介绍。

4.4.1 地形参数化方法研究

对于陆面过程而言,地形因素起着十分重要的作用。地形的起伏和地面坡度、坡向不仅决定了土壤水分、土壤发育和植被覆盖,也影响着土地利用方式和气温、降水的空间分布,而且还控制着径流流向与流域河网水系的形成与发育。

在陆面过程和地下过程的分布式建模中,流域界限、河道上游积水区、子流域的划分和地面坡度、坡向、坡面长度的计算,以及与河道有关的河道坡度、长度、宽度等参数的确定,都是以地形数据为依据的。

地形属性是通过描述地表起伏的数字高程模型和数字地形分析技术来提取的。DEM 本身就是一项重要的地形属性。如何利用它来研究地形属性的空间变化规律,自动和快速地获得分布式流域水文模型所需的输入参数,一直是流域建模模拟研究的重要内容,早期也取得了一系列成果(Beven et al.,1992;Hutchinson et al.,1991;Quinn et al.,1992;Tarboton et al.,1992;Binley et al.,1992)。

地形属性一般可分为基本属性和组合属性。基本属性是可以从高程数据中直接计算的属性,如高程、坡度、坡向。组合属性是为了从基本属性中得到描述某一自然过程的空间变化的参数,如河道水文参数、坡面水文数据。

组合属性可以通过物理公式或经验公式计算。Moore 等引用和总结了近 20 种地表和地下过程建模中需要的地形属性,如表 4-4-1 所示,表中所列均是基本属性。它们对于分布式流域模型的应用是很有意义的。这些属性都可以通过地形分析技术从 DEM 中得到。具体的算法涉及内容较多,这里不再将公式一一罗列,可以参考引用的文献。需要说明的是,表 4-4-1 中,某些属性的专业术语难以确切翻译,仅列出原文。

表 4-4-1 可从 DEM 数据中通过地形分析方法得到的一些主要地形属性

属性	定义	水文意义
高度(altitude)	高程值(elevation)	气候、植被类、势能(potential energy)
上坡高度(upslope height)	上坡面的平均高度	势能(potential energy)
坡向(aspect)	坡面的方位(azimuth)	日照、蒸散发、动植物分布和聚集度
坡度(slope)	梯度(gradient)	坡面和地下水的流速、植被、地貌、土壤水分等
上坡坡度(upslope slope)	上坡面的平均坡度	径流速率(runoff velocity)
扩散坡度(dispersal slope)	扩散区平均坡度	土壤排水率(rate of soil drainage)
流域坡度(catchment slope)	集水区平均坡度	聚流时间(time of concentration)
上坡面积(upslope area)	较短等高面以上集水区面积	径流总量(runoff volume)、稳定态径流率(steady-state runoff rate)

属性	定义	水文意义
扩散面积(dispersal area)	坡面下较短等高面面积	土壤排水率(soil drainage rate)
流域面积(catchment area)	流域出口以上集水区面积	径流总量(runoff volume)
特定集水区面积(specific catchment area)	单位等高线宽度的上坡面积 Upslope area per unit width of contour	径流量(runoff volume)、稳定态径流率(steady-state runoff rate)、土壤水分、地貌(geomorphology)
流路长度(flow path length)	到流域内某点的水流流经距离	侵蚀速率(erosion rate)、产沙量(sediment yield)、聚集时间(time of concentration)
上坡长度(upslope length)	到流域内某点的平均流路长度	水流加速度的计算(flow acceleration)、侵蚀速率(erosion rate)
扩散长度(dispersal length)	流域内某点到流域出口距离	土壤流失区流失阻力(Impedence of soil drainage)
流域长度(catchment length)	从流域最高点到出口距离	坡面流的散布(overland flow attenuation)
剖面曲率(profile curvature)	坡度剖面曲率	水流加速度(flow acceleration),侵蚀/沉积速率(erosion/deposition rate)
表面曲率(plan curvature)	等高线曲率(contour curvature)	水流汇聚和发散(converging/diverging flow),土壤水分

目前,大多数的 GIS 软件和流域水文建模软件都具有常规的地形分析功能,可以方便地利用 DEM 来计算地形属性。在激水河流域模拟研究中,针对子流域和流域河网分别提取了模型运行相关的地形属性。表 4-4-2 和表 4-4-3 分别是通过地形分析技术提取的子流域属性以及河道属性示例。表 4-4-2 中英文代码的物理意义分别是:Subb 子流域代码;Area 子流域集水区面积;Slo1 子流域平均坡度;Sll 子流域平均坡长;Ele 子流域平均高程;Len1、Csl、Wid1、Dep2 分别表示子流域内最长河道的长度、坡度、宽度以及深度。表 4-4-3 中,Subr 水流流入的子流域代码,是子流域之间空间关系的体现;Len2、Slo2、Wid2、Dep2、MinE 和 MaxE 分别表示河道长度、河道坡度、河道宽度、河道深度、河道最低点高程以及河道最高点高程值。

表 4-4-2　提取的子流域地形属性示例

Subb	Area/hm²	Len1/m	Slo1/%	Sll/m	Csl/%	Wid1/m	Dep2/m	Ele/m
1	1 359.44	10 033.37	11.02	36.59	4.67	6.17	0.37	415
2	1 579.63	8 904.22	18.89	18.29	6.77	6.76	0.39	447
3	3 741.88	16 861.62	15.97	24.39	2.50	11.34	0.55	523
…	…	…	…	…	…	…	…	…

表 4-4-3　提取的河道属性示例

Subb	Subr	Areac/hm²	Len2/m	Slo2/%	Wid2/m	Dep2/m	MinE/m	MaxE/m
1	5	1 359.44	2 437.47	4.23	6.17	0.37	298	401
2	5	1 579.63	2 676.07	2.92	6.76	0.39	298	376
3	6	3 741.88	8 803.92	2.23	11.34	0.55	295	491
…	…	…	…	…	…	…	…	…

子流域集水区面积为子流域内部包含的所有网格面积的总和。自然流域的地形是不规则的,根据地表形态计算出来的网格坡度随点位发生变化。

表4-4-2和表4-4-3中,某些属性的计算方法如下。

子流域平均坡度定义为其内部网格元(Grid cell)的地形坡度的平均值(average terrain slope),可以按照下式计算(Garbrecht et al.,1999):

$$S_t = \frac{1}{n_s} \sum_{i=1}^{n_s} s_i^2 \qquad (4-4-1)$$

式中,S_t 表示平均的地形坡度;n_s 表示子流域包含的网格数,s_{ti} 表示第 i 个网格的地形坡度,s_{ti} 的计算可以通过一个 3×3 的窗口在 DEM 表面滑动,拟合出一个二次曲面,就可以计算出中间网格的地形坡度。

子流域坡长定义为子流域内部平均的坡面流路的长度,可以通过下面的公式计算(Garbrecht et al.,1999):

$$L_t = \frac{\sum\limits_{i=1}^{n_s} D_i k_i}{\sum\limits_{i=1}^{n_s} k_i} \qquad (4-4-2)$$

式中,L_t 表示子流域平均坡长;n_s 表示子流域包含的网格数(cells number);D_i 表示第 i 个网格到相邻沟道(channel)的距离;k_i 为权重因子(weighting factor)。对于非沟道所在的网格,权重为 1;沟道所在网格,权重为 0.5。

子流域平均高程可以通过 DEM 的属性表计算每个网格高程的平均值获得。

河道长度可以通过计算生成河道两端的距离方便获得。

在计算出河道长度的情况下,算出河道两端所在网格点的高差,即可计算得到河道坡度。

河道宽度和河道深度属于地形组合属性,通过河流形态学和多种组合特性分别进行计算,这两个属性的计算涉及了较多的内容,此处不再赘述。

SWAT 模型的地形参数化是在子流域基础上进行的,在子流域生成的环节中就已经进行了某些地形属性的提取(子流域本身就是基于地形定义的)。模型的运行是在水文响应单元上进行的,在同一个子流域内部,各水文响应单元的地形属性是一致的。

4.4.2 气象参数化方法研究

气象数据的参数化是在子流域尺度上进行的。模型运行需要逐日最高、最低气温,逐日降水,逐日太阳辐射,逐日风速,逐日相对湿度数据作为直接输入数据。

1. 气温参数化

潋水河流域内部没有气温观测数据,因此用本章第一节所述的方法将距此 30 多千米的流域外兴国县城的观测数据移植到流域内来。但是不是按原来的 6 个亚区分别移入,而是选择了流域内部 3 个雨量站所在的地点东村、莲塘和古龙岗,按它们的高程与兴国县城的高差,以每上升 100 m 降低 0.56 ℃ 的递降率校正(曾志远等,2001)。

模型运行时以这 3 个地点的校正气温作为输入值。表 4-4-4 表示气温校正时的有关参数。

表 4 - 4 - 4　流域内东村、古龙冈和莲塘 3 站所在地的温度校正值

地点、坐标(X/Y)	高程 h_2/m	与兴国县城的高差 Δh/m	温度校正值 Δt/℃
4 - 4 东村(20 356 338.00,2 919 237.50)	197.6	67.6	−0.37
古龙岗(20 370 170.00,2 927 270.00)	240	110	−0.61
莲塘(20 356 450.00,2 927 270.00)	230	100	−0.56

2. 降雨量的参数化

在降雨量方面,激水河流域因地形变化较大,降雨量受地形影响,具有北多于南和山区多于丘陵和盆地的特点。对于流域内众多子流域而言,即使是流域内的观测站,其降雨量数据也不能直接被应用,而是需要针对不同的高度带进行降雨量校正。

激水河流域内有东村、古龙岗、莲塘、樟木、兴江、梅窖等 6 个雨量观测站,流域外不远处还有一个兴国县城雨量站,但樟木、兴江、梅窖由于观测站中途撤销,只有 1993—1995 年的数据。东村、古龙岗、莲塘和兴国的观测雨量数据虽然比较完整,但它们的高程都偏低,降雨量只能代表河谷盆地和河谷平原的状况。

在混合使用流域内外雨量数据的情况下,兴国、东村、莲塘、樟木、兴江、梅窖和兴国 7 个站的部分降雨资料(表 4 - 4 - 5),都用来建立雨量 y(mm)与高程 x(m)之间关系的回归方程,从而得到:

$$\hat{y} = 1.470\ 1x + 1\ 288.4(R^2 = 0.753\ 4)$$

此方程的平均精度估计是 97.68%。据此方程得到了不同地点、不同高度带的降雨校正系数,如表 4 - 4 - 6。据此系数,分别以古龙岗、莲塘、东村 3 站的实测降雨量进行降雨量的高程校正,分别得到 300 m、400 m、500 m 和 600 m 等高度带的降雨量校正文件。

表 4 - 4 - 5　各雨量站的高程、观测雨量、估计雨量、绝对误差和相对误差

雨量站	高程 X_i/m	观测雨量 Y_i/mm	估计雨量 Δy/mm	绝对误差 Δy^i/mm	相对误差 E_i/%
兴国	130.0	1 489.70	1 479.5	−10.2	−0.68
东村	197.6	1 560.09	1 578.9	18.8	1.21
莲塘	230.0	1 560.55	1 626.5	66.0	4.23
古龙岗	240.0	1 732.36	1 641.2	−91.1	−5.26
樟木	260.0	1 632.20	1 670.6	38.4	2.35
梅窖	280.0	1 732.9	1 700.0	−32.9	−1.90
新江	320.0	1 747.8	1 758.8	11.0	0.63

表 4 - 4 - 6　各亚区计算平均雨量、代表站实测雨量、降雨校正系数和得到的校正雨量文件名

平均高程/m	计算平均降雨量 y_1/mm	实测平均降雨量 y_2		降雨校正系数 y_1/y_2	校正降雨量文件名
		代表性雨量站	雨量/mm		
300	1 729.43	古龙岗	1 732.36	0.998	Glg300
		东村	1 560.09	1.109	Dc300
		莲塘	1 560.55	1.108	Lt300

续表

平均高程/m	计算平均降雨量y_1/mm	实测平均降雨量 y_2		降雨校正系数y_1/y_2	校正降雨量文件名
		代表性雨量站	雨量/mm		
400	1 876.44	古龙岗	1 732.36	1.083	Glg400
		东村	1 560.09	1.203	Dc400
		莲塘	1 560.55	1.202	Lt400
500	2 023.45	古龙岗	1 732.36	1.168	Glg500
		东村	1 560.09	1.297	Dc500
		莲塘	1 560.55	1.297	Lt500
600	2 170.46	古龙岗	1 732.36	1.253	Glg600
		东村	1 560.09	1.391	Dc600
		莲塘	1 560.55	1.391	Lt600

模型运行时,每个子流域的降雨输入数据,分别按照子流域的平均高程以及最靠近的雨量站选择不同高度带的雨量校正文件。

3. 逐日风速和逐日相对湿度的参数化

因为在流域外不远的兴国县城气象站有观测数据,也没有合适的校正方法,就直接采用了。

4. 太阳辐射和其他一些气象因子的参数数化

在激水河流域内和不远处的兴国县气象站,都没有太阳辐射观测数据。好在SWAT模型中有一个气象生成器(weather generator),它可以在没有实际日观测数据的情况下,根据多年逐月统计资料模拟计算出模型运行所需的逐日气象输入数据,也可进行观测资料不全时的插补。于是我们就借助这个气象生成器来模拟出太阳辐射数据。

模型中其他一些气象因子的参数,也由气象生成器模拟产生。气象生成器模拟所需要的输入数据主要有以下内容:

①按月统计的多年日最高气温平均值和标准差(24项);

②按月统计的多年日最低气温平均值和标准差(24项);

③按月统计的多年每月总降雨量平均值和标准差(24项);

④按月统计的多年每月中,日降雨量的倾斜系数(12项);

⑤按月统计的多年每月中,湿天跟干天的概率(12项);

⑥按月统计的多年每月中,湿天跟湿天的概率(12项);

⑦按月统计的多年每月的平均降雨天数(12项);

⑧按月统计的多年每月中,最大0.5 h降雨量(12项);

⑨按月统计的多年每月中,日平均太阳辐射(12项);

⑩按月统计的多年每月中,日平均露点温度(12项);

⑪按月统计的多年每月中,日平均风速(12项)。

以上各项数据的计算公式,Neitsch都做了介绍,这里不再赘述。在我们的模拟中,各项分别依古龙岗、莲塘、东村3个雨量站进行了计算。①、②两项采用校正后的气温值计算,③—⑧项依各雨量站1991—2000年的观测值分别进行分析后统计计算。第⑨项由兴国县气象站年鉴提供。⑩和⑪项由兴国气象站 1991—2000 年的实测资料统计计算。

4.4.3　土地利用参数化方法研究

土地利用的参数化主要是确定流域内部不同的地面覆盖类型及其空间分布状况。遥感技术在这个方面具有明显的优势。就目前的研究进展看,卫星遥感数据已经广泛地应用在土地利用制图、流域植被动态监测等方面。除此以外,利用遥感技术直接提取模型运行参数的例子也越来越多。Bifu 等利用 NOAA-AVHRR 计算了归一化差值植被指数 NDVI,并利用得到的 NDVI 计算出不同土地利用类型的叶面指数 LAN,直接作为模型的输入数据;在同一个研究中,利用陆地卫星的 TM 图像计算了不同地面覆盖类型的地表反照率,并利用劈窗技术反演了地表温度。我们在国家自然科学基金项目(批准号:49571035)中,也利用遥感技术进行了地表温度的反演研究和植被与土壤侵蚀的动态监测的研究(潘贤章,1999)。

在使用 SWAT 模型对江西潋水河流域进行模拟研究时,土地利用分类是通过陆地卫星 TM 图像的监督分类完成的,监督分类又称为"训练区法"。在计算机开始分类之前,操作者要在图像上标出已知地物的样区——训练区。训练区是通过野外实地调查勾绘在地形图上或黑白/彩色遥感图像上的。通过图像处理系统,对每一类训练区进行统计分析,得出训练区样本值的分布模型,建立判别函数,从而对所有未知像元进行分类(Williams,1995)。

下面仍以潋水流域为例,分几个方面对土地利用图的生成进行介绍:

1. 遥感图像及其预处理

遥感图像选择了 1995 年 12 月 7 日 Landsat-5 的 TM 卫星影像,共包括除热红外(6 波段)以外的其他 6 个波段,原始图像在用 SWRRB 对潋水河流域进行模拟时已做过几何校正。在用 SWAT 进行模拟时又用 ENVI 3.4 软件进行了反射率校正。通过这一校正,可以将图像值校正为大气上界的反射率(ENVI User's Guide)。校正过程中,需要输入图像获取的日期、太阳高度角等数据。校正过程的输入界面如图 4-4-1 所示。

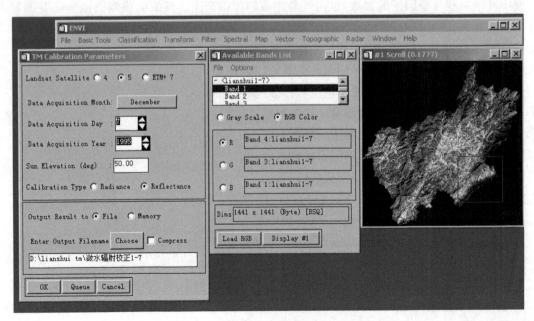

图 4-4-1　TM 图像的辐射粗校正示意

为了反映地物波谱的多维空间响应,参考了 Su 的研究方法,首先利用 TM3 和 TM4 波段计算生成了归一化差值植被指数(NDVI)图像,输出的数据类型选择了字节(byte)方式。然后,对 TM 的 6 个波段进行了缨帽变换,生成了分别标示为"亮度"(brightness,土壤亮度指数)、"绿度"(greenness,绿色植被指数)和"老三"(third),有时和土壤含水量特征相关的 3 幅图像。最后,利用 TM 1~5 波段、7 波段6 幅图像、NDVI、和缨帽变换生成的 3 幅图像组成了一个 10 维的数据文件,将其作为监督分类的基础图像。所有的图像都纳入高斯-科吕格投影的坐标体系。

2. 野外训练区的选择

对于监督分类而言,训练区的选择至关重要。2001 年 6 月 4~19 日,我们赴潋水河流域,按照预先计划的 5 条线路,进行了路线考察。在流域的不同地点,选择了 100 多个各种地物的训练区。在所选训练区的中间位置利用 GPS 进行了空间定位,记录了相应的地理坐标。GPS 定位误差均控制在 5 m 以内,然后在地形图上进行了大致的标绘。勾绘的训练区范围以内必须是所标示的地物。同时,拍摄了近 200 张实地照片以备分类时对照。表 4-4-7 为选择的训练区示例。由于数量较多,表中只选择性地列举了部分数据。

表 4-4-7　选择的训练区示例

编号	纬度,经度	描　述	地点
1	26°31′06.1″N,115°50′03.5″E	山地混交林地,植被茂盛	画眉坞北面山头
2	26°29′15.3″N,115°47′52.6″E	水稻梯田样方,东面为山地山上植被茂密	寄龙下公路西侧大块稻田中的田埂上
3	26°28′43.1″N,115°46′40.5″E	山地混交林地,阴坡,植被完全覆盖	陈也村北面山头
4	26°23′58.8″N,115°46′15.0″E	大块农地,蔬菜、旱地作物	狮子洞前 100 m
5	26°24′56.8″N,115°43′38.4″E	河滩裸露地	罗代村前河滩
6	26°32′02.1″N,115°47′33.7″E	阳坡,芦棘,沙树,高 0.5 m	桐林水库西侧山头
7	26°32′01.0″N,115°47′33.7″E	北面为水库水面	桐林水库水坝泄洪道顶端
8	26°30′17.4″N,115°46′29.6″E	河滩阔叶林地	兴江西南河滩地
9	26°24′19.5″N,115°48′05.0″E	竹林	梅窖盆地路边
10	26°22′57.0″N,115°33′45.2″E	大片油茶林地	莲塘河和主河交汇处北面山头土围下
11	26°24′20.1″N,115°45′05.5″E	稀疏马尾松	梅窖盆地和店子山盆地分水岭上
12	26°27′06.1″N,115°42′03.5″E	居民地样区	古龙岗乡政府院内
…	…	…	…

3. 监督分类

野外考察结束,我们对所选择的训练区进行了分析,结合 SWAT 模型中列举的土地利用类型,确定了监督分类类型划分的初步方案。

（1）训练区在 TM 图像上的标绘

在 ENVI 图像处理系统中,选择原始 TM 图像的 TM 4 波段(R),TM 3 波段(G)和 TM2 波段(B)进行了彩色合成。在彩色合成影像上,通过 ENVI 软件的训练区标绘界面,输入 GPS 定位的地理坐标,这样光标就会定位在校正后合成图像的相应位置上,将图像放大后,根据训练区的大小分别采用点、线、多边形的勾绘方法在图像上标绘训练区的界线。标绘过程中,要利用 ENVI 的可视化统计工具(图 4-4-2),对每一类地物在各波段的统计参数进行统计。这些参数包括所选训练区在每个波段上的均值、正负标准差、最大值和最小值等。如果标绘存在误差,就会使标准差变大和最大最小值的差值变大。这时就要进行分析,并采取相应的措施加以调整,来保证所选训练区参数的精确性。

训练区标绘完成之后,要在生成的训练区文件中对所选地物类型同时进行相应的说明。

我们标绘了 90 余块训练区,分属水、水稻田、菜地、混交林地、马尾松林(稀、密)、阔叶林地、油茶林、山坡灌木、裸地(河滩、山顶)、居民地、山地阴影等共 15 地物类。

最后的训练区选定结果存入特定的训练区文件,以备分类时调用。图 4-4-2 表示的是 8 类地物或土地利用类型的训练区(编号:a~h)的统计分析示意图。图中,横坐标 1~10 依次表示原始的 TM 1、2、3、4、5、7 波段图像、NDVI 图像以及缨帽变换生成的 brightness、greenness 和 third 3 个图像。纵坐标表示选定的训练区类型在每个图像上的数码值或灰度值。图上的 5 条曲线分别表示所选训练区在每幅图像上的均值(mean)、正负标准差(±stdev)和最大(max)、最小值(min)。

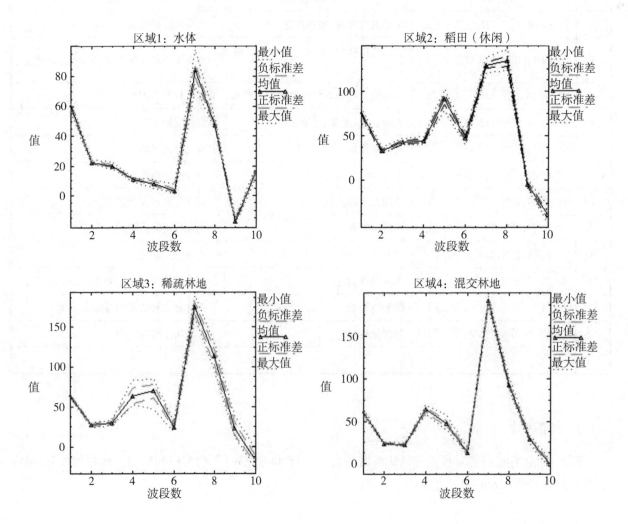

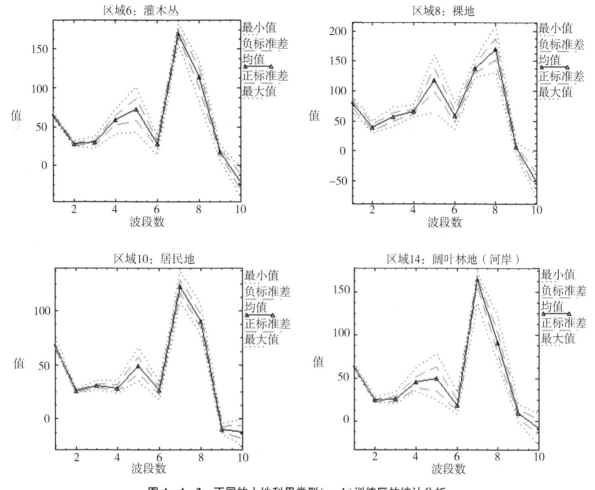

图 4-4-2　不同的土地利用类型(a~h)训练区的统计分析

在这些分析图像上可以明显看出,对于植被类,NDVI(在 7 的位置)具有明显的峰值。对于裸地和休闲农地,Brightness(在 8 的位置)具有明显的峰值。不同的类型训练区在每幅图像上的数值变化都一目了然。

需要说明的是,通过反射率校正后生成的图像,图像值变小(小于 1),和生成的用 byte 表示的 NDVI 图像量值差别太大,不便于可视化分析。训练区选择时,采用了用灰度值表示的原始 TM 图像。

(2) 分类

我们使用已经生成的 10 维(10 个)遥感图像作为最终的基础分类图像,首先打开数据文件,选择反射率校正后的 TM 图像的 TM 4 波段(R)、TM 3 波段(G)、TM 2 波段(B)进行了彩色合成,然后调入存储的训练区文件,每个训练区就会显示在合成图像上。

分类的方法采用了最小距离法。它是利用距离判别函数计算未知象元到各训练样本均值点的距离。在满足了分类者设定的条件之后,离那个样本最近就划归该类。遥感图像的监督分类中,最主要的是训练区的选择。参数设定之后分类过程由计算机自动完成,在分类过程中也需要操作者设定某些参数,我们将相对于均值的最大标准差限定为 2,这是经过多次调整才设定的。如果过大,分类误差会增加;如果太小,有些象元就无法归类,出现非分类空白。在试验中曾发现山地阴影无法正确分出,只好又专门增加了山地阴影的训练区,以便正确区分。

分类分出的 15 个类,通过混淆矩阵的检验得知分类的平均精度为 66%。这个分类精度偏低,但对于 SWAT 模型的要求而言已经足够。因为精度误差一般是大类之下的小类误分所致。例如将有些混交林地象元分到阔叶林地,有些山地灌木象元分到油茶林等。这些误差对于模型的运行没有太大影响,况且在实际工作中,还需要对最后的分类结果进行大类归并。

(3) 分类后的处理

对分类后的图像,会出现大类中包含有零星别类地物或者同一类地物的小块分离等情况。因此需要对生成的分类图像进行后处理。这个过程是通过聚块(clump)、筛选(sieve)和众化(majority)等交互处理来完成的。此处不再详述。

最后我们根据模型要求和实地考察经验,将结果合并(combine)为混交林地、稀疏林地、阔叶林地、水体、旱地、居民地、水稻田、低矮灌丛、裸地等 9 大类,分出的山地阴影也分别归并到各地域的林地大类中。遥感图像监督分类得到的这 9 大地物类分类图,也就是流域模拟所需要的土地利用分类图(图 4 - 4 - 3,见彩图版Ⅳ)。

彩色版Ⅳ　图 4 - 4 - 3　兴国县潋水河流域土地利用分类图(1995.12 TM 图像监督分类)

表 4 - 4 - 8 为监督分类最后结果 9 大类的统计。

表 4－4－8 监督分类结果统计表（一）

类序号	类含义	类代码	像元数	占流域总面积/％
1	水体	WATE	819	0.088 5
2	混交林地	FRST	198 251	21.416 9
3	稀疏林地	FRSD	285 261	30.807 6
4	阔叶林地	FRSE	118 797	12.829 8
5	灌木林地	RNGB	91 819	9.916 3
6	旱地（农）	AGRC	119 347	12.889 2
7	水稻田	RICE	85 762	9.262 1
8	居民地	URBN	21 639	2.337 0
9	裸地	RNGE	4 249	0.458 9

各土地利用类型在 10 维图像上的均值见表 4－4－9。

表 4－4－9 监督分类地物类型或土地利用类型统计表

波段	类均值								
	水体	混交林地	稀疏林地	居民地	旱地（农）	裸地	水稻田	阔叶林地	低矮灌丛
1	3.558 6	3.274 2	3.385 5	3.693 8	3.845 9	4.476 6	4.105 2	3.578 9	3.739 1
2	2.506 2	2.119 4	2.315 5	2.587 2	2.886 2	4.008 4	3.295 7	2.585 0	2.889 8
3	1.760 2	1.423 7	1.627 2	2.104 5	2.484 8	4.060 8	3.063 2	1.992 8	2.403 5
4	1.033 8	2.631 4	3.128 7	2.098 2	2.900 5	4.647 5	3.589 3	3.442 7	4.060 5
5	0.130 1	0.289 9	0.383 8	0.412 2	0.602 0	1.222 4	0.879 0	0.532 5	0.759 1
6	0.022 2	0.040 4	0.060 0	0.088 0	0.134 4	0.301 1	0.207 9	0.097 0	0.150 6
7	91.532 4	154.801 9	165.372 7	127.345	137.359 4	136.432	137.493 7	161.224 5	160.087 1
8	3.489 8	3.842 3	4.318 0	4.356 3	5.159 8	7.693 4	6.145 1	4.887 5	5.653 4
9	−1.114 4	0.813 4	−0.383 5	0.066 6	0.595 3	0.296 1	0.845 5	1.123 5	0.527 7
10	1.928 6	1.948 0	2.140 2	2.144 7	2.434 3	3.339 1	2.741 4	2.333 1	2.561 9

利用 GIS 软件，将土地利用分类图转成 ArcView 的 Grid 形式，格网大小 25 m×25 m。每种类型具有不同的格网值，建立了格网值和模型土地利用分类码的对应表，供模型调用。图例的代码分别是：山地混交林地 FRST、稀疏林地 FRSD、水稻田 RICE、水体 WATE、居民地 URBN、灌木林地 RNGB、农地（旱作物）AGRC、阔叶林地 FRSE、河滩和山区裸地 RNGE。

分类中使用的是 1995 年 12 月的图像，而训练区是 2001 年 6 月选定的，它们的时相有一定的差别。因此，在野外考察过程中，我们特别注重土地利用变化的调查，在训练区选择了比较稳定的地块，分类中也花费了大量的时间进行对比优化研究，以求得较高的准确性。

野外考察期间随行向导介绍，2001 年和 1995 年相比，植被密度有一定变化，但植被类型基本没发生变化。因此，我们的分类结果近似于 1995—2001 年间的平均状况，可以满足模型运行的数据要求。

4.4.4 土壤属性参数化方法研究

SWAT 模型中需要输入的土壤属性数据可以分为空间分布数据、土壤物理属性数据和土壤化学属性数据三大类。土壤空间分布数据表示在每一个子流域中不同土壤类型的空间分布和面积统计,是通过数字土壤图和子流域界限图的空间叠加来实现的,土壤空间分布数据是生成水文响应单元的基础。

土壤物理属性控制着土壤内部水和空气的运动,对每个水文响应单元的水循环过程产生着很大的影响,是模型输入的必要参数。土壤化学属性主要用来设置土壤中所包含的化学物质的初始含量,它在模型输入中是可选参数。

1. 土壤类型空间分布参数化方法研究

土壤空间数据和属性数据,大多源于 1982 年全国第二次土壤普查后汇编的《兴国县土壤》一书。

流域内土壤共分为 38 种,包括土壤复区。但后者无法确定其分层结构,只好将它归并到优势土壤类。这样一来,在模型运行时实际只有 23 类。

研究区的数字土壤图采用《兴国县土壤》一书的 1∶25 万附图。数字化后通过 GIS 栅格化将其转化为网格 GRID 形式。网格大小为 25 m×25 m。不同的土壤类型具有不同的网格值,同时建立了网格值和土壤类型对应表,供模型调用。

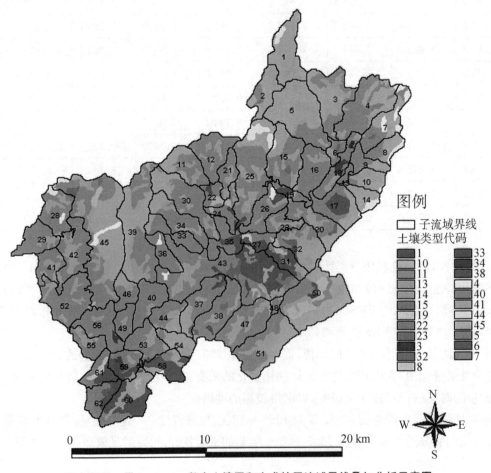

彩色版Ⅳ　图 4-4-4　数字土壤图和生成的子流域界线叠加分析示意图

相比其他数据,数字土壤图的比例尺要小,存在着空间尺度的匹配问题。我们也进行了多方查找,但研究区再无其他土壤资料可供使用,只好作罢。

将 GRID 形式的土壤图和子流域界限进行空间叠加分析,每个子流域内部的各类土壤分布状况可以通过不同数值网格统计得到。图 4-4-4(见彩图版Ⅳ)为数字土壤图和生成的子流域界线叠加分析示意图,从中可以看出不同类型土壤在子流域内的空间分布。

2. 土壤物理属性参数化方法研究

(1) 土壤质地采样数据的尺度转换

SWAT 模型运行时需要土壤剖面分层质地含量数据,每个土壤剖面可以最多分到 10 层。模型要求的土壤质地采样指标采用了美制标准,和我国第二次土壤普查标准有着较大的差异,如表 4-4-10 所示。

表 4-4-10　美制质地标准和我国第二次土壤普查采用标准的对比

美制标准(SWAT 模型采用)		第二次土壤普查标准(现有资料采用)	
名称	采样标准	名称	采样标准
黏粒(Clay)	<0.002 mm	黏粒	<0.001 mm
粉砂(Silt)	0.002~0.05 mm	细粉砂	0.005~0.001 mm
砂粒(Sand)	0.05~2.0 mm	中粉砂	0.01~0.005 mm
石、砾(Rock)	>2 mm	粗粉砂	0.05~0.01 mm
		细沙	0.1~0.05 mm
		沙	1~0.1 mm
		砾	>1 mm

这需要在两种标准之间进行转换。关于这个问题,梁音等人介绍可以利用对数和二次方程进行计算机转化,也可以利用半对数纸图解的办法。

我们经过多方调研,采用了黑龙江八一农垦大学张之一教授的质地改算程序,进行了转换。张之一教授程序的理论基础也是采用了对数和二次方程转化方法。转换工作完成之后,我们将原始数据和转换后的结果一并呈请张之一教授审阅,他认为可以使用。

尽管如此,23 种土壤里仅 12 种有质地采样数据,其他 11 种仅有分层的质地名称描述,如中壤、轻壤、重壤等。我们计算了书中与其质地名称一致的所有采样数据的质地平均值,作这 11 种土壤的质地采样数据。表 4-4-11 和表 4-4-12 分别为转换前后各类土壤的质地数据。两表中的土壤名称和质地名称均依《兴国县土壤》一书,这可能和现在新的土壤分类标准不一致,特此说明。

表 4-4-11　转换前的各类土壤质地采样数据(数据来源:《兴国县土壤》)

土壤名称	取样深度/mm	>1 mm	粒级/mm,含量/%						质地名称
			1.0~0.1	<0.1~0.05	<0.05~0.01	<0.01~0.005	<0.005~0.001	<0.001	
沙泥田	0~170	8.9	22.3	41.0	15.3	9.2	10.2	2.0	中砾质轻壤土
	>170~230	5.1	20.5	43.7	12.3	7.2	10.2	6.1	中砾质轻壤土
	>230	0.62	6.7	48.1	7.2	14.4	19.5	4.1	中壤土

续表

土壤名称	取样深度/mm	>1 mm	粒级/mm,含量/%						质地名称
			1.0~0.1	<0.1~0.05	<0.05~0.01	<0.01~0.005	<0.005~0.001	<0.001	
黄鳝泥田	0~140	1.5	13.4	40.3	12.7	15.8	4.1	13.7	轻砾质中壤土
	>140~250	2.0	12.0	36.6	16.8	6.6	16.7	11.3	轻砾质中壤土
	>250~620	2.1	12.6	43.1	7.6	4.5	17.2	15.0	轻砾质中壤土
	>620~1 000	14.6	15.7	45.7	0.4	3.5	13.2	21.5	重砾质中壤土
紫顽泥田	0~150	1.05	12.5	36.7	30.5	6.1	12.2	2.0	轻砾质轻壤土
	>150~270	0.3	6.0	40.9	21.1	2.7	15.1	14.2	中壤土
	>270~1 000	0.5	6.2	36.5	19.1	8.8	13.1	16.3	中壤土
乌潮沙泥田	0~200	0.45	7.8	53.6	23.1	0.6	6.3	8.6	砂壤土
	>200~290	0.6	7.8	42.0	34.7	0.6	6.3	8.6	砂壤土
	>290~900	0.7	10.7	42.6	26.4	8.1	6.1	6.1	轻壤土
	>900~1 000	5.0	29.3	48.6	12.1	4.0	4.0	2.0	轻砾质砂壤土
红沙泥田	0~160	2.7	17.7	51.6	18.7	6.5	0.0	5.5	轻石质砂壤土
	>160~260	4.0	18.4	49.0	18.6	6.5	2.0	5.5	轻石质砂壤土
	>260~480	2.4	14.4	51.9	14.6	4.5	7.6	7.0	轻石质砂壤土
	>480~1 000	3.5	19.2	51.1	12.6	3.5	5.8	7.8	轻石质砂壤土
麻沙泥田	0~170	0.9	15.5	65.8	11.0	0.8	1.4	5.5	紧砂土
	>170~240	4.6	14.3	42.9	18.3	8.2	10.2	6.1	轻石质轻壤土
	>240~400	3.9	14.0	51.5	12.2	8.1	8.1	6.1	轻石质轻壤土
	>400~830	1.4	7.8	45.3	22.5	10.2	7.1	7.1	轻石质轻壤土
麻沙泥田2	0~140	11.3	12.0	46.9	16.4	10.3	14.4	0.0	重石质轻壤土
	>140~190	12.4	12.2	73.0	2.9	2.9	2.5	6.5	重石质砂壤土
	>190~670	10.8	11.5	71.7	0.8	2.9	5.5	7.6	重石质砂壤土
	>670~1 000	18.4	23.2	50.0	10.3	2.1	7.2	7.2	重石质砂壤土
乌黄沙泥田	0~190	2.95	9.4	33.1	24.6	8.3	16.1	8.5	轻石质中壤土
	>190~250	1.75	10.6	36.2	20.4	8.3	14.0	10.5	轻石质中壤土
	>250~500	18.5	14.7	35.9	36.8	4.3	5.6	2.7	重石质砂壤土
	>500~1 000	6.1	11.9	44.8	14.4	6.3	15.8	6.8	轻石质轻壤土
紫油沙泥田	0~190	3.1	11.9	40.5	17.9	2.5	15.2	12.0	轻石质轻壤土
	>190~280	1.7	7.1	36.9	18.0	5.6	18.3	14.1	轻石质中壤土
	>280~800	1.6	24.4	21.9	24.1	3.5	13.1	13.0	轻石质轻壤土
青塥红沙泥田	0~170	2.7	22.9	27.1	7.6	5.5	3.8	23.1	轻石质中壤土
	>170~280	1.9	18.8	28.5	23.3	9.1	12.2	8.1	轻石质轻壤土
	>490~1 000	1.8	9.7	39.0	21.9	5.5	11.0	12.9	轻石质轻壤土

续表

土壤名称	取样深度 /mm	>1 mm	粒级/mm,含量/%						质地名称
			1.0~0.1	<0.1~0.05	<0.05~0.01	<0.01~0.005	<0.005~0.001	<0.001	
青鳝泥田	0~170	4.8	5.5	35.2	23.2	11.9	15.6	8.6	轻石质中壤土
	>170~260	2.5	5.8	41.2	19.0	13.9	15.3	4.8	轻石质中壤土
	>260~1 000	1.8	5.5	46.6	12.9	9.8	18.4	6.8	轻石质中壤土
青隔麻沙泥田	0~100	6.9	15.4	38.6	6.4	4.3	16.3	19.0	中石质中壤土
	>100~200	6.1	15.9	38.0	6.5	4.3	16.3	19.0	中石质中壤土
	>200~500	5.9	12.8	36.5	4.4	2.3	14.4	29.6	中石质重壤土
	>500~800	3.2	16.5	39.6	8.5	2.3	10.1	23.0	轻石质中壤土
漂洗鳝泥田	0~150	0.8	9.9	30.2	24.1	9.7	21.1	5.0	中壤土
	>150~220	0.6	8.4	29.6	17.9	10.7	22.2	11.2	中壤土
	>220~460	1.0	9.2	41.1	15.9	9.7	16.2	7.9	中壤土
	>460~1 000	0.9	8.4	35.9	17.9	7.6	16.2	14.0	中壤土
漂洗麻沙泥田	0~150	11.5	25.5	53.3	11.8	1.6	4.3	3.5	重石质紧沙土
	>150~210	13.5	27.5	53.4	9.8	2.6	1.2	5.5	重石质紧沙土
	>210~500	15.5	34.0	36.5	11.2	8.1	5.1	5.1	重石质砂壤土
	>500~590	20.2	40.1	51.8	7.1	1.0	0.0	0.0	重石质松砂土
矿毒田	0~140	3.9	13.8	43.2	22.8	2.4	9.2	8.6	轻石质轻壤土
	>140~230	5.2	15.7	41.2	21.8	3.5	8.2	9.6	中石质轻壤土
	>230~410	4.8	15.5	45.4	19.9	5.5	11.0	2.7	轻石质砂壤土
	>410~620	7.7	17.3	45.2	19.9	3.5	9.2	4.8	轻石质砂壤土

（2）土壤水文、水传导等物理属性的参数化

SWAT 模型需要各类土壤的水文、水传导属性作为输入值,包括:①每类土壤所属的水文单元组;②植被根系深度值;③土壤表面到最底层深度和按土壤层分层输入的数据值;④土壤表面到各土壤层深度;⑤土壤容重;⑥有效田间持水量;⑦饱和导水率;⑧每层土壤中的黏粒、粉砂、砂粒、砾石含量;⑨USLE 方程中的土壤可蚀性 K;⑩田间土壤反照率(albedo);(11)初始 NO_3^- 聚集量。

①和②是密切联系的,后面再讨论。从上面的叙述中可以看出⑧问题已经基本解决。②、③和⑪问题可以从《兴国县土壤》一书所包含的数据中分析得到。

⑩问题目前没有好的办法解决。因为反照率随自然条件而异,季节变化范围很大,植物生长和植被特性的变化都可使反照率改变,所以田间土壤反照率的精确计算是极为复杂的。文献中有不少关于不同土壤反照率的讨论。比如说,干燥的青色泥土反照率为 0.23,湿的青色泥土反照率为 0.16,干燥的休耕地反照率为 0.12~0.20,潮湿的休耕地反照率为 0.05~0.14,等等。我们按照潮湿休耕地的均值,统一赋值为 0.10。

土壤可蚀性 K 值表示土壤本身的抗蚀能力。这个参数非常重要,它影响泥沙模拟的精度。按照常规,K 值需要试验获得。在我们研究中显然无法办到,需要另想办法。杨子生等对这个参数进行了讨论,并提出了不少解决办法。其中研究中涉及的研究区是江西鹰潭,它和潋水河流域在空间上相对接近,土壤类型也比较接近,其研究成果给我们提供了有价值的参考数值。但我们用洛谟图法和公式法分

别做了试验,发现计算结果和这些文献中的实测值差别很大。

中国科学院南京土壤研究所梁音和史学正在文献中,以土壤亚类为基础,依据第二次全国土壤普查资料,建立了我国东部丘陵区各土种的理化性质数据库,并应用土壤可蚀性方法,计算了各土种的土壤可蚀性 K 值和我国东部丘陵区土壤的平均 K 值(0.228)。激水河研究区中主要土壤类型在他们的研究成果中都有具体的数值。对于相同类型土壤,我们采用了周斌等研究成果中的 K 值。文献中没有列出的土壤类型,其 K 值取平均 K 值 0.228。

土壤容重、有效田间持水量和饱和的导水率也需要试验测定。经过分析多方资料,我们采用了 Saxton 的研究成果。他通过土壤数据库的分析,研究了土壤质地含量和土壤物理属性之间存在的统计关系,他的计算值和实测值有很好的拟合关系。图 4-4-5 为 Saxton 开发的计算程序界面,只要输入土壤中沙和黏粒的含量,就可以计算出相应的土壤物理属性。

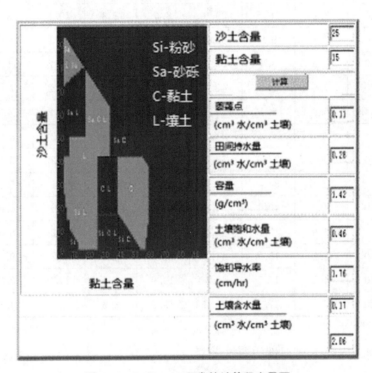

图 4-4-5　Saxton 开发的计算程序界面

（3）土壤水文单元组和径流曲线数的计算

SWAT 模型中的产水量模拟采用了美国土壤保护署(Soil Conservation Service)开发的 SCS 径流曲线数模型,这个模型有两个关键的参数就是水文单元组和径流曲线数。美国自然资源保护署(Natural Resource Conservation Service)在土壤入渗特征的基础上,将各类土壤分成 4 组,每组土壤在相似的降雨和地面覆盖下具有相似的径流特征。

表 4-4-12　转换后的各类土壤质地采样数据

土壤名称	取样深度/mm	>2 mm	（粒级/mm,含量/%）			质地名称
			<0.002	0.002~0.05	0.05~1	
沙泥田	0~170	8.9	6.39	30.31	63.3	中砾质轻壤土
	>170~230	5.1	10.49	25.31	64.2	中砾质轻壤土
	>230	0.62	12.50	32.70	54.8	中壤土

土壤名称	取样深度/mm	>2 mm	（粒级/mm，含量/%）			质地名称
			<0.002	0.002~0.05	0.05~1	
黄鳝泥田	0~140	1.5	15.47	30.83	53.7	轻砾质中壤土
	>140~250	2.0	18.49	32.91	48.6	轻砾质中壤土
	>250~620	2.1	22.41	21.89	55.7	轻砾质中壤土
	>620~1 000	14.6	27.18	11.42	61.4	重砾质中壤土
紫顽泥田	0~150	1.05	7.25	43.55	49.2	轻砾质轻壤土
	>150~270	0.3	20.70	32.40	46.9	中壤土
	>270~1 000	0.5	21.94	35.36	42.7	中壤土
乌潮沙泥田	0~200	0.45	11.31	27.29	61.4	砂壤土
	>200~290	0.6	11.31	38.89	49.8	砂壤土
	>290~900	0.7	8.73	37.97	53.3	轻壤土
	>900~1 000	5.0	3.72	18.38	77.9	轻砾质砂壤土
红沙泥田	0~160	2.7	5.50	25.20	69.3	轻石质砂壤土
	>160~260	4.0	6.36	26.24	67.4	轻石质砂壤土
	>260~480	2.4	10.27	23.43	66.3	轻石质砂壤土
	>480~1 000	3.5	10.30	19.40	70.3	轻石质砂壤土
麻沙泥田	0~170	0.9	6.10	12.60	81.3	紧砂土
	>170~240	4.6	10.49	32.31	57.2	轻石质轻壤土
	>240~400	3.9	9.59	24.91	65.5	轻石质轻壤土
	>400~830	1.4	10.16	36.74	53.1	轻石质轻壤土
麻沙泥田 2	0~140	11.3	6.20	34.90	58.9	重石质轻壤土
	>140~190	12.4	7.58	7.22	85.2	重石质砂壤土
	>190~670	10.8	9.97	6.83	83.2	重石质砂壤土
	>670~1 000	18.4	10.30	16.50	73.2	重石质砂壤土
乌黄沙泥田	0~190	2.95	15.43	42.07	42.5	轻石质中壤土
	>190~250	1.75	16.53	36.67	46.8	轻石质中壤土
	>250~500	18.5	5.11	44.29	50.6	重石质砂壤土
	>500~1 000	6.1	13.60	29.70	56.7	轻石质轻壤土
紫油沙泥田	0~190	3.1	18.55	29.05	52.4	轻石质轻壤土
	>190~280	1.7	21.98	34.02	44.0	轻石质中壤土
	>280~800	1.6	18.64	35.06	46.3	轻石质轻壤土
青垇红沙泥田	0~170	2.7	24.74	15.26	50.0	轻石质中壤土
	>170~280	1.9	13.35	39.35	47.3	轻石质轻壤土
	>280~490	1.1	11.54	33.56	54.9	轻石质轻壤土
	>490~1 000	1.8	17.64	33.66	48.7	轻石质轻壤土

续表

土壤名称	取样深度/mm	>2 mm	（粒级/mm,含量/%）			质地名称
			<0.002	0.002~0.05	0.05~1	
青鳝泥田	0~170	4.8	15.32	43.98	40.7	轻石质中壤土
	>170~260	2.5	11.39	41.61	47.0	轻石质中壤土
	>260~1 000	1.8	14.72	33.18	52.1	轻石质中壤土
青隔麻沙泥田	0~100	6.9	26.02	19.98	54.0	中石质中壤土
	>100~200	6.1	26.02	20.08	53.9	中石质中壤土
	>200~500	5.9	35.80	14.90	49.3	中石质重壤土
	>500~800	3.2	27.35	16.55	56.1	轻石质中壤土
漂洗鳝泥田	0~150	0.8	14.09	45.81	40.1	中壤土
	>150~220	0.6	20.76	41.24	38.0	中壤土
	>220~460	1.0	14.88	34.82	50.3	中壤土
	>460~1 000	0.9	20.98	34.72	44.3	中壤土
漂洗麻沙泥田	0~150	11.5	5.35	15.85	78.8	重石质紧沙土
	>150~210	13.5	6.02	13.08	80.9	重石质紧沙土
	>210~500	15.5	7.30	22.20	70.5	重石质砂壤土
	>500~590	20.2	0.00	8.10	91.9	重石质松砂土
矿毒田	0~140	3.9	12.56	30.44	57.0	轻石质轻壤土
	>140~230	5.2	13.13	29.97	56.9	中石质轻壤土
	>230~410	4.8	7.44	31.66	60.9	轻石质砂壤土
	>410~620	7.7	8.80	28.70	62.5	轻石质砂壤土

　　土壤水文单元组的分类具有一定的复杂性,在 SWAT 99 的手册(Neitsch et al.,1999)中,水文单元组分类标准依据各类土壤 0.5 m 表层的饱和的导水率大小,分成 A、B、C、D 四组。分组的标准如表 4-4-13 所示。在 SWAT 2000 的手册(Neitsch et al.,2000)中,对分组的标准又进行了更新,提出了更多的概念性的说明。可见,对于土壤水文单元组的划分一直具有模糊性。

　　在我们的工作中,首先依据表 4-4-13 的标准来确定不同土壤类型的水文单元组划分,然后仔细分析土壤质地采样数据,再和美国土壤数据库的土壤数据进行对比,最后依据文献中可以参考的一些标准进行了调整(Neitsch et al.,2000)。

表 4-4-13　土壤水文单元组的划分标准

土壤水文单元组	土壤上层 0.5 m 饱和的导水率/mm·h^{-1}
A	>110
B	11~110
C	1.1~11
D	<1.1

　　径流曲线数(runoff curve number)是 SCS 模型的重要参数,表示为土壤渗透性、地面覆盖以及先期土壤水分条件的函数。不同的地面覆盖和土壤水文分组条件决定了径流曲线数的值。美国土壤保护署

就各种土被组合给出了相应的径流曲线数(前期水分条件Ⅱ),如表 4-4-14 所示。在水文响应单元生成过程中,每个水文响应单元的土被组合和径流曲线数依照规定的土地利用代码和土壤水文单元组代码由模型自动生成。

表 4-4-14　水文土被组合的径流曲线数(前期含水条件Ⅱ)

地面覆盖与耕作和水文特征			水文土壤组			
土地利用	处理或实践	水文条件	A	B	C	D
休耕	直行耕作	—	77	86	91	94
土地利用	处理或实践	水文条件	A	B	C	D
作物耕作	直行耕作	差	72	81	88	91
	直行耕作	好	67	78	85	89
	等高耕作	差	70	79	84	88
	等高耕作	好	65	75	82	86
	等高和梯田	差	66	74	80	82
	等高和梯田	好	62	71	78	81
小粒作物	直行耕作	差	65	76	84	88
	直行耕作	好	63	75	83	78
	等高耕作	差	63	74	82	85
	等高耕作	好	61	73	81	84
	等高和梯田	差	61	72	79	82
	等高和梯田	好	59	70	78	81
密植豆类或轮作草地	直行耕作	差	66	77	85	89
	直行耕作	好	58	72	81	85
	等高耕作	差	64	72	83	85
	等高耕作	好	55	69	78	83
	等高和梯田	差	63	73	80	83
	等高和梯田	好	51	67	76	80
牧场或放牧地		差	68	79	86	89
		一般	49	69	79	84
		好	39	61	74	80
	等高耕作	差	47	67	81	88
	等高耕作	一般	25	59	75	83
	等高耕作	好	6	35	70	79
草地		好	30	58	71	78
树林		差	45	66	77	83
		一般	36	60	73	79
		好	25	55	70	77
农场		—	59	74	70	77

续表

地面覆盖与耕作和水文特征		水文土壤组			
道路(碎石)	—	72	82	78	89
道路(硬面)	—	74	84	90	92

3. 土壤化学属性参数化方法研究

土壤化学数据包括表层土壤中各种杀虫剂含量、有机氮素含量、无机氮素含量、有机磷素含量和无机磷素含量等。这些数据用于流域化学径流模拟试验。

如果只进行流域的液体径流和固体径流模拟,土壤化学属性的参数化可以忽略。

4.4.5　水库和农业管理属性参数化方法研究

激水河流域内部有大小水库 5 座,集水区面积从 $0.675 \sim 14.6 \text{ km}^2$ 不等;在实地考察期间,从兴国县水利局收集了相关的水库数据,可直接使用。

在 SWAT 模型中,使用者可以定义每个水文响应单元中农业管理措施、每种作物的生长季节(播种、种植、收割)、化肥使用的时间和数量、农药使用、灌溉用水方式、灌溉水数量、不同的耕作方式以及作物成熟后的生物量分解成收获量和地面残余部分等。

根据调查的资料,激水河流域的四季轮作一般是早稻、晚稻、大豆和花生等作物,冬季还种植一些油菜和绿肥作物。一般早稻的播种时间在清明节前(4 月初),晚稻在 6 月中、上旬。早稻的移栽时间在 4 月下旬至 5 月初,晚稻的移栽时间一般在 7 月的中、下旬。早稻收割在 6 月下旬至 7 月中旬;晚稻收割在 10 月中、下旬。晚稻收割完之后就种油菜、绿肥等,或作为冬闲田。

农业管理方面,一般在下种、移栽之后就要施行田间用水、施肥、杀虫等措施。灌溉季节一般在 $6 \sim 10$ 月,灌溉水量与当年降水量和年内分配有关。一般年份(平水年、中水年)水稻的毛灌溉定额为 $1\,150 \text{ m}^3/(亩 \cdot 年)$,一般旱作物灌溉用水量为 $100 \text{ m}^3/(亩 \cdot 年)$。

根据以上调查数据,在模型的农业管理文件中,按照调查资料进行了设定。其中,化肥和灌溉使用了模型定义的胁迫因子自动施行。

植被的生长采用了模型默认的热量单位法。植被生长模型主要用来评价植物生长从土壤根部带吸收的水分和养分、植被蒸发蒸腾以及生物量的产出。分针对一年生和多年生植物分别模拟。一年生植被按照使用者定义的日期或达到植被生长的基础积温时开始生长。当热量累积到作物成熟条件时进行收割。多年生植被始终保持其根部系统,直到成林。

第五节　SWAT 应用中离散单元的自动赋值和空间模拟的逐级汇总

空间离散化将流域分成了许多细小的空间单元-水文响应单元,空间参数化又确定了水文响应单元应有的输入参数;接着的问题就是如何把这些应有参数固定到每个水文响应单元上去,即水文响应单元的赋值问题;每个水文响应单元的运算结果汇总到各个子流域以及各个子流域的汇总结果如何汇总到整个流域的问题。

4.5.1　模型输入自动赋值方法研究

SWAT 模型输入的赋值分为两个步骤:第一步是将参数化过程中获得的参数以某种格式的数据文件进行存储;第二步是将数据文件转换成模型运行的输入文件。

在 SWAT 模型前身 SWRRB 模型中,直接由模拟者手工录入准备好的输入文件(ASCII 文件)。这种文件具有严格的格式限制,每个数据在文件中具有固定的行列顺序。模型运行时,从特定的位置提取相关的输入参数,这种方式对于较少离散单元是可以采用的,但面对几百个、上千个离散单元时,因为输入量非常大,手工方式显然是行不通的。

后期就是采用数据库来管理模型的输入数据。用各种参数化方法获得输入数据之后,再手工输入到一定格式的数据库文件中加以存储,模型运行时从数据库直接调用模型的输入数据,并生成模型运行的输入文件,这就是 SWAT 模型的 Windows 界面赋值方式。在这种方式下,参数化过程和生成数据库文件过程是分离的。参数化过程提取的数据(通常为 GIS 数据表形式)要经过格式转换导入或手工录入到相应的数据库中,手工输入的工作量仍然很大。地形参数、径流曲线数等都不能自动完成赋值过程。

SWAT 模型和 ArcView 已经由模型的开发者进行了紧密的集成。模型输入数据的准备均在 ArcView 的界面下进行,提取的参数直接以 ArcView 的特定字段名的 dbf 数据表方式存储。模拟者只要建立简单的数据索引表就可以通过模型自带的数据转换程序自动生成模型运行的输入文件。这种赋值方法将参数化过程中参数的提取和生成模型输入文件这两个过程有机结合起来,从而实现了模型运行的自动赋值。我们采用的就是这种模型和 GIS 集成的方式。

地形参数可以利用 DEM 进行地形分析时自动提取,并生成相应的 ArcView 的 dbf 数据表(表 4-4-1 和表 4-4-2),模型运行时按照 dbf 数据表中的字段名自动提取数据并生成相关的地形输入文件(坡面地形输入文件、河道地形输入文件)。

土地利用参数主要用来生成水文响应单元(HRUs)模型输入文件。首先将监督分类得到的土地利用类型转换成 SWAT 模型规定的土地利用代码,通过这个代码就把研究区的土地利用类型和模型附带的植被生长数据库、农业管理数据库联系起来。模型运行时,自动从相应数据库提取数据,生成输入文件。通过土地利用和土壤图的叠加分析,生成了子流域内部的水文响应单元(HRUs)。针对每种特定的土被组合在 SWAT 模型附带的农业管理数据库中已经给出了特定的径流曲线数值,模型运行时可以自动提取并进行赋值。

土壤参数的赋值,需要预先建立自己的土壤数据表(属性),然后建立网格值和土壤类型的索引表,以实现土壤属性和土壤空间分布的相互联结。模型的开发者规定了 ArcView 的土壤 dbf 数据表的具体格式,并开发了相应的录入界面。如图 4-5-1 所示。

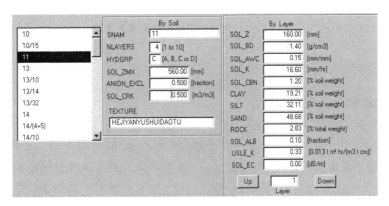

图 4-5-1　建立的土壤数据表录入界面示意图

　　在图4-5-1所示的录入界面中,用手工输入参数化过程中获得的土壤数据。土壤数据表所包含的字段的格式和物理意义在SWAT模型的用户手册中已有详细说明。图中的字段SNAM表示土壤类型编码。其余各字段分别表示参数化过程中获得的其他土壤输入参数。

　　建立数字土壤图(Grid文件格式)的格网值和土壤类型的对应表,如表4-5-1所示。表中的土壤代码对应着土壤图中的网格又对应着土壤数据表中相应的土壤类型。这样,就把土壤的空间数据和属性数据有机结合起来。当生成水文响应单元时,就根据其网格值对应到相应的属性值,进行土壤空间分布的统计计算。模型运行时,每个水文响应单元的土壤输入数据,可以直接从土壤属性表中提取,生成土壤输入文件。这样就实现了土壤数据的自动赋值。

表4-5-1　格网值和土壤类型的对应表

格网值(字段名:Value)	土壤代码(字段名:Name)
18	1
3	4
6	5
11	10
15	7
…	…

　　气象参数的赋值,和土壤参数赋值方法基本类似。图4-5-2表示气象数据表的录入界面。界面中的字段就是在气象参数化一节中讨论的一系列输入参数。从这个界面录入后,就生成特定字段格式的ArcView *.dbf数据表。模型运行时,同样可以通过字段名检索提取相应的输入数据,并生成模型运行的输入文件。这就解决了气象数据的模型输入自动赋值问题。

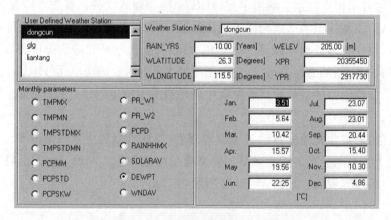

图4-5-2　气象数据的数据表录入界面

4.5.2　子域模拟结果的逐级空间汇总

　　子域(subdomain)兼有子空间(subspace)和子单元(subunit)的双重含义。子流域就是流域的子空间,水文响应单元就是子流域的子单元(类型意义)。子域模拟结果的逐级空间汇总,就是将各水文响应单元的模拟结果从空间上汇集到它们所属的子流域,再将各子流域的模拟结果从空间上汇集到全流域。子流域之间还有一定的级序,有些子流域下面还有多级子流域。每一个次级子流域都有向上一级子流域汇集的问题。

下面以整个流域离散化为102个子流域为例来具体说明。

图4-5-3为整个流域划分成102个子流域时子流域之间的空间组合图。图中的方框表示离散生成的子流域,方框中的数字为子流域编号。上下子流域之间的短线表示河道连通性,流向为自下而上。除河源子流域外,其他子流域都有着下级子流域。比如,1和2为4的下级子流域,15、16、17为19的下级子流域。从图4-5-3又可以看出,每个子流域之间存在着确定的空间拓扑关系,因而有着确定的物质传输过程。比如,从1和2流出的物质经河道流入4号子流域,从4号子流域中又流入9号子流域,这样逐级向上,汇总到流域出口。子流域模拟结果的逐级空间汇集可以表述为在每个子流域内部各个水文响应单元(子单元)的模拟量直接汇总到子流域的主河道,成为此子流域的产出量。下级子流域的出口总量汇集为上一级子流域的流入量,并逐级向上汇集,直到总的流域出口。

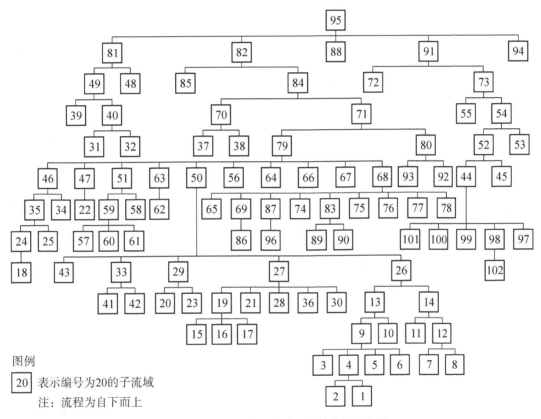

图例
20 表示编号为20的子流域
注:流程为自下而上

图4-5-3　102个子流域之间的空间组合图

河源所在的子流域,其出口总量等于自身产出量减去河道传输损失,或加上河道传输增量。对于产水量而言,蒸发和河床渗漏会造成子流域出口产水量的减少。对于产沙量而言,可由于泥沙传输过程中的河床沉积造成传输损失,也可由于河道侵蚀造成传输过程中泥沙的增加。

河源所在子流域的出口总量,通过河道传输到与其相连接的上一级子流域,成为上一级子流域的流入量。比如,子流域4就是子流域1和2的上一级子流域,子流域1和2的自身产出量就分别等于其内部所有水文响应单元的模拟量的总和。子流域1和2的出口总量就分别等于其自身产出量减去或加上河道传输损失或增量,并作为上一级子流域4的流入量。

非河源所在的子流域,其出口总量等于其下级子流域流入量加上子流域自身产出量再减去或加上河道的传输损失或传输增量,并作为更上一级子流域的流入量。比如子流域4的出口总量,等于子流域1和2的流入量加上子流域4自身产出量再减去或加上河道的传输损失或传输增量,并作为更上一级子流域9的一部分流入量(子流域9的流入量为子流域3、4、5、6的总和)。依次类推,从每个水文响应单元到相应的每个子流域、从每个河源子流域到相应的上一级子流域,直到这个过程进行到流域的总出口为止。这样就得到每个水文响应单元、每个子流域,以及整个流域的模拟结果。

具体的计算过程是由模型的寻径组件完成的。寻径过程中计算传输量需要的一些计算参数记录在生成的河道文件(＊.rth)中。寻径过程的最终模拟结果汇总到模型运行产生子流域文件(＊.bsb)、水文响应单元文件(＊.sbs)和流域输出文件(＊.std)中。在这三个文件中,分别包含了每个水文响应单元、每个子流域以及整个流域的多种地理过程随时间动态变化的模拟结果。

本节介绍的内容实际上就是前面提到的 ROTO(routing to outlet)模型的运行方式。在 SWRRB 模型中,空间模拟结果的集成问题没有被很好地解决,所以在空间上最多限制为 10 个子区。后来,模型的开发者将 SWRRB 模型和 ROTO 模型集成一体就成为 SWAT 模型,进而解决了多个离散空间单元模拟结果的逐级汇总问题。从此,SWAT 模型再没有空间离散单元的数量限制,可以应用到几千平方千米甚至更大的大流域。

第六节　模型模拟运行中预热期的研究

我们在用 SWRRB 模型对西班牙特瓦河流域进行模拟研究的时候,除了使用 1990 年和 1991 年整年的降雨数据外,也曾使用年份不全的降雨量数据做模拟实验,如 1989 年 10～12 月和 1992 年 1～9 月的数据。但是,SWRRB 模型的模拟设定,都是从某一年的 1 月份开始,模拟到某一年 12 月结束。因此,只能从 1989 年 1 月始模拟到 1992 年 12 月,也就是说进行 4 年的模拟,但前9 个月和后 3 个月是没有降雨输入的(自动取 0 值;仍取初始土壤储水量 ISWS＝1.00)。

这样虽说用了 4 年的降雨量数据进行了 4 年的模拟,但实际有效的模拟也仍然只是 1990—1991 年的两年。但是与直接从 1990 年 1 月份开始的模拟相比,这两年的模拟结果精度的确是提高了。原来只用 1990—1991 两年降雨量数据的时候,1990 年模拟产水量是 234.53 mm,精度是 83.35％;1991 年模拟产水量是 183.82 mm,精度是 84.02％;两年的平均精度是 83.68％。而现在,加用 1989 年 10～12 月和 1992 年 1～9 月的降雨量数据进行模拟的时候,1990 年模拟产水量是 238.02 mm,精度是 84.59％;1991 年模拟产水量是 179.43 mm,精度是 86.79％;两年的平均精度是 85.69％。也就是说,精度提高了 2.01 个百分点。

显然,对于 1990—1991 两年模拟来说,前面附加有 1989 年模拟得到的 1990—1991 年的结果,比直接从 1990 年 1 月开始得到的 1990—1991 年的模拟结果精度高。这很可能是模拟之初的不稳定,需要运行一段时间以后,才能达到稳定和较佳的状态。

事实上,我们早在 1992—1993 年对西班牙特瓦河流域进行研究的时候,就已经看出模拟开始以后似乎需要一段时间才能达到较佳或稳定状态(参看后面第五章 5.1.8 节)。

后来,1999 年美国发表 SWRRB 模型的改进版本 SWAT 模型时,才明确提出了模拟模型的运行需要预热(Warm-up)期,即模拟开始后需要进行一段时间才能达到稳定(Neitsch et al.,2000)。换句话说,模拟初始的一段时间内,模拟值和实测值之间的误差较大。

我们在中国进行的流域模拟以及建立适合中国实际情况的流域模拟模型体系研究过程中,因为使用了连续十年期的各项输入资料,所以有可能面临以下问题:模型运行到底需不需要一个预热期,如需要应该设为多长时间? 设置预热期对模拟结果与精度有没有影响,以及影响程度有多大?

一直以来,在已经公开发表的文献中对这些问题还没有一个明确答案。我们特别进行了自己的研究设计,即在我们的资料长度(1991—2000 年)范围内,分别按 1991—2000 年、1993—2000 年、1995—2000 年和 1997—2000 年等四个时间段进行模拟。

模拟结果如图 4-6-1 所示。各时段模拟结果都具有相同的特点,即第一年的模拟值偏离正常趋势曲线,一般从第二年开始,几个时段的模拟趋势完全重合在一起。即无论从哪一个时间段开始模拟过程,在一年之后的模拟值都可作为模型模拟最终的有效模拟值。这就是说,模拟运行的预热期大约是一年。

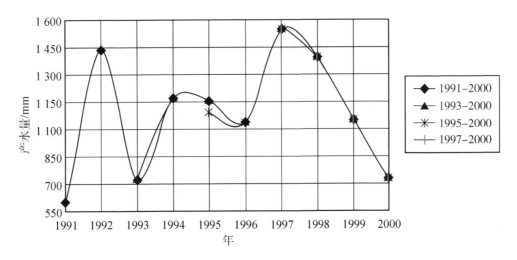

图 4-6-1　分时段模拟值动态分布图

可是,我们选定年为单位是基于传统模型应用模式。但是本研究中模型运行的最小时间单位为日,用年作预热单位是否过大? 如图 4-6-2 所示,本研究也分析了是否可以使用几个月的预热期。

图 4-6-2 可以说明一年内月变化对模型模拟运行的影响。图中主要由四个时间序列构成,分别为从 1991 年 2 月、3 月、4 月、6 月开始模拟,到 1993 年 1 月止,可以看出,四个时间段到达稳定期的时间不同,没有明显的规律可循,但基本落在 8~11 个月长的时间里。因此,为保证在现有资料下的最大精度,预热期取 1 年还是比较合适的。

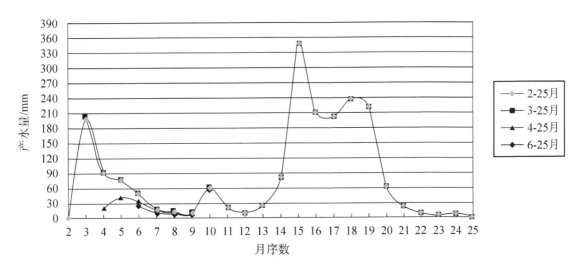

图 4-6-2　月际变化对模型模拟影响示意

如以产水量为例,采取预热期为 1 年,1991—2000 年 10 年的模拟结果中,1991 年为预热期。只取 1992—2000 年的模拟结果,则 9 年的年平均径流模拟精度,比 1991—2000 年 10 年的年平均径流模拟精度,上升了 0.77 个百分点。9 年平均的月平均模拟精度比 10 年平均的月平均径流模拟精度,上升了 2.76 个百分点。

第五章

流域液体径流与固体径流的计算机模拟研究

在本书中,液体径流指的是水径流;固体径流指的是泥沙径流。

第一节 SWRRB:西班牙特瓦河流域水径流和泥沙径流模拟

此项研究工作是由欧共体(现欧盟)的玛丽居里夫人研究奖金(the Marie Curie Research Bursary)(授奖号 BICⅡ- 923262)支持,在荷兰国际地理信息科学与地球观测学院(International Institute for Geo-information Science and Earth Observation)和西班牙马拉加(Malaga)地区进行,使用的流域模型是 SWRRB。

5.1.1 引言

土壤侵蚀属于土壤退化和环境恶化最严重的标志之一。很多研究方法都曾被用来研究土壤侵蚀,以便更好地保护土壤和环境并保证农业的持续发展(Zhao et al. ,1991;Laflen,2000;García-Ruiz et al. 2017).

计算机模拟技术是土壤侵蚀研究领域应用的现代先进技术之一。所谓土壤侵蚀模拟在这里意味着使用计算机和数学模型来仿效一个流域在一个特定时段内的产水量、产沙量的动态变化过程(Wuepper D, et al. ,2019)。显然,这种模拟是以所谓流域模拟为基础的。有许多模型用于这一目的,如 HEC-1 模型(Feldman,1981)、ANSWERS 模型(De Roo,1996)、SWATRE 模型和 WEPP 模型(Laflen,2000;Pannkuk et al. ,2000)等。在本研究中,我们采用刚刚问世的所谓 SWRRB 模型(Arnold et al. ,1990),它正是为预测产水量和产沙量而设计的。研究区是西班牙马拉加附近的特瓦河流域(见第三章第一节)。

5.1.2 遥感技术和野外调查相结合产生地面覆盖与土地利用图

遥感技术和野外调查相结合,进行数字卫星图像处理和计算机分类,是产生地面覆盖和土地利用图的有效手段。这种图是流域模拟中划分流域亚区和确定一些模拟参数的重要参考。而且这样的工作,在中国和加拿大已经进行过很多次,技术已很成熟(曾志远,1984a、b,1985,2004)。本流域这方面的工作介绍如下。

航空相片解译

流域范围内有 74 张比例尺大约为 1∶25 000 的航空相片。借助于立体镜解译了这些相片的立体像对,勾画了273个图斑,分别确定了它们所代表的地面覆盖和土地利用类型。根据各图斑的自然属性,273个图斑归类为22个地面覆盖和土地利用类型。

法国 SPOT 卫星图像的勾绘

接收于1990年6月、空间分辨率为10 m×10 m的黑白 SPOT 卫星图像,在实验室里被放大为1：50 000的比例尺。参考航空相片解释结果,对 SPOT 图像进行了勾绘,获得了更加综合的地面覆盖和土地利用类型。SPOT 图像及其勾绘类型,是连接航空相片解释结果和陆地卫星 TM 图像处理的一个非常好的桥梁。

TM 图像的几何校正

TM 图像是美国陆地卫星(Landsat-5)的地面分别率为30 m×30 m的7波段数字图像,接收于1991年5月2日。基于在1：50 000地形图上选择的25个地面控制点,用 ILWIS 系统软件,对 TM 所有波段的图像都进行了几何校正。校正图像在地面上的总面积达到2 592.0 km²(东西方向宽48.0 km,南北方向长54.0 km)。校正图像的像元对应于地面的形状大小规定为25.0 m×25.0 m。矫正标准误差为12.5 m,即半个像元的尺度。校正后的特瓦河流域之外的多余部分,使用此前生成的流域边界文件进行了切除。

TM 图像的非监督分类

首先计算了7个波段图像之间的相关矩阵和优化指数。根据肉眼观察矩阵和指数并辅以7个波段图像在终端屏幕上的显示,发现 TM 波段3,4,5,7组合为最好,于是对它们进行分类,由此得到24个光谱类。在本研究中,非监督分类结果只作为监督分类的预处理,特别是用于在野外调查中为监督分类选择训练区的参考。

野外调查

1993年4月下旬到5月上旬,由荷兰奔赴西班牙特瓦河流域进行野外调查。调查时间正好是 TM 图像的接收时间(5月2日)前后。这时人眼看到的地面景象最接近于卫星电子眼所看到的景象(电磁波影像)。在流域内调查五天,分别选择以下区域:①流域东北河口与特瓦镇周围地区;②流域西北加涅特镇(Canete)周围与889高地地区;③流域西南鬼娃子镇(Cuevas)周围与1055高地地区;④流域东南河源区与1109高地地区;⑤流域中部塞拉都(Serrrato)镇周围地区。此外,对流域外东北边的瓜达豪斯湖(Guadahorce Lake)一线、流域东边的加拉特拉加(Carrateracca)-阿尔达莱斯(Alldales)一线、流域东南边的艾尔玻尔格(El Burgo)-马拉加市(Malaga)与地中海海滨一线和流域西南的龙达市(Ronda)一线,也进行了宏观的路线考察(参看第三章图3-1-1)。除了调查流域的地形、地势、岩石、沉积物、植被和水文特性以外,在室内进行的航空相片解译、SPOT 图像勾绘和 TM 图像非监督分类结果,都在野外进行了现场核对和纠正。同时,为产生监督分类训练样本所需要的训练区,确定了区域并在地形图上做了粗略的勾绘。

监督分类和地面覆盖与土地利用图

回到荷兰恩斯赫德的实验室,使用 ILWIS 软件,输入了所有必要的训练区,并进行比较、筛选、合并和舍弃。其中舍弃和合并最相似的类,最后保留19类训练样本用于监督分类。分类后又对各类进行了滤波处理,即把那些极小的、过于分散的图斑归入周围较大的图斑。这个滤波工作就像人工进行的制图综合。将这经过滤波的分类图打印成1：50 000比例尺的彩色地面覆盖和土地利用图(图5-1-1,见彩色图版V)。此图的平面图形,很像是中国圆明园文物铜马首,这都是天然形成的,非人力之所为。注意,此图是由监督分类直接生成的地面覆盖和土地利用图,并不像其他工作那样,以监督分类图为底图,再加其他调查资料分析、综合重新编绘的地面覆盖和土地利用图。表5-1-1是地面覆盖和土地利用类型图的统计数据。图和它的统计数据用来划分流域亚区(subareas,即亚流域 subbasins),估计模拟参数和评估流域的土壤侵蚀状况。

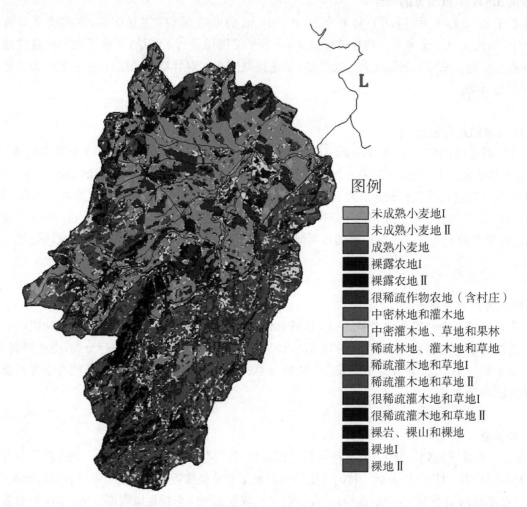

图例

- 未成熟小麦地Ⅰ
- 未成熟小麦地Ⅱ
- 成熟小麦地
- 裸露农地Ⅰ
- 裸露农地Ⅱ
- 很稀疏作物农地（含村庄）
- 中密林地和灌木地
- 中密灌木地、草地和果林
- 稀疏林地、灌木地和草地
- 稀疏灌木地和草地Ⅰ
- 稀疏灌木地和草地Ⅱ
- 很稀疏灌木地和草地Ⅰ
- 很稀疏灌木地和草地Ⅱ
- 裸岩、裸山和裸地
- 裸地Ⅰ
- 裸地Ⅱ

彩图版Ⅴ　图5-1-1　西班牙特瓦河流域地面覆盖和土地利类型图(1991年5月2日 TM 图像监督分类)
图例从上到下依次是:未成熟小麦地Ⅰ;未成熟小麦地Ⅱ;成熟小麦地;裸露农地Ⅰ;裸露农地Ⅱ;很稀疏作物农地(含村庄);中密林地和灌木地;中密灌木地、草地和果林;稀疏林地、灌木地和草地;稀疏灌木地和草地Ⅰ;稀疏灌木地和草地Ⅱ;很稀疏灌木地和草地Ⅰ;很稀疏灌木地和草地Ⅱ;裸岩、裸山和裸地;裸地Ⅰ;裸地Ⅱ

表5-1-1　基于 TM 图像监督分类的西班牙特瓦河流域地面覆盖和土地利用分类统计数据

序号	地面覆盖和土地利用类型	像元数	面积占比 /km²	面积 /%	各波段中的平均灰度值,le				植被指数 NDVI
					TM3	TM4	TM5	TM7	
1	未成熟小麦地Ⅰ	5 163	3.23	1.61	26.61	102.24	63.17	23.39	0.587
2	未成熟小麦地Ⅱ	75 328	47.08	23.42	31.25	103.84	75.15	29.62	0.537
3	成熟小麦地	4 346	2.72	1.35	36.19	93.73	89.11	37.79	0.443
4	裸露农地Ⅱ	249	0.16	0.08	54.24	102.37	116.45	55.34	0.307
5	裸露农地Ⅱ	3 039	1.90	0.95	41.96	71.19	92.33	44.80	0.258
6	很稀疏作物地(含村庄)	28 276	17.67	8.79	60.79	87.49	134.61	71.24	0.180
7	中密林地和灌木地	6 409	4.00	1.99	36.54	71.63	86.00	39.01	0.324
8	中密灌木地、草地和果林	33 268	20.79	10.35	44.11	85.17	102.28	48.24	0.318

序号	地面覆盖和土地利用类型	像元数	面积占比/km²	面积/%	各波段中的平均灰度值,le				植被指数 NDVI
					TM3	TM4	TM5	TM7	
9	稀疏林、灌木地和草地	10 662	6.66	3.32	33.72	63.98	78.73	35.92	0.310
10	稀疏灌木地和草地Ⅰ	37 759	23.60	11.74	47.86	90.65	118.65	55.69	0.309
11	稀疏灌木地和草地Ⅱ	44 735	27.96	13.91	42.22	79.81	105.43	48.80	0.308
12	很稀疏灌木地和草地Ⅰ	26 323	16.45	8.19	39.78	72.55	98.20	45.72	0.292
13	很稀疏灌木地和草地Ⅱ	12 236	7.65	3.80	51.91	93.58	116.41	56.93	0.286
14	裸岩、裸山和裸地	26 000	16.25	8.08	54.70	92.26	135.66	66.51	0.256
15	裸地Ⅰ	1 742	1.09	0.54	55.05	92.71	137.27	98.77	0.255
16	裸地Ⅱ	6 050	3.78	1.88	46.64	76.80	113.28	55.46	0.244
合计		321 585	200.99	100.00					

5.1.3　地面覆盖和土地利用图的应用

亚区（亚流域）划分

对于 SWRRB 模型来说,流域应当划分为若干较小的亚区或亚流域,以便分区输入各种模拟参数,得到更精确的模拟结果。但是,亚流域划分要严格按照流域中的各个小流域来划分,而亚区划分则可以不按小流域,相对宽泛一些,一个亚区可以跨越两个或多个小流域。亚区划分应当根据土壤、土地利用、植被、地形、温度、降雨量等因素(Arnold et al.,1990)。在我们的实践中,遥感图像监督分类得到的地面覆盖和土地利用图能够用来较为准确地划分亚区。从彩色版Ⅴ图 5-1-1 并参考图 3-1-2 可以看到:在流域的西北部分,各类农作物地占绝对优势;而流域东南部,则是各类自然植被占绝对优势。因此,流域可以分为两个区别明显的亚区:西北部的亚区Ⅰ和东南部的亚区Ⅱ。最后,两个亚区的界线被勾绘出来,并进行了数字化。

确定模拟参数

地面覆盖和土地利用图可以用来帮助确定模拟参数。这需要结合具体问题来谈,所以放在后面讨论。

确定土壤侵蚀等级及其空间分布

地面覆盖和土地利用与产水量、产沙量和土壤侵蚀都有密切的关系。这方面已经有许多学者加以报道(Zheng et al.,2000)。特瓦河流域的 16 个地面覆盖和土地利用类型中,有 6 个农地类型和 10 个非农地类型(彩色版Ⅴ图 5-1-1 和表 5-1-1)。可以看出,特瓦河流域占主导地位的是裸露地面;农地中有相当大面积是裸露的,就是在生长季节(用于分类的 TM 图像是 5 月 2 日拍摄的)也是如此;非农地主要是稀疏的植物覆盖地和裸露地。各种地面覆盖和土地利用的 NDVI 值,列于表 5-1-1。NDVI 数值越小,地面越裸露;数值越大,地面植被越好(Tarpley et al.,1984;McGinnis et al.,1985;Townshend et al.,1985)。从表 5-1-1 可以看到,在 16 个类中只有 3 个类具有高 NDVI 值(0.443～0.587),而其他 13 个类的 NDVI 值都较低或很低(0.180～0.324)。这也表明特瓦河流域地面十分裸露和土壤侵蚀严重。根据地面裸露程度,整个流域的地面覆盖和土地利用类型被归类为 5 个土壤侵蚀等级。此外,关于地面坡度的一般信息也附加在表上供参考。因为流域的 67.77% 是缓斜坡地,几乎没有平地,所以土壤侵蚀强度主要取决于植被覆盖度;流域的 32.23% 是陡坡和非常陡的坡,而它们又与非常稀疏的植被或裸露地相一致,所以土壤侵蚀等级就主要根据植被覆盖度来划分。从表 5-1-2 可以看出,微度和轻度土壤侵蚀只占流域面积的 26.38%,而流域的 73.62% 都受到中度、强度、极强度和极严重的土壤侵蚀,这预示模拟计算得到的产沙量将是很高的。实际上,流域产沙量的最后模拟值分别是 1990 年的 9.7 t/hm² 和 1991 年的 1.93 t/hm²。为地面覆盖和土地利用所揭示的高强度土壤侵蚀,就是高产沙量模拟结果的一个间接证据,因为流域内没有任何产沙量的观测数据可供比较。需要注意,图 5-1-1(见彩图版 V)中的西北部是作物地占优势,东南部是非农地占优势。这些地面覆盖和土地利用类型及其分布,也是确定某些模拟输入参数的基础(Zeng et al. ,2002a,b; Piyathilake)。

表 5-1-2 土壤侵蚀等级、各等级的面积、NDVI 数值范围和所包括的地面覆盖和土地利用类型

侵蚀等级	侵蚀强度	面积/%	NDVI 数值范围	地面覆盖和土地利用类型	地面坡度
1	微度或轻度	26.38	0.380～0.600	未成熟或已成熟小麦地	缓斜
2	中度	12.34	0.315～0.380	中密-密树林,灌木,草地和果林	缓斜
3	强度	29.05	0.300～0.315	裸地Ⅰ,稀疏树林,灌木和草地	缓斜
4	极强度	11.99	0.270～0.300	很稀疏灌木和草地	陡
5	极严重	20.24	0.170～0.270	裸地Ⅱ,很裸露农地,裸岩,裸山,裸地	很陡

5.1.4 模拟参数的确定

模拟参数和输入项目都很多,难以一一叙述。这里仅将少数几个变量和输入参数及其确定方法,作为例子来介绍。

降雨数据及其校正系数
作为特殊问题在第六章第一节中专门论述,这里不赘述。

与地形有关的参数
包括平均坡度、平均坡长、主河道长度、主河道平均宽度、河道平均坡度、各亚区面积、各亚区占全流域的比例,等等。所有这些参数主要都来自地形图的数字化和 DEM。表 5-1-3 列举了部分数据作为例子。

表 5-1-3 特瓦河流域与地形有关的某些数据

项目	坡度/mm⁻¹	坡长/m	河道长度/km	河道宽度/m	河道坡度/mm⁻¹	面积/km²	与流域的面积比/%
亚区Ⅰ	0.070 0	80.0	23.0	3.0	0.023 9	114.71	57.10
亚区Ⅱ	0.120 0	50.0	15.6	2.0	0.035 2	86.19	42.90

径流曲线数或径流曲线标号
径流曲线数简称 RCN,它是一个变换系数,用来对土壤持水能力进行订正,从而使径流曲线近似成一条直线(Hammer et al. ,1981)。RCN 技术是美国农业部土壤保持局研发的,用于预测地表径流。在本研究中,RCN 的估算既考虑了 TM 图像分类所揭示的各亚区的地面覆盖和土地利用状况,也考虑了

DEM 所揭示的各亚区的地形和土壤水分状况。对于亚区Ⅰ来说,地面 70％的面积被判断为农地,生长小麦(直播作物),具不良水分状况和所谓的水温土壤组 C(Hammer et al.,1981)。亚区Ⅰ 30％的面积被判断为 30％硬质地面(裸岩、裸山、裸地、道路和村庄)、不良水文状况和所谓的水温土壤组 D。在这种情况下,径流曲线数 RCN 对于本亚区 70％和 30％的地面,分别估计为 88 和 92(Arnold et al.,1990)。所以,亚区Ⅰ全区的 RCN＝88×0.7＋92×0.3＝89.2。同样地,对于亚区Ⅱ,60％的地面被判断为草地(草和灌木)、不良水文状况和水文土壤组 D;10％的地面被判断为林地、不良水文状况和水文土壤组 C;30％的地面被判断为硬质地面、不良水文状况和水文土壤组 D。所以,亚区Ⅱ最后的 RCN＝89×0.6＋77×0.1＋92×0.3＝88.7。

平均月太阳辐射:作为特殊问题,已在第四章 4-1-2 节中专门论述。这里不重复。

实测产水量:这些数据输入的目的只是提供模拟产水量模拟精度的比较标准。它们并不参加模拟运算。这些原始数据是每天在特瓦河流域出口处自动记录的。但是,我们制备这些数据时,没有按日整理,而是按月整理,因为产水量的模拟在现阶段没有达到日的水平。另外,它们是作为一个独立的文件准备而后输入的。本来也应当输入实测产沙量数据来确定产沙量模拟精度,但可惜特瓦河流域尚无此等观测数据。

5.1.5　SWRRB 数据输入表

输入参数数据准备好以后,按照规定的输入的表格式输入(Arnold et al.,1990)。表 5-1-4 是其摘要。注意,此表不是最初的输入表,而是在模拟实验中经过调整和修改的最后的输入表,即产生本研究最后结果的定型表。

表 5-1-4　特瓦河流域模拟中的数据输入表

1. 标题:西班牙马拉加瓜达尔特瓦河流域(含 2 个亚区)
2. 程序控制码
　　径流模拟年数:2
　　径流模拟开始年:1990
　　流域亚区数:2
　　输出频率:0(按月)
　　降雨输入方式:3(每个亚区读入一个雨量站的记录)
　　最高最低气温输入方式:1(全流域输入 1 站观测记录)
　　模拟开始前随机数发生器循环次数:0
　　月产水量统计集代码:1
　　月产沙量统计集代码:0
3. 一般数据
　　流域面积:200.9 km²
　　降雨校正系数:亚区Ⅰ:1.50;亚区Ⅱ:1.20
　　基流因子:1.0
　　流域滞后时间:30 天
　　初始土壤储水量(占饱和持水量的比):1.00
4. 亚区中心地理坐标(公里数):X___　Y___
　　(降雨量是模拟值才需要,本研究是输入实测值)
5. 一般天气数据
　　气象站编号(只对美国适用):跳过
　　10 年频率 0.5 h 降雨量:27 mm
　　10 年频率 6 h 降雨量:54 mm
　　月最大 0.5 h 降雨量记录年数:4
　　流域纬度:36.9°N

6A. 月温度数据
　　月平均最高气温/℃
　　15.6　16.6　18.6　19.1　22.8　24.6　31.6　30.4　27.4　22.6　17.9　15.2
　　月平均最低气温/℃
　　3.4　5.2　6.2　8.1　10.2　13.6　16.4　15.9　13.7　9.7　5.5　3.7
　　月温度变化系数:
6B. 各亚区月温度数据(如果温度不是对每亚区模拟的话跳过)
7. 月平均太阳辐射:kJ/m²
　　184.6　276.5　341.5　471.4　533.3　559.9　584.7　539.0　441.5　321.9　228.3　180.2
8. 月降雨数据:月平均 0.5 h 最大降雨/mm
　　3.41　9.67　11.29　15.02　0.06　2.14　0.00　0.04　2.45　24.82　36.90　20.38
9. 降雨发生参数表:
　　干日后出现湿日的概率 $P(W/D)$:
　　0.10　0.11　0.11　0.13　0.02　0.04　0.01　0.01　0.08　0.15　0.17　0.19
　　湿日后出现湿日的概率 $P(W/W)$:
　　0.29　0.49　0.40　0.52　0.25　0.44　0.01　0.01　0.18　0.47　0.45　0.43
　　月降雨日数:
　　3.83　5.15　4.80　6.39　0.81　2.00　0.31　0.31　2.67　6.84　7.08　7.75
　　日均降雨:
　　0.89　1.88　2.35　2.35　0.08　1.07　0.01　0.12　0.92　3.63　5.21　2.63
　　日降雨标准差:
　　3.93　6.92　7.63　6.48　0.50　4.84　0.50　1.18　4.15　11.36　14.36　6.48
　　日降雨偏斜系数:
　　6.81　4.74　4.06　3.44　6.61　5 64　0.01　5 51　5.87　3.93　3.39　3.13
10. 流域数据

	亚区 I	亚区 II	全流域
亚区占全流域比例	0.571	0.429	
径流曲线数			
土壤反射率	0.15	0.15	
模拟开始时地面雪被水量/mm	0.0	5.0	
主河道长度/km	23.0	15.6	38.6
河道平均坡度	0.023 9	0.035 2	0.029 6
主河道平均宽度/m	3.0	2.0	
河道冲积物有效导水率/mm	16.0	51.0	
河道曼宁系数	0.05	0.05	0.05
漫流曼宁系数	0.09	0.15	0.12
集流时间/h	2.09	1.38	2.86
回流沉积物浓度/mg/kg	500	500	
回流流动时间/天(无数据可跳过)			
地面平均坡长/m	80	50	65
地面平均坡度/mm^{-1}	0.07	0.12	0.09
侵蚀控制实践因子/P	0.5	0.5	
坡长坡度因子/LS	1.43	2.52	

11. 演算数据

	亚区 I	亚区 II
平均河道宽度/m	0.0	3.0
河道平均深度/m	0.0	1.0
河道坡度/mm^{-1}	0.000	0.009
河道长度/km	0.0	15.0
河道曼宁系数	0.00	0.05
河道冲积物有效导水率/(mm·h^{-1})	0.00	16.00
河道 USLE 土壤因子/K	0.00	0.27
河道 USLE 土壤因子/C	0.00	0.12

12. 池塘数据(无数据可跳过)
13. 水库数据(无数据可跳过)

14. 土壤数据：
　　土层物理性质

		土层深度 m	孔隙度 mm/mm	15 巴土壤水 mm/mm	0.3 巴土壤水 mm/mm	田间持水量 mm	初始水储量 mm	饱和导水率 mm/h
亚区 I	土层号							
	1	10.0	0.47	0.31	0.42	1.1	1.1	15.0
	2	222.0	0.47	0.31	0.42	23.3	23.3	15.0
	3	476.0	0.47	0.31	0.42	27.9	27.9	15.0
	4	900.0	0.47	0.31	0.42	46.6	46.6	15.0
	5	1 200.0	0.47	0.31	0.42	33.0	33.0	15.0
	合计					132.0	132.0	

		土层深度 m	孔隙度 mm/mm	15 巴土壤水 mm/mm	0.3 巴土壤水 mm/mm	田间持水量 mm	初始水储量 mm	饱和导水率 mm/h
亚区 II	土层号							
	1	10.0	0.43	0.18	0.32	1.4	1.4	20.0
	2	168.0	0.43	0.18	0.32	22.1	22.1	20.0
	3	533.0	0.43	0.18	0.32	51.1	51.1	20.0
	4	1 133.0	0.47	0.20	0.36	96.0	96.0	19.0
	合计					170.6	170.6	

土壤表层物理特征：

	黏土含量/%	粉砂含量/%	沙含量/%	土壤 K 因子
亚区 I	0.55	0.35	0.10	0.20
亚区 II	0.30	0.50	0.20	0.20

沉积物颗粒分布：

	砂(0.20 mm)	粉砂(0.01 mm)	黏土(0.02 mm)	小团聚体(0.03 mm)	大团聚体(0.50 mm)
亚区 I	0.014 mm	0.045 mm	0.110 mm	0.570 mm	0.261 mm
亚区 II	0.082 mm	0.065 mm	0.060 mm	0.514 mm	0.279 mm

15. 作物数据
　　亚区 I　播种日期：11 月 30 日　　收获日期：7 月 15 日　　耕作方式：秋耕　　潜热单位：3 213 cal
　　　　　C 因子平均值：0.220　　最大叶面积指数：3.0　　最大扎根深度：1 200 mm
　　亚区 II　播种日期：2 月 15 日　　收获日期：12 月 15 日　　耕作方式：免耕　　潜热单位：2 122 cal
　　　　　C 因子平均值：0.18　　最大叶面积指数：4.0　　最大扎根深度：1 133 mm

16. 灌溉数据(无数据,跳过)

17. 日降雨和日气温数据(输入观测数据,很长,这里略去)

18. 产水量和产沙量数据(前者有观测数据,作为另外的单独文件输入,很长,略去;后者无观测)

5.1.6　模拟试验及有关问题

1. 模拟的运行

当输入数据准备好和输入以后,就可启动模拟程序进行运算。一般来说,模拟运算的顺利与否取决于输入数据的制备及其合理性和逻辑性。逻辑错误和格式错误的出现,是通常的事,也是软件运行的主要障碍,这些错误会导致运行的中断。在这种情况下,输入参数和数据都应当进行一而再、再而三地检查和修正。

2. 模拟实验和敏感性分析

在模拟研究中,只有少量参数和数据是实测的,大多数输入参数和数据都是估计的。无论我们对它们的估算如何仔细和周到,都很难做到精确。结果是,最初的模型-模拟输出都可能不是很合适,甚至与实际情况有相当的距离。因此必须对输入参数进行调整,对输入数据进行修正。调整和修正是以实测值为根据进行模拟实验,以模拟输出结果最接近于实测值时的参数作为最佳参数。

　　模拟过程中,需要进行大量并繁重的实验,最后才能达到模拟结果与实际情况相接近而被接受。输入参数的调整还要靠敏感性分析。敏感性指的是当某项模型参数和输入数据进行某种程度改变后,模拟输出会发生多大的变化,变化小即敏感性小,变化大即敏感性大(Arnold et al.,1990;Song, X., et al.,2015)。各种各样的输入参数(因子)对模型输出项目,例如产水量、产沙量和土壤含水量等影响的方向和大小,可以通过很多次的实验来决定。

　　为了定量地确定这种影响,我们设定,总是在输入数据数值变化在±10%的条件下,来观察输出数值的变化;而且规定,输出项目数值变化<0.1%为该项输入因子对这项输出无或几乎无影响,输出项目数值变化0.1%～0.5%为该项输入因子对这项输出有微度影响等(表5-1-5)。用这样的方法我们分别确定了各项输入项目对所述6个重要输出项目影响的方向和大小。

表 5-1-5　评价输入项目对输出项目影响大小的设定标准

输出项目值变化/%*	<0.1	0.1～0.5	<0.5～2.5	<2.5～7.5	<7.5～12.5	<12.5～17.5	>17.5
输入对输出影响的大小	无或几乎无	微	轻	中	大	很大	极大

＊初始土壤储水量输入在模拟实验中被假定以较大的变化(>10%),因为它在自然界变化很大。

3. 输入参数调整

　　通过敏感性分析能知道一个输入项目对一个输出项目有怎样的影响,因而能知道怎样通过调整输入参数及其数值,来得到比较正确的结果。例如,一个输出的数值群比它的测量值低得多,我们就将输入值加大,因为其敏感性分析表明,增大输入就能增加其输出。尽管我们也还必须做一些模拟实验,但我们心里明白,可以有选择地和有方向地做这些实验,因而会大大减少工作量。我们可以尝试首选改变那些能够对特定输出有极大影响的输入项目,然后再依次地尝试那些有很大、大或中等影响的输入项目。当输出结果被认为可以接受的时候,这个输出结果就被当作最后的正式模拟结果。

　　SWRRB模型的标准输出结果规定分为14页,包含了各种各样的模拟结果,也包括某些最初输入的原始测量数据,或从这些原始数据直接计算出来的衍生数据。模拟结果中最重要的是地表径流、地下径流、洪峰流量、产沙量、蒸发蒸腾量、土壤水、总生物量等,输出项目甚多。标准的输出格式占8页打印纸。我们只选择了6个最重要的项目,即产水量、产沙量、最大峰值流量、蒸发蒸腾量、土壤含水总量和总生物量等,分别列表,并进行敏感性分析和确定能对它们产生显著影响的一些重要因子。

5.1.7　结果和讨论

1. 模拟的产水量、产沙量、土壤水及其时间、空间变化

　　表5-1-6是各项模拟输出值随年和月变化的详细情况。表5-1-7是各项输出两年平均的月模拟值。表5-1-8是洪峰、融雪和产水量两年的平均值和标准差(融雪因为发生月份有限,未计算标准差)。表5-1-9是各项模拟输出的空间分布或亚区差异,包括土壤剖面中各土层水分的变化。由上述各表可以看出,年产水量1990年是234.53 mm,1991年是183.82 mm,平均209.18 mm。较高的月产水量出现在10～4月,较低的月产水量(甚至低到0)出现在5～9月。一般地说,产水量及其组成部分之一的地表径流大体上随着降雨量的变化而变化。但是产水量的另一个组成部分地下径流是滞后于地表径

流的。产水量变化的标准差大约是其平均值的 1.25 倍,而其洪峰流量平均值是 74.47 m³/s,标准差是其平均值的 1.12 倍,最高值约是 345.30 m³/s。地表径流在空间分布上,亚区Ⅰ是 148.3 mm,亚区Ⅱ是 264.8 mm,后者较高。它们也追随降雨量的空间分布:亚区Ⅰ的平均降雨量是 580.2 mm,亚区Ⅱ的平均降雨量是 736.2 mm。但是地下径流的空间分布则相反:亚区Ⅰ是 13.2 mm,亚区Ⅱ是 10.9 mm,如表 5-1-9 所示。

表 5-1-6 特瓦河流域模拟的月和年的径流、产水量、渗漏、传输损失、产沙量、土壤水和蒸发蒸腾量

年	月	降雨量/mm	地表径流/mm	地下径流/mm	产水量/mm	渗漏 P/mm	传输损失 TL/mm	蒸发蒸腾 ET/mm	产沙量/(t·ha⁻¹)	土壤水/mm
1990	1	75.68	31.29	6.79	37.96	17.17	0.12	35.19	1.92	131.90
	2	0.00	0.00	2.53	2.53	0.03	0.00	15.81	9.00	116.07
	3	93.07	62.47	1.06	63.43	4.56	0.10	31.98	4.87	110.20
	4	175.97	66.64	0.86	67.28	12.77	0.22	121.72	2.24	84.18
	5	5.23	0.14	0.52	0.65	0.70	0.02	47.33	0.00	41.25
	6	0.00	0.00	0.18	0.18	0.00	0.00	40.84	0.00	0.41
	7	0.00	0.00	0.07	0.07	0.00	0.00	0.41	0.00	0.00
	8	17.13	14.17	0.02	14.06	0.31	0.13	2.64	0.04	0.14
	9	53.80	7.77	0.03	7.65	5.60	0.15	18.64	0.03	21.93
	10	89.92	10.64	0.27	10.86	9.77	0.05	47.60	0.18	43.31
	11	89.83	19.41	0.90	20.22	9.33	0.09	39.48	0.40	63.72
	12	40.67	8.97	0.69	9.63	4.90	0.03	23.90	0.05	66.24
	合计	641.29	221.50	13.93	234.53	65.13	0.91	425.54	9.74	—
1991	1	3.86	0.70	0.37	0.80	0.53	0.27	11.51	0.00	57.61
	2	119.51	42.25	0.72	42.90	9.85	0.07	35.10	0.45	88.03
	3	129.19	52.78	3.27	55.95	13.13	0.10	60.23	0.47	87.01
	4	61.38	11.91	1.62	13.44	5.76	0.09	83.63	0.05	46.78
	5	0.00	0.00	0.72	0.72	0.00	0.00	22.57	0.00	24.21
	6	35.48	4.07	0.29	4.30	3.30	0.06	52.09	0.00	0.23
	7	0.00	0.00	0.11	0.11	0.02	0.00	0.23	0.00	0.00
	8	0.00	0.00	0.04	0.04	0.00	0.00	0.00	0.00	0.14
	9	43.20	2.98	0.02	2.98	4.38	0.02	16.13	0.04	19.66
	10	169.13	44.21	0.75	44.85	15.39	0.11	58.08	0.60	69.63
	11	48.43	10.39	0.60	10.94	4.30	0.04	21.66	0.19	81.40
	12	42.77	5.70	1.13	6.79	6.07	0.04	37.08	0.12	74.00
	合计	652.95	175.00	9.63	183.82	62.72	0.81	398.31	1.93	—
两年平均		647.12	198.25	11.78	209.18	63.93	0.86	411.93	5.84	51.17

注意:初始土壤水储量 ISWS=0.00,见表 5-1-4。

表5-1-7 特瓦河流域两年平均的月模拟产水量、产沙量、土壤水和蒸发蒸腾量

月	降雨量/mm	降雪量/mm	地表径流/mm	地下径流/mm	产水量/mm	蒸发蒸腾量ET/mm	产沙量/(t·ha⁻¹)	土壤水/mm
1	39.77	1.41	16.00	3.58	19.38	23.35	0.96	94.76
2	59.76	2.83	21.13	1.63	22.73	25.45	0.23	102.05
3	111.13	13.29	57.63	2.17	59.69	46.11	2.67	98.61
4	118.68	0.00	39.27	1.24	40.36	102.38	1.15	65.48
5	2.62	0.00	0.07	0.62	0.68	34.95	0.00	32.73
6	17.74	0.00	2.04	0.24	2.24	46.46	0.00	0.32
7	0.00	0.00	0.00	0.09	0.09	0.32	0.00	0.00
8	8.56	0.00	7.09	0.03	7.05	1.32	0.02	0.14
9	48.50	0.00	5.37	0.02	5.31	17.38	0.03	20.80
10	129.52	0.00	27.43	0.51	27.85	52.84	0.39	56.47
11	69.13	8.56	14.90	0.75	15.58	30.57	0.29	72.56
12	41.72	15.12	7.34	0.91	8.21	30.49	0.09	70.12
合计	647.13	41.21	198.27	11.79	209.16	411.92	5.83	51.17

表5-1-8 特瓦河流域模拟洪峰、产水量和融雪的平均值和标准差

洪峰/(m³·s⁻¹)			融雪	产水量/mm	
平均值	标准差	最高值	平均值	平均值	标准差
74.471	83.604	345.298	41.60	17.43	21.81

表5-1-9 特瓦河流域各亚区某些模拟项目的输出统计数字

	亚区Ⅰ	亚区Ⅱ	面积加权平均
降雨量/mm	580.2	736.2	647.1
暴雨标准差/mm	15.02	16.67	15.73
地表径流/mm	148.3	264.8	198.7
地下径流/mm	13.2	10.9	12.2
产沙量/(t·ha⁻¹)	2.7	9.5	5.6
土壤水　　　层1/mm	0.0	0.0	0.0
层2/mm	4.3	4.9	4.7
层3/mm	27.9	51.1	37.9
层4/mm	25.6	17.9	22.3
层5/mm	6.3	—	—
整个剖面/mm	74.1	73.9	74.0
潜热/kJ	13.45	8.88	11.49
总生物量/(kg·ha⁻¹)	11 709.6	9 159.1	10 615.4

年产沙量1990年是9.74 t/hm²，1991年是1.93 t/hm²。模拟的产沙量大证明根据TM图像分类

作出的土壤侵蚀严重的结论是对的。特瓦河流域产沙主要发生在 10～4 月,而 5～9 月产沙为 0 或几乎为 0。由此可以看到,产沙量的变化大体上是追随地表径流的变化。产沙量的空间变化由它在亚区 I 的值(2.7 t/hm²)和在亚区 II 的值(9.5 t/hm²)表明(表 5-1-9)。显然亚区 II 的产沙量比亚区 I 大得多,大约是 3.5 倍。亚区 I 的值较小,是因为在雨季它的地面大多被农作物覆盖。

1990 年月平均土壤含水量是 56.61 mm,1991 年是 45.73 mm,两年平均是 51.17 mm,其最大的季节变化是在 9～5 月,最小的季节变化是在 6～8 月。6、7、8 三个月最小,为 0 或接近于 0。较小土壤含水量的出现比较小的河流产水量的出现要滞后大约 1 个月。到模拟结束的时间,即 1991 年 12 月 31 日,整个土壤剖面的土壤含水量,亚区 I 是 74.1 mm,亚区 II 是 73.9 mm,也就是说,两个亚区几乎是一样的,相差不过 0.2 mm。土壤剖面中各个土壤层的含水量,亚区 I 的 5 个土层从上到下分别是 0.0 mm,4.3 mm,27.9 mm,25.6 mm 和 6.3 mm;亚区 II 的 4 个土层从上到下分别是 0.0 mm,4.9 mm,51.1 mm 和 17.9 mm。两个亚区的土壤水都是集中在第 3 层和第 4 层,在第 1 层都是 0(第 1 层的厚度按 SWRRB 模型的设定都是 1 mm)。

模拟蒸发蒸腾主要发生在 3～6 月和 10～12 月。在冬天,温度低,但降雨、产水量和土壤水都是高值,所以有足够的水供蒸发蒸腾。在夏天,温度高,但降雨、产水量和土壤水都是低的,所以没有足够的水供蒸发蒸腾。在 5～6 月,尽管降雨和产水量都很低,蒸发蒸腾量仍然有点儿高,这是由于土壤水储藏仍然有点儿高的缘故。

降雪发生在 10 月、11 月、12 月和次年的 1 月、2 月、3 月(表 5-1-7)。潜热对于亚区 I 和亚区 II 分别是 13.45 kJ 和 8.88 kJ,面积加权平均为 11.49 kJ(表 5-1-9)。亚区 I 潜热较大是因为它的高程较低和温度较高。总生物量在亚区 I 和亚区 II 分别是 11 709.6 kg/hm² 和 9 159.1 kg/hm²(表 5-1-9)。因为亚区 I 潜热单位较大和植物生长较为茂盛,所以它的总生物高。

综上所述,模拟结果一切合乎逻辑,合乎实际。

2. 影响主要模拟项目结果的主要因素

影响主要输出项目的主要因素,是通过反复多次的模拟结果的敏感性分析来确定的(Zeng et al.,2002a,b;Song et al.,2015)。对产水量、产沙量、土壤水和总生物量分别给予极大、很大、大、中等和轻度或微度影响的因子及其影响的方向,在下面分别列出。+号表示正影响,即彼大此大;一号表示负影响,即彼大此小。

影响产水量的因素:①影响极大:降雨校正系数 RCF(+),径流曲线数 RCN(+);②影响很大:土壤容重 SBD(-),土壤黏土含量 SCC(-);③影响中等:月平均太阳辐射 MSR(-),有效田间持水量 ESFC(-);④影响轻或微。其他因子。

影响产沙量的因素:①影响极大:降雨校正系数(+),径流曲线数(+),河道曼宁系数 CMF(+或-),耕作方式 TO(-或+);②影响很大:亚区平均坡度 SAS(+),土壤容重(-),有效土壤田间持水量(-),土壤黏土含量(-);③影响大:通用土壤流失方程(USLE)中的侵蚀控制实践因子 P(+),作物播种日期 CPD(-);④影响中等:月平均太阳辐射(-),月平均最高气温 MMAT(-),月平均最低气温 MMIT(-),土壤可蚀性因子 K(+),最大叶面积指数 LAI(-);⑤影响轻或微。其他因子。

影响土壤水的因素:①影响极大:径流曲线标号(-);②影响大:降雨校正系数(+),土壤容重(+),土壤黏土含量(+);③影响中等:月平均太阳辐射(-),月平均最高气温(-),月平均最低气温(-),土壤深度(厚度)SD(+),最大扎根深度 MRD(+),有效田间持水量(+);④影响轻或微。其他因子。

影响总生物量的因素:①影响很大:径流曲线编号(-);②影响中等:月平均太阳辐射(+),降雨校正系数(+),有效田间持水量(+),土壤黏土含量(+),作物播种日期(+),最大叶面积指数(+);③影响轻或微。其他因子。

确定了各种因子对相应输出项目影响的大小，就可以有目的、有方向地调整某些因子以改变某种输出，使之尽快地接近实际(可供检验的观测数据)，这样可以大大地减少模拟实验的次数。不仅如此，在河道和土壤保护实践中，还可以用这种知识来定向地采取影响径流、泥沙、侵蚀、保墒、增加生物产量等的措施。

3. 模拟精度评价

要评价模拟精度，将模拟值和实测值加以比较是必要的。在特瓦河流域，可用于比较的实测值只有产水量数据。

表 5-1-10 列出了产水量模拟值和实测值的比较。产水量年模拟精度在 1990 年和 1991 年分别是83.35％和84.02％，平均为83.68％。这个精度远高于模型设计者提供的美国小瓦什塔流域的模拟精度(Arnold et al.,1990)。后者在 1970 年、1971 年和 1972 年的年模拟精度分别是96.40％、56.20％和0.00％，平均为50.20％(表 5-1-11)。

表 5-1-10　特瓦河流域年产水量模拟值与实测值的比较

年	模拟值/mm	实测值/mm	绝对误差/mm	相对误差/%	精度/%
1990	234.53	281.38	-46.85	-16.65	83.35
1991	183.82	158.49	25.33	15.98	84.02
平均	209.18	219.91	±36.09	±16.32	83.68

表 5-1-11　美国小瓦什塔河流域年产水量模拟值与实测值的比较

年	模拟值/mm	实测值/mm	绝对误差/mm	相对误差/%	精度/%
1970	16.68	17.67	-0.99	-5.60	94.40
1971	42.32	29.43	12.89	43.80	56.20
1972	77.47	27.95	74.52	266.62	0.00
平均	45.49	25.02	29.47	105.34	50.20

表 5-1-12 列出了产水量的月模拟值和实测值(两年平均)及其比较。可以看到，月模拟值的精度是比较低的，12 个月的平均模拟精度只有35.71％。各月中只有 4 个月的精度达到60％以上，1 个月的精度接近60％，精度为 0 的月份有 3 个月。但是，这个精度比美国小瓦什塔河的模拟精度(表 5-1-13)仍然要高一些(Arnold et al.,1990)。后者 12 个月的平均精度为30.66％，精度达到60％以上的月份只有 3 个月，精度为 0 的月份有 4 个月(表 5-1-13)。

表 5-1-12　特瓦河流域产水量月模拟值和实测值及其比较

产水量/mm	1 月	2 月	3 月	4 月	5 月	6 月	7 月	8 月	9 月	10 月	11 月	12 月
模拟值/mm	19.38	22.72	59.69	40.36	0.86	2.24	0.09	0.07	5.31	27.85	15.58	8.21
实测值/mm	45.57	30.48	43.04	28.80	25.05	10.91	3.34	3.52	4.14	6.52	7.02	11.56
绝对误差/mm	-26.19	-7.76	16.65	11.56	-24.37	-8.67	-3.25	3.53	1.17	21.33	8.56	-3.35
相对误差/%	-57.47	-3.93	38.68	40.14	-97.29	-79.47	-97.31	100.28	28.26	327.15	121.94	-28.98
精度/%	42.53	96.07	61.32	59.86	2.71	20.53	2.69	0.00	71.74	0.00	0.00	71.02

表 5－1－13　美国小瓦什塔河流域产水量月模拟值和实测值及其比较

产水量/mm	1月	2月	3月	4月	5月	6月	7月	8月	9月	10月	11月	12月
模拟值/mm	0.56	0.36	0.17	2.38	7.53	0.78	0.30	1.14	6.42	19.95	4.26	1.54
实测值/m	1.47	1.52	1.88	3.41	2.19	1.70	0.17	0.85	1.86	6.27	1.90	1.80
绝对误差/mm	−0.91	−1.16	−1.71	−1.03	5.34	−0.81	0.13	0.29	4.56	13.68	2.36	−0.26
相对误差/%	−61.90	−76.32	−90.96	−30.21	243.84	−47.65	76.47	34.12	245.16	218.18	124.21	−14.44
精度/%	38.10	23.68	9.04	69.79	0.00	52.35	23.53	65.88	0.00	0.00	0.00	85.56

在特瓦河流域,没有产沙量的实测资料,所以没法评价它的模拟精度。但是陆地卫星图像处理揭示的流域高度裸露证明,这个流域的高产沙量模拟值:亚区Ⅰ平均为 2.7 t/hm²,亚区Ⅱ平均为 9.5 t/hm²,全区平均为 5.6 t/hm²(表 5－1－9)。以农地为主的亚区Ⅰ侵蚀量大、产沙量高和以灌木草地为主的亚区Ⅱ侵蚀量小、产沙量低,是可以理解的。

4. 控制土壤侵蚀应采取的措施

控制土壤侵蚀一般可通过控制影响径流、产沙量等的因素来达到。确定了影响产水量、产沙量等的因素,我们就会知道怎么来控制这些因素,从而控制土壤侵蚀。表 5－1－14 指明了某些因素变化可能引起的产沙量和与之相关联的产水量可能发生的变化,这是通过模拟实验得到的结论。显然,控制土壤侵蚀应当采取的措施是能改变耕作方式、最大叶面积指数、USLE 侵蚀控制实践因子 P、USLE 坡度坡长因子 LS、土壤 K 因子、土壤 C 因子、地面坡度等,从而降低产沙量。

从表 5－1－14 可以看出,采取相应措施对降低土壤侵蚀有相当的作用。例如,改秋耕为春耕、水保耕和免耕,产沙量可分别下降 39.38%、47.67% 和 51.30%;将 USLE 寝室控制实践因子 P 由 0.10 改变为 0.08 和 0.06,产沙量可分别下降 15.54% 和 31.09%;将全流域地面坡度由 0.09 降低为 0.07 和 0.05(例如修梯田、梯地等),产沙量可分别下降 30.57% 和 44.56%;将最大叶面积指数从 3.0 升高到 4.5 和 4.9,产沙量可分别下降 9.84% 和 12.44%;将土壤 K 因子由 0.10 下降到 0.08 和 0.06,产沙量可分别下降 12.44% 和 24.87% 等。但是,相应的产水量变化不大或没有变化。

表 5－1－14　在特瓦河流域改变某些因子使产水量和产沙量可能发生的变化(以 1991 年为例)

因子	产水量 数值/mm	变化/%	产沙量 数值/(t/hm²)	变化/%	因子	产水量 数值/mm	变化/%	产沙量 数值/(t/hm²)	变化/%
耕作(亚区Ⅰ)					最大叶面积指数 LAI(亚区Ⅰ)				
秋耕 Fall plow	183.82	0.00	1.93	0.00	3.0	183.82	0.00	1.93	0.00
春耕 Spring plow	183.98	+0.09	1.17	−39.38	3.8	182.31	−0.82	1.82	−5.70
水保耕 Conservation plow	184.59	+0.42	1.01	−47.67	4.5	181.60	−1.21	1.74	−9.84
免耕 Zero tillage	185.54	+0.94	0.94	−51.30	4.9	180.75	−1.67	1.69	−12.44
USLE-P 因子(全流域)					土壤 K 因子(亚区Ⅰ)				
0.10	183.82	0.00	1.93	0.00	0.10	183.82	0.00	1.93	0.00
0.09	183.82	0.00	1.78	−7.77	0.09	183.82	0.00	1.81	−6.22

续表

因子	产水量		产沙量		因子	产水量		产沙量	
	数值/ mm	变化/ %	数值/ (t/hm²)	变化/ %		数值/ mm	变化/ %	数值/ (t/hm²)	变化/ %
0.08	183.82	0.00	1.63	−15.54	0.08	183.82	0.00	1.69	−12.44
0.06	183.82	0.00	1.33	−31.09	0.06	183.82	0.00	1.45	−24.87

地面平均坡度									
亚区Ⅰ	亚区Ⅱ	全流域							
0.07	0.12	0.09	183.82	0.00	1.93	0.00			
0.06	0.11	0.08	183.82	0.00	1.64	−15.03			
0.05	0.09	0.07	183.86	+0.02	1.34	−30.57			
0.04	0.07	0.05	183.86	+0.02	1.07	−44.56			

5.1.8　模拟中某些特别问题的实验研究

1. 土壤水储量的初值设定对模拟的影响及其局限

在此以前提供的结果都是 ISWS＝1.00 的结果。现在我们来看 ISWS＝0.00 的某些结果。表 5-1-15 是在 1990 年和 1991 年 ISWS＝0.00 时,各项模拟值的按月输出。

表 5-1-15　特瓦河流域模拟的月和年的径流、产水量、渗漏、传输损失、产沙量、土壤水和蒸发蒸腾量

年	月	降雨量 /mm	地表径流 /mm	地下径流 /mm	产水量 /mm	渗漏 P/mm	传输损失 TL/mm	蒸发蒸腾 ET/mm	产沙量/ (t/hm²)	土壤水 /mm
1990	1	75.68	2.79	15	2.88	8.67	0.05	35.86	1.11	33.16
	2	0.00	0.00	0.06	0.06	0.00	0.00	17.97	0.00	15.19
	3	93.07	48.30	0.03	48.28	5.37	0.05	31.03	41.17	23.54
	4	175.97	29.75	0.48	30.11	16.16	0.13	100.76	8.25	51.83
	5	5.23	0.00	0.46	0.46	0.70	0.00	39.72	0.00	16.64
	6	0.00	0.00	0.16	0.16	0.00	0.00	16.57	0.00	0.08
	7	0.00	0.00	0.06	0.06	0.00	0.00	0.08	0.00	0.00
	8	17.13	14.17	0.02	14.06	0.31	0.13	2.63	0.51	0.14
	9	53.80	7.77	0.03	7.65	5.60	0.15	18.64	0.31	21.93
	10	89.92	10.56	0.27	10.77	9.76	0.06	48.18	1.75	42.80
	11	89.83	19.30	0.91	20.13	9.26	0.08	39.89	4.23	62.98
	12	40.67	8.73	0.67	9.36	4.76	0.04	24.22	0.29	65.62
	合计	641.29	141.36	3.30	143.97	60.61	0.70	375.55	57.62	65.62
1991	1	3.86	0.70	0.35	0.86	0.53	0.18	11.50	0.00	56.92
	2	119.51	41.19	0.71	42.60	9.86	0.09	35.19	2.89	87.54
	3	129.19	52.46	3.29	55.64	12.70	0.11	60.47	3.60	87.00

年	月	降雨量 /mm	地表径流 /mm	地下径流 /mm	产水量 /mm	渗漏 P/mm	传输损失 TL/mm	蒸发蒸腾 ET/mm	产沙量/ (t/hm²)	土壤水 /mm
	4	61.38	11.88	1.63	13.43	5.75	0.07	83.87	0.44	46.56
	5	0.00	0.00	0.72	0.72	0.00	0.00	22.60	0.00	23.96
	6	35.48	4.06	0.29	4.31	3.30	0.04	51.84	0.10	0.22
	7	0.00	0.00	0.11	0.11	0.00	0.00	0.22	0.00	0.00
	8	0.00	0.00	0.04	0.04	0.00	0.00	0.00	0.00	0.00
	9	43.20	2.98	0.02	2.98	4.38	0.02	16.12	0.36	19.66
	10	169.13	44.20	0.75	44.86	15.39	0.09	58.12	6.08	69.59
	11	48.43	10.39	0.60	10.92	4.32	0.07	21.70	1.35	81.30
	12	42.77	5.68	1.09	6.74	6.04	0.05	37.15	1.29	73.95
	合计	652.95	174.33	9.61	183.22	62.27	0.72	398.78	16.15	73.95

注意：初始土壤。

比较表5-1-15和表5-1-16可以看出，当ISWS＝0.00时，1990年各月的各项输出数值，与ISWS＝1.00时相比，都减少了，因此这一年各项输出的总量显著减少。例如产水量原为234.53 mm，现为143.97 mm，减少38.61％；蒸发蒸腾量原为425.54 mm，现为375.55 mm，减少11.75％。

但是当我们再仔细观测这一年各月输出结果时，就会发现，ISWS＝0.00造成的影响，主要是在这一年的前6个月，由于这里是地中海气候，夏天干燥少雨或无雨，如这一年5月降雨只有5.23 mm，6月和7月降雨为0，所以即使原来ISWS设定为1.00，其7、8两个月的土壤水储量也降至极低，分别为0.00和0.14 mm。这和ISWS设定为0.00时这两个月的土壤水储量0.00 mm和0.14 mm完全一样。到8月份重新开始有降雨时，两种设定的土壤水状况是在同一条起跑线上。所以8月、9月、10月、11月、12月这5个月的各项输出结果，无论是ISWS＝1.00，还是0.00，都几乎是一样的。

由此也就可以推断，下一年即1991年，各项模拟的月输出和年输出结果，在两种ISWS设定下，基本上是一样的（表5-1-16和表5-1-15）。

2. 降雨量数据月份不全的年份的模拟

模拟需要一个适应阶段才能达到稳定和最佳状态。

特瓦河流域可用的降雨量数据，除了1990年全年和1991年全年外，还有1989年10～12月和1992年1～9月的数据。如果数据全用上，从1989年10月到1992年9月，正好有三年数据可进行三个整年的模拟。可是，SWRRB模型的模拟设定，都是从某一年的1月份开始，模拟到某一年12月结束的。因此，只能从1989年1月始模拟到1992年12月，也就是说，进行4年的模拟，但前9个月和后3个月是没有降雨输入的（自动取0值）。我们仍取初始土壤储水量ISWS＝1.00。

表5-1-16是1989—1992年4年模拟的月和年的径流、产水量、渗漏（P）、传输损失（TL）、产沙量、土壤水和蒸发蒸腾（ET）量。我们对其进行观测并分析结果。

由于1989年1～9月没有降雨量输入，所以它的全年产水量只是10～12月的产水量，数值为562.57 mm，而相应的实测值是177.72 mm，绝对误差达384.85 mm，相对误差达216.55％，模拟精度为0。1992年10～12月没有降雨输入，所以它的全年产水量只是1～9月的产水量，数值是114.44 mm，而相应的实测值是77.71 mm，绝对误差36.72 mm，相对误差47.25％，模拟精度为52.75％。显然，降雨输入月份残缺的年份，模拟数据是不可采用的。

　　因此,虽说是进行了 4 年模拟,但实际有效的模拟也仍然只是 1990—1991 年的两年。但是,与直接从 1990 年 1 月份开始的模拟相比,这两年的模拟结果精度的确是提高了。把表 5-1-16 中 1990—1991 年的数据与表 5-1-15 中的相应数据加以比较,可以看出,原来 1990 年模拟产水量是 234.53 mm,精度是 83.35%;1991 年模拟产水量是 183.82 mm,精度是 84.02%;两年的平均精度是 83.68%(表 5-1-10)。而现在,1990 年模拟产水量是 238.02 mm,精度是 84.59%;1991 年模拟产水量是 179.43 mm,精度是 86.79%;两年的平均精度是 85.69%(表 5-1-16)。也就是说,精度提高了 2.01 个百分点。

　　显然,对于 1990—1991 两年模拟来说,前面附加有 1989 年模拟得到的结果,比直接从 1990 年 1 月开始得到的模拟结果精度高。这预示模拟开始以后,可能需要一段时间才能使模拟达到稳定和较佳的状态。

表 5-1-16　特瓦河流域当 ISWS 设定为 1.00 时 1989—1992 年 4 年模拟的月和年的径流、产水量、渗漏、
传输损失、产沙量、土壤水和蒸发蒸腾量

年	月	降雨量 /mm	地表径流 /mm	地下径流 /mm	产水量 /mm	渗漏 P /mm	传输损失 TL/mm	蒸发蒸腾 ET/mm	产沙量 /(t/hm²)	土壤水 /mm
1989	1	0.00	0.24	0.37	0.45	1.45	0.16	24.19	0.00	124.41
	2	0.00	0.00	0.13	0.13	0.00	0.00	9.39	0.00	115.03
	3	0.00	0.00	0.05	0.05	0.00	0.00	18.34	0.00	96.69
	4	0.00	0.00	0.02	0.02	0.00	0.00	42.98	0.00	53.71
	5	0.00	0.00	0.00	0.00	0.00	0.00	13.57	0.00	40.14
	6	0.00	0.00	0.00	0.00	0.00	0.00	39.71	0.00	0.43
	7	0.00	0.00	0.00	0.00	0.00	0.00	0.43	0.00	0.00
	8	0.00	0.00	0.00	0.00	0.00	0.00	0.00	0.00	0.00
	9	0.00	0.00	0.00	0.00	0.00	0.00	0.00	0.00	0.00
	10	192.66	76.74	0.55	77.23	15.28	0.06	34.86	7.06	64.51
	11	504.46	327.81	6.81	334.42	33.60	0.20	50.56	73.17	133.43
	12	237.04	128.95	21.58	150.26	29.80	0.26	48.94	18.54	142.00
	合计	934.15	533.74	29.52	562.57	80.13	0.69	282.98	98.77	142.00
1990	1	75.68	36.76	15.59	52.10	12.74	0.25	33.78	6.93	127.32
	2	0.00	0.00	5.41	5.41	0.01	0.00	13.51	0.02	113.80
	3	93.07	49.53	2.27	51.72	6.30	0.08	50.79	2.30	100.30
	4	175.97	63.80	1.46	65.04	13.13	0.22	110.58	1.91	87.69
	5	5.23	0.20	0.69	0.87	0.70	0.03	43.38	0.00	48.66
	6	0.00	0.00	0.24	0.24	0.00	0.00	47.90	0.00	0.76
	7	0.00	0.00	0.09	0.09	0.00	0.00	0.76	0.00	0.00
	8	17.13	14.17	0.03	14.07	0.31	0.13	2.64	0.36	0.14
	9	53.80	7.72	0.00	7.73	4.59	0.02	21.65	1.85	19.90
	10	89.92	10.64	0.25	10.84	9.90	0.05	44.01	1.50	44.71
	11	89.83	19.54	0.84	20.27	9.20	0.10	41.68	3.09	63.06
	12	40.67	9.01	0.67	9.63	4.95	0.05	23.07	0.27	66.26
	合计	641.29	211.38	27.56	238.02	61.84	0.93	433.75	18.22	66.26

年	月	降雨量/mm	地表径流/mm	地下径流/mm	产水量/mm	渗漏 P/mm	传输损失 TL/mm	蒸发蒸腾 ET/mm	产沙量/(t/hm²)	土壤水/mm
1991	1	3.86	0.00	0.38	0.38	0.56	0.00	11.74	0.00	57.81
	2	119.51	38.60	0.59	39.10	10.71	0.09	38.02	2.64	88.63
	3	129.19	53.12	3.19	56.20	12.65	0.12	59.02	3.19	88.10
	4	61.38	12.35	1.59	13.85	5.88	0.10	82.45	0.31	49.14
	5	0.00	0.00	0.71	0.71	0.00	0.00	25.08	0.00	24.06
	6	35.48	4.05	0.28	4.30	3.30	0.03	51.95	0.10	0.22
	7	0.00	0.00	0.11	0.11	0.00	0.22	0.00	0.00	0.00
	8	0.00	0.00	0.04	0.04	0.00	0.00	0.00	0.00	0.00
	9	43.20	3.07	0.02	3.07	4.41	0.03	22.88	0.34	12.80
	10	169.13	43.00	0.86	43.77	15.82	0.08	52.07	5.64	69.22
	11	48.43	10.29	0.74	10.99	4.52	0.05	20.16	1.47	82.14
	12	42.77	5.70	1.27	6.93	6.14	0.04	37.89	0.96	73.96
	合计	652.95	170.18	9.77	179.43	63.98	0.52	401.47	14.66	73.96
1992	1	28.83	12.40	0.64	13.04	2.27	0.00	13.62	0.50	74.23
	2	93.26	27.94	0.95	28.75	9.31	0.14	37.67	1.12	90.43
	3	62.06	54.18	1.24	55.23	1.17	0.19	39.95	0.61	57.37
	4	48.88	3.66	0.50	4.09	4.91	0.07	65.12	0.07	32.52
	5	4.97	0.00	0.19	0.19	0.67	0.00	18.70	0.00	18.13
	6	98.05	12.61	0.23	12.78	9.34	0.06	86.39	0.36	7.48
	7	0.00	0.00	0.19	0.19	0.00	0.00	6.98	0.00	0.50
	8	0.00	0.00	0.07	0.07	0.00	0.00	0.00	0.00	0.50
	9	18.51	0.09	0.02	0.09	1.99	0.02	3.55	0.00	13.40
	10	0.00	0.00	0.00	0.00	0.00	0.00	9.24	0.00	4.16
	11	0.00	0.00	0.00	0.00	0.00	0.00	3.12	0.00	1.04
	12	0.00	0.00	0.00	0.00	0.00	0.00	0.03	0.00	1.01
	合计	354.57	110.88	4.05	114.44	29.65	0.49	284.38	2.66	1.01

3. 在没有降雨输入时,初始土壤储水量 ISWS＝1.00 对模拟的影响

从表 5-1-16 还可以看出,由于设定的最初土壤储水量等于田间最大持水量,即 ISWS＝1.00。所以,尽管 1989 年 1~9 月降雨输入为 0,相应的输出,除降雨量和产沙量以外,其他各项并不为 0。显然这些项目都是在消耗初始土壤储水量。而且,土壤水主要是消耗在蒸发蒸腾上,其次是渗漏损失,只发生了很少的地下径流、地表径流和传输损失。由于没有继续降雨,土壤储水量就逐渐减少,到 7 月份土壤水用尽,此后的 8~9 月所有输出都是 0。10 月以后,有了降雨输入,才有了全面的输出数据。

再来看表 5-1-16 中没有降雨输入的 1992 年 10~12 月的情况。前 9 个月都有降雨输入,因此都有全面的输出。只是由于中间经过地中海气候夏天的干热季节,到 9 月份,虽然有少量降雨,但各项输出值都已经很小了。10 月开始无降雨输入,所以绝大部分输出值都开始为 0。只有土壤含水量和蒸发蒸腾苟延残喘,到年底也都等于 0,或趋近于 0 了。

4. 在没有降雨输入时,初始土壤储水量 ISWS＝0.00 对模拟的影响

在设定 ISWS＝0.00 的情况下,从 1989 年 1 月 1 日开始到 1992 年 12 月 31 日结束,进行整四年的模拟。表 5－1－17 只是 1989 年的按月输出。

从表中可以看到,由于 ISWS＝0.00,所以土壤中水分含量很小。再加上前 9 个月没有降雨输入,极少的土壤水分就不断地消耗于蒸发蒸腾和渗漏,到 9 月份,各项输出就基本为 0 了。所以它对后面的输出就基本上没有影响了。

这一年最后 3 个月的各项输出基本上就取决于这 3 个月的降雨输入。全年的各项输出值,除了蒸发蒸腾量和产沙量以外,就和 ISWS＝1.00 的结果(表 5－1－16)相差很小了。

蒸发蒸腾量小是由于初始土壤水储量小,这很好理解。但是,ISWS＝0.00 时,产沙量为 209.10 t/hm²,比 ISWS＝1.00 时的 98.77 t/hm²,高出 111.70%。而两种情况下 1~9 月均无降雨输入和均无产沙,10~12 月,降雨输入一样都是 934.15 mm,为什么产沙量有这么大的差别,令人费解。

表 5－1－18 列出了 ISWS＝0.00 时各项输出的各年平均值,并将它们与 ISWS＝1.00 的各年平均值作一对比。

比较两者的输出结果可知,ISWS＝0.00 的各年产沙量都大于 ISWS＝1.00 的值。但大的程度却是向后减小的,而且 1991 年不大反小。这说明 ISWS 对产沙量的影响,除了机制不易解释清楚以外,还带有某种复杂性。

表 5－1－17　特瓦河流域当 ISWS 设定为 0.00 时 1989 年模拟的月和年的径流、产水量、渗漏(P)、传输损失(TL)、产沙量、土壤水和蒸发蒸腾(ET)量(ISWS＝0.00)

年	月	降雨量/mm	地表径流/mm	地下径流/mm	产水量/mm	渗漏 P/mm	传输损失 TL/mm	蒸发蒸腾 ET/mm	产沙量/(t·ha⁻¹)	土壤水/mm
1989	1	0.00	0.00	0.00	0.00	0.36	0.00	2.91	0.00	1.73
	2	0.00	0.00	0.00	0.00	0.00	0.00	0.00	0.00	1.72
	3	0.00	0.00	0.00	0.00	0.00	0.00	0.02	0.00	1.70
	4	0.00	0.00	0.00	0.00	0.00	0.00	0.06	0.00	1.64
	5	0.00	0.00	0.00	0.00	0.00	0.00	0.11	0.00	1.53
	6	0.00	0.00	0.00	0.00	0.00	0.00	0.72	0.00	0.81
	7	0.00	0.00	0.00	0.00	0.00	0.00	0.04	0.00	0.77
	8	0.00	0.00	0.00	0.00	0.00	0.00	0.05	0.00	0.72
	9	0.00	0.00	0.00	0.00	0.00	0.00	0.66	0.00	0.06
	10	192.66	76.74	0.55	77.24	15.27	0.05	34.78	44.64	64.66
	11	504.46	327.09	6.57	333.48	33.35	0.18	53.98	127.36	132.33
	12	237.04	127.88	20.44	148.08	28.75	0.24	51.45	37.09	141.79
	合计	934.15	531.71	27.56	558.79	77.73	0.47	144.78	209.10	141.79

ISWS 对 4 年平均的总生物产量也有不小的影响。它等于 0.00 时的总生物产量与它等于 1.00 时的相比,亚区 1 从 11 264.71 kg/hm² 减少到 9 380.7 kg/hm²,减少了 16.72%,亚区 2 从 8 934.3 kg/hm² 减少到 6 998.5 kg/m²;减少了 21.67%。

表 5-1-18 特瓦河流域当 ISWS 设定为 0.00 时 1989—1992 年 4 年模拟的产水量、蒸发蒸腾（ET）量、年末土壤水量和产沙量的年统计值及其与 ISWS＝1.00 的结果的比较

初始土壤水储量 ISWS（比值）	年份	产水量/mm	实测产水量/mm	产水量模拟精度/%	产沙量/(t·ha⁻¹)	蒸发蒸腾量 ET/mm	年末土壤水量/mm	4 年总生物量平均值/(kg·ha⁻¹)	4 年总生物量平均值/(kg·ha⁻¹)
0.00	1989	558.79	177.72	0.00	209.10	144.78	141.79		
	1990	234.79	281.38	83.44	41.10	435.86	66.05		
	1991	178.98	158.49	87.07	13.74	401.72	73.91		
	1992	114.48	77.71	52.68	3.51	284.31	1.01	9 380.7（亚区Ⅰ）	6 998.5（亚区Ⅱ）
1.00	1989	562.57	177.72	0.00	98.77	282.98	142.00		
	1990	238.02	281.38	84.59	18.22	433.75	66.26		
	1991	179.43	158.49	86.79	14.66	401.47	73.96		
	1992	114.43	77.71	52.75	2.66	284.38	1.01	11 264.7（亚区Ⅰ）	8 934.3（亚区Ⅱ）

ISWS 对蒸发蒸腾量的影响较大的只限于模拟起始年，其余年份影响很小。至于对年产水量及其模拟精度，对年末土壤水储量等，只对模拟起始年和第二年有明显影响，对以后各年影响很小。

5. 初始土壤储水量的细微变化对于模拟的影响

表 5-1-19 是对 1989 年模拟依次规定初始土壤储水量 ISWS＝0.1,0.2,…,0.9,1.0,进行实验，以观察它们输出结果的更细微的变化。

表 5-1-19 特瓦河流域 1989 年初始土壤储水量从 0.00 每递增 0.1 时产水量、产沙量、蒸发蒸腾量和年末土壤水量的变化

初始土壤水储量 ISWS（比值）	产水量/mm	产沙量/(t·ha⁻¹)	蒸发蒸腾量 ET/mm	年末土壤水量/mm	亚区Ⅰ总生物量/(kg·ha⁻¹)	亚区Ⅱ总生物量/(kg·ha⁻¹)
0.0	558.79	209.10	140.21	141.79		
0.1	559.15	157.67	139.50	141.87		
0.2	559.70	143.14	138.57	141.93		
0.3	560.11	135.43	137.80	141.96		
0.4	560.41	129.60	137.39	141.61		
0.5	560.59	125.05	137.05	141.64	4 388.1	4 899.3
0.6	560.71	113.86	136.73	141.67		
0.7	560.95	110.09	136.26	141.71		
0.8	561.28	106.25	135.71	141.78		
0.9	561.89	102.42	135.22	141.82		
1.0	562.27	98.77	134.36	142.00		

从表 5-1-19 中,我们可以看到,ISWS 这个参数对于流域模拟出来的产水量、产沙量、年末产水量

等都有影响,而且影响的方向还是固定的。ISWS 对产水量的影响是正向的:ISWS 越大,产水量越大,但影响幅度较小。表中产水量的最大值 562.27 mm,只是最小值 558.79 mm 的 100.62%。

ISWS 对产沙量的影响是负向的:ISWS 越大,产沙量越小。而且影响幅度较大。表中产沙量的最小值 98.77 t/hm² 是最大值 209.10 t/hm² 的 47.24%。即使 ISWS 只增加 0.1,产沙量就有明显变化,依次递减为 209.10、157.67、143.14 等。

ISWS 对蒸发蒸腾量的影响也是负向的:ISWS 越大,蒸发蒸腾量越小。影响幅度中等偏小。表 5 - 1 - 19 中的最小值 134.36 mm,是最大值 140.21 的 95.83%。

ISWS 对于年末土壤水量的影响是正向的:ISWS 越大,年末土壤水量越大。产水量随着 ISWS 数值的增大而增大。但影响幅度也很微小。表中的最大值 142.00 mm,只是最小值 141.79 mm 的 100.15%。

多年模拟的研究还表明,ISWS 这个参数对模拟的影响,主要发生在模拟开始的那一年,以后随着年份,影响就很小了。在头一年受它所影响的那几个输出项目,以后就主要取决于日降雨和其他因素的输入了。

这可能是 SWRRB 模型需要运行一个短时间之后才能进入稳定和最佳状态的一个表现,甚至形成模拟预热期的原因之一。

值得注意的是,ISWS 对产沙量的影响不仅较大,而且较长,可达几年之久。但是其影响也是随着时间的增加而逐步递减的,影响的机理不太清楚。

ISWS 对总生物产量也有明显的影响,它的设定值越高,总生物产量越大。但我们对这方面的研究,未能投入较多的力量。

6. 降雨校正因子对模拟结果的影响

使初始土壤水储量 ISWS=1.00 保持不变,又假定亚区Ⅰ和亚区Ⅱ降雨校正因子(Rain correction Factor 或 Rain Corrector,简称 RC)相同,一次设定 RC=0.0,0.1,0.2,…,1.4,1.5,对 1989 年特瓦河流域进行模拟。表 5 - 1 - 20 列出了产水量、产沙量、渗漏量、传输损失和蒸发蒸腾量的年总量,年末土壤水储量和 RC=1.10 时的总生物量。

表 5 - 1 - 20　特瓦河流域 1989 年降雨校正因子从 0.00 每递增 0.1 时产水、产沙、渗漏、传输损失和蒸发蒸腾年总量和年末土壤水量的变化

降雨校正系数(亚区Ⅰ、Ⅱ同)	产水量/mm	产沙量/(t·ha⁻¹)	渗漏量/mm	传输损失/mm	蒸发蒸腾量、ET/mm	年末土壤水量/mm	总生物量(亚区Ⅰ)/(kg·ha⁻¹)	总生物量(亚区Ⅱ)/(kg·ha⁻¹)
0.0	0.66	0.00	1.45	0.16	148.61	0.00		
0.1	0.69	0.00	13.38	0.16	192.66	13.32		
0.2	1.76	0.01	21.16	0.24	229.94	36.27		
0.3	9.60	0.49	30.66	0.42	251.08	66.25		
0.4	31.37	2.85	40.13	0.55	261.19	92.83		
0.5	70.98	7.76	47.01	0.63	263.29	111.50		
0.6	118.83	14.43	53.57	0.74	265.14	122.75		
0.7	172.02	22.51	57.31	0.74	268.07	130.65		
0.8	227.74	30.84	60.04	0.72	272.08	135.82		
0.9	285.23	39.88	63.55	0.71	276.30	138.25		

降雨校正系数(亚区Ⅰ、Ⅱ同)	产水量/mm	产沙量/(t·ha⁻¹)	渗漏量/mm	传输损失/mm	蒸发蒸腾量、ET/mm	年末土壤水量/mm	总生物量(亚区Ⅰ)/(kg·ha⁻¹)	总生物量(亚区Ⅱ)/(kg·ha⁻¹)
1.0	345.27	51.21	67.04	0.70	278.53	140.45		
1.1	406.95	61.52	71.46	0.68	280.02	140.99	7 776.1	8 603.0
1.2	469.6	71.97	75.31	0.67	281.88	141.30		
1.3	533.01	82.70	78.47	0.65	282.53	141.65		
1.4	596.74	93.54	82.05	0.64	283.36	142.04		
1.5	661.20	101.92	84.56	0.65	284.51	142.23		

由表5-1-20可知:随着降雨校正因子RC的增大,产水量、产沙量和渗漏量都明显地不断增大;传输损失量、蒸发蒸腾量和年末土壤水储量开始也是逐渐增长,但后来增长缓慢;ET和年末土壤水储量大约在RC=1.0以后增长缓慢,传输损失大约在RC=0.7以后不仅不再增长,而且不断下降以致最后趋于不变;年总生物量在亚区Ⅰ的RC=1.10的情况下为7 776.1 kg/hm²,比RC=1.50时的11 709.6 kg/hm²减少了33.59%;在亚区Ⅱ的RC=1.10的情况下为8 603.0 kg/ha,比RC=1.20时的9 159.1 kg/ha减少了6.07%。这说明生物量的生产对于降雨校正因子或雨量的改变,反应还是很敏感的。

7. 土壤因子对模拟结果的影响

土壤因子包括许多项目,有土层深度、孔隙度、田间持水量、初始水储量、黏粒含量、粉砂含量、沙含量、土壤K因子等。这些输入因子如果发生改变,模拟结果就会改变,甚至是很大的改变。表5-1-21是部分实验结果。

表5-1-21 西班牙特瓦河流域土壤参数改变对1989年模拟的产水量、产沙量、渗漏、传输损失、蒸发蒸腾量和年末土壤水储量的影响(部分实验)

土壤状况	地表径流/mm	地下径流/mm	产水量/mm	渗漏P/mm	传输损失TL/mm	蒸发蒸腾ET/mm	产沙量/(t·ha⁻¹)	土壤水/mm
			ISWS=1.00					
田间持水量增50%	444.87	30.95	475.14	90.51	0.69	357.29	68.84	219.28
土壤深度增50%	471.14	27.07	497.52	87.13	0.69	355.98	72.40	204.64
减20%	559.96	28.60	587.88	84.20	0.69	253.72	112.19	111.03
不变	533.74	29.52	562.57	80.13	0.69	282.98	98.77	142.00
			ISWS=0.00					
田间持水量增50%	439.10	29.53	468.10	88.15	0.53	146.20	154.82	218.99
土层深度增50%	468.49	25.62	493.58	85.02	0.54	145.34	170.33	201.33
减20%	557.97	27.09	584.59	82.01	0.47	144.47	223.86	111.01
不变(同上)	531.71	27.56	558.79	77.73	0.47	144.78	209.10	141.79

由表 5-1-21 可见,当 ISWS=1.00 时,土壤持水量若增加 50%,则土壤水(年末水储量)从 142.00 mm 增加到 219.28 mm,即增加 54.42%;产水量从 562.57 mm 减少到 475.14 mm,即减少 15.54%;产沙量从 98.77 t/hm² 减少到 68.84 t/hm²,即减少 30.30%,等等。当土壤深度若增加 50%,则土壤水从 142.00 mm 增加到 204.64 mm,即增加 44.11%;产水量从 562.57 mm 减少到 497.52 mm,即减少 11.56%;产沙量从 98.77 t/hm² 减少到 72.40 t/hm²,即减少 26.70%,等等。反之,当土层深度减少 20% 时,土壤水从 142.00 mm 减少到 111.03 mm,即减少 21.81%;产水量从 562.57 mm 增加到 587.88 mm,即增加 4.50%;产沙量从 98.77 t/hm² 增加到 112.19 t/hm²,即增加 13.59%,等等。

当 ISWS=0.00 时,田间持水量增加 50%,土层深度增加 50% 或减少 20%,相应的土壤水、产水量和产沙量都发生和 ISWS=1.00 时同方向的变化。但从变化的幅度来看,土壤水和产水量变化幅度与 ISWS=1.00 时相近,产沙量变化幅度比 ISWS=1.00 时要大一些。

5.1.9 结论

产水量和产沙量用 SWRRB 模型可以满意地模拟出来。特瓦河流域的产水量年平均模拟精度是 83.68%。这意味着这个方法能够有效地模拟一个流域的年和年际的产水量。在有一个好的模型的前提下,流域模拟成功的关键是仔细地准备模型的输入和反复地进行模拟实验。SWRRB 模型需要很多的输入项目,但是对大多数项目,并没有现成的数据可以采用,所以我们要尽最大努力来准备它们。SWRRB 也不是一个单一的数学模型,而是一个庞大的数学模型体系。模型把大多数地理因素和过程连接在一起,因此能够揭示他们的相互联系和相互作用。用它们进行模拟计算的结果,产水量和产沙量理论上可以分月分日输出。除了产水量和产沙量以外,还预测了渗漏量、传输损失量、蒸发蒸腾量、土壤水含量、生物产量、产雪量、洪峰流量、洪峰次数等。土壤含水量的预测的结果可以分各个土壤层分层输出,生物产量等可以分亚区输出。对于某些本来属于输入的项目,输出时内容更加丰富。如降雨量,由于各亚区降雨校正系数的研究和确定,输出时就有了降雨量的按日按月、按年和按各个亚区的输出,还可输出经过面积加权的全流域计算结果。

尽管输入项目很多被要求做关于输入的研究和确定并要求输出的内容更加丰富多彩,但它提供了整个流域、亚流域或亚区的全面地理因素和地理过程的空间分布和时间演化的全景图像,这是单凭地理调查或地理观测难以覆盖的,也是使用数学模型体系进行流域模拟研究的亮点之处。

因此,这个模型与其说是一个水文模型,倒不如说是一个地理模型。这个模型的意义,对我们来说,并不限于流域模拟本身,还在于借助它们实现地理因素和过程的定量化。以流域为基础应用这个模型并加以改进,有可能发展出一个地理过程定量化的科学而可行的方法。

产水量来自地表径流和地下径流,后两者都是水径流或液体径流。产沙量是指水中的泥沙,泥沙随水径流的流动而流动,因此是固体径流。本研究表明,一个流域内的水径流和固体径流是可以使用数学模型进行模拟计算来预测的。

综观模拟结果,特瓦河流域产水量、特别是产沙量的模拟,尤其是月模拟,其精度还是不高的,更不要说日模拟了。但是他们可以通过进一步改进,逐渐达到模拟实践所需的精度。

由于产沙量没有实测资料,所以在模拟过程中没法参照实测产沙量对产沙量的模拟过程进行调整;产沙量的最后输出数据只是产水量模拟过程调整的结果。因此,严格来说,本研究只是进行了水径流或液体径流的模拟,而没有进行泥沙径流或固体径流的模拟。

第二节 SWRRB:中国江西省潋水河流域水径流和泥沙径流模拟 I

5.2.1 引言

本研究是国家自然科学基金项目"南方典型地区小流域模拟、动态监测与水土资源研究"(批准号,49571035)的研究内容之一。同时还得到中国科学院院长基金资助和江西省兴国县水土保持局的部分资助。

产水量和产沙量的定量化估算是流域研究的中心之一,而流域定量化又是自然地理过程定量化的有效途径。但由于其因素和过程都极为复杂,定量化十分困难。

可喜的是,近 50 年来人们在自然地理要素和过程的定量化研究方面取得了巨大进展。主要体现在:①遥感(RS);②地理信息系统(GIS);③全球定位系统(GPS);④数学建模(MM-Mathematic Modelling in Geoscience);⑤计算机模拟(CS-Computer Simulation in Geoscience);⑥数字地球。后者是近几年才提出的概念。

用数学模型对流域的水径流和泥沙径流进行计算机模拟是上述六大技术的综合体现。本研究是使用 SWRRB 模型对西班牙特瓦河流域进行水径流和泥沙径流进行计算机模拟研究在中国的继续。使用模型仍然是 SWRRB,研究区是江西省南部的潋水河流域,使用的软件仍然是遥感图像处理与地理信息系统相结合的 ILWIS 系统。

5.2.2 基础数据处理与亚区划分

基础数据处理是为模拟模型的输入创造条件,同时也用于流域植被、土壤侵蚀和水土资源的动态监测和管理。

1. 地形图数字化与数字高程模型制作

已在第三章中叙述,请参考它的第二节。

2. 遥感图像处理

图像处理围绕工作目的进行了彩色合成、非监督分类和各种比值图像生成与分析。不同时期比值图像的分析和比较主要用于动态监测。彩色合成图像、非监督分类图像和比值图像联合应用于模拟模型中的亚区划分和某些参数的估计。

所用遥感图像为 Landsat-5 1987 年 12 月 17 日、1995 年 12 月 7 日、1996 年 12 月 25 日和 1991 年 10 月 9 日共 4 个时期的 TM 图像。前三幅是 7 个波段的原始数字图像,它们均是 12 月份的,时相接近便于不同年份的比较。

1991 年 10 月 9 日图像是彩色合成图像。对它进行扫描,得到 3 个波段的扫描数字图像,即红色值图像 R、绿色值图像 G 和蓝色值图像 B。图像 R、G 和 B 分别代表 TM 波段 4、3 和 2,它是 10 月份的。

此时,中国南方仍在热季,故适于对地面覆盖和土地利用进行分类。

非监督分类用聚类法(clustering)分 19 类。分类后统计计算了各类的平均比值。比值选用 NVI＝(R−G)/(R+G),即[TM 4(红外波段)−TM 3(可见光波段)]/[TM 4＋TM 3],这就是所谓归一化植被指数。国际上普遍采用这一指数来说明地面植被状况的好坏(密度和长势的综合):数值越大,植被越好。我们得到的 19 个类的 NVI 值如表 5-2-1。表中的类序号按 NVI 数值由大到小排列。由 NVI 数值可以大致判定,第(5)、(3)类为密植被;第(1)、(15)、(10)、(2)、(4)、(6)类为中密植被;类推。可以看到,流域内中等密度植被约占 40％;密植被、稀疏植被、很裸露地面(裸露和极稀疏)三项各占 20％左右。这就是流域植被状况和潜在土壤侵蚀状况的全貌。

3. 流域亚区划分

根据模型要求,亚区可以根据土壤、土地利用、植被、地形、温度、降雨等因素来划分,但亚区界线划在何处并无限制,但每个亚区中应包括一个河段(Arnold et al. ,1990)。由此表述来看,亚区划分是粗略的,界线是大概的,而且也不完全是区域概念(一个亚区可以被另一个隔开)。本研究中的亚区划分,参照地形和数字高程模型。本流域的数字高程模型见前面第三章第二节内容。

从彩色合成图像和监督分类图上植被密度分布来看,明显可分出密植被区、中密植被区和稀疏-裸露植被区。而这一分异与流域内的海拔高度和地形坡度分异基本一致。裸露地和稀疏植被地在河谷低平区和盆地区,盆地有三个,可以各作一个亚区,因此可分出六个亚区:①河谷低平区;②莲塘低丘区;③樟木低丘区;④古龙岗低丘区。中密植被与高丘区基本一致,可分出一个亚区:⑤高丘区。密植被与低山区基本吻合,又可分出一个亚区:⑥低山区。各亚区界线参照遥感图像、高程模型和等高线大致画定如图 5-2-1。

表 5-2-1　非监督分类分各类的植被指数 NVI 值

序号	NVI	监督分类中的类号	植被密度	面积/%
1	0.48	(5)	密 Dense	小计 18.17
2	0.43	(3)	同上 ditto	
3	0.37	(1)	中密 Medium dense	小计 39.12
4	0.35	(15)	同上 ditto	
5	0.34	(10)	同上 ditto	
6	0.33	(2)	同上 ditto	
7	0.32	(4)	同上 ditto	
8	0.29	(6)	同上 ditto	
9	0.18	(7)	稀疏 Sparse	小计 23.35
10	0.18	(8)	同上 ditto	
11	0.15	(9)	同上 ditto	
12	0.10	(12)	极稀疏 Very sparse	小计 14.55
13	0.08	(17)*	同上 ditto	
14	0.05	(13)	同上 ditto	
15	0.03	(11)	同上 ditto	
16	0.00	(16)	裸露 Bare	小计 4.81

续表

序号	NVI	监督分类中的类号	植被密度	面积/%
17*	−0.02	(14)	同上 ditto	
18	−0.03	(18)	同上 ditto	
19	−0.04	(19)	同上 ditto	

注：表中第 17* 类为云。其 NVI＝0.08，但云下为密植被，面积百分比为 0.09%，面积统计归入植被。

5.2.3　模型参数输入研究

1. 输入数据的项目、容量和类型

SWRRB 模型的输入有 120 多项，其中每一项又有许多数据。有一些须按日、按亚区输入，有一些则按亚区输入，有一些仅按流域输入。另有一些还要按亚区和分细目（如土壤层次）输入。因此输入数据是非常多的。

本研究模拟时间为 3 年，从 1993 年 1 月 1 日至 1995 年 12 月 31 日。流域分 6 个（图 5-2-1）。在此情况下，降雨按日和亚区输入，就须输入 6 570 个数据。气温则按日和亚区又分最高温和最低温输入，故此一项需输入 13 140 个数据。

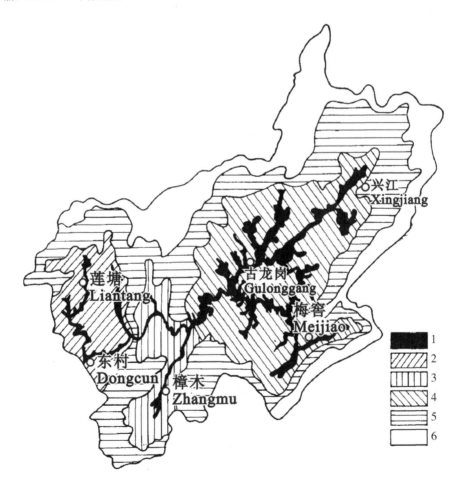

1—河谷低平区；2—莲塘低丘区；3—樟木低丘区；4—古龙岗低丘区；5—高丘区；6—低山区

图 5-2-1　濊水河流域亚区分布图

又如土壤容重一项,需按亚区和土壤层输入,以 6 个亚区和 4 个土壤层计,则需输入 24 个数据,等等。

输入数据又分观测数据、计算数据和估计数据等类型。本流域实测数据较少。事实上,一般流域的大多数项目都不可能有观测,主要靠估计。估计是依据对流域自然环境的了解、调查和遥感图像处理等。另有一批项目可从某些已知数据来计算,如根据地形图和由之衍生的 DEM 等。本研究中的观测数据主要是降雨量和气温。

即使是观测数据也不一定能直接输入。例如气温,研究流域内并无观测站,只能用距流域 30 多千米的兴国县城气象站的数据。无论用于流域还是用于亚区,都有一个校正和换算问题。又如日降雨,流域内有东村、古龙岗、莲塘等站观测数据可用,但它们也只代表几个点的情况。6 个亚区处于不同高度处,日降雨量还得靠校正和换算。

以上问题均需研究后才能确定。由于项目太多,不可能一项项叙述,此处只能选择有代表性的几项来简述。

2. 若干输入项目参数赋值的研究

(1) 流域地形和水系的有关参数

流域外赋值 0,流域内各亚区分别赋以 1、2、3、4、5、6,然后对此矢量图栅格化,取像元大小为 25 m×25 m,全图 1 441 行×1 441 列,最后计算图像直方图,可求得全流域面积和各亚区面积。

将整数形式的栅格化数字高程图和栅格形式的亚区图进行交叉运算(crossing),得到交叉表(Crossing table)。再进行合计运算(aggregation)或表运算(table calculation)中的分类表(classify table),可求得各亚区的平均高程。将数字高程模型用下述两个方向滤波器(directional filter)滤波:

$$
\begin{array}{ccc} 1 & 0 & -1 \\ 2 & 0 & -2 \\ 1 & 0 & -1 \end{array} \quad 和 \quad \begin{array}{ccc} -1 & -2 & -1 \\ 0 & 0 & 0 \\ 1 & 2 & 1 \end{array}
$$

滤波时,增益(Gain)取 0.125,偏移(Offset)取 0.000。这样可得到图像各像元在东西方向上的坡度 dhy 和在南北方向上的坡度 dhx。用勾股定理开平方,即可得到每个像元的综合坡度值。再将此坡度图与亚区图进行交叉运算或分类表运算,可得各亚区平均坡度。

使用地理信息系统网络分析功能,对河流进行连通性分析,建立河流的网络结构,可方便查询河流流向和每段河道的长度。将栅格化的亚区图作为背景图显示,再叠加河流网络数字化图,分别点取各亚区主河道的各线段,得到它们的长度,累加起来即得各亚区的主河道长度。用同样的方法先算得各亚区的主要河道长度。再从高程图上查得各河段道两端的高程,即可得到各主要河道的坡度。然后求平均值即得各亚区平均河道坡度。各项计算结果见表 5-2-2。

表 5-2-2　各亚区面积、面积百分数、平均高程、平均坡度、主河道长度和主河道坡度

亚区	面积/km²	面积百分数/%	平均高程/m	平均坡度	主河道长度/km	主河道坡度
1	43.05	7.43	268.4	0.084	40.30	0.003
2	46.93	8.10	287.9	0.117	3.11	0.016
3	37.84	6.53	314.3	0.194	3.71	0.014

亚区	面积/km²	面积百分数/%	平均高程/m	平均坡度	主河道长度/km	主河道坡度
4	133.93	23.12	294.8	0.098	3.81	0.012
5	206.28	35.61	427.5	0.206	6.78	0.018
6	19.20	61.60	0.311	7.88		0.020
全区	579.26	100.0	299.0	0.203	48.09	0.016

（2）日最高和最低气温参数

流域内没有观测值,需要从流域外某地移植观察值。

（3）日降雨量

流域模拟时间间隔为 1993 年 1 月 1 日至 1995 年 12 月 31 日。在此期间只有古龙岗、莲塘和东村三个观测站有每日降雨值。故以此三站的观测值为基准进行各亚区雨量校正。先要确定本地区降雨随高程的变化规律。因东村、莲塘、古龙岗三站高度范围太小(198～240 m),故附加采用了处在流域内的樟木、梅窖、兴江三站(海拔 260～320 m)和处在流域外的兴国县城站的降雨数据。各站数据均在1991—1995 年间。以上述 7 个站各自的雨量平均值为 y_i,以它们各自的高程值为 x_i,得到雨量与高程关系的回归方程:

$$\hat{y} = 1\,264.90 + 1.464\,8x\,(R = 0.863) \qquad (式中 \hat{y} 是 y 的估计)$$

用此方程计算各雨量站的估计雨量(表 5-2-3)。

表 5-2-3 各雨量站的高程、观测雨量、估计雨量、绝对误差和相对误差

雨量站	高程 x_i/m	观测雨量	估计雨量 y_i/mm	绝对误差 Δy_i/mm	相对误差 /%
兴国	130.0	1 489.7	1 455.3	−34.4	−2.36
东村	197.6	1 565.3	1 554.3	−11.0	−0.71
莲塘	230.0	1 494.9	1 601.8	106.9	6.67
古龙岗	240.0	1 619.5	1 616.5	−3.0	−0.19
樟木	260.0	1 632.2	1 645.7	13.5	0.82
梅窖	280.0	1 732.9	1 675.0	−57.9	−3.46
兴江	320.0	1 747.8	1 733.6	−14.2	−0.82

由表 5-2-3 可见,回归方程精度较高,4 个站的估计误差小于 1%。只有莲塘站估计误差大一些,莲塘的高程比东村高,但观测雨量却比东村低,因莲塘站实带雨影区的性质(据地形图),但这一估计误差,在莲塘亚区使用莲塘站实测雨量来校正时,可得到补偿。

表 5-2-4 列出了各亚区的平均高程 x、据此高程和回归方程得到的亚区平均理论计算降雨量 y_1、亚区代表性雨量站实测降雨量 y_2 和降雨量校正系数 y_1/y_2。

表 5-2-4　各亚区平均高程、计算平均雨量、代表站实测雨量和降雨校正

亚区	平均高程 x	计算平均雨量 $/y_1$	代表性雨量站实测雨量 $/y_2$		降雨校正系数 y_1/y_2
1	268.4	1 658.1	东村	1 619.5	1.024
2	287.9	1 686.6	莲塘	1 494.9	1.128
3	314.3	1 725.3	樟木	1 494.9	1.154
4	294.8	1 696.7	古龙岗	1 619.5	1.048
5	427.5	1 891.1	梅窖	1 565.3	1.208
6	616.0	2 167.2	兴江	1 565.3	1.385

（4）径流曲线系数 RCN

径流曲线系数（runoff curve number，RCN）是一个变换系数，被用来将土壤持水能力（Retention）作一订正，从而使径流曲线近似成一条直线。RCN 技术是美国土壤保持局（SCS）设计的，用来预测地表径流。

RCN 的概念和技术这里难以做更多说明，但它在 SWRRB 模型中是一个十分重要的参数。它需要考虑地面覆盖与土地利用（林地、草地、裸地、作物地、休闲地等），植被的覆盖度（密、中、疏等），农业耕作方式（顺坡耕作、等高耕作、梯地耕作等），水文条件（好、中、差等），土壤渗漏能力、导性能、持水能力等。对于后一点则规定将土壤分为 A、B、C、D 四组分别考虑（Arnold et al.，1990）。

我们根据遥感图像处理所揭示的各亚区地面覆盖和土利用并查阅有关土壤资料，将亚区 1～6 的RCN 分别确定为 81、73、73、73、70 和 58。

（5）土壤数据

土壤数据有土壤名称、层次数、可蚀性因子 K、深度、容重、有效田间持水量、饱和透水率、颗粒组成、黏粒含量、土壤厚度（最大根系深度）等。这些值绝大多数都规定按亚区和土层赋值。我们根据野外调查和《兴国县土壤》、遥感图像和分类图提供的信息等，分别对流域各亚区各土层赋值（表 5-2-5）。

（6）产水量和产沙量

产水量也叫流域总出水量。它是地表径流与地下径流的和减去传输损失所得的差。产沙量也叫固体径流量。它实际上也是流域总出沙量。这两项分别按年按月输入，形成独立文件。这是比较特殊的两项，因为它们是实测值，也不参与模拟过程，只用来与模拟值作比较以估计模拟的精度。

5.2.4　模拟的运行、初步结果的输出、参数调整实验与敏感性分析

各项输入数据估定和输入之后，即可启动 SWRRB 程序进行模拟运算。

运算结束后可打印出模拟结果，模型设定输出格式分 16 页，输出内容有产水量、产沙量、蒸发量、土壤水分、生物量等 30 余项。以产水量和产沙量为主要内容，输出可按年、月和日输出，视需要和模拟达到的精度而定。

由于输入各项绝大部分是分析和估计所得，所以无论考虑得如何周密，计算得如何精确，都很难完

全符合实际情况。加之许多值是一个亚区一个值,即亚区的面积相当大,在我们研究的流域,一个亚区仍接近 100 km²,输入的数据无法完全代表。因此,初步模拟结果一般都不太理想。所以要对照实测结果(产水量和产沙量或两者之一),分析存在问题,改变和改进输入,反复进行模拟实验,以便逐步达到较理想的结果。

表 5-2-5　各亚区各土层的土壤数据

亚区、土壤名,土壤 K 因子	土层	土层深度/mm	容重/m·m⁻³	有效田间持水量/mm·mm⁻¹	饱和透水率/(mm·h⁻¹)	黏粒含量/%	最大根系深度/mm
亚区 Subarea Ⅰ 水稻土 Paddy soil (K=0.04)	1	10	1.20	0.16	40	20	
	2	180	1.30	0.15	40	20	
	3	280	1.40	0.12	20	25	
	4	580	1.35	0.12	30	20	580
亚区 Subarea Ⅱ 红砂土 Red sandy soil (K=0.10)	1	10	1.30	0.10	120	15	
	2	110	1.40	0.08	120	15	
	3	510	1.45	0.06	100	20	
	4	2 000	1.50	0.06	180	15	2 000
亚区 Subarea Ⅲ 灰砂土 Gray sandy soil (K=0.15)	1	10	1.35	0.10	150	15	
	2	110	1.40	0.08	150	15	
	3	410	1.45	0.06	100	20	
	4	2 000	1.50	0.06	180	15	2 000
亚区 Subarea Ⅳ 白砂土 White sandy soil(K=0.20)	1	10	1.45	0.06	190	5	
	2	550	1.50	0.06	170	5	
	3	2 000	1.50	0.06	160	8	2 000
亚区 Subarea Ⅴ 灰红土 Gray-red soil (K=0.04)	1	10	1.30	0.12	75	20	
	2	110	1.35	0.12	75	20	
	3	310	1.45	0.07	25	25	
	4	800	1.50	0.07	40	20	800
亚区 Subarea Ⅵ 红壤土 Red soil (K=0.03)	1	10	1.30	0.15	50	20	
	2	110	1.30	0.12	50	20	
	3	260	1.40	0.10	25	25	
	4	500	1.45	0.10	40	20	500

　　输入项目和数据那么多,改变和调整哪个呢？这需要在普遍试验的基础上进行各项输入的敏感性分析(sensitivity analysis),以确定对有关输出项目影响的大小或敏感性的大小。针对输出项目存在的问题(数据过大或过小),有选择有目的地改变输入数据的项目和量值,从而较快地达到较好的模拟结果。

　　由于此前我们在西班牙特瓦(Teba)河流域模拟研究中,已进行了敏感性分析,并确定了各种地理因素对产水量、产沙量、最大洪峰流量、蒸发蒸腾、土壤水分和生物量影响的方向和大小(Zeng et al., 2002a,b),所以就直接采用了该研究成果来指导本研究的模拟实验与参数调整,即先改变影响最大的参数,再改变影响次大的参数,等等,从而减少了实验次数,缩短了实验时间。

　　实验和调整较为满意后即输出正式的模拟结果。

5.2.5　模拟结果和结果的分析

1. 输出的模拟结果

SWRRB 模型输出的模拟结果,包括产水量、产沙量、蒸发量、土壤水分、生物量等 30 余项。据需要和模拟达到的精度,可分别按年、月或日输出。由于按日输出数据量太大,且眼下输出精度不够,故本研究是按月输出。

下面只列出一些最后的主要模拟结果,重点是产水量和产沙量。两者均是流域出口处的总输出量(注明亚区值者除外),分别折算为流域内水层厚度和流域内单位面积重量。

表 5-2-6 中的地表径流、地下径流、产水量、产沙量、渗漏水、传输损失和蒸发蒸腾等,是每日模拟所得值的累加。土壤水分(全剖面)则是每日模拟结果逐日变化到最后一日结束时的模拟值。校正雨量是每日雨量的累加,根据流域内三个雨量站的每日降雨值,用我们自己的雨量-高程模型进行雨量校正,又经各亚区面积加权平均算得的。

表 5-2-7 中的雨量、雨暴标准差、地表径流、地下径流、产沙量、潜热单位、总生物量、各土层和全剖面土壤水分等,是分亚区输出的。

2. 潋水河流域产水量和产沙量年际和年内动态变化分析

由表 5-2-6 可以清楚地看到流域产水产沙等自然地理过程的各项结果,从 1993 年 1 月 1 日到 1995 年 12 月 31 日,共 36 个月的逐月变化。数据分以下三种情况:

(1) 每月的校正雨量一项,严格来讲不是模拟值,因为它不是 SWRRB 模型由其他地理因素和过程计算出来的,而是根据流域内三个雨量站的实测每日降雨量,用我们自己求得的雨量-高程关系方程进行雨量系数校正后,又经过各亚区面积加权平均算得的。它也是每日加权校正雨量的和。

(2) 每月的土壤水分一项,虽然是 SWRRB 的模拟结果,但却是每日模拟值逐日变化到每月最后一日的模拟值。例如,4 月的值是 4 月 30 日的值,12 月的值是 12 月 31 日的值,等等。

表 5-2-6　按年和月输出的潋水河流域的某些重要模拟结果

月和年 Month & year	校正雨量 Corrected rainfall/ mm	地表径流 Surface runoff/ mm	地下径流 Subsurface runoff/ mm	产水量 Water yield/ mm	渗漏水 Percolate/ mm	传输损失 Trans losses/ mm	蒸发蒸腾 ET/ mm	产沙量 Sediment yield/ (t · ha⁻¹)	土壤水分 (全剖面) Total soil water/mm
1	93.87	26.67	0.03	10.70	16.54	11.42	36.15	0.13	31.82
2	132.52	63.65	0.12	39.31	22.58	24.39	36.71	0.29	62.94
3	227.93	137.79	1.95	94.63	55.37	45.38	56.88	0.96	74.52
4	170.14	94.48	3.27	56.91	41.69	41.03	75.17	0.27	70.47
5	357.76	234.07	4.18	164.63	80.76	74.06	104.12	0.99	73.75
6	427.69	316.03	5.80	225.71	82.11	96.57	119.90	0.74	67.99
7	103.67	42.52	5.92	29.98	17.14	18.26	89.52	0.06	39.90
8	102.12	47.37	4.59	37.24	12.46	14.46	60.63	0.20	35.92

月和年 Month & year	校正雨量 Corrected rainfall/ mm	地表径流 Surface runoff/ mm	地下径流 Subsurface runoff/ mm	产水量 Water yield/ mm	渗漏水 Percolate/ mm	传输损失 Trans losses/ mm	蒸发蒸腾 ET/ mm	产沙量 Sediment yield/ ($t \cdot ha^{-1}$)	土壤水分 （全剖面） Total soil water/mm
9	99.28	36.82	3.48	27.97	15.72	12.10	64.84	0.14	34.76
10	162.85	102.46	3.05	73.67	24.18	31.87	38.60	0.10	60.60
11	82.08	41.02	2.97	30.22	12.89	13.66	39.55	0.07	62.69
12	8.95	0.70	2.42	2.39	2.49	0.70	21.45	0.00	47.69
1993	1 968.86	1 140.59	37.81	794.36	383.93	383.91	743.52	3.95	47.69
1	18.36	4.10	1.87	3.18	4.05	2.64	12.72	0.00	47.82
2	300.48	202.20	2.86	145.59	65.23	59.70	42.03	0.30	80.93
3	304.35	212.20	6.06	162.64	72.36	55.84	56.08	0.42	85.38
4	223.33	148.26	7.76	114.43	56.20	41.95	65.71	0.32	70.02
5	419.81	325.98	8.99	269.95	64.16	64.60	80.96	1.21	75.26
6	575.13	463.87	10.21	371.63	104.64	103.55	105.53	0.80	52.76
7	275.46	182.58	11.76	152.18	32.21	42.41	117.75	0.37	34.98
8	180.38	89.57	9.45	71.76	21.44	27.16	102.51	0.50	28.16
9	58.35	11.51	7.18	10.22	9.44	8.22	57.19	0.02	21.94
10	80.24	35.35	5.94	27.82	12.37	13.40	32.85	0.06	34.09
11	4.92	1.08	4.49	4.45	3.29	1.06	9.73	0.00	35.97
12	239.57	150.96	5.40	101.18	52.73	55.16	48.46	0.09	67.66
1994	2 690.37	1 827.65	81.98	1 435.04	498.14	475.70	731.54	4.09	67.66
1	121.79	75.25	5.11	56.82	27.91	23.60	31.61	0.08	74.47
2	240.82	154.48	6.13	98.12	78.81	62.93	43.56	0.16	74.45
3	188.25	91.81	11.48	51.68	69.70	51.96	57.49	0.09	79.07
4	342.24	243.14	11.77	196.84	67.90	58.08	76.75	0.95	79.42
5	228.95	163.99	11.61	137.35	43.96	38.60	69.36	0.35	63.03
6	595.18	474.17	10.64	382.94	88.42	102.11	113.07	1.19	71.58
7	250.27	167.89	10.28	144.43	27.33	33.17	95.65	0.67	61.98
8	206.61	123.06	8.66	100.09	27.83	32.38	114.83	0.40	31.28
9	119.37	71.32	6.90	65.63	14.25	12.32	53.95	0.26	27.93
10	91.90	47.25	5.72	36.36	11.64	16.58	39.45	0.03	37.46
11	28.01	3.52	4.31	4.31	5.84	3.46	21.07	0.00	38.49
12	19.57	4.37	3.45	4.29	3.74	3.30	14.95	0.00	38.31
1995	2 432.97	1 620.26	96.05	1 278.86	467.32	438.48	731.74	4.19	38.31

（3）其余各项,即每月的地表径流、地下径流、产水量、渗漏水量、传输损失量、蒸发蒸腾量、产沙量等,都是每日模拟所得值全月累加所得的和。例如,1月的地表径流量是1月1日至1月31日共31天

的径流量之和等。

由表 5-2-6 可以清楚地看到流域内各项地理过程的结果随时间的变化。从 1993 年 1 月到 1995 年 12 月共 36 个月的逐月变化一目了然。

雨量 1 月份数值较低,从 2 月起总趋势是逐渐升高,到 6 月达到最大值,7 月起大幅度下降,以后总趋势是逐渐降低,到 11 月达到最低值,各年大抵如此。

地表径流的月变化大体上追随降雨的变化。从年初开始逐渐升高,也是在 6 月达到最高值。此后渐次下降,也是到 11 月或 12 月达到最低值。地表径流的年变化也大体上追随降雨的年变化。1993 年较低,1994 年很高,1995 年又略低。

地下径流的年变化不像降雨和地表径流,而是从 1993 年到 1994 年再到 1995 年渐次升高。

地下径流的月变化也是春夏高、秋冬低,但升降较平缓。秋冬季节的数值一般不是很低。地下径流与地表径流和降雨相比,有一定滞后现象。地下径流量 3 年平均只有地表径流量的 4.7%。但在地表径流量最小的月份,地下径流量却都超过地表径流量,如 1993 年的 12 月和 1994 年、1995 年的 11 月。地下径流的年际变化也表现出一定的特殊性,如降雨量和地表径流量都是 1993 年低、1994 年高和 1995 年次高;地下径流却是 1995 年最高而 1994 年次高。

渗漏水量和传输损失量两者的量值水平相近,例如它们各年的总量均十分相近,两者的月际变化也十分相近。如相对平稳并追随降雨量和地表径流量的变化等。但两者的量值并不低。各自三年的平均值都占到地表径流平均值的 29% 左右。

蒸发蒸腾 6 月、7 月、8 月或 5 月、6 月、7 月等 3 个月最高,11 月、12 月、1 月等 3 个月最低,但有例外,因为它受到温度和降雨的双重影响。

产沙量一般以 3 月、4 月、5 月、6 月、7 月、8 月等 6 个月较多,9 月、10 月、11 月、12 月、1 月、2 月等 6 个月较小。后 3 个月几乎接近于 0,河水为清水。但 1994 年 12 月降雨大,泥沙量又升高,泥沙量又以多雨年多、少雨年少。

土壤水分月变化和年变化都较缓和,它类似径流量或产水量的缓冲器。其高值多半在 2 月、3 月、4 月、5 月、6 月,低值多在 7 月、8 月、9 月、10 月、11 月,但高低值的差距远较降雨和地表径流小。

表 5-2-6 中的模拟值只有产水量和产沙量有实测值进行比照。其他项目没有实测值来比照。但这些模拟值却是第一次提供了流域这些重要量值及其随时间变化的全貌。流域模拟在实现了流域各自然地理过程的准连续变化的动态监测,这是很有意义的。

3. 激水流域产水量、产沙量、总生物量和土壤含水量的空间分布

表 5-2-7 是激水河流域某些重要模拟结果的 3 年平均值按 6 个亚区的自动分配输出。由这些数据可以看到,这些项目在流域内部的空间分布和空间差异。

例如,地表径流较小的是亚区 5 和亚区 6。那里尽管坡度较大,但植被较好。地表径流较大的是亚区 3 和亚区 4,那里坡度比亚区 5、6 小些,但植被破坏严重。

地下径流则不同,最大的是亚区 1,量值是其他各亚区的 2～7 倍。因这里是河谷低平区,地势最低,坡度最小,且多为稻田,水分容易潴留和下渗。其余亚区中亚区 4(古龙岗亚区)地下径流最小,这与土壤母质有关。因古龙岗地区土壤是白沙土,土壤层只有 3 层,下部缺乏黏性大一些的保水层,而其他各亚区土壤层均有 4 层,且有黏性稍大的保水层(表 5-2-5)。流域内的产沙量(间接表明土壤侵蚀量)最多的是第 4 亚区和第 3 亚区,即古龙岗亚区和樟木亚区。说明这些地方土壤侵蚀更严重些,治理时应给予更多的关注。

又如流域内单位面积上的生物产量,第一亚区即河谷平原区最高。这是主要的农业区,且以高产作物水稻的种植占绝对优势地位,其生物量高是很自然的,然后依次为亚区 6、5、2、3、4,即山区、半山区、莲塘盆地、樟木盆地和古龙岗盆地,这也是植被由好到差、侵蚀由弱到强的变化方向。单位面积生物量显

得特别少的是古龙岗和樟木两个亚区。这和这两个亚区土壤侵蚀最厉害、产沙最多相一致。

表 5 - 2 - 7　按亚区的输出潋水流域某些模拟结果（1993—1995 3 年平均）

亚区	雨量/mm	雨暴标准差/mm	地表径流/mm	地下径流/mm	产沙量/(t·ha⁻¹)	潜热单位/J	总生物量/(kg·ha⁻¹)	土壤水/mm	土壤水层1/mm	土壤水层2/mm	土壤水层3/mm	土壤水层4/mm
1	2 366.2	20.82	1 506.5	212.3	1.3	12 853.2	20 557.5	38.1	0.0	0.0	2.1	36.0
2	2 090.7	20.48	1 406.4	92.9	2.6	13 497.6	11 834.6	35.4	0.0	0.0	1.0	34.4
3	2 240.1	21.94	1 710.9	68.1	55.6	13 497.6	8 844.3	56.7	0.0	0.0	0.0	56.7
4	2 535.2	22.30	1 962.1	30.2	86.1	13 497.6	6 725.6	71.7	0.0	0.0	71.7	—
5	2 346.8	21.21	1 355.9	67.9	2.4	10 702.6	14 078.8	25.2	0.0	0.0	0.0	25.2
6	2 348.3	21.21	1 330.5	87.8	2.1	12 886.7	18 385.3	17.6	0.0	0.0	0.0	17.6
全区	2 364.1	21.33	1 529.5	75.8	25.1	13 047.8	13 162.0	38.3	—	—	—	—

潜热单位-单位质量物体在温度不变时从一个相变到另一个相所吸收或放出的热量,针对植物和作物计算。它与温度有关,海拔低温度高,故流域的三个盆地(亚区 2、3、4)潜热单位最大,半山区(亚区 5)潜热单位小。潜热单位又与植物的种类和多年生或一年生有关,基温(base temperature)大的作物,潜热单位值小。因此,以生长基温大的水稻为主的河谷低平区(亚区 1)的潜热单位,小于海拔高些的三个盆地,以生长基温小的多年生树木为主的山区(亚区 6)的潜热单位,高于平均海拔低些的半山区。潜热单位直接影响生物量的积累。

流域内土壤含水量系模拟结束时的数值。含水量最大的层都在底层。表层(主指第 2 层,因第 1 层模型规定厚度有 1 mm)土壤水很少。次表层有少量水分。全剖面含水总量以亚区 4 和亚区 3 较大(底层保水),亚区 6 和亚区 5 较少(下渗多)。

模拟还有其他结果。如流域平均洪峰流量为 272.80 m³/s,标准差为 396.68 m³/s,最大洪峰为 2 078.92 m³/s,洪峰次数年均 123 次;流域年均降雪 3.53 mm,年均融雪 3.17 mm 等。

4. 产水量和产沙量的年模拟值、月模拟值及模拟精度分析

模拟结果输出的主要项目虽然有 30 多项,但在潋水河流域可资比较的实际观测值只有产水量和产沙量。故只有此两项的模拟结果可以作一些较详细的分析。

需注意,无论产水量或产沙量,也无论观测值或模拟值,它们实际上均是流域出口处的总输出量。不过,产水量被折合为全流域的水层厚度(mm),而产沙量则被折合为流域内单位面积的重量(t/hm²)。

(1) 年径流量模拟结果及其精度分析

表 5 - 2 - 8 是潋水河流域年径流量(或曰产水量,即除掉传输损失后的地表径流量与地下径流量之和)的模拟值、实测值和模拟误差与精度估计(Zeng et al.,2002a,b)。

由表 5 - 2 - 8 可以看到,年径流量的模拟值与实测值十分相近。1993 年、1994 年和 1995 年三年的模拟误差分别低到 0.02%、0.25%和 4.76%,即模拟精度分别高达 99.98%、99.75%和 95.24%,平均为 98.32%。

表 5-2-8　潕水河流域年径流量(产水量)的模拟值及其与实测值的比较

模拟年份	模拟值/mm	实测值/mm	绝对误差/mm	相对误差/%	精度/%
1993	794.36	794.18	0.18	0.02	99.98
1994	1 435.04	1 438.65	−3.61	0.25	99.75
1995	1 278.86	1 342.74	−63.88	4.76	95.24

　　从理论角度来说,在如此大的流域(579.26 km²)中,年径流量模拟达到如此高的精度,说明径流这一地理过程年际监测的高度定量化是可以实现的。从实用角度来说,这样的精度可用于中期和长期的年际模拟、预测和监测,或用于径流观测不全的流域的资料插补或延伸,或用于无观测资料的流域的多年径流估测,这些都是很有意义的。

　　与 SWRRB 的美国模型设计者当时发表的资料相比,我们的模拟精度要高得多。他们在美国小瓦西达河(阿克拉荷马州的 Chickasha 地区)做的 3 年模拟的年径流量模拟精度分别只有 94.00%、56.20% 和 0.00%(本书中将相对误差等于或超过 100% 的相应精度值均记为 0.00%,而不管其相对误差是多少)。3 年平均的年模拟误差为 50.07%,精度为 49.93%(Arnold et al.,1990)(表 5-2-9)。因此,小瓦西达河的模拟结果完全不能实用,但具重要的理论意义。

表 5-2-9　美国小瓦西达河流域年径流量的模拟值及其与实测值的比较

模拟年份	模拟值/mm	实测值/mm	绝对误差/mm	相对误差/%	精度/%
1970	16.68	17.67	−0.99	−5.60	94.00
1971	42.32	29.43	12.89	43.80	56.20
1972	77.47	27.95	49.52	−177.17	0.00

　　小瓦西达河和潕水河流域面积相近,分别为 538.2 km² 和 579.3 km²;两者的模拟时间均为 3 年;两者均使用了每日降雨数据和每日最高与最低气温数据;故两者是可以比较的,比较的结论也是适宜的和可信的。我们的模拟达到较高精度是因为:①将亚区划细(我们划 6 个亚区,小瓦西达只分 3 个亚区);②比较精心而周到地准备和估计了输入数据;③依据在西班牙的研究,根据各输入参数对各输出参数影响大小的顺序(Zeng et al.,2002a,b),充分调整了输入参数和进行了较多的实验。

(2) 月径流量模拟结果及其精度分析

　　表 5-2-10 是潕水河流域三年平均的月径流量的模拟值、实测值、模拟误差与精度的估计。由表可知,其月径流模拟也达到了较高的精度,有 9 个月精度达 80% 以上,6 个月精度达 90% 以上,4 个月精度达 97% 以上,精度最低的三个月也达 50% 甚至 60% 以上,12 个月总计月平均精度为 83.86%。

　　这样的精度说明像径流这样的地理过程的高度定量化在理论上是有可能实现的,在实践上也是有应用价值的。

表 5-2-10　潕水河流域三年平均的月径流量模拟值及其与实测值的比较

月份	1	2	3	4	5	6	7	8	9	10	11	12
模拟值/mm	23.90	94.34	102.98	122.73	190.65	326.76	108.87	69.69	34.61	45.95	12.99	35.95

月份	1	2	3	4	5	6	7	8	9	10	11	12
实测值 /mm	29.45	65.79	100.67	125.83	164.14	324.69	124.10	112.44	37.18	45.40	23.70	38.48
绝对误差 /mm	−5.55	28.55	2.31	−3.10	26.51	2.07	−15.23	−42.75	−2.57	0.55	−10.71	−2.53
相对误差 /%	18.84	43.40	2.29	2.46	16.15	0.64	12.27	38.02	6.91	1.21	45.19	6.57
精度/%	81.16	56.60	97.71	97.54	83.85	99.36	87.73	61.98	93.09	98.79	54.81	93.43

表 5-2-11 是模型设计者提供的小瓦西达河流域的月径流量模拟值、实测值及模拟误差与精度。

表 5-2-11　美国小瓦西达河流域月径流量的模拟值及其与实测值的比较

月份	1	2	3	4	5	6	7	8	9	10	11	12
模拟值/mm	0.56	0.36	0.17	2.38	7.53	0.89	0.30	1.14	6.42	19.95	4.26	1.54
实测值/mm	1.47	1.52	1.88	3.41	2.19	1.70	0.17	0.85	1.86	6.27	1.90	1.80
绝对误差 /%	−0.91	−1.16	−1.71	−1.03	5.34	−0.81	0.13	0.29	4.56	13.68	2.36	−0.26
相对误差 /%	−61.90	−76.32	−90.96	−30.21	243.84	−47.65	76.47	34.12	245.16	218.18	124.21	−14.44
精度/%	38.10	23.68	9.04	69.79	0.00	52.35	25.53	65.88	0.00	0.00	0.00	85.56

由表中可见,其月模拟精度也比激水河流域月模拟精度低得多。例如,没有 1 个月的精度高于 90%,精度高于 80%者只有 1 个月;相反地,精度低于 80%的有 11 个月,精度低于 60%的有 9 个月,精度等于 0.00%的有 4 个月,且精度等于 0 者的对应相对误差有 3 个月在 200%以上。根据 12 个月总计,月平均精度为 30.66%。这再次说明,小瓦西达河的模拟结果仅有重要的理论意义。

（3）产沙量的年模拟和月模拟结果及其精度分析

表 5-2-12 和表 5-2-13 分别是激水河流域产沙量（泥沙量）的年和月模拟值与实测值的比较。由表 5-2-12 可见,第一年（1993 年）模拟精度很低,三年平均模拟精度为 60.66%。模型设计者在其新模型版本 SWAT 中已经说明,模拟有一个热身或平稳过程,初始年通常误差较大,可不计入统计。这一点对产沙量模拟的影响特别明显,如只计算 1994 年和 1995 年,则泥沙年模拟平均精度为 88.83%。

热身或平稳效应对产水量模拟的影响不是很明显,所以是三年合并统计。

表 5-2-12　激水河流域年产沙量的模拟值及其与实测值的比较

模拟年份	1993	1994	1995
模拟值/(t·ha^{-1})	3.95	4.09	4.19
实测值/(t·ha^{-1})	2.02	4.88	4.47
绝对误差/(t·ha^{-1})	1.93	−0.79	−0.28
相对误差/%	95.68	16.17	6.17
精度/%	4.32	83.83	93.83

泥沙模拟月平均精度,对 1994 年和 1995 年两年平均来说,由表 5-2-13 可见,有 7 个月达 82%～100%,3 个月达 58%～66.67%,2 个月精度为 0。12 个月的平均精度为 68.80%。

表 5-2-13　激水河流域月产沙量的模拟值及其与实测值的比较

月份	1	2	3	4	5	6	7	8	9	10	11	12
模拟值/(t·ha^{-1})	0.04	0.23	0.26	0.64	0.78	1.00	0.52	0.45	0.14	0.05	0.00	0.05
实测值/(t·ha^{-1})	0.03	0.20	0.23	0.63	0.95	1.72	0.26	0.51	0.10	0.02	0.00	0.05
绝对误差/(t·ha^{-1})	0.01	0.03	0.03	0.01	−0.17	−0.72	0.26	−0.06	0.04	0.03	0.00	0.00
相对误差/%	33.33	15.00	13.00	1.59	17.89	41.86	100.00	11.76	40.00	150.00	0.00	0.00
精度/%	66.67	85.00	87.00	98.41	82.11	58.14	0.00	88.24	60.00	0.00	100.00	100.00

泥沙模拟精度较低的原因之一,是实测值并不是每日都观测记录的。据流域出口控制水文站东村站资深工程师介绍,该站泥沙不是每日观测,而是看水位,水大时观测多,水小时观测少。1991 年(少水年)、1992 年(多水年)、1993 年、1994 年(多水年)和 1995 年(少水年)泥沙分别只观测 130 次、202 次、169 次、198 次和 159 次。也就是说,这几年分别有 235 天、164 天、196 天、167 天和 206 天没有泥沙观测。无疑这些天泥沙含量较低,但这么多天未观测有可能导致实测记录值比实际泥沙量小,而模拟值是天天有的,这使得实测值可能低于模拟值,实际模拟精度应比这里的计算精度高。

这一推断从月模拟表(表 5-2-13)中可得到两点证实:一是模拟误差大部分月份都是正误差而非负误差,这有可能暗示实测值偏低;二是多雨和水大的月份(4～6 月),即实测次数较多的月份,模拟值误差小。4 月、5 月、6 月三个月的平均精度为 79.55%,比全年精度平均值 68.80% 高出 10.75 个百分点。换句话说,4 月、5 月、6 月三个月的精度比全年平均精度高 15.63%。

从年模拟数据(表 5-2-12)也可看到,其模拟误差主要是正误差造成的。1993 年泥沙量实测值极低,不到 1994 年和 1995 年平均值的 44%。相应地,正误差高达 95.68%。如仅以 1994 年和 1995 年计,泥沙模拟的平均精度将为 88.83%。

泥沙模拟精度较低的另一个原因,可能是这里被侵蚀掉的土壤进入河流后,主要以推移质形式存在,而悬移质较少。这一点与中国北方黄土高原不同,那里地表组成物质较细,入河多呈悬移质。故这里的模拟值包括粗物质(推移)和细物质(悬移),而河口泥沙测定值却只有悬移质,结果模拟值远高于实测值。由于第一年模拟值比实测值大好几倍,为了将其误差压缩到 100% 以下,就使得以后各年模拟值降得很低。

泥沙模拟精度较低的原因还有低洼地对泥沙的截留(沉积)问题。《兴国县土壤》一书把激水河流域中有些地方描述为土壤改良利用分区中的排涝防渍区,这说明流域中低洼地是存在的。低洼地问题也是泥沙模拟和土壤侵蚀定量化的世界性难题。低洼地问题在较先进的 SWRRB 模型中也没有被考虑。这是模型本身的问题。

泥沙模拟精度较低的原因,可能还有我们的工作问题。例如池塘和水库的水平衡和泥沙平衡问题,我们未能得到流域池塘和水库的资料,两者的输入参数都是大概估计的。

还有,本研究中泥沙模拟的误差绝大部分都来自模拟第一年的前 3 个月,其模拟值总是偏高。虽竭力改变各种模拟初始参数,仍未能将它们降到合理的水平。而且为了降低这几个月及 1993 年全年的模拟泥沙量,1994 年和 1995 年的模拟值负得更多了,否则后两年的平均精度还要高于 88.83%。前面已经提到,模拟有一个热身过程,或平稳过程,致使初始年通常误差较大(Neitsch et al.,1999),这对泥沙模拟的影响特别明显。

表 5-2-14 和表 5-2-15 是美国小瓦西达河流域泥沙量的年模拟和月模拟结果。其 3 年平均的年模拟精度为 69.65%。激水河 3 年平均年模拟精度比它低,低达 8.99 个百分点。小瓦西达河流域

12 个月的平均的月模拟精度为 27.97%。潵水河 3 年平均的月平均精度比它高,高达 16.24 个百分点。且小瓦西达河精度为 0 者多达 7 个月(潵水河流域为 4 个月),只有 3 个月精度超过 75%(潵水河流域为 7 个月),另两月精度也较低。

表 5-2-14 美国小瓦西达河流域泥沙量的年模拟值和实测值及其比较

模拟年份	模拟值/(t·ha⁻¹)	实测值/(t·ha⁻¹)	绝对误差/(t·ha⁻¹)	相对误差%	精度%
1970	1.08	0.67	0.41	61.19	38.81
1971	2.20	2.37	−0.17	−7.17	92.83
1972	2.45	2.00	0.45	22.50	77.50

(4) 模拟精度与模拟年限的关系

我们的实验表明,模拟结果与模拟年限有关。因为模拟参数调整实验要照顾到整个模拟年限的模拟精度,所以一般模拟年限越短,精度越高,模拟年限越长,精度越低。但是模拟年限达到一定长度后,精度就较稳定了。我们对本流域分别作了 1~10 年的模拟实验,表明一般达到 7~8 年后,模拟结果就较稳定。下面提供 1992—1999 年产水量和产沙量的 8 年模拟结果(表 5-2-16、表 5-2-17、表 5-2-18),以资说明。

表 5-2-15 美国小瓦西达河流域泥沙量的月模拟值和实测值及其比较

月份	1	2	3	4	5	6	7	8	9	10	11	12
模拟值/(t·ha⁻¹)	0.14	0.02	0.00	0.11	0.27	0.00	0.00	0.02	0.37	0.94	0.02	0.00
实测值/(t·ha⁻¹)	0.02	0.02	0.03	0.34	0.07	0.14	0.00	0.07	0.16	0.75	0.05	0.04
绝对误差/(t·ha⁻¹)	0.12	0.00	−0.03	−0.23	0.20	−0.14	0.00	−0.05	0.21	0.19	−0.03	−0.04
相对误差%	600.00	0.00	−100.00	−67.65	285.71	−100.00	0.00	−71.43	131.25	25.33	−150.00	−100.00
精度%	0.00	100.00	0.00	32.35	0.00	0.00	100.00	28.57	0.00	74.67	0.00	0.00

表 5-2-16 潵水河流域 1992—1998 年 8 年产水量和产沙量的年模拟值及其与实测值的比较

年份	产水量					产沙量				
	模拟值/mm	实测值/mm	绝对误差/mm	相对误差/%	精度/%	模拟值/hm²	实测值/(t·ha⁻¹)	绝对误差/(t·ha⁻¹)	相对误差/%	精度/%
1992	1 580.50	1 618.70	−38.20	2.36	97.64	4.58	7.10	−2.52	35.55	64.45
1993	819.95	794.18	25.77	3.25	96.75	1.95	2.02	−0.07	3.38	96.62
1994	1 391.33	1 438.65	−47.32	3.29	96.71	3.67	4.88	−1.21	24.80	75.20
1995	1 229.39	1 342.74	−113.35	8.44	91.56	3.54	4.47	−0.93	20.81	79.19
1996	1 320.53	1 031.22	289.31	28.06	71.94	3.43	3.02	0.41	13.58	86.42
1997	1 678.55	1 812.81	−134.26	7.41	92.59	4.94	4.86	0.08	1.65	98.35
1998	1 554.15	1 727.17	−173.02	10.02	89.98	4.98	8.16	−3.18	38.97	61.03
1999	1 292.29	1 123.29	169.00	15.05	84.95	4.24	4.19	0.05	1.19	98.81
平均	1 358.34	1 361.10	±123.78	9.74	90.27	3.92	4.33	±1.06	17.49	82.51

由表 5-2-16 来看,较长年份模拟的平均年模拟精度,产水量可达 90.27%。

表 5-2-17　潋水流域 1992—1998 年 8 年产水量模拟的月平均值及其与实测值的比较

月份	1	2	3	4	5	6	7	8	9	10	11	12
模拟值 /mm	42.97	81.18	168.84	149.69	197.24	265.98	162.73	161.44	52.62	29.97	19.16	26.52
实测值 /mm	42.21	73.40	153.79	149.31	170.35	264.22	167.84	157.28	70.56	47.12	29.70	34.68
绝对误差 /mm	0.76	7.78	5.05	0.38	26.89	1.76	−5.11	4.16	−17.94	−17.15	−10.54	−8.16
相对误差 /%	1.80	10.60	9.79	0.25	15.79	0.67	3.04	2.64	25.43	36.40	35.49	23.53
精度 /%	98.20	89.40	90.21	99.75	84.21	99.33	96.96	97.36	74.57	63.60	64.51	74.47

产沙量可达 82.51%。由表 5-2-17 和表 5-2-18 可以算得 8 年的平均月模拟精度,产水量为 86.05%,产沙量为 59.70%。

表 5-2-18　潋水流域 1992—1998 年 8 年产沙量模拟的月平均值及其与实测值的比较

月份	1	2	3	4	5	6	7	8	9	10	11	12
模拟值 /(t · ha⁻¹)	0.10	0.13	0.37	0.45	0.68	0.74	0.46	0.70	0.17	0.04	0.04	0.03
实测值 /(t · ha⁻¹)	0.04	0.12	0.49	0.46	0.89	1.31	0.52	0.84	0.10	0.03	0.01	0.02
绝对误差 /(t · ha⁻¹)	0.06	0.01	−0.12	−0.01	−0.21	−0.57	−0.06	−0.14	0.03	0.01	0.03	0.01
相对误差/%	150.0	8.33	24.49	2.17	23.60	43.51	11.54	16.67	70.00	33.33	300.00	50.00
精度/%	0.00	91.67	75.51	97.83	76.40	56.49	88.46	83.33	30.00	66.67	0.00	50.00

从实用角度来说,这样的径流年模拟精度可用于径流中期和长期年际模拟、预测和监测,或用于径流观测不全的流域年际资料的插补或外延,或用于无观测资料的流域的多年径流估测。这些都是很有意义的。但径流月模拟和泥沙模拟,精度还有待提高。

5.2.6　结论与展望

使用数学模型,并用各种方法精心估计和确定各种地理因素数据,对流域进行计算机模拟和参数调整试验,能够得到较好精度的关于该流域产水量和产沙量及土壤水分、生物量、潜热、洪峰、降雪、融雪等多种自然过程的多年模拟结果。由此可以知道关于该流域产水、产沙等各种自然过程时间与空间变化的全貌与规律。这对于监测地区性环境变化和水土资源管理,都是很有意义的。

由于对任何国家和地区来说,能被实测的流域和项目都是非常有限的,要得到一个地区所需流域的准连续时间的产水、产沙和其他有关地理数据,通过数学建模和计算机模拟将是一个有效而可行的途径。对于实测数据极少或完全没有的流域来说,也可以参照相邻或类似地区的有限数据,并同时采用遥感和 GIS 技术,或辅以本流域的有限实测来进行。

模拟成功的关键在于:①根据流域内地理条件的分异将流域分为尽可能多的亚区,分别准备数据;②采取各种办法估算和估计流域的各种地理参数;③进行反复的模拟参数调整实验,使之与有限的实测数据接近以达到最佳模拟;④根据影响因素从大到小的顺序(自己或别人以往确定的)依次调整参数,可大大减少实验次数和最快达到最好结果。

SWRRB 模型是一个包括众多输入因素和输出项目的水文-地理模型或地理模型,而不是单纯的水文模型,它可进行广大空间而不仅是小流域的模拟。它在发展过程中还包括了农药和化学物质的模拟(Williams et al. ,1985;Knisel,1980),其改进版本 SWAT 包括了更多的地理因素、过程和数学方程,并可与地理信息系统集成(曾志远等,1996)。自然地理过程以流域为基本地域单位进行定量化(曾志远等,1996;黄秉维,1999)。过去我们先在西班牙 Teba 河流域,现在又在中国江西潋水河流域作了液体径流(水径流)和固体径流(泥沙径流)的模拟(Zeng et al. ,2002a,b;李硕等,2004),又作了化学径流的模拟,我们觉得,通过以流域为基本地域单位,并使用数学模型进行自然过程的计算机模拟,从而实现自然地理过程的高度定量化,是可行的并有良好前景的。

现在,国内外对地理过程的数学建模和计算机模拟的认识正在加深,对遥感、GIS 技术和建模、模拟技术结合的必要性认识也正在加深,热度也在迅速上升。因此,自然地理过程的高度定量化在遥感、GIS、GPS、建模、模拟和数字地球等现代技术支持之下,必能以更快的速度发展,并达到一个新的高度。

第三节　SWAT:中国江西省潋水河流域水径流和泥沙径流模拟 Ⅱ

5.3.1　引言

本研究是国家自然科学基金项目"流域土壤和水资源模拟模型的集成和系统化及其应用"(批准号40071043)的研究内容之一。

利用以计算机为基础的数学模型体系,模拟流域内部多种自然地理过程,并应用到流域自然资源管理、规划以及决策支持中,在国内外都是一个较新的研究领域。国外的报道很多,国内尚未看到比较成熟的研究报道。

流域模拟研究,是多学科的交叉领域。其研究内容是传统水文模型研究内容的扩展,客观地说国内在这个领域的研究,还处在起步阶段。

我们在研究早期,曾对国内一些有影响的相关期刊,如《地理学报》《土壤学报》《遥感学报》《生态学报》《地理研究》《地理科学》《水土保持学报》《自然资源学报》《地球科学进展》《冰川冻土》《中国沙漠》《水科学进展》等近 10 年(1990—2000)的研究论文,进行了较为系统的查阅,同时对网上的期刊数据库也进行了多次、多种检索方式的查阅。

在与流域模拟有关的研究方面,国内研究人员已经做了不少工作,涉及产水、产沙的物理机理研究(胡世雄等,1999;王国庆等,1998;包为民等,1994;冯兆东等,2000;刘昌明等,2001;芮孝芳等,1997;唐小明等,1999;王建等,1999);相关影响因子的实验研究(熊立华等,1998;周斌,2000;姜彤等,1997;杨子生,1999a,b,c,d;夏岑岭,2000;王船海等,1996;白清俊等,1999;刘新仁,1997;李清河等,2000;任立良,2000;汤国安等,2000);模型的创建和改进研究(于冷,1999;陈元芳,2000;邢廷炎等,1998;杨子生,1999a,b,c,d;张晓萍等,1998;张建,1995;查小春等,1999;梁音等,1999;于东升等,1997;廖学诚等,

1999；向峰等，1993；杨艳生，1999），在不同时间尺度、不同空间尺度以及国内不同地域的应用研究；以及遥感、GIS 技术综合应用研究等多个方面，都取得了不小的进步。

在模型选用方面，国内早期研究采用模型多为统计意义上的经验模型，近几年不断出现采用依据物理定律的数学物理模型，但在大尺度应用上往往由于参数的均化和概化，使得物理概念模糊，通常成为半经验、半物理的概念性模型；在研究内容上多表现为单一地理过程研究，各类模型之间尚未进行很好的集成；在技术方法研究上，"3S"技术应用随处可见，基础数据的试验研究也得到加强。

迄今为止，尚未发现利用 SWAT 模型及类似的分布式大型流域模型体系来综合研究流域内的多种地理过程。

国际上在这一研究领域的进展可以说是非常大的，包括模拟模型的研究、模型和地理信息系统 GIS 的集成研究、流域的空间离散化和参数化研究以及模型和计算机模拟在流域水文过程、泥沙过程和水土资源管理、监测和利用方面的应用研究，令人耳目一新。这个在第四章已经讲了许多，这里不再赘述。

5.3.2　研究区与基础数据说明

1. 研究区、模型和有关软件系统

研究区仍然是江西省南部的濂水河流域。其概况已在本书第三章中叙述。

使用的计算机软件内容包括：流域模型系统、地理信息系统、数字图像处理系统以及水文数字建模系统；涉及的基础数据有：地形数据、气象数据、水文观测数据、土壤数据、卫星遥感数据、流域管理数据等多项内容。

流域模型选择了 SWAT 模型体系。初期采用的是 SWAT 99.2 版本，2001 年 8 月采用了最新 SWAT 2000 版。这些模型的详情请参看本书第二章。

GIS 软件采用了 ESRI 公司的 ArcView 3.2 版本以及与其配合使用的空间分析、网络分析和 3D 分析等三个功能模块。

数字图像处理软件采用了美国 RSI 公司的 ENVI 3.4 图像处理系统，同时还用水文建模分析软件 Rivertools 2.0 和 TOPAZ 进行辅助分析。

2. 数据结构与地图投影

研究中涉及数据的结构主要有栅格、矢量和二维数据表三种。数字高程模型（DEM）就是典型的栅格数据，在 ArcView 中通常以网格形式存在。矢量数据模型包括点、线和多边形。在 ArcView 中通常以后缀为 .shp 的文件存储。点的 shp 文件由描述每个点的坐标组成。在流域数字建模中，这些点可以描述点状目标，如水文站、气象站的地理位置和流域出口等。线的 shp 文件由一系列连接的点集组成，每条线的开始点和结束点定义为结点。表示线的 shp 文件在数字流域建模中通常用来描述流域河网等线性目标。结点通常表示河道的起始点或两条河道的交汇点。多边形 shp 文件由相互连接的线段组成，在数字流域建模中通常用来描述流域界线。以上三种 shp 文件都分别具有描述其地理属性的二维表格文件（DBF）与之相对应。

在 ArcView 中，二维数据表以 DBF 文件形式存储。在流域建模中，DBF 文件用来存贮水文观测数据或气象观测数据，并且可用来建立网格值和类型值（空间-属性）的转换对应表。

矢量数据和栅格数据之间可以互相转换。当矢量数据转成栅格数据时，点的矢量数据被描述为一个个单一的网格单元或网格元（Grid Cell）；线的矢量数据被描述为一系列连接的网格元；多边形矢量文件被描述为网格带。网格的值表示其相应的地理属性。ArcView 3.2 在 3D 模块辅助下支持矢量和栅

格的相互转换(樊红,1999)。

研究中所使用的地理数据,具有不同的尺度和来源,必须将它们纳入统一的坐标体系中进行分析和管理,每一种坐标体系是和相应的地图投影方式相对应的。对于任何研究工作,选择标准的地图投影方式是十分必要的,也是工作中首先要解决的问题。

在我们的研究中选择了和我国基础地形图相一致的高斯-克吕格投影系统。所有的图件和相关的点位坐标(气象站、水文站等)都采用了高斯-克吕格投影的坐标体系。

需要说明的是,ArcView 3.2 系统并不支持高斯-克吕格投影。所有的投影均在 ENVI 图像处理系统下转换成统一的地图网格坐标系统后,再输入 ArcView 进行分析,在 ArcView 和 ENVI 中,所有点位坐标均使用了千米网格坐标,而不能使用以经纬度描述的地理坐标(在 100 和 101 图像处理系统中使用经纬网坐标)。

5.3.3　基础数据准备

1. 地形、河道数据

包括研究区的数据高程模型(DEM)和流域界线以及数字河网图(参看第三章第二节)。

2. 气象观测数据

包括日最高气温、日最低气温、风速、相对湿度等数据,均来源于兴国县气象站(位于县城内)的逐日观测资料,时段为 1991—2000 年。

降水数据为研究区内东村、莲塘、古龙岗三个雨量站 1991—2000 年的逐日降水量观测值,同时也使用了研究区内樟木、兴江和研究区外兴国县城 1993—1995 年的逐日降水资料。

由于降水资料来源不一,甚至在流域外,而且年限不一,要统一使用并配置到流域内不同的高度带,需要进行必要的校正。为此建立了相应的回归方程、降雨的高程校正系数,并生成了降雨校正文件和确定了文件名,以便模拟中调用校正了的降雨量数据。过程有点复杂,请参看第四章第四节中的专门论述。

其他气象资料还有兴国县 1957—1990 年逐月平均水气压、平均相对湿度和平均风速等多要素的月统计资料,这些源自气象统计年鉴。

以上资料都经手工录入,且均以 ArcView 的 DBF 格式文件存贮。

3. 遥感卫星图像数据

所用的遥感图像为美国陆地卫星 Landsat-5 的 TM 影像,共 7 个波段,时相为 1995 年 12 月 7 日。图像经过几何精校正,并用曾志远研发的新的图像变换方法(Zeng,2007a,b)进行了数据变换,用变换得到的 L 图像(赋红色)、B 图像(赋蓝色)和 V 图像(赋绿色)生成了接近自然色彩的彩色 LBV 合成图像。在此合成图像上,红色为裸露地,绿色为植被,蓝色为水体(山地阴影也为蓝色)。其他过渡色黄、品、青则分别为合乎逻辑的稀疏植被、湿裸地和水植混合体。

4. 土壤数据

土壤数据资料包括土壤物理、土壤化学和土壤类型空间分布资料,均取自《兴国县土壤》一书。其1∶25 万土壤类型图经手工数字化,处理方法如下:①将扫描后的附图存为 TIF 图像格式,读入 ENVI 系统;②选择高斯-克吕格地图投影系统(投影带号为 20),从地形图上选择土壤图上相应的同名地物点(河道、道路交叉点、高程注记点等),按照数字图像几何校正的方式输入图面坐标进行几何校正;③将校正好的土壤图以 GeoTIF 形式导出,在 3D 模块支持下以图像方式读入 ArcView 系统。这时的土壤图在 ArcView 中就具有和地形图相一致的坐标系统。

以校正的土壤图为底图,在 ArcView 中以多边形 shp 形式进行屏幕数字化。

多边形的属性值为相应的土壤类型编号。于是就生成了以 ArcView 多边形 shp 文件格式存贮的数字土壤图,将 shp 文件经栅格化转换就生成 ArcView 的网格 Grid 格式的土壤图,如图 5-3-1 所示。

土壤的物理属性资料包括部分土壤类型分层的质地采样数据(详见第四章表 4-4-12)。土壤化学属性资料为部分土壤类型中的养分含量,包括有机质、pH、全氮、全磷、碱解氮、速效磷和速效钾 7 项。

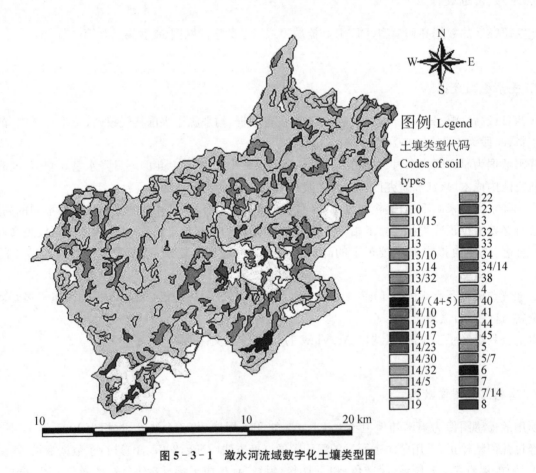

图 5-3-1　潋水河流域数字化土壤类型图

5. 水库数据和农业管理资料

流域内共有大小 5 个水库,相应的数据见表 5-3-1。

流域内农业管理资料包括作物类型、灌溉措施、耕作方式、轮作的大概时间等。我们在实地考察时进行了调查,兴国县水利局也提供了一些有价值的资料,这些均属于概括性的描述资料,第四章第四节已经作了说明,这里不再赘述。

表 5-3-1 研究区水库统计数据(由兴国水电局提供)

名称	地理位置东经,北纬	上游集水区面积/km²	水位到达紧急泄洪道时表面积/hm²	水位到达紧急泄洪道时体积/10⁴ m³	水位到达正常出水道时表面积/hm²	水位到达正常出水道时体积/10⁴ m³	出水涵洞最大排水能力/(m³·s⁻¹)	泄洪道最大泄量/(m³·s⁻¹)	水库底部土壤特性和植被
桐林	115°47′30″,26°32′00″(兴江附近)	14.6	40	680	30	500	10	101	红色石英砂土,风化岩
竹坑	115°48′05″,26°24′40″(梅窖附近)	0.675	4.3	34.6	2.6	23.7	2.5	7.66	花岗岩风化区,轻度流失
黄圹	115°39′40″,26°26′57″(古龙岗附近)	4.68	4.7	37.4	2.7	19.9	0.4	45.0	花岗岩基,红壤土,植被好
雄心	115°38′53″,26°20′24″(樟木附近)	2.40	12	127	8	97	0.8	36.5	风化花岗岩,中度流失,红色石英砂土
立新	115°32′34″,26°27′16″(东村附近)	8.0	5.3	79.6	2.2	37.8	0.4	117	红色石英砂土风化岩,红壤土,中度流失,植被一般

6. 水文观测资料

流域出口断面所在地是东村水文站。我们获得了该站的逐日径流和泥沙观测值,观测时间为 1991—2000 年。录入后,以 ArcView 的 dbf 格式文件存贮。

5.3.4 潋水河流域的空间离散化

从集总式模型到分布式模型的转变,要通过空间离散化和空间参数化的过程。

将流域分成模型运行的较小地域元的方法,称之为空间离散化。换句话说,空间离散化就是采用一定的方法,将一个大的流域(或区域)科学地划分为更小的区域,在这些更小的区域内,地理因素和地理过程应该是相对均一的。

所谓较小的地域元,可以是亚区、子流域、坡面、网格或水文响应单元。

在本研究中,根据研究区的特征和研究目标的需要,采用了流域-子流域—水文响应单元的空间离散化方向与流程。

因为这个问题庞大、复杂、重要而又带有普遍性,所以已经在第四章第三节中做了专门的论述。其中所举的例子就是本流域和本研究的例子。

5.3.5　激水河流域的空间参数化

对空间离散化生成的离散地域元的属性进行说明和定值的方法,称之为空间参数化。

参数化的对象就是模型运行需要的输入数据。它们可以分为地形、气象、地面覆盖、土壤、水质、水库、农业管理措施等多种类型。每个类型下又包括多项内容。

这些数据少部分是实测数据,大部分需要通过一定的方法进行计算、估计或从他处移植。这又涉及遥感、GIS 数理统计和数学建模等多种技术和方法的综合应用。

本研究中的空间参数化是在每个子流域范围内进行的,地形参数、河道参数可以通过 GIS 辅助由 DEM 得到,气候参数可以通过观测值校正得到,土壤和地面覆盖一般取优势类。模型在每个子流域上运行,子流域的输出通过演算的方法沿河道汇总到流域出口。子流域也是集总联结的方式,但子流域方法明确并量化了环境物质的迁移过程,特别是引入了数字高程模型,采用数字地形分析的方法来确定子流域界限,提取地形和河道参数,是流域模拟技术的显著进步。模型在每个水文响应单元上运行,运行结果在子流域出口汇总。

这个问题重要而又带有普遍性,所以已经在第四章第四节中做了专门的论述。其中所举的例子也是本流域和本研究的例子。

5.3.6　激水河离散单元的自动赋值和模拟结果的逐级汇总

空间离散化确定了模型运行的基本单元,空间参数化获取了每个离散单元的输入参数。接着要解决的问题是空间离散单元应输入的参数如何赋予这些单元,这就是离散单元的自动赋值问题。赋值分为两个步骤:第一步就是将参数化过程中获得的参数以某种格式的数据文件进行存储;第二步就是将数据文件转换成模型运行的输入文件。

我们采用的是模型和 GIS 集成的方式。输入数据的准备在 ArcView 的界面下进行,输入参数直接以 ArcView 特定字段名的 dbf 数据表存储。模拟者只需建立简单的数据索引表,就可以通过模型自带的数据转换程序自动生成模型运行的输入文件。这实际上是将参数化过程中参数的提取和生成模型输入文件有机地结合起来,从而实现了模型运行的自动赋值。

赋值完成以后,启动模拟程序,进行计算。模拟和计算过程在一个子流域的每个离散单元即水文响应单元上运行完成并获得模拟结果时,就得将此结果直接汇集到这个子流域的主河道,成为这个子流域自身的产出量。下一级所有子流域的产出总量汇集到上一级子流域的主河道,成为上一级子流域的产出量。全流域的所有子流域都有严格的级序。它们的逐级汇集直到最后汇总到整个流域的出口,就得到全流域的产出量模拟结果。

赋值和汇总问题已作为普遍性问题在第四章第五节中做了专门的论述。

5.3.7　SWAT 模型的运行和结果分析

SWAT 模型运行时,首先要生成每个水文响应单元的模型输入文件。这个过程中,需要模拟者确定模拟的时间段和一些项目的模拟方法。如果模拟的时间段超出了已有观测数据的时间段,模型自带的气象模拟器就会自动模拟产生超出部分所需要的气象输入数据(气温、降水、风速、相对湿度等)。

本节在四个离散尺度下,利用 SWAT 模型对激水河流域 1991—2000 年共 10 年的多种地理过程进行了计算机模拟,获得了激水河流域多种地理过程随时间和空间变化的模拟结果。

1. 模型运行时的模拟方法选择

SWAT 模型目前处在不断地完善中,模型开发者陆续将一些比较成熟的方法集成到模型中,供模拟者根据需要选择。

径流的模拟可以选择 SCS 径流曲线数法。如果模拟者有按小时观测的短期气象观测资料,可以采用 Green 等研究的方法(Green et al.,1911),降雨量模拟时可以根据实际情况选择偏正态分布或混合指数分布法,潜在蒸发蒸腾和河道演算也都有可供选择的方法。在长期模拟中可以考虑也可以忽略河道几何形状的变化。模型运行时有些项目可以根据其适用条件选择,有些项目只能依靠试验的方法来选择。

(1) 径流模拟方法的选择

SWAT 模型提供了三种径流模拟方法供选择,分别是:①日降水数据/径流曲线数方法/以日为时间单位进行径流演算;②降水数据/Green & Ampt 方法/以日为时间单位进行径流演算;③小时降水数据/Green & Ampt 方法/以小时为时间单位进行径流演算。

后两种方法需要按小时观测的雨量数据。采用它们不但使 SWAT 模型可以进行径流的长期模拟,而且可以进行基于降雨事件的径流模拟。我们只有日降雨观测资料,所以工作中选择了以日降水观测为基础的 SCS 径流曲线数方法,即第一种方法。

(2) 降雨量模拟方法的选择

日降雨量可以通过马尔科夫链不对称模型或者马尔科夫链指数模型来进行模拟(Green et al.,1911)。模型用一阶马尔科夫链来定义被模拟日的干、湿状态。如果为湿日,就用偏态分布或混合指数分布来模拟产生这一天的降雨量。SWAT 模型手册推荐使用偏正态分布方法。这种方法需要较多的观测数据来计算按月统计的日降雨量均值、日降雨量标准差以及日降雨量的偏斜系数。在只有较少的观测数据无法获得统计参数的情况下,可以选择混合指数分布方法(Neitsch et al.,2000),手册中给出了在美国可使用的参数值为 1.3。我们的工作选择了偏正态分布模拟降雨量。

(3) 潜在蒸发蒸腾模拟方法的选择

SWAT 模型提供了 Priestly-Taylor 法、Penman-Monteith 法和 Hargreaves 法来模拟潜在蒸发蒸腾(Priestley et al.,1972;Monteith,1965;Hargreaves et al.,1985)。三种方法需要的输入数据不同。Penman-Monteith 法需要太阳辐射、气温、相对湿度和风速作为输入数据;Priestly-Taylor 方法只需要太阳辐射、气温和相对湿度作为输入数据;Hargreaves 方法只需要气温作为输入数据。模型开发者仅仅说明 Priestly-Taylor 法在干旱和半干旱地区应用会使模拟值偏低,此外,对这三种方法没有更进一步的评价。

由于时间和专业背景的限制,我们不能从理论分析的角度去选择,只能依靠试验的办法来选择。我们在 62 个子流域和 399 个水文响应单元的离散条件下,选择三种方法分别运行模型,将模拟结果和实际观测值加以对照,首选模拟值最接近观测值的方法。

表 5-3-2 为三种方法下模拟的 1991—2000 年 10 年平均产水量的模拟精度。

表 5-3-2　不同的潜在蒸发蒸腾模拟方法下产水量和泥沙量模拟精度

	Priestly-Taylor 方法	Penman-Monteith 方法	Hargreaves 方法
产水模拟精度	89.66%	89.82%	89.10%
产沙模拟精度	模拟值较接近观测值	模拟值最接近观测值	模拟精度较差

从表5-3-2中可以看出,产水量模拟精度没有太大的差异,而产沙量模拟精度差别较大。我们采用了产水量精度略高的 Penman-Monteith 方法。

（4）河道演算方法的选择

对于河道演算,模型提供了 Variable Storage 和 Muskingum 两种方法(Neitsch et al.,2000)。经过对比试验,两者模拟精度差别很小。我们选择了精度略高的 Variable Storage 方法。

（5）是否模拟河道几何形状的变化

模型可以选择是否模拟河道几何形状的变化。试验对比表明,选择是否对本研究的模拟结果没有影响,所以我们在最后的模拟中没有激活这个选项。

2. SWAT 模型输出的模拟结果及其时间和空间变化分析

SWAT 模型是连续时段的动态模拟模型,可以按照模拟者设定的时段(模拟起始时间和结束时间)和时间间隔(年、月、日)分别输出水文响应单元、子流域和整个流域的模拟结果。这个结果是随时间变化的连续性动态模拟结果。

模型输出的模拟内容有 60 余项,涉及流域水循环、产沙、输沙、土壤养分流失、生物量、水库过程等。在我们的研究中,分别用 4 个空间离散尺度组合(28 个子流域和 198 个水文响应单元;28 个子流域和 314 个水文响应单元;62 个子流域和 399 个水文响应单元;102 个子流域和 648 个水文响应单元)对 1991—2000 年共 10 年进行了模拟实验。由于输出结果太多,无法全部罗列,这里只选择性地列举部分模拟结果,并对 SWAT 模型模拟内容进行简单的介绍,各项模拟结果均是最后确定的模拟结果。

（1）按月和年输出的激水河流域某些地理过程的模拟结果及时间变化分析

表5-3-3为 28 个子流域和 198 个水文响应单元离散条件下,1991—2000 年某些地理过程按月平均模拟结果。图5-3-2a、图5-3-2b 和图5-3-2c 分别为这些过程模拟结果的 10 年月平均的年内逐月变化示意图。

图5-3-2a,b,c 的内容包括降雨、地表径流、地下径流、入渗水、产水量、侧流、土壤水分、蒸散发、潜在蒸散发、产沙量等 10 项。其中地表径流、侧流、地下径流、入渗水、蒸发蒸腾、潜在蒸发蒸腾(蒸散发)等 6 项的月总量,是每日模拟所得值的总和。

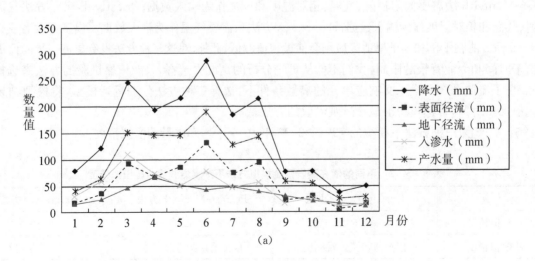

(a)

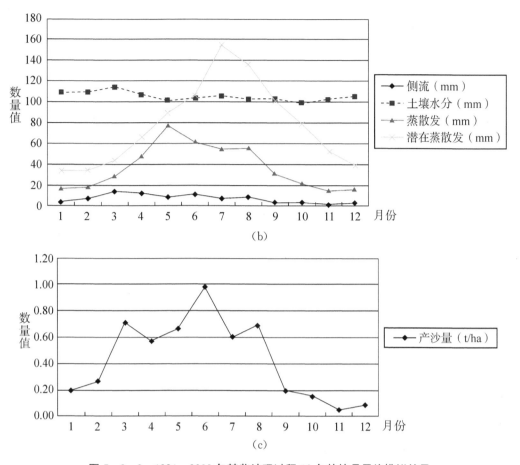

图 5‑3‑2　1991—2000 年某些地理过程 10 年的按月平均模拟结果

土壤水分是逐日模拟到当月最后一天时的土壤含水量,比如 1 月的值就是 1 月 31 日的土壤含水量等。

降水量是根据我们输入的每个子流域的校正雨量,经各子流域面积加权平均计算得来的,即校正的每日加权的月降雨量的和。

泥沙量是当月流域出口的总量,也是每月逐日泥沙量的累加值。

表 5‑3‑3　在 28 个子流域和 198 个水文响应单元离散条件下潋水河流域
1991—2000 年按月平均的某些重要模拟结果

月份	降水/mm	地表径流/mm	侧流/mm	地下径流/mm	入渗/mm	土壤水分/mm	蒸散发/mm	潜在蒸散发/mm	产水量/mm	泥沙量/(t·ha^{-1})
1	77.25	19.41	4.53	15.85	32.70	108.93	17.17	33.29	39.69	0.19
2	120.27	32.94	7.45	24.12	59.02	110.45	18.39	33.77	64.30	0.26
3	245.83	91.21	13.39	47.10	107.64	113.64	28.33	43.72	151.29	0.72
4	194.58	68.73	12.44	66.55	74.24	106.95	47.43	65.99	147.52	0.57
5	216.35	85.90	9.16	50.44	50.15	101.35	76.82	89.92	145.28	0.66
6	287.17	133.29	12.42	43.99	77.78	104.06	61.08	105.74	189.46	0.98

续表

月份	降水/mm	地表径流/mm	侧流/mm	地下径流/mm	入渗/mm	土壤水分/mm	蒸散发/mm	潜在蒸散发/mm	产水量/mm	泥沙量/(t·ha⁻¹)
7	183.32	71.59	8.29	46.69	46.75	106.07	55.25	154.77	126.44	0.60
8	215.43	96.52	8.93	38.47	57.67	102.88	55.53	136.63	143.73	0.69
9	74.86	23.03	3.91	31.55	16.98	102.25	32.54	101.33	58.43	0.19
10	78.73	28.14	4.02	22.96	26.99	98.79	22.98	78.96	55.00	0.15
11	37.29	5.86	1.80	16.31	10.74	102.71	14.93	52.01	23.94	0.04
12	49.18	11.68	2.86	14.66	16.35	105.51	15.72	39.55	29.13	0.08

从表 5-3-3 和图 5-3-2a、5-3-2b 和 5-3-2c 中,可以清楚地看到 1991—2000 年激水河流域内部多种地理过程年内动态变化的逐月平均情况。从图 5-3-2a 中可以看出,降水量 1 月份数值较低,从 2 月起总体趋势逐渐升高,到 6 月达到最大值,7 月起大幅度下降,以后总趋势逐渐降低,11 月达到最低值。

地表径流的逐月变化大体上追随降水的变化。这个特点从图 5-3-2a 中可以明显看出。从年初开始逐渐升高,6 月达到最高值,此后逐渐下降,11 月达到最低值。

地下径流表现出春夏高秋冬低的规律,年内升降较为平缓。经过 3 月降水峰值,地下径流在 4 月达到最高值,以后逐渐降低,12 月达到最低值。地下径流的年内变化有着一定的特殊性。在降雨量大幅度下降的 9 月和降雨量较小的 11 月和 12 月,地下径流量都超过地表径流量。

从图 5-3-2b 中可以看出,侧流量模拟的数值比较小,10 年平均值只有产水量的 7.5%。侧流年内变化较为平缓,6 月达到最高值,11 月达到最低值。

实际蒸发蒸腾 5 月达到最高值,11 月达到最低值。潜在蒸发蒸腾 7 月达到最高值,1 月达到最低值。两者在除了峰值和谷值所在月份不同外,月际变化趋势基本一致。年初逐渐升高,到达最高值之后,逐渐下降,但潜在蒸发蒸腾在数值上远远高于实际蒸发蒸腾。

土壤水分的月际变化比较和缓。从图 5-3-2b 中可看出,各月土壤水分模拟值连接后近似一条微微向下的直线。1 月、2 月、3 月三个月数值较高,其他月份数值较低。但高值月和低值月的差距远较降雨和地表径流要小,土壤是水流的缓冲器。

泥沙量的月际变化追随着降水量的月际变化。这个特点从图 5-3-2c 中可以明显看出,降雨量大的 3~8 月泥沙量较大,其他降雨量较小的月份泥沙量随之变小。

表 5-3-4 为 28 个子流域和 198 个水文响应单元离散条件下 1991—2000 年激水河流域某些地理过程按年输出的模拟结果。表中土壤水分值是年内逐日模拟到 12 月 31 日时的土壤含水量。其他项目的年模拟值为每月模拟所得值的总和。此表为我们提供了激水河流域某些重要地理过程的数量值及其年际变化。

降水量年际变化较大。最低值年 1991 年为 1 265.71 mm,1992 年即跳升到 2 038.38 mm。最高值年 1997 年为 2 396.53 mm,比最低值年差不多高出 1 倍,其他年份为平常年,为 1 459.62~1 959.23 mm。10 年平均年降水量为 1 780.24 mm。

表 5-3-4　在 28 个子流域和 198 个水文响应单元条件下按年输出的激水河流域的某些重要模拟结果

年份	降水/mm	地表径流/mm	侧流/mm	地下径流/mm	入渗/mm	土壤水分/mm	蒸散发/mm	潜在蒸散发/mm	产水量/mm	泥沙量/(t·ha⁻¹)
1991	1 265.71	424.13	59.74	272.84	350.29	113.78	426.58	1 031.20	755.39	3.90
1992	2 038.38	813.06	104.85	516.42	695.83	111.36	427.50	939.69	1 432.19	6.90

年份	降水/mm	地表径流/mm	侧流/mm	地下径流/mm	入渗/mm	土壤水分/mm	蒸散发/mm	潜在蒸散发/mm	产水量/mm	泥沙量/(t·ha⁻¹)
1993	1 459.62	423.24	79.86	370.38	514.58	102.19	451.45	911.40	871.44	3.04
1994	1 919.90	752.63	94.69	422.38	625.24	111.24	437.48	895.85	1 267.49	5.73
1995	1 775.94	678.51	88.36	444.72	564.43	101.76	454.98	958.69	1 209.51	4.87
1996	1 703.44	635.38	84.94	383.49	544.66	102.18	437.99	925.25	1 101.94	4.85
1997	2 396.53	935.18	125.00	580.14	850.17	112.49	474.63	832.44	1 637.55	6.81
1998	1 959.23	851.50	91.73	458.73	591.47	100.88	437.36	965.02	1 400.24	6.90
1999	1 764.08	698.32	84.73	393.43	550.91	93.76	437.30	919.54	1 174.73	5.33
2000	1 519.61	471.02	77.94	344.42	482.45	105.45	476.21	977.73	891.51	3.10
均值	1 780.24	668.30	89.14	418.70	577.00	105.51	446.15	935.68	1 174.20	5.14

地表径流的年际变化追随降水量的年际变化趋势,但略有变异。10 年平均地表径流量为 668.30 mm,最高值年是 1997 年,达 935.18 mm,最低值年却是 1991 年的 424.13 mm 和 1993 年的 423.24 mm。其他年份是平常年,为 471.02~851.50 mm。

测流量追随降雨量的变化,但数值较小。最高值年仍是 1997 年,达 125.00 mm。最低值年仍是 1991 年,只有 59.74 mm。其他年份为平常年。

地下径流也是追随降雨量的变化。最高值年也是 1997 年,达到 580.14 mm。最低值年也是 1991 年,低到 272.84 mm。其他年份为平常年。

土壤水分按照模型的设计是继承了模拟开始之前年份,即 1990 年的土壤含水量。其年际变化和月际变化一样都比较和缓。这仍然显示出土壤是水流缓冲器的作用。

实际蒸发蒸腾和潜在蒸发蒸腾的年际变化都比较小。实际蒸发蒸腾年模拟最大值为 2000 年的 476.21 mm,最小值为 1991 年的 426.58 mm。10 年平均值为 446.15 mm。潜在蒸发蒸腾年模拟最大值为 1991 年的 1 031.20 mm,最小值为 1997 年的 832.44 mm。10 年平均值为 935.68 mm。潜在蒸发蒸腾值比实际蒸发蒸腾值大得多。10 年平均值前者是后者 2.09 倍。

流域产水量几乎严格地追随降雨量的变化。最高值年仍然是 1997 年,达 1 637.55 mm;次高值年仍然是 1992 年,为 1 432.19 mm;最低值年仍然是 1991 年,低达 755.39 mm。其他年份均为平常年。产水量在 871.44 mm 和 1 400.24 mm 之间。

流域模拟的泥沙量年际变化较大,且情况有点复杂。它有倾向但并不严格追随降雨量的年际变化。它的最高值为 1998 年的 6.9 t/hm²,最小值为 1994 年的 3.04 t/hm²。10 年平均值为 5.14 t/hm²。

图 5-3-3 各项模拟结果从降雨、地表、土壤层、再到地下水入渗,提供了流域各项地理过程的月际和年际变化的连续而生动的变化图景。这几乎就是整个陆地水循环过程的定量化写照。可以认为,流域模拟实现了流域各项地理过程随时间连续变化的动态监测,这是很有实际意义的。

(2) 按子流域输出的某些重要地理过程的模拟结果及其空间变化分析

表 5-3-5 为 28 个子流域和 198 个水文响应单元离散条件下,按子流域输出的部分模拟内容,均是每个子流域 1991—2000 年的 10 年平均值。表中大部分内容和表 5-3-3 中的内容相似,但表 5-3-5 有了融雪径流项和总生物量的模拟结果。模型在一定的气温和降水条件的组合下,自动进行了融雪径流项目的模拟。这也说明了 SWAT 模型地理过程模拟的全面性、先进性以及多种地理条件下的适应性。

在表 5-3-5 中,总生物量表示年内子流域地表面和土壤根部带生物量的总和,以干重的形式计算输出。

　　图5-3-3a、b分别为表5-3-5中的模拟结果随子流域空间变化的示意图。图中横坐标表示离散生成的28个子流域,纵坐标表示图中列举的地理过程模拟得到的数量值。

　　从图5-3-3a、b可以看到这些项目在流域内部的空间分布和空间差异。

　　例如,从图5-3-3a中可以看出,实际蒸散发、潜在蒸散发、土壤水分三项,空间差异较小,模拟值的连线变化平缓,近似一条直线。

　　地表径流、产水量两项,空间变化较大,编号为3、7、10的子流域模拟值相对较大,编号为15、19、25的子流域模拟值较小,主要是由于空间降水的差异造成的影响。

　　又如从图5-3-3b可以看到,流域内单位面积的产沙量或土壤侵蚀量较大的是子流域23、24(梅窖附近)和18(樟木附近),说明这些地方的侵蚀更严重,治理时应给予更多的注意。

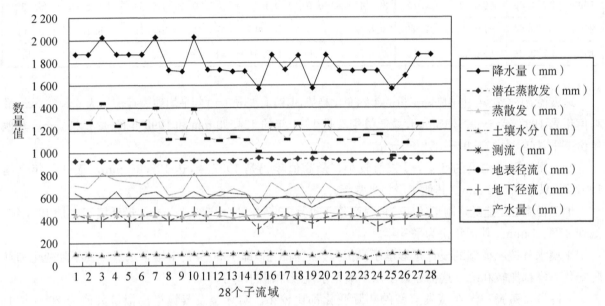

(a) 按子流域模拟输出的降水量、潜在蒸散发、蒸散发、土壤水、测流、地表径流、地下径流和
产水量的空间变化示意图(10年平均值)

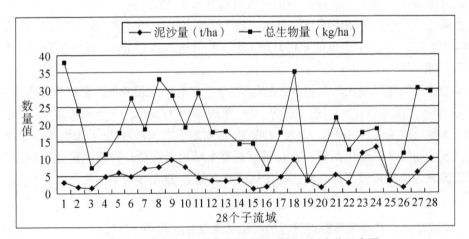

(b) 按子流域模拟输出的泥沙和生物量的空间变化示意图

图5-3-3　各项模拟结果变化图

　　需要说明的是,对于28个子流域划分而言,面积最大的17号达到56 km²,最小的22号也达到1.1 km²,所以子流域内部的地理过程也是十分复杂的。表5-3-5中的模拟值也只是反映了这个子流域内部地理过程的平均状况。书中也只能根据模拟值进行简单的说明,而造成这些地理过程空间差异

的更深层的原因,需要更多的时间作进一步研究。

子流域输出文件,尤其从空间上,对于流域内部不同地域范围内的多种地理过程的空间分布和空间差异进行了定量化的描述。这些模拟结果,对于流域治理和资源利用等都是具有很高实用价值的。

（3）对其他一些模拟结果的分析

模型对于多种农业管理措施没有独立的输出结果,而是将这些措施经过参数化调整作为地理过程的影响因素应用到模拟计算中的。比如说,通过耕作方式的参数化,就会调整农地表面的生物量的残留,从而调整产沙量的模拟;通过灌溉方式的模拟,就会对相应子流域以及整个流域的产水过程进行相应调整;通过施肥方式和杀虫剂应用的模拟,就会对化学物质在流域内部的传输量和集聚量进行调整。

表 5-3-5　按 28 个子流域输出的潵水河流域某些地理过程 10 年平均的模拟结果

子流域	面积/hm²	降水量/mm	融雪径流/mm	潜在蒸散发/mm	蒸散发/mm	土壤水分/mm	侧流/mm	地表径流/mm	地下径流/mm	产水量/mm	泥沙/(t·ha⁻¹)	总生物量/(kg·ha⁻¹)
1	1 364.06	1 875.66	7.73	932.43	451.84	104.35	633.38	704.76	459.43	1 248.24	3.25	37.84
2	1 646.00	1 875.66	7.73	932.58	451.65	106.88	579.27	696.59	419.97	1 263.24	1.82	23.63
3	3 820.38	2 023.62	8.34	933.12	452.93	98.33	537.10	815.22	389.98	1 421.07	1.43	7.18
4	255.50	1 875.66	7.72	931.70	455.86	107.62	644.10	757.89	466.78	1 241.49	4.94	11.37
5	4 615.06	1 875.66	7.73	932.30	449.38	105.01	529.60	731.54	385.21	1 279.69	5.67	17.36
6	1 251.25	1 875.66	7.73	932.08	453.43	105.15	620.72	719.33	450.14	1 250.39	4.99	27.31
7	3 099.94	2 023.62	8.34	932.82	452.50	111.05	651.43	809.64	472.20	1 390.24	7.09	18.52
8	2 165.69	1 732.36	7.12	931.64	450.93	101.11	568.85	621.36	413.26	1 124.09	7.38	32.84
9	1 929.38	1 730.17	7.12	931.58	437.57	103.07	607.82	660.93	441.06	1 124.35	9.47	28.11
10	1 409.75	2 023.62	8.34	932.20	453.46	107.69	656.21	820.95	475.87	1 387.97	7.53	19.08
11	1 613.06	1 732.36	7.12	931.68	446.89	109.01	590.97	626.31	428.70	1 121.62	4.36	28.69
12	1 203.94	1 732.36	7.12	931.45	445.92	110.47	648.85	622.35	471.81	1 107.36	3.40	17.35
13	2 031.31	1 730.17	7.12	931.45	418.26	113.04	637.10	669.28	462.38	1 135.50	3.40	17.56
14	1 144.88	1 730.17	7.12	931.68	447.62	110.26	629.23	637.91	457.11	1 108.58	3.66	14.18
15	2 488.19	1 560.55	7.42	945.11	440.26	104.15	442.28	544.07	322.68	999.79	1.16	14.2
16	800.06	1 869.04	7.94	940.40	462.01	111.90	588.92	724.59	425.03	1 242.79	1.60	6.84
17	5 690.31	1 732.36	7.12	931.45	446.41	109.00	617.87	651.76	450.70	1 114.80	4.61	17.32
18	2 597.13	1 869.04	7.94	940.71	454.32	106.09	570.02	715.65	412.07	1 256.32	9.56	35.01
19	3 781.94	1 560.55	7.42	944.36	440.75	102.75	508.73	525.89	368.35	978.57	3.61	3.61
20	923.81	1 869.04	7.94	940.42	461.43	110.65	568.60	707.87	410.42	1249.54	1.49	10.26
21	1 202.63	1 730.17	7.12	931.66	451.28	103.44	618.14	641.87	448.89	1 107.99	5.17	21.81
22	110.06	1 730.17	7.12	931.45	443.31	110.06	627.28	647.07	455.15	1 113.63	2.90	12.34
23	2 107.38	1 730.17	7.12	931.64	424.57	79.10	575.07	600.36	416.73	1 146.04	11.43	17.37
24	1 533.56	1 730.17	7.12	931.72	449.13	100.58	461.16	656.74	336.92	1 155.38	13.38	18.63

续表

子流域	面积/hm²	降水量/mm	融雪径流/mm	潜在蒸散发/mm	蒸散发/mm	土壤水分/mm	侧流/mm	地表径流/mm	地下径流/mm	产水量/mm	泥沙/(t·ha⁻¹)	总生物量/(kg·ha⁻¹)
25	4 648.69	1 560.55	7.42	944.35	443.28	109.21	556.51	534.81	402.67	962.55	3.37	3.37
26	1 467.00	1 685.48	7.16	940.61	455.28	111.44	556.51	583.38	401.83	1 075.49	1.47	11.33
27	1 758.50	1 869.04	7.94	940.51	440.61	112.50	644.70	700.87	465.76	1 249.49	6.10	30.26
28	1 285.81	1 869.04	7.94	940.35	439.43	105.58	618.99	736.58	447.39	1 257.74	9.71	29.65

对于水库中水平衡和泥沙的传输过程,模型并没有单独模拟每个水库,而是作为整体将多年平均过程模拟出来。其模拟结果如下:

RESERVOIR BUDGET　　　　　　　　　　（水库水平衡）
EVAPORATION=0.530 MM　　　　　　　　（蒸发水量）
RAINFALL ON RESERVOIR=1.615 MM　　　（水库表面降水）
INFLOW　　　　　　　　　　　　　　　（流入量）
WATER=110.022 MM　　　　　　　　　　（流入水量）
SEDIMENT=1.230 T/HA　　　　　　　　　（流入泥沙量）
OUTFLOW　　　　　　　　　　　　　　（流出量）
WATER=110.672 MM　　　　　　　　　　（流出水量）
SEDIMENT=0.001 T/HA　　　　　　　　　（流出泥沙量）
YIELD LOSS FROM RESERVOIRS　　　　　（水库损失量）
WATER=−0.650 MM　　　　　　　　　　（水量损失）
SEDIMENT=+1.229 T/HA　　　　　　　　（泥沙损失）

流域内部的5个水库除桐林水库较大外,均是较小的无人管理的小型水库。最大的桐林水库,集水面积约为14 km²。从模拟值看,水库过程对泥沙截留起到较大的作用。流出泥沙量只有流入泥沙量的万分之八:0.001/1.230=0.000 813。此外,水库改变径流时间分布的作用,不言而喻也是很大的。

SWAT模型可以模拟具有常年观测值的大型水库。在输入详细的逐月观测资料的情况下,是否会有大型水库的单独模拟结果,从目前看到的资料还不能确认这一点。

通过以上的介绍可以认为,流域模拟技术从时间上、空间上均实现了流域各项自然地理过程的定量化描述。通过这些定量化模拟结果的分析应用,实际上也实现了这些地理过程的动态监测。

5.3.8　模拟结果精度分析及校正

对于很多地理过程,试验区内部没有相应的观测数据进行对比,我们选择了有实测数据的径流和泥沙两项进行了模拟精度分析。径流、泥沙的实测资料来自流域出口的东村水文站的逐日观测值,录入计算机后进行了统计汇总。下面就以这两项内容进行模拟精度的分析。

1. 产水量模拟精度分析

表5-3-6和图5-3-4分别为4个离散尺度下,没有经过校正的年径流模拟值和年径流观测值的比较分析。

4个空间离散尺度下,模拟值大小比较接近。从图5-3-4可以看出,4个离散尺度的模拟值曲线聚合在一起,模拟的年精度也高,模拟值相对误差一般都在10%以下,10年的平均模拟精度从89.82%～90.38%,变化较小。4个尺度下,1992年、1994年、1997年和1998年4年的模拟值都小于实测值,尤其以1998年的误差较大。

10年共120个月的平均模拟精度如表5-3-7所示。4个尺度下,模拟精度从72.81%～74.43%。

为了表现径流模拟年内的精度变化,分别计算了10年按月平均的观测值和10年按月平均的模拟值,对4个尺度分别进行了对比,分别如表5-3-8和图5-3-5所示。

表5-3-6　年径流模拟值和观测值的比较分析

年份	径流观测值/mm	28个子流域 198个水文响应单元		62个子流域 399个水文响应单元		102个子流域 649个水文响应单元		28个子流域 314个水文响应单元	
		径流模拟值/mm	相对误差%	径流模拟值/mm	相对误差%	径流模拟值/mm	相对误差%	径流模拟值/mm	相对误差%
1991	738.78	755.39	2.25	778.26	5.34	782.94	5.97	754.91	2.18
1992	1 618.71	1 432.19	−11.52	1 461.45	−9.72	1 479.09	−8.62	1 430.03	−11.66
1993	794.53	871.44	9.68	895.78	12.74	902.51	13.59	868.93	9.36
1994	1 439.27	1 267.49	−11.94	1 291.68	−10.25	1 313.42	−8.74	1 264.91	−12.11
1995	1 343.32	1 209.51	−9.96	1 244.96	−7.32	1 244.94	−7.31	1 207.03	−10.15
1996	1 031.21	1 101.94	6.86	1 132.52	9.82	1 141.21	10.67	1 099.14	6.59
1997	1 812.82	1 637.55	−9.67	1 678.29	−7.42	1 692.34	−6.65	1 633.87	−9.87
1998	1 727.17	1 400.24	−18.93	1 426.69	−17.40	1 445.59	−16.3	1 396.99	−19.12
1999	1 123.28	1 174.73	4.58	1 206.11	7.37	1 214.03	8.08	1 172.11	4.35
2000	802.59	891.51	11.08	918.59	14.45	925.43	15.31	889.00	10.77
平均精度%		90.35%		89.82%		89.87%		90.38%	

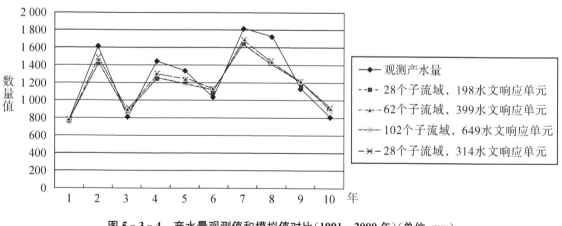

图5-3-4　产水量观测值和模拟值对比(1991—2000年)(单位:mm)

从表5-3-8和图5-3-5都可以看出,按月计算的10年平均的观测值和模拟值在4个尺度下数值非常接近,而且具有较高的模拟精度。除6月、11月、12月以外,其他月份的模拟精度都达到90%以上,12个月的平均精度均达到了92%以上。模拟值和观测值的年内变化趋势也相互一致。年初时,径流量较小,3月份开始增高,6月份达到峰值。8月份起大幅下降,到11月份到达最低值。

$$P_{dec,ly}=0.2 \cdot \delta_{ntr,ly} \cdot orgP_{frsh,ly}$$

表 5-3-7　1991—2000 年 10 年的月平均精度(120 个月平均精度)

	28 子流域,198 水文响应单元	62 子流域,399 水文响应单元	102 子流域,649 水文响应单元	28 子流域,314 水文响应单元
月模拟精度/%	74.25	73.46	72.81	74.43

4 个尺度下在 5~7 月和 9~12 月的模拟值都小于观测值,尤其是 6 月、11 月、12 月均为误差较大的月份。

表 5-3-8　4 个尺度下 10 年按月平均的观测值和模拟值的比较

年份	径流观测值/mm	28 个子流域 198 个水文响应单元		62 个子流域 399 个水文响应单元		102 个子流域 649 个水文响应单元		28 个子流域 314 个水文响应单元	
		径流模拟值/mm	相对误差/%	径流模拟值/mm	相对误差/%	径流模拟值/mm	相对误差/%	径流模拟值/mm	相对误差/%
1	39.15	39.69	1.39	41.18	5.19	41.63	0.06	39.50	0.89
2	63.53	64.30	1.21	66.69	4.98	67.47	0.06	63.94	0.64
3	150.36	151.29	0.62	155.49	3.41	158.17	0.05	150.64	0.17
4	144.77	147.52	1.90	150.63	−4.05	151.51	4.65	147.23	1.69
5	154.20	145.28	−5.79	147.80	−4.15	150.20	−2.59	144.97	−5.99
6	225.23	189.46	−15.88	194.55	−13.62	195.94	−13.01	189.26	−15.97
7	139.00	126.44	−9.04	129.46	−6.86	130.25	−6.29	126.50	−8.99
8	140.56	143.73	2.25	147.35	4.83	148.14	5.39	143.32	1.96
9	62.55	58.43	−6.58	59.32	−5.16	59.52	−4.84	58.44	−6.57
10	57.57	55.00	−4.47	56.59	−1.71	56.53	−1.81	54.85	−4.73
11	31.06	23.94	−22.93	24.58	−20.86	24.99	−21.16	23.92	−23.00
12	35.19	29.13	−17.22	29.80	−15.3	30.22	−14.11	29.00	−17.57
平均精度/%		92.56		92.49		92.37		92.65	

当 $P_{solution,ly} > minP_{act,ly} \cdot \left(\dfrac{pai}{1-pai}\right)$

对于径流的模拟结果没有进行进一步的校正。模型开发者也指出,校正的目的就是使模拟年精度达到误差在 10%~20% 以内,我们已经达到这个水平。5 月以后的月模拟平均值除了 8 月以外均低于观测值这个系统误差,我们对其进行了校正试验,目的是使 6~12 月的模拟值略微升高,1~5 月的值略降或不变。模型推荐的与时间有关的校正方法有:①调节河道水传导率;②调节基流的 α 因子;③调节温度的下降率;④调节最大、最小的融雪率。但我们使用这些调节方法都没有能改善结果。后三项调节后的模拟值几乎没有变化。前一项调节河道水传导率虽然对每月的值都有影响,但造成的平均误差更大。

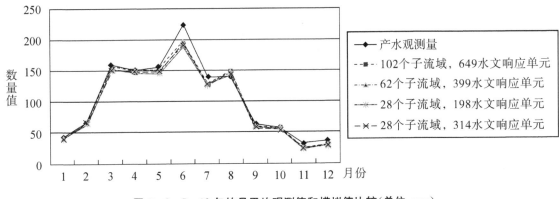

图 5-3-5　10 年的月平均观测值和模拟值比较(单位:mm)

对于不同离散尺度下径流模拟精度变化不大这个问题也进行了研究。从径流模拟模型的原理来看,影响最大的因子就是径流曲线数。分别计算不同离散尺度下的径流曲线数的加权平均值,发现精度变化范围在 81.17%～81.40%。这也许就是径流模拟量在不同离散尺度下变化不大的原因。

通过我们的研究可以看到,在激水河流域这样一个面积较大(579 km²)、地理因素较为复杂的流域,年径流模拟和月径流模拟都达到了较高的精度。这说明径流这一地理过程年际监测的高度定量化是可以实现的。这样的精度可以应用到中、长期的年际模拟、预测,也可以应用于径流观测不全的流域的资料插补,或应用到无观测资料的流域的多年径流估测。这些在实践上都是很有应用价值的。

2. 泥沙量模拟精度分析

泥沙量的模拟值是模拟计算的所有子流域的产出量经河道传输过程汇总到流域出口处的河流总含沙量。泥沙量的观测值是流域出口处实测的河流中的泥沙含量。

(1) 未经校正的泥沙量年模拟值与实测值的比较

图 5-3-6 和表 5-3-9 分别为 4 个离散尺度下没有经过校正的年泥沙量模拟值和观测值的比较。4 个离散尺度下未校正的年泥沙量模拟值都高出实际的观测值,但模拟值和观测值两者年际变化的趋势是基本一致的。

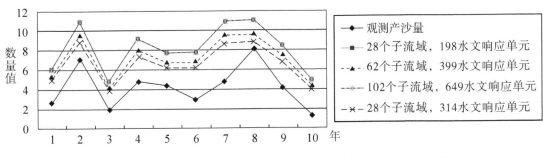

图 5-3-6　未校正的年泥沙量的模拟值和观测值的比较(1991—2000)(单位:t/ha)

从表 5-3-9 可以看到,不同子流域离散尺度的泥沙模拟值,都发生了较为明显的变化。当子流域数目从 28 增加到 102 时,平均相对误差从 108.88% 降到了 72.60%,即精度百分数提高了 36.28。这就是说,泥沙量的模拟精度随子流域数目的增加而提高。

在子流域离散数目不变的情况下,河道属性也是不变的。随着子流域数量的增加,河道属性发生了较大的变化,因而产沙量的模拟值也相应发生了显著变化。

表5-3-9 未校正的年泥沙量的模拟值和观测值的比较

年份	泥沙观测值/(t·ha^{-1})	28个子流域198个水文响应单元		62个子流域399个水文响应单元		102个子流域649个水文响应单元		28个子流域314个水文响应单元	
		泥沙模拟值/(t·ha^{-1})	相对误差/%	泥沙模拟值/(t·ha^{-1})	相对误差/%	泥沙模拟值/(t·ha^{-1})	相对误差/%	泥沙模拟值/(t·ha^{-1})	相对误差/%
1991	2.71	6.01	121.77	5.46	101.48	5.04	85.98	6.11	125.46
1992	7.11	10.81	52.04	9.61	35.16	8.86	24.61	10.98	54.43
1993	2.02	4.82	138.61	4.19	107.43	3.88	92.08	4.82	138.61
1994	4.89	9.08	46.15	8.04	64.42	7.41	51.53	9.20	88.14
1995	4.48	7.74	72.77	6.83	52.46	6.25	39.51	7.78	73.66
1996	3.03	7.73	155.12	6.90	127.72	6.31	108.25	7.84	158.75
1997	4.88	10.87	122.75	9.59	96.52	8.72	78.69	10.98	125.00
1998	8.17	11.00	34.64	9.70	18.73	8.88	8.69	11.15	36.47
1999	4.21	8.50	101.90	7.50	78.15	6.82	62.00	8.57	103.56
2000	1.44	4.94	243.06	4.38	204.17	4.08	183.33	4.99	246.53
平均/%	4.29	8.15	(89.98)	7.22	(68.30)	6.63	(54.55)	8.24	(92.07)
平均相对误差/%		108.88		88.62		72.60		115.06	

利用SWAT模型模拟泥沙量的变化也产生了相似的结果,作者分析了原因,推测和流域产沙特征有关,并将其归并为源区限制(source-limited)类型。源区限制类型是指河道中泥沙传输能力大于坡面的产沙能力。与此相反的是传输限制(transport-limited)类型,即坡面的产沙能力大于河道的泥沙传输能力(Arnold et al.,2000)。在源区限制类型的情况下,河道的传输过程对于出口泥沙量的模拟精度影响较大。

激水河流域可能也属于源区限制类型,但这只是一种推测,还需要进一步研究。但是,在子流域数目不变的情况下,水文响应单元的增加并不能提高泥沙量的模拟精度,甚至反而下降。例如,同是28个子流域,水文响应单元从198个增加到314个,泥沙模拟数值十年平均的相对误差由198个水文响应单元的108.88%增加到314个水文响应单元的115.06%,即模拟精度下降了6.18个百分点。各年的泥沙量模拟值变化很小:1991—2000年年平均模拟值分别增加的百分点为0.10、0.18、0.00、0.12、0.04、0.11、0.15、0.07和0.05。表5-3-9中,前3个离散尺度的模拟值本来都是高于实测值的。现在的第4个离散尺度(28个子流域和314个水文响应单元)的模拟结果数值更高(高0.00~0.18),那误差自然就更大了。

无论是从图5-3-6还是从表5-3-9来看,102个子流域和649个水文单元的组合所得的泥沙量模拟结果都是最接近于实测值的。模拟最大值是1998年的8.88 t/hm²,次大值是1994年的7.41 t/hm²;最小值是1993年的3.88 t/hm²,次小值是2000年的4.08 t/hm²。实测值也基本如此:最大值是1998年的8.17 t/hm²,次大值是1994年的4.89 t/hm²;只有最小值和次小值略有变易,分别是2000年的1.44 t/hm²和1993年的2.02 t/hm²。

值得注意的是,模拟值和实测值的相差值都是正值,且在一个很小的数值范围内。这从图5-3-6看得很清楚,从表5-3-9的数字也看得清楚。例如,102个子流域和649个水文响应单元的组合模拟值和实测值的差,从1991、1992、1993、1994、1995、1996、1997、1999和2000年,依次是+2.33,+1.75,+1.86,+2.52,+1.77,+3.28,+3.84,+2.61,+2.64。这基本上属于系统误差,原因不明。只有

1998 年的模拟值和实测值几乎重合:相差只有 0.71 t/hm²。

其他的几种子流域数目和水文响应单元数目的组合,模拟值和实测值之差略大一些,但正误差和数字仍然都在一个很小的范围内,似乎是系统误差。这从图 5-3-6 上看得十分清楚。

(2)经过校正的泥沙量年模拟值与实测值的比较

对于上面泥沙模拟的初步结果,利用模型开发者推荐的校正方法进行了校正。首先调整了河道传输线性因子,但结果没有丝毫变化。其次就是调整 MUSLE 方程中的相关因子。参考了文献中关于 USLE 方程中每个因子的详细说明,对不同土地利用类型 P 因子进行了相应的调整。校正后的模拟结果如图 5-3-7 和表 5-3-10 所示。校正的泥沙模拟值及其精度分析见表 5-3-10。

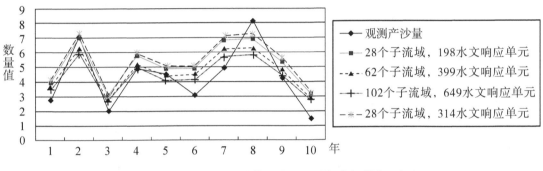

图 5-3-7 校正后泥沙模拟值和观测值对比(单位:t/ha)

由表 5-3-10 可见,当流域划分成 28 个、62 个和 102 个子流域时,10 年平均的模拟相对误差分别为 ±38.07%、±29.84% 和 ±24.68%;亦即模拟精度分别为 61.93%、70.16% 和 75.32%。这说明模拟精度随着子流域数目的增加而增加。

但是,同为 28 个子流域而水文响应单元分别为 198 个和 314 个时,相对误差分别为 ±38.07% 和 ±43.14%,即精度分别为 61.93% 和 56.86%。这就是说精度不仅没随着水文响应单元数目增加而增加,反而是降低了。

相对误差最大的年份都是 2000 年,其原因可能和这年的观测值很小有关(1.44 t/hm²)。由于这一年误差太大,致使 10 年平均精度整体降低。

相对于径流的模拟精度而言泥沙模拟的精度较低,不是升高太多,就是降低太多。原因是多方面的。从模型本身来说,SWAT 模型的产沙模拟分为坡面产沙和河道输沙两个过程,每个过程都涉及较多的因素。目前,无法找到一个较好的校正方法对于河道过程进行调整,只能调节坡面过程的影响因子。

表 5-3-10 校正的产沙模拟值和观测值的对比及精度分析

年份	泥沙观测值(t·ha⁻¹)	28 个子流域 198 个水文响应单元		62 个子流域 399 个水文响应单元		102 个子流域 649 个水文响应单元		28 个子流域 314 个水文响应单元	
		泥沙模拟值(t·ha⁻¹)	相对误差/%	泥沙模拟值(t·ha⁻¹)	相对误差/%	泥沙模拟值(t·ha⁻¹)	相对误差/%	泥沙模拟值(t·ha⁻¹)	相对误差/%
1991	2.71	3.90	44.03	3.65	34.80	3.38	24.83	4.12	52.15
1992	7.11	6.90	−2.94	6.31	−11.24	5.84	−17.85	7.26	2.13
1993	2.02	3.04	50.47	2.73	35.12	2.53	25.22	3.15	55.91
1994	4.89	5.73	17.15	5.24	7.13	4.85	−0.84	6.03	23.28

年份	泥沙观测值(t·ha⁻¹)	28个子流域198个水文响应单元		62个子流域399个水文响应单元		102个子流域649个水文响应单元		28个子流域314个水文响应单元	
		泥沙模拟值(t·ha⁻¹)	相对误差/%	泥沙模拟值(t·ha⁻¹)	相对误差/%	泥沙模拟值(t·ha⁻¹)	相对误差/%	泥沙模拟值(t·ha⁻¹)	相对误差/%
1995	4.48	4.87	8.62	4.42	−1.42	4.06	−9.45	5.07	13.08
1996	3.03	4.85	60.13	4.46	47.25	4.10	35.37	5.11	68.71
1997	4.88	6.81	39.49	6.21	27.20	5.66	15.94	7.18	47.07
1998	8.17	6.90	−15.55	6.29	−23.01	5.78	−29.25	7.30	−10.65
1999	4.21	5.33	26.56	4.81	14.21	4.39	4.24	5.54	31.54
2000	1.44	3.10	115.78	2.83	96.98	2.64	83.76	3.26	126.92
平均/%	4.29	5.14	(19.81)	4.70	(9.56)	4.32	(0.70)	5.40	(25.87)
年误差值平均/%		±38.07		±29.84		±24.68		±43.14	

　　泥沙模拟精度低的另外一个原因就是1998年的径流和泥沙模拟值误差均较大。从模拟曲线和实测曲线的对比也可以看出来。这种情况的发生,可能和1998年气候异常有关。大家可能都有深刻印象:1998年南方因气候异常,暴发了特大洪水,这说明模型本身对于突发气象条件下的地理过程模拟有一定的局限性。许多模型参数是通过多年气象观测值的统计分析而来,不太可能考虑到突发气象事件。这一点模型开发者也作了说明:模型主要研究多种管理措施对地理过程的长期影响,不着重于个别事件的过程模拟。在这种情况下,对于1998年和2000之间的年际变化,没有很好地模拟出来。1998年观测值数值最大,为8.17;2000年最小,为1.44,两者相差5.67倍。不管照顾高值还是照顾低值,都会顾此失彼,导致低产沙年(2000)和高产沙年(1998)的模拟误差符号相反。这对校正也造成了一定的困难。

　　很有意思的是,未校正的泥沙量模拟值1998年反而和实测值拟合最好。这说明统一的校正方法也难以照顾到突发事件。

（3）泥沙量月模拟值与实测值的比较

　　10年的月平均观测值和模拟值的比较如图5-3-8和表5-3-11所示。月平均泥沙模拟值精度不高。4个离散尺度中12个月平均值最高精度是28个子流域和198个水文响应单元组合的53.82%。从表5-3-11中可以看出,月平均泥沙量的数值是非常小的,因此模拟值的微小变化都会引起极大的误差,平均精度的降低是可以理解的。同样也可以看出来,泥沙量较大的4～8月,相对误差较小,模拟精度要高一些。

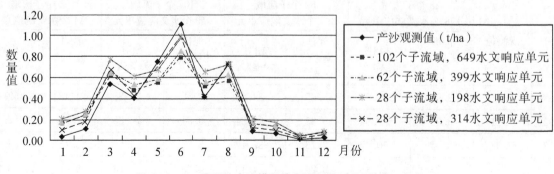

图5-3-8　月平均产沙模拟值和观测值对比（单位:t/ha）

但是,年内各月产沙量的模拟值和观测值的变化趋势却是比较吻合的,这个结果也可以从图5-3-8中看出来。它们的模拟值变化曲线和实测值的变化曲线基本上是在一起的。年初时,泥沙量较小,3月份开始增高,6月份达到峰值,8月份起大幅下降,到11月份到达最低值。

泥沙量的逐月模拟值、观测值和径流量的逐月模拟值、观测值的变化曲线的趋势也是一致的。这一点比较图5-3-8和图5-3-5可以看得更清楚。

表5-3-11　4个空间离散尺度下10年月平均泥沙观测值和模拟值的比较

月份	泥沙观测值/ (t·ha⁻¹)	28个子流域 198个水文响应单元		62个子流域 399个水文响应单元		102个子流域 649个水文响应单元		28个子流域 314个水文响应单元	
		月泥沙模拟值/ (t·ha⁻¹)	相对误差/%	月泥沙模拟值/ (t·ha⁻¹)	相对误差/%	月泥沙模拟值/ (t·ha⁻¹)	相对误差/%	月泥沙模拟值/ (t·ha⁻¹)	相对误差/%
1	0.038	0.099	162.07	0.181	380.88	0.168	346.34	0.204	441.99
2	0.104	0.183	75.07	0.245	134.59	0.225	115.44	0.281	169.06
3	0.550	0.685	24.42	0.674	22.49	0.621	12.86	0.775	40.84
4	0.412	0.437	6.04	0.534	29.61	0.487	18.21	0.612	48.54
5	0.749	0.712	−4.94	0.589	−21.38	0.545	−27.25	0.679	−9.36
6	1.112	0.986	−11.30	0.863	−22.37	0.792	−28.76	0.980	−11.85
7	0.416	0.431	3.65	0.552	32.67	0.509	22.34	0.644	54.79
8	0.727	0.740	1.75	0.625	−14.05	0.575	−20.93	0.731	0.53
9	0.086	0.119	38.40	0.178	106.31	0.167	93.56	0.207	139.92
10	0.063	0.100	59.66	0.141	124.17	0.131	108.27	0.162	157.56
11	0.012	0.028	125.57	0.040	222.68	0.038	206.55	0.044	254.96
12	0.024	0.056	132.92	0.072	198.87	0.069	186.41	0.084	248.68
平均	0.358	0.381	(6.42)	0.391	(9.22)	0.361	(0.84)	0.450	(25.70)
年误差直接平均		±53.82%		±109.17%		±98.91%		±131.51%	

同径流模拟的精度相比,泥沙的模拟精度是比较低的。尽管如此,最高的10年泥沙平均模拟精度也达到了75.32%。而1994年、1995年、1999年三年的模拟精度都达到了90%以上(表5-3-10)。而且,无论从年际对比还是从年内对比,模拟值和观测值都具有基本一致的变化趋势。这也说明,对于产沙这一复杂的地理过程,也是可以实现定量监测的。

通过径流量和泥沙量的模拟精度分析可以看出,这两项模拟的精度还算是比较高的。这说明我们研究中采用的空间离散化和空间参数化方法等还是比较科学的,赋给离散单元的数据也是比较准确的。可以认为已经达到了预期的研究目的。

对于产水量和产沙量以外的一些地理过程,虽然没有相应的观测值来进行对比,但因为产水量和产沙量是流域内最主要的过程,还是其他大多数过程的决定性因素,因而可以间接地认为,设定的和经过调整的输入条件和数据对于其他地理过程也应该是合理的。所以其他地理过程的模拟结果也是有较高可信度的。

5.3.9　模拟结果的应用

进行流域地理过程的计算机模拟,就是要获得流域内部多种地理过程的定量化结果,并利用这些定量化模拟结果对流域内部的地理因素和地理过程的时空分布、动态变化进行研究、监测,从而实现流域的科学管理和自然资源的合理开发利用。

根据模拟结果,进行了潋水河流域水土流失空间分布的研究。表 5-3-12 为 102 个子流域和 649 个水文响应单元离散条件下模拟的每个子流域 10 年产沙量的年平均值。表 5-3-12 中,代码是子流域代码。产沙量是每个子流域的自身产出量,反映了子流域内部土壤侵蚀的实际状况。

彩色版Ⅴ中的图 5-3-9 是利用表 5-3-12 中所示的模拟数字制成的潋水河流域水土流失的空间分布图。

按照水利部颁布的《土壤侵蚀分类分级标准》(SL 190—96),水力侵蚀可划分为 6 个等级,其分级标准如表 5-3-13 所示。

表 5-3-12　模拟的每个子流域 10 年产沙量的年平均值　　　　　　　　（单位：t/hm²）

代码	产沙量	代码	产沙量	代码	产沙量	代码	产沙量	代码	产沙量	代码	产沙量
1	1.747 6	18	0.072 2	35	5.235 4	52	4.362 1	69	2.546 5	86	3.478 9
2	1.999 2	19	0.453 3	36	4.017 2	53	4.517 6	70	1.598 9	87	13.440 1
3	0.969 3	20	5.316 3	37	1.540 9	54	1.101 4	71	1.856 1	88	1.464 3
4	1.348	21	2.040 6	38	1.297 2	55	3.497 8	72	4.915	89	3.621 4
5	1.580 6	22	3.648 7	39	7.322 3	56	5.537 8	73	0.991 3	90	4.406 9
6	1.948 6	23	4.554	40	3.247 6	57	4.222 9	74	2.509 4	91	0.598
7	0.127 5	24	1.201 2	41	2.524 4	58	7.526 3	75	8.918	92	12.419 9
8	2.724 3	25	1.227	42	6.254 6	59	2.726 7	76	7.424	93	7.524 3
9	0.925 6	26	3.357	43	2.031 8	60	8.098 4	77	7.807 2	94	3.505 1
10	1.028	27	4.928 8	44	11.724 8	61	6.193 6	78	5.000 5	95	1.142 6
11	3.478 2	28	0.089 5	45	8.589 8	62	3.975 8	79	3.274 1	96	8.597 2
12	1.537 6	29	4.030 2	46	1.558 5	63	4.256	80	4.225 2	97	16.540 5
13	1.784 3	30	1.744 8	47	7.438 3	64	3.240 2	81	2.920 2	98	12.777 5
14	4.303 4	31	0.103	48	8.995 5	65	1.018 2	82	0.058 1	99	6.855 2
15	2.864 5	32	4.010 4	49	6.046 5	66	1.570 2	83	6.328 9	100	7.504 5
16	0.114 1	33	0.843 6	50	1.434 2	67	4.043 2	84	1.062 2	101	5.450 8
17	0.070 1	34	6.607 2	51	1.463 9	68	7.958 7	85	1.156 2	102	5.763

依据表 5-3-13 中的标准,潋水河流域内部 68.89% 的面积(399.8 km²)属于微度侵蚀;31.10% 的面积(180.5 km²)属于轻度侵蚀;轻度侵蚀以上面积为零。

无法依照表 5-3-13 的标准细分子流域之间土壤流失数量的差异。所以,我们自定义了修正的相对标准来进行分析,从最大值到最小值分成 6 个等级。每个等级采用不同的颜色表示。颜色方框旁的数字为相应的土壤侵蚀等级[单位：t/(hm²·a)]。图中的圆点和拼音字表示流域内的 6 个大的村镇:兴江、莲塘、东村、古龙岗、梅窖、樟木。一个图斑就是一个子流域,其中的数字是子流域代码。每个子流域产沙量如表5-3-12所示。贯穿流域的双线表示主要公路,短虚线表示便道。

表5-3-13 水利部颁布的《土壤侵蚀分类分级标准》(水力侵蚀)

侵蚀等级	平均侵蚀模数/[t/(km² · a)]
微度侵蚀	<500
轻度侵蚀	500~2 500
中度侵蚀	2 500~5 000
强度侵蚀	5 000~8 000
极强度侵蚀	8 000~15 000
剧烈侵蚀	>15 000

总体来说,激水河流域102个子流域的平均产沙量为3.97 t/hm²。子流域产沙量最大值为16.54 t/m²;最小值为0.058 t/hm²。六个等级所占比例如表5-3-14所示。

表5-3-14 不同等级的土壤侵蚀面积统计

侵蚀等级	侵蚀量/[t/(hm² · a)]	面积/km²	占流域面积比例/%
I	0.05~0.6	38.53	6.64
II	0.6~2.0	161.05	27.75
III	2.0~3.6	114.10	19.66
IV	3.6~6.0	118.09	20.35
V	6.0~9.0	103.34	17.81
VI	9.0~16.55	45.25	7.80

从表5-3-14可以看出,从第I到第VI等级均有一定面积的子流域存在。这说明激水河流域内部的不同地域的产沙特征存在着较大的空间差异性。从图5-3-9也可以看出,不同产沙量等级的子流域分布有着明显的空间聚集性和其他一些空间分布特征。

侵蚀量最大即产沙量最大的子流域,均聚集在以樟木为中心的流域西南角,如彩色图版V的图5-3-9中的图斑87、92、97、98等所示。这个区域的模拟结果和我们野外考察时看到的状况完全一致。当地水土流失严重,荒山秃岭较多。只有产沙量次大的图斑44号在流域西北部的莲塘附近。

侵蚀量较大即产沙量较大的子流域(IV级以上),一般均聚集在乡镇周围和公路沿线。如流域东南角的梅窖盆地和流域中部的古龙岗到兴江的中间地域。尤其明显的是在流域北端,沿着公路的侵蚀量较大的11号、15号和22号子流域和同属于侵蚀量小的第II类的13、5、6和12号子流域分割开来。这些地域由于交通便利,人口较为集中,前些年当地老百姓由于生活需要,砍伐林木较多,造成水土流失情况严重。而同在公路沿线的子流域,如从兴江向流域西北端(画眉凹)延伸的公路所在的子流域16、18、19、30、38等属于山区,人为破坏少,植被非常密集,产沙量低。

侵蚀量小而侵蚀等级低(II、III)的子流域,均集中在流域北端和中北部山区,如1~7、10、12、13以及17、24、51、33等子流域,或者集中在流域中西部的宝华山所在地区,如70、71、73、65、66等子流域。这些地域均属于山区,保持着一定数目的原始树林,植被没有遭到破坏,基本没有水土流失。

水土流失和植被状况有着紧密的关系。模拟的结果和我们实地考察时看到的情况是相一致的。而且一些细微的差异也能从模拟结果中体现出来。这说明我们模拟精度还是比较高的。

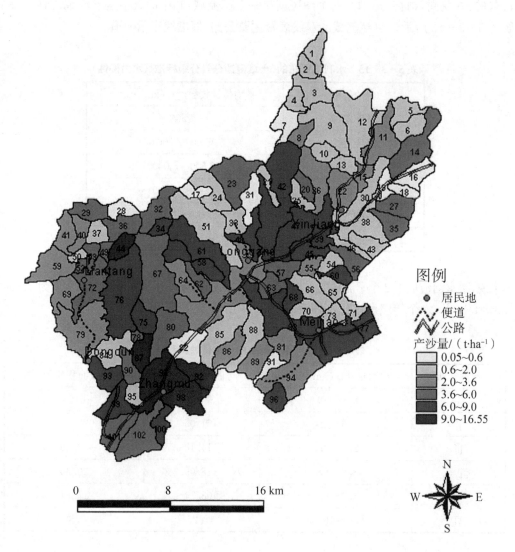

彩色版Ⅴ 图5-3-9 利用模拟结果生成的潋水河流域水土流失的空间分布图[单位:t/(ha·a)]

子流域产沙量是每个子流域自身产出量的模拟,没有经过河道过程的传输模拟。从模拟结果和实地考察结果如此一致来看,子流域模拟结果更能确定"产沙量对于潋水河流域属于源区限制而河道过程对模拟产生着较大影响"这一推断的合理性。

从以上分析可以看出,潋水河流域内部不同地域产沙特征存在着较大的空间差异;同一产沙等级的子流域又具有一定的空间聚集性;人类活动对于产沙量的增加有着显著影响。

兴国县的水土流失完全是"人祸"造成,尽管有其不得已的苦衷。我们的模拟结果也彰显出这一特点。凡是人口聚集密度较大的子流域,产沙量就相应增大。经过我们考察以及当地科技人员的证实,确实如此。

目前,经当地政府和老百姓10余年的艰苦治理,水土流失状况已经得到控制并向好的方向转化。这也可以从我们模拟的结果看出来。但以前不注意保护而造成的后果现在也依然清晰可见。我们考察时看到,有些地域由于土壤养分的流失,植被生长缓慢。1991年飞播的马尾松已经十年以上,才长到一尺(约0.33 m)来高。表面土壤流失严重,剩下一层大颗粒的白沙,已经到了"无土可流"的地步。

植被覆盖存在着较大的空间差异。山顶的植被稀疏、低矮,沟谷植被生长较高,比较密集。这是因为飞播的种子和土壤养分随降雨形成的表面径流在沟谷聚集所致。

目前国家虽然颁布了土壤侵蚀的等级划分标准(SL 190-96),但这个标准是以流失模数数值的大小来划分的,在具体的操作中,没有办法获得水土流失的定量化结果。

所以在实际工作中,一般都采用根据植被盖度、地面坡度等有关侵蚀因子等指标来间接进行划分。史德明、梁音等人的研究利用了航空相片和卫星相片进行解译以确定不同时期的植被覆盖度(史德明等,1995);有的研究者还设计了利用数字卫星图像的特别的气象校正法求得不同时期地面每个像元的可比较的植被指数,进而获得每个像元植被覆盖度值,以及从数字地形模型获得地面坡度的方法,实现了植被和土壤侵蚀的近似全自动化的动态监测(曾志远,2004;Zeng et al.,2013)。

流域模拟技术以另一种方式实现了流域土壤侵蚀的动态监测。它无论是从空间范围较小的子流域,还是从不同土被组合的水文响应单元,均能得到水土流失定量化的模拟结果。通过不同时间段的对比,也在一定程度上实现了动态监测。而且,流域模拟是在计算机上进行的,对于不同的管理措施只要改变其相应的参数都可以迅速得到相应的模拟结果,从而可以回答"怎么治理""怎么治理最好"和"治理效果到底怎么样"等问题。这是非常有实际意义的。

5.3.10　结论和展望

(1)较为系统地研究了流域模型和流域模拟技术的特点和发展过程,尤其对于流域模拟和遥感、GIS技术的集成应用从理论到实践进行了完整的说明,以实践证明了流域模型和遥感、GIS技术的集成是流域模拟技术从集总式转向分布式必经之路。

(2)研究并成功地实现了将流域科学地划分为地理上相对均一的离散单元的技术,应用了基于栅格的数字高程模型的流域水文建模方法,进行了流域河网的自动生成,子流域的自动划分以及流域边界生成研究;成功实现了激水河流域的空间离散化,并将全流域最多离散成了102个子流域和649个水文响应单元;在这个过程中,还研究和解决了平坦区河网精确生成和流域边界的误差改正等一系列技术难题。

(3)研究并成功地实现了离散单元的地理参数提取及模型运行时的自动赋值技术:在研究区现有数据的基础上,应用遥感、GIS以及数理统计等多种技术手段提取了包括地形、土壤、气象、土地利用等多方面模型运行所需要的参数,成功地实现了流域的空间参数化过程;并进行了土壤参数计算、气温、降雨量空间改正以及土地利用遥感监督分类等方面的研究;利用GIS所具有的数据库功能,将参数化过程中提取的模型参数纳入数据库中统一管理,按照模型要求建立了数据库字段和参数内容的对应表,解决了模型运行时众多离散单元的自动赋值问题。

(4)研究并成功地实现了离散单元自动赋值和空间模拟的逐级集成:利用GIS具有的数据库功能,将参数化过程中提取的模型参数纳入数据库中统一管理;按照模型要求建立了与参数内容相对应的数据库字段以及和空间属性相连接的对应表,解决了模型运行时众多离散单元的自动赋值问题;按照离散单元之间的空间等级关系逐级向上演算实现了模拟结果的逐级空间集成。

(5)成功地进行了激水河流域多种地理过程的计算机模拟,获得了多种地理过程定量化模拟结果。对激水河流域的多种地理过程进行了10年和4个尺度的计算机模拟,取得了多种地理过程定量化模拟结果;通过和观测值的对比分析,确认发现了4个空间尺度的年产水量模拟精度均达到了89%以上,年产沙量的最好模拟精度也达到75%以上,并利用模拟结果进行了激水河流域的产水量和产沙量的空间分布研究。

(6)进行了不同离散尺度对模拟结果影响的研究:对激水河流域4个空间离散尺度下的模拟结果进行了对比分析,进行了不同离散尺度对模拟结果的影响研究;发现空间尺度的变化对产水量的模拟影响较小,对产沙量的模拟具有较为显著的影响;空间离散单元子流域数目的增加,可以提高产沙量的模拟精度。

(7)在研究工作的后期,还进行了径流滤波分析和根据日照时数观测值计算日太阳辐射值的研究。径流滤波分析是美国农业部Arnold研究的一项技术(Arnold et al.,2000),可以根据流域出口产水量的观测值,通过滤波技术将总产水量观测值分成表面径流和地下径流两部分,从而实现模型的精校正。我们已经根据程序计算出了相应数据结果,但由于美国寄来的说明资料迟迟没有收到而暂无法进行结果分析。在根据日照时数观测值计算日太阳辐射值的研究方面,我们已经计算出漖水流域大气上界的太阳辐射,并根据日照时数观测值和大气衰减率算出了逐日的太阳直接辐射量,但对于日散射辐射量没有好的计算方法而无法反演实际的日太阳辐射总量。本来还想进行模型参数的敏感性分析也因为时间来不及而作罢。

由于时间、现有数据基础等条件的限制,本研究中也存在一些不足之处:

(1)作为水文响应单元划分依据的是研究区1∶25万的第二次土壤普查的土壤类型分布图,但此图与地形图和基于遥感图像监督分类获得的土地利用图等图件在空间尺度上存在着较大差异。这可能造成水文响应单元划分的空间误差。

(2)某些土壤类型的相关参数,如反照率和USLE-K等无法推算,只好选用区域平均值。土壤复区也因为无法确定其分层结构而归并到优势土壤类型。这些因素都可能对后来泥沙模拟产生了某些不能确定的影响。

(3)流域内仅有三个雨量站的降水观测资料,且没有气温、太阳辐射、相对湿度、风速的观测资料。因此研究中选用了流域外兴国县城所在地的观测值,对气温和降水进行了高差校正。这当然没有流域内的观测值可靠。

我们深感流域模型和流域模拟技术是一项涉及内容多并需要多种理论和技术支持的前沿研究领域,不论从理论上还是从实践上都需要进一步的完善。以下几个方面可能是今后重点研究方向:

(1)模型运行时的参数获取是流域模拟研究的关键之一。尤其在我国,基础地理数据库的建设刚刚起步,基础数据的缺乏是限制流域模拟技术发展和应用的瓶颈问题。如何利用遥感、GIS技术的优势,获取模型运行参数,应作为以后重点的研究方向。

(2)我们研究中使用的是美国的模型。SWAT模型结构复杂,具有严格的数据要求。这些因素限制了此模型在我国的应用。可以利用类似于SWAT这样的一些国际先进的流域模型体系,把国内一些成熟的可操作性强的过程模型嵌入其中;或者取两者之长组成新的模型体系,把流域模拟技术真正应用到流域资源开发和管理中去。

(3)流域模拟技术是一项很有意义的研究领域,其研究成果可以直接应用到流域的资源合理开发和环境保护等方面,具有很强的实用价值。在我国这项研究还很薄弱。希望能有更多的人来关注它,支持它,甚至投身到这个研究领域中去。

第六章

流域化学径流的计算机模拟研究

第一节 SWAT:中国潋水河流域化学径流模拟 I

地理过程的高度定量化研究涉及很多方面,产水量和产沙量就是其中重要的两项。上一章已经比较详细地介绍了我们在这方面的研究。

流域地理过程涉及的内容远不止产水量和产沙量。径流的化学组成也是其中很重要的一项。在讨论地理过程定量化研究中,化学径流也是必不可少的。本研究尝试了流域化学径流模拟这个重要的研究领域。

研究区和液体径流、固体静流研究一样仍然是江西南部的潋水河流域。面积 579.26 km²,地形以丘陵为主,兼有河谷平原和低山,是我国南方丘陵的典型区之一,气候上处于中亚热带,植被是中亚热带常绿阔叶林,土壤以红壤为主要代表。详细情况请看第三章第二节。

6.1.1 研究方法

1. 模型及其集成简介

使用模型为 SWAT,它是美国农业部(USDA)的农业研究所(ARS)研发出来的。它是在 SWRRB 模型的基础上集成了其他一些重要模型建立起来的基于物理过程的模型体系。

我们使用的 SWAT 模型是与 ArcView 集成的版本,充分利用了 ArcView GIS 的编辑、处理和空间分析等功能。

GIS 软件采用了 ESRI 公司的 ArcView GIS 3.2 版本及其三个功能模块:空间分析模块、网络分析模块和三维分析模块。此外还使用了 Able 软件公司的 R2V 专业数字化工具并利用其可以将线、面相互转化的特点与 ArcView 结合使用。本研究大量使用了 ArcView 的空间分析和地学处理等模块来分析和处理研究所需的数据。

2. 基础数据及其提取

本研究中所用的投影系统是和我国基础地形图相一致的高斯-克吕格投影。所有的图件和相关的点位坐标都采用了高斯-克吕格投影的坐标体系。但由于 ArcView 3.2 系统并不支持高斯-克吕格投影,所以均须转换成统一的地形图地理网格(Grid)坐标系统后再输入 ArcView GIS 进行分析。所有的投影转换工作都在 ENVI 图像处理系统中进行。

(1) 地形、河道数据

地形、河道数据来自本研究区的数字高程模型和流域界限以及数字河网图(曾志远等,2000)。

研究区的DEM的生成及其结果,见第三章第二节。但此DEM在本研究中以ArcView GIS的Grid文件形式存放。

数字河网图是从1∶5万地形图上将水系手工数字化得到。地形图数字化得到的河网主要用来辅助生成精确的河网图,实际使用的流域河网是通过DEM自动生成的(图6-1-1)。流域界线是在1∶10万地形图上沿分水岭划出流域界线,然后将其手工数字化得到。

图 6-1-1   潋水河流域高程分级和流域河网示意图

(2) 气象观测数据

日最高气温、日最低气温、风速和相对湿度的数据来源于兴国县气象局(气象站在兴国县城内)的逐日观测资料,时段为1991—2000年。

降水数据为研究区内东村、莲塘、古龙岗三处雨量站的逐日降水量观测值,时段为:1991—2000年。同时,也搜集了樟木、兴江和兴国县城部分年份的逐日降水资料,时段为:1993—1995年。

其他的资料还有:兴国县1957—1990年累年逐月的平均水气压、平均相对湿度、平均风速等多要素月统计资料,源自气象统计年鉴。以上资料经手工录入后,均以DBF格式文件存贮。

(3) 遥感卫星图像数据

遥感图像资料有1995年12月7日和2000年12月7日的美国陆地卫星Landsat-5的ETM影像(曾志远等,2001)。使用2000年ETM4、3、2波段黑白图像生成了彩色合成图像。

(4) 土壤数据

土壤数据包括土壤物理、土壤化学和土壤类型空间分布资料。均源于1982年全国第二次土壤普查后汇编的《兴国县土壤》一书。数字土壤图为此书所附1∶20万土壤类型图经手工数字化得到的(参看第五章图5-3-1),存为ArcView的Grid格式。

土壤饱和导水率、土壤容重及土壤 N、P 含量等参数,采用实测结果。

在研究区内共选择了 13 个典型样点。对于研究区面积较大的土壤类型我们采样较多,而整个采样点所在土壤类型占整个研究区的面积百分比已达到 94.14%以上。

①土壤饱和导水率的测定

土壤饱和导水率是一个重要的土壤水运动参数,反映了土壤的入渗和渗漏性质(朱安宁等,2000;刘继龙等,2013),关系到模型运算结果的可靠程度,是土壤重要的物理性质之一。

土壤饱和导水率是在田间条件下利用圆盘渗透仪测定(朱安宁等,2000)。

因为实测数据的有限性,对于没有实测饱和导水率参数的土壤层,我们按《兴国县土壤》中相关数据求平均值计算,包括后面的土壤容重、土壤有机碳和土壤化学参数在内,也均采用了相同的方法。

②土壤容重的测量

土壤容重的测量,在研究区的东村水文站进行。

③土壤有机碳参数的提取

土壤层中有机碳的计算一般由有机质的含量乘以 0.58 来求得,即:

$$C_{ly} = 0.58 \times M_{ly}$$

式中,C_{ly} 指土壤层有机碳含量;M_{ly} 指土壤层有机质的含量。土壤层中有机质的含量采用《兴国县土壤》的资料。

④土壤化学数据的参数提取

土壤 N、P 数据(包括有机氮、可溶性磷和有机磷)由中国科学院南京土壤研究所进行采样和提取。采样点的选择与测取土壤饱和导水率的采样点一致。

土壤有机氮含量的提取采用开氏法,有机磷的测定采用灼烧法,可溶性磷采用水浸提和氯化亚锡法比色。

对于硝态氮,我们没有实测的数据。模型将自动初始化土壤硝态氮的含量。

(5) 土地利用数据

本研究将 1993 年和 2000 年的两期土地利用图用于流域模拟。

1993 年 1:5 万土地利用图,是兴国县土地局提供的原始图件经扫描后在 ENVI 软件中进行图像配准,然后输出成 Geotif 格式,在 ArcView 中进行数字化编辑和处理,又按类型面积、分布和性质相似性,对原来较多的土地利用类型进行合并。最后合并成 10 类,如图 6-1-2a 所示。

该图是网格形式,网格大小为 25 m×25 m。土地利用类型的区别,可以参考华孟等(1993)和赣州地区土地利用管理局等(1990)。

2000 年土地利用图则是通过 Landsat ETM 影像目视解译得到的。参考野外实地考察拍摄的大量照片,建立了 2000 年 ETM 4、3、2 彩色合成图像的统一解译标志,在实验室内通过人机交互方式进行目视解译,再进行实地验证,得到了最终的 2000 年土地利用图(图 6-1-2b)。

对比图 6-1-2a 和 b,可知 1993 年和 2000 年之间的土地利用的变化(表 6-1-1)。从 1993 年到 2000 年,变化最多的是疏林地,其次是灌溉水田、有林地和旱地。其中疏林地增加了 15.26 km²,有林地减少了 5.52 km²,灌溉水田和旱地分别减少了 9.18 km² 和 3.01 km²。

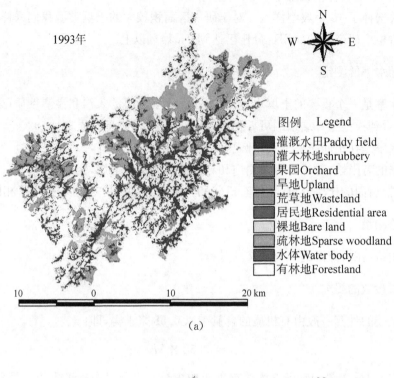

1993年

图例　Legend
灌溉水田Paddy field
灌木林地shrubbery
果园Orchard
旱地Upland
荒草地Wasteland
居民地Residential area
裸地Bare land
疏林地Sparse woodland
水体Water body
有林地Forestland

10　0　10　20 km

(a)

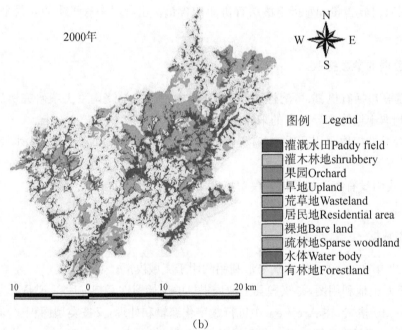

2000年

图例　Legend
灌溉水田Paddy field
灌木林地shrubbery
果园Orchard
旱地Upland
荒草地Wasteland
居民地Residential area
裸地Bare land
疏林地Sparse woodland
水体Water body
有林地Forestland

10　0　10　20 km

(b)

图 6 - 1 - 2　1993 年和 2000 年土地利用图

（6）水文和水库资料

水文资料来自流域出口断面所在地东村水文站的产水量和产沙量的实际观测值。时间为 1991—2000 年，包括逐日径流、泥沙观测值。录入后，以 DBF 格式文件存贮。流域内共有大小 5 个水库，其相应的资料包括水库位置、上游集水区面积、水位到达紧急泄洪道时表面积、水位到达紧急泄洪道时体积、水位到达正常出水道时表面积、水位到达正常出水道时体积、出水涵洞最大排水能力和泄洪道最大泄量等。

表 6-1-1　潋水河流域 1993 年和 2000 年土地利用变化情况表

土地利 类型代码	土地利用类型	1993 年土地利用 面积/km²	2000 年土地利用 面积/km²	两期土地利用 变化/km²
11	灌溉水田	105.24	96.06	−9.18
14	旱地	21.63	18.62	−3.01
21	果	0.24	0.47	0.23
31	有林地	325.61	320.09	−5.52
32	灌木林地	0.27	0.39	0.12
33	疏林地	103.59	118.85	15.26
52	居民地	10.26	11.79	1.53
71	水体	6.38	6.41	0.03
81	荒草地	0.82	0.97	0.15
85	裸地	5.21	5.61	0.40

（7）农业管理数据

流域内农业管理数据采用实地调查的数据,包括农作物种植情况、施肥情况以及耕作方式等,属于描述性概括资料。我们发现各个地区农业管理数据基本一致,没有很大的差异。

3. 模型数据的输入

本研究所采用的 SWAT 模型输入数据的准备都是在 ArcView 界面下进行的。提取的参数直接以 dbf 数据表方式存储。用户只要建立简单的数据索引表就可以通过模型自带的数据转换程序自动生成模型运行的输入文件。这种方式将参数化过程中参数的提取和生成模型输入文件这两个过程有机结合起来,从而实现了模型运行自动的赋值。

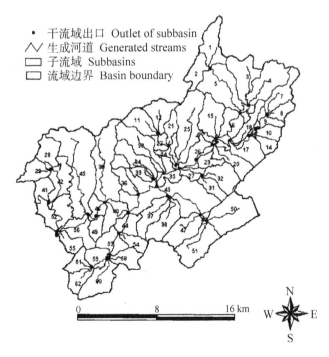

图 6-1-3　生成的流域边界以及划分的 62 个子流域分布图

模型的运行需要流域和子流域的描绘、土地利用和土壤的定义及叠加、水文响应单元(HRUs)的分配、气象数据的输入、创建模型输入文件和运行 SWAT 模型等几个主要步骤。这几个步骤是依次进行的,可以避免一些不必要的错误输入。

图 6-1-3 是选定的 62 个子流域的分布图。本研究用 1993 年和 2000 年两期土地利用图数据分别对 62 个子流域进行模拟。

由于在每个子流域内部仍存在着多种方式的植被-壤组合,不同的土壤-植被组合也具有不同的水文响应。为了反映这种差异,通常需要在每个子流域内部进行更详细地划分。SWAT 模型采用了不能确定空间位置关系的水文响应单元(HRUs)的划分方法,使用不同的土壤-植被组合来生成 HRUs。由于 1993 年和 2000 年土地利用的不同,就导致了用 1993 年和 2000 年的土地利用图数据模拟时的 HRUs 的不同。在 1993 年土地利用条件下,HRUs 为 420 个,2000 年土地利用条件下 HRUs 为 423 个。因此用 1993 年和 2000 年的土地利用图数据的两次模拟,除土地利用外其他外部条件均完全相同。

6.1.2　结果与讨论

本次模拟采用的时段为 1991 年 1 月 1 日至 2000 年 12 月 31 日。但是,因为 SWAT 模型本身在模拟过程中有一个 Warmup 过程(Neitsch et al.,2001),一般第一年的模拟值有异常,本次模拟也发现了这种情况。因此,下面仅显示 1992 年 1 月 1 日至 2000 年 12 月 31 日的 9 年模拟结果。

模型模拟的输出结果有 60 多项。下面只介绍养分输出及与养分输出关系较密切的几项。模型模拟的结果有 1992—2000 年 9 年年平均产出量、1992—2000 年 9 年月平均产出量及子流域的产出量,本次只介绍子流域用 1993 年和 2000 年的土地利用图模拟的径流的化学组成产出量。

1. 子流域 9 年平均的模拟结果

子流域模拟的化学参数包括径流中有机氮、有机磷、硝态氮、可溶性磷和矿化磷的年平均值。表 6-1-2 列出了用 1993 年和 2000 年的土地利用图数据模拟的子流域 9 年的平均模拟结果。

2. 子流域 1993 年和 2000 年 9 年平均的模拟结果的比较

下面针对子流域分析了土地利用方式与其对应的子流域模拟值的关系。从中可以看出 1993 年和 2000 年两次模拟值的变化(表 6-1-2)。图 6-1-4～图 6-1-8 分别显示了 62 个子流域中有机氮、有机磷、硝态氮、可溶性磷和矿化磷两个年份模拟值之差的变化情况。

表 6-1-2　用 1993 年和 2000 年的土地利用图数据分别模拟的子流域 9 年平均结果

子流域	有机氮/(kg·hm⁻²)		有机磷/(kg·hm⁻²)		硝态氮/(kg·hm⁻²)		可溶性磷/(kg·hm⁻²)		矿化磷/(kg·hm⁻²)	
	1993	2000	1993	2000	1993	2000	1993	2000	1993	2000
1	26.0	27.0	2.3	2.3	2.6	2.8	0.4	0.4	12.0	12.5
2	27.9	24.6	2.7	2.2	2.8	2.7	0.6	0.5	15.1	12.7
3	20.5	21.1	2.9	2.7	3.3	3.2	0.8	0.7	16.5	15.2
4	34.5	31.9	4.0	3.7	3.3	3.0	0.9	0.6	25.5	20.8
5	29.4	31.2	2.5	2.7	3.8	3.7	0.7	0.6	18.8	18.5

子流域	有机氮/(kg·hm⁻²)		有机磷/(kg·hm⁻²)		硝态氮/(kg·hm⁻²)		可溶性磷/(kg·hm⁻²)		矿化磷/(kg·hm⁻²)	
	1993	2000	1993	2000	1993	2000	1993	2000	1993	2000
6	19.8	22.5	5.0	6.0	6.7	7.6	1.6	1.6	28.6	32.7
7	21.9	19.7	2.5	2.1	2.6	2.3	0.5	0.3	14.5	10.3
8	0.5	6.8	0.1	1.0	0.9	2.4	0.0	0.9	0.0	4.6
9	11.5	10.6	1.6	1.6	2.2	2.2	0.3	0.3	8.0	8.3
10	10.1	10.5	1.2	1.3	3.0	3.4	0.2	0.2	6.6	8.0
11	14.7	12.3	2.7	2.3	2.3	2.2	0.4	0.3	12.7	10.6
12	11.0	11.7	2.4	2.6	2.3	2.6	0.4	0.4	12.5	14.2
13	18.8	21.5	4.1	4.9	3.1	3.5	1.1	1.2	21.3	25.6
14	2.1	0.2	0.2	0.0	1.2	0.8	0.2	0.0	1.1	0.0
15	13.0	15.3	2.8	3.5	4.8	5.4	0.8	0.8	19.7	22.8
16	19.7	20.2	4.4	4.7	4.8	5.3	1.7	1.6	26.4	26.9
17	21.5	18.6	3.7	3.4	3.1	2.9	0.8	0.6	23.3	21.2
18	24.4	24.5	5.0	5.2	4.2	4.2	1.9	1.7	24.1	24.0
19	10.0	10.8	1.8	1.9	3.7	3.0	1.5	1.3	11.2	10.7
20	14.7	13.2	3.1	3.0	5.3	5.6	0.9	0.8	22.3	21.2
21	13.2	11.9	2.9	2.7	5.8	5.6	0.9	0.7	22.9	20.2
22	31.0	28.2	5.8	5.5	3.0	2.7	1.5	1.2	27.2	24.2
23	8.5	8.1	1.9	1.9	5.2	5.4	1.7	1.5	11.6	11.3
24	11.3	11.1	2.3	2.4	4.5	3.4	2.2	1.8	11.6	10.4
25	11.9	10.4	2.5	2.3	4.1	4.2	0.6	0.5	17.8	16.3
26	10.7	11.4	2.4	2.6	3.2	3.4	1.8	1.6	11.9	12.3
27	11.7	9.0	2.0	1.5	2.7	2.2	1.6	1.1	10.7	8.0
28	11.7	10.2	2.6	2.2	4.0	3.1	0.6	0.4	17.9	12.8
29	12.2	11.4	2.7	2.7	3.9	3.6	0.6	0.6	18.7	17.5
30	29.8	17.1	4.8	3.4	3.9	3.3	1.0	0.6	27.2	18.0
31	16.5	14.2	2.1	1.9	2.6	3.6	0.9	0.9	15.6	15.5
32	22.8	20.4	5.9	5.5	10.1	10.6	1.5	1.3	36.9	34.5
33	11.9	11.9	2.4	2.5	2.0	2.1	0.4	0.4	12.0	12.7
34	11.9	10.1	2.6	2.2	3.5	3.2	0.6	0.5	16.0	13.5
35	8.1	7.7	1.6	1.7	2.7	2.7	1.5	1.3	8.4	8.3
36	5.6	5.3	1.2	1.2	2.0	1.6	0.3	0.2	7.1	6.3
37	16.7	14.0	2.8	2.4	3.1	3.1	0.8	0.7	16.4	14.3
38	13.9	11.1	3.1	2.6	3.3	3.1	0.9	0.7	18.6	15.5
39	17.6	14.6	2.5	2.2	2.1	2.3	0.4	0.3	11.7	10.5
40	7.6	6.2	1.6	1.4	1.5	1.5	0.3	0.2	7.6	6.2

子流域	有机氮/(kg·hm⁻²)		有机磷/(kg·hm⁻²)		硝态氮/(kg·hm⁻²)		可溶性磷/(kg·hm⁻²)		矿化磷/(kg·hm⁻²)	
	1993	2000	1993	2000	1993	2000	1993	2000	1993	2000
41	16.5	14.1	3.3	2.9	1.8	1.6	0.6	0.5	14.3	12.3
42	11.3	9.1	2.4	2.0	4.2	3.9	1.2	1.0	14.1	11.8
43	13.4	13.0	2.4	2.5	4.2	3.8	1.1	1.0	17.3	16.5
44	18.4	14.5	3.1	2.5	3.6	3.3	1.0	0.7	20.8	16.6
45	21.0	17.6	2.5	2.0	3.5	3.1	0.6	0.5	17.4	13.8
46	9.5	2.0	1.5	0.3	1.7	1.3	0.2	0.1	6.1	0.0
47	12.5	10.8	2.8	2.5	5.2	4.6	1.1	0.8	19.9	16.9
48	15.6	15.1	3.5	3.6	2.9	3.0	1.2	1.1	18.2	18.3
49	7.0	5.8	1.6	1.4	1.8	1.7	0.3	0.2	7.3	6.1
50	31.4	31.4	4.4	4.3	4.3	4.0	1.0	0.9	28.6	26.1
51	22.0	19.1	4.4	4.0	5.9 m	6.4	0.9	0.8	31.3	29.3
52	9.9	8.6	2.1	1.9	1.6	1.5	0.5	0.4	9.8	8.5
53	15.4	12.4	3.4	2.9	3.8	3.6	0.7	0.5	24.1	20.2
54	28.3	15.8	2.4	1.5	3.8	3.4	0.6	0.3	19.2	12.0
55	20.1	16.1	4.2	3.5	2.0	1.9	0.7	0.6	21.3	17.9
56	6.9	7.7	1.5	1.8	1.2	1.4	0.2	0.2	6.9	8.6
57	4.7	6.5	0.7	1.0	4.5	4.9	2.3	2.5	5.3	6.5
58	15.4	13.7	1.3	1.2	2.1	2.0	0.5	0.4	11.8	11.0
59	14.8	12.6	2.1	1.7	2.6	2.4	0.7	0.6	16.1	13.8
60	21.1	16.9	2.1	1.7	3.9	3.6	0.9	0.7	19.9	16.2
61	16.5	15.6	2.6	2.5	1.6	1.5	0.4	0.4	14.8	14.2
62	16.1	10.6	2.9	2.3	2.2	2.1	0.8	0.5	17.6	10.6

在图6-1-4~图6-1-8这5幅图中,选择了有机氮、有机磷、硝态氮、可溶性磷和矿化磷5种模拟值变化都较大的12个子流域2、6、8、13、15、22、30、38、46、54、57和62进行了统计。发现这12个子流域1993年和2000年的模拟值差值变化方向基本一致,即在同一子流域,差值均为正或均为负,如表6-1-3所示。进而,我们对这12个子流域的土地利用方式进行了统计,如表6-1-4。

表6-1-3　12个子流域用1993年和2000年的土地利用图分别模拟的5个模拟值差值变化情况表

子流域	有机氮	有机磷	硝态氮	可溶性磷	矿化磷
2	-	-	-	-	-
6	+	+	+	+	+
8	+	+	+	+	+
13	+	+	+	+	+

续表

子流域	有机氮	有机磷	硝态氮	可溶性磷	矿化磷
15	+	+	+	+	+
22	－	－	－	－	－
30	－	－	－	－	－
38	－	－	－	－	－
46	－	－	－	－	－
54	－	－	－	－	－
57	+	+	+	+	+
62	－	－	－	－	－

注：＋表示用 2000 年土地利用数据的子流域 1992—2000 年 9 年模拟的平均值与用 1993 年土地利用数据的子流域 9 年模拟的平均值之差为正，－表示平均值之差为负。

表 6-1-4　12 个子流域 1993 年和 2000 年土地利用情况

子流域	子流域面积/km²	1993 年					2000 年				
		林地/km²	农田/km²	裸地/km²	居民地/km²	水体/km²	林地/km²	农田/km²	裸地/km²	居民地/km²	水体/km²
2	7.035	5.969	1.066	－	－	－	6.164	0.870	－	－	－
6	2.555	1.751	0.804	－	－	－	1.631	0.924	－	－	－
8	4.719	3.886	－	－	0.833	－	3.736	0.983	－	－	－
13	1.077	0.682	0.272	－	0.123	－	0.614	0.313	－	0.150	－
15	12.513	9.806	2.707	－	－	－	9.259	3.252	－	－	－
22	3.508	1.840	1.442	0.226	－	－	1.994	1.291	0.223	－	－
30	14.097	10.320	3.777	－	－	－	11.607	2.490	－	－	－
38	11.449	8.803	2.646	－	－	－	9.316	2.132	－	－	－
46	5.079	4.730	0.349	－	－	－	5.079	－	－	－	－
54	4.733	3.393	0.835	0.505	－	－	4.219	0.516	－	－	－
57	0.129	0.054	0.056	－	0.012	0.007	0.035	0.066	－	0.020	0.008
62	5.957	4.717	1.240	－	－	－	5.225	0.731	－	－	－

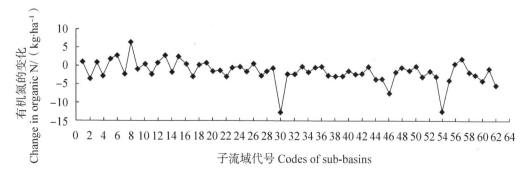

图 6-1-4　用 1993 年和 2000 年土地利用图模拟各子流域有机氮变化

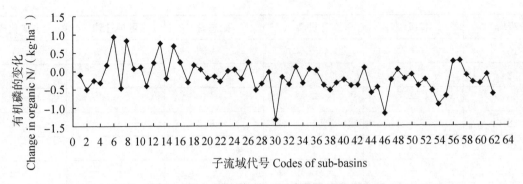

图 6-1-5　用 1993 年和 2000 年土地利用图数据模拟的各子流域有机磷的变化

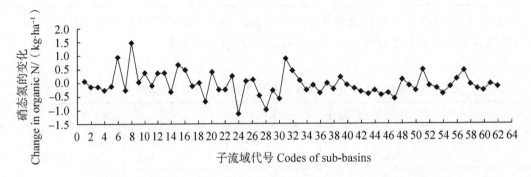

图 6-1-6　用 1993 年和 2000 年土地利用图数据模拟的各子流域硝态氮的变化

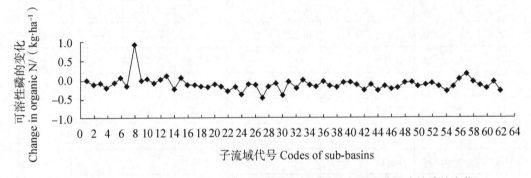

图 6-1-7　用 1993 年和 2000 年土地利用图数据模拟的各子流域可溶性磷的变化

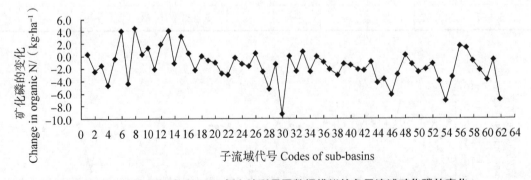

图 6-1-8　用 1993 年和 2000 年土地利用图数据模拟的各子流域矿化磷的变化

从表 6-1-4 中可以看出,在子流域 6、8、13、15 和 57 中,2000 年林地(包括有林地和疏林地)的面积比 1993 年均减少了,分别减少 0.120 km²、0.150 km²、0.068 km²、0.547 km² 和 0.019 km²。而农田

均增加了,分别增加 0.120 km²、0.983 km²、0.041 km²、0.546 km² 和 0.010 km²。而这 5 个子流域用 1993 年和 2000 年的土地利用图数据模拟的模拟差值都为正。在子流域 2、22、30、38、46、54 和 62 中,2000 年林地面积比 1993 年均增加了,分别增加 0.195 km²、0.154 km²、1.287 km²、0.513 km²、0.349 km²、0.826 km² 和 0.508 km²。而农田均减少了,分别减少 0.196 km²、0.151 km²、1.287 km²、0.514 km²、0.349 km²、0.319 km² 和 0.509 km²。且这 7 个子流域用 1993 年和 2000 年的土地利用图数据模拟的模拟差值都为负。可见这 12 个子流域用 1993 年和 2000 年的土地利用图数据模拟的年平均模拟值的变化,均随农田面积和林地覆盖面积的变化而变化。农田面积越小,林地覆盖面积越大,则子流域年平均模拟值就越小。反之,模拟值就越大。

由上面的分析可以看出,有机氮、有机磷、硝态氮、可溶性磷和矿化磷的迁移量与土地利用有密切的关系,迁移量基本与林地覆盖面积成相反的趋势,即农田面积越小、林地覆盖面积越大则迁移量越小,反之,迁移量越大。

因为我们选择的 12 个子流域是比较典型的,即选择 1993 年和 2000 年的土地利用图数据模拟的年平均模拟值差异较大的子流域,因此得出的结论具有一定的代表性。而且,我们还用此结论在其他差异较大的子流域进行了验证。结果表明,在绝大多数情况下,结果比较满意,也存在着少数与结果矛盾的子流域,例如,子流域 19、31 和 51 中硝态氮的模拟值。这也同时说明了径流的化学组成模拟还受到其他因素的影响。

6.1.3　结论与展望

本研究实现了基于机理数学模型的较大自然流域径流的化学组成分布式计算机模拟。既是原来研究工作的一个继承,也是进一步的深入和发展,为地理过程高度定量化的深入研究奠定了一定的基础。尽管本次模拟的结果没有径流的化学组成实测数据进行验证,水径流和泥沙径流是有实测数据验证的,且其模拟精度较高(曾志远等,2002;李硕等,2003)。由此推断本次径流的化学组成模拟的探讨还是有一定参考价值的。

研究分析了土地利用方式对径流的化学组成的影响,为农业的可持续发展和流域的综合治理与规划提供有意义的参考。为实现农业的最佳管理措施,张甘霖提供了一定的技术支持和依据。

本研究存在着一些不足之处,主要是模型所需输入数据的缺乏和缺陷及没有可提供验证模拟结果的数据。例如,采用 1∶20 万研究区第二次土壤普查的土壤类型分布图作为水文响应单元的划分依据。土壤类型图与土地利用类型图在空间尺度上存在着较大差异。又由于时间和经费的限制,本研究没有对径流中化学组成进行实测,也使得本研究缺乏可提供验证模拟结果的数据。

尽管目前利用 GIS,遥感和模型进行地理过程的高度定量化研究仍然存在着一定的局限性,比如模型的过于复杂及对数据的严格要求等。但我们相信,随着科技的发展和科研人员的不断努力必将日趋成熟。

第二节　SWAT:中国潋水河流域化学径流模拟 Ⅱ

6.2.1　引言

　　土壤和农田系统中的农用化合物(氮、磷、钾等养分和农药)在雨滴打击和径流冲刷作用下,会随地表、地下径流迁移并随之汇入河流、湖泊、水库等水体,引起水体的污染或富营养化。这一问题,从农业生产角度,属养分流失及土壤生产力减退;从环境角度而言,属农业非点源污染。

　　随着工业点源污染治理程度的提高,突出了非点源污染对环境的影响。研究和治理非点源污染的重要性日益加强。在我国,尤其在经济相对发达的东南部地区,由于耕地面积急剧减少,农用化学品的过量投入和不合理使用,加之水产和畜禽养殖业的迅速发展,导致农业非点源污染日益严重(程波等,2005;李荣刚等,2000;顾培等,2005;杨林章等,2002;阎伍玖等,1998;李丽华等,2014;郭洪鹏等,2018;周亮等,2013;钟科元等,2015;吴春玲等,2014)。诸多研究表明,养分流失引起农业生产力水平低下,增加农业生产成本,也是造成水体污染及富营养化的重要原因,在其中起关键作用的负荷元素就是径流中的氮和磷(杨金玲等,2005;郭红岩等,2003;毛战坡等,2003;于兴修等,2003;晏维金等,1999;陈利顶等,2001;罗良国等,2016;苏丽萍,2017;李凯等,2017;彭秋桐等,2019;刘岩峰等,2021;赵华等,2021)。因此,流域土壤及农田生态系统中氮、磷迁移过程的研究,成为国内外普遍关注的农业养分管理和面源污染控制的核心内容(杨林章等,2002;汪志荣等,2004)。

　　农业非点源污染是流域内部多种地理过程综合作用的结果,具有随机发生、过程机理复杂、污染负荷空间变异性及排放物和排放途径不确定等特征,由此导致监测和控制难度较大。作为一个区域尺度问题,农业非点源污染研究需要解决的核心问题是"从哪里来? 怎么来? 数量? 怎么控制?"。目前较多采用的基于长期的定点观测方法以及在小区试验基础上的区域扩展方法,都无法满足这一要求。因此,进行多学科交叉集成,研究基于过程模型和3S技术的流域尺度农业非点源污染的分布式模拟方法,对于分析、预测农业非点源污染,提出和改进流域综合管理措施,促进农业和农村经济可持续发展具有重要的理论和实践意义。

　　非点源污染问题是国际社会近20年来广泛关注的热点。非点源污染的类型主要有:农业非点源污染、采矿引起的非点源污染、城市非点源污染、施工引起的非点源污染、交通非点源污染、大气干湿沉降及水域底泥的缓慢释放等。尤其是近几年,随着工业污染造成的点源污染得到一定程度的控制之后,非点源污染对水环境污染以及对生态系统危害越发突出。非点源污染已经成为水环境的重要污染源,甚至是首要污染源。而在各类非点源污染中,农业非点源污染最为突出。众多研究表明,农业非点源污染是引起农业生产力水平低下、水体污染及富营养化的重要原因,而引起这些问题中起关键作用的负荷元素就是径流中的氮和磷。流域土壤及农田系统中氮磷迁移的过程和数量研究,则是农业非点源污染控制的核心内容,引起了国内外广泛的重视,成为国内外专家学者所面临的重要的前沿研究课题之一。

　　与点源污染相比,非点源污染具有污染发生的随机性、机理过程的复杂性、污染负荷的时空差异性、排放途径及排放污染物的不确定性等特点,由此导致研究、模拟与控制的困难性。人类认识和全面开展非点源污染研究的工作始于20世纪60年代,在此之前,人类对非点源污染已有所认识,但研究尚不深入,定量化研究则更少。到60年代,由于农药,特别是DDT对生态系统的影响引起了关注,人们开始意识到农业非点源污染的潜在危害,为了评价其影响而产生了定量化研究。较为传统的方法普遍基于长期的、定点观测方法,或在小区试验基础上进行区域扩展,这些方法时间周期长,资金投入大,具有区域依赖性。对农业非点源污染进行定量化的最直接有效的途径就是数学模拟,即采用对非点源污染发生、发展过程机理进行描述的数学模型,模拟污染物在水文循环的各个环节迁移、转化的过程,在空间和时间序列上对整个流域及流域内部发生的污染过程进行定量化描述。

国外非点源污染的研究课题大部分始于 20 世纪 70 年代,这一时期,主要对非点源污染产生的因(降雨径流)和果(污染物输出)观测资料进行分析,建立相关关系计算非点源污染负荷。分析土地利用方式与非点源污染负荷之间的内在联系是非点源污染研究的重要形式。与土地利用方式相关联的"因"和"果"决定了不同土地利用方式所产生的非点源污染的巨大差异。在美国,1972 年通过的联邦水污染控制法案推动了研究的进展。同年进行了全美水体富营养化调查,分析了各类土地利用条件下的单位面积污染负荷,探讨了地形、土地利用、农药、气象等因素对污染负荷的影响,并以此建立污染负荷与流域土地利用或径流量之间的统计关系,这类模型数据要求低,可以简便计算流域出口的污染负荷,因而在早期得到较广泛的应用。但是由于它们难以描述污染物迁移的路径与机理,使得这类模型的进一步应用受到了较大的限制。

观测每一田块化合物流失量显然是不现实的,研究人员也致力于建立相应的过程机理模型,将农用化合物的流失与土壤理化性质、流域水文和农业管理措施等条件相关联。流域土壤和农田系统中农用化合物随径流迁移过程的模拟,需要以降雨径流模型为基础,并与侵蚀与泥沙输移模型相结合,同时还要考虑施肥、灌溉等田间管理等措施的综合影响,一般通称为非点源污染模型(Non-point Source Pollution Models)。

流域尺度氮、磷迁移过程由降雨-径流、水土流失、养分(氮磷)迁移三个环节组成。前两个环节归结为产出过程,后一个环节归结为河道迁移过程。降雨-径流是氮、磷迁移的主要动力,水土流失是氮磷迁移的主要载体,而地表和土壤的氮、磷化合物含量及在迁移过程中发生的截留、溶解、挥发、矿化、硝化、反硝化、吸附、解吸附、植被吸收等化学反应和生物过程等,又直接影响了迁移的输出量。这些过程既服从水文学的降雨、产流规律,又有氮磷化合物本身的物理运动、化学反应和生化效应的演变,由于涉及因素众多,对上述过程机理进行数学描述的模型结构非常复杂。

过程机理模型的开发主要涉及两方面:一方面是对过程机理的认识,进而以更恰当的数学模型进行过程描述;另一方面则表现为多尺度模型的构建,在空间处理方式上,以实验场观测为建模基础,开发面向不同应用层面的多时间(连续时段、基于事件)、多空间(地块、坡面、小流域、较大流域)尺度模型。而随着"3S"技术的集成应用,按地理要素的相似性,将流域分割成若干个地理单元进行分布式模拟,更能反映出多种地理要素的空间可变性以及对过程的影响。

20 世纪 70 年代,过程模型的开发主要以实地观测为基础,集中分析各类影响因素间的相互关系,并通过试验流域和小区观测研究过程机理,模型大多采用了集总式(lumped)的空间处理方法(Moore et al.,1991)。集总式参数模型把整个流域当成一个整体,各因素的输入参数通常为流域平均值或优势值,但未考虑流域内部各地理因素的空间差异性,因而存在明显的缺陷。这一时期氮磷模拟模型以美国农业部所属农业研究所(USDA-ARS)开发的 CREAMS 模型(Chemicals,Runoff,and Erosion from Agricultural Management Systems)为代表(Knisel et al.,1980)。CREAMS 是地块尺度(field size)、连续时间的模拟模型,首次对非点源污染的水文、侵蚀、污染物迁移过程进行了综合模拟,可计算日径流量、峰值流量、表面水入渗、过滤、蒸散发以及土壤水分,同时可以估计化学物质在径流、泥沙中的集聚。受当时技术条件所限,模型应用的空间范围有一定局限。

20 世纪 80 年代初期,模型的开发主要针对模拟计算中有关假定与概念,进行室内、试验小区的试验检验;80 年代中期以来,逐步强化对模型结构(包括确定性和随机性)及适用性的研究研制开发了连续时段和基于事件的多种模型结构方式。代表性模型有:①WEPP 模型;②GLEAMS 模型;③AGNPS 模型(基于事件模型);④ANSWERS 模型;⑤SWRRB 模型(连续时段模拟模型)。这些模型已在第二章描述。此处不再重复。它们在空间处理方面已经有了分布式的雏形。例如,AGNPS 模型采用了格网离散方式,具有较高的空间分辨率,模拟的空间范围有一定限制。该阶段的模型结构采用多过程耦合构建方法,可进行多种地理过程的综合模拟。

20世纪90年代以来,遥感、GIS技术被广泛应用到流域模拟研究,更多地尝试将流域作为分布式系统(Distributed System)来模拟,分布式机理、过程模型有了更进一步的发展。90年代初期,研究重点主要放在模型参数率定、改进、模型有效性检验等方面,模型的结构也有了进一步的完善。90年代中期以来,遥感、GIS技术支持下的分布式流域建模技术成为重要的研究内容,为了反映流域多种地理因素的空间可变性,研究了格网、坡面、子流域、水文响应单元等不同类型的空间离散方式。模型应用的空间范围也进一步扩展,可以达到几万平方千米的复杂流域。

这一时期的代表性模型是美国农业部农业研究所(USDA-ARS)开发的SWAT模型。

20世纪90年代后期,除致力于模型的改进外,同时还广泛开展了农业非点源污染模型的应用研究。涉及产水、产沙的物理机理和模型的创建和改进研究;相关影响因子的实验研究;在不同时间尺度、不同空间尺度以及国内不同地域的应用研究;以及遥感、GIS技术综合应用研究等。美国环境保护署在全国范围开展的国家非点源污染的控制项目TDML(Total Maximum Daily Loading),核心内容是利用基于过程的分布式机理模型模拟污染负荷物的产出、传输过程,并进行环境风险调控(USDA-EPA,1998)。标志着非点源污染模型在国际上已经步入了应用阶段。

我国非点源污染研究起步较晚,真正意义上的研究始于20世纪80年代初的湖泊、水库富营养化调查和河流水质规划。在调查中发现,氮、磷是造成地面水体富营养化的主要营养元素,而非点源污染的氮、磷负荷高于点源,农业非点源占了较大比例(金鑫,2005)。这一阶段受到国外前期研究的影响,主要研究方法就是分析土地利用方式与非点源污染的关系,立足于受纳水体的水质,建立计算汇水区域污染物输出量的经验统计模型。国家"七五"计划期间,进行了有关非点源的研究,如武汉市东湖流域山地和农田区域氮、磷流失(韦鹤平,1993),安徽巢湖流域氮素流失,江苏太湖农业面污染源及其控制对策研究(阎伍玖等,1998),对土壤养分径流损失和农药化学物质进入土壤中迁移转化及作用机理研究也取得了初步成果。这一时期也参考了国外的研究成果,根据我国的具体情况对引进模型进行适当的修改,取得了一定的进展。如刘枫等在天津于桥水库流域农业非点源污染负荷输出预测模型研究中(刘枫等,1988),应用了美国通用土壤流失方程USLE来定量识别非点源污染时空分布规律。这些工作利用试验模拟和实地观测分析,揭示污染负荷发生的原因,结合土地利用等因素,对农业非点源污染防治进行了有益的探讨,推动了我国非点源污染的研究。

90年代以来,遥感、GIS技术应用使国内农业非点源污染研究得到进一步深化,相关研究成果不断涌现。王晓燕等在密云流域利用小区观测场分析了不同土地利用方式的氮磷流失;黄满湘等在室内降雨模拟试验条件下,研究暴雨径流中农田氮素养分流失及施肥处理的影响,进行了北京地区农田氮素养分随地表径流流失机理研究(黄满湘等,2001,2003);李俊然在野外采样基础上,建立了于桥水库流域不同地面覆被和地表水质的统计模型(李俊然等,2002);陈欣,郭新波利用AGNPS预测了浙江德清排溪冲小流域($20hm^2$)的氮磷流失,对AGNPS的有效性进行了检验(陈欣等,2000);丁训静等通过研究太湖流域各种点源和非点源污染负荷的排放去向、产生量和处理系数,建立了太湖流域污染负荷模型(丁训静等,2003);洪小康、李怀恩将年径流量分为地表径流与枯季径流,并将水质水量相关关系应用于地表径流,提出了在有限资料条件下,估算降雨径流年负荷量的水质水量相关方法(洪小康等,2000);李怀恩以非点源污染的形成过程为基础,提出了一种流域非点源污染负荷估算方法-平均浓度法(李怀恩,2000);王鹏等,张荣保等利用梅林小流域观测试验对环太湖地区农田氮素随地表径流的输出特征以及污染物的流失规律进行了研究(张荣保等,2004;王鹏等,2005);梁涛等利用人工降雨模拟了官厅水库周边不同土地利用方式下氮、磷输出状况(梁涛等,2005);段永惠、张乃明等在昆明附近利用试验场进行了施肥强度、施肥时间、施肥方式对氮磷随地表径流迁移的影响研究(段永惠等,2005)。从相关文献来看,国内非点源污染的研究已经越来越引起政府部门和科研人员的关注,研究项目数量不断增加、涉及的地域越来越广;从技术方法来看,国内的研究尚处于起步阶段,采用的多是较为传统的流域管理研究方法,主要基于长期监测和大面积的野外调查,成本高、耗时长,或者以试验小区观测数据或室内试验模拟来进行区域推断,研究成果的适用性和推广性较差;研制的模型多为统计意义上的实用模型,这些模型缺乏参数的率定过程和有效性检验而难以推广;尤其是国内基于过程的机理模型开发和应用研究目前还很薄弱,虽然也有部分机理模型研究,但机理和过程脱节或过程描述较为粗略,使得模型实用性较差。国内目前仍缺乏对农业面源污染过程的区分和测定的标准方法,因而无法进行氮、磷负荷的精确定量。从相关文献中也可以看出,国内已有一些研究人员将精力投入国外模型的引进和消化方面,但大多进行小区域的适应性研究或者多为相对粗略的模拟试验,常因为数据概化导致一些关键的机理问题无法进一步深入。

目前,国内非点源污染研究的当务之急是探索一套高效的、基于计算机模拟的流域尺度氮、磷迁移过程定量化研究的方法为非点源污染的治理和控制提供技术支持,这是一个难度较大的研究课题,不但包括机理模型的研究,更包括数据获取、空间模拟处理等一整套技术方法,需要多学科联合作战,需要更多的科研人员的关注和倡导。从国外研究进展可以看出,模型开发和模拟技术的发展都经过了一个较长的阶段,目前仍处在不断探索和发展中。尤其是一些较为成熟的模型,如:SWAT 模型,经历了从 CREAMS 到 GLEAMS 到 SWRRB 再到 SWAT 这样一个从过程扩展和应用范围扩展的漫长历程,仅 CREAMS 模型的开发,美国就集中了多学科的数十名科学家进行联合攻关,人力、资金投入也非常巨大(Knisel,1980)。就目前国内现状而言,集中地、系统地开展大规模的建模试验研究尚有一定困难。因此,借鉴国外发达国家在该研究领域的研究成果,开展我国流域非点源污染模型的开发和模拟技术应用,是更为现实的选择。本书研究不是仅仅应用模型做区域应用研究或模型适用性评价,而是从国外先进流域模型体系的引进、消化、吸收出发,以面积较大的自然流域作为地理过程定量化研究的地理单元,综合应用遥感和 GIS 技术,对流域尺度氮、磷迁移过程的产出、河道传输等环节进行分布式模拟,在此基础上,研究流域尺度氮、磷迁移模型机理及过程联结理论以及分布式模拟方法,进行模型重构和本土化,为建立我国流域评价模型体系和技术方法奠定基础。

在本研究中选用了 SWAT 模型。它是一个流域过程综合模拟系统,注重非点源污染的过程模拟是此模型区别于其他水文模型的显著特征。

研究者 2002 年有幸被批准到中国科学院南京土壤研究所从事博士后研究。在导师指导下,2002 年6 月—2006 年 6 月,选择江西潋水河流域作为研究区,在原来研究工作基础上,重点研究流域尺度上氮磷迁移通量和迁移过程的分布式建模。作者博士研究期间主要目标为分布式流域建模方法论研究,集中在分布式流域建模中涉及的空间单元离散和空间参数获取两个方面。而前期利用 SWAT 模型对潋水河流域水循环和产沙等过程的模拟,这为此后进行的流域氮、磷迁移的模拟研究奠定了坚实的基础。

流域氮磷迁移过程计算机模拟,涉及水文、养分管理、养分河道传输和转化等多个方面。在 SWAT 模型中,养分迁移和转化的模拟是一个单独的模块,需要相应的数据输入和空间处理。因此,一方面要注重原有基础数据的更新和模拟方法的改进;另一方面要进行流域养分模拟的输入数据获取和模拟方法的研究。

本研究还是在江西潋水河流域进行。研究区的详细情况请参看第三章第二节。这里不再重述。

本研究的内容包括:(1) 研究 SWAT 模型养分模拟的输入数据要求,研究相关输入数据的参数化方法;(2) 对 SWAT 模型进行解析,研究养分(氮磷)模拟的过程机理和过程联结理论,明确模型一些重要参数物理意义和取值标准;(3) 选择江西兴国潋水流域进行监测和模拟试验,在流域出口长期动态监测水和泥沙的流失量及其养分流失量,利用实测结果对模型进行验证,并进行参数敏感性分析,对 SWAT 模型在江西兴国县潋水和流域的适用性进行评价。

根据研究目标和研究内容,设计了研究工作的方案和步骤,如图 6-2-1 所示。从图 6-2-1 可以看出,整体研究工作覆盖内容多,跨度长,涉及大量野外实测和调查以及室内样本分析工作,前后进行了三年时间。

本研究涉及的工作,主要在于模型方法和技术的探索,其次是模型的应用研究。主要目的是立足研究区的基础数据,借鉴国际上流域模拟技术的先进经验,积累一套适合南方丘陵区流域尺度养分迁移过程,计算机分布式模拟的技术和方法。

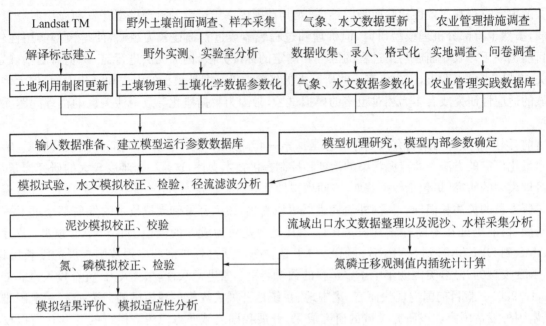

图 6-2-1　研究工作的方案和步骤

6.2.2　SWAT 模型模拟氮、磷的机理

1. 流域氮循环的模拟

1) 流域氮循环

氮循环是一个包括水、大气和土壤和植被的动态系统。图 6-2-2 为氮循环示意图。

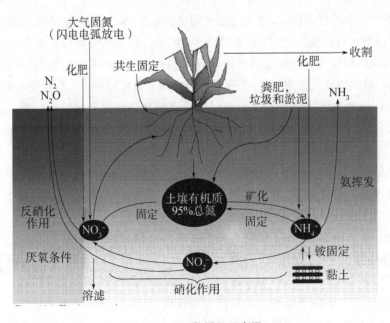

图 6-2-2　氮循环示意图

在矿质土壤中三种主要的氮形式为腐殖质中的有机氮、黏附在土壤胶体上的矿化氮和溶液中的矿化氮形式。氮可以通过施肥、植物残渣、共生或异生细菌的固定作用和降水进入土壤,也可以通过植物吸收、淋溶、挥发、反硝化作用和侵蚀从土壤中迁出。

氮是相当活跃的元素。氮的高活性是由它化合价的多样性决定的。化合价或氧化物状态描述了围绕原子核的电子的数量。如果原子失去电子则化合价为正,反之为负。氮化合价的状态变化的能力使得它成为高活性的元素。流域氮迁移模拟的一个重要问题就是预测土壤中氮不同状态之间的转化。

SWAT 模型控制着土壤中 5 种氮的状态。两种是无机形式的氮:NH_4^+ 和 NO_3^-,而另三种是有机形式。新鲜有机氮与作物残渣和微生物有关,活性有机氮和稳态有机氮与土壤腐殖质有关。与腐殖质有关的有机氮被分成两种状态来解释腐殖质矿化的有效性的变化。图 6-2-3 为 SWAT 模型氮模拟的一些主要过程示意。箭头表示氮状态的转化,也就是氮循环相关的过程的表示。

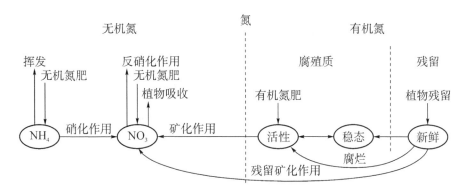

图 6-2-3　用 SWAT 模型模拟氮循环的主要过程示意图

2）土壤中氮标准的初始化

用户可以定义模拟开始时所有土壤层腐殖质中硝酸盐和有机氮的含量。如果用户没有确定初始化含量,SWAT 模型将用自动初始化氮的含量。

硝态氮的初始化:

$$NO_{3\,conc,z} = 7 * \exp\left(\frac{-z}{1\,000}\right)$$

式中,$NO_{3conc,z}$ 是土壤 z 深度处硝态氮的含量(mg/kg 或 ppm),z 是土壤深度(mm)。

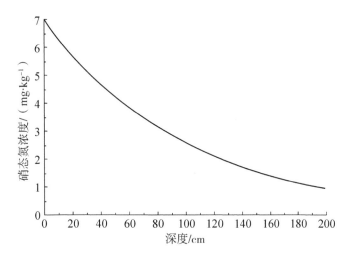

图 6-2-4　硝态氮随土壤深度变化示意

硝态氮随深度的变化如图 6-2-4 所示。

有机氮的分配是先假设腐殖质中 C∶N 为 14∶1。土壤层中有机氮浓度如下：

$$orgN_{hum,ly} = 10^4 \cdot \left(\frac{orgC_{ly}}{14} \right)$$

其中，$orgN_{hum,ly}$ 是土壤层中有机氮的含量（mg/kg 或 ppm），$orgC_{ly}$ 是土壤层中腐殖质有机碳的浓度（mg/kg）。fr_{actN} 是腐殖质中活性有机氮占总氮的份数，$orgN_{sta,ly}$ 有机碳和含量（%）。

腐殖质中有机氮被分成活性有机氮和稳态有机氮两部分：

$$orgN_{act,ly} = orgN_{hum,ly} \cdot fr_{actN}$$

$$orgN_{sta,ly} = orgN_{hum,ly} \cdot (1 - fr_{actN})$$

其中，$orgN_{act,ly}$ 活性有机氮的含量（mg/kg 或 ppm），$orgN_{ctN}$ 是土壤层中腐殖质有机氮的浓度（mg/kg）；fr_{actN} 是腐殖质中活性有机氮占总氮的份数，$orgN_{sta,ly}$ 是稳态有机质含量（mg/kg），fr_{actN} 设置为 0.02。

新鲜有机氮除土壤顶部 10 mm 外，各层均被设置为 0。土壤顶部 10 mm 被设置为初始土壤表面残渣量的 0.15%，即：

$$orgN_{frsh,surf} = 0.0015 \cdot rsd_{surf}$$

其中，$orgN_{frsh,surf}$ 是土壤顶部 10 mm 新鲜有机氮的含量（kg/hm²），rsd_{surf} 是土壤顶部 10 mm 残渣量（kg/hm²）。

土壤氮中的铵 NH_{4ly} 被初始化为 0 mg/kg。

尽管 SWAT 模型允许养分值以浓度形式输入，但它计算的时候都是以量来计算的。把浓度转换为量用下式来表示：

$$\frac{conc_N \cdot \rho_b \cdot depth_{ly}}{100} = \frac{kg}{hm^2}$$

其中，$conc_N$ 是土壤层中氮的浓度（mg/kg 或 ppm）；ρ_b 是土壤容重（mg/m³）；$depth_{ly}$ 是土壤层的深度（mm）。

与氮模拟有关的 SWAT 输入变量见表 6-2-1 所示。

表 6-2-1　与氮模拟有关的 SWAT 输入变量

变量名	定义	输入文件
SOL_NO3	$NO_{3\,conc,ly}$：土壤层中 NO_3 的初始浓度（mg/kg 或 ppm）	.chm
SOL_ORGN	$orgN_{hum,ly}$：土壤层中腐殖质有机氮的初始浓度（mg/kg 或 ppm）	.chm
RSDIN	rsd_{sud}：在残留池顶层 10 mm 土壤中的材料（kg/hm²）	.hru
SOL_BD	β_b：表层的容积密度（mg/m³）	.sol
SOL_CBN	$orgC_{ly}$：表层中有机碳的含量（%）	.sol

3) 氮的矿化、分解以及固定过程

矿化作用是指由微生物作用把植物无法吸收的有机氮转化为植物能吸收的无机氮的过程；分解作用是指新鲜有机残渣腐烂为较简单有机成分的过程；固定作用是指由微生物作用把植物能够吸收的无机氮转化为植物无法吸收的有机氮的过程。

细菌分解有机质来提供生长所需的能量。植物残渣被分解为葡萄糖进而转化为能量：

$$C_6H_{12}O_6 + 6O_2 \xrightarrow{\text{释放能量}} 6CO_2 + 6H_2O$$

由葡萄糖转化为二氧化碳和水释放的能量被用在包括蛋白质合成在内的各种细胞过程。蛋白质合成需要氮。如果获得蛋白质的残渣中含有足够的氮,则细菌将用有机质中的氮来满足蛋白质合成的要求;如果没有足够的氮来满足细菌要求,则细菌将用土壤溶液中的 NH_4^+ 和 NO_3^- 来满足需要;如果残渣中氮的含量超过了需要,则细菌将释放过量的氮以 NH_4^+ 的形式释放到土壤溶液中。C∶N 与矿化和固定作用之间的关系如下:

C∶N ＞ 30∶1　　　固定发生时,土壤中 NH_4^+ 和 NO_3^- 净减少

20∶1 ≤ C∶N ≤ 30∶1　　除了没有净变以外,固定和矿化过程处于平衡状态

C∶N ＜ 20∶1　　　矿化发生时,土壤中 NH_4^+ 和 NO_3^- 净增长

SWAT 模型中氮的矿化作用运算法则集成了氮的固定作用,运算是基于 PAPRAN 矿化模型。模型中考虑了矿化作用的两个源:与残渣和微生物生物量有关的新鲜有机氮,与土壤腐殖质有关的活性有机氮。矿化作用和分解作用仅仅在土壤层温度在 0 ℃ 以上时才发生。

矿化作用和分解作用依赖于水的有效性和温度。养分循环中温度因素:

$$\gamma_{tmp,ly} = 0.9 \cdot \frac{T_{soil,ly}}{T_{soil,ly} + \exp[9.93 - 0.312 \cdot T_{soil,ly}]} + 0.1$$

其中,$\gamma_{tmp,ly}$ 是土壤养分循环的温度因素;$T_{soil,ly}$ 是土壤层的温度(℃),养分循环的温度因素不允许低于 0.1。

养分循环中水因素由下式求得:

$$\gamma_{sw,ly} = \frac{SW_{ly}}{FC_{ly}}$$

其中,$\gamma_{sw,ly}$ 是土壤层养分循环的水因素;SW_{ly} 是给定一天的土壤层含水量(mmH_2O),FC_{ly} 是田间持水量时土壤的含水量(mmH_2O),养分循环水因素不能低于 0.05。

(1) 腐殖质矿化作用

氮可以在活性氮和稳态氮之间转化,转化的量为

$$N_{trns,ly} = \beta_{trns} \cdot orgN_{act,ly} \cdot \left(\frac{1}{fr_{actN}} - 1\right) - orgN_{sta,ly}$$

式中,$N_{trns,ly}$ 是活性氮与稳态氮之间氮的转化量(kg/hm^2);β_{trns} 是速度常数(1×10^{-5}),$orgN_{act,ly}$ 是活性有机氮的量(kg/hm^2),fr_{actN} 是活性氮占腐殖质中氮的分数(0.02),$orgN_{sta,ly}$ 稳态氮的量(kg/hm^2)。当 $N_{trns,ly}$ 为正时,氮从活性氮向稳态氮转化,为负时,由稳态氮向活性有机氮转化。

由腐殖质中活性有机氮的矿化量为

$$N_{mina,ly} = \beta_{min} \cdot (\gamma_{tmp,ly} \cdot \gamma_{sw,ly})^{1/2} \cdot orgN_{act,ly}$$

式中,$N_{mina,ly}$ 是由腐殖质中活性有机氮的矿化量(kg/hm^2);β_{min} 是腐殖质中活性有机氮矿化的速度常数;$\gamma_{tmp,ly}$ 是土壤养分循环的温度因素;$\gamma_{sw,ly}$ 是土壤养分循环的水因素;$orgN_{act,ly}$ 是活性有机氮量(kg/hm^2)。

腐殖质中活性有机氮的矿化产物是硝态氮。

(2) 残渣分解或矿化

新鲜有机氮的分解和矿化仅仅发生于第一个土壤层,分解和矿化由每天的衰减常数控制(decay rate constant),衰减常数由 C∶N、C∶P、温度和土壤水含量组成的函数计算。

残渣 C∶N 由下式计算：

$$\varepsilon_{C:N} = \frac{0.58 \cdot rsd_{ly}}{orgN_{frsh,ly} + NO_{3\,ly}}$$

式中，$\varepsilon_{C:N}$ 是土壤层中残渣 C∶N；rsd_{ly} 是土壤层中残渣量（kg/hm^2）；0.58 是残渣中碳的含量份数；NO_3 是土壤层中硝态氮的含量（kg/hm^2）。

残渣中 C∶P 的计算：

$$\varepsilon_{C:P} = \frac{0.58 \cdot rsd_{ly}}{orgP_{frsh,ly} + P_{solution,ly}}$$

式中，$\varepsilon_{C:P}$ 是土壤层中残渣 C∶P；rsd_{ly} 是土壤层中残渣量（kg/hm^2）；0.58 是残渣中碳的含量份数；$orgP_{frsh,ly}$ 是土壤层中新鲜有机磷的含量（kg/hm^2），$P_{solution,ly}$ 是土壤层中溶解磷的含量（kg/hm^2）。

衰减常数是残渣中被分解的部分占总残渣的分数。衰减常数通过下式计算：

$$\delta_{ntr,ly} = \beta_{rsd} \cdot \gamma_{ntr,ly} \cdot (\gamma_{tmp,ly} \cdot \gamma_{sw,ly})^{1/2}$$

式中，$\delta_{ntr,ly}$ 是残渣衰减率；β_{rsd} 是残渣中新鲜有机养分矿化的速度系数；$\gamma_{ntr,ly}$ 是土壤层养分循环中残渣组成因素；$\gamma_{tmp,ly}$ 是土壤层养分循环的温度因素；$\gamma_{sw,ly}$ 是土壤层养分循环的水因素。

养分循环残渣组成因素的计算：

$$\gamma_{ntr,ly} = min \begin{cases} exp\left[-0.693 \cdot \frac{(\varepsilon_{C:N} - 25)}{25}\right] \\ exp\left[-0.693 \cdot \frac{(\varepsilon_{C:P} - 200)}{25}\right] \\ 1.0 \end{cases}$$

式中，$\gamma_{ntr,ly}$ 是养分循环的残渣组成因素；$\varepsilon_{C:N}$ 是土壤层中残渣的 C∶N；$\varepsilon_{C:P}$ 是土壤层中残渣的 C∶P。残渣新鲜有机氮的矿化量：

$$N_{minf,ly} = 0.8 \cdot \delta_{ntr,ly} \cdot orgN_{frsh,ly}$$

其中，$N_{minf,ly}$ 是由新鲜有机氮的矿化量（kg/hm^2），$\delta_{ntr,ly}$ 是残渣衰减率；$orgN_{frsh,ly}$ 是在土壤层中新鲜有机氮的量（kg/hm^2），由新鲜有机氮矿化的氮转化为硝态氮。

残渣新鲜有机氮的分解量为：

$$N_{dec,ly} = 0.2 \cdot \delta_{ntr,ly} \cdot orgN_{frsh,ly}$$

式中，$N_{dec,ly}$ 是残渣新鲜有机氮的分解量（kg/hm^2）；$\delta_{ntr,ly}$ 是残渣衰减率；$orgN_{frsh,ly}$ 是土壤层中新鲜有机氮的量（kg/hm^2）。由新鲜有机氮分解氮转化为腐殖质活性有机氮。

有关氮的矿化作用的输入变量如表 6-2-2 所示。

表 6-2-2　有关氮的矿化作用的 SWAT 输入变量

变量名	定义	输入文件
CMN	β_{min}：腐殖质活性有机养分矿化速率系数	.bsn
RSDCO	β_{rsd}：残留新鲜有机养分矿化速率系数	.bsn
RSDCO	β_{rsd}：残留新鲜有机养分矿化速率系数	crop.dat

（3）硝化作用和氨挥发

硝化作用是 NH_4^+ 到 NO_3^- 的细菌氧化作用,分两步:

第一步:(亚硝化单胞菌)

$$2NH_4^+ + 3O_2 \xrightarrow{-12e^-} 2NO_2^- + 2H_2O + 4H^+$$

第二步:(硝化细菌)

$$2NO_2^- + O_2 \xrightarrow{-4e^-} 2NO_3^-$$

氨挥发是 NH_3 的气体损失,发生于石灰质土壤的 NH_4^+ 表施或任何土壤上尿素的表施。

NH_4^+ 表施在石灰质土壤:

第一步:

$$CaCO_3 + 2NH_4^+X \longleftrightarrow (NH_4)_2CO_3 + CaX_2$$

第二步:

$$(NH_4)_2CO_3 \longleftrightarrow 2NH_3 + CO_2 + H_2O$$

尿素表施于任何土壤上:

第一步:　　$$(NH_2)_2CO + 2H_2O \xleftrightarrow{尿酸酶} (NH_4)_2CO_3$$

第二步:　　$$(NH_4)_2CO_3 \longleftrightarrow 2NH_3 + CO_2 + H_2O$$

SWAT 模型结合了 Reddy 等和 Godwin 等发展的方法来模拟硝化作用和氨挥发,首先硝化作用和氨挥发总量被计算,然后再分成两个过程。硝化作用是土壤温度和土壤含水量的函数,氨挥发是土壤温度和深度的函数。三个系数用在硝化作用和氨挥发用来解释那些参数的影响。硝化作用和氨挥发仅仅发生在土壤层温度大于 5 ℃时。

硝化作用或挥发作用的温度因素:

$$\eta_{tmp,ly} = 0.41 \cdot \frac{(T_{soil,ly} - 5)}{10} \eta_{tmp,ly} = 0.41 \cdot \frac{(T_{soil,ly} - 5)}{10} \quad 当 T_{soil,ly} > 5$$

式中,$\eta_{tmp,ly}$ 是硝化、挥发的温度因素;$T_{soil,ly}$ 是土壤层的温度(℃)。

硝化作用的土壤水因素:

$$\eta_{sw,ly} = \frac{SW_{ly} - WP_{ly}}{0.25 \cdot (FC_{ly} - WP_{ly})} \quad 当 SW_{ly} - WP_{ly} < 0.25 \cdot (FC_{ly} - WP_{ly})$$

$$\eta_{sw,ly} = 1.0 \quad 当 SW_{ly} - WP_{ly} \geqslant 0.25 \cdot (FC_{ly} - WP_{ly})$$

其中,$\eta_{sw,ly}$ 是硝化作用的土壤水因素;SW_{ly} 是特定一天土壤含水量(mmH_2O);WP_{ly} 是凋萎点时土壤层含水量(mmH_2O);FC_{ly} 是田间持水量时土壤含水量(mmH_2O)。

挥发作用的深度因素:

$$\eta_{midz,ly} = 1 - \frac{z_{mid,ly}}{z_{mid,ly} + \exp(4.706 - 0.305 \cdot z_{mid,ly})}$$

式中,$\eta_{midz,ly}$ 是影响挥发因素的土壤深度因素;$z_{mid,ly}$ 是从土壤表面到该土壤层中部的距离(mm)。

硝化作用和氨挥发的环境影响因素通过 nitrification regulator 和 volatilization regulator 来校正。

nitrification regulator 的计算:

$$\eta_{nit,ly} = \eta_{tmp,ly} \cdot \eta_{sw,ly}$$

volatilization regulator 的计算：

$$\eta_{\text{vol,ly}} = \eta_{\text{tmp,ly}} \cdot \eta_{\text{midz,ly}}$$

其中，$\eta_{\text{nit,ly}}$ 是 nitrification regulator；$\eta_{\text{vol,ly}}$ 是 volatilization regulator；$\eta_{\text{tmp,ly}}$ 是硝化、挥发的温度因素；$\eta_{\text{sw,ly}}$ 是硝化作用的水因素；$\eta_{\text{midz,ly}}$ 是挥发作用的深度因素。

铵用于硝化作用和挥发作用的总量，用第一动力学方程（the first-order kinetic rate equation）来计算：

$$N_{\text{nit/vol,ly}} = NH_{4\,\text{ly}} \cdot [1 - \exp(-\eta_{\text{nit,ly}} - \eta_{\text{vol,ly}})]$$

其中，$N_{\text{nit/vol,ly}}$ 是由硝化作用和挥发作用转化铵的量（kg/hm^2），$NH_{4\,\text{ly}}$ 是土壤层中铵的量（kg/hm^2）；$\eta_{\text{nit,ly}}$ 是 nitrification regulator；$\eta_{\text{vol,ly}}$ 是 volatilization regulator。

$N_{\text{nit/vol,ly}}$ 中硝化作用和挥发作用转化铵所占转化总量的分数：

$$fr_{\text{nit,ly}} = 1 - \exp(-\eta_{\text{nit,ly}})$$

$$fr_{\text{vol,ly}} = 1 - \exp(-\eta_{\text{vol,ly}})$$

式中，$fr_{\text{nit,ly}}$ 是通过硝化作用转化的铵量占 $N_{\text{nit/vol,ly}}$ 的分数，$fr_{\text{vol,ly}}$ 是通过挥发作用转化的铵量占 $N_{\text{nit/vol,ly}}$ 的分数；$\eta_{\text{nit,ly}}$ 是 nitrification regulator，$\eta_{\text{nit/vol,ly}}$ 是 volatilization regulator。

由硝化作用损失的氮量：

$$N_{\text{nit,ly}} = \frac{fr_{\text{nit,ly}}}{(fr_{\text{nit,ly}} + fr_{\text{vol,ly}})} \cdot N_{\text{nit/vol,ly}}$$

由氨挥发作用损失的氮量：

$$N_{\text{vol,ly}} = \frac{fr_{\text{vol,ly}}}{(fr_{\text{nit,ly}} + fr_{\text{vol,ly}})} \cdot N_{\text{nit/vol,ly}}$$

式中，$N_{\text{nit,ly}}$ 是由 NH_4^+ 转化到 NO_3^- 的氮的量（kg/hm^2）；$N_{\text{vol,ly}}$ 是由 NH_4^+ 转化到 NO_3^- 的氮的量（kg/hm^2）；$fr_{\text{nit,ly}}$ 是由硝化作用损失的部分占总的估计份数；$fr_{\text{vol,ly}}$ 是由挥发作用损失的部分占总的估计份数，$N_{\text{nit/vol,ly}}$ 是通过硝化和挥发作用转化铵的量（kg/hm^2）。

（4）反硝化作用

反硝化作用是指在通气不良的条件下，由土壤微生物作用把 NO_3^- 转化为 N_2 或 N_2O 的过程。

反硝化作用是含水量、温度、存在的碳源和硝酸盐的函数。

一般而言，当充满水的空隙大于 60% 时，土壤中的反硝化作用就会发生。当土壤含水量增加时，由于水中氧的扩散速度要比空气中慢 100 000 倍，就产生了厌氧环境。由于水中氧的扩散随温度的升高而减缓，故温度也是反硝化作用的一个影响因素。

在作物系统中（比如水稻），水被筑成池塘，反硝化作用可以使得大量的肥料损失。在定期的农作物系统中，通过反硝化作用可以使得 10%～20% 的氮肥损失。在水稻系统下，大约 50% 的氮肥可以通过反硝化作用损失。在淹没的作物系统中，水深扮演着一个很重要的角色，因为它控制着水量，而氧不得不通过水来进入土壤。

由反硝化作用损失的硝酸盐的量由下式计算：

$$N_{\text{denit,ly}} = NO_{3,\text{ly}} \cdot [1 - \exp(-1.4 \cdot \gamma_{\text{tmp,ly}} \cdot orgC_{\text{ly}})] \qquad 当 \gamma_{\text{sw,ly}<0.95}$$

$$N_{\text{denit,ly}} = 0.0 \qquad 当 \gamma_{\text{sw,ly}\geq0.95}$$

式中，$N_{\text{denity,ly}}$ 是由反硝化作用损失的氮（kg/hm^2），$NO_{3,\text{ly}}$ 是土壤层的硝酸盐量（kg/hm^2）；$\gamma_{\text{tmp,ly}}$ 是养分循

环中的温度因素；$\gamma_{sw,ly}$是养分循环中的水因素；$orgC_{ly}$是土壤中有机碳的量（%）。

反硝化作用的输入变量见表6-2-3。

表6-2-3　反硝化作用的SWAT输入变量

变量名	定义	输出文件
SOL_CBN	$orgC_{ly}$：层中有机碳的量	.sol

（5）降水中的氮

闪电可以将N_2转化为含氮的酸，进而随降水进入土壤，化学过程如下：

第一步：　　　　　　　$N_2+O_2 \xrightarrow{\text{电弧度}} 2NO（一氧化氮）$

第二步：　　　　　　　$2NO+O_2 \longrightarrow 2NO_2（二氧化氮）$

第三步：　　　　　　　$3NO_2+H_2O \longrightarrow 2HNO_3+NO（硝酸和一氧化氮）$

如果降水区有大量的闪电活动，则土壤中被增加的氮将更多。

降水中进入土壤中的硝酸盐量：

$$N_{rain} = 0.01 \cdot R_{NO_3} \cdot R_{day}$$

其中，N_{rain}是进入土壤中的降水中的硝酸盐（kg/hm^2）；R_{NO_3}是降水中氮的含量（mg/L）；R_{day}是特定一天的降水量（mmH_2O）。降水中的氮进入到土壤顶层10 mm中。

有关降水中氮的输入变量见表6-2-4。

表6-2-4　有关降水中氮的SWAT输入变量

变量名	定义	输入文件
RCN	R_{NO_3}：雨水中氮的浓度	.bsn

（6）固氮作用

豆类植物可以通过根瘤菌来固定空气中的氮来满足自身的需要。在氮的交换过程中，植物提供了带有碳水化合物的细菌。

SWAT模拟当土壤没有提供植物生长所必需的氮时，豆类所固定的氮。固定作用所固定的氮直接进入植物生物量，不会进入土壤（除非植物生物量作为植物残渣进入土壤）。有关方程将在第七章介绍。

（7）水中硝酸盐的上移

随着土壤表面水蒸发，下部的水携带硝酸盐向上移动。SWAT模型模拟了硝酸盐从第一土壤层到土壤顶部10 mm表面的移动，计算如下式：

$$N_{evap} = 0.1 \cdot NO_{3,ly} \cdot \frac{E''_{soil,ly}}{SW_{ly}}$$

其中，N_{evap}是由第一土壤层移到土壤表面的硝酸盐量（kg/hm^2）；$NO_{3,ly}$是第一土壤层硝酸盐含量（kg/hm^2）；$E''_{soil,ly}$是由表面水蒸发引起的第一土壤层向上移动的含水量（mmH_2O）；SW_{ly}是第一土壤层的含水量（mmH_2O）。

（8）氮淋溶

大多数的植物基本养分是吸附于土壤颗粒的阳离子。随着植物从土壤溶液中吸收阳离子，而使溶液中阳离子减少，土壤颗粒释放被束缚的阳离子以使溶液重新达到平衡。而硝酸根离子是负离子，不被土壤颗粒吸附。由于土壤对硝酸根离子的吸附力很弱，这就使得硝酸根离子很容易下渗。SWAT 模型中用于计算硝酸盐下渗的运算法则同样适用于表面径流和侧流中硝酸盐的流失。关于氮磷的迁移过程，将在后面进行总结。

2. 流域磷循环的模拟

尽管植物对磷素的需求要比氮素少得多，但植物的许多基本活动都要求磷素的参与。它最重要的作用表现在能量存储和传输中。由光合作用和糖类新陈代谢得到的能量被存储在磷化合物中，以备日后用于植物生长和再生过程之用。

1）流域磷循环

矿质土壤中磷的三种主要形式：与腐殖质有关的有机磷、非溶解态的矿质磷、土壤溶液中的植物有效磷。磷可以通过施肥、植物残渣进入土壤，也可以通过植物吸收和侵蚀从土壤中移走。图 6-2-5 展现了磷循环的主要部分。

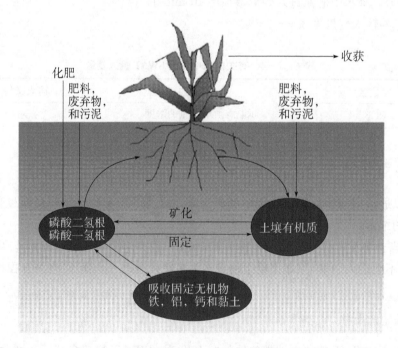

图 6-2-5 磷循环示意图

磷并不像氮那样有高活性，磷的溶解性在大多环境中受到限制，磷结合一些离子形成许多不可溶解的化合物作为沉淀物从溶液中沉淀下来。这些特征使得磷素主要积聚在土壤表层，更多地通过地表径流来传输。Sharpley 和 Syers 也观测到在大多数流域表面径流是磷传输的主要机制。

SWAT 模型模拟了土壤中磷的 6 种形式（图 6-2-6）：三种有机形式和三种无机形式，新鲜有机磷与作物残渣和微生物生物量有关，而活性有机磷和稳态有机磷与土壤腐殖质有关。与腐殖质有关的有机磷被分成两部分来说明矿化腐殖质有效性的变化。土壤无机磷分为溶解无机磷、活性无机磷和稳态无机磷。溶解态磷和活性态磷之间达到平衡比较慢(几天或几周)。

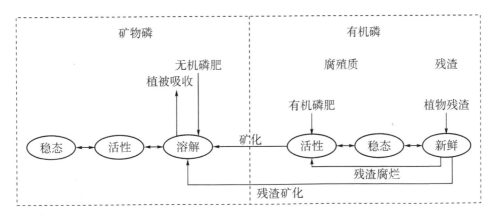

图 6-2-6 磷循环过程转化示意图

2) 土壤中磷的初始化

用户可以定义模拟开始时所有土壤层腐殖质中可溶性磷和有机磷的含量。如果用户没有确定初始化含量,SWAT 模型将用自动初始化磷的含量。

在所有土壤层中水溶性磷被初始化为 5 mg/kg。这个值代表了自然条件下未经开垦的土壤状况。在犁耕层为 25 mg/kg 认为是农田的代表值。

(1) 活性矿物磷浓度的初始化

$$minP_{act,ly} = P_{solution,ly} \cdot \frac{1 - pai}{pai}$$

式中,min,$P_{act,ly}$是活性矿化磷的量(mg/kg);$P_{solution,ly}$是水溶性磷量(mg/kg);pai 是磷的有效指数。

(2) 稳态矿质磷浓度的初始化

$$minP_{sta,ly} = 4 \cdot minP_{act,ly}$$

其中,$minP_{sta,ly}$是稳态矿质磷浓度(mg/kg);$minP_{act,ly}minP_{act,ly}$是活性矿质磷浓度(mg/kg)。

3) 有机磷的初始化

这是建立在腐殖质 N:P 为 8:1 的基础上来赋值的,土壤层中腐殖质有机磷浓度通过下式计算:

$$orgP_{hum,ly} = 0.125 \cdot orgN_{hum,ly}$$

其中,$orgP_{hum,ly}$是土壤层中腐殖质有机磷的浓度(mg/kg);$orgN_{hum,ly}$是土壤层中腐殖质有机氮的浓度(mg/kg)。

新鲜有机磷除土壤顶部 10 mm 外,其他所有层均被初始化为 0。顶部 10 mm 新鲜有机磷的浓度为:

$$orgP_{frsh,surf} = 0.0003 \cdot rsd_{surf}$$

其中,rsd_{surf}是土壤顶部 10 mm 残渣量(kg/hm²);$orgP_{frsh,surf}$是土壤顶部 10 mm 新鲜有机磷的量(kg P/hm²)。

尽管 SWAT 模型允许养分值以浓度形式输入,但它计算的时候都是以量来计算的。把浓度转换为量,用下式来表示:

$$\frac{conc_p \cdot \rho_b \cdot depth_{ly}}{100} = \frac{kgP}{hm^2}$$

式中,$conc_p$ 是土壤层中磷的浓度(单位:mg/kg 或 ppm);ρ_b 是土壤层的容重(mg/m³),$depth_{ly}$是土壤层的深度(mm)。

有关磷的计算的输入变量如表 6-2-5。

4) 磷的矿化、分解和固定

矿化作用是指由微生物作用把植物无法吸收的有机磷转化为植物能吸收的无机磷的过程;分解作用是指新鲜有机残渣腐烂为较简单有机成分的过程;固定作用是指由微生物作用把植物能够吸收的无机磷转化为植物无法吸收的有机磷的过程。

SWAT 中磷的矿化作用的算法同时集成了磷的固定作用。由 Jones 等发展的磷的矿化模型类似于氮矿化模型的结构。矿化作用的两个源:与作物残渣微生物生物量有关的新鲜有机磷和与土壤腐殖质有关的活性有机磷。矿化作用和分解作用仅仅在温度大于 0 ℃以上时发生。

有关磷模拟计算时的输入变量表见表 6-2-5 所示。

表 6-2-5　有关磷模拟计算时 SWAT 输入变量表

变量名	定义	输入文件
SOL_SOLP	$P_{solutionly}$:土层初始可溶性磷浓度(mg/kg or ppm)	.chm
SOL_ORGP	$orgP_{hum,ly}$土层初始腐殖质有机磷(mg/kg or ppm)	.chm
PSP	pai:磷的利用率指数	.bsn
RSDIN	rsd_{surf}:土壤顶部 10 mm 的残渣池中的材料(kg/hm²)	.hru
SOL_BD	ρ_b:层的堆积密度	.sol

矿化作用和分解作用依赖于水的有效性和温度。养分循环中温度因素计算如下:

$$\gamma_{tmp,ly} = 0.9 \cdot \frac{T_{soil,ly}}{T_{soil,ly} + exp[9.93 - 0.312 \cdot T_{soil,ly}]} + 0.1$$

式中,$\gamma_{tmp,ly}$ 是土壤养分循环的温度因素;$T_{soil,ly}$ 是土壤层的温度(℃),养分循环的温度因素不允许低于 0.1。

养分循环中水因素由下式求得:

$$\gamma_{sw,ly} = \frac{SW_{ly}}{FC_{ly}}$$

式中,$\gamma_{sw,ly}$ 是土壤层养分循环的水因素;SW_{ly} 是给定一天的土壤层含水量(mmH₂O);FC_{ly} 是田间持水量时土壤的含水量(mmH₂O),养分循环水因素不能低于 0.05。

(1) 腐殖质矿化作用

用腐殖质中活性有机氮与稳态有机氮之间的比率把腐殖质中的磷分为活性有机磷和稳态有机磷。分别按照下式进行计算

$$\mathrm{orgP_{act,ly}} = \mathrm{orgP_{hum,ly}} \cdot \frac{\mathrm{orgN_{act,ly}}}{\mathrm{orgN_{act,ly}} + \mathrm{orgN_{sta,ly}}}$$

$$\mathrm{orgP_{sta,ly}} = \mathrm{orgP_{hum,ly}} \cdot \frac{\mathrm{orgN_{sta,ly}}}{\mathrm{orgN_{act,ly}} + \mathrm{orgN_{sta,ly}}}$$

式中，$\mathrm{orgP_{act,ly}}$是腐殖质中活性有机磷的量（$\mathrm{kg\ P/hm^2}$）；$\mathrm{orgP_{hum,ly}}$腐殖质中有机磷的量（$\mathrm{kg/hm^2}$）；$\mathrm{orgP_{sta,ly}}$是腐殖质中稳态有机磷的含量（$\mathrm{kg\ P/hm^2}$），$\mathrm{orgN_{act,ly}}$是活性有机氮的含量（$\mathrm{kg/hm^2}$），$\mathrm{orgN_{sta,ly}}$是稳态有机氮的含量（$\mathrm{kg\ N/hm^2}$）。

由腐殖质中活性有机磷矿化量为：

$$\mathrm{P_{min\,a,ly}} = 1.4 \cdot \beta_{min} \cdot (\gamma_{tmp,ly} \cdot \gamma_{sw,ly})^{1/2} \cdot \mathrm{orgP_{act,ly}}$$

式中，$\mathrm{P_{min\,a,ly}}$是由活性有机磷矿化的磷量（$\mathrm{kg\ P/hm^2}$）；β_{min}是活性有机磷矿化的速度系数。$\gamma_{tmp,ly}$是养分循环的温度因素；$\gamma_{sw,ly}$是养分循环中的水因素；$\mathrm{orgP_{act,ly}}$是活性有机磷的量（$\mathrm{kg\ P/hm^2}$）。

由腐殖质活性有机磷矿化的磷转化为水溶性磷。

（2）残渣的分解和矿化

新鲜有机磷的分解和矿化仅仅发生于第一个土壤层，分解和矿化由每天的衰减常数控制（decay rate constant），衰减常数由 C∶N、C∶P、温度和土壤水含量组成的函数计算。

残渣 C∶N 由下式计算：

$$\varepsilon_{C:N} = \frac{0.58 \cdot \mathrm{rsd_{ly}}}{\mathrm{orgN_{frsh,ly}} + \mathrm{NO_{3,ly}}}$$

其中，$\varepsilon_{C:N}$是土壤层中残渣 C∶N；$\mathrm{rsd_{ly}}$是土壤层中残渣量（$\mathrm{kg/hm^2}$）；0.58 是残渣中碳的百分含量；$\mathrm{NO_{3,ly}}$是土壤层中硝态氮的含量（$\mathrm{kg\ N/hm^2}$）。

残渣中 C∶P 的计算：

$$\varepsilon_{C:P} = \frac{0.58 \cdot \mathrm{rsd_{ly}}}{\mathrm{orgP_{frsh,ly}} + \mathrm{P_{solution,ly}}}$$

其中，$\varepsilon_{C:P}$是土壤层中残渣 C∶P；$\mathrm{rsd_{ly}}$是土壤层中残渣量（$\mathrm{kg/hm^2}$）；0.58 是残渣中碳的百分含量；$\mathrm{orgP_{frsh,ly}}$是土壤层中新鲜有机磷的含量（$\mathrm{kg\ P/hm^2}$），$\mathrm{P_{solution ly}}$是土壤层中溶解磷的含量（$\mathrm{kg\ P/hm^2}$）。

衰减常数是残渣中被分解的部分占总残渣的分数。衰减常数通过下式计算：

$$\delta_{ntr,ly} = \beta_{rsd} \cdot \gamma_{ntr,ly} \cdot (\gamma_{tmp,ly} \cdot \gamma_{sw,ly})^{1/2}$$

式中，$\delta_{ntr,ly}$是残渣衰减率；β_{rsd}是残渣中新鲜有机养分矿化的速度系数；$\gamma_{ntr,ly}$是土壤层养分循环中残渣组成因素；$\gamma_{tmp,ly}$是土壤层养分循环的温度因素；$\gamma_{sw,ly}$是土壤层养分循环的水因素。

养分循环残渣组成因素的计算：

$$\gamma_{ntr,ly} = \begin{cases} \exp\left[-0.693 \cdot \dfrac{(\varepsilon_{C:N} - 25)}{25}\right] \\ \exp\left[-0.693 \cdot \dfrac{(\varepsilon_{C:P} - 200)}{200}\right] \\ 1.0 \end{cases}$$

式中，$\gamma_{ntr,ly}$是养分循环的残渣组成因素；$\varepsilon_{C:N}$是土壤层中残渣的 C∶N；$\varepsilon_{C:P}$是土壤层中残渣的 C∶P。

残渣新鲜有机磷的矿化量：

$$\mathrm{P_{minf,ly}} = 0.8 \cdot \delta_{ntr,ly} \cdot \mathrm{orgP_{frsh,ly}}$$

式中，$P_{minf,ly}$是新鲜有机磷的矿化量（kg N/hm²）；$\delta_{ntr,ly}$是残渣衰减率；$orgP_{frsh,ly}$是在土壤层中新鲜有机磷的量（kg N/hm²），由新鲜有机磷矿化的磷转化为水溶性磷。

残渣新鲜有机磷的分解量为

$$P_{dec,ly} = 0.2 \cdot \delta_{ntr,ly} \cdot orgP_{frsh,ly}$$

其中，$N_{dec,ly}$是残渣新鲜有机磷的分解量（kg N/hm²）；$\delta_{ntr,ly}$是残渣衰减率；$orgN_{frsh,ly}$是土壤层中新鲜有机磷的量（kg N/hm²）。由新鲜有机磷分解磷转化为腐殖质活性有机磷。

有关矿化作用的输入变量见表 6-2-6。

表 6-2-6 有关矿化作用的 SWAT 输入变量

变量名	定义	输入文件
CMN	β_{min}：腐殖质活性有机养分矿化速率系数	. bsn
RSDCO	β_{rsd}：残渣新鲜有机养分矿化速率系数	. bsn
RSDCO_PL	β_{rsd}：残渣新鲜有机养分矿化速率系数	crop. dat

5）无机磷的吸附作用

许多研究表明，水溶性磷施用后，水溶性磷的浓度由于与土壤反应而随时间迅速降低，随后降低的速度很慢，可以持续几年。为了解释水溶性磷施用后初期浓度迅速降低，SWAT 假设在水溶性磷与活性矿质态磷之间存在快速的平衡，随后的慢速反应被假设为在活性矿质态磷和稳态矿质态磷之间存在慢速的平衡。三种状态之间无机磷的移动运算法则采用 Jones 等 1984 年的研究成果。

水溶性磷与活性矿质态磷之间的平衡受磷的有效指数控制。这个指数确定了经过一个熟化过程后，磷肥溶解的比例，也就是快速反应后水溶性磷占磷肥的比例。

关于磷的有效指数发展了许多方法。Jones 等推荐了一种由 Sharpley 等描述的方法。在该方法中，不同数量的磷以溶解态的 K_2HPO_4 方式施加到土壤中。土壤被湿润到田间持水量，然后在 25 ℃时慢慢干燥，干了后再用除去离子的水弄湿。在以后的 6 个月内，这种过程一直反复。结束后，水溶性磷由阴离子交换树脂提取出来即可。

无机磷吸附作用计算需要输入的变量如表 6-2-7。

表 6-2-7 有关无机磷吸附作用的 SWAT 输入变量

变量名	定义	输入文件
PSP	pai：Phosphorus availability index	. bsn

磷的有效指数即为

$$pai = \frac{P_{solution,f} - P_{solution,i}}{fert_{min,p}}$$

其中，pai 是磷的有效指数；$P_{solution,f}$是施肥并快速反应后的磷量；$P_{solution,i}$是施肥后溶液中磷的量；$fert_{min,p}$是添加到样品中的水溶性磷。

水溶性磷和活性矿质态磷之间转化平衡方程为

$$P_{sol/act,ly} = P_{solution,ly} - minP_{act,ly} \cdot \left(\frac{pai}{1-pai}\right) \text{当 } P_{solution,ly} > minP_{act,ly} \cdot \left(\frac{pai}{1-pai}\right)$$

$$P_{sol/act,ly} = 0.1 \cdot \left[P_{solution,ly} - minP_{act,ly} \cdot \left(\frac{pai}{1-pai} \right) \right] 当 P_{solution,ly} < minP_{act,ly} \cdot \left(\frac{pai}{1-pai} \right)$$

其中,$P_{sol/act,ly}$是水溶性磷与活性矿质态磷之间转换的量(kg P/hm²);$P_{solution,ly}$是溶液中磷的量(kg P/hm²);$minP_{act,ly}$是活性矿质态磷(kg P/hm²);pai 是磷的有效指数。当 $P_{sol/act,ly}$为正时,磷由水溶性磷向活性矿质态磷转化;为负时,磷由活性矿质态磷向水溶性磷转化。由活性矿质态磷向水溶性磷转化的速率是水溶性磷向活性矿质态磷转化速率的1/10。

SWAT 通过假设活性矿质态磷与稳态矿质态磷之间处在缓慢平衡中来模拟缓慢的磷吸附作用。在平衡状态下,稳定矿质态磷是活性矿质态磷的 4 倍。

不平衡状态下速效矿质态磷和稳定矿质态磷之间的移动受下式控制:

$$P_{act/sta,ly} = \beta_{eqP} \cdot (4 \cdot minP_{act,ly} - minP_{sta,ly}) \text{ if } minP_{sta,ly} < 4 minP_{act,ly}$$

$$P_{act/sta,ly} = 0.1 \cdot \beta_{eqP} \cdot (4 \cdot minP_{act,ly} - minP_{sta,ly}) \text{ if } minP_{sta,ly} > 4 minP_{act,ly}$$

其中,$P_{act/sta,ly}$是在活性矿质态磷与稳定矿质态磷之间转化的磷量(kg P/hm²);β_{eqP}是缓慢平衡速度常数(0.000 6d⁻¹);$minP_{act,ly}$是活性矿质态磷的量(kg P/hm²);$minP_{sta,ly}$是稳定矿质态磷的量(kg P/hm²)。当 $P_{act/sta,ly}$是正时,磷由活性矿质态磷向稳定矿质态磷转化;反之,磷由稳定矿质态磷向活性矿质态磷转化。由稳定矿质态磷向活性矿质态磷的转化速率是由活性矿质态磷向稳定矿质态磷转化速率的1/10。

有关无机磷吸附作用的输入变量见表 6-2-8。

表 6-2-8 有关无机磷吸附作用的 SWAT 输入变量

变量名	定义	输入文件
PSP	pai:磷利用率指数	.bsn

6) 磷的下渗

土壤中磷移动的首要机制是扩散。扩散是土壤溶液中由于浓度差而形成的近距离(1~2 mm)离子运动。浓度差是由于植物根系吸收了根部附近的水溶性磷而使得土壤溶液中的水溶性磷向其移动。

由于磷的低活性,SWAT 规定水溶性磷仅仅从土壤层顶部 10 mm 下渗到土壤第一层。水溶性磷由土壤顶部 10 mm 下渗到土壤第一层的量为

$$P_{perc} = \frac{P_{solution,surf} \cdot W_{perc,surf}}{10 \cdot \rho_b \cdot depth_{surf} \cdot k_{d,perc}}$$

其中,P_{perc}是磷由土壤顶部 10 mm 到土壤第一层的量(kg P/hm²);$P_{solution,surf}$是土壤顶部水溶性磷的量(kg P/hm²),$W_{perc,surf}$是特定一天内由土壤顶部 10 mm 渗透到土壤第一层的水量(mmH₂O);ρ_b 是土壤顶部 10 mm 的容重(mg/m³)(假定顶部 10 mm 的容重与第一层容重相同);$depth_{surf}$是表面层的深度(10 mm);$k_{d,perc}$是磷渗透系数(10 m³/mg)。磷的渗透系数是土壤表面 10 mm 磷的浓度与滤液中磷的浓度之比。

有关磷下渗的输入变量如表 6-2-9。

表 6-2-9 有关磷下渗的 SWAT 输入变量

变量名	定义	输入文件
SOL_BD	ρ_b:层的堆积密度(mg/m³)	.sol
PPERCO	$k_{d,perc}$:磷渗透系数(10 m³/mg)	.bsn

3. 氮和磷的传输过程

养分从地面到河流和水体的迁移,是土壤侵蚀、风化的结果。然而,过多的养分进入河道和水体将加速水体的富营养化。下面主要介绍 SWAT 模型中模拟氮和磷从陆地到河网迁移过程的相关数学模型。

1) 硝酸盐的迁移

大多数土壤矿物质在正常的 pH 是带负电荷的,与阴离子的交互作用主要表现在排斥的现象,例如硝酸盐,被土壤颗粒表面所排斥的,这种排斥通常称为负吸附或阴离子排除。

由于对阳离子优先吸引,阴离子被从邻近矿物质的表面的区域中排除。

硝酸盐可以通过地表径流、侧流或渗透进行传输。为了计算在水中运移的硝酸盐数量,就需要计算在动态水中聚集的硝酸盐的浓度,然后用通路中的水量乘以这个浓度,即得到土壤层流失的硝酸盐。

在动态水中的硝酸盐浓度由下式计算:

$$conc_{NO_3,mobile} = \frac{NO_{3,ly} \cdot exp\left[\frac{-W_{mobile}}{(1-\theta_e)SAT_{ly}}\right]}{W_{mobile}}$$

式中,$conc_{NO_3,mobile}$ 是某一土壤层中流动水中硝酸盐的浓度($kg\ N/mmH_2O$);$NO_{3,ly}$ 是土壤层中硝酸盐的量($kg\ N/hm^2$);W_{mobile} 是土壤层中流动水量(mmH_2O);θ_e 是阴离子被排斥的孔隙度;SAT_{ly} 是土壤层的饱和水含量。

土壤层中流动水量是指由地表径流、侧流和下渗所损失的水量

$$W_{mobile} = Q_{surf} + Q_{lat,ly} + W_{perc,ly} \qquad 用于顶部\ 10\ mm$$

$$W_{mobile} = Q_{lat,ly} + W_{perc,ly} \qquad 用于较低土壤层$$

其中:W_{mobile} 是土壤层中流动水的量(mmH_2O);Q_{surf} 是某一天内产生的地表径流(mmH_2O);$Q_{lat,ly}$ 是侧流量(mmH_2O);$W_{perc,ly}$ 是某一天内下渗到土壤层的水量(mmH_2O)。

地表径流被允许传输土壤表层 10 mm 的养分,其中通过地表径流传输的硝酸盐量计算如下:

$$NO_{3,surf} = \beta_{NO_3} \cdot conc_{NO_3,mobile} \cdot Q_{surf}$$

其中:$NO_{3,surf}$ 是由地表径流带走的硝酸盐量($kg\ N/hm^2$);β_{NO_3} 是硝酸盐的下渗系数;$conc_{NO_3,mobile}$ 是土壤顶部 10 mm 流动水中硝酸盐的浓度($kg\ N/mmH_2O$);Q_{surf} 是某一天内产生的地表径流(mmH_2O)。

硝酸盐渗透系数可以由用户来设定,从而可以从地表径流中硝酸盐浓度计算渗漏水中硝酸盐的浓度。其中,侧流中移走的硝酸盐量通过下式计算:

$$NO_{3lat,ly} = \beta_{NO_3} \cdot conc_{NO_3,mobile} \cdot Q_{lat,ly} \qquad 用于顶部\ 10\ mm$$

$$NO_{3lat,ly} = conc_{NO_3,mobile} \cdot Q_{lat,ly} \qquad 用于较低土壤层$$

其中:$NO_{3lat,ly}$ 是经由侧流移走的硝酸盐;β_{NO_3} 是硝酸盐的下渗系数;$conc_{NO_3,mobile}$ 是土壤顶部 10 mm 流动水中硝酸盐的浓度($kg\ N/mmH_2O$);$Q_{lat,ly}$ 是侧流量(mmH_2O)。由渗透水运移到土壤层下的硝酸盐量通过下式计算:

其中:$NO_{3perc,ly}$ 是由渗透作用移到土壤层下的硝酸盐($kg\ N/hm^2$);$conc_{NO_3,mobile}$ 是土壤层中流动水的硝酸盐浓度($kg\ N/mmH_2O$);$W_{perc,ly}$ 是某一天内下渗到土壤层下的水量(mmH_2O)。

2) 地表径流中有机氮的传输

吸附于土地颗粒上的有机氮可以通过地表径流传输到主河道,这种形式的氮与水文响应单元的产沙量关系密切,产沙量的变化将直接影响有机氮的产出。随着泥沙传输流入河流的有机氮数量采用由 McElroy 等开发后经 Williams 和 Hann 修改的方程来进行计算:

$$\text{orgN}_{\text{surf}} = 0.001 \cdot \text{conc}_{\text{orgN}} \cdot \frac{\text{sed}}{\text{area}_{\text{hru}}} \cdot \varepsilon_{\text{N; sed}}$$

其中:$\text{orgN}_{\text{surf}}$ 是由地表径流传输到主河道的有机氮量(kg N/hm^2);$\text{conc}_{\text{orgN}}$ 是土壤表层 10 mm 的有机氮浓度(g/metric ton soil);sed 是某一天的产沙量(t);area_{hru} 是水文响应单元的面积(hm^2);$\varepsilon_{\text{N; sed}}$ 是氮的富集率。

土壤表层 10 mm 的有机氮浓度由下式计算:

$$\text{conc}_{\text{orgN}} = 100 \cdot \frac{(\text{orgN}_{\text{frsh, surf}} - \text{orgN}_{\text{sta, surf}} - \text{orgN}_{\text{act, surl}})}{\rho_b \cdot \text{depth}_{\text{surf}}}$$

其中:$\text{orgN}_{\text{frsh, surf}}$ 是土壤表层 10 mm 新鲜有机氮数量(kg N/hm^2);$\text{orgN}_{\text{sta, surf}}$ 是稳定态氮量(kg N/hm^2);$\text{orgN}_{\text{act, surl}}$ 是土壤表层 10 mm 活性有机氮数量(kg N/hm^2);ρ_b 是第一土壤层的容重(mg/m^3);$\text{depth}_{\text{surf}}$ 是土壤表面层的深度,一般确定为 10 mm。

当地表径流流过土壤表面,流水能量的一部分用来冲刷和传输土壤颗粒。土壤颗粒比粗颗粒更容易被水冲走。被传输沉积物中颗粒大小分布与土壤表层的相比,进入主河道的沉积物大部分为黏土颗粒,也就是说,沉积物中富含黏土颗粒。土壤中的有机氮首先会被吸附到胶质的黏土颗粒上,因此泥沙中的有机氮浓度要远远大于土壤表层中有机氮的浓度。

富集率是指泥沙中有机氮的浓度与土壤表层有机氮的浓度之比。SWAT 将计算每次暴雨事件的富集率或由用户来定义模拟过程中一个通用的富集率(即适合每次降雨事件的)。SWAT 模型采用由 Menzel 描述的方法来计算富集率。下面是应用于每次降雨事件的计算方法:

$$\varepsilon_{\text{N; sed}} = 0.78 \cdot (\text{conc}_{\text{sed, surq}})^{-0.2468}$$

其中:$\text{conc}_{\text{sed, surq}}$ 是地表径流中泥沙的含量($\text{mg sed/m}^3 \text{H}_2\text{O}$)。

地表径流中泥沙的含量通过下式计算:

$$\text{conc}_{\text{sed, surq}} = \frac{\text{sed}}{10 \cdot \text{area}_{\text{hru}} \cdot Q_{\text{surf}}}$$

其中:sed 是某一天的产沙量(t);area_{hru} 是水文响应单元的面积(hm^2);Q_{surf} 是某一天地表径流量(mmH_2O)。

有关有机氮传输的输入变量见表 6 - 2 - 10。

表 6 - 2 - 10　SWAT 中有关有机氮传输的输入变量

变量名	定义	输入文件
SOL_BD	ρ_b:容积密度(mg/m^3)	.sol
ERORGN	$\varepsilon_{\text{N; sed}}$:氮的富集率	.hru

3) 可溶性磷的迁移

土壤中可溶性磷迁移的最主要的途径是扩散。扩散是 P 离子在土壤溶液中由于浓度剃度而反映出来的一个较小距离(1~2 mm)的迁移。由于可溶解磷的迁移率低,地表径流只能部分地与土壤顶部 10 mm 内包含的可溶性磷进行作用。可溶性磷在表面径流中传输的量为:

$$P_{surf} = \frac{P_{solution,surf} \cdot Q_{surf}}{\rho_b \cdot depth_{surf} \cdot k_{d,surf}}$$

式中，P_{surf} 是地表径流中传输的可溶性磷(kg/hm^2)；$P_{solution,surf}$ 是土壤表层 10 mm 所含可溶性磷的量(kg/hm^2)；Q_{surf} 是某一天地表径流量(mmH_2O)；ρ_b 是土壤顶部 10 mm 的容重(mg/m^3)；$depth_{surf}$ 是土壤表层的深度(10 mm)；$k_{d,surf}$ 是磷的土壤分配系数(m^3/mg)。

磷的土壤分配系数是指土壤表层 10 mm 可溶性磷的浓度与地表径流中可溶性磷浓度之比。

有关可溶性磷迁移的输入变量见表 6-2-11。

表 6-2-11　SWAT 中有关可溶性磷迁移的输入变量

变量名	定义	输入文件
SOL_BD	ρ_b：体积密度	.sol
PHOSKD	$k_{d,surf}$：磷土分配系数(m^3/mg)	.bsn

4) 地表径流中吸附到沉积物上的有机磷和矿物磷的传输

吸附在土壤颗粒上的有机磷和矿物磷被地表径流传输到主河道中。这种形式的磷是从水文响应单元中产出的沉积物(泥沙)携带的，沉积物(泥沙)产出量的大小直接影响吸附态磷的产出量。随泥沙传输到河道中的吸附态磷数量的计算方法采用由 McElrig 等开发后经 Williams 和 Hann 修改的传输方程计算：

$$sedP_{surf} = 0.001 \cdot conc_{sedP} \cdot \frac{sed}{area_{hru}} \cdot \varepsilon_{P:sed}$$

式中，$sedP_{surf}$ 地表径流中随产沙传输到主河道的磷(kg/hm^2)；$conc_{sedP}$ 是土壤表层 10 mm 中吸附在沉积物上磷的浓度(gp/metric to soil)；sed 是某一天产沙量(t)；$area_{hru}$ 水文响应单元的面积(hm^2)；$\varepsilon_{P:sed}$ 是磷的富集率。

土壤表层吸附在沉积物上的磷的浓度 $conc_{sedP}$ 由下式计算：

$$conc_{sedP} = 100 \cdot \frac{(minP_{act,surf} + minP_{sta,surf} + orgP_{hum,surf} + orgP_{frsh,surf})}{\rho_b \cdot depth_{surf}}$$

式中，$minP_{act,surf}$ 是土壤表层 10 mm 活性矿物态磷的量(kg/hm^2)；$minP_{sta,surf}$ 是土壤表层 10 mm 稳定态磷量(kg/hm^2)；$orgP_{hum,surf}$ 是土壤表层 10 mm 腐殖质中有机磷($kg\ P/hm^2$)；$orgP_{frsh,surf}$ 是土壤表层 10 mm 新鲜有机磷(kg/hm^2)；ρ_b 是第一土壤层的容重(mg/m^3)；$depth_{surf}$ 是土壤表面的深度(10 mm)。

富集率定义为通过泥沙传输的磷的含量和土壤表层磷含量的比率。SWAT 模型中计算每一次降雨事件的磷的富集率或由用户来定义模拟过程中被泥沙吸附的磷富集率。SWAT 模型采用了由 Menzel 开发的关系式来计算富集率，在这个算法中，富集率和泥沙含量有关。对于每一个降雨事件，磷素富集率 $\varepsilon_{P:sed}$ 的计算公式为：

$$\varepsilon_{P:sed} = 0.78 \cdot (conc_{sed,surq})^{-0.2468}$$

式中，$conc_{sed,surq}$ 表示表面径流中的泥沙含量(mg sed/m^3 H_2O)。计算方法如下式所示：

$$conc_{sed,surq} = \frac{sed}{10 \cdot area_{hur} \cdot Q_{surf}}$$

式中，sed 表示某一天泥沙的产出量；$area_{hur}$ 表示水文响应单元面积(hm^2)，Q_{surf} 表示某一天表面径流的产出量(mmH_2O)。

有关吸附磷的输入变量见表6－2－12。

表6－2－12 SWAT中有关吸附磷的输入变量

变量名	定义	输入文件
SOL_BD	ρ_b：体积密度（mg/m³）	.sol
ERORGP	$\varepsilon_{P,sed}$：磷富集率	.hru

4．地表径流和侧流中养分的滞后

SWAT模型以日作为模拟的时间步长，对于较大流域，表面径流汇聚时间可能会大于一天，当天也许只有部分产生的地表径流和侧流到达主河道。SWAT采用贮存特征的方法来延迟部分地表径流和侧流到达主河道的时间，同样，在地表径流和侧流中的养分也随之被延缓到达主河道。

$$NO_{3surf} = (NO'_{3surf} - NO_{3surstor,I-1}) \cdot \left[1 - \exp\left(\frac{-sur_{lag}}{t_{conc}}\right)\right]$$

$$NO_{3lat} = (NO'_{3lat} - NO_{3latstor,I-1}) \cdot \left[1 - \exp\left(\frac{-1}{TT_{lat}}\right)\right]$$

$$orgN_{surf} = (orgN'_{surf} - orgN_{stor,I-1}) \cdot \left[1 - \exp\left(\frac{-sur_{lag}}{t_{conc}}\right)\right]$$

$$P_{surf} = (P'_{surf} - P_{stor,I-1}) \cdot \left[1 - \exp\left(\frac{-sur_{lag}}{t_{conc}}\right)\right]$$

$$sedP_{surf} = (sedP'_{surf} - sedP_{stor,I-1}) \cdot \left[1 - \exp\left(\frac{-sur_{lag}}{t_{conc}}\right)\right]$$

一旦地表径流和侧流传输的养分数量计算完成，利用贮存特征方法计算的流入到主河道的养分数量将由上面的系列公式计算：

式中：NO_{3surf}是某一天内地表径流中释放到主河道的硝酸盐量（kg/hm²）；

NO'_{3surf}是某一天内水文响应单元内产生的地表径流中所含硝酸盐量（kg/hm²）；

$NO_{3surstor,I-1}$是前一天产生因延迟而贮存的地表径流中硝酸盐量（kg/hm²）；

NO_{3lat}是某一天由侧流中释放到主河道的硝酸盐量（kg/hm²）；

NO'_{3lat}是某一天水文响应单元内产生的侧流中硝酸盐量（kg/hm²）；

$NO_{3latstor,I-1}$是前一天产生因延迟而贮存的侧流中硝酸盐量（kg/hm²）；

$orgN_{surf}$是某一天地表径流中释放到主河道的有机氮量（kg/hm²）；

$orgN'_{surf}$是某一天水文响应单元当天产生的有机氮量（kg/hm²）；

$orgN_{stor,I-1}$是前一天因延迟而贮存的有机氮量（kg/hm²）；

P_{surf}是某一天地表径流释放到主河道的可溶性磷量（kg/hm²）；

P'_{surf}是某一天水文响应单元内产生的可溶性磷量（kg/hm²）；

$P_{stor,I-1}$是前一天因延迟而贮存的可溶性磷量（kg/hm²）；

$sedP_{surf}$是某一天释放到主河道的地表径流中吸附到沉积物上的磷量（kg/hm²）；

$sedP'_{surf}$是某天水文响应单元当天产生的吸附到沉积物上的磷量（kg/hm²）；

$sedP_{stor,I-1}$是前一天延迟而储存的吸附到沉积物上的磷量（kg/hm²）；

sur_{lag}是地表径流滞后系数；

t_{conc}是水文响应单元的积聚时间(d);

TT_{lat}是侧流传输的时间(d)。

有关养分滞后传输的输入变量见表6-2-13。

表6-2-13　SWAT中有关养分滞后传输的输入变量

变量名	定义	输入文件
SURLAG	sur_{lag}:地表径流滞后系数	.bsn
LAT TIME	TT_{lat}:侧流时间(天)	.hru

以上6.2.2节讨论的部分,是SWAT模型中关于养分迁移的产和输过程机理的数学表达。其他还有涉及植被、农作物生长对养分吸收过程机理;水库、池塘、湿地等对养分的截留过程机理描述以及河道水质过程变化等,由于篇幅关系,这部分内容没有列出。

6.2.3　基础数据以及分布式建模的空间离散化和参数化处理

自然状态的流域特征是非常复杂的,流域内部各地理要素和地理过程存在着较大的时空变异。在流域建模模拟研究中,比较常用的方法就是所谓分布式流域建模方法,即将整个流域划分成较小的空间单元,模型在每一个空间单元上运行。可以认为在每一个空间单元内部,各影响因子的属性是相对均一的,具有相似的地理过程响应。空间单元的划分,就是流域模拟研究中"分布式"的其中一个含义,通常称之为离散化过程。分布式建模的另一个关键环节,就是空间参数化过程,即对空间离散化处理后所生成的离散地域元的属性进行说明和定值的方法。空间参数化通常涉及多种数据类型和野外实测、遥感、GIS以及数理统计等多种技术方法的综合应用。这些在第四章中已有较详细的叙述。

1. 基础数据

研究区还是江西潋水河流域,参看第三章第二节,这里只谈基础数据。研究中采用的数据分为地形、土壤、气象、土地利用、水文观测、农业管理措施等多种尺度、多种格式的空间和属性数据,研究中选择了和我国基础地形图相一致的高斯-克吕格投影系统。所有的图件和相关的点位坐标(气象站,水文站)都采用了高斯-克吕格投影的坐标体系。

1)地形、河道数据

包括研究区的数据高程模型(DEM)和流域界限以及数字河网图等。第三章第二节和第五章第三节已经细述。这里不再重复。

2)气象观测数据

包括日最高气温、日最低气温、风速、相对湿度、降水等数据。分别来源于兴国县气象站(位于县城内)或东村、莲塘、古龙岗、樟木、兴江等雨量站的逐日观测资料,时段为1991—2000年或1993—1995年。这些在第五章第三节中已有详述。

3）遥感卫星图像数据

所用的遥感图像为美国陆地卫星 Landsat-5 的 TM 影像，共 7 个波段，时相为 1995 年 12 月 7 日。图像经过几何精校正，并用曾志远研发的新的图像变换方法进行了数据变换，用变换得到的 L 图像（赋红色）、B 图像（赋蓝色）和 V 图像（赋绿色）生成了接近自然色彩的彩色 LBV 合成图像。在此合成图像上，红色为裸露地，绿色为植被，蓝色为水体（山地阴影也为蓝色）。其他过渡色黄、品、青则分别为合乎逻辑的稀疏植被、湿裸地和水植混合体。

4）土壤数据

土壤数据包括土壤物理、土壤化学和土壤类型空间分布资料，均取自《兴国县土壤》一书。其 1∶25 万土壤类型图经手工数字化，并进行了后续处理。

土壤的物理属性资料包括部分土壤类型分层的质地采样数据；土壤化学属性资料为部分土壤类型中的养分含量，包括有机质、pH、全氮、全磷、碱解氮、速效磷和速效钾 7 项。均详见第五章第三节。

5）水库数据和农业管理资料

流域内共有大小 5 个水库的资料。农业管理资料包括作物类型、灌溉措施、耕作方式、轮作的大概时间等。均详见第五章第三节。

6）水文观测资料

流域出口断面所在地是东村水文站。我们获得了该站的逐日径流和泥沙观测值，观测时间为 1991—2000 年。录入后，以 ArcView 的 dbf 格式文件存贮。

2. 潋水流域空间离散化的实现

分布式参数模型因为具有较高的空间分辨率而成为流域过程模型发展的主流，而空间离散化方法研究则是分布式流域建模的核心研究内容之一。

1）离散方法的设计

流域的空间离散化问题，在第四章第三节中已有详述，这里摘要叙述几点。

离散的尺度要小到能够反映出地理因素的空间变化，又要大到可以较正确地获取各种输入参数、运行模型的水平。要根据实际的研究目的来分别采用或综合采用。

潋水河流域相对较大，流域内部景观结构较为复杂，采用格网离散是不现实的，适合采用子流域和水文响应单元的离散方法。离散流程图如图 6 - 2 - 7。

离散方案的实现可分以下三个步骤：

（1）利用 TM 遥感卫星得到的土地利用图和数字土壤图进行叠加分析，在每个子流域内部生成多个统计影像，在图像处理软件辅助下，通过目视解译方法或监督分类的方法，获得研究区的土地利用分类图。

（2）利用基于数字高程模型的流域水文建模的方法，在 GIS 系统辅助下，生成流域河网和流域界限；然后将整个流域从空间上划分成为一个个的子流域。

（3）将生成的子流域图、遥感图像分类得意义上（面积）由单一土壤、植被组合而成的水文响应单元。

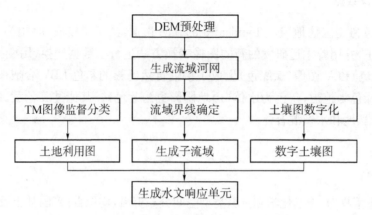

图 6-2-7　划分子流域和水文响应单元的空间离散流程图

2）土地利用制图

设计了土地利用图的更新方案,从兴国县土地管理局收集了 1993 年的土地利用图并进行了数字化,同时购买了 2000 年 1 月 27 日的遥感卫星图像,利用目视解译的方法,进行了土地利用制图。

3）流域河网的生成/子流域的划分以及流域边界修正

在第四章第三节中已有详述。

4）子流域内部水文响应单元(HRUs)的生成

在第四章第三节中已有详述,这里仅做一点补充。

就研究区激水流域(579 km²)而言,离散到 62 个子流域的方案下,每个子流域的平均面积也达 9.3 km²;在每一个子流域内部存在着多种方式的土壤-植被组合,不同的土被组合也具有不同的水文响应,为了进一步反映这种子空间内部的类型差异,需要在每个子流域内部进行水文响应单元的进一步细分。

水文响应单元有两种划分方法:一种是图层空间叠加划分的方法,如图 6-2-8(a)所示。叠加分析后,在子流域内部生成一定空间范围的水文响应单元。这种方法在叠加分析前,需要确定因子类型,进行制图综合;叠加分析后需要消除碎屑多边形,并进行第二次制图综合。这种方法涉及地理因子类型筛选和大量的制图综合问题,实现起来难度较大,适用于研究区范围较小或对模拟空间精度要求较高的情况。在我们的工作中采用了空间统计叠加的方法,如图 6-2-8(b)所示。细节请参看第四章第三节。

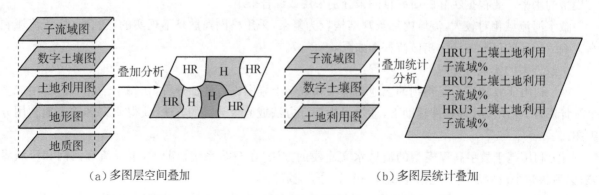

（a）多图层空间叠加　　　　　　　　　　　　　（b）多图层统计叠加

图 6-2-8　水文响应单元的划分示意

　　下面选择子流域 2,来说明水文响应单元的划分前后土壤和土地利用类型的变化及其内部水文响应单元的分布状况。

　　表 6-2-14 为子流域 2 中,经过子流域界限和土地利用图以及土壤类型图叠加运算后,其内部土地利用类型和土壤类型分布统计数据。RNGB,FRSD,WATR,FRSE,FRST,URLD,RICE 分别表示不同土地利用类型的代码;Soil-15,Soil-40,Soil-41,Soil-13 分别表示不同的土壤类型代码。表 6-2-15 为 HRUs 划分后,子流域内部土地利用、土壤类型分布及生成的 HRUs 统计。对于土地利用类型应用的阈值为 10%,占子流域面积远小于 10% 的土地利用类型(RNGE,WATR,URLD)被忽略掉,其面积按比例分配到其他土地利用类型中。同样,对于特定土地利用类型中分布的土壤类型,应用的阈值为 15%,从表 6-2-15 中可以明显看出,子流域 2 中共生成 3 个 HRUs。

表 6-2-14　子流域 2 中土地利用类型和土壤类型分布

	面积/hm²	占流域总面积/%	占子流域总面积/%
子流域 2	703.5	1.21	
土地利用类型:			
RNGB	24.71	0.04	3.51
FRSD	305.30	0.53	43.40
WATR	0.31	0.00	0.04
FRSE	52.93	0.09	7.52
FRST	273.20	0.47	38.84
URLD	9.20	0.02	1.31
RICE	37.85	0.07	5.38
土壤类型:			
Soil-15	23.52	0.04	3.34
Soil-40	95.28	0.16	13.54
Soil-41	528.39	0.91	75.11
Soil-13	56.31	0.10	8.00

　　通过以上方法,整个潋水河流域被划分成 62 子流域和 399 个 HRUs。每一个 HRUs 则是 SWAT 模型的基本运行单元。

　　流域-子流域-水文响应单元的空间离散方法生成的水文响应单元没有考虑其空间位置。模拟的空间位置精度只能到子流域。但地理因素的类型精度达到了单一土壤/土地利用组合的水文响应单元。如果要考虑每个子流域内部的空间模拟精度,可以考虑在子流域内部采取坡面离散方式或格网离散方式。这样就涉及更多种离散方式的组合应用问题,有待以后的工作中进一步研究。

　　空间离散是分布式流域模拟的重要环节。空间离散化实现之后,流域被分成了地理因素相对均一的地理单元——子流域和水文响应单元。这些单元可以充分反应自然流域由于地理因素的空间可变性带来的地理过程空间响应,也就是模型运行的基本单位。

表 6-2-15　水文响应单元 HRUs 划分后子流域 2 内部土地利用土壤类型分布及生成的 HRUs 统计

	面积/hm²	占流域总面积/%	占子流域总面积/%
子流域 2	703.50	1.21	

	面积/hm²	占流域总面积/%	占子流域总面积/%
土地利用类型:			
FRSD	371.26	0.64	52.77
FRST	332.24	0.57	47.23
土壤类型:			
Soil-40	70.03	0.12	9.96
Soil-41	633.47	1.09	90.04
生成的水文响应单元:			
1. FRSD/Soil-40	70.03	0.12	9.96
2. FRSD/Soil-41	301.23	0.52	42.82
3. FRST/Soil-41	332.24	0.57	47.23

在遥感和 GIS 技术的支持下,利用一定分辨率的遥感图像和栅格 DEM 实现流域离散化并从中提取分布式流域模型所需要的输入参数,纳入 GIS 的空间数据库统一管理,是一种方便、快捷、行之有效的手段,也是解决地理信息系统和流域模型之间接口的关键技术。

3. 潋水流域空间参数化的实现

流域空间参数化问题在第四章中已做过较多的讨论,这里只做若干补充。

1) 土壤参数化

土壤输入数据按照各类土壤类型组织的包括:(a) 每类土壤所属的水文单元组(soil hydrologic group);(b) 植被根系深度值;(c) 按土壤层分层输入的数据;(d) 土壤表面到各土壤层深度;(e) 土壤容重(moist bulk density);(f) 有效田间持水量(available water capacity);(g) 饱和的导水率(saturated hydraulic conductivity);(h) 每层土壤中的黏粒、粉砂、砂粒、砾石含量;(i) USLE 方程中的土壤可蚀性 K;(j) 野外土壤反照率(albedo);(k) 初始 NO_3 聚集量等。潋水流域内部共包含 23 类土壤类型,见表 6-2-16。

表 6-2-16 潋水流域土壤类型和面积的统计

类型	代码	面积/hm²	面积/%
1. 河积性潴育型水稻土	Soil-10	416.46	0.72
2. 红色黏土性潴育型水稻土	Soil-11	57.31	0.10
3. 千枚岩性潴育型水稻土	Soil-13	2 530.42	4.36
4. 花岗岩性潴育型水稻土	Soil-14	5 668.84	9.78
5. 泥质岩性潴育型水稻土	Soil-15	107.00	0.18
6. 河积性表潜型水稻土	Soil-19	35.12	0.06
7. 森林棕红壤	Soil-40	29 276.43	50.49
8. 森林黄红壤	Soil-41	12 604.10	21.74

续表

类型	代码	面积/hm²	面积/%
9. 山地黄壤	Soil-44	761.45	1.31
10. 棕色石灰土	Soil-45	348.02	0.60
11. 沤水田	Soil-32	426.19	0.74
12. 冷浸田	Soil-33	96.62	0.17
13. 矿毒田	Soil-34	238.89	0.41
14. 森林红壤	Soil-38	3 558.96	6.14
15. 河积性淹育型水稻土	Soil-1	262.88	0.45
16. 红沙岩性淹育型水稻土	Soil-3	26.49	0.05
17. 千枚岩性淹育型水稻土	Soil-4	337.03	0.58
18. 花岗岩性淹育型水稻土	Soil-5	633.35	1.09
19. 泥质岩性淹育型水稻土	Soil-6	27.88	0.05
20. 石英沙岩性淹育型水稻土	Soil-7	243.11	0.42
21. 石灰岩性淹育型水稻土	Soil-8	100.95	0.17
22. 千枚岩性表潜型水稻土	Soil-22	109.11	0.19
23. 花岗岩性表潜型水稻土	Soil-23	114.19	0.20

　　在空间离散化生成水文响应单元的处理中,对土壤类型进行了归并,取舍了一些面积较小的土壤类型,表 6-2-17 为经过 HRU 的划分取舍后的土壤类型和面积。

　　从表 6-2-16 和表 6-2-17 中可以看出,经过对较小面积土壤类型的取舍,模型模拟时的土壤类型为 13 类,其中 Soil-40,Soil-41,Soil-38,Soil-14 和 Soil-13 5 种土壤类型占 98% 的绝对比例。

表 6-2-17　经过 HRU 的划分取舍后的土壤类型和面积

类型	代码	面积/hm²	面积/%
1. 河积性潴育型水稻土	Soil-10	101.20	0.17
3. 千枚岩性潴育型水稻土	Soil-13	1 195.30	2.06
4. 花岗岩性潴育型水稻土	Soil-14	3 406.78	5.88
7. 森林棕红壤	Soil-40	34 084.16	58.79
8. 森林黄红壤	Soil-41	14 098.81	24.32
9. 山地黄壤	Soil-44	382.68	0.66
10. 棕色石灰土	Soil-45	260.72	0.45
13. 矿毒田	Soil-34	56.35	0.10
14. 森林红壤	Soil-38	4 139.65	7.14
15. 河积性淹育型水稻土	Soil-1	62.96	0.11
18. 花岗岩性淹育型水稻土	Soil-5	58.02	0.10
20. 石英砂岩性淹育型水稻土	Soil-7	89.66	0.15
21. 石灰岩性淹育型水稻土	Soil-8	44.52	0.08

（1）土壤野外调查和采样及室内分析

为了较为准确获取土壤数据,研究者会同张世熔设计了野外采样方案。2002年9月在激水流域设计了不同间距的网格（400~4 000 m）在研究区采集了112个样点（三角点符号）的表层土壤和13个样点（旗帜符号）剖面分层土样（图6-2-9）。表6-2-18是采样点坐标及所属土壤类型。

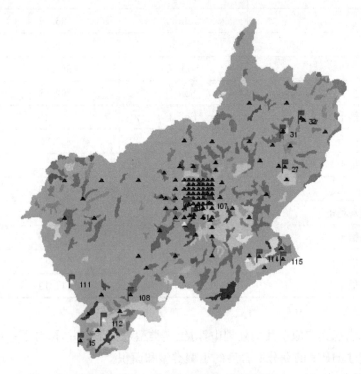

图6-2-9　土壤采样点空间分布示意

2003年1月,研究者又实地测量了剖面样点土壤层的容重（环刀法）、饱和导水率（圆盘渗漏仪法）、田间持水量等属性,采集的土样带回实验室进行了土壤化学属性和机械组成的分析。根据相关的数据建立了激水流域模型运行的土壤数据库。

表6-2-18　采样点坐标及所属土壤类型表

点号	经度 X	纬度 Y	土壤类型代码	土壤类型名称
27	20 379 768.797 3	2 931 338.896 9	40	森林棕红壤
61	20 370 050.217 8	2 926 354.299 1	14	花岗岩性潴育型水稻土
53	20 369 506.334 3	2 927 375.721 4	13	千枚岩性潴育型水稻土
51	20 369 173.203 2	2 927 317.544 6	13	千枚岩性潴育型水稻土
107	20 371 642.046 1	2 927 569.664 6	1	河积性淹育型水稻土
31	20 379 553.692 5	2 934 973.431 4	32	沤水田
32	20 381 560.578 2	2 936 370.747 2	40	森林棕红壤
108	20 363 198.680 6	2 917 959.480 2	40	森林棕红壤
15	20 357 683.257 6	2 913 249.428 3	40	森林棕红壤
111	20 356 752.389 0	2 919 353.393 0	40	森林棕红壤
112	20 360 230.293 0	2 915 313.003 0	38	森林红壤

点号	经度 X	纬度 Y	土壤类型代码	土壤类型名称
114	20 377 074.818 0	2 921 944.594 0	8	石灰岩性淹育水稻土
115	20 379 650.483 0	2 921 673.915 0	41	森林黄红壤

（2）土壤饱和导水率和土壤容重实测

（a）饱和导水率实地测量

土壤饱和导水率是影响土壤入渗和传输的一个重要参数,土壤饱和导水率是土壤被水饱和时,单位水势梯度下,单位时间内通过单位面积的水量。它是一个重要的土壤水运动参数,反映了土壤的入渗和渗漏性质。它是 SWAT 模型计算水入渗和传导的一个非常重要的水动力学参数,是土壤重要的物理性质之一。

图 6 - 2 - 10　CSIRO
圆盘渗透仪

土壤饱和导水率测定的方法很多,室内有定水头渗透仪法、变水头渗透仪法等,田间现场测定比较成功的方法是采用双环法,但该方法一般只用于测定表土层的入渗能力,且耗水量大,实际操作很麻烦。

在田间条件下利用圆盘渗透仪测定土壤饱和导水率(图 6 - 2 - 10)。该方法省时、省力、省水,而且可以测定地下水位以上任意深度土层的饱和导水率,并能排除土壤裂缝、蚯蚓孔及根空等大空隙对测定的影响。

具体的原理可参考文献,这里只是描述一下与实际测量有关的参数。土壤饱和导水率由下式求得

$$K_s = \frac{600 \cdot Q_{ss}}{\pi r_b^2 + \frac{4 \cdot r_b}{a}}$$

式中,K_s 是土壤饱和导水率(mm·h^{-1});Q_{ss} 为水流通量(cm^3·min^{-1});r_b 为仪器圆盘半径(cm);a 为与土壤结构和毛管吸力有关的因子,给定 $a=0.2$ cm^{-1}。Q_{ss} 可由每次累计入渗水量(V_i)与每次读数的累计时间 t_i(min)作回归曲线求得,曲线的斜性部分的斜率即为水流的通量。

表 6 - 2 - 19　千枚岩性潴育型水稻土第一层测量结果

时间/min	入渗水量/cm^3	与初始入渗水量差 $H_0 - H_i$/cm^3	累计入渗水量$(H_0 - H_i)$/cm^3
0	74.1	0	0
1	73.1	1	17.35
2	72	2.1	36.435
3	71	3.1	53.785
4	70.3	3.8	65.93
5	69.5	4.6	79.81
6	68.6	5.5	95.425
7	67.8	6.3	109.305
8	66.9	7.2	124.92
9	66.1	8	138.8

续表

时间/min	入渗水量/cm³	与初始入渗水量差 H_0-H_i/cm³	累计入渗水量(H_0-H_i)/cm³
11	64.5	9.6	166.56
13	63	11.1	192.585
15	61.45	12.65	219.4775
17	59.9	14.2	246.37
19	58.5	15.6	270.66
24	54.8	19.3	334.855
29	51.4	22.7	393.845
34	48	26.1	452.835
39	44.5	29.6	513.56
44	41.1	33	572.55
54	34.4	39.7	688.795
64	27.2	46.9	813.715
74	19.7	54.4	943.84

累计入渗水量由下式计算：

$$V_i = \pi r_R^2 (H_0 - H_i)$$

式中，V_i 为入渗水量（cm³）；H_0 是储水管中水柱高度的初始读数（cm）；H_i 为第一次储水管中水柱高度的读数（cm）；r_R 为储水管内径的半径，且有 $r_R=2.35$ cm。

为了熟悉仪器使用和节约实际测量的时间，在去研究区进行实测之前，研究者首先组织参加野外工作的研究生在南京师范大学随园校区进行了试验测量，积累了相关的测量和计算经验，为实测的顺利完成奠定了良好的基础。

下面以千枚岩性潴育型水稻土第一层测量的数据（表6-2-19）为例，对相关计算过程进行说明。

由表6-2-19可以作出入渗时间与累计入渗水量的相关曲线如下（图6-2-11）：

由图中可以得到其回归方程：

$$V = 12.495t + 23.119 \quad R^2 = 0.999$$

即：$Q_{ss}=12.495$ cm³·min⁻¹，对于 CSIRO 圆盘渗透仪，$r_R=2.35$ cm，$r_b=10$ cm，一般令 $a=0.2$ cm⁻¹，这样，由上面的公式即可得到土壤饱和导水率为：

$$K_s = 2.43 \text{ mm} \cdot \text{h}^{-1}$$

由表6-2-19可以作出入渗时间与累计入渗水量的相关曲线如图6-2-11。

同样的原理，可以得到其他剖面样点的分层土壤饱和导水率，如表6-2-20所示。

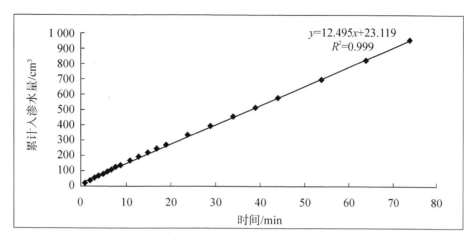

图 6－2－11　千枚岩性潴育型水稻土第一层累计渗量与时间的相关曲线

表 6－2－20　土壤采样点所测的饱和导水率和土壤容重

点号	土层/cm	土样号	1～0.05 mm/%	<0.05～0.02 mm/%	<0.02～0.002 mm/%	<0.002 mm/%	容重/ $(g \cdot cm^{-3})$	导水率/ $(mm \cdot h^{-1})$
115	0～42	1	26	14	30	30	1.33	2.30
	42 以上	2	18	8	22	52	1.18	14.07
111	0～21	3	28	4	36	32	0.88	40.98
	>21～50	4	20	10	32	38	1.07	3.10
	50 以上	5	56	10	22	12	1.55	2.40
112	0～33	6	66	8	14	12	1.36	35.50
	33 以上	7	64	10	16	10	1.43	6.37
114	0～20	8	66	10	16	8	1.24	7.86
	>20～25	9	66	8	18	8	1.53	5.30
	>25～31	10	78	6	10	6	1.59	10.80
	31 以上	11	82	6	8	4	1.60	13.70
15	0～20	12	52	6	16	26	1.28	15.26
	>20～43	13	48	6	20	26	1.51	41.85
10	0～18	14	40	6	22	32	1.52	2.30
	>18～100	15	44	4	18	34	1.59	4.56
32	0～26	16	28	16	34	22	1.32	9.20
	>26～103	17	18	26	12	44	1.20	2.60
31	0～13	18	54	10	22	14	1.24	2.99
	>13～19	19	52	8	26	14	1.55	0.34
	>19～31	20	46	12	26	16	1.39	14.20
	31 以上	21	52	10	20	18	1.39	10.60
107	0～16	22	44	16	26	14	1.20	1.58
	>16～24	23	52	10	24	14	1.63	1.20

183

点号	土层/cm	土样号	1~0.05 mm/%	<0.05~0.02 mm/%	<0.02~0.002 mm/%	<0.002 mm/%	容重/ (g·cm⁻³)	导水率/ (mm·h⁻¹)
	>24~32	24	40	12	30	18	1.65	0.80
	32以上	25	26	10	6	58	1.32	0.10
51	0~16	26	52	26	12	10	1.10	14.58
	>16~21	27	54	26	8	12	1.33	2.00
	>21~100	28	26	16	34	24	1.32	5.60
53	0~13	29	60	22	12	6	1.32	2.41
	>13~20	30	52	14	20	14	1.36	2.49
	>20~39	31	44	22	22	12	1.59	2.20
	39以上	32	34	32	16	18	1.37	23.70
61	0~22	33	64	24	8	4	1.60	8.90
	22以上	34	60	14	16	10	1.55	14.70
27	0~13	35	32	24	24	20	1.44	0.68
	>13~17	36	42	14	24	20	1.39	1.47
	>17~40	37	38	16	24	22	1.39	1.47

（b）土壤容重的测量

土壤容重是指土壤固体颗粒的质量与土壤总体积之比。

采用环刀法（容积为100 cm³）测定了土壤容重。在东村水文站的协助下，烘烤称重测量容重。土壤在采样时，每一层土壤采集两个环刀样，取其平均值。

土壤容重计算公式如下：

$$\rho_b = M_s / V_T$$

式中，ρ_b 是容重（g/cm³）；M_s 是烘干后的土壤质量（g）；V_T 为土壤体积（cm³），取 $V_T = 100$ cm³。

（3）土壤化学属性参数化

土壤化学参数主要用来初始化土壤层中相关化学物质的含量。包括初始 NO_3^- 含量，初始有机氮含量，初始可溶性磷和有机磷含量。土壤层中的 NO_3^- 含量需要在野外实时测量，对于其他项目，我们把土壤样本带回实验室后，进行了室内的分析（表6-2-21）。

土壤中的氮素有两种形态：一种是有机态氮，一种是无机态氮。有机态氮存在于土壤有机质中，它占全氮量的98%以上。无机态氮主要为铵态氮和硝态氮，一般不超过土壤全氮量的1%~2%。土壤有机氮含量的提取采用开氏法。

土壤中的磷可分为无机磷和有机磷两大类。无机磷在土壤中的化合物形态分为三类：水溶性含磷化合物、弱酸溶性含磷化合物、难溶性含磷化合物。水溶性含磷化合物溶解于水；难溶性含磷化合物，则以吸附态的形式迁移；有机磷主要以泥沙颗粒吸附的状态，进行迁移。在模拟过程中，需要按照土壤分层可溶性磷和有机磷的聚集量（Tripathi et al.，2003）。

表6－2－21　土壤层中氮磷化合物的含量

中国科学院南京土壤研究所
土壤与环境分析测试中心
分析测试报告单

[95]量认[国][Z1294]号

送检单位：孙波
送检日期：12月10日 2002年
报告日期：1月28日 2003年

样品名称	采样深度 cm	采样日期	化验号	SiO_2 %	全P P_2O_5 (g·kg^{-1})	全K K_2O (g·kg^{-1})	全Fe Fe_2O_3 (g·kg^{-1})	有机P (mg·kg^{-1})	水溶P (mg·kg^{-1})	有机N (mg·kg^{-1})	pH 水提 1:2.5	pH 盐提 KCl	$CaCO_3$ %	阳离子交换 Cmol(+)kg	Ca Cmol(1/2 Ca^{2+})/kg^{-1}	Mg Cmol(1/2 Mg^{2+})/kg^{-1}	K Cmol(K$^+$)/kg^{-1}	Na Cmol(Na$^+$)/kg^{-1}	H Cmol(H$^+$)/kg^{-1}	Al Cmol(1/3 Al^{3+})/kg^{-1}	游离Fe (mg·kg^{-1})	活性Fe (mg·kg^{-1})
115	0－42		1					105.81	1.71	1 878.72												
	42－		2					55.46	0.62	525.48												
111点	0－21		3					156.59	痕迹	1 371.78												
	21－50		4					139.72	痕迹	919.21												
	50－		5					93.05	0.20	263.35												
112点	0－33		6					67.22	1.06	881.77												
	33－		7					24.55	0.60	350.44												
114点	0－20		8					151.12	1.77	912.85												
	20－25		9					83.82	0.31	592.12												
	25－31		10					55.95	1.29	343.92												
	31－		11					59.08	1.95	285.24												
15号	0－20		12					70.46	0.78	557.85												
	20－43		13					78.74	3.24	501.60												
108号	0－18		14					43.77	2.14	232.31												
	18－100		15					51.96	0.10	187.19												
32号	0－26		16					118.88	0.62	547.98												
	26－103		17					66.60	0.20	363.64												
31号	0－13		18					344.48	8.22	971.55												
	13－19		19					417.96	8.90	840.95												
	19－31		20					270.11	4.40	509.87												
107号	31－		21					164.53	3.84	362.64												
	0－16		22					157.37	0.25	1 019.03												
	16－24		23					129.71	1.83	472.24												

分析方法：

有机P:灼烧法　水溶P:水浸提-氯化亚锡法

有机N:开氏法金 N-氨态氮

分析者：倪俊、教剑英、吴强　　　审核人：教剑英对于硝态氮,我们没有实测的数据,将在运行过程中设置预热时段(warm up),模型按照下面公式自动初始化土壤硝态氮的含量:

$$NO_{3conc,z} = 7 \cdot \exp\left(\frac{-z}{1\,000}\right)$$

其中,$NO_{3conc,z}$为在土壤z深度的硝酸盐浓度(mg/kg 或 ppm);z是土壤深度(mm)(图6-2-12)。

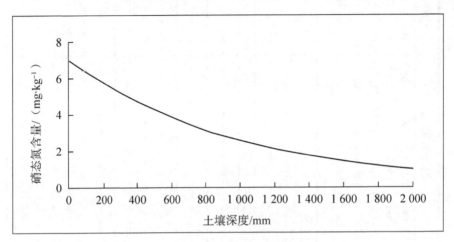

图6-2-12　硝态氮含量随土壤深度变化图

(4) 土壤数据的赋值方法

模型运行时,需要预先建立土壤数据库,土壤数据库根据典型剖面建立,每种土壤类型有特定的代码,根据土壤代码自动从数据库中调用数据来生成土壤输入文件。流域内部共采集和分析了13个土壤典型剖面,每一个子流域中土壤输入数据的生成首先考虑土壤类型,其次考虑剖面点空间分布和土地利用、地形等因素,也就是说,首先考虑土壤类型的一致,其次考虑子流域和剖面点的空间距离。例如,位于流域西北部的编号为28,29,41,42,52,56子流域,对于山地棕红壤采用编号为111剖面数据;位于流域西南部的59,60,61,62则采用编号为15剖面数据。按照这样的原则,使得每个子流域土壤输入数据尽量准确可靠,反映出土壤属性的空间变化。

2) 土地利用制图与土地利用参数化

土地利用的参数化主要是确定流域内部不同的地面覆盖类型以及每种类型的空间分布状况。不同土地利用方式,有着不同的地理过程响应,尤其是氮、磷的模拟,土地利用方式具有较大的影响。

(1) 利用TM影像进行土地利用制图

如何较为准确地获取地面覆盖状况,遥感技术在这一方面具有明显的优势。研究者曾利用TM卫星影像进行监督分产生土地利用制图的方法。但由于监督分类的方法精度不够,就进而采用其他联合方法。

土地利用制图采用了目视解译的方法。基础数据利用了2000年1月27日Landsat 7 ETM图像。共有9个波段:TM1~5和7波段,再加高增益的6波段和分辨率为15 m的全色pan波段。对原始图像进行了预处理,完成了几何校正、辐射粗校正以及子区(研究区)提取等工作。图6-2-13是它的彩色合成图像(此处是黑白图)与流域界线及水系的叠加。此图是目视解译的基础图像。

图 6-2-13　2000 年 1 月 27 日激水流域 TM 图像（4、3、2 波段彩色合成）

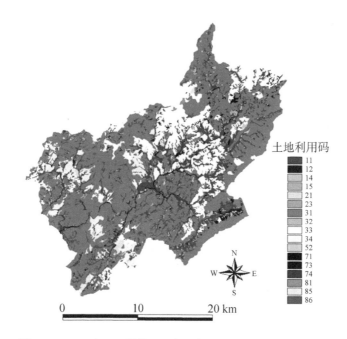

图 6-2-14　由 TM 图像目视解译得到的 2002 年土地利用图

　　2002 年 9 月，研究者会同南京师范大学的三个硕士研究生赴激水流域进行野外考察。在流域内部选择了梅窖、陈也、兴江、古龙岗、桐林水库山区、樟木、东村、兴莲等地域作为典型地区，进行了地面覆盖／土地利用的实地调查，通过 GPS 定位及 TM 影像特征的对比，确定了农地、林地（疏、密、中等密度）、居民地、水体、河道、山地灌丛、草地、道路等多种地物的目视解译标志。然后根据江西赣州地区土地利用调查的统一分类标准（表 6-2-22）进行了遥感图像室内解译工作。图 6-2-14 为 TM 图像目视解译得到的 2002 年土地利用图。共有图斑 1 850 个，包括农地、果园、林地、水域、居民地等 6 大类。再后赴激水流域进行了解译结果的野外验证及修改，在当地相关部门配合下，对重点变化地区进行了调查和更新。通过对比,确定解译精度达到80%以上。

表6-2-22 目视解译采用的土地利用分类系统

一级分类	一级分类代码	二级分类	二级分类代码
耕地	1	灌溉水田	11
		望天田	12
		水浇地	13
		旱地	14
		菜地	15
果园	2	果园	21
		桑园	22
		茶园	23
林地	3	有林地	31
		灌木林地	32
		疏林地	33
		未成林造林地	34
		迹地	35
		苗圃	36
牧草地	4	天然草地	41
		改良草地	42
		人工草地	43
居民地及工矿用地	5	城镇	51
		农村居民点	52
		独立工矿用地	53
		盐田	54
		特殊用地	55
交通用地	6	铁路	61
		公路	62
		农村道路	63
		民用机场	64
		港口码头	65
水域	7	河流水面	71
		湖泊水面	72
		水库水面	73
		坑塘水面	74
		苇地	75
		滩涂	76
		沟渠	77
		水工建筑物	78

一级分类	一级分类代码	二级分类	二级分类代码
未利用土地	8	荒草地	81
		沼泽地	83
		沙地	84
		裸土地	85
		裸岩石砾地	86
		田坎	87

为了研究研究区土地利用的动态变化,我们从潋水土地管理局收集到1993年的土地利用图(由当地土地管理局组织人员经航片野外调绘、解译编制而成)进行数字化,得到了潋水流域土地利用参数化包括空间分布统计、空间和属性库的连接以及相关参数获取,完成了1993年土地利用图的数字化工作。图6-2-15为潋水流域1993年土地利用图。

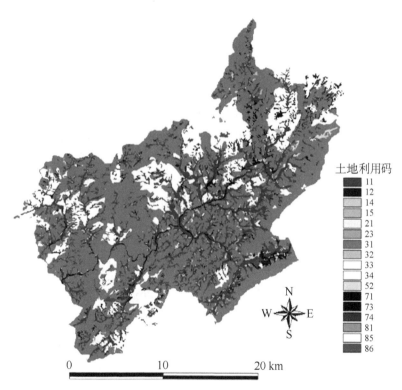

图 6-2-15　由航片解释和野外调绘图数字化得到的 1993 年土地利用图

（2）土地利用参数化

土地利用方式是模型重要的输入参数,也是进行空间离散单元划分的重要指标。模型运行时,需要明确每一种土地利用类型的空间分布,并将土地利用类型和模型附带的地面覆盖、植被数据库联系起来,从而进行水文计算并根据相关的水、热、肥等胁迫因子模拟植被的生长。土地利用参数化包括空间分布统计、空间和属性库的连接以及相关参数获取等方面。

先来谈潋水流域土地利用(地面覆盖)方式的统计和归并。从2002年目视解译的土地利用图可以得知,潋水流域共细分为6大类、17种土地利用方式。在输入数据预处理阶段,需要进行类的归并,并将归并的类和SWAT模型自带的地面覆盖数据库连接起来。这个工作首先需要将土地利用图转化为栅格形式,栅格的值为土地利用分类代码,再建立土地利用代码和模型数据库代码的对应表,就能将空间分布的栅格单元和包含属性的数据库连接起来,实现了空间和属性的连接。在模型运行时候,可以按照相关的代码,自动从数据库调用相关的输入参数进行计算。

表 6-2-23 为潋水流域土地利用方式的统计以及土地利用代码和数据库代码的对应关系。例如:代码为 11 的灌溉水田,一般作物为水稻,就和模型数据库的 RICE 相对应,对于望天田(14)、菜地(15)、旱地(12)则统一归并到数据库中的 AGRR(Agricultural land-Row Crops)类型,对于各种林地(疏林、灌木、果园、茶园等)也进行了大类的归并,比如灌木林和茶园都归并到 RNGB(Range Brush)类别。

经过土地利用类型编码和归并后,潋水流域地面覆盖/土地利用包含裸地(Bareland)、灌木林(Range-Brush)、荒草地(Range-Grasses)、水域(Water)、果园(Apple)、稀疏林地(Pine)、林地(Forest-Evergreen)、居民地(Residential-Low Density)、望天田(Agricultural Land-Generic)、水田(Rice)和旱地(Agricultural Land-Row Crops),共 11 类(表 6-2-24)。

在空间离散生成水文响应单元的处理过程中,在每个子流域内部对一些面积较小的土地利用类型进行了取舍。经过取舍后,潋水流域土地利用包含 7 类(表 6-2-25),其中林地、稀疏林地和灌木林地分别占流域总面积的 61.66%、15.45% 和 3.93%。水田占 17.45%,旱地约占 1.25%,裸地占 0.23%。在每个子流域内部,不同的土地利用类型分别和空间对应的土壤类型合并生成水文响应单元进行计算。

3) 农业管理措施参数化

流域模拟研究的一个主要目标,就是要研究人类活动对自然环境的影响。在模型化过程中,人类活动对自然过程的影响主要通过两个方面表现出来:一方面是通过改变相关自然过程的影响因素(如:土地利用变更、水土保持措施等);另一方面则是将人类活动作为一个附加子过程加以抽象和描述(如作物种植、灌溉、施肥)。养分流失和农业生产密切相关,需要对流域内部土地利用、水资源利用以及作物种植等农业管理措施进行详细的说明,将人类活动影响通过相应的参数变化以及过程响应来动态地进行定量化地描述。

表 6-2-23　潋水流域土地利用方式的统计

编号	代码	土地利用类型	SWAT 代码	SWAT 土地利用类型	面积/hm²
1	11	灌溉水田	RICE	Rice	9 606.06
2	52	农村居民点	URLD	Residential-low density	1 178.75
3	12	旱地	AGRL	Agricultural land-generic	1 759.31
4	31	有林地	FRSE	Forest-evergreen	32 008.50
5	14	望天田	AGRR	Agricultural land-row crops	102.63
6	86	裸岩石砾	BARE	Bare land	195.56
7	81	荒草地	RNGE	Range-grasses	96.56
8	85	裸地	BARE	Bard land	365.06
9	33	疏林地	PINE	Pine	9 117.31
10	32	灌木林地	RNGB	Range-brush	38.81
11	73	水库水面	WATR	Water	75.56
12	74	坑塘	WATR	Water	8.63
13	71	河流水面	WATR	Water	557.00

续表

编号	代码	土地利用类型	SWAT 代码	SWAT 土地利用类型	面积/hm²
14	34	造林地(未成林)	RNGB	Range-brush	2 768.00
15	21	果园	APPLE	Apple	34.00
16	23	茶园	RNGB	Range-brush	2.06
17	15	菜地	AGRR	Agricultural land-row crops	10.94
面积合计					57 980.81

表 6-2-24　归并后潋水流域土地利用类型和面积统计

土地利用	SWAT 模型代码	面积/hm²	面积占比/%
1. 裸地	BARE	563.66	0.97
2. 灌木林	RNGB	2 815.45	4.86
3. 荒草地	RNGE	93.84	0.16
4. 水域	WATR	642.27	1.11
5. 果园	APPL	34.03	0.06
6. 稀疏林地	PINE	9 113.44	15.72
7. 有林地	FRSE	32 020.01	55.23
8. 居民地	URLD	1 183.49	2.04
9. 旱地	AGRL	1 767.13	3.05
10. 水田	RICE	9 634.08	16.62
11. 望天田	AGRR	113.42	0.20
合计		57 980.81	100

表 6-2-25　经过水文响应单元 HRU 的划分和取舍后的土地利用类型和面积统计

土地利用	SWAT 模型代码	面积/hm²	面积占比/%
1. 裸地	BARE	134.02	0.23
2. 灌木林	RNGB	2 279.76	3.93
3. 稀疏林地	PINE	8 956.66	15.45
4. 有林地	FRSE	35 752.70	61.66
5. 居民地	URLD	17.17	0.03
6. 旱地	AGRL	724.08	1.25
7. 水田	RICE	10 116.42	17.45
合计		57 980.81	100

　　SWAT 模型区别于其他流域过程模型的最显著特性,就是自然和社会经济活动的综合模拟,将人类社会生产和管理活动作为流域过程的一个重要组成部分,通过一系列的流域管理措施和农业生产措施的模拟来加以体现。在模拟过程中是通过水文响应单元管理文件来描述的。管理文件对每一种土地利用方式,按照时间顺序定义了关于耕作、种植、收割、灌溉、施肥、农药应用等项目的输入数据。

（1）农业管理措施调查

为了准确获取相关数据,针对模型所要求的输入数据,设计了农业管理措施调查表。在两次野外考察中进行了问卷调查。2004年4月的早稻种植期间,研究者在东村、莲塘、梅窖、古龙岗、兴江等重点乡镇进行了田间地头以及农户家的实地调查。通过调查发现,当地农业生产在种植种类、田间管理等方面具有一定的共性。在种植时间、肥料选用等方面不同地域也存在一定差异。根据调查数据,对模型需要的相关资料进行了整理,在参数提取过程中针对不同区域和土地利用类型进行了统计,反映激水河流域农业管理的基本概况。

激水流域以低山丘陵为主,经过我们水文响应单元生成后,林地、稀疏林地和灌木林地分别占流域总面积的61.66%、15.45%和3.93%,水田占17.45%,旱地约占1.25%,其中混交林地稀疏林地属于自然生长的林地,人为管理措施较少。有很少一部分地区沿山坡开挖了平台和沟垄植树,减少水土流失。水稻田和旱地则有相应的田间管理方式。

从调查资料中得知(表6-2-26),激水流域水稻种植方式为一年两季,分早稻和晚稻。早稻育种时间为3月中旬。种植时间为当年的4月中下旬(4月15~25日)左右。种植当天就开始施面肥。化肥多采用碳酸氢氨和过磷酸钙对半混合,约10~25 kg/亩。一周之后追肥,多采用复合肥和尿素,数量约10~25 kg/亩,灌溉深度约5~10 cm。耕地一般采用深耕,耕作深度15~20 cm。早稻收割时间为当年的7月中上旬左右。

晚稻种植时间为当年7月中旬到8月1日左右。种植当天就开始施面肥,多采用复合肥和尿素混用,数量约10~20 kg/亩。种植10天左右开始追肥,一般多采用复合肥和尿素混用,约10~30 kg/亩。灌溉浇水深约5~10 cm。收割时间为10月1日前后,流域内部不同乡镇有一定差异(表6-2-26)。

旱地主要种植花生和红薯以及蔬菜等。花生一般2月底种植,8月初收获。

表6-2-26　为根据调查数据建立的水稻种植施肥管理文件

	施肥管理	东村	梅窖	古龙岗	兴江
早稻种植					
种植时间		4月15日	4月20日	4月20日	4月25日
种植当天	面肥种类数量	碳酸氢氨 225 kg/hm²;过磷酸钙 225 kg/hm²	尿素 105 kg/hm²45%复合肥 112 kg/hm²	碳酸氢氨 187 kg/hm²;过磷酸钙 187 kg/hm²	碳酸氢氨 187 kg/hm²;过磷酸钙 225 kg/hm²
一周之后	追肥种类数量	尿素 150 kg/hm²45%复合肥 150 kg/hm²	尿素 150 kg/hm²45%复合肥 150 kg/hm²	尿素 150 kg/hm²45%复合肥 225 kg/hm²	尿素 150 kg/hm²45%复合肥 150 kg/hm²
晚稻种植					
种植时间		7月20日	7月25日	7月25日	7月25日
种植当天	施肥种类数量	尿素 150 kg/hm²过磷酸钙 150 kg/hm²	尿素 150 kg/hm²45%复合肥 150 kg/hm²	尿素 150 kg/hm²45%复合肥 150 kg/hm²	尿素 150 kg/hm²45%复合肥 150 kg//hm²
一周之后	追肥种类数量	尿素 87 kg/hm²45%复合肥 150 kg/hm²	尿素 187 kg/hm²45%复合肥 150 kg/hm²	尿素 187 kg/hm²45%复合肥 150 kg/hm²	尿素 187 kg/hm²45%复合肥 150 kg/hm²
		农家肥一般作为基肥在种植前使用,在山区水稻一般种植一季,复合肥有多种养分含量,施肥量统一换算到45%含量			

红薯一般 7 月种植,11 月收获。旱地一般采用农家肥和草木灰混用。作物秸秆一般收回家作牛饲料(稻草)或烧火。

从调查情况来看,当地化肥种类较多。尿素都是统一含氮量 46.3%;碳酸氢氨含氮量为 17% 左右。复合肥有 25%、30%、40%、45% 等多种养分总含量(N—P_2O_5—K_2O 总含量),其中 N—P_2O_5—K_2O 的比例均为 7∶10∶8。

SWAT 模型自带了一个肥料数据库,包括每种化肥名称、代码以及 N/P/K 养分含量及不同状态的比例。对于兴国所施用的化肥,在数据库中没有现成种类相对应。我们重新计算了化肥中 mineral N,organic N,mineral P, organic P 的含量,并将其添加到肥料数据库中。

对于养分总含量为 25% 的复合肥而言,其中 N—P_2O_5—K_2O 的比例为 7∶10∶8。mineral N 的含量就等于肥料 N%×25%=7/25×0.25=0.07

对于 P 元素而言,P 的原子量为 31,O 的原子量为 16,所以 P_2O_5 分子量为 142;P_2O_5 中 P 含量为 64/142=0.44;所以化肥中 mineral P 的含量就为 0.44×(P_2O_5%)×25%=0.44×10/25×25%=0.044。

(2) 农业管理措施参数化

农业管理主要模拟农地的植被生长和农业生产。林地则采用了系统默认的热量单位法来模拟多年生的植被。热量单位模型主要用来评价植物生长过程中从土壤根部带吸收的水分和养分、植被蒸散发以及生物量的产出,分为一年生和多年生植被分别加以模拟。一年生植被生长可以按照使用者定义的日期或积温达到植被生长的基础积温开始生长,当热量累积到作物成熟条件时,进行收割。多年生植被始终保持其根部系统,直到成林。对于水稻种植没有采用热量单位法,其管理有空间差异,根据调查所得数据,制定了相应的输入数据,建立了东村、古龙岗、梅窖、兴江等 4 个管理措施组合,分别应用到附近的子流域中。

4) 气象数据的参数化

在第四章第四节和第五章第三节中已有详细叙述。此处只说明模型中有些气象数据由模型的气象数据模拟工具模拟产生。这包括以下内容:①按月统计的多年日最高气温平均值和标准差[共 12(月)×2=24 项];②按月统计的多年日最低气温平均值和标准差(24 项);③按月统计的多年每月总降雨量平均值和标准差(24 项);④按月统计的多年每月中,日降雨量的倾斜系数(12 项);⑤按月统计的多年每月中,湿天跟着干天的概率(12 项);⑥按月统计的多年每月中,湿天跟着湿天的概率(12 项);⑦按月统计的多年每月的平均降雨天数(12 项);⑧按月统计的多年每月中,最大 0.5 h 降雨量(12 项);⑨按月统计的多年每月中,日平均太阳辐射(12 项);⑩按月统计的多年每月中,日平均露点温度(12 项);⑪按月统计的多年每月中,日平均风速(12 项)。

5) 氮磷流失数据的采集和分析

激水流域没有养分流失的观测资料,为了对模拟结果进行验证,按照《水环境要素观测与分析》标准在激水流域出口东村水文站进行了径流和泥沙的采样。采样工作委托当地水文站从 2002 年 10 月开始,采样密度为 1~2 次/周,雨季酌情增加;对于周期较长的洪水过程,需要多次采集数据。

水样采集后酸化冷藏,定期送回实验室,以测定水样中的全氮、硝态氮、氨态氮、全磷、可溶性矿物磷和有机磷含量,测定泥沙中的有机氮、有机磷、矿物磷含量。两次采样之间的氮磷流失,通过线性内插计算得到,月流失量通过逐月累积计算得到。截至 2006 年 1 月,已经完成 2002 年 10 月—2004 年 10 月样本分析和计算。2004 年 11 月—2005 年 12 月的数据,正在进行室内仪器分析。表 6-2-27 和表 6-2-28

分别为潋水流域 2002 年 10 月至 2004 年 10 月氮、磷流失观测值。

表 6-2-27　潋水流域 2002 年 10 月至 2004 年 10 月氮流失观测值

月/年	$NO_3^- —N+NO_2^- —N/kg$	$NH_4^+ —N/kg$	有机氮/kg	全氮/kg
10/2002	23 522.88	32 499.84	47 029.20	104 264.03
11/2002	19 144.61	24 486.25	1 555.31	45 235.08
12/2002	13 173.98	23 099.34	3 656.51	39 986.36
01/2003	9 300.17	39 670.87	2 793.58	51 806.91
02/2003	6 402.74	7 718.89	2 528.41	16 688.32
03/2003	5 055.68	0.00	2 945.21	8 045.47
04/2003	7 981.39	0.00	14 274.47	22 479.69
05/2003	23 591.77	5 953.95	26 363.47	56 809.41
06/2003	9 254.88	4 661.01	3 878.99	17 944.27
07/2003	3 272.44	118.81	259.48	3 664.13
08/2003	8 977.57	2 562.74	7 745.76	19 518.75
09/2003	2 861.76	4 046.53	480.69	7 444.20
10/2003	3 341.74	896.83	135.65	4 374.22
11/2003	681.15	583.75	412.36	1 677.26
12/2003	1 156.60	924.77	69.77	2 151.14
01/2004	1 508.28	930.19	545.74	2 984.22
02/2004	2 413.25	1 382.08	844.51	4 639.83
03/2004	14 053.36	4 785.55	3 293.80	22 132.70
04/2004	9 260.22	11 152.99	18 037.35	38 450.56
05/2004	9 293.90	17 577.44	24 604.99	51 476.34
06/2004	5 744.58	5 718.80	11 990.07	23 453.45
07/2004	6 020.17	3 494.80	30 649.19	40 164.17
08/2004	6 876.38	1 280.49	2 769.99	10 926.85
09/2004	2 910.27	640.70	3 186.11	6 737.08
10/2004	2 579.71	576.59	366.61	3 522.91

表 6-2-28　潋水流域 2002 年 10 月至 2004 年 10 月磷流失观测值

月/年	可溶磷/kg(径流)		矿质磷/kg (沉积物)	有机磷/kg (沉积物)	全磷/kg
	矿质磷	有机磷			
10/2002	5 250.03	2 752.49	8 468.70	8 530.91	25 002.12
11/2002	1 812.11	1 750.92	328.24	281.67	4 172.93
12/2002	923.44	2 928.05	830.16	721.13	5 402.77
01/2003	643.14	1 525.59	634.41	551.56	3 354.70

续表

月/年	可溶磷/kg(径流)		矿质磷/kg (沉积物)	有机磷/kg (沉积物)	全磷/kg
	矿质磷	有机磷			
02/2003	1 640.11	683.13	574.19	499.21	3 396.64
03/2003	123.62	1 636.84	668.85	581.50	3 010.80
04/2003	584.18	2 224.92	3 262.49	2 821.58	8 893.17
05/2003	453.71	3 084.75	7 443.91	5 174.30	16 156.67
06/2003	488.05	1126.60	996.06	724.95	3 335.66
07/2003	127.85	217.20	47.31	41.63	434.00
08/2003	268.28	656.18	1 408.95	1 199.41	3 532.83
09/2003	58.26	78.74	53.72	69.66	260.38
10/2003	7.58	44.56	16.55	20.92	89.61
11/2003	14.07	78.26	57.45	69.79	219.57
12/2003	18.46	63.88	10.14	12.17	104.66
01/2004	6.22	185.40	92.85	106.96	391.43
02/2004	16.28	108.54	157.61	173.15	455.58
03/2004	397.89	2 408.51	731.32	602.15	4 139.87
04/2004	159.55	10 130.32	5 029.06	4 639.84	19 958.78
05/2004	498.63	10 988.97	4 140.68	6 498.74	22 127.02
06/2004	367.32	5 965.37	2 083.81	2 717.41	11 133.91
07/2004	244.67	2 319.71	5 455.55	5 297.07	13 317.00
08/2004	69.49	1 579.16	445.08	489.23	2 582.97
09/2004	232.03	1 614.59	569.24	611.78	3 027.65
10/2004	304.76	315.82	87.38	105.81	813.78

6.2.4 模拟结果和讨论

1. 化学径流与液体径流(水径流)和固体径流(泥沙径流)的关系

养分迁移和流域水文过程密切相关。水土流失是养分迁移的主要动力和载体。氮和磷的传输主要以溶解态形式随水径流和以吸附态形式随泥沙径流进行迁移。因此,水径流的模拟是氮、磷等化学径流模拟的基础。欲进行化学径流模拟,必须首先进行水径流和泥沙径流模拟。在模拟过程中首先进行径流模拟及其分析和校正,其次是进行泥沙径流的模拟及其分析和校正,最后才进行氮、磷化学径流的分析和校正。

每个分析和校正环节一旦完成,将不再进行前面环节的参数调整来拟合后面步骤的校正和分析。例如,一旦水径流过程校正和分析完成,就不再调整水径流参数来进行泥沙模拟的拟合;同样,泥沙径流过程的分析和校正完成,就不再调整泥沙径流参数来进行化学径流模拟的拟合,只能调整影响侵蚀过程的相关参数。当三个校正步骤完成之后,对水径流模拟重新进行检查,保证后面的校正过程对流域的水文平衡没有影响。

2. 模拟和模拟结果的分析方法

我们利用 SWAT 模型,对激水流域 1991—2005 年共 15 年的水文和养分流失过程进行了分布式计算机模拟,并利用流域出口的水径流、泥沙径流以及养分流失的观测值,进行了模型校正和精度分析。所有的模拟结果都由 SWAT 2000 模型版本模拟产生。

模拟结果按照美国土木工程协会推荐的流域模型评价指标来分析,包括误差百分比(D_V)、纳什·萨特克里夫系数(Nash-Sutcliffe coefficient,E_{NS})以及统计计算的确定性系数(相关系数)R^2 三个指标。

误差百分比(D_V)计算方法如下:

$$D_V = \frac{V - V'}{V} \cdot 100$$

式中,D_V 为误差百分比;V 和 V' 分别为模拟对比期间的观测值和模拟值,D_V 可以是任何大小的值。D_V 值越小,说明拟合程度高;当 D_V 小于 100 时,经常可以利用模拟精度$(100-D_V)\%$来直接说明模拟结果的偏差。

纳什·萨特克里夫系数(E_{NS})计算方法如下:

$$E_{NS} = 1 - \frac{\sum_i^n (O_i - P_i)^2 i}{\sum_i^n (O_i - \overline{O})^2}$$

式中,O_i 为日观测值;P_i 为日模拟值;$\overline{O}$ 为观测值的均值。有效的 E_{NS} 变化范围为 $0 \sim 1$;1 表示最佳的拟和,0 则表示模拟结果低于观测值均值所能反映出来的变化。一般情况下,$E_{NS} > 0.60$ 表示拟和程度较好。

确定性系数(相关系数)R^2 则反应模拟值和观测值之间的相关程度。

3. 激水流域水径流过程的模拟结果与分析

水径流过程结果的分析,首先要进行流域水循环的校正,使得表面径流、地下径流和流域蒸散发相对合理并符合激水流域的实际水平衡状况。表面径流和地下径流的校正,通过调整径流曲线数、地下水参数来进行;地表径流和地下径流的比率利用径流滤波模型来进行划分;蒸散发调整则通过相关的蒸散发参数进行。由于流域内部没有相关的蒸散发观测数值,我们假定当地表径流和地下径流校正完成后,流域蒸散发将趋于合理。

产水量的分析按照年、月、日的顺序进行,首先进行年平均产水量的对比分析和校正,其次进行月和日的模拟检验。

1) 激水流域产水量的初步模拟结果

激水流域 1991—2005 年 15 年的平均流量模拟值和观测值见表 6-2-29;年平均流量模拟值和观测值的对比见图 6-2-16。从表 6-2-29 和图 6-2-16 中可以看出,年产水量的模拟精度较高,并具有一致的变化趋势。模拟精度为 70%~99%,15 年平均模拟精度为 91.23%。纳什·萨特克里夫系数 $E_{NS}=0.93$,确定性系数(相关系数)$R^2=0.97$,它们都比较高,表示模拟值和观测值之间的拟合较好。对于这样的模拟结果,没有必要进行总产水量校正。SWAT 模型的用户手册中说明,总产水量校正的目的就是使得观测值和模拟值的相对误差在 20% 以内。我们的结果中除 2004 年较为特殊外,其他年份模拟结果均已达到了这个精度。

表 6-2-29 年径流模拟值和观测值的比较分析 （单位：m³/s）

年份	径流观测值/(m³·s⁻¹)	径流模拟值/(m³·s⁻¹)	模拟精度/%
1991	13.56	14.15	95.68
1992	29.64	28.31	95.52
1993	14.59	16.23	88.74
1994	26.42	24.31	92.00
1995	24.66	24.53	99.46
1996	18.93	21.35	86.92
1997	33.28	30.08	90.38
1998	31.71	29.36	92.59
1999	20.62	22.26	92.06
2000	14.70	16.63	86.83
2001	25.52	23.60	92.49
2002	33.35	31.56	94.63
2003	12.81	13.65	93.48
2004	12.16	15.87	69.84
2005	23.46	22.97	97.93
精度分析	$E_{NS}=0.93, R^2=0.97$		平均精度：91.23

2004 年模拟精度较低，其模拟值高于观测值 3.71 m³/s。我们比较了 2003 年和 2004 年 1～12 月平均气温、流域内部三个雨量站降水以及流量数据（表 6-2-30）。

从表 6-2-30 中可以看出，流域内部三个雨量站 2003 年降水量均低于 2004 年降水量。其中莲塘站相差最大，达 519 mm，但年平均流量观测值却差别不大，而且 2004 年流量要低于 2003 年。为何会出现这样问题，需要水量平衡校正后再进行分析。但是，这样的特殊情况是不能通过模型参数校正来解决的，因为单一年份的调整会影响其他年份模拟值，造成总体模拟精度降低。

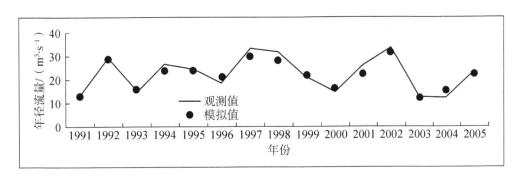

图 6-2-16 年径流模拟值和观测值的对比

表 6-2-30 2003—2004 年度潋水流域气温、降水和流量比较

月份	月平均气温/℃		莲塘降水/mm		东村降水/mm		古龙岗降水/mm		流量/(m³·s⁻¹)	
	2003	2004	2003	2004	2003	2004	2003	2004	2003	2004
1	7.91	7.44	46.2	46.90	78.1	54.00	70.1	49.40	16.08	2.82

月份	月平均气温/℃		莲塘降水/mm		东村降水/mm		古龙岗降水/mm		流量/(m³·s⁻¹)	
	2003	2004	2003	2004	2003	2004	2003	2004	2003	2004
2	12.01	12.25	62.5	73.40	70.9	84.00	67.9	81.60	16.07	4.04
3	13.37	13.10	92.4	179.40	98.3	177.00	106	183.70	16.45	8.74
4	20.53	20.78	113.8	313.40	139.3	297.80	136.4	261.50	27.79	24.15
5	23.84	23.83	173.5	222.30	194.9	223.70	167.4	202.70	31.44	29.46
6	26.21	26.30	131.2	176.40	165.5	149.00	179.8	161.80	19.98	23.48
7	31.30	28.45	24	123.10	14.7	236.10	29.4	161.20	5.96	21.12
8	29.93	28.87	99.7	73.20	182.4	120.60	110.5	116.20	8.54	8.40
9	26.46	25.11	48	50.50	67.8	54.70	59.5	54.90	3.68	10.81
10	20.32	19.87	27.3	0.00	28.8	0.00	26.3	0.00	3.03	4.38
11	16.00	16.38	1.4	51.50	11.1	39.60	14	45.60	2.66	4.88
12	9.17	10.33	0	29.00	8.5	31.80	7.1	28.10	2.48	3.57
	19.75	19.39	820	1 339.10	1 060.3	1 468.30	974.4	1 346.70	12.81	12.16

2）激水流域水量平衡的分析和校正

（1）地表径流通过滤波分析进行校正

总产水量模拟精度虽然较高,但总产水量中地表径流和地下径流的比例是否合理? 流域蒸散发模拟是否和实际状况相符? 地表径流和地下径流的模拟精度对产沙、养分的迁移也有着较大的影响。因此需要对流域水循环的一些主要过程进行模拟结果的分析和校正。

流域内部没有地下水和蒸散发观测资料,为了校正表面径流和地下径流,对总产水量观测值进行了径流滤波分析。径流滤波是按照数字信号处理的原理,对流域出口的径流观测值进行信号分析。采用数字滤波方法确定径流观测值中地表径流和基流的比例,利用径流滤波的结果,可以用来对模拟的地表径流和地下径流进行校正。

径流滤波采用了美国农业部农业研究所开发的程序。此方法经过美国国内及世界其他一些流域的实测检验,具有较高的可信度。程序由美国农业部农业研究所的 Arnold 博士提供。程序运行时以流域出口的径流观测值作为输入数据,输入参数包括计算地下水回落公式中阿尔发因子的最大和最小天数,输出结果分为 3 个滤波通道,分别为按照一定的比率计算的基流量;同时输出的还有率定的基流阿尔发因子、地下水滞后时间等地下水输入参数。对于降水补给的流域,基流值通常落在 1 和 2 通道之间。我们对激水流域 1991—2005 年的径流观测值进行了滤波分析,对于相关的输入参数进行了多次调整和比较,从滤波结果来看,激水流域基流特征相对稳定,参数调整对结果影响较小。按照模型的说明,我们以 1 和 2 通道的平均值作为基流最后的滤波结果。

滤波分析完成后,就可以得到地表径流和基流的滤波值分别作为观测值进行水量平衡的校正。首先进行地表水径流的分析、地表水径流滤波计算值和模拟值对比及精度分析,见表 6-2-31 和图 6-2-17。

表 6 - 2 - 31　数字滤波计算的地表径流和模拟的地表径流比较及精度分析

年份	地表径流计算值/mm	模拟值/mm	模拟精度/%
1991	341.46	367.68	92.32
1992	721.17	718.39	99.61
1993	290.19	349.58	79.53
1994	661.58	650.19	98.28
1995	563.93	577.83	97.53
1996	427.76	551.79	71.00
1997	739.38	815.53	89.70
1998	668.63	748.76	88.02
1999	494.09	610.12	76.52
2000	325.49	395.22	78.58
2001	588.57	571.74	97.14
2002	894.94	1 035.27	84.32
2003	244.50	220.42	90.15
2004	273.38	447.25	36.40
2005	668.73	662.57	99.08
精度分析	$E_{NS}=0.82, R^2=0.91$		平均精度:87.9

从表 6 - 2 - 31 和图 6 - 2 - 17 中可以看出,地表水径流模拟精度为 36.4%～99.1%,变幅较大。15 年平均模拟精度为 87.9%。2004 年精度最低,为 36.4%;1993 年、1996 年、1999 年和 2000 年模拟精度均低于 80%。从变化趋势来看,模拟值整体偏高,需要进行进一步校正。

(2) 地表径流通过径流系数调整进行再校正

按照 SWAT 模型的表面水径流的校正方法,首先调整每个水文响应单元的径流曲线数,如果径流曲线数调整后表面径流还不合理,则需要进一步调整。

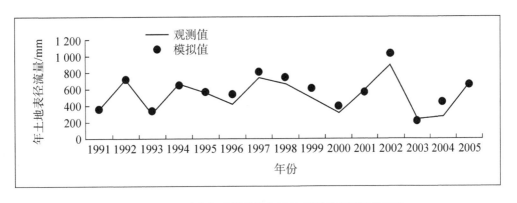

图 6 - 2 - 17　地表径流模拟值和滤波得到的观测值的对比

土壤蒸散发的补偿因子。初始的径流曲线数是按照土壤和土地利用方式来决定的。在模型运行中需要按照流域植被疏密状况、水文条件实际状况进行率定。按照 SWAT 模型附带的径流曲线数的取值说明,我们按照潊水流域的实际状况,以子流域、水文响应单元为基础进行了径流曲线数的调整。

表6-2-32和图6-2-18分别为表面径流滤波计算值和校正后的表面径流模拟值对比分析。

表6-2-32　地表径流和模拟校正的地表径流比较及精度分析

年份	地表径流计算值/mm	校正后模拟值/mm	模拟精度/%
1991	341.46	327.51	95.91
1992	721.17	646.18	89.60
1993	290.19	303.32	95.47
1994	661.58	586.87	88.71
1995	563.93	520.44	92.29
1996	427.76	495.6	84.14
1997	739.38	734.43	99.33
1998	668.63	682.97	97.85
1999	494.09	551.36	88.41
2000	325.49	348.52	92.93
2001	588.57	511.7	86.94
2002	894.94	958.42	92.91
2003	244.50	190.49	77.91
2004	273.38	397.11	54.74
2005	668.73	606.5	90.69
精度分析	$E_{NS}=0.90,R^2=0.91$		平均精度:90.95

从表6-2-32和图6-2-18中可以看出,地表径流模拟精度有了较大提高,15年平均模拟精度为90.95%;2003年和2004年模拟精度较低,为77.91%和54.74%;其他年份模拟精度均在80%以上;2004年的模拟值较高,这和当年降水量较大相关,但该年流量观测值数量偏小,使得径流滤波计算值偏低,导致模拟精度相差较大。

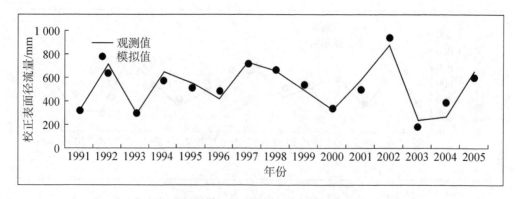

图6-2-18　表面径流滤波计算值和校正后表面径流模拟值的对比

（3）地下径流通过滤波分析进行校正

地表径流校正完成后，需要进一步进行地下径流的分析和校正。表6-2-33和图6-2-19分别为地下径流滤波计算值和地下径流模拟值对比分析。从表6-2-33中可以看到，地下径流模拟精度为71%～99%，模拟值整体偏高。从图6-2-19中可以看出，15年中有10年模拟值高于滤波值，而且2002年的变化趋势也存在一定的偏差，需要进行再校正。

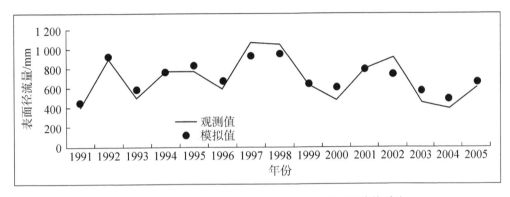

图6-2-19　地下径流模拟值和滤波得到的观测值的对比

（4）地下径流通过调整地下水输入参数进行再校正

模型开发者提供的校正地下径流方法有：①调整地下水输入文件中的地下水蒸发系数（GW_REVAP）；②调整蒸发存在的浅含水层中水的阈值深度（REVAPMN）；③调整基流产生所需要的浅含水层中水的阈值深度（GWQMN）。对于以上每个因子的取值都有一个基本的参考范围。如果地下径流模拟值较高，则分别调高①、③因子，降低②因子，通过多次模拟试验和子流域基本情况分析，一些关键的地下水输入参数值如表6-2-34所示。表6-2-35和图6-2-20分别为地下径流滤波计算值和校正后的地下径流模拟值对比分析。

校正后地下径流模拟精度为79%～99%，15年平均模拟精度为90.64%，比校正前有了提高，模拟值和计算值也具有一致的变化趋势。1997年、1998年和2002年精度较低，可能和当年降水量较大有关。1991—2005年平均年降水量为1 753 mm，而1997年、1998年和2002年的降水量分别为2 395 mm、1 958 mm和2 432 mm，明显高于平均值。

表6-2-33　数字滤波计算的地下径流和模拟的地下径流比较及精度分析

年份	地下径流计算值/mm	模拟值/mm	模拟精度/%
1991	397.32	454.01	85.73
1992	897.54	929.10	96.48
1993	504.34	590.08	83.00
1994	777.68	773.60	99.47
1995	779.39	844.59	91.63
1996	603.45	680.16	87.29
1997	1 073.44	938.10	87.39
1998	1 058.55	956.49	90.36

续表

年份	地下径流计算值/mm	模拟值/mm	模拟精度/%
1999	629.20	650.99	96.54
2000	477.10	612.69	71.58
2001	801.18	799.21	99.75
2002	921.48	747.28	81.10
2003	453.47	575.12	73.17
2004	390.74	492.26	74.02
2005	608.79	665.04	90.76
平均精度	$E_{NS}=0.83, R^2=0.90$		平均精度:87.21

表 6-2-34 地下水输入参数值表

代码	名称	取值	相关说明
SHALLST	浅含水层初始深度/mm	50	调查后估算
GW_DELAY	地下水延迟时间/天	64	径流滤波计算得到
ALPHA_BF	地下水回落 α 因子	0.016	径流滤波计算得到
GWQMN	基流产生所需要的浅含水层中水的阈值深度/mm	15	模拟率定
GW_REVAP	地下水蒸发系数/mm	0.045,0.065, 0.095	模拟率定,其中沿河谷所在的子流域 4,6,16,19,26,35,43,44,50,54,58-61 为 0.065;土地利用方式为 BARE, AGRL,URBN 为 0.095
REVAPMN	蒸发存在的浅含水层中水的阈值深度/mm	5	模拟率定

表 6-2-35 数字滤波计算的地下径流和模拟校正的地下径流比较及精度分析

年份	地下径流计算值/mm	校正后模拟值/mm	模拟精度/%
1991	397.32	392.96	98.90
1992	897.54	872.93	97.26
1993	504.34	566.20	87.73
1994	777.68	703.27	90.43
1995	779.39	764.58	98.10
1996	603.45	656.68	91.18
1997	1 073.44	875.49	81.56
1998	1 058.55	862.40	81.47
1999	629.20	632.50	99.47
2000	477.10	546.79	85.39
2001	801.18	703.67	87.83
2002	921.48	730.89	79.32

年份	地下径流计算值/mm	校正后模拟值/mm	模拟精度/%
2003	453.47	447.82	98.75
2004	390.74	457.14	83.01
2005	608.79	613.12	99.29
平均精度	$E_{NS}=0.80, R^2=0.91$		平均精度:90.64

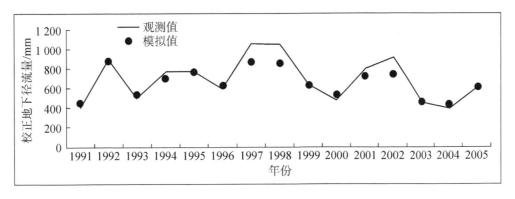

图 6‑2‑20　校正地下径流模拟值和滤波得到的观测值的对比

因为模型的输入数据只能反映流域的平均状况,因此对于特殊年份,模拟精度偏低。这一点从模型开发者本身的描述也可以看出"模型开发的主要目标是研究多种管理措施变化对流域产水、产沙以及养分变化的长期影响,不着重于特殊事件的过程模拟"。

经过水量平衡校正后,总产水量观测值和模拟值对比分析见表 6‑2‑36 和图 6‑2‑21。15 年中模拟精度范围为 74%～96%,模拟精度在 90% 以上的有 8 年,85% 以上 90% 以下的有 6 年。只有 2004 年模拟精度低于 80%,但也从校正前的 69% 提高到 74.52%。

表 6‑2‑36　水量平衡校正的年径流模拟值和观测值的比较分析

年份	径流观测值/mm	径流模拟值/mm	模拟精度/%
1991	13.56	13.07	96.36
1992	29.64	28.08	94.74
1993	14.59	15.70	92.37
1994	26.42	23.72	89.76
1995	24.66	23.66	95.93
1996	18.93	21.02	88.67
1997	33.28	29.64	89.05
1998	31.71	28.12	88.68
1999	20.62	21.90	93.81
2000	14.70	16.30	89.08
2001	25.52	22.24	87.16
2002	33.35	31.18	93.49
2003	12.81	12.02	93.80

续表

年份	径流观测值/mm	径流模拟值/mm	模拟精度/%
2004	12.16	15.30	74.52
2005	23.46	22.22	94.73
平均精度	$E_{NS}=0.91, R^2=0.95$		90.81

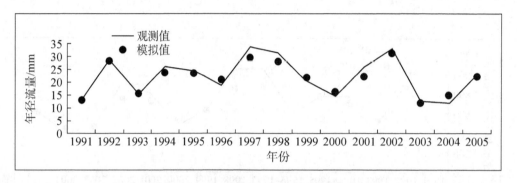

图 6-2-21　年径流模拟值和观测值的对比

对于流域蒸散发,因为没有实测数据,因而无法进行模拟精度分析,但总产水量、地表径流、地下径流这几个水循环关键过程模拟精度都较高,也可以说明流域蒸散发模拟也是较为合理的。

月模拟精度分析,主要进行产流峰值调整和融雪径流过程的模拟。激水流域几乎不存在融雪径流过程,因此关键是产流峰值调整。由于模拟时段较长,月产水模拟分析将结合养分模拟结果选择重点时段进行。

4. 激水流域泥沙径流的模拟结果与分析

泥沙径流涉及产沙和输沙两个子过程。土壤侵蚀采用改进的水土流失方程 MUSLE 来计算。其中利用径流因子代替了原 USLE 方程中的降雨能量因子,不再需要计算传输率,这使得原来用在坡面的模拟方法可以应用到流域尺度。泥沙的传输过程则采用河道峰值速率来代替了河道水能的计算,通过用户定义的线性和指数因子来控制河道断面的最大传输量。由于篇幅所限,相关的计算公式不再罗列。

产沙量的模拟,需要较为准确地说明土壤可蚀性 K 因子、不同地面覆盖方式和管理 C 因子、管理实践 P 因子和地形 LS 因子。在我们的模拟中,不同类型土壤的 K 因子参照了史学正的研究。C 因子参照了 SWAT 模型附带的土地利用/植物生长数据库中的 C 值。例如,对于水稻田,用 C=0.03;对于高覆盖度的林地,用 C=0.001;对于花生和番薯地,用 C=0.04 等。P 因子参照了有关文献,针对不同的地区进行了确定。例如,对于坡度 1～5 度的区域和水平梯田方式的农地,P 因子取 0.6,等等。

激水流域 1991—2005 年产沙量模拟值和观测值见表 6-2-37 和图 6-2-22。

表 6-2-37　年产沙量模拟值和观测值的比较分析

年份	产沙观测值/t	产沙模拟值/t
1991	156 775.48	339 900.00
1992	411 595.69	696 400.00
1993	116 980.68	218 500.00
1994	283 196.91	527 800.00

年份	产沙观测值/t	产沙模拟值/t
1995	259 593.64	538 300.00
1996	175 367.98	456 500.00
1997	282 662.70	610 900.00
1998	473 051.06	727 100.00
1999	243 850.61	461 700.00
2000	83 182.64	252 400.00
2001	206 727.12	434 400.00
2002	413 372.25	698 100.00
2003	76 349.78	166 500.00
2004	116 810.73	308 300.00
2005	252 183.37	490 300.00

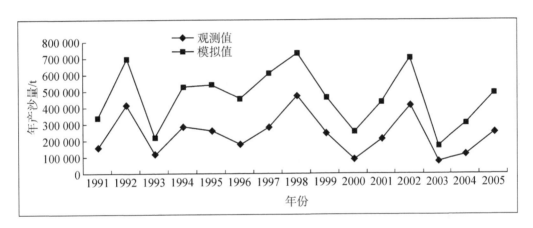

图 6-2-22 年产沙量模拟值和观测值的对比

从表 6-2-37 和图 6-2-22 可以看出,泥沙的径流模拟值远远高于观测值,但模拟值和观测值具有一致的变化趋势,只是在数量上相差一个量值。趋势相同说明泥沙产出过程的参数是比较合理的,数量差异则主要因为河道传输参数采用模型提供的缺省值。后者需要根据激水流域实际状况进行率定。河道传输采用了公式 $Sed=aV^b$。其中,Sed 为河道某一断面最大产沙量,V 为河道流速峰值,a 和 b 分别为根据流域状况定义的线性因子和指数因子,需要进行率定。经过多次的模拟试验,对于激水流域,a 和 b 分别取值为 0.000 24 和 1.5。校正后的产沙模拟值和观测值分别见表 6-2-38 和图 6-2-23。

从表 6-2-38 和图 6-2-23 可知,泥沙径流模拟精度为 60%~97%,E_{NS} 为 0.88,R^2 为 0.91。15 年平均模拟精度为 86.49%,其中模拟精度达到 90% 以上的有 7 年,80% 以上 90% 以下的有 6 年。1998 年和 2000 年模拟精度较低,分别为 75.43% 和 60.79%。1998 年属于气候异常年份,中国南方发生了严重的洪水灾害。笔者查阅和计算了观测值记录,发现 15 年的平均输沙率为 8.28 kg/s。在 1998 年 8 月 6 日出现了极端输沙率数值 1 523 kg/s,是平均值的 184 倍,计算得到的 1998 年平均输沙率为 15.0 kg/s,远远高于平均值。这使得 1998 年的观测产沙量远远高于其他年份,而 2000 年则属于干旱年份,平均输沙率较小。这也说明 SWAT 模型对于特殊气象条件变化下的地理过程模拟具有一定的局限性。

表 6-2-38 校正的年产沙量模拟值和观测值的比较分析

年份	产沙观测值/t	产沙模拟值/t	模拟精度/%
1991	156 775.48	142 600.00	90.96
1992	411 595.69	337 200.00	81.93
1993	116 980.68	104 100.00	88.99
1994	283 196.91	260 000.00	91.81
1995	259 593.64	243 400.00	93.76
1996	175 367.98	207 100.00	81.91
1997	282 662.70	321 000.00	86.44
1998	473 051.06	356 800.00	75.43
1999	243 850.61	218 000.00	89.40
2000	83 182.64	115 800.00	60.79
2001	206 727.12	215 500.00	95.76
2002	413 372.25	395 000.00	95.56
2003	76 349.78	73 530.00	96.31
2004	116 810.73	137 900.00	81.95
2005	252 183.37	259 300.00	97.18
平均精度	$E_{NS}=0.88; R^2=0.91$		86.49

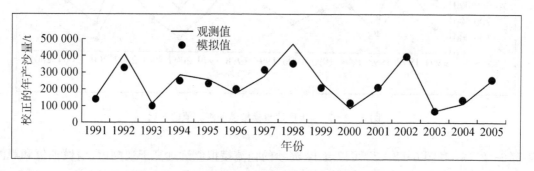

图 6-2-23 校正的年产沙量模拟值和观测值的对比

5. 激水流域氮、磷迁移过程的模拟结果与分析

SWAT 模型能够模拟有机氮、有机磷、硝态氮以及可溶性磷迁移过程。激水流域早期没有氮磷迁移的观测。现有的养分流失观测数据是我们为了本研究在 2002 年 10 月至 2004 年 10 月进行的。整年的观测数据只有 2003 年。因此,养分模拟精度分析就只能在月的时间尺度上进行。

径流和泥沙是养分迁移的载体,水土流失是养分迁移的驱动力,因此,径流和泥沙的模拟精度直接影响了养分迁移的模拟精度。所以我们先选择重点时段进行径流、泥沙月模拟精度分析,然后再进一步进行氮磷迁移的精度分析。

1) 2002—2005 年径流、泥沙月模拟精度分析

表 6-2-39 和图 6-2-24 和图 6-2-25 分别为 2002—2005 年逐月径流和泥沙模拟值和观测值对

比分析。

表 6－2－39 2002—2005 年逐月径流和泥沙模拟值和观测值对比分析

月/年	径流			泥沙		
	观测值/mm	模拟值/mm	误差/%	观测值/mm	模拟值/mm	误差/%
01/2002	7.11	7.52	5.71	2 840.40	3 932.00	38.43
02/2002	6.63	6.48	2.39	100.14	1 324.00	1 222.18
03/2002	16.78	16.35	2.57	11 707.20	14 670.00	25.31
04/2002	16.73	13.43	19.73	2 084.23	6 902.00	231.15
05/2002	36.53	27.54	24.61	23 378.98	29 410.00	25.80
06/2002	94.82	79.38	16.28	168 883.49	136 500.00	19.18
07/2002	70.07	59.16	15.57	120 435.55	75 350.00	37.44
08/2002	30.96	30.92	0.12	7 730.21	24 530.00	217.33
09/2002	23.62	35.38	49.77	15 858.20	26 580.00	67.61
10/2002	47.59	43.02	9.60	54 181.27	40 590.00	25.08
11/2002	28.19	32.34	14.71	1 936.40	25 160.00	1 199.32
12/2002	19.54	20.77	6.32	4 236.19	5 994.00	41.50
01/2003	16.08	17.36	7.93	3 231.36	6 003.00	85.77
02/2003	16.07	15.66	2.55	2 924.64	5 472.00	87.10
03/2003	16.45	12.32	25.12	3 406.75	3 977.00	16.74
04/2003	27.79	17.44	37.24	16 562.88	9 995.00	39.65
05/2003	31.44	26.27	16.45	36 351.07	30 650.00	15.68
06/2003	19.98	20.40	2.09	4 736.10	9 487.00	100.31
07/2003	5.96	7.86	31.94	240.28	837.50	248.55
08/2003	8.54	9.38	9.82	7 917.44	5 354.00	32.38
09/2003	3.68	5.69	54.37	377.48	1 317.00	248.89
10/2003	3.03	4.92	62.21	117.42	359.70	206.34
11/2003	2.66	4.04	51.71	411.52	123.60	69.97
12/2003	2.48	2.99	20.33	72.84	110.70	51.99
01/2004	2.82	2.64	6.67	673.06	915.00	35.95
02/2004	4.04	3.51	13.25	1 153.01	1 416.00	22.81
03/2004	8.74	9.95	13.78	5 531.59	9 990.00	80.60
04/2004	24.15	25.87	7.10	28 048.90	35 690.00	27.24
05/2004	29.46	26.87	8.81	28 571.62	23 570.00	17.51
06/2004	23.48	29.90	27.34	11 525.76	22 220.00	92.79
07/2004	21.12	33.36	57.96	34 442.50	33 280.00	3.38
08/2004	8.40	15.71	87.07	2 471.90	3 265.00	32.08
09/2004	10.81	16.22	49.99	3 073.59	4 658.00	51.55

续表

月/年	径流			泥沙		
	观测值/mm	模拟值/mm	误差/%	观测值/mm	模拟值/mm	误差/%
10/2004	4.38	8.94	103.92	251.42	222.10	11.66
11/2004	4.88	5.86	20.20	778.46	438.40	43.68
12/2004	3.57	4.30	20.43	290.74	128.90	55.66
01/2005	5.04	3.95	21.63	907.37	936.80	3.24
02/2005	16.57	17.39	4.97	14 606.78	23 610.00	61.64
03/2005	9.12	7.23	20.77	3 004.13	4 353.00	44.90
04/2005	11.35	13.16	15.98	3 962.30	6 799.00	71.59
05/2005	100.44	63.32	36.95	95 656.90	106 900.00	11.75
06/2005	79.35	59.18	25.42	125 124.48	84 900.00	32.15
07/2005	15.67	19.75	26.02	875.23	1 792.00	104.75
08/2005	10.00	23.88	138.86	3 440.45	10 360.00	201.12
09/2005	16.35	23.23	42.06	3 288.90	10 340.00	214.39
10/2005	8.12	17.08	110.39	706.32	3 413.00	383.21
11/2005	7.74	11.89	53.60	364.00	1 378.00	278.57
12/2005	2.30	6.42	179.65	246.50	210.80	14.48
	$E_{NS}=0.87, R^2=0.91$			$E_{NS}=0.89, R^2=0.92$		

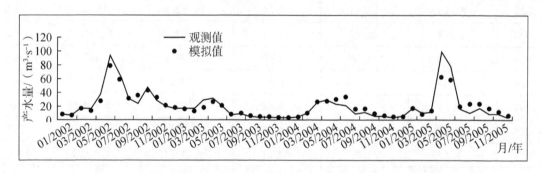

图 6-2-24　2002 年 1 月—2005 年 12 月月产水模拟值和观测值的对比

　　从表 6-2-39 和图 6-2-24 可以看出,2002 年到 2005 年之间月产水量模拟的评价指标纳什萨特克里夫系数 $E_{NS}=0.87, R^2=0.91$。除个别月份外,误差百分比 Dy 均小于 40%,模拟值和观测值也具有相同的变化趋势,产流的峰值和起伏也和实际观测相符,因此模拟精度是比较好的。误差百分比超过50% 的月份集中在 2003 年 9~11 月、2004 年 7~10 月以及 2005 年的 8~12 月。这些月份也是产水量较小的月份。由于数值较小,微小的差异就会造成很大的误差。从径流过程线来看,这些月份产流数量较小,故对于年度总径流过程影响较小,因此年径流模拟具有较高的精度。

　　从表 6-2-39 和图 6-2-25 可以看出,2002 年到 2005 年之间月产沙量模拟的评价指标 $E_{NS}=0.89, R^2=0.92$,模拟值和观测值具有相同的变化趋势,产流的峰值和起伏也和实际观测值相符,因此模拟精度是比较高的。但其中有些月份,误差百分比较大,如 2002 年 2 月,观测值为 100.14 t,模拟值为1 324t,相比其他月份虽然数量较小,但误差达到了 12.2 倍。产沙量模拟误差较大的月份也一般集中在旱季产沙较少的时段。误差产生有两个方面的原因:一方面,旱季时流量较小,东村水文站泥沙观测次数也较少,造成观测值本身存在一定的误差;另一方面,SWAT 模型对于产沙过程的模拟分成流域产沙和河道传输两个过程,涉及的因素多,计算比较复杂,尤其是对于较为干旱的特殊时段,模拟不准确,也无法按照实际观测值实现精确的校正。从产沙水文过程线来看,这些月份由于产沙数量较小,所以对年产沙模拟的影响程度不大。

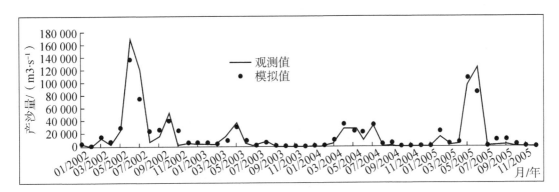

图 6 - 2 - 25　2002 年 1 月—2005 年 12 月月产沙模拟值和观测值的对比

从以上分析可以看出,SWAT 模型年产水、产沙的模拟精度都比较高,相比之下,月模拟精度比较低。误差较大的月份主要集中在流量较小的枯水的旱季。这说明 SWAT 模型对于年度的产沙、产水过程能较好地模拟,但年内枯水季节模拟精度较差。由于月模拟精度的降低,也必然对后期的氮、磷迁移模拟产生较大影响。

2) 2002 年 10 月—2004 年 10 月氮素迁移模拟精度分析

SWAT 养分模拟包括产出和河道传输两个过程,分别为子流域坡面产出到河道,以及河道内部随着水沙的传输的演算,可以模拟有机氮、矿物氮(NO_3^-)、有机磷和可溶性矿物磷,在 SWAT 模型的中集成了 QUAL2E 水质模型,用来模拟河道和湖泊水质过程,可以模拟河道中水草和藻类的生长,以及河道中氮磷化合物不同状态之间的转化。QUAL2E 水质模型是作为一个单独可选模块进行集成,运行过程中通过配置文件来让用户选用是否激活水质模块。激活后模型的输出增加了 NH_4^+ 和 NO_2^- 的模拟项目。河道水质属于专业的生态模型,一般应用在有较大湖泊或水库的区域,模拟需要相关的河道水质监测数据作为输入参数,也可以设置一个缺省的初始参数,在以后的连续模拟中根据流入的各种养分、水生植被生长以及温度状况不断地进行更新。

初始的模拟,一般和观测值相差较大,而养分模拟的校正过程涉及因素多,校正步骤复杂,经过了多次的校正过程,书中仅列举最初的结果和校正后的结果。

2002 年 10 月到 2004 年 10 月硝态氮和有机氮观测值和模拟值的对比分别如表 6 - 2 - 40、图 6 - 2 - 26 和图 6 - 2 - 27 所示。

表 6 - 2 - 40　10 月/2002～10 月 2004 年硝态氮和有机氮模拟值和观测值对比分析

月/年	NO_3^-—N			有机氮		
	观测值/kg	模拟值/kg	误差/%	观测值/kg	模拟值/kg	误差/%
10/2002	23 528.88	16 180.00	31.23	47 029.20	58 090.00	23.52
11/2002	19 144.61	10 100.00	47.24	1 555.31	36 380.00	2 239.08
12/2002	13 173.98	2 628.00	80.05	3 656.51	9 765.00	167.06

续表

月/年	$NO_3^- - N$			有机氮		
	观测值/kg	模拟值/kg	误差/%	观测值/kg	模拟值/kg	误差/%
01/2003	9 300.17	1 737.00	81.32	2 793.58	13 230.00	373.59
02/2003	6 402.74	2 297.00	64.12	2 528.41	14 710.00	481.79
03/2003	5 055.68	1 793.00	64.53	2 945.21	8 354.00	183.65
04/2003	7 981.39	4 525.00	43.31	14 274.47	24 050.00	68.48
05/2003	23 591.77	10 030.00	57.49	26 363.47	57 110.00	116.63
06/2003	9 254.88	5 763.00	37.73	3 878.99	20 580.00	430.55
07/2003	3 272.44	738.60	77.43	259.48	1 543.00	494.66
08/2003	8 977.57	6 539.00	27.16	7 745.76	22 500.00	190.48
09/2003	2 861.76	1 775.00	37.98	473.94	3 420.00	621.61
10/2003	3 341.74	963.90	71.16	135.65	803.40	492.26
11/2003	681.15	637.40	6.42	412.36	211.60	48.69
12/2003	1 156.60	504.10	56.42	69.77	104.40	49.64
01/2004	1 508.28	983.50	34.79	545.74	4 555.00	734.64
02/2004	2 413.25	1 557.00	35.48	844.51	7 873.00	832.26
03/2004	14 053.36	5 113.00	63.62	3 293.80	38 660.00	1 073.72
04/2004	12 078.22	27 440.00	196.32	18 037.35	86 520.00	379.67
05/2004	9 293.90	17 740.00	90.88	24 604.99	60 880.00	147.43
06/2004	5 744.58	9 909.00	72.49	11 990.07	46 320.00	286.32
07/2004	6 020.17	11 820.00	96.34	28 092.62	67 140.00	139.00
08/2004	6 876.38	2 370.00	65.53	2 769.99	8 123.00	193.25
09/2004	2 910.27	3 320.00	14.08	3 186.11	11 670.00	266.28
10/2004	2 579.71	420.50	83.70	366.61	221.20	39.66
	$E_{NS}=0.12, R^2=0.29$			$E_{NS}=-2.93, R^2=0.64$		

　　从表6-2-40和图6-2-25中可以看出,在模拟期间,硝态氮只有2004年的4~7月模拟值明显高于观测值,其他月份比较接近或低于观测值。一方面,2004年6~10月产水模拟值也高于观测值,导致模拟值过高;另一方面,4月和7月分别是浈水流域水稻种植时节,由于施肥的影响,使得模拟值在5月和8月形成年内两个峰值,模拟值也相对较大。从整个模拟效果来看,硝态氮模拟值整体偏低。计算得 $E_{NS}=0.12$,确定性系数 $R^2=0.29$。E_{NS} 和 R^2 值较小,说明模拟值与实测值相差较大,相关性较小。

　　从表6-2-40和图6-2-26中可以看出,在模拟期间有机氮模拟值明显高于观测值;同样由于施肥的影响,使得模拟值在5月和8月形成年内两个峰值,观测值在数量上远远高于模拟值;2004年的3月模拟值和观测值相差有10倍之多。由于数量的显著差异,计算得纳什萨特克里夫系数 $E_{NS}=-2.93$,确定性系数 $R^2=0.64$。

　　模型开发者提供的资料说明,针对硝态氮模拟值较低的校正方法有:①将土壤化学输入文件中土壤层中硝态氮的初始聚集量调整到合理水平;②增加施肥过程中肥料施用到表层土壤中的比率;③增加作物的残茬系数;④减少土壤的生物混合效率;⑤增加硝态氮的入渗系数;⑥增加河道水草和藻类中矿物氮的比率。针对有机氮的模拟值较高的校正方法有:①调整土壤化学输入文件中土壤层中有机氮的初始聚集量到合理水平;②减少施肥过程中肥料施用到表层土壤中的比率;③减少河道水草和藻类中有机氮的比率。

对于以上的校正参数,我们采用部分调整的校正方法,首先对于经过调查或文献查阅可以基本确定的参数不做调整,如表层土壤的肥料施用比率。对于其他的不确定因素,采用模拟的方法进行单因素的敏感性分析和多因素的组合模拟来进行经验性的调整。对于硝态氮和有机氮,主要以 2004 年 4 月以前的观测值数据进行校正。因为 2004 年 7 月到 10 月产水量的模拟存在较大误差,由此可导致硝态氮计算的误差。另一方面,2004 年 4 月潋水流域降水量较大,尤其是 4 月 18 日种植后,连续降水。但在观测值中并没有表现出氮素流失量的明显增加。由此可以推断,要么观测值的精度存在一定问题,要么就是因为模型本身对一些特殊情况的处理有不完善之处。从现有数据模拟来看,我们认为采用前期的数据进行校正是比较合理的。

校正的硝态氮和有机氮 2002 年 10 月到 2004 年 10 月模拟值和观测值的对比,分别如表 6-2-41 和图 6-2-26 和图 6-2-27 所示。

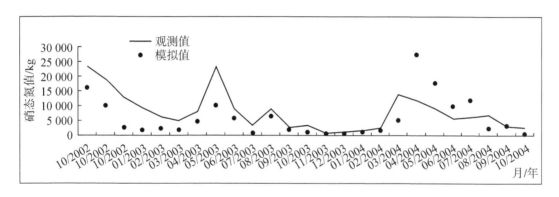

图 6-2-26　2002 年 10 月—2004 年 10 月硝态氮观测值和模拟值的对比(未校正)

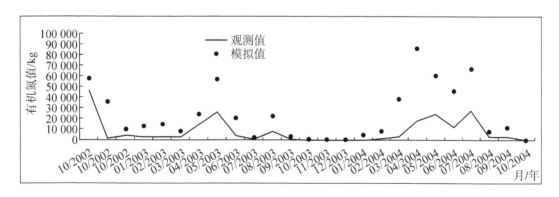

图 6-2-27　2002 年 10 月—2004 年 10 月有机氮模拟值和观测值的对比(未校正)

表 6-2-41　10 月/2002~10 月/2004 硝态氮和有机氮校正模拟值和观测值对比分析

月/年	$NO_3^- - N$			有机氮		
	观测值/kg	模拟值/kg	误差/%	观测值/kg	模拟值/kg	误差/%
10/2002	23 528.88	37 110.00	57.72	47 029.20	34 800.00	26.00
11/2002	19 144.61	21 770.00	13.71	1 555.31	22 760.00	1 363.37
12/2002	13 173.98	5 593.00	57.55	3 656.51	5 717.00	56.35
01/2003	9 300.17	3 645.00	60.81	2 793.58	7 972.00	185.37

续表

月/年	NO$_3^-$—N			有机氮		
	观测值/kg	模拟值/kg	误差/%	观测值/kg	模拟值/kg	误差/%
02/2003	6 402.74	4 997.00	21.96	2 528.41	8 857.00	250.30
03/2003	5 055.68	3 638.00	28.04	2 945.21	4 911.00	66.75
04/2003	7 981.39	10 230.00	28.17	14 274.47	14 330.00	0.39
05/2003	23 591.77	23 020.00	2.42	26 363.47	33 840.00	28.36
06/2003	9 254.88	12 880.00	39.17	3 878.99	12 410.00	219.93
07/2003	3 272.44	1 291.00	60.55	259.48	923.50	255.91
08/2003	8 977.57	14 450.00	60.96	7 745.76	13 040.00	68.35
09/2003	2 861.76	3 115.00	8.85	473.94	1 988.00	319.46
10/2003	3 341.74	1 449.00	56.64	135.65	480.40	254.15
11/2003	681.15	767.20	12.63	412.36	123.40	70.07
12/2003	1 156.60	597.10	48.37	69.77	62.33	10.66
01/2004	1 508.28	1 863.00	23.52	545.74	2 813.00	415.44
02/2004	2 413.25	2 911.00	20.63	844.51	4 857.00	475.13
03/2004	14 053.36	11 270.00	19.81	3 293.80	24 100.00	631.68
04/2004	12 078.22	65 930.00	611.97	18 037.35	52 280.00	189.84
05/2004	9 293.90	38 790.00	317.37	24 604.99	36 890.00	49.93
06/2004	5 744.58	23 030.00	300.90	11 990.07	28 710.00	139.45
07/2004	6 020.17	27 710.00	360.29	28 092.62	42 470.00	51.18
08/2004	6 876.38	4 671.00	32.07	2 769.99	4 687.00	69.21
09/2004	2 910.27	7 091.00	143.65	3 186.11	7 185.00	125.51
10/2004	2 579.71	511.20	80.18	366.61	128.50	64.95
	$E_{NS}=-4.23$; $R^2=0.25$			$E_{NS}=0.08$; $R^2=0.63$		

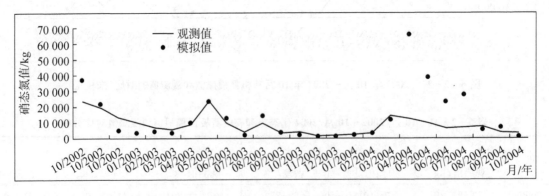

图 6-2-28　2002 年 10 月—2004 年 10 月硝态氮模拟值和观测值的对比

　　从表 6-2-41 和图 6-2-28 中可以看出,硝态氮经过校正后,2002 年 10 月到 2004 年 3 月模拟值和观测值拟合较好。2004 年 4~7 月模拟值远远超过了观测值,尤其是 2004 年 4 月,超出了 4 倍以上。通过对于 4 月激水流域的降水、流量、硝态氮流失的统计,见表 6-2-42。从中可以看到,由于 4 月 18 日左右是潋水流域水稻种植时间,种植施肥后23～26日连续降水,导致模拟值23、24、25、26日偏大,尤其是27日和28日,日模拟值分别出现了12 770 kg和12 440 kg的极值;观测值滞后一天,在24、25、26和27号日径流水样中的硝态氮浓度也明显增加,但28日却陡然下降了。而且径流量的模拟,除28日、29日两天和30日差别较大外,其他时间内模拟精度也较高。

表 6-2-42　2004 年 4 月潋水流域的降水、流量、硝态氮的流失统计

日/月/年	降水/mm			流量/(m³·s⁻¹)		硝态氮值/kg	
	莲塘	古龙岗	东村	观测	模拟	观测	模拟
4/1/2004	3.6	3.6	3	35.2	16.42	1 219.55	664.40
4/2/2004	0	0	0	26.9	19.88	931.99	784.50
4/3/2004	0	0	0	14	21.16	485.05	796.50
4/4/2004	0	0	0	8.6	17.74	297.96	631.10
4/5/2004	1.5	1.2	2.7	6.1	14.68	211.34	478.90
4/6/2004	7.4	17.1	16.3	4.9	11.16	169.77	351.50
4/7/2004	0	19.3	16.5	20.7	9.63	141.29	308.30
4/8/2004	0	0	0	31.5	11.11	215.01	341.70
4/9/2004	0	0	0	13.4	12.52	91.46	372.10
4/10/2004	0	0	0	9.28	12.44	63.34	349.20
4/11/2004	35	28	39	6.92	17.77	47.23	639.10
4/12/2004	26.7	2.6	4.4	43.4	26.44	75.00	969.20
4/13/2004	0	3.4	46.7	29.2	32.45	860.30	1 220.00
4/14/2004	16.5	8.2	13.9	17.5	30.91	515.59	1 137.00
4/15/2004	14	0	0	17.5	22.19	515.59	764.40
4/16/2004	5.5	0	0.7	10.6	17.46	312.30	533.20
4/17/2004	17	15.7	13.8	8.18	11.12	241.00	349.90
4/18/2004	0	0	0	20.6	9.33	606.93	275.90
4/19/2004	0	0	0	14.7	9.14	433.10	248.80
4/20/2004	0	0	0	12.7	7.84	374.17	191.80
4/21/2004	19	0	0	9.96	8.13	293.45	191.80
4/22/2004	0	0	0.3	8.6	7.67	253.38	161.30
4/23/2004	38.2	62.2	44.7	8.6	16.52	253.38	680.70
4/24/2004	38.8	11.4	12.2	53.7	36.11	900.10	1 607.00
4/25/2004	1.5	15.8	4.8	49.7	50.04	833.05	2 214.00
4/26/2004	58	50.1	45.2	75.1	60.75	538.56	7 663.00
4/27/2004	0	0	0	78.4	75.59	562.22	12 770.00
4/28/2004	0	0	0	34	71.61	243.82	12 440.00
4/29/2004	0	0	0.2	24.7	55.10	177.13	9 305.00
4/30/2004	30.7	22	33.4	30	48.37	215.14	7 487.00
合计	313.4	261.5	297.8	24.2	25.37	12 078	65 927.3

　　我们把观测的水量换成模拟水量来计算流失量,其数量值也没有较大的变化。我们对这个问题进行了分析,一个可能的原因就是观测的问题,也就是氮磷流失的峰值以较快时间通过了观测断面,观测人员对高浓度的径流没有观测到;另外一种可能是 SWAT 模型对于水稻种植系统中养分的迁移模拟方法需要进一步完善。水稻田是一个对水和养分有很好蓄积作用的生态系统。当缺水的时候,就从沟渠中引水灌溉,当降水时水稻田可以蓄积雨水。只有降雨量超过田埂蓄积水平时才向沟渠排水,而且水稻田养分渗漏损失较低,因此养分流失量较少。这些问题需要以后在数据和其他条件更加准确完备的情况下进一步分析。

　　校正后的硝态氮模拟整个时段来看,模拟结果也不好。计算的 E_{NS} 从原来的 0.12 变为 -4.23,确定性系数 R^2 从原来的 0.29 变为 0.25。E_{NS} 值和 R^2 值较小,说明模拟值与观测值相差较大,相关性较小。但如果仅仅关注 2002 年 10 月到 2004 年 3 月这一时段,E_{NS} 则从原来的 0.31 变为 0.62,确定性系数 R^2 从原来的 0.81 变为 0.82。说明这一时段模拟值和观测值拟合程度较好。也可以认为,校正后的模拟计算反映了激水流域实际硝态氮流失状况。

　　校正后的有机氮模拟和观测值在数量上差异较大。这是因为有机氮的迁移和流域产沙量密切相关,产沙量的模拟精度对有机氮的模拟产生了较大影响。例如,2002 年 11 月模拟值和观测值相差 16 倍,就是因为产沙量模拟误差导致的(图 6-2-29)。

　　从整个时段来看:校正后 E_{NS} 从原来的 -2.93 变为 0.08,有了提高;确定性系数 R^2 从原来的 0.64 变为 0.63,变化不大。如果仅仅关注 2002 年 10 月到 2004 年 3 月这一时段,则从原来的 -0.82 变为 0.47;确定性系数 R^2 从原来的 0.64 变为 0.62。虽然模拟精度不高,但有很大程度的改进。对于有机氮的模拟,进一步的校正需要修正土壤中有机氮的初始含量。但目前没有数据。

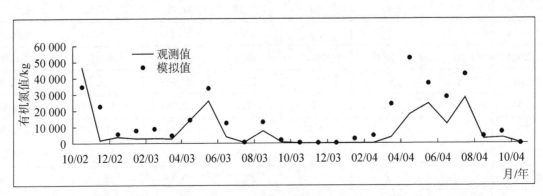

图 6-2-29　2002 年 10 月—2004 年 10 月有机氮模拟值和观测值的对比,kg N

3) 2002 年 10 月—2004 年 10 月磷素迁移模拟精度分析

　　和氮素相比,磷素的迁移性相对较弱,迁移的数量也较少。SWAT 模型可以模拟随径流迁移的可溶性磷和吸附态的随泥沙迁移的有机磷和矿物磷。在 SWAT 模型的子流域和水文响应单元输出文件中,分别有随表面径流输出的可溶性磷,随泥沙输出的有机磷和矿物磷,河道输出文件中,则综合为随径流输出的可溶性矿物磷和随泥沙输出的有机磷。

　　2002 年 10 月到 2004 年 10 月矿物磷和有机磷观测值和模拟值的对比分别如表 6-2-43 和图 6-2-30 和图 6-2-31 所示。

表 6-2-43　2002 年 1 月—2004 年 10 月矿物磷和有机磷模拟值和观测值对比分析

月/年	矿物磷			有机磷		
	观测值/kg	模拟值/kg	误差/%	观测值/kg	模拟值/kg	误差/%
10/2002	1 992.83	5 822.00	192.15	16 999.60	12 680.00	25.41
11/2002	1 320.71	2 941.00	122.68	609.91	6 656.00	991.31
12/2002	923.44	945.60	2.40	1 551.29	2 246.00	44.78
01/2003	643.14	478.20	25.65	1 185.97	4 598.00	287.70
02/2003	384.18	679.30	76.82	1 073.40	6 348.00	491.39
03/2003	123.62	473.50	283.04	1 250.35	4 300.00	243.90
04/2003	584.18	1 025.00	75.46	6 084.07	9 771.00	60.60
05/2003	1 130.63	11 380.00	906.52	12 618.21	21 480.00	70.23
06/2003	514.08	2 835.00	451.47	1 721.01	4 126.00	139.74
07/2003	127.85	274.40	114.62	88.94	414.10	365.57
08/2003	481.39	2 550.00	429.72	2 608.37	5 717.00	119.18
09/2003	58.26	422.50	625.21	122.94	904.20	635.49
10/2003	7.58	207.60	2 640.01	37.47	341.60	811.76
11/2003	14.07	45.86	225.96	127.24	75.10	40.98
12/2003	18.46	25.96	40.60	22.31	36.30	62.68
01/2004	12.10	200.70	1 558.85	199.81	1 478.00	639.71
02/2004	34.94	341.50	877.31	330.76	2 523.00	662.80
03/2004	411.53	1 492.00	262.55	1 333.48	12 140.00	810.40
04/2004	751.31	11 070.00	1 373.43	9 668.90	30 940.00	220.00
05/2004	498.63	12 770.00	2 461.02	10 639.42	21 910.00	105.93
06/2004	381.08	5 405.00	1 318.36	4 801.22	8 882.00	84.99
07/2004	293.02	6 616.00	2 157.89	10 752.62	13 540.00	25.92
08/2004	105.88	934.70	782.78	934.32	2 024.00	116.63
09/2004	232.03	1 261.00	443.46	1 181.02	2 481.00	110.07
10/2004	103.32	7.10	93.13	193.19	14.79	92.34
	$E_{NS}=-80.78, R^2=0.23$			$E_{NS}=-0.7, R^2=0.63$		

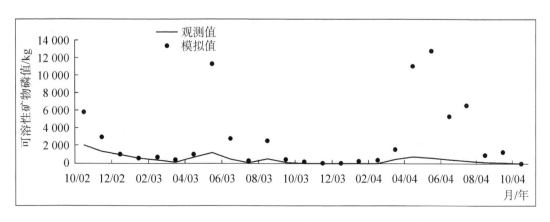

图 6-2-30　2002 年 10 月—2004 年 10 月可溶性矿物磷模拟值和观测值的对比

从表6-2-43和图6-2-30中可以看出,可溶性矿物磷的观测值远远小于模拟值。对比期间观测的最大值为1 992 kg(2002年10月),模拟的最大值为12 770 kg(2004年5月),2003年10月模拟值(207.60)和观测值(7.58)相差达26倍之多。由于数量的悬殊差异,使得两条曲线可比性降低。计算的 E_{NS} 为-80.78,确定性系数 R^2 为0.23,模拟值和观测值在数量和变化趋势上都相差很大。

从表6-2-43和图6-2-31可以看出,有机磷的模拟结果类似前面的有机氮的模拟结果,观测值普遍低于模拟值。和有机氮模拟一样,有机磷模拟结果也和产沙量模拟精度关系很大。从两者的变化曲线来看,峰值和起伏具有一定的相关性。计算的 E_{NS} 为-0.7,确定性系数 R^2 为0.63,模拟值和观测值在数量和变化趋势上也存在一定的差异。

针对可溶性矿物磷模拟值较高的校正方法有:①将土壤化学输入文件中土壤层中可溶性矿物磷的初始聚集量调整到合理水平;②减少施肥过程中肥料施用到表层土壤中的比率;③减少作物的残茬系数;④增加土壤的生物混合效率;⑤增加磷的入渗系数;⑥增加磷的分配系数;⑦减少河道水草和藻类中矿物磷的比率。

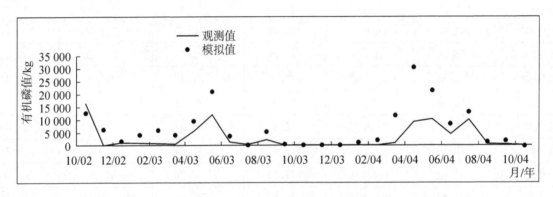

图6-2-31　2002年10月—2004年10月有机磷模拟值和观测值的对比

其中第②、③、④项的参数调整同时会对前面硝态氮和有机氮的模拟产生影响,而硝态氮和可溶性矿物磷的模拟趋势刚好相反,且对所有养分模拟都产生影响。模拟试验也表明,这几项参数不敏感,即使调整到允许的极值也只能对模拟值起到微调作用。因此对这三项按照氮素模拟的率定值不做调整。而①、⑤、⑥、⑦项的调整则仅对矿物磷模拟有影响。通过多次的试验模拟发现,在以上几项参数中,除第①项调整对可溶性矿物磷模拟值产生较大影响外,其他几项参数敏感性较低,对模拟值影响不大。

针对有机磷的模拟值较高的校正方法有:①调整土壤化学输入文件中土壤层中有机磷的初始聚集量到合理水平;②减少施肥过程中肥料施用到表层土壤中的比率;③减少河道水草和藻类中有机磷的比率。

磷素和氮素的校正是同时进行的,因为有些参数是共同影响的。对于单独影响的参数调整,同样采用部分调整的校正方法。首先对于经过调查或文献查阅可以基本确定的参数,不做调整;对于其他的不确定因素,采用模拟的方法进行单因素的敏感性分析和多因素的组合模拟来进行经验性的调整。类似于氮素的模拟校正,我们主要以2004年4月以前的观测值数据为基础进行校正。

表6-2-44　2002年10月—2004年10月矿物磷和有机磷模拟值和观测值对比分析

月/年	矿物磷			有机磷		
	观测值/kg	模拟值/kg	误差/%	观测值/kg	模拟值/kg	误差/%
10/2002	1 992.83	1 658.00	16.80	16 999.60	10 920.00	25.41
11/2002	1 320.71	1 127.00	14.67	609.91	7 091.00	991.31

续表

月/年	矿物磷			有机磷		
	观测值/kg	模拟值/kg	误差/%	观测值/kg	模拟值/kg	误差/%
1220/02	923.44	308.70	66.57	1 551.29	2 081.00	44.78
01/2003	643.14	280.00	56.46	1 185.97	2 623.00	287.70
02/2003	384.18	334.00	13.06	1 073.40	2 885.00	491.39
03/2003	123.62	210.90	70.61	1 250.35	1 664.00	243.90
04/2003	584.18	535.20	8.38	6 084.07	4 804.00	60.60
05/2003	1 130.63	4 364.00	285.98	12 618.21	11 500.00	70.23
06/2003	514.08	1 464.00	184.78	1 721.01	3 995.00	139.74
07/2003	127.85	132.60	3.71	88.94	323.50	365.57
08/2003	481.39	825.90	71.57	2 608.37	4 564.00	119.18
09/2003	58.26	102.80	76.45	122.94	657.90	635.49
10/2003	7.58	37.95	400.88	37.47	169.10	811.76
11/2003	14.07	13.36	5.04	127.24	47.92	40.98
12/2003	18.46	11.22	39.23	22.31	27.99	62.68
01/2004	12.10	118.00	875.31	199.81	952.90	639.71
02/2004	34.94	202.00	478.08	330.76	1 661.00	662.80
03/2004	411.53	934.50	127.08	1 333.48	8 107.00	810.40
04/2004	751.31	3 484.00	363.73	9 668.90	18 450.00	220.00
05/2004	498.63	5 360.00	974.95	10 639.42	13 160.00	105.93
06/2004	381.08	3 476.00	812.16	4 801.22	10 060.00	84.99
07/2004	293.02	4 400.00	1 401.62	10 752.62	14 520.00	25.92
08/2004	105.88	378.80	257.76	934.32	1 669.00	116.63
09/2004	232.03	368.50	58.81	1 181.02	2 385.00	110.07
10/2004	103.32	8.27	92.00	193.19	43.97	92.34
	$E_{NS}=-11.52, R^2=0.13$			$E_{NS}=0.51, R^2=0.69$		

　　校正的可溶性矿物磷和有机磷 2002 年 10 月到 2004 年 10 月观测值和模拟值的对比，分别如表 6-2-44 和图 6-2-32 以及图 6-2-33 所示。

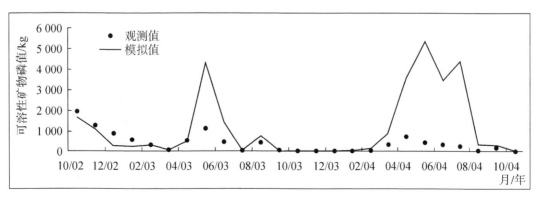

图 6-2-32　2002 年 10 月—2004 年 10 月可溶性矿物磷模拟值和观测值的对比

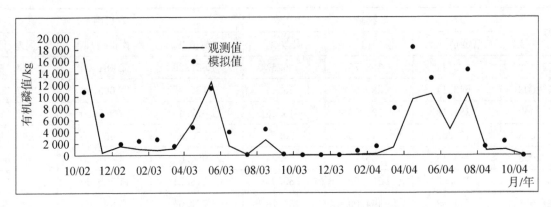

图 6-2-33 2002 年 10 月—2004 年 10 月有机磷模拟值和观测值的对比

从表 6-2-44 和图 6-2-32 中可以看出,校正后可溶性矿物磷模拟值有了一定程度的降低。从总体来看,模拟值还是偏高,尤其是 2004 年 4 月到 7 月误差较大,导致模拟精度低。计算的 E_{NS} 为 -11.52,确定性系数 R^2 为 0.13。在 2002 年 10 月到 2004 年 3 月,E_{NS} 从原来的 -24.92 变为 -1.41,确定性系数 R^2 从原来的 0.47 变为 0.38,这些指标也说明了观测值和模拟值的拟合程度不高。造成模拟精度较差的原因有很多,首先磷的迁移性较差,采集的多份水样中分析不到可溶性矿物磷的存在,导致观测值数量上都比较小。而模拟值则是按照一定的固定公式来计算,对某些特殊情节描述存在误差,即使按照模型开发者介绍的校正方法,也无法实现更加合理有效的校正。

从表 6-2-44 和图 6-2-33 中可以看出,校正后有机磷模拟值有了一定程度的降低。从总体来看,模拟值还是偏高,尤其是 2004 年 4 月到 7 月误差较大,导致模拟精度低,计算的 E_{NS} 为 0.51,确定性系数 R^2 为 0.69。在 2002 年 10 月到 2004 年 3 月,E_{NS} 从原来的 0.11 变为 0.61,确定性系数 R^2 从原来的 0.62 变为 0.65。从月模拟尺度来看,这个精度还是可以接受的。

6.2.5 结论与后期研究工作设想

2002 年,我们在本研究的开始,以为在前期水径流和泥沙模拟的基础上制备相关养分模拟参数,运行模型就可以得到相关的结果。随着研究工作的开展,慢慢地认识到,这个工作的复杂和艰难远远超出了我们的想象。从最基础的模型机理研究出发,研究期间连续进行了三次野外考察和数据采集,几乎对模型运行的每个参数都进行落实和重新审视。为了落实每个问题出现的原因,我们不断地进行文献的查阅和模拟计算。到 2006 年 6 月为止,研究工作已经进行了四年,但总是感觉难以提交出一个较为满意的研究成果。

1. 本研究取得的成绩

(1) 流域尺度氮、磷迁移的分布式计算机模拟研究是一个较新的研究领域,国内在较大的复杂流域类似的研究工作还不多见。我们的工作以国际上较为先进的 SWAT 模型应用和验证为切入点,对流域尺度氮磷迁移的机理和技术方法进行了较为系统的研究,探索了流域尺度氮、磷迁移分布式模拟的参数获取方法,这些工作为国外先进模型的修改和本土化奠定了基础。

(2) 对激水流域的土壤、土地利用、农业管理措施等基础地理数据进行了更新。在此基础上,对激水流域 1991—2005 年的多种地理过程进行了分布式计算机模拟,尤其是氮、磷的迁移模拟,从基础输入数据的获取、模拟计算到流失数据的监测验证,进行了系统的工作,积累了相关的基础数据和研究经验,研究工作在原有基础上从内容到深度都有很大程度的扩展和深入。

（3）对 SWAT 模型在我国东南红壤丘陵区的适应性进行了评价，产水和产沙的模拟取得了较高的精度。硝态氮、有机氮、有机磷的模拟也基本可以反映流域实际流失状况。可溶性矿物磷的模拟精度较低，其原因需要进一步分析。研究中发现，SWAT 模型可以预测流域地理过程的长期变化，但对某些特殊的气象条件下的地理过程，模拟结果存在着一定的误差。

2. 后续的研究工作设想

从我们的研究工作来看，SWAT 模型的付诸实用必须经过进一步的修改和完善。首先要针对现有的问题。现有的研究工作在空间处理上采用了分布式方法，可以模拟作为单一土壤和植被组合的子流域中水文响应单元的水、泥沙和氮磷的产出，每个水文响应单元模拟量的汇总作为该子流域的产出进入河道，多个子流域按照彼此流入-流出空间关系进行河道过程模拟，从而得到整个流域模拟结果。流域尺度水、沙，以及氮磷的迁移可以分成子流域的产出和河道的传输两个基本过程。我们在流域出口采样监测，只能实现对整个流域的综合过程进行验证，对于产输两个过程则缺乏观测数据来分别加以验证。即使出现较大误差，也无法确定是那个环节存在问题和进行相应的模型机理的分析和修改。因此后续的研究应该进行不同尺度的、不同模型的模拟试验，并设计相关的验证方案，从多个环节对模拟结果进行分析和验证，从而实现模型的重构和本土化。

据以上分析，我们提出以下的研究方案：

1）不同时空尺度的氮、磷产出和传输机理模拟的试验研究

针对氮、磷的产出和传输两个环节，分别设计子流域、流域两个空间尺度的模拟试验。子流域模拟试验将采用不同的模型和不同的空间处理方法来进行多层次的对比研究。通过对子流域尺度的模拟和验证，进行氮、磷产出过程机理研究。通过对流域尺度的分布式模拟和验证，并结合子流域模拟结果，进行氮、磷河道的传输过程机理研究。

模型分别采用 SWAT 模型和 AGNPS(AGricultural Non-Point Source)模型。AGNPS 也是目前应用较广的非点源污染模型，可以进行基于过程的降雨事件模拟，采用格网方法进行空间离散，具有较高的时间和空间模拟分辨率。AGNPS 主要应用在子流域尺度，进行氮、磷产出的模拟机理研究。AGNPS 模型和 SWAT 模型在建模机理上基本一致，但空间模拟详尽程度有一定差别，使得模拟结果有一定的可比性和互补性。

在空间离散化处理中，可以选择子流域、坡面、格网离散的方法（图 6-2-34）。子流域尺度的模拟试验可以在雨量站附近选择一个闭合的子流域，利用 SWAT 模型和 AGNPS 模型分别进行对比研究。SWAT 模型采用坡面离散方法（图 6-2-34c）。根据子流域中土地利用类型和土壤类型划分坡面模拟单元，可得到每个坡面单元、子流域汇总的模拟结果。AGNPS 模型采用格网离散方法（图 6-2-34d），可得到一次降水过程中每个格网以及子流域汇总的氮、磷模拟结果。空间处理上使 AGNPS 模型运行时的格网单元面积小于 SWAT 模型运行时最小坡面离散单元的面积，从而保证两个模型模拟结果的空间可比性。利用 AGNPS 高时空分辨率和较为详细的产出过程模拟来辅助进行 SWAT 模型的产出过程机理研究。

流域尺度的分布式模拟试验采用流域-子流域-水文响应单元空间离散方法（图 6-2-34a,b）。利用 SWAT 模型进行，分别得到每个水文响应单元、子流域、河道迁移过程以及流域出口的氮、磷模拟结果。这样，在同一个试验子流域中就可以得到用两个模型、三个空间处理方法的模拟结果。结合试验子流域及小区养分迁移过程的实测，来进行相关参数的率定，研究氮、磷迁移产出过程机理。在试验子流域模拟、校正基础上，进一步进行流域尺度其他子流域产出过程的校正，根据流域出口的观测资料，再进

行氮、磷河道传输过程的机理研究和校正。

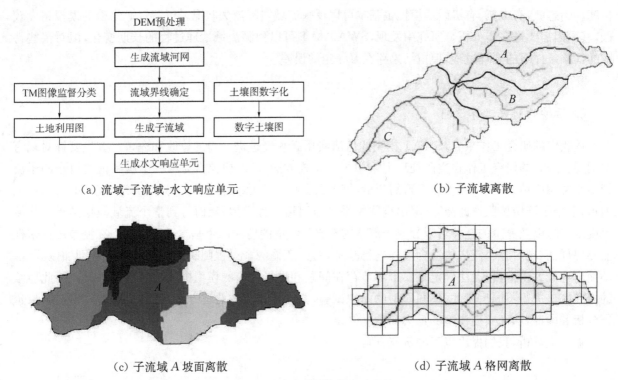

（a）流域-子流域-水文响应单元　　　　　　　（b）子流域离散

（c）子流域 A 坡面离散　　　　　　　　（d）子流域 A 格网离散

图 6-2-34　空间离散方法示意

2）模拟结果的验证方案

模拟结果的验证方案是整个研究中的重要环节，直接关系到模型及相关参数选择的合理性及推广利用的价值。实测数据的采样，将严格按照水环境要素观测的规范方法进行。

在试验子流域模拟验证中，考虑土壤、地形及土地利用方式等因素在子流域内部选择一定数量的小区，布设观测点，配置自记雨量计和径流、泥沙采样设备。在重点时段 4 月（种植、施肥）、5～6 月（雨季），7 月（收割、二季种植、施肥）和 11～12 月（枯水季），选择典型降水过程进行观测和采样。在降水前后需采集土壤样本，进行氮、磷化合物测定。降水过程中采用无界径流小区（槽型）法进行径流和泥沙多次采样。在子流域沟道出口建立测站，产流期间以及一次降雨前后都要多次进行水样和沙样的采集和分析，非降水期间可以酌情减少。

在流域尺度的模拟验证中，要在流域出口定期进行水样和径流、泥沙的采集（1～3 天/次），雨季期间酌情增加。一次洪水过程前后进行多次样本采集，采样时间间隔保证能反映整个氮、磷的流失情况，并具有一定的准确性。

采集的水样和径流泥沙样品，酸化后储藏在冰箱中。经过分析测定其中氮、磷化合物含量，包括全氮、硝态氮、氨态氮、有机氮、矿物磷（吸附态、溶解态）以及有机磷含量，从而利用实测值实现不同尺度的模拟验证。

3）模型修改和重构

模型修改和重构是实现模型本土化最直接的手段，也是研究工作的主要目标之一。目前较为先进的流域尺度养分（氮磷）模型体系都建立在机理研究基础上，通过子过程分解、子过程联结进行整体架构。

　　这部分工作拟从两个方面入手:一方面通过实测数据与模拟结果的对比校验,验证和落实前期工作中发现的问题;另一方面则在相关大量文献研究的基础上,发现国外模型在我国具体应用存在的不足之处,从而有针对性地进行试验和修改。

　　SWAT模型和AGNPS模型均有配套的模型理论文档和使用指南,理论文档提供了较为全面的模型理论说明、相关的数学描述公式和参数的物理意义。对于两模型,一方面需要结合国内现有的研究成果,借助相关文档,通过理论分析和模拟试验,明晰模型机理和子过程联结方式,提出和落实模拟过程中的科学问题;另一方面,可以利用国外模型的源程序,对国外模型进行修改和重构与计算机程序化,有望建立适合我国数据条件和地域特征的模型体系(图6-2-35)。

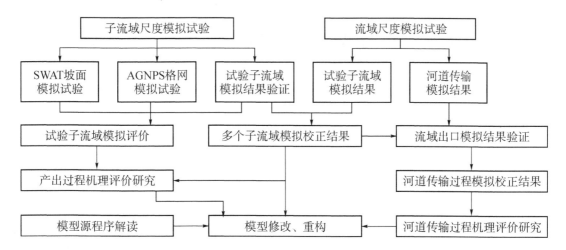

图6-2-35　多尺度、多模型流域氮、磷迁移过程分布式计算机模拟技术的修改和重构方案

第七章

地理过程模型数据库和适应中国国情的流域模拟模型体系的建立及其应用研究

第一节　以水土资源为中心的地理模型数据库的建立

7.1.1　引言

我们的前期工作都是使用美国的 SWRRB 和 SWAT 模型对流域的液体、固体和化学径流进行模拟研究,以实现自然地理过程的定量化。

在这个过程中,我们深感流域模型和流域模拟技术是一项涉及内容很多且需要多种理论和技术支持的前沿研究领域。不论从理论上还是从实践上都需要进一步地完善。模型运行时的参数获取,是流域模拟研究的关键之一。在我国,基础地理数据库的建设刚刚起步,基础数据的缺乏限制了流域模拟技术的发展,成了应用研究的瓶颈问题。因为我们使用的是美国的模型,尤其是 SWAT 模型结构复杂,有严格的数据要求。我国对自然地理要素的观测范围有限、历史较短、系统性差,往往难以满足外国模型的技术要求。

如何针对我们的实际,研发更贴近我国情况的模型体系,应该提上日程了。我们可以利用类似于 SWAT 这样的一些国际先进的流域模型体系,把国内一些成熟的、可操作性强的过程模型嵌入其中,或者取两者之长组成新的模型体系,把流域模拟技术更好地应用到我们的流域资源开发和管理中去。而为了实现这一点,首要工作之一就是要建立内容非常广泛的地理模型数据库(侧重于水资源和土壤资源)。

我们查阅了相关文献并了解了相关学科的基本知识,对地理过程的认识逐渐加深,还认识到简单的学科分类不能将模型之间的关系表达得很清楚。比较而言,采用属性模型数据库和过程模型数据库则能相对地将各个模型放在较为合理的位置。在此认识基础上构建了分类体系,并将搜集到的模型进行整理,建成了模型数据库。为了使更多的人利用这个模型数据库,采用了 ASP 技术、SQL Server 为数据库后台,实现了模型数据库的共享。用户可以根据需要查询和检索相关的模型,这缩短了查询时间,为模型的改进、优化、集成奠定了良好基础。为了使模型数据库的内容更加丰富和完善,还允许注册用户上传模型等。

我们希望实现两个目标:①提供一个可供查询与检索的、以水资源和土壤资源为中心的地理过程模型数据库。通常采用的方法是先进行文献检索,再进行筛选,确定需要的模型,建立模型数据库。而通过数据库这个共享平台,可以缩短文献检索的时间,只需要输入简单的查询条件即可完成。如果限定时空尺度还可过滤掉一些相关性不大的模型,使文献检索的效率大大提高,这为顺利进行研究提供了保障。②可为地理过程的定量化研究提供丰富的资料。在模型数据库设计中,模型的所有信息都记录到库中,包括模型表达式、模型使用区、模型研究结果、模型可能存在的问题和模型参数设置的大概范围等。这些都作了详细的记录,可以为地理过程定量化研究提供数学基础,并对模型的深入研究和改进提供丰富的基础资料。

我们的这些研究成果,对于地理过程定量化研究"只是沧海之一粟"。但通过许多人点点滴滴的研究,最终会找到地理过程的客观规律,并最终能实现地理过程的高度定量化。

我们虽然设想的是建立内容非常广泛的地理模型数据库并实现地理过程的高度定量化。但由于财力、能力和时间的限制,只完成了水资源和土壤资源地理过程模型的数据库建库工作。并在库中检索出来的模型和收集到的未入库模型的基础上,初步形成了土壤侵蚀模型集成的思路,尚未建立更广泛的地理过程模型数据库和规则库。这些都有待以后进一步去完善。

7.1.2　建立地理模型数据库的方法概论

1. 地理模型数据库研究的国内外现状

1) 国外的有关研究

国外在地理过程定量化、数据库建立和地理模型的构建和应用方面,大致经历了以下几个阶段:

(1) 20 世纪 60 年代:出现了在地理学中引进数学方法的热潮。

(2) 20 世纪 70 年代:出现了建立地理数学模型的思想

Chorely 等于 20 世纪 70 年代根据当时对系统的认识,提出了将地理系统划分为形态系统、级联系统、过程-响应系统和控制系统的分类体系,首先进行地理系统分析,再通过抽象建立地理数学模型。

(3) 20 世纪 80～90 年代:较大规模地进行了过程模型与系统化的研究

国际地理学界在 1987 年提出了"理论绝对必要"的口号。这种需求形成了国际地理的建模热潮(张运生,2005)。随着 GIS 和遥感等技术的成熟与推广,开始建立较大型的数学模型体系,用以进行水径流、泥沙径流与土壤侵蚀的研究,降雨径流模型研究,地形和大气对降雨影响的研究以及全球气候变化的尺度研究等一系列模型与系统化的研究。1996 年以 Openshaw 为首的科学家在进行纲要性预测系统 SPS(Synoptic Prediction System)研究中,考虑到自然、气候、社会经济等多方面的因素来预测地中海地区 50 年的土地利用和土地退化变化趋势。

(4) 20 世纪 90 年代后期至今:进行过程模型数据库的建立以及建库技术方法改进的研究

在 1997 年为信息系统建设以及生态环境保护的模拟与控制,模型库在欧洲建成。该库可为开展模拟以及生态系统和环境保护系统的实验提供完整的模型,是个分等级结构的模型库,包括全球水准的生态、大气等模型库,人口动态变化亚模型库,竞争法则(computation formulae)捕食关系亚模型库等。同一年,美国环境保护局建成了公开模型库/集成模型评价系统 EML/IMES(Exposure Models Library And Integrated Model Evaluation System)。系统收集了 100 多个模型及其有关文档信息,并且每个模型的子目录下包含相应的源代码、例子的输入输出文件等(Schreiner et al.,1997)。

在模型库建设新技术、新方法的应用方面,随着模型库建设与完善,Jian Ma 于 1995 年提出面向对象的模型管理框架。这种框架有助于减少冗余以及在模型管理的概念分析过程中避免不连续,同时还为建立面向对象的模型管理系统勾绘了蓝图(Ma,1995)。Andrea 等人在面向对象的模型管理框架的基础上作了进一步的研究,将系统理论体现为嵌入面向对象的方法。强调模型从数据中分离,因而促进了模型与数据的整合及重用,并且阐述了如何在决策支持系统中利用此方法实现模型管理体系 MMS。Mayer 将 MMS 扩展到提供一些复杂算法以及与并行计算模型进行融合的问题上,并进行了大量研究。为了提高模型库的利用效率,模型的再利用问题也得到了重视。模型再利用的方法包括设计可再利用的模型结构、利用一种语言来产生一个可执行的模型程序和减少需用通用转换器转换的模型的数目等。Kwon 等提出了反向建模工具法 RMT(Reverse Modeling Tool)以实现模型的再利用。RM(Reverse Modeling)是识别、收集并且转换为可再利用形式的一种方法。RMT 是一个模型再利用的支持系统。该系统不同于典型的模型生命周期,包括元系统、模型转换器和模型库。模型库的建设发展到这个阶段后,普通的使用已经能满足科研和决策等的要求。集成模型已成了模型库应用的重要趋势。Ferdinando Villa 介绍了可对独立的模型进行集成的模拟网界面 SNI(Simulation Network Interface)软件包,后者能够对模拟模型进行高水平、多范例和分布式的模拟协调处理(Villa et al,2000)。

2) 国内的有关研究

(1) 综合自然地理及定量化研究

从 20 世纪 50 年代至 80 年代,我国开展了一系列部门自然地理区划和综合自然区划以及土地系统研究。80 年代至今,国土整治和全球变化成为综合自然地理研究的两大主题。这些研究所取得的成果为以后地理过程的定量化研究提供了相关研究基础。

早在 1963 年,严钦尚教授就提出了地貌学研究要将定量定性相结合。1979 年我们重新开始地理学研究中数量方法的应用,以杨吾扬、张超、林秉耀为代表的一批中青年学者,迅速瞄准了国际地理学研究的新动向,于 20 世纪 80 年代初期开始在我国发展数量地理学。

20 世纪 70 年代开始,中国学者开展了较大规模的遥感和地理信息系统技术的研究。这也成为自然地理定量研究的一个重要部分。

我们团队从 20 世纪 90 年代初开始,一直从事流域模拟和地理过程的定量化研究。如西班牙特瓦河流域和中国江西激水河流域水径流与泥沙径流的计算机模拟研究(曾志远,2001)。李硕、张运生和陈仁升也以流域为单位进行了计算模拟研究。这些研究都取得了一些地理过程的定量化结果。

(2) 地理学的数学模型研究

1990 年代初王铮和丁金宏对地理学的各个领域作了数学模型的尝试性探索。1998 年在郑州召开了关于数量地理的专门会议。会议认为,应用模拟方法和建模技术的计算地理学已在我国初步形成数量地理一个分支。

中国科学院启动的知识创新项目——国家资源环境数据库建设与数据共享在统一的数据标准和规范下,系统集成了中国陆地表层的自然要素的空间数据库群及人口和社会经济空间数据库及其元数据库,为地球陆地表层过程的基础研究提供了时空数据平台,为海量的资源环境时空数据共享提供了技术上的支持(庄大方等,2002)。

刘昌明、岳在祥和周成虎主编的《地理学数学模型及应用》,对 1934—1999 年《地理学报》中的数学模型及公式进行了汇编,于 2000 年由科学出版社出版(刘昌明等,2000)。该书将收集到的数学模型分为三大类(结构如图 7-1-1)。

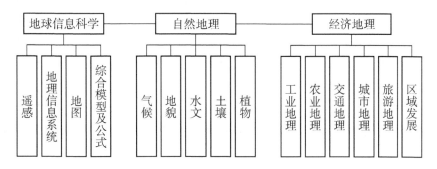

图 7-1-1　《地理学的数学模型及应用》中数学模型及公式分类结构示意图

综上所述,我国已经在地理模型数据库方面做了许多工作,但与国外相比仍有一定差距。国外的模型库建设日趋完善,技术也逐渐成熟,而我国尚处于起步阶段。

为使研究的顺利进行,我们在模型数据库建设前选择和确定了建库方案。

2. 模型数据库建库方案

1) Web 数据库

Web(全球网:World-wide Web)作为一种因特网(Internet)服务,能够为因特网用户提供一个简便而能相容的接口,通过超文本多媒体及直观的图形操作系统界面,让所有因特网用户都能很容易地浏览网上的各类信息,或向他人提供信息服务。用户在浏览器软件的支持下,通过鼠标的点击操作,就可以找到所需要的文本、图形、声音、动画或视频图像等信息。Web 技术同许多因特网服务一样,由 Web 浏览器、Web 服务器以及 HTTP 协议三部分组成,是一个基于因特网的、全球连接的、分布式的、动态的、多平台的交互式超媒体信息系统。比较流行的浏览器有微软(Microsoft)公司的 IE(Internet Explore)和 Netscape 公司的 NC(Netscape Communicator)。由于 IE 可以在网页中嵌入 ActiveX 控件及对象,对系统的开发相对容易,我们在模型数据库设计时选用 IE 浏览器作用户操作界面。

Web 数据库是指将数据库技术与 Web 技术融合,使数据库成为 Web 的重要组成部分,它结合了两者的优点。Web 网页发展为数据库驱动的动态网页,而数据库实现了开发环境和应用环境的分离,用户通过浏览器对数据进行分布式处理。因此它能充分利用已有的数据库信息资源,实现信息共享。开发基于 Web 的数据库系统,已成为数据库应用系统研究的热点。

通过 Web 网页对数据库访问的基本模型如图 7-1-2 所示。图中的中间件负责管理 Web 服务器和数据库之间的通信,并提供应用程序服务。它可以直接调用外部程序或脚本代码来访问数据库,提供与数据库相结合的动态 HTML 页面,然后再通过 Web 服务器返回给用户浏览器。

图 7-1-2　通过 Web 网页访问数据库的基本模型示意

目前常用的 Web 与数据库互联技术有通用网关接口 CGI(Common Gate Interface)、因特网数据库连接器 IDC(Internet Database Connector)、应用程序界面 API(Application Program Interface)、微软激活服务网页 ASP(Microsoft Active Server Pages)、Java 数据库连接 JDBC(Java Database Connectivity)等。

在这几种技术中,通用网关接口 CGI 的跨平台性能极佳,但在用户访问高峰期,网站就会表现出响应时间延长和处理缓慢的情况,严重的甚至会导致整个网站崩溃,并且功能有限,开发较为复杂,不具备事物处理功能等。因特网数据库连接器 IDC 编程困难,对程序员要求比较高。基于服务器扩展的应用程序界面 API 的结构能连接所有支持 32 位 ODBC 的数据库系统,解决了 CGI 的低效问题,但开发 API 应用程序比开发 CGI 程序复杂得多。Java 数据库连接 JDBC 是一种简单的、面向对象的、易传送的、稳固安全的、多线程执行控制的 3D 空间设计语言,很容易用 SQL 语句访问异构数据库。采用 Java 语言编写的应用程序,可以跨平台使用。Borland、IBM、Oracle 和 Sybase 等公司都支持 JDBC。微软激活服务网页 ASP 是一种服务器端的脚本运行环境,它内含于因特网信息服务器 IIS(Internet Information Server)中,使用 VBScript、JavaScript 等脚本语言作为开发工具,镶嵌于 HTML 文本中。ASP 还可以将 ActiveX 控件集成到网页中,可以轻松制作和运行动态、交互、高效的服务端应用程序。ASP 技术与 JDBC 技术均有很强的竞争力,但 ASP 易于掌握,因而我们选用了 ASP 技术。

2) ASP 技术概述

ASP 是服务器端脚本编写环境,使用它可以创建和运行状态、交互的 Web 服务器应用程序。使用 ASP 可以组合 HTML 页、脚本命令和 ActiveX 组件,以创建交互的 Web 页和基于 Web 的功能强大的应用程序。ASP 具有面向对象,完全与 HTML 集成,开发者无需考虑浏览器兼容问题,只把结果返回浏览器开发者,不用担心源码被窃等特点。此外,ASP 拥有功能强大的内置对象,程序编码更加优化,其提供的内置组件,这些组件能够重复使用设计好的功能,制作出动态的、交互的网页内容。

ASP 采用 UDA(Universal Data Access)模型对数据库进行访问,其核心技术由 OLE DB、ODBC、ADO(AcitveX Data Objects)组成。OLE DB、ODBC 是开放的系统级的数据操作接口,ADO 是建立在 ODBC、OLE DB 之上的应用程序级的数据操作接口,应用程序通过 ADO 访问支持 OLE DB 和 ODBC 的数据库管理系统,能简化数据的访问。ASP 通过 ADO 访问后台数据库,其内置的数据库访问组件 ADO DB 提供了一组简单的数据库访问对象集,可以执行各种数据库操作。因而,基于 ASP 的 Web 数据库,采用 ASP+ADO 的技术方案,目前支持 ADO 的数据库有:SQL Sever、Sybase、Oracle、Informix 等数据库管理系统,考虑到平台兼容性,选取 SQL Server 2000。

3) Microsoft SQL Server 2000 数据库管理系统

Microsoft SQL Server 2000 是关系型数据库管理系统,它可以用来设计高效率的在线交易处理(Online Transaction Processing, OLTP)、资料仓储(Data Warehousing)以及电子商务的应用等,由一系列相互协作的组件构成,能满足最大的 Web 站点和企业数据处理系统存储和分析数据的需要。在技术上使用了工业界最先进的数据库构架,它与 Microsoft Windows 2000 平台紧密集成,具有完全的 Web 功能,通过对高端硬件平台以及最新网络和存储技术的支持,可以为最大的 Web 站点和企业级的应用提供可扩展性和高可靠性,使用户能够在 Internet 商业领域快速创建应用,从而减少建立电子商务应用商业智能数据仓库和商业线路应用所需的时间。此外,Microsoft SQL Server 2000 提供了重要的安全性方面的增强,保护防火墙内和防火墙外的数据。Microsoft SQL Server 2000 支持强有力的、灵活的、基于角色的安全,拥有安全审计工具,并提供高级的文件加密和网络加密功能。Microsoft SQL Server 2000 在数据库服务器自动调整和自动管理技术方面在数据库领域中处于领先地位,使客户可以集中精力处理商业战略上的问题,而不是去细微调整数据库服务器的各项参数(李香敏等,2000)。

基于以上的分析,地理过程模型数据库建设采用 ASP 技术,以 SQL Sever 2000 为数据库后台实现网上模型发布的方案。

3. 建立地理模型数据库的工作流程

工作流程如图 7-1-3 所示,主要包括以下几个部分。

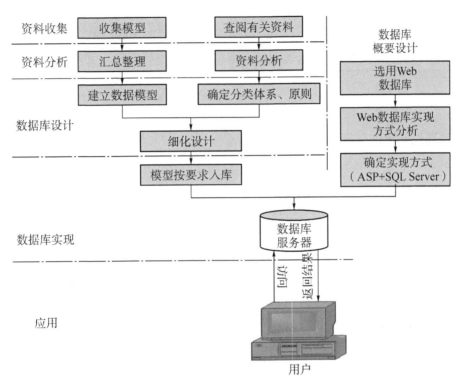

图 7-1-3　建立地理模型数据库的工作流程图

1) 资料收集与分析

资料的收集主要分两条线:一条是查阅相关文献,收集模型。为此我们设计了特别的地理模型收集表。多人分头收集时,统一使用此表进行登记(表 7-1-1)。另一条是查阅与地理过程相关学科的有关知识,为资料的整理、分析与分类打好专业基础。

资料的整理和分析是一项细致而复杂的工作,要对收集到的模型进行汇总、统计、编号等工作。

2) 数据库设计

根据已经掌握的知识,针对收集到的模型,建立模型分类体系和选定模型的数据模型。依据 3NF 进行模型数据库设计,然后确定软件系统的体系结构及实现方式。

3) 模型数据库系统网络发布的实现与应用

在完成相应的设计和使模型入库后,除一般的查询检索应用外,还对土壤侵蚀的某些参数计算做了实例研究。用户将需要计算的模型相关参数传给服务器,服务器将运算的结果返回客户端。地理模型收集表见表 7-1-1。

表 7-1-1　地理模型收集表

流水号			总号		系统号	
初编类别				系统类别		
模型主旨(极简文字概要)						
模型描述(表达式:参数含义和计量单位;假设或使用条件等说明)						
模型来源(作者;发展时间;文章名;书名或杂志名:卷、期、号;页码;出版社或会议论文集:会议名、地点、时间、页码)						
收集者			收集时间		备注	

7.1.3　流域地理过程模型数据库的设计

1. 模型的整理与分类

1) 模型的基础资料

(1) 模型的来源

论文研究基于国家自然科学基金项目"流域土壤和水资源模拟模型的集成和系统化及其应用"(2001,批准号:40071043)。不少团队成员都在国内外有影响的优秀期刊上对地理过程有关的数学模型进行了广泛的收集,并将有关信息填入设计的模型收集表内。这些基础资料为建立模型数据库提供了良好的工作基础。

模型收集表的样式,见上面的表 7-1-1。

(2) 模型的特点

模型具有以下三个特点:

①范围广:这次收集到的模型涉及多个学科,地形地貌、气象和气候、水文、土壤、生物和人类经济活动等。这是因为与流域土壤和水资源有关的地理过程演变本身就是一个多学科、多领域交叉的融合体。

模型搜集涉及的期刊既有国内的权威期刊,也有国际上的著名期刊,见表 7-1-2。

表 7-1-2　模型收集涉及的期刊表

期刊文种	期刊名
英文	Journal of Hydrology,Water Resources Management; Journal of Soil and Water Conservation; International Journal of Geographic Information Science,Remote Sensing of Environment; Cartography and Geographic Information Science;
中文	地理学报、地理科学、地理研究等; 生态学报等; 土壤学报、土壤通报、土壤; 土壤侵蚀与水土保持学报、水土保持学报、水土保持等; 水文、水文水资源、水科学进展等

②数量多:收集到的数学模型总数达 736 个。

③实用性强:对收集到的数学模型都做了详细的分析,对这些模型的适用范围、前提条件、参数获取方式和参数的计算方法等,都做了统一的整理和记录,并将运用该模型的地区作为该模型的检验区,与上面列出的诸多模型的元数据信息一并录入模型数据库中。这对以后的研究,如参数的率定、模型的选择等,都提供了很好的参考,也为每一个模型的改进或推广奠定基础。

2. 模型的分类原则、分类体系和分类结构

地理过程模型数据库的分类要以系统性、科学性、实用性为原则。地理过程的数学模型之间存在着有机的联系,这种联系应当以实际的地理过程之间的联系为基础。

地理过程的主要驱动力是地球表层的水热平衡,驱动因素是地质地形、气候气象、生物和人类活动等。这些因素作用在地球表层的三个主体——植被、土壤和水体上,触发了地球表层的三个主体过程——物理学、化学以及生物学过程。这就是地球表层的地理过程。

自然因素或人为因素作用在特定地域上并使地域发生改变,这就是地球表层的环境变化。在环境变化过程中,地貌与气候分异是主导的控制因素,人类活动的社会经济因素是居第二位的(葛全胜等,2003)。

由上面所述的理念,就产生了地理过程数学模型分类的基本框架(图7-1-4)。

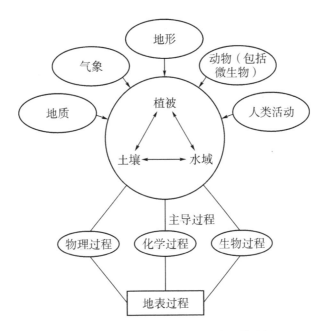

图 7-1-4 地理过程数学模型分类的基本框架

由图7-1-4表明的模型分类基本框架可知:土壤、植被、水域是主体;地质和地形、气候和气象、生物和人类活动是因素;物理过程、化学过程、生物过程是作用过程,而主体和因素可归结为属性。因此,地理过程数学模型或流域水土资源地理过程的数学模型可以先分为属性模型和作用过程模型两大类。属性模型可分为主体属性模型和因素属性模型两类。

再进一步,主体属性模型可分为土壤主体、植被主体和水域主体三类。作用过程模型可分为物理过程、化学过程和生物过程三类。

这些类的下面,又可进一步分为更次一级的模型类型。这样的等级系统分类就构成了地理过程数学模型的分类体系(表7-1-3)。

模型的分类体系直接影响到数据库的结构，后者又直接关系到检索效率。所以我们还要根据经常要检索的模型名称及其作者、期刊名称和应用等项，分别建立索引文件，并将它们与模型类别一起作为查询类型，使查询的条件简单、清晰、明确。

表 7-1-3　流域水土资源地理过程数学模型的分类体系

属性模型	主体属性模型	土壤	物理性质	比重,容重,孔隙度,……
			化学性质	盐度
				酸碱度
				……
			土壤水分	吸湿水,毛管水,薄膜水,凋萎点
				持水量,蒸发……
			热性质	热平衡,热通量,吸热,散热,导热
				……
			土壤肥力	养分……
		植被	透光性	
			绿度	
			植被指数	
			生物量	
			……	
		水域	洪水	
			河流	流量
				流速
				输沙
				长度
				……
			水库	库容
				调速
				……
			冲淤	
			……	
	因素属性模型	地质与地形	地质	地震
				泥石流
				滑坡
				……
			地形	坡地
				遮蔽角
				地势起伏
				辐射
				……

属性模型	主体属性模型	土壤	物理性质	比重,容重,孔隙度,……
		生物因素		
		气候与气象	辐射	
			降雨(雪)	
			气温	
			湿度	
			风	
			气压	
			干燥度	
			能见度	
		人类活动		
作用过程模型	物理过程	蒸发蒸腾		
		截留		
		下渗渗透		
		地表径流		
		……		
	化学过程	元素迁移		
		元素转换		
		……		
	生物过程	微生物的分解		
		植物光合作用		
		……		

3. 模型数据库建模

数据库的设计直接影响到数据库运行的效率与性能,因而建库前的数据库建模是数据库建设成败的关键所在。通过对潜在用户调查分析知道,大多数用户都是查到模型后,先看模型的基本信息,若对该模型感兴趣,再对其应用条件做更详细的查阅。在此基础上,进一步确定模型名称、收集时间、收集人、模型所需参数等数据项。显然,将用户经常检索的信息放在一个表中,可提高模型运行效率及避免重复性检索。更进一步,还将模型数据库的表分为信息表、描述表、参数表等。其中,信息表由模型的基本信息组成,如模型名称、收集时间、收集人姓名等。描述表主要由模型的假设条件、范围、模型描述等数据项组成。参数表主要由该模型所用到的参数以及参数的含义等数据项组成。

1) 数据分析——数据文件、数据流和数据项

数据分析的首要任务,就是确定系统中使用的全部数据,并为它们取名和定义。一般将数据区分为数据文件、数据流(组合数据)和数据项(单个数据)三大类。分析中要为每一数据编写一个数据条目,然后将所有条目合编为同一的依据。

模型收集表中可分析出如下数据项(见表 7－1－4),转换为目标系统数据流如表 7－1－5。

2）概念模型设计

概念模型用于信息世界的建模，是现实世界到信息世界的第一层抽象，是数据库系统的核心和基础（萨师煊等，1991）。

由于概念模型具有概念简单、清晰、易于理解的特点，所以在建数据库之前先进行概念模型建模。

如果将基本信息、详细描述和模型参数看作是模型数据库的实体，那么表7-1-4中抽象出来的数据项则是它们的属性。三个数据库实体之间的联系也互不相同。如基本信息实体中的模型编号属性和与详细描述实体中的模型编号属性是一一对应关系，而基本信息实体中的模型编号属性与模型参数实体之间的模型编号属性是一对多的关系。

表 7-1-4　数据项条目一览表

模型编号	Model_id	模型条件	Model_cond
流水号	serialcode	假设条件	Model_cons
总号	sumcode	应用范围	Model_range
系统号	Sys_number	应用情况	apply
初分类号	initialclass	求解情况	solving
收集人	collector	参数编号	Para_id
收集日期	collectiondate	参数字母	para
收集期刊	journal	公式编号	Equation_num
期号页码	page	含义	mean
文章名称	name	条件	Para_cond
文章作者	author	应用范围	Para_range
模型名称	Model_name	率定情况	Value_range
数学公式	Model_equa	参数类型	Var_type

表 7-1-5　数据流条目一览表

数据流名	含义	组成
model_info	基本信息	Model_id＋serialcode＋sumcode＋Sys_number＋initialclass＋collector＋collectiondate＋journal＋page＋name＋author
model_desc	描述表	Model_id＋Model_name＋Model_equa＋Model_cond＋Model_cons＋Model_range＋apply＋solving
para	参数表	Para_id＋Model_id＋para＋Equation_num＋mean＋Para_cond＋Para_range＋Value_range＋var_type

这里选择了最常用的实体—关系法（Entity-Relationship Approach，ER）来表示概念模型。模型数据库的 ER 图如图7-1-5所示。

在 E-R 图向关系模型的转换中，实体转换为一个关系模型，实体的属性就是关系的属性，实体的码就是关系的码。

将 E-R 图转换为关系图后如图7-1-6（码用下横线标出）。图中表明了 Model_info、model_desc 和 para 在 SQL server 中的关系。

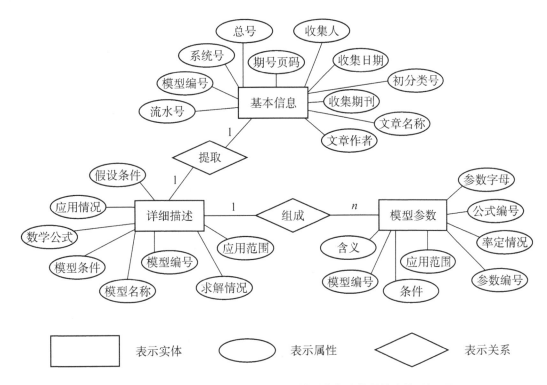

图 7-1-5　基本信息实体、详细描述实体和模型参数实体间的实体-关系图（ER）

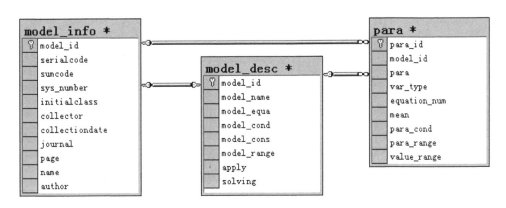

图 7-1-6　Model_info、model_desc 和 para 在 SQL server 中的关系图

（1）基本信息表 model_info＊，包括模型编号 modelid、流水号 serialcode、总号、系统号、初分类号、收集人、收集日期、收集期刊、期号、页码、文章名称、文章作者等，用来记录模型的基本信息。

（2）详细描述表 model_desc＊，包括模型编号、公式、假设条件、应用范围、在文章中的应用和求解情况。

（3）模型参数表 para＊，包括参数编码、模型编号、字母、含义、前提或假设条件、应用范围和率定情况。

三个表都有一个关键字模型编号，即 Model_info、model_desc 和 para。可通过这个关键字对 3 个表单进行连接等操作。

3）逻辑设计

逻辑设计的主要任务是把概念结构转换为与选用的 DBMS 所支持的数据模型相符合的过程。一般的数据模型有关系模型、网状模型和层次模型三种,模型数据库选用 DBMS 为 SQL Server,是关系数据库最高效的一种。

4）物理设计

数据库的物理设计是对一个给定的逻辑数据模型选取一个最合适应用环境的物理结构的过程。

5）数据库实施

通过数据库设计之后,使用具体的 DBMS 建立数据库。论文所建模型数据库使用 SQL Server 2000。
建立的模型数据库包括:①基本信息表的数据库,结构如表7-1-6;②详细描述表的数据库,结构如表7-1-7。在数学公式字段中,因数据库的存放基本上是以字符形式,所以公式中含的一些上下标、根号等用字符无法编辑。为了以后便于修改,统一在 Word 下用公式编辑器对公式进行编辑,并以模型的编号来命名文件名,在该字段中以字符类型存放这个模型公式的文件名的路径。③模型参数表的数据库,结构如表7-1-8。

表7-1-6 基本信息表的数据库结构

字段含义	模型编号	流水号	总号	系统号	初分类号	收集人
字段名称	Model_id	serialcode	sumcode	Sys_number	initialclass	collector
字段类型	Int	nvarchar	int	nvarchar	nvarchar	nvarchar
字段长度	4	255	4	255	255	255
字段含义	收集日期	收集期刊	期号页码	文章名称	文章作者	
字段名称	collectiondate	journal	page	name	author	
字段类型	nvarchar	nvarchar	nvarchar	nvarchar	nvarchar	
字段长度	255	255	255	255	255	

表7-1-7 模型详细描述表的数据库结构

字段含义	模型编号	模型名称	数学公式	模型条件
字段名称	Model_id	Model_name	Model_equa	Model_cond
字段类型	Int	nvarchar	nvarchar	nvarchar
字段长度	4	255	255	255
字段含义	假设条件	应用范围	应用情况	求解情况
字段名称	Model_cons	Model_range	apply	solving
字段类型	Nvarchar	nvarchar	nvarchar	nvarchar
字段长度	255	255	255	255

表7-1-8 模型参数表的数据库结构

字段含义	参数编号	模型编号	参数字母	公式编号	参数类型
字段名称	Para_id	Model_id	para	Equation_num	Var_type

字段含义	参数编号	模型编号	参数字母	公式编号	参数类型
字段类型	int	int	nvarchar	int	Char
字段长度	4	4	4	4	20
字段含义	含义	条件	应用范围	率定情况	
字段名称	mean	Para_cond	Para_range	Value_range	
字段类型	nvarchar	nvarchar	nvarchar	nvarchar	
字段长度	255	255	255	255	

4. 模型数据库应用系统设计

地理过程数学模型数据库应用系统作为一个信息共享系统,依托网络技术。在建立网络基础上,系统采用 Web 数据库技术和 TCP/IP 协议,向用户提供地理过程数据模型的浏览、查询等服务。

1) 模型数据库存储的模型数据流分析

模型数据库存储的模型主要是收集的模型表中分类提取而来的。用户也可以将模型及其相关信息上传,由管理员确认并筛选后入库。其模型数据流如图 7-1-7。

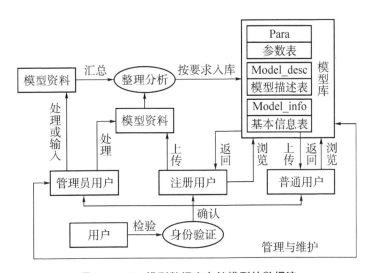

图 7-1-7　模型数据库存储模型的数据流

2) 模型数据库应用系统的体系结构

在数据库应用系统体系中,客户服务器有 C/S(Client/Server)与 B/S(Browser/Server)两种。传统的 C/S 架构是两层结构:显示逻辑和事物处理逻辑均被放在客户端,数据处理逻辑和数据库放在服务器端。随着中间件技术与 Web 技术的发展,出现了三层或多层的 C/S 模式。在三层模式中,Web 服务器既作为一个浏览服务器,又作为一个应用服务器。在这个中间服务器中,可以将整个应用逻辑驻留其上,而只有表示层存在于客户机上。因而三层的 C/S 结构比两层的具有更灵活的硬件系统构成。

B/S 架构中利用了不断成熟的 WWW 浏览器技术。结合浏览器的多种 Script 语言和 ActiveX 技术,用通用浏览器就实现了原来需要复杂专用软件才能实现的强大功能。本质上是三层的 C/S 结构应用于 Web 的一种特例。B/S 结构与 C/S 结构相比,具有通用性、较低的开发和维护成本等优点,并且由于客户端中需要进行显示从而大大降低了对客户端的要求等。BS 是建立在广域网基础上。因而在我们的模型数据库系统设计中,选用了 B/S 结构。B/S 结构示意图见图 7-1-8。

图 7-1-8　B/S 客户服务器的三层结构示意图

浏览器是表示层,完成用户接口功能;Web 服务器是功能层,完成客户的应用功能;数据库服务器是数据层,应客户请求进行各种数据处理。

在本研究中,采用 B/S 体系结构作为基本架构,通过 ASP 方式实现交互式的动态网站信息,将地理过程模型的有关信息发布到 Web 上,并使 Web 页能够根据用户提交的请求,动态、实时地提供所需信息。

基于 ASP 的 Web 数据库访问过程如图 7-1-9 所示。

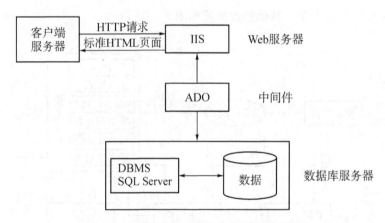

图 7-1-9　基于 ASP 的 Web 数据库访问过程

3) 模型数据库应用系统的逻辑结构

系统的逻辑结构图见图 7-1-10。用户服务层由系统管理员和用户组成。管理员主要完成系统的维护与管理。对于用户而言,主要是一些查询、浏览、信息反馈等行为。根据不同的行为,分为注册用户和未注册用户。Web 服务层是该系统的核心部分,它响应用户发来的请求,生成网页并提供给客户浏览。中间件 ADO 是 Web 服务和数据服务的桥梁。数据服务层主要是结合数据库系统,在上面开发存储、触发器和视图来完成它的服务功能。

4) 模型数据库应用系统的功能设计

根据以上逻辑结构的设计,将系统分为管理员和用户两个子系统。①普通用户子系统功能设计:为了保证模型数据库的完整性和安全性,对不同用户设置不同的权限,将用户分为注册用户与非注册用户。注册用户赋予上传、下载等权限;非注册用户仅浏览信息的权限。另外,用户子系统还具有留言、查看下载统计等功能。②管理员子系统功能设计：管理员用户主要进行模型数据库的更新与维护，对模型数据库中的各种数据如模型信息、留言信息、上传信息等进行处理等。因而，将管理员子系统的功能设计分为系统维护、注册管理、留言处理、用户授权等子模块。系统的功能结构见图7-1-11。

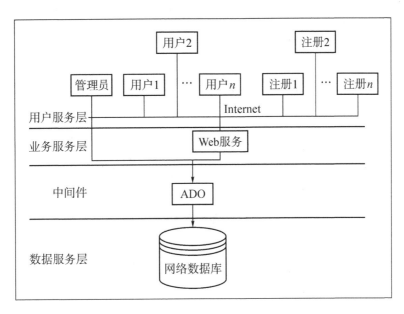

图7-1-10 模型数据应用库系统的逻辑结构

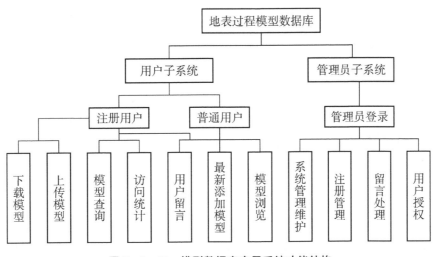

图7-1-11 模型数据库应用系统功能结构

7.1.4 流域土壤和水资源地理过程模型数据库的实现

1. 模型数据录入

由于模型的数目多，模型入库的工作量非常大，在模型数据库建设中，将736个模型分给不同的人同时录入。录入前按照其表的结构设计成相应的数据表，每个人都按表格中的信息进行录入，最后将信息录入汇总在一起。

模型的输入均在Excel中完成，格式如表7-1-9至表7-1-11。

表 7-1-9   模型基本信息表数据录入格式

字段名	MN	SEN	SEN	SYN	IN	C	CD	CJ	NP	NA	AA
含义	模型编号	流水号	总号	系统号	初分类号	收集人	收集日期	收集期刊	期号页码	文章名称	文章作者
例子	1	g85	598			gj		生态学报	2000.1…	土壤-植…	曾希柏等

表 7-1-10   模型详细描述表数据录入格式

字段名	MN	SEN	MNAME	EQ	CD	RA	MA	SA
含义	模型编号	流水号		公式	假设条件	应用范围	在文章中的应用	求解情况
例子	1	g85	光照…					

表 7-1-11   模型参数表数据录入格式

字段名	PN	MN	LETTER	QM	MEAN	C	RPA	PA	Var_type
含义	参数编码	模型编号	字母		含义	前提或假设条件	应用范围	率定情况	参数类型
例子	1	1	Y		莴笋生物量/ （g/pot）				Float
	2	1	x1		氮肥施用量 /（gN/pot）				Float
	3	1	x2		为光照强度/ （μmol/m^2 · s）				Float

在 SQL Server 中建立 dbgc 数据库，并将汇总的数据使用 SQL Server 自带的数据转入工具将数据导入 dbgc 数据库的相应表中。

2. 界面设计与实现

界面主要采用 Dreamweaver 来实现。Dreamweaver 是 Macromedia 公司推出的一套专业的 Web 站点开发程序，它具有诸多的优点。例如，它是第一个利用最新一代浏览器性能的 Web 开发程序，并且非常便于开发者利用诸如层叠样式单（Cascading Style Sheets）和动态 HTML 等先进特性。

图 7-1-12 是访问流域土壤和水资源地理过程模型数据库网站的主页。它提供了一些常用的网站链接，并可看到专家评述、学术要闻等内容，能浏览模型数据库中收录的全部模型（包括模型编号、模型名称以及模型来源书刊等信息。登录后可进行模型查询与检索，并能看到模型的参数、表达式等更详细的信息）。

图 7-1-13 是管理员界面。风格与首页相似，不同之处是在网页的最上面增加了用户管理、留言处理等项，可进行用户授权、留言回复、数据库维护等。

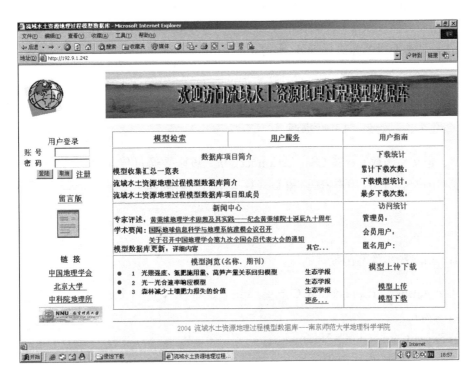

图 7 - 1 - 12　访问流域土壤和水资源地理过程模型数据库网站的主页

图 7 - 1 - 13　管理员用户界面

3. 功能实现

1) 利用 ADO 实现查询与浏览

用 ASP 来实现用户查询与浏览非常方便。ASP 提供了一组用来存取数据库的 ADO 对象，主要有

Connection、Recordset、Command 三种对象,但它们的功能有所不同。Connection 对象的主要功能是负责打开或连接数据库文件,Recordset 对象的主要功能是存取数据库的内容,Command 对象的主要功能是对数据库下达行动查询指令和执行 SQL Server 的 Stored Procedure。

查询与浏览的实现过程如下。

(1) 创建 Connection 对象,打开数据源

为方便存取,定义了函数 GetSQLServerConnection。该函数通过传入四个参数 Comp_name(计算机名)、User_ID(用户名)、PW(用户密码)和 DB(数据库名)后,创建了 SQL server 的 Connection 对象,并打开数据源。

(2) 用 VB Script 脚本编写函数。

```
Function GetSQLServerConnection(Comp_name, User_ID, PW, DB)
Dim string, conn
Se GetSQLServerConnection=Nothing
string="Provider=SQLOLEDB. 1"
string=string & ";Data Source=" & Comp_name
string=string & ";User ID=" & User_ID
string=string & ";Password=" & PW
string=string & ";Initial Catalog=" & DB
Set conn=Server. CreateObject("ADODB. Connection")
conn. Open string
Set GetSQLServerConnection=conn
End Function
```

(3) 在模型数据库中通过语句。

```
set conn=GetSQLServerConnection("zhy","zhy","727298","dbgc")
```
创建了 connection 对象,并打开了数据源。

创建 Recordset 对象,获取数据。

同上定义了 GetSQLServerRecordset 函数,该函数通过传入参数 conn(connection 对象)和 source(数据表名,查看表名,或 select 指令)来取得 recordset 的数据。

```
Function GetSQLServerRecordset(conn,source)
    Dim rs
    Set rs=Server. CreateObject("ADODB. Recordset")
    rs. Open source, conn,2,2
    Set GetSQLServerRecordset=rs
End Function
```

（4）通过以下语句获得数据。

set rs＝getsqlserverrecordset（conn，"select model_info. Model_id，initialclass，journal，name，author，Model_name，Model_cond，Model_cons，Model_range from model_info，model_desc where model_desc. Model_id＝model_info. Model_id"）

2）利用 ASP 内建对象 Session 实现模型数据库维护

数据库的管理和维护是实现系统功能的基础。只有对数据库进行合理的管理和维护，才能保证系统的数据安全可靠及有效运行。此模型数据库的管理与维护主要由管理员来完成。

系统维护主要任务是对模型进行修改、删除、添加以及备份等。这些功能在实现之前较重要的一步是实现数据的连接。数据库的连接同上，此处不再赘述。

在实现系统的管理与维护时，用到 ASP 的一个重要内建对象 Session。Session 其实指的就是访问者从到达某个特定主页到离开为止的那段时间。每个访问者都会单独获得一个 Session。Session 对象可以存储特定的用户会话所需的信息。当用户在应用程序各页之间跳转时，存储在 Session 对象中的变量不会清除，而用户在应用程序中访问各页时，这些变量始终存在。

对模型数据的修改，Session 获取模型的 Model_id（模型编号）语句为 model_id＝session（"model_id"），创建数据库连接并且获取数据后，通过 GetSQLServerRecordset 分别创建 para、model_desc、model_info 三个表的 rs1、rs2、rs3 的 Recordset 对象，再通过 session 获取修改的值，通过服务器端的脚本使用 recordset 对象执行 SQL 的 update 命令来更新记录。

对模型数据的删除，除前面的过程与模型的修改相同外，不同之处在于在删除模型时，再通过 session 获取新添加模型的各字段的值，并通过服务器端的脚本，使用 recordset 对象执行 SQL 的 delete 命令来删除记录。

添加模型数据时，建立了 connection 对象后通过服务器端的脚本，使用 recordset 对象，执行 movelast 命令将指针移到三个表的末尾；再通过服务器端的脚本，使用 recordset 对象，执行 addnew 来添加一个空记录；最后通过服务器端的脚本，使用内建对象 request 分别对三个表获取网页上添加记录的字段信息，并更新数据库的信息。至此，添加记录完成。

4. 系统的管理与维护

系统管理员担负系统管理与维护的任务。系统使用用户名和口令检查使用者的身份。系统管理员在登录后，才能进行系统的管理与维护。

管理员可以有两种方式对模型数据库进行管理和维护：一种是在管理员界面进入模型维护界面，如图 7-1-14，这时将会列出系统内所有的模型。可在其左侧的方框点击来确定需要修改或删除的模型，然后进行相应的操作。

另一种方式是管理员在输入某些条件后，对检索出的模型进行管理与维护。图 7-1-15 是管理员检索出的模型界面。管理员点击需要的修改后，出现相应的模型编辑界面（见图 7-1-16），可以在界面上进行修改和删除等操作。

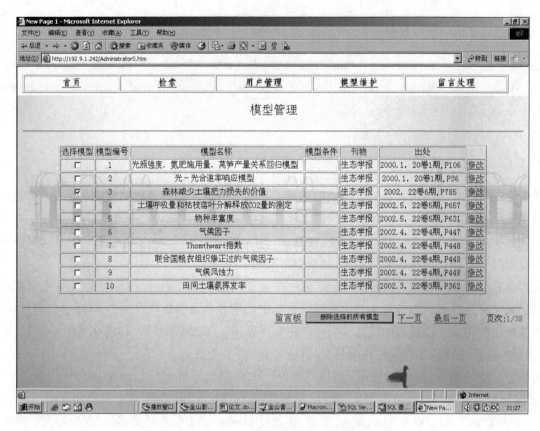

图 7 - 1 - 14　模型数据库的维护界面

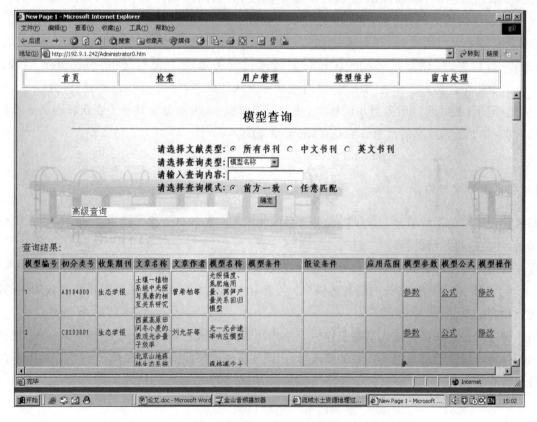

图 7 - 1 - 15　管理员在输入某些条件后检索出的模型界面

图 7 - 1 - 16　管理员点击需要的修改后出现的模型编辑界面

7.1.5　流域土壤和水资源地理过程模型数据库的应用

1. 数据共享

考虑到实用性,在进行设计时使访问网站的所有用户都可以浏览库里的所有模型。若这些信息对自己的学习或研究有启发或帮助,再进行登录或注册,查看更详细的信息。用户访问网站后可看到的浏览图(如图 7 - 1 - 17 所示)。

因收集的模型期刊有中文和英文,因而在查询时文献类型有三个选项:所有书刊、中文书刊、英文书刊。查询类型可以按模型名称、模型作者、模型期刊名称、模型类别、模型应用情况等进行查询。查询方式可有简单查询和高级查询,其中简单查询是在选择的一种查询类型中输入查询内容。如查询类型为期刊名称,则查询内容可输入"水文学"或"生态学报";若输入查询类型为任意匹配查询,则期刊名称中含有"水文"的所有期刊中搜集的模型都被列出,并分别列出从"水文学""水文水资源"等期刊上搜集到的模型(图 7 - 1 - 18)。

高级查询可以将两种类型结合起来查询,也可以筛选掉一些模型,从而提高检索的效率。图 7 - 1 - 19 是一个注册用户查询后的结果图。

查询方式还可以是高级查询或二级检索。由于一个模型的参数可能有多个,公式是以 Word 形式存放的,查询返回的结果中模型的参数与公式中以超链接形式文本的"参数"和"公式"显示。在点击链接文本后可看到参数的详细信息和打开存放公式的 Word 文件。未注册用户能在主页模型浏览中查看到模型在数据库中的编号以及模型名称和模型来源期刊等这些简单的信息。输入以上查询条件并提交后,查询的结果见图 7-1-19 至 7-1-21。

图 7-1-21 是留言板和有些用户的留言。在图中还可通过点击留言的主题来查看留言的内容以及管理员对留言的回复等情况。

图 7-1-20 是查询出来的模型编号为 1 的模型参数与公式显示图。

图 7-1-17　用户访问网站后可看到的浏览图界面

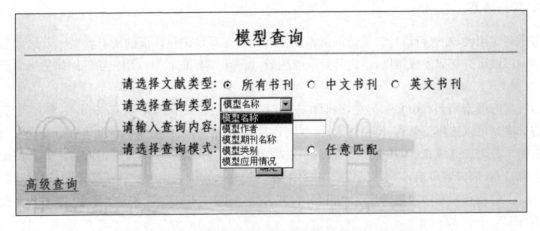

图 7-1-18　查询模型的文献类型与简单查询方式界面图

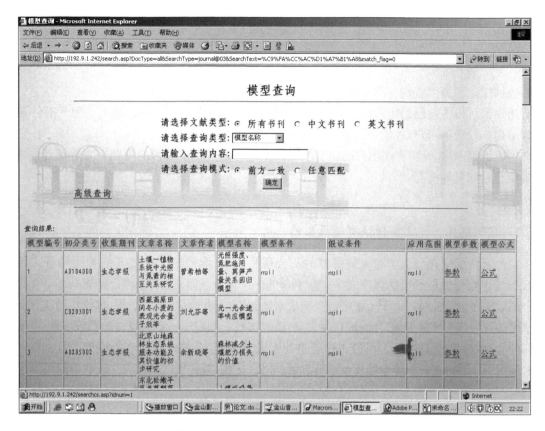

图 7-1-19　一个注册用户的查询结果图

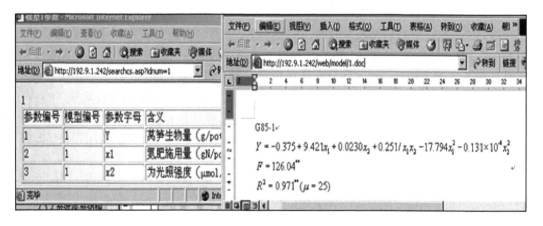

图 7-1-20　查询出来的模型编号为 1 的模型参数与公式的显示

留言板列表

留言号:	留言主题	留言时间	留言者	留言回复
2	急!!	2004-4-4	sunny	留言回复
3	页面有点单调	2004-4-4	polo	留言回复
4	还可以，需改进	2004-4-4	mely	留言回复
5	最近模型没更新	2004-4-4	sunny	留言回复
1	太好了	2004-4-3	1	留言回复
0	fsakl	2004-3-28	huzi	留言回复

图 7-1-21　留言板和留言与回复的例子

2. 用户信息反馈

模型数据库除了提供查询与浏览的服务外,还提供模型留言、计算等服务。

所有用户都可以将自己的需求以及对数据库及网站建设的意见写在留言板上。但只有注册用户和具有管理员用户权限的用户,才能进行模型下载和得到计算服务。

图 7-1-21 是留言板和有些用户的留言。在图中还可通过点击留言的主题来查看留言的内容以及管理员对留言的回复等情况。

3. 应用实例研究——土壤侵蚀有关模型的应用

由于自然环境的变化和人类对土地资源的不合理利用,土壤侵蚀已成为人们关注的重大环境问题之一。我国是土壤侵蚀最严重的国家之一。水利部的一个调查发现,土壤侵蚀已经影响了 367 万 km^2 的国土(《中国敲响环境警钟》)。由于土壤侵蚀会造成水体污染、富营养化、河床淤积,加剧洪涝灾情和侵蚀区生态系统的功能失调等严重后果,且治理难度大,所以我国政府制定了一系列有关的政策法规,初步建立了水土保持的监测网络及信息系统。科研工作者进行了大量的研究,并建立相应的模型进行土壤侵蚀的监测、预测、预报等。对已有的土壤侵蚀模型进行分解、分析、集成,对科研以及相关决策有着战略意义。

1) 土壤侵蚀模型的研究现状

十九世纪后期 Wollny 开始研究土壤侵蚀的影响。1917 年,Miller 进行了定量实验研究。早期的研究基本上都是定性的。随着研究的深入,Cook 等先后对可定量描述的土壤侵蚀因子进行了深入研究,并提出了相应的土壤流失方程(Zingg,1940)。柯立宁等,申博尔吉陶对坡度因子对土壤侵蚀的影响做了许多工作。在此基础上,Wischmeier 和 Smith 提出了通用的土壤流失方程。许多学者如威斯奇迈尔、史密斯等对 USLE 方程因子的估算方法及其使用条件等做了深入研究。

USLE 方程是根据年侵蚀资料建立起来,并主要用于平缓坡面侵蚀量的预报,其推广有一定的局限性。1997 年,美国水土保持局推出了 RUSLE(USLE 的修正版)(Renard et al.,1997)。这些研究都是在统计分析的基础上,提出的经验或半经验的模型。随着对土壤侵蚀机理认识的深入,20 世纪 80 年代起,基于侵蚀过程的物理模型相继问世。代表性土壤侵蚀模型有 CREAMES(Crowder et al.,1985),WEPP(刘增文,1997),ANSWERS(Beasley et al.,1982),EUROSEM(European soil erosion model),LISEM(Limburg Soil Erosion Model),SWRRB,SWAT(Neitsch et al.,2001)等。

在研究方法上,除根据统计资料进行分析进行土壤侵蚀量的估算外,还利用放射性核素示踪土壤侵蚀。Menszl 进行了这方面的研究。此后,微量元素 7Be、137Cs、210Pb、REE 等被用于土壤侵蚀速率的研究。随着 RS 和 GIS 技术的成熟与广泛应用,RS 可用来提取作物或植被盖度因子,GIS 技术可用来提取坡长、坡度等因子,并根据 USLE 方程估算土壤侵蚀量。

我国对土壤的研究起步较晚。20 世纪 40 年代开始了土壤侵蚀的定量观测研究。1953 年,刘善建根据径流小区观测资料提出的坡面年侵蚀量的计算公式,成为土壤侵蚀定量化研究的开端(唐克丽等,1998)。张存福于 20 世纪 60 年代初利用绥德、天水、西峰三个水土保持科学试验站的小区观测资料,建立了计算坡面侵蚀产沙量的经验公式(孟庆枚,1996)。江忠善与王贵平、蔡强国、吴发启等、王秀英等,通过研究降雨、微地貌态等因素与土壤侵蚀量的关系确定了各自的预报方程。由于土壤侵蚀是一个涉及降雨、植被、水保措施、地形等因子影响的复杂过程,许多学者分别对这些因子做了深入的研究。陈明华等和王秀英等先后坡度对土壤侵蚀的影响进行了深入研究。刘松式与陈志伟等分别对降雨侵蚀力因子和植被因子进行研究。随着 USLE 与推广与 RS 与 GIS 技术的成熟,蔡崇法等、马超飞等、游松财等用这些技术对土壤侵蚀量进行估算。20 世纪末至今,示踪技术以及以流域为研究单位土壤侵蚀研究成为该领域研究的热点。杨明义等、杨浩等、唐翔宇等、曹慧等运用 137Cs 示踪技术进行土壤侵蚀估算。王晓燕通过研究,认为大气散落核素复合示踪更能敏感地反映土壤侵蚀速率和过程。赵焕勋通过土壤估算模型,对皇甫川流域的土壤侵蚀规律加深了认识。符素华等重点研究了北京地区小流域的土壤侵蚀模型。曾志远利用 RS、GIS、数学模型对植被和土壤侵蚀全自动制图进行了研究。我国土壤侵蚀研究虽然取得了众多的成果,但对土壤侵蚀的机制、机理的研究还有待深入。

2）土壤侵蚀模型研究的方法与思路

《中国水利百科全书》第 1 829 页中"水土流失"的定义是：在水力、重力、风力等外引力作用下,水土资源和土地生产力的破坏和损失,包括土地表层侵蚀及水的损失,亦称水土流失。

水土流失在国外叫土壤侵蚀。它是指土壤在内外力(如水力、风力、重力、人为活动等)作用下被分散、剥离、搬运和沉积的过程(http://www.swcc.org.study/study_1.html)。土壤侵蚀量是指在雨滴分离或径流冲刷作用下,土壤移动的总量。土壤流失量是指土壤离开某特定坡面或田面的数量。产沙量是指迁移到预测点的土壤流失量。

我国一般采用"水土流失"一词,在概念上与土壤侵蚀有所区别。无论是土壤侵蚀还是水土流失,在其定义中外营力均为水力、风力、重力,从概念上说均包括水蚀和风蚀。从概念的涵盖范围来讲,土壤侵蚀量在外延上要比土壤流失量和产沙量广。

土壤侵蚀模型类型众多。根据侵蚀形式可分为面蚀、沟蚀、崩塌、泻溜和滑坡、泥石流等模型；根据侵蚀营力可分为水蚀、风蚀、重力侵蚀、冻融侵蚀等模型；根据其性质可分为土壤侵蚀风险性评价模型、土壤侵蚀程度等级模型等。

土壤侵蚀涉及气候、土壤、水文、RS、GIS 等学科,其模型数目庞大,每一类模型都有不同的参数或方法。我国地域广阔,不同地区影响土壤侵蚀的主要因素不同,并且各个地区的监测网络参差不齐,因而能获取的资料也不尽相同。每个模型都有各自的适用范围与适用条件,也有着各自的空间尺度和时间尺度。模型中的参数有不同的获取方法。

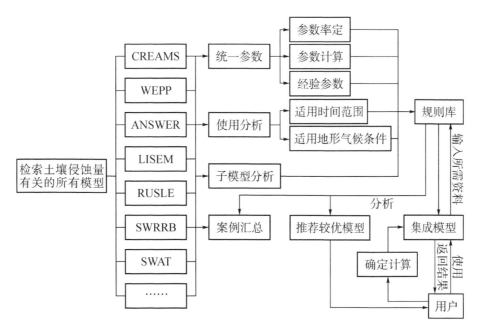

图 7 - 1 - 22　土壤侵蚀模型集成示意图

由于模型集成涉及很多方面,加之时间有限,我们在研究中只做了集成的框架(图 7 - 1 - 22)。从模型集成最基本的参数计算做起,并且编好了部分计算程序。如果用户有恰当的资料,并在客户端将文件传送到服务器,当时就可获得相应的计算结果。

3）土壤侵蚀模型的应用

在对用户提供的服务中,还包含了计算服务。用户只需选择模型号,并按要求输入所需要的参数或文件,则将返回相应的计算结果。由于时间有限,目前只能对少数的模型提供这种服务,计算过程见图7-1-23和图7-1-24。

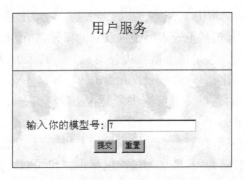

图 7-1-23　土壤侵蚀模型计算服务用户输入模型编号的界面

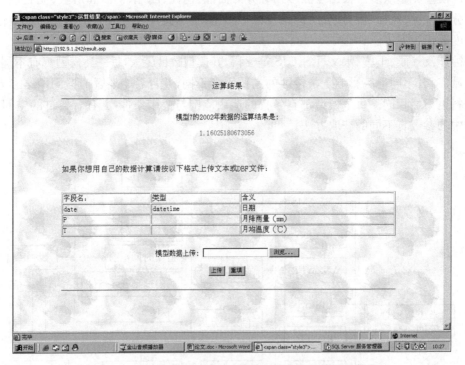

图 7-1-24　土壤侵蚀模型计算服务提供的计算结果界面

7.1.6　结论与展望

本研究取得了以下成果:①建立了流域土壤和水资源地理过程模型数据库。由于收集到的模型是查阅后誊写到模型收集表中的,不便查询与检索。我们在研究中逐渐认识到,简单地按学科分类不能将模型之间的关系表达得很清楚,因而采用属性数据库和过程数据库将各个模型放置到较为合理的位置。在此基础上对这些模型进行整理分类,并建立了模型数据库。②实现了模型共享。为使模型数据库能发挥更大的作用,确定了采用 ASP 技术,以 SQL Sever 2000 为数据库后台实现网上信息发布的方案,实现了地理过程模型的网络发布。用户可以根据需要查询和检索相关的模型,缩短了查询资料的时间,为模型的改进、优化、集成奠定了良好的基础。③初步做出了应用实例。以土壤侵蚀为例说明了水土资源地理过程模型数据库的应用,并能向用户提供一定范围内的模型计算服务,是流域内较重要、较复杂的一种地理过程,有许多模型可进行土壤侵蚀量的估算以及预测、预报,但每种模型都有其最佳的适用条件,通过对这些模型的分析,得出模型集成的思路,并且从参数的获取入手,自下而上进行整个模型的集成,现已能对几个模型进行计算。

由于能力和时间的限制,本研究尚有许多不足之处:①数据库的参数表达还不够规范,需要进一步统一整理。例如存在以下情形:相同的参数却用不同符号表示。降雨量在模型编号为 173 中用 P 表示,在模型编号为 171 中用 Px 表示。相同的符号在不同的模型中表示不同的含义,如 λ,在模型编号为 32 中表示土壤传热率,在模型编号为 136 中表示风浪年均波长,在模型编号 174 表示汽化潜热等。模型中数学公式参数的描述与参数表中的参数描述不统一。为用户使用以及参数统一的方便,公式用公式编辑器编辑好后以 Word 形式保存,而数据库的参数则以字符的形式保存,等等。②目前对用户提供的服务很有限。由于模型复杂程序不同,没能将所有的公式编出其相应的计算结果,因而即使用户有符合模型要求的数据,也不能全部从服务器获得相应的计算结果。③模型数量还不够多,需要进一步收集与录入,模型的分类体系也有待于进一步的完善。模型搜集工作基本上截至 2002 年年底,后来集中精力于模型的整理、分类、入库工作,没有再进行大规模的模型搜集工作。在实现地理过程模型共享方面,离真正的模型的集成和高度定量化目标还有较大差距。

流域土壤和水资源模型数据库的建设及实现模型信息共享,对于流域地理过程的定量化研究以及流域自然过程计算机模拟研究有着重要的意义。

目前的地理过程定量化研究以及模型数据共享,虽然有一定的局限性,但随着模型数据库的丰富与完善、各项研究的深入以及各种规则库的建立,地理过程的定量化以及地理过程集成最终将会实现。

第二节　建立适应中国国情的流域地理过程模拟模型体系的尝试

7.2.1　引言

本研究是国家自然科学基金项目"流域土壤和水资源模拟模型的集成和系统化及其应用"研究的一部分。此项目在过去十年研究的基础上,进一步研究各影响因子模型本身的相互作用,并将它们集成、系统化。以流域为基本地域单元,把气候、水文、地形、土壤、植被、人类经济等地理因素和过程联系起来,并吸取集总式、分布式模型的经验,进行模型体系空间集成逻辑研究,从而实现自然地理过程的定量化。

在 1992—1998 年间,我们团队有关成员先后在玛丽·居里夫人研究奖金、中国科学院院长基金和另一项国家自然科学基金"南方典型地区小流域模拟、动态监测与水土资源研究"的资助下,分别在西班牙的特瓦河流域和中国江西省的激水河流域,用美国刚刚发布的 SWRRB 模型(Arnold et al. 1990),进行了流域模拟研究。此外还尝试了对 GIS 软件的二次开发,对研究项目所需地理参数进行提取,辅助模型运行的参数的自动提取与赋值。1999 年以后,又用新推出的 SWRRB 的更新版本 SWAT 2000 (Arnold, 2000;Neitsch et al. , 2000)对中国的激水河流域进一步研究,阐述了 GIS 和遥感辅助下流域模拟的空间离散化与参数化,并进行了化学径流的模拟研究。现在的研究是过去研究的延续,是以深厚的经验和数据积累为基础的。研究的潜在应用意义如下：

（1）流域模拟技术是实现"数字流域"的有力手段：20世纪90年代，我国学者在"数字地球"框架下提出了"数字流域"概念（张勇传等，2001），它是集数字化、网络化和信息化等高新技术为一体的可视化计算机管理和应用系统，是数字地球建设的一个区域层次（李德仁等，1999）。它要求对全流域的地理环境、基础设施、自然资源、人文景观、生态环境、人口分布、社会和经济状态等各种信息，进行数字化采集与存储，再现流域的各种资源分布状态。更为重要的是，它在对信息进行专题分析的基础上，通过信息交流、融合和挖掘，为全流域不同部门、不同层次之间的信息共享、交流和综合提供平台，并进行全流域整体的信息综合和处理，将资源优化配置和合理利用，制定整体规划和发展战略，减少资源浪费和功能重叠，以实现现代化的科学决策。

（2）流域模拟为流域尺度内多学科共同发展提供平台：现在的模型已经涵盖了流域尺度内相互影响的各学科生态模型的集合。现存的模型基本上可以归为两类：科学认识类和管理支持类。我们从文献中了解和收集的模型大多属于前一类。这些模型体现了科学家们关于自然的假设，但成熟的模型并不如人们想象中那样普遍，只有极少数的专家意见经得起各领域人们的检验，而且不同学科领域的人很难互相操作模型，因为这些模型总是以单一学科为中心的。每个模型都对流域过程的某些方面进行了详细描述，对其他方面仅是稍加提及，甚至根本没有考虑。然而流域内的各种自然因素错综复杂地交织在一起，很难划定严格的界限。流域模拟需要处理的空间变化和尺度，需要认真考虑水文、地球化学、环境生态、气象和气候之间的耦合作用。同时，自然资源的可持续利用和环境保护需要更多地关注，必须拓展模型分析功能。这就需要融合流域内各学科模型于一炉，可以在目标不同甚至相互冲突的决策者的之间进行权衡。现在流域研究趋势是把土壤-植物-大气作为一个物理上的统一动态系统（黄洪峰，1997），按能量、质量的传输过程来测定和分析三者之间的相互作用。我们从辐射、动量和水热传输的基本物理定律出发，在国内外重要期刊中系统性地收集并研究了上千个与土壤表层、植物层及大气近地面层中的能量交换过程有关的各学科的数学物理模型，包括上一节地理模型数据库内的模型，以及后来补充收集的模型。这里所说的土壤表层、植物层和大气近地面层是指土壤表面以下几米深到以上几十米高度内的层次。计算机技术、遥感和GIS技术的飞速发展，使我们更有条件把各分支领域的研究成果集成起来，用大量、复杂的模型对自然地理过程进行详尽描述。

（3）流域模型的集成研究是我国流域模型进一步发展的迫切需要：发达国家无论是在集成环境和新模型开发方面，还是在模型改进与集成方面，都走在前列。国内由于起步较晚，主要研究发展过程是以解决具体的问题为需要，对实际自然地理过程中很多其他相关学科过程关注不够，对国外有关模型的移植性表现不好，给大范围推广造成一定的困难。把国外的模型移植到中国来使用，在数据基础上和模型二次开发中，都存在很多问题，因此不能完全适合我国的实际情况。这都需要进一步的系统研究与探讨（陈赞廷等，1988）。传统的集总式模型并没有真正反映不同气候区的流域产流机制，也没有从流域过程机理本身来探讨模型的成果。集成基于我国实际自然地理情势的分布式物理模型的工作，也没有系统展开，也没看到公开面世的大规模高精度模型及其系统研发情形的报道。

7.2.2　研究背景、目标和思路

1. 流域模拟研究在国际上的发轫和发展

国际上，最早的流域模拟模型是以水文模型与产沙模型形式并行发展的。世界上最早的产流理论是霍尔顿在1933年提出的，即著名的下渗理论。其后下渗理论研究很多，应用土壤水分运动理论的研究成果有 Green-Ampt、Philip 等（包为民，1993），采用经验公式形式的，有科斯加可夫、霍尔坦等（赵人俊，1984）。天然水体溶质运移问题研究始于20世纪50年代。开始是管道流运移，之后是河流、河口和

地下水的运移,居于水文模型的主导地位。20世纪60年代以后,计算机模型开始出现,山坡水文学、河槽汇流、地下水汇流的计算技术都逐渐发展起来(吴险峰等,2002)。流域模型的飞速发展主要表现在集总式概念性模型阶段和后来的分布式物理模型阶段。

20世纪60到70年代的流域水文模型主要是概念性模型,即将流域水文过程概化为一系列的数学计算元件(朱雪芹等,2003),并组合为一个系统。比较有名的包括世界上第一个流域水文模型——斯坦福模型,后来又出现萨克拉门托模型、Tank模型、Boughton模型以及中国的新安江模型等,成为这一时期的典型代表(Singh,1997)。系统模型和概念性模型不涉及水文机制或物理机制,不能客观地反映流域产流机制以及时间和空间的分布规律,无法全面地、系统地刻画流域的产汇流规律。从推理公式、单位线、下渗理论到流域概念水文模型,集总式模型本质上只是反映有关因素对径流形成过程的平均作用。

但是随着人类活动的增强,人们越来越关注土地利用、植被变化等对水文过程的影响,越来越关注无资料地区如何率定模型参数来研究水文过程,因此集总模型的不足就相应地表现出来。20世纪70年代中期,世界气象组织(WMO)曾对10个概念性水文模型进行检验和比较,结果发现在半干旱和半湿润地区,几乎没有一个模型能很好地模拟流域水文过程(文康,1994)。在1997年我国举行的全国水文模型竞赛中,所应用的众多国内外开发的概念性集总式模型几乎没有一个能取得满意的模拟效果(李琪,1998)。

1969年,Freeze和Harlan第一次提出了关于分布式物理模型的概念,从此分布式模型开始快速发展。所谓分布式物理模型,就是那些依据物理学质量、动量与能量守恒定律及流域产汇流特性,推导出来的描述地表及地下径流的模型。基本方程中的参数有明确的物理意义,可直接测量,模型预测能力较强。这些模型能表现径流在时空上的变化,也能处理随时空变化的数据输入。模型的参数具有明确的物理意义,可以通过连续方程和动力方程求解,能更准确地描述径流发展过程,具有很强的可移植性。参数和变量中充分考虑了空间异质性,并着重考虑不同单元间的水平联系,因此在模拟土地利用、地面覆盖变化和水土流失变化等方面,比集总式模型更显优势。其中大多数参数不需要通过实测资料来率定,因而便于在无实测资料地区应用。

SHE模型是最早的分布式水文模型的代表。它考虑了冠层截留、下渗、土壤蓄水量、蒸散发、地表径流、壤中流、地下径流、融雪径流等水文过程,并且只有18个参数,部分具有物理意义,可以由流域特征确定(Abbott et al.,1986a,1986b)。其他如CEQUEAU模型,以网格为离散单元进行分布式赋值与模拟;Susa模型,强调地表水与地下水的合成。还有一些SHE模型的不同版本及IHDM模型等(吴险峰等,2002)。

但是,分布式模型也有它自身固有的缺点,因为要考虑空间的非均质性,还要考虑模拟真实自然地理过程,所以参数量很大,有些参数赋值困难,且应用过程中还要涉及较多的数值方法。因此,分布式模型发展一度受到阻碍,应用起来很困难,70年代后,发展就非常缓慢了。

与此同时,有关土壤侵蚀的理论与模型也在迅速发展。国外土壤侵蚀统计模型的发展大致可划分为三个阶段:

第一阶段是1877年德国土壤学家Ewald Wollny定量化研究土壤侵蚀开始,到美国通用土壤流失方程的出现。研究工作主要围绕影响水土流失的单个因子展开,其中Cook、Zingg、Smith等人的研究为美国通用土壤流失方程USLE的建立奠定了基础(张光辉,2001)。

第二阶段从1965年USLE问世到1980年代初期。Wischmeier和Smith于1965年提出USLE方程(Neitsch et al.,2001),于1978年针对应用中存在的问题进行了USLE方程的修正。世界各地大部分研究都是对USLE中五个因子在不同地区的修正和应用。

第三阶段是从1980年代初到RUSLE的完成。随着对土壤侵蚀机理认识的深入和土壤侵蚀领域应用计算机技术的不断成熟,对土壤侵蚀过程进行预报势在必行。为此美国土壤保持局对USLE进行修正,于1997年建立了USLE的修正版RUSLE。其结构与前身相同,但对各因子的含义和算法进行了修正,同时引入了土壤侵蚀过程的概念。它所使用的数据更广,资料的需求量也有较大提高,同时增加了模型的可移植性,可用于不同系统。

但是流域产流不单是一个水"量"的问题,而是一个水、沙和溶质运动的多相流动过程。任何流域的产流过程都不可能只是一个净水的问题。在1980年代后期的流域模拟模型开发过程中,产水和产沙逐渐统一起来,并考虑了其他如养分、农药等输移过程,流域研究开始把土壤-植物-大气作为一个物理上统一的动态系统,并按能量、质量的传输过程来测定和分析三者之间的相互作用。到了20世纪90年代,遥感与GIS技术广泛用于流域模拟,研究者更是尝试将流域作为分布式系统来模拟,采取了将流域划分为更小地域元的离散方法,充分利用GIS的空间与属性数据库管理功能及强大的分析与可视化功能。

GIS与流域模型的结合就目前来看,不是GIS软件中嵌入流域水文分析模块,就是流域模型软件中嵌入部分GIS工具。与传统的分布式模型最不同的特点是DEM和数字地形分析技术的应用。DEM常被用来进行表面水文分析建模,生成流域河网,划分子流域与确定流域界限。流域和河道地形参数,如子流域坡度、坡面长度、河道坡度、河道长度、河道宽度等,都可以由计算机辅助确定。

现在已经出现了许多商业化的集成软件和专业软件,如ESRI提供的Hydro模块,RSI提供的River Tools,以及美国Brigham Young大学开发的专业水文模拟处理软件WMS(Watershed Modeling System)模型系统。随着GIS技术的发展,具有高分辨率的分布式参数模型成为目前流域模型发展的主流。典型例子有WEPP(Flanagan et al.,1999;刘宝元等,1998)、AGNPS、ANSWERS(陈一兵等,1997)、SWRRB(Arnold et al.,1990;1995a)和SWAT模型等。

遥感技术作为一种信息源,可以提供土壤、植被、地貌、地形、土地利用和水系水体等许多有关下垫面的信息,获取降雨的空间变化特征、估算区域蒸发、监测土壤水分等。这些信息都是确定产汇流特性和模型参数所必需的数据。用遥感技术获取数据的优点是:直接获取全地球表面的数据,包括偏远地区;数字化存储,便于应用;具备各种分辨率的空间信息等。国外早期研究主要是利用遥感资料提取流域地物信息,估算水文模型的参数,如进行土壤分类,使用经验公式估算融雪径流和损失参数等。后期则注意适应遥感信息的模型结构改造和设计。

2. 流域模拟研究在国内的起步和进展

国内对流域分布式水文模型的研究起步较晚,但也进行了有意义的探索。李兰等提出了一种分布式水文模型,包括各小流域产流汇流、流域单宽入流、上游入流反演和河道洪水演进四个部分,还考虑了产流随时间与空间变化特征,能计算产流的多种径流成分的物理过程。模型在丰满、龙河口和陆浑等水库流域得到应用。武汉大学的郭生练等与河海大学任立良等分别提出和建立了基于DEM的分布式流域水文物理模型,将流域划分为网格单元,在网格基础上建立各物理过程之间的联系,取得了满意的模拟结果。武汉大学的王中根等人在《分布式流域水文模型的一般结构》中系统地论述了分布式流域建模的一般结构和研究思想,但只是理论上的探讨,没有实验成果问世。

从1940年代到1970年代初期,大量小区研究已逐渐展开,有不少进步,为我国土壤侵蚀研究奠定了一定的理论基础。从1980年开始,USLE的引入产生了深远的影响。我国由此开展了大量有关产水产沙综合系统的研究,包括降雨特性、降雨侵蚀力(王万忠等,1996;卜兆宏,1992;卜兆宏等,1999;张宪奎,1992)、土壤可蚀性(杨艳生等,1982;陈明华等,1995)、坡度坡长因子和植被覆盖因子(蔡强国等,1989;卜兆宏等,1993)、植被的水土保持效益(张光辉,2001;毕华兴等,1996;史衍玺等,1996)等方面,取得了一系列研究成果。江忠善等通过在黄土高原的试验作出了次降雨、无植被裸露坡耕地和人工草地的侵蚀量多元幂函数统计模型。卜兆宏等采用RUSLE模型结构,建立并完善了各因子的算法,将遥感数据引入到模型因子计算中,使得像元中包括了土壤侵蚀的各个因素,减小了人为定级的主观性,初步实现了RS、GIS与流域侵蚀模型的结合。在运用遥感资料获取流域水文模型的输入和参数率定方面,还有王燕生利用陆地卫星影像获取下垫面资料,应用气象雷达探测雨区及相应的面雨量;徐雨清、魏文秋等通过遥感技术获取植被和土地利用状况信息;傅国斌等对遥感技术在流域模拟中的应用,曾做过比较详细和精彩地论述。

尽管有诸多进步,但与国外相比还是比较滞后的,研究成果还缺乏系统性(张光辉,2001)。并且由于中国土壤侵蚀的特殊性、自然环境的复杂性及人为活动影响的深刻性,加之基础数据零散、研究协作不得力等原因,至今仍未能建立适应于中国自然和社会经济条件的土壤侵蚀预报模型和宏观区域水土流失预测预报模型(郑粉莉等,2001)。

我们工作背景的一个重要方面是典型的模拟模型研究。芮孝芳等都曾对近些年来流域模拟模型的各方面进展进行了精彩的总结。应用较为广泛并且在尝试与 GIS 集成的流域模拟模型,其佼佼者有 WEPP、CREAMS/GLEAMS、AGNPS、SWRRB/SWAT 等。在第二章中对这些模型已有较详细叙述,这里不再重复。

在流域模型与 GIS 集成方面,从集总式模型到分布式模型的转变,需要通过空间离散化与参数化过程,其参数、输入、输出都具有时间与空间属性,这是保证模型正确、顺利运行的最关键过程。此类工作早期是在各类地图上手工完成的,这正是分布式模型发展受到的主要限制。但是遥感与 GIS 技术的飞速发展给分布式建模带来了契机。这些技术中的大多数都可以由 GIS 软件来完成。

影响河道变化的因素复杂,对数据获取提出了很高的要求,这是常规方法所不能完成的。GIS 能够处理不同源的数据,如地图、航空照片、遥感影像、研究区的监测和实测数据等,可发挥作用的方面包括:①空间数据管理:GIS 能统一处理与流域模型相关的大量空间数据和属性数据,为不同比例尺的模型提供接口,将不同投影和比例尺的数字地形数据转换成标准格式数据,并提供数据查询、检索、更新及维护功能;②提供复杂的地图叠加分析和空间分析功能:以数字高程模型(DEM)存储的地形信息,为流域水系参数的自动化提取提供了可能(Martz,1992),如用地形数据计算坡度、坡向、汇流路径,利用水系计算河流网络等(闾国年等,1998a,b,c);③为许多模型参数自动获取提供可能:如从遥感数据中提取土地利用图,利用此图得到各计算网格的糙率系数等(李纪人,1997);④为水文建模提供方便:水文模型的求解往往采用有限差分、有限元等数值解法,即把研究区剖分成规则或不规则网格,这与 GIS 网格数据结构及不规则三角网管理空间数据方式非常相似,因此,GIS 中的网格自动生成算法可用于生成水文模型中的计算网格(马千程等,1999);⑤GIS 能实现分析计算过程及结果的可视化表达:它的空间显示功能提供了优越的建模及模型运行环境,为模型可视化计算带来可能,有助于分析者交互地调整模型参数。

DEM 数据能够提取水系、分水线及地形参数等信息,能以某种形式的定义来解释地形的本质及其与河网的关系。例如,由 DEM 确定水道通常采用水道的临界集水面积阈值(又称水道开始发育的面积阈值或水道给养面积)的概念。此数的大小对河网的形态特征有很大的影响,因此关键问题是如何正确选择这个阈值。Tarboton 等人提出了一种确定河道起始点的方法,即从稳定扩散过程到不稳定水道形成过程之间的过渡状态。稳定和非稳定系统的不同尺度化特征,相当于坡度-面积曲线尺度化函数梯度符号的变化。因而坡度-面积曲线的转折点对应的面积可被解释为稳定性发生变化的空间尺度,继而被视为水道开始发育的理论面积阈值。从这一概念出发,Gyasi 等人研制出由数字高程数据提取水道时正确估计临界集水面积的方法。他们根据河网某节点坡度与该节点上游集水面积的尺度化分析,发现反映流域凹度的坡度-面积曲线的尺度化指数随着面积阈值的增大而减小,且在面积阈值达到一定数值后趋于稳定。坡度-面积曲线的尺度化指数开始达到稳定的那个面积阈值,为河流地貌发育定义了一个近似的排水密度,也称作理论上的水道临界集水面积阈值。

在对流域进行模拟的研究中,流域现象常被抽象为表示流域对象瞬时或平均状态数据值的状态数据模型(如地形分布数据模型)或流域对象的状态数据序列规律的模拟分析模型(如洪水演进模型等)。目前的地理信息系统主要是以状态数据模型的表示和处理为核心,研究流域空间信息与属性信息的表示与处理算法。虽然通过程序包的形式提供了部分对象的分析处理模型,但其实质是一个地理数据库管理系统。在向模拟模型和分析处理模型提供统一的表示与处理方面时,理论还不成熟,在模型与 GIS 平台之间的通用接口还没有实现。但是因为在地学研究中需要用大量的模拟模型、状态数据模型和分析处理模型来对地学现象进行数字化,需要用计算机模拟来研究空间中真实的地球。所以,独立于地理信息系统的空间分析系统和模型库管理系统也得到了充足的发展,形成了三足鼎立的局面。因为三大系统不是在统一框架下分析、设计与开发的,相互之间存在不协调和难共享的问题,影响了它们在地学研究与工程实践中的应用。集成作为多种技术融合的手段,毫无疑问将为三大系统的深入应用提供有效的帮助。

在商业 GIS 中有一种趋势,就是朝着一个具有更广泛数据格式和与其他软件系统更紧密的结合的方向发展。CAD 与 GIS 已经成为一个系统,栅格和矢量格式以及遥感技术也集成到 GIS 中。这个趋势将继续将把水文模型在内的所有环境模型都集成到 GIS 框架中。流域模型与 GIS 的集成始于 1975 年。美国水文工程中心用基于网格的方法进行集成,结果就是 HEC-SAM(Spatial Analysis Methodology)。在这里,GIS 主要是简单地用来作为水文模型的一个数据库。

另外一个著名的研究就是 TOPMODEL 模型。这个半分布模型直接使用 DTM 数据,结构简单,参数少,充分利用了容易获取的地形资料,而且与观测的物理水文过程有密切联系。越来越多的流域及田间尺度的水文模型和 GIS 紧密集成在一起。仅是与无版权限制的地理信息系统 GRASS 集成的模型就包括 AGNPS、ANSWERS、GASC2D、GLEAMS、SWAT、WEPP、MODFLOW 等。还有一些模型被集成到 ESRI 公司的商业地理信息系统 ArcView 中,包括 WEPP、HSPE 和面向与流域管理的 BASINS。

我们在十余年的研究中深切感到,国外模型的可移植性还有一些问题,主要是对数据的特定需求上,而且随着流域尺度的增加而呈指数增长(Krysanova et al.,1989)。应该寻求一种介于海量参数复杂模型和过于简单模型之间的折中办法。

这需要总结国外各种流域模拟模型体系发展的经验,发展我们自己独立开发的、建立在世界先进研究成果集成之上的物理模型。它还应当是开放的、便于维护和拓展、能与 GIS 完全集成并可借助 GIS 和遥感获得部分参数的分布式流域模拟模型体系。

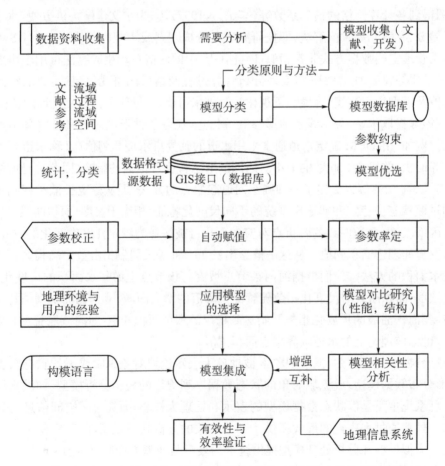

图 7-2-1   建立适应中国流域地理过程模拟模型体系的思路和步骤

我们收集的各种地理过程模型达上千种,考察了它们的应用环境,对其进行了分类与整理,又使用遥感、GIS等多种技术手段,将各学科的成熟模型融合在一起,构建与集成了一个可操作性的、连续多时相与高空间分辨率的流域地理过程分布式物理模型体系。它可广泛应用于包括缺少资料的地区。研究步骤见图7-2-1。

7.2.3　流域模型集成研究

1. 流域模拟模型集成的内涵

模型是对现实问题的逻辑抽象,是对事物发展过程中或决策过程中的数据分析和数据处理行为进行抽象或模仿。模型具有以下三个特性:①多样性,模型在用户眼中与计算机内部所表现的形式不同;②语义性,模型虽然具有不同的抽象程度与抽象形式,但都具有它的语义背景,如其物理意义、约束等;③可编程性。在动态支援系统(DSS)中,模型被广义地描述为可执行的计算机程序,这是因为可适用的模型都可以用某种编程语言进行实现。

所谓模型集成,即为实现一个目标的模拟而对其相关因素多个模型之间的组织。对于模型集成的研究及理解,因领域人员对模型的理解不同而不同。模型集成不同于模型合成,模型合成是最简单的模型集成方式,模型集成要解决的问题,是系统建模者在新问题出现时,如何利用现有资源解决没有现成适用模型的问题,或者是对模型进行管理以提高模型的效率和利用率。

模型集成一般为分两类,即结构集成和过程集成。结构集成指合并两个或两个以上的简单模型的体系以创立一个新模型。过程集成指求解过程的连接,简单地可理解为一个模型的输入是另一个模型的输出。需要研究的问题很多,如模型选择、化解冲突、模型表达、求解控制等。可以访问模型全部结构的设计是极为复杂的,目前有关研究主要在化解冲突和模型表达上。

随着模型管理领域的成果不断丰富,模型集成逐渐从模型管理范畴中分离出来。近期国外已经涌现了一批面向特定领域或问题的建模支持软件,如模块模型系统(http://www.terra.colostate.edu/projects/mms.html)、动态信息结构系统(http://www.dis.anl.gov/DIAS)、SWARM(http://www.santafe.edu/projects/swarm/)、空间模型环境(http://kabir.cbl.umces.edu/SME3/)等。另一方面,互联网技术自20世纪90年代以来的迅猛发展,为模型管理带来了新的机遇和挑战。

2. 流域模拟模型集成方法的研究

1) 流域离散的方法

流域模拟模型是否成功,除了取决于合理的模型结构和参数外,还依赖于稳定的离散格式和有效的计算方法,以及流域水文模拟计算应满足稳定性的要求等。简单地说,也就是要考虑模型计算的空间尺度问题。

尺度层次可以根据现象的确定性与随机性特点划分。一个层次上表现为随机的现象,到上一个层次这种随机现象的均值、方差等统计特征可能表现为确定的分布;当再升到更高的层次上时,这种确定分布的特征又可能表现出随机的特性。这种随机-确定—随机的转换,就反映出特征尺度的层次(刘新仁,1997)。

在分布式流域模型中,考虑了降水的空间变化和计算域性质的空间分异。这与以前的概念有了很大的差别(Sivapalan et al.,1987)。从技术层面讲,构成分布式模型的关键问题为空间离散单元的划分和空间参数的确定、产汇流机制的确定和应用于实际流域(或水库)的有效模拟算法的实现。

流域离散的基本原理多种多样,已经出现的主要方法有以下五种:

(1) Wood 等提出了"代表性单元面积法"(Representative Elemental Areas,REA)的概念。它是指讨论的空间尺度远大于水文特征空间变化的相关长度时,便可以考虑它们的统计分布,不需要知道其确切的分布情况。这种离散方法曾被用于 SHE 模型(Wood et al. ,1990)。

(2) Maidment 博士 1991 年提出了"水文响应单元方法"(hydrological response unit,HRU)。这种方法将流域划分为具有相似水文特性的区域,如相同的土壤覆盖、相同的坡度坡向等。Kite 等特别提到其计算单元应建立在子流域系统和高程分带概念的基础上。HRU 会产生明显的水文响应,单元位置只对水流流程有影响,这与 REA 不同,在 REA 中单元位置将影响水文响应过程。SWAT 模型中将 HRU 用于预测和管理大流域产沙和生成化学成分的过程。该模型将大的流域细分为性质相似的小区域,然后分析各小区域与整体的相互作用和相互影响。各个小区域是通过数据的聚类分析得到的。用聚类方法从地图上消去小的或无关的地理特征,使详细信息聚类成概化的值,使整个流域概化成性质相近的子流域。

(3) Kouwen 等描述了一种用于网格(grid)模型中的群体响应单元(grouped response unit, GRU)。GRU 是一组具有相同土地覆盖的区域,一个网格可有许多不同的 GRU。将不同 GRU 中生成的径流相加,然后汇流到河流中。例如,两个 GRU 内各种土地类型及其比例一样,降水及初始条件一样,则不管其土地覆盖如何分布,它们将产生相同的产流量。

(4) 在 SLURP 模型中,将流域离散成为许多称为聚合模拟区(aggregated simulation areas, ASA)的单元。一个 ASA 并不是性质均一的区域,而是一个性质相差相对较小的区域。例如,土地覆盖可从分辨率小至 10 m 的卫星上观测到,使用这么小分辨率的点数构建大尺度流域水文模型是不可行的。因此,点要聚合成更适合于模拟的小区域。这种 ASA 并不一定为正方形、长方形或其他规则形状区域,并且其形状常基于流域网格的形状(万洪畴等,2000)。

(5) 在 WEPP、SWRRB 和 HYMO 模型中,都使用了"子区"(subarea)的概念。子区被描述为根据流域内部土壤、植被、地形、气候等地理因素的空间分布特征划分的区域。子区的界限是大概确定的(如泰森多边形)。子区具有空间位置并且是空间相关的。各子区有不同的输入参数,模型在每个子区上运行。SWRRB 中子区划分数目是有限制的,最多只能划 10 个子区。物质传输和流动过程的模拟受到一定限制。

综合上述各种离散方式的优缺点,在空间离散过程中,我们选择的是流域-子流域-水文响应单元的离散模式。水文响应单元(HRUs)是在子流域基础上的进一步细化。水文响应单元间互不重叠,模型在每个水文响应单元上运行,运行结果在子流域出口汇总。这些详细情况在第四章中已经描述,此处不再重复。

水文响应单元的优势在于提高了子流域内部荷载估计的精度。植被的生长与发展,可以依据物种的不同而不同,估计进入主河道的水量则更为精确。一个特定的子流域可以有 1 到 10 个 HRU。要提高精度,通常是增加子流域的数目,而不是水文响应单元的数目,并非子流域数目越多越好。应该综合考虑能反映流域内部的地形复杂程度、工作的目标和费用的支出等。

2) 模型选择的方法

模型的数量和前景不是问题,问题是缺乏模型评估与选择技术的标准。大多数模型基于共识与直觉来表达更为复杂的事物,其理论基础、物理基础与经验证据严重缺乏。

我们为什么要强调模型的选择方法呢? 第一,研究者想更好地理解方法的实质,以便分类和提高它们;第二,实践者想要一种实用工具来辅助选择模型;第三,用户想知道不同模型的长处与短处,从而使他们可以设计更好的模型或对其进行集成;第四,既然没有一个模型可以适合所有的条件,那我们需要知道什么时候使用什么模型。

任何计算方法或模型本身,都不可能产出信息,只能从数据中提取信息。一个模型的优劣在于它吸收知识的多少和真伪,以及利用信息的多少和提取信息的能力。流域水文模型在经历了一个时期的大发展后,之所以陷入停滞,很大的原因在于缺乏新的认识和新的信息源,只有增添了新的知识和信息,才能恢复生机(任立良等,2000a)。

对于模型的管理是决策支持系统走向实用和成功的关键。模型管理主要研究模型的操纵方法和表示等。模型选择作为模型操纵的基础,在模型管理中起着重要的作用。模型选择是一个普遍性的问题,不同的学科都在进行这方面的研究,而且是从不同的角度。模型选择有不同的分类方法,Ghosh 等将模型选择分为两类:一类是根据问题的特征从模型库中选出适合的模型;另一类是在没有合适的单一模型的情况下,将两个或两个以上的简单模型以一定方式结合成求解复杂决策问题的模型串,其中一个模型的输出可是后继模型的输入。

Banerjee 等则认为,模型选择问题由模型结构选择和模型实例确定两个层次来决定。模型结构选择指利用问题的特征从众多收集到的模型结构中选择一个合适的模型结构;模型实例确定就是在选择模型结构之后,根据所给定的具体问题,确定出一个能用于解决该问题的模型。

从选择方法的角度来分类,模型选择可分为解析方法与人工智能方法。解析方法最早由 Klein 等提出,用来选择单一模型和组合模型(黄梯云等,2001)。这种基于目标线性规划模型的方法,依靠模型的使用和历史信息来选择模型,其过程是:①对于某个特定的问题,排除不可能用到的模型;②对于剩余的模型,根据用户提出的问题特征定出线性规划表达式;③对每个模型进行线性目标规划,以求出该模型与问题特征之间的距离;④选择具有最短距离的模型。人工智能方法是指依据一定的模型选择策略(启发式算法、专家规则)自动地从模型库中选取合适的模型。

模型选择的人工智能方法目前是研究的热点。我们研究时间较长的莫过于模型间的比较与最终的选择。前提是从三个方面进行准备:①考察国内应用较成熟的模型;②考察国外与我国自然情况相似地区的模型及其参数的准备;③考察国内外与 GIS 进行集成模型的应用;④考察模型的结构与应用实例,采用正确的与可以实现的模型。

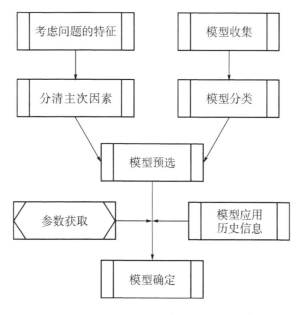

图 7-2-2　模型选择流程图

基于前面述及的各种模型选择方法,我们综合了所提到的模型结构选择法与模型解析选择法。在选择模型的前期工作基本是基于文献的。模型应用的地区、效果及频率都是基于文献进行统计的,没有重新进行实例的调查与检验。我们的步骤如下(图7-2-2):①分析所要解决问题的特征,分清主次因素;②按①的要求,有目的进行模型的收集,并作好分类;③在①与②的基础上,比较所能获得的模型,寻找相似的结构;④反复权衡,选择比较合适的模型;⑤权衡参数获取的容易程度,在同等条件下优先选取既可满足模型物理过程又能以其他可以测量的模型或容易获得的资料为基础的,或可求得的参数组成的模型为重点对象;⑥模型参数在自然条件下不随时间变化,以便用观测资料来率定参数;⑦模型可以用于不同的时段,至少应该适于日时段;⑧考察模型的应用历史,有条件时还需要验证模型;⑨确定模型。

3) 模型表达的框架

在模型表达方面,我们遵循的是数学模型-确定性模型-分布式模型的主线。

数学模型是由一系列数学公式来表示的流域模型。它根据实际系统或过程的特性,按照一定的数学规律用计算机程序语言模拟实际运行状况,并依据大量模拟结果对系统或过程进行定量分析。流域自然地理过程定量化表达的任务要求我们应用大量的数学模型对自然界现象进行模拟,使得我们有可能从大量的科学实验、野外考察、定性描述中脱身出来。

本研究中的模型属于数学模型中的确定性模型。确定性模型是和环境过程相联系的,是在对于某一环境过程或多种环境过程综合作用机理认识基础之上通过物理定律加以描述的,所以又称为物理模型。物理模型首先对理论进行抽象简化,然后把理论研究的结论与实验结果相比较,对模型进行修正,直到获得与实验结果相吻合的、趋于完善的理论模型为止。

物理模型有以下三个特点:①物理模型是科学性和假定性的辩证统一。物理模型不仅再现了过去已经感知的直观形象,而且以先前已获得的科学知识为依据,经过判断、推理等一系列逻辑上的严格论证。它来源于现实,又高于现实,因而具有一定的假定性。这种假定性在经过实验的严格证实以后转化为科学性。②模型的建立是为了便于对理论进行研究。它必须适合已经确认的理论,而且能够更好地反映实体的根本属性和能被实验所验证。③物理模型也有它的适用条件和范围,也就是说物理模型具有相对性。

4) 模型集成的方式

从技术层面讲,有结构集成和过程集成两种;从组织层面讲,一般立足于战略性建模,因为有效的战略规划需要集成有关特定功能和操作的各种模型;从实现层面讲,则关注于面向对象的集成式建模环境。

不过目前大多数的理论研究集中于技术层面,通常分为纵深集成和功能集成。纵深集成合成两个以上的模型以创建一个新模型,模型采用同样的表达方式。

功能集成并不产生同样表达方式,而是通过叠加一个议程来协调模型的运算,如指定某些已有模型的输出是另外一些模型的输入,需要明确模型的运算顺序。其中的议程规定了如何实现功能集成,因此又被称为模型互接语言或模型描述。区分这两种集成很必要,更重要的是辨别什么需要集成。Geoffrion解释了四种层次的模型抽象:模型实例、模型类、模型问题模板和模型领域,并给出10种可能的集成类型。功能集成不必像纵深集成那样协调不同的模型类或实例,它适合处理更难研究的集成类型,所以功能集成比纵深集成更实际些(唐锡晋,2001)。

在进行模型集成时,Overton列举了如下需要的步骤:①根据需要列出模型目标;②收集和选择模型并确认子模型和子目标;③参考实际数据基础,构建和验证子模型;④将子模型组装进总模型并加以验证;⑤尝试处理在步骤①中确认的问题;⑥检查模型的一般行为,确认关心的行为;⑦进行敏感性分析,确认结构和参数与所关心的行为是有因果关系的,验证那些构成原因的结构和参数。

结合模型集成理论和实际需要,我们将 Overton 的方法进行了改进,如图 7-2-3 所示。

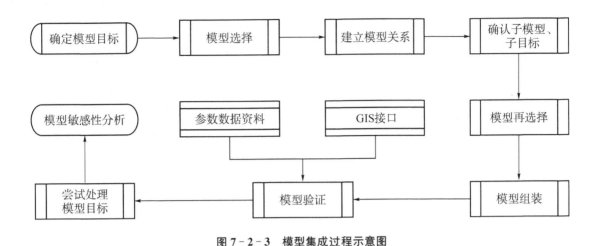

图 7-2-3　模型集成过程示意图

我们所进行的建模方式也可以称为形式化建模(詹姆斯·韦斯特维尔特),就是在给定系统初始状态和预先定义系统行为的前提下,应用因果关系,描绘系统未来状态的过程。形式化模拟模型是指在试验、事实以及正式出版的书籍和公开发表的文章的基础上设计开发的模型形式。通过撰写可同他人推敲的文字或者计算机代码,使模型具备初步的形式。

5) 模型集成的方法

流域模型应该模块化以便组件可以高效地添加、修改和维护,这将有利于我们集成不同学科的知识并使模型朝着预测现实的和潜在的发展方向前进。使用模块式方法可以帮助模型开发者添加新的组件以包括新的因子,同时对现存的代码作最小的改动,这种能力在用简单易行的组件代替原来的组件时非常需要,还可以使模型开发者非常有效地更新文档和维护代码。模块式方法的一个目标就是允许不同学科的科学家用他们的知识、数据和专业技术开发模块,而不必考虑其他组件代码的开发与维护。大量的研究已经使用面向对象的程序语言来开发与集成流域模型,支持更多的模块结构。一个对象为一个设计单元,集合一个数据结构和使用或影响这个数据的操作于一体。对象是面向对象编程的基础。然而,这些新的程序设计技术还没有广泛应用到流域模型的组织中。直到现在,还没有一个杰出的面向对象的语言或方法用来建模。尽管不同的面向对象的语言有很多已是广为接受,但其中的不同倾向分别面向着对象行业,并阻碍初学者学习这些概念。

Acock 等在研究作物产量模型时提出了一般的作物模型建模标准。其中三个为:①模块应该容易按学科分类;②应该具有最少的输入和输出变量;③修改一个模块不必改变其他的模块。

下面的模块结构准则是基于 APSIM 开发小组的实践提出的(McCown et al.,1996)。即每一个模块都应该:①封装所有数据和函数于一个定义好的模拟模块,按学科进行抽象;②对模块内部的所有状态变量都进行数据加密;③拥有自己定义好的输入和输出界面;④能自动初始化;⑤能计算状态变量的改变值;⑥能汇集状态变量;⑦能够独立运行或与其他的模块进行不同程度的结合。

但为了在广泛意义上的模型集成过程(包括流域模型集成)中的应用,有必要拓展这个标准,即:①争取做到对主程序和其他模块影响很小的可以插入和提出的模块;②有利于不同模型和模型组件间的对比;③提高集成不同来源组件的能力,以便通过模块来拓展模型的使用范围;④有利于文档化与代码共享;⑤使用不同编程语言编写的模型可以链接在一起;⑥允许模型更新与维护,有更大的灵活性;⑦拓展模拟模型的生命与效用;⑧增强模型开发群体间的协作机会。

有许多途径可以适宜这些准则。许多用来实现的编程语言甚至可以用不同的方法来定义模块。不过，这些只是期望的准则，或者说是实际工作中不太容易完全达到的准则。流域模型所模拟的是确定性与连续性相结合的动态系统，所以在开发过程中应该遵循两个原则：第一，模型的科学部分与非科学部分要分开；这样模型的开发者就可以集中精力于科学部分和开发与驱动程序相连接的模块。这个驱动控制模拟时间，使文件获得天气数据，正确连接不同的模块。第二，复杂的公式已经被隐藏到应用程序中。

相信按以上准则去做可以带来更好的结构化模拟模型和模块化更大的灵活性，增强协作机会，产生更大的能力去模拟更复杂的系统并减少维护费用。这些准则可以在不同的方式、不同的程序和研究方法以及不同级别的软件工程投资中得到利用。但无论选择什么样的软件执行方法，科学家们定义、理解、交互和测试代码的能力，都可以得到保留。

对于庞大而复杂的模型，决定需要创建多少模块很困难。相对于主体较大的模型，用以上这些准则和原则，可以将主要的部分拆分。其中每一个在正好匹配的输入和输出变量情况下，可以容易地被其他类似结构的模块所代替。一些模块可能是更大系统模型的子模块，也可能是由更小模块组成，每一个都应用同样的准则。

就现在情况而言，虽然已经出现了大量覆盖众多主题的流域模拟模型，但管理者更迫切需要的是可以处理更为复杂环境问题的模型。不同地方的科研组织往往拥有不同数据与模型资源，而这些资源也往往分布于不同的地方与科研组织。只有当这些资源支持模型集成与运行的时候，才有助于决策的产生，而不至于浪费这些宝贵的模型与数据资源以及产生这些数据的资源。很难简单地链接现存的模型使之成为集成模型，因为模型并不是在一个标准环境下开发的。用户界面的相互影响、结构的缺乏模块化、不同的实现语言、缺乏标准的输入与输出结构、概念限制与假设的文档化不足等，都是很重要的问题。

计算机科学中面向对象方法的出现，使系统的模块化新模型的开发更为容易。然而，必须设计标准以确保模型的最大可重复使用性。现存模型存在一个问题，就是已经在现成模型上花费了大量投资了，如果抛弃它们或用面向对象技术重写，都是不切实际的。因此，迫切需要研究一个可以切实解决这些问题的模型集成技术。

6）GIS辅助下的参数获取方法研究

在实际应用过程与模型集成过程中，我们选择模型时采取的参数基本上是界定在容易实测或容易用现代科技手段获取或技术上已经实现的由RS和GIS技术提供的数据。由此就保证了模型的运行与部分参数的精度，节约了模型集成或开发的时间与经费，拓宽了模型的应用空间与时间领域，大大降低了模型的应用难度。

在模型运行的前期过程中，参数的取得与赋值尤为重要。GIS在这方面起到了关键与决定性作用。在分布式流域模拟技术的发展过程中，最突出的进展就是数字地形模型与数字地形分析技术的应用。DEM被用来进行表面水文分析建模，生成流域河网、子流域划分以及流域分水岭确定。流域地形参数、河道地形参数，如子流域坡度、坡面长度、河道长度、河道宽度等，都可利用DEM通过地形分析方法得到（钱亚东等，1997）。遥感技术被用来快速获得研究区土地利用现状、植被盖度估算和反演地表参数等，这也是目前研究的一个热点。因为本研究的重点在于模型的集成与系统化，所以对于模型运行前所需要的由GIS辅助确定参数和自动赋值等，只能做一个简单的叙述。

（1）DEM中假凹点与平坦区的处理

在实际应用当中，由于DEM的网格精度和高程精度的限制，出现一系列技术问题。主要有假凹点及平坦区处理。假凹点是由DEM误差造成的，真凹点一般具有一定的规模和高差，假凹点则表现为少数零星的高程低值点。这时 ArcInfo 中 GRID 模块的填充函数(FILL)便失去作用,因为它不能区分真假(Hutchinson,1989)。

Martz 等将洼地分为两种类型:凹陷型洼地和阻挡型洼地。凹陷型洼地是指一组网格单元的高程低于四周;阻挡型洼地是指垂直于排水路径方向有一条狭长带的网格单元高程较高,类似于横跨河道的障碍物或坝体。对于阻挡型洼地,可通过降低阻挡物存在处的高程,使水流穿过障碍物;对于凹陷型洼地,首先找出所有高程低值点,并计算连成片的低值点形成的负地形面积和高差,然后根据用户给出的面积和高差阈值区分负地形的真伪,对它们进行填充,只保留真的负地形,用新生成的 DEM 再进行地表径流模拟。

绝对平坦的地面在自然界中是不存在的,但当将地表以 DEM 形式表示时,由于其水平精度和高程精度的限制,起伏比较小的地面可能表现为绝对平坦的地面。有的国外学者对平坦地区网格点的高程进行插值或平滑处理,这虽然也能得到确定的流向图,但是降低了 DEM 的精度(李本纲等,2000)。最常用的方法是根据水总是流向梯度最大的方向的原理,对无法确定流向的网格点,在不影响 DEM 精度的前提下,加上或减去一微小值后再确定流向。这样重复多次,直到全部网格点流向都能确定为止。

(2) 流域河网的生成

当网格流向的网格数据模型和水流聚集点的网格数据模型建立起来之后,就可以用来生成流域河网。Tribe 和任立良回顾了 DEM 自动提取河网和流域范围的方法,并阐述了对水道临界集水面积(给养面积)的阈值取值方法。在工作中,采用了 DEM 与水系图结合的方法来模拟地表径流(李本纲等,2000)。其原理是对 DEM 按现有水系网格图(手工数字化的流域河网转化成网格形式)进行修正,将实际河网按分辨率相同的投影坐标系叠加到 DEM 上,保持 DEM 中河道所在网格高程值不变,而其他非河道所在网格的高程值整体增加一个微小值,再用 D8 算法就可以准确地生成流域河网。一旦生成了联结完好的河网,就可以确定每一河段的 Strahler 级数,给定每一河段与河网节点的识别码,确定串联型河网的最优演算次序。据此还可确定每一河段的左右岸集水面积、水道上游末端节点及相应的子流域分水线,从而建立河网节点、河段和子流域的拓扑关系,包括河段坡度、高程值、上游集水面积与侧向集水面积及相互联结的拓扑信息。一方面,河网与子流域边界等空间信息是以网格形式存储,易于用 GIS 软件作可视化显示;另一方面,河段或子流域的拓扑关系还以表格的形式存储,有利于分布式水文模型的调用。

(3) 子流域的生成

本研究采取李硕博士所用的方法,即以位于两个河道交汇点上游最近的网格水流聚集点,作为流域出口,沿确定的网格水流聚集点,分别计算上游河道的集水区,划分出每个子流域(参看第四章第三节、第五章第二节和彩色图版Ⅳ图 4-4-4)。但要注意的是,离散生成的子流域数目由所生成的河网的详细程度控制,而河网的生成则由上游集水区的面积所控制。所进行的工作都是由现行的 GIS 软件来操作的,不是自主开发的新软件,也就是说,是依据下垫面地形特性、水流方向及河网水系特征由计算机自动生成,可为分布式水文模型提供坚实的技术平台,从而避免降雨径流模型中根据降雨站网划分子单元的缺陷。由子流域界线图、土地利用图、数字土壤图的叠加分析就可以实现每个子流域内部土地类型和土壤类型的分布统计。

(4) 水文响应单元的生成

请参看第四章第三节。

（5）流域特征的获取

模型运行的参数尺度是多变的,但总体控制在三个方面:全流域级参数、子流域级参数与水文响应单元级参数。地形属性一般可分为基本属性和组合属性,基本属性是可以从 DEM 数据中直接计算出的属性,如高程、坡度、坡向。组合属性是为了刻画某一自然过程的空间变化从基本属性的组合中得到参数,如河道水文参数、坡面水文参数等。组合属性可以通过一定的物理公式或经验公式计算。目前,大多数 GIS 软件都具有常规的地形分析功能,可以方便地利用 DEM 来计算地形属性。本研究主要针对子流域、水文响应单元和流域河网,分别提取模型运行所需要的相关地形属性。在模型选用过程中,尽量把参数范围控制在现有 GIS 技术可以获得的范围内,给模拟工作提供了很大方便。全流域级的参数需要不多,有流域面积、流域经纬度等。子流域级参数有子流域代码、子流域集水面积、子流域平均坡度、子流域平均坡长、子流域平均高程、子流域内最长河道的长度、坡度、宽度及深度、子流域拓扑关系(流入与流出)等。

（6）河道特征的获取

河道特征主要指下面几个特征:河道代码(与所在子流域代码相同)、河道长度、河道坡度、河道宽度、河道深度、河道最低点高程、河道最高点高程、河道拓扑关系(流入河道与流出河道,与子流域拓扑关系相同)。

7.2.4　流域模拟模型体系中模型的组织与构建

1. 本模型体系中的模型特点与模型数量

本模型是用于评估流域水土资源的地理过程模型(Geographic Process Model for Soil and Water Resources——GPMSW)。它是以流域为尺度,以日为单位,进行连续时间计算机模拟的分布式物理模型。模型集成了流域尺度的天气、水文、土壤侵蚀、植被的动态变化情况。水文模块是基于水平衡理论,考虑降水、蒸散发(蒸发蒸腾)、下渗过程、地表径流、土壤分层、土壤层间侧流、地下水补给、土壤层中的毛细上升作用、基流作用深层含水层的出流作用等。有关氮、磷、钾、农药等化学径流作用比较复杂,因为时间的原因没有考虑。所需要的气候参数有日降水、空气温度(平均、最大、最小)、太阳辐射等。参数需要的气象数据可以由气象站实测值进行输入,也可以由模型耦合的气象生成器进行模拟,但后者需要研究区的实际月统计数据作为基础。模型还可以在每日基础上计算径流量、峰值流量、产沙等。

本模型体系中模型的基本特点是:①采取 OLE(Mapobjects)技术进行模型与 GIS 结合的紧密集成方式,并在统一界面下进行模型的操作;②各子流域独立计算,包括模拟径流、入渗、蒸发散发、产沙等;③考虑回流过程与侧流过程等土壤水过程,地下水过程;④考虑水库对产流产沙作用的影响;⑤考虑植被覆盖与植物生长的影响;⑥土壤温度、土壤湿度、峰流量的计算;⑦河道传输损失计算;⑧无子流域数目和无研究区面积的限制;⑨考虑融雪过程(其中包括土壤的冻融问题);⑩土壤与水面的蒸散发过程分别计算;⑪具有在无资料地区适用的气象数据模拟模块,可以从时间、空间两个方面模拟长期气象输入数据;⑫考虑了地形起伏比较剧烈地区的气温及降雨数据的高度分带校正问题;⑬考虑了坡面汇流与坡面侵蚀过程;⑭考虑了河道演进与汇流及泥沙演进与汇流过程。

本模型体系的模型收集时,共收集了 738 个模型,最后落实到流域模拟应用范畴的只有 571 个,按大框架分类为土壤、模型优化、水文、气象、植被、河道等六大类。更详细的分类为降雨、根区水文、渗流、雪、地下水、地表径流、管道流、养分、产沙、管理、河道、蒸散发、水质、综合模型、气象、植被、土壤、作物、模型优化及其他。查询的期刊种类包括水土保持通报、水土保持学报、水文、水科学进展、水文水资源、生态学报、土壤通报、土壤学报、土壤、地理学报、地理研究、*Remote Sensing of Environment*、*Decision Support System*、*Journal of Hydrology*、*Engineering Hydrology*、*Water Resources Management*、*Water Resources Research*、*Ecology Modelling*、*Advances in Water Resources* 等。在模型库的建设中，不仅只考虑自己收集的模型，还充分综合前人的研究成果，例如刘昌明等对 30 年地理学报的模型收集成果，其他如 Topmodel、SWAT、WEPP、新安江模型等模型的子模型也加以利用。

2. 本模型体系中的模型描述

1) 水径流模拟

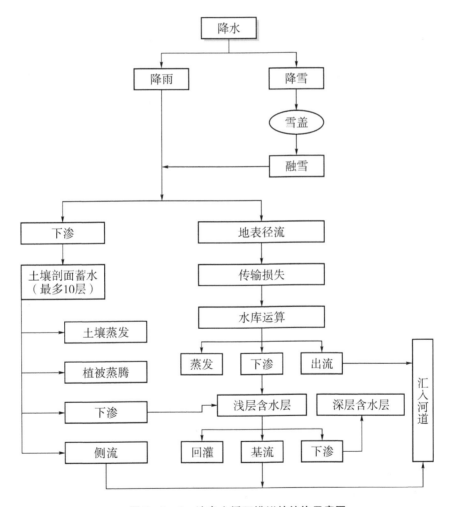

图 7 - 2 - 4 地表水循环模拟的结构示意图

在模拟陆地水循环的过程中，我们基本上遵循流域自然地理过程的规律，按发生作用，地下水的下渗，水库对水流蓄水、下渗及蒸散发等调节作用，水流在河道的运移、下渗、传输损失及蒸散发等。暂未考虑地表填洼作用（包括池塘的蓄水），但这一点也是自然过程中必不可少的、很重要的环节，在以后的工作中会逐步加以完善。我们认为，流域的出流是所有地表产流、侧流与基流之和。如图 7 - 2 - 4 所示。降雨事件被区分为两种概念：一种是液体降水，另一种是固体降水（雪、雹等）融化后形成的水。两者都作为流域的补给进行计算。

水循环过程模拟研究中,是以日为时间尺度,以水量平衡为主线,同时在计算过程中考虑其他影响因素。这些因素在以后的讨论中分别论述。

采用的方程如以全流域为基础,则为

$$Q_{sim} = f(Q_{wld}) \tag{7-2-1}$$

式中,f 为汇流算法;Q_{sim} 为最终流域出口的模拟出流量;Q_{wld} 为每个子流域的出流量。以子流域为基础则为

$$Q_{wld} = SW_t - SW_0 + R_{day} - E_a - W_{seep} = Q_{surf} + Q_{lat} + Q_{gw} \tag{7-2-2}$$

式中,SW_t 为每日结束时的土壤含水量(单位:mm);SW_0 为每日开始时的土壤含水量(单位:mm);R_{day} 为日降雨量(mm);E_a 为日实际蒸散发量(mm);W_{seep} 为日土壤剖面渗出水量(mm);Q_{surf} 为日地表产流量(mm);Q_{gw} 为日回流量(mm);Q_{lat} 为日侧流量(mm)。

下面对以上涉及的各物理量分别予以叙述。

(1) 降雨

降雨基本上基于实测值,包括日实测值与月平均值。但所谓实测值实际上是点测量,无法反映应降水的时空分布与强度变化。按常规气象观测得到的各标准等压面的风场、温度及露点等要素值,也可求得包括影响大气中水量收支的重要因子——降雨量和蒸发量。在只有月平均观测值时,可以通过其他方法来模拟日降雨量的值。

目前正在积极开展通过卫星微波遥感来估计降水的研究(张文建等,1999;朱元竞等,1994;李万彪等,1998)。从卫星资料估测降水量和降水强度的方法,根据原理可分为间接法与直接法两种。间接方法即可见/红外光图像降水估计技术,又包括云生命史法、云指数法等。间接方法起源于 20 世纪 70 年代末,其原理是用云顶的这两个光谱段的辐射和反向特征来指示降水发生的可能性,而从其他参数,如云的类型、厚度、云顶温度低于某个阈值的面积变率和持续时间等,来确定降水率及降水持续时间,进而估计出降水量。

这种估计技术的问题在于卫星测值响应与降水的关系在物理上的非直接性。降水量是根据降水云体的顶部辐射或反射图像特征导出的,而成云致雨的过程发生在云体内部,降水则是从云体的下方降下的。对可见和红外辐射来说,云顶是高度非透明的,致使这种方法受到限制。但它建立在目前的静止气象卫星系统上,可以提供高时间频次(每小时或半小时一次)的可见/红外光云图系列资料,对降水的高度时空可变性起到了一定的监测作用。所以,在某种程度上还是可以使用的。

另一种方法即为直接法,即卫星微波降水估测方法。开始阶段只是限于应用在被动微波遥感阶段。随着 TRMM——1997 年 11 月美日联合发射的,以研究热带降雨为目的极轨卫星的发射成功,已将主动微波遥感仪器载入空间平台。

在微波窗区,大气对微波而言是高度透明的,云顶卷云对微波亮温的影响也很小,所以,降水云体内部产生的微波遥感资料就被用于降水监测研究。如果散射系数足够大,且没有强的向下微波辐射反射到星载微波辐射计的话,则卫星测得的亮温会非常低。

这种方法的一大优点是可以用高频微波遥感从红外/可见光的大范围云图中定位出强对流降水发生的区域;用低频微波对云的穿透特性,在云天条件下监测下垫面的洪涝区域。因为卫星探测的是大面积的空间分布并有时间间隔,所以发展起来的微波辐射计连续监测大气水汽总量变化,可以在时间上得以弥补(朱元竞等,1994)。尽管微波辐射计一般探测的是单点的水汽含量,但结合卫星大面积水汽分布,经过适当的处理,可以得到一个连续的水汽总量时空分布。

（2）地表径流

① 产流机制

传统上,对产流机制的解释有两种,即蓄满产流与超渗产流。

在干旱土壤地区,主要产流方式是超渗产流模式。地表径流主要发生在雨强超过下渗速度的时候。施水开始发生时,施水率与下渗率是相似的。然而下渗率随着土的变湿将降低:当施水率超过下渗率时,地表洼陷区开始充满;如果施水率继续高于下渗率,一旦所有地表洼陷都被填充时,地表径流就产生了。

在湿润地区,主要产流方式是蓄满产流模式。所谓蓄满是指包气带的土壤含水量达到田间持水量,满的标准是田间持水量而不是饱和。在土壤含水量满足田间持水量以前不产流,所有的降雨都被土壤吸收;而在土壤含水量满足田间持水量以后,减去同期的蒸散发的所有的降雨都产流,这时的土壤下渗能力为稳定入渗,所以按稳定入渗的部分成为地下径流,超渗部分成为地面径流。实际上在大部分地区,这两种产流方式是同时存在的,并且流入到河道中的产流不仅包括地表径流,还包括地下径流(侧流,基流)和滞后水流。同时,产流也不只是全部集中在河道中汇流,有一部分在汇流过程中蒸发或被使用,一部分通过分水岭边界流到流域外去了,但后者所占比例极小。

单一地层的情况也非常少,流域内保持大面积均一性质的也非常少,符合实际意义的模拟必须考虑这些情况,这也是分布式模型的本质。土壤中的张力水只能消耗于蒸发或植被蒸腾。蒸散发造成张力水亏缺,为接受下一次降水腾出库容,因此,是蒸发造成的土壤张力水的亏缺决定着产流。关键问题是上层土壤达到田间持水量时就会开始产流,而不是等全部层都达到这个标准。地下径流量应为各层土壤或基岩的渗透率与历时之积,而不是全部土层具有统一的下渗速度。雨止至退水曲线分叉点的时距,实际上接近于壤中流的退水历时,远远大于地表径流的退水历时。

② 计算方法

关于地表径流的计算方法,各国学者都进行过很深入的研究(Green,1911;Mein et al.,1973;Philip,1957;Chow,1988)。在这些理论与实践的基础上,我国学者也针对各地的情况,提出了若干入渗产流模型(包为民,1993;郭瑛,1982;郝振纯,1994)。我们在计算过程中采用了目前为止应用最广泛的美国农业部(USDA)土壤保持署(SCS)开发的径流曲线数法来计算。

SCS 径流方程是一个在 20 世纪 50 年代引入的经验模型。它是 20 年小流域降雨与径流关系研究的产物。它在估计不同土地利用和土壤类型的径流量时是一致的。这个模型在美国已经应用很普遍(EPIC、CREAMS、AGNPS、SWAT)。在其他国家也应用很多,不仅能在旱作农田使用,还能在水田条件下使用。我国也有大量应用实例(阮仁良,1997;张大弟等,1997;张建云等,1998)。

这个计算方法只有一个反映流域特征的综合参数 CN,它与流域土壤类型和土地利用现状有关,具有结构简单、计算方便的特点,同时能考虑土地利用变化等对产流的影响。前人的研究结果也表明,SCS 径流曲线数计算结果比考虑降雨过程的入渗曲线要差(符素华等,2002;Rawls et al.,1986;King et al.,1999;Nearing et al.,1996)。其根本原因是 SCS 径流曲线数反映的是流域下垫面对降雨产流的影响,而并不反映降雨过程中降雨强度对产流的影响。但研究者一致认为 SCS 径流系数对资料要求低,容易应用,更便于在无降雨资料地区进行径流量的估算。SCS 径流曲线法原理如下:

$$Q_{surf} = (R_{day} - I_a)^2 / (R_{day} - I_a + S) \qquad (7-2-3)$$

式中,Q_{surf}为径流量(mmH$_2$O);R_{day}是日降雨量;I_a是前期损失(产流前的径流损失,包括地表蓄水、截留和下渗)。很显然,只有当 $R_{day} > I_a$ 时,才发生产流现象。S 是持水系数,它随着不同土被组合、管理、坡度和土壤含水量变化而变化。持水系数的定义为：

$$S = 25.4\left(\frac{1\,000}{CN} - 10\right) \tag{7-2-4}$$

式中，S 为持水系数；CN 为日径流曲线数，是关于土壤渗透性的参数；前期损失 I_a 一般设为 $0.2S$。因此式（7-2-3）可以改为：

$$Q_{surf} = (R_{day} - 0.2S)^2/(R_{day} + 0.8S) \tag{7-2-5}$$

不同土壤剖面的持水系数可以用式（7-2-6）求得：

$$S = S_{max} \cdot \left\{1 - \frac{SW}{[SW + \exp(w_1 - w_2 \cdot SW)]}\right\} \tag{7-2-6}$$

式中，S_{max} 为给定日子可获得的最大持水系数。SW 为整个剖面（不包括凋萎点时）的土壤湿度（mmH_2O）。w_1 和 w_2 为形状系数。w_1 和 w_2 的求解要满足以下几个假设：（1）CN_1 时的持水系数对应于凋萎点时的含水量；（2）CN_3 时的持水系数对应于田间持水量时的含水量；（3）CN_2 时的持水系数对应于平均湿度条件下的含水量；（4）当土壤水完全饱和时，径流曲线数为 99（$S = 2.54$）。于是有：

$$w_1 = \ln\left[\frac{FC}{1 - S_3 \cdot S_{max}^{-1}} - FC\right] + w_2 \cdot FC \tag{7-2-7}$$

$$w_2 = \left(\ln\left[\frac{FC}{1 - S_3 S_{max}^{-1}}\right] - \ln\left[\frac{SAT}{1 - 2.54 S_{max}^{-1}}\right]\right)/(SAT - FC) \tag{7-2-8}$$

式中，FC 为田间持水量时的水量；S_3 是日径流曲线数为 CN_3 时的持水参数；S_{max} 为日径流曲线数为 CN_1 时的持水参数，可以通过式（7-2-4）计算得出；SAT 是完全饱和时的土壤剖面含水量；2.54 是径流曲线数为 99 时的持水参数。这里求解 S_3 与 S_{max} 又需要用到 CN_3 与 CN_1，两者都可以用 CN_2 来求得，CN_2 可以查表。

$$CN_1 = CN_2 - \frac{20(100 - CN_2)}{\{100 - CN_2 + \exp[2.533 - 0.063\,6 \cdot (100 - CN_2)]\}} \tag{7-2-9}$$

$$CN_3 = CN_2 \cdot \exp[0.00\,673 \cdot (100 - CN_2)] \tag{7-2-10}$$

式中，CN_1 为土壤含水量处于凋萎点时的径流曲线数；CN_2 为土壤含水量处于平均湿度条件下的径流曲线数；CN_3 为土壤含水量处于田间持水量时的径流曲线数。求 CN_1 与 CN_3 时的 S 值，把这两个值分别代入式（7-2-4）即可。

以上是用 SCS 径流曲线数法求地表径流的方法。径流曲线数是土壤渗透性、土地利用和前期土壤水条件的函数。它可以为估计不同土地利用与土壤类型提供一个方便的基础。我们仍然使用这个模型。

分析不同土壤、植被和人类活动影响下的 CN 数值表可以发现：（1）CN 值在 $30\sim100$ 之间变化；（2）在同样的人类活动影响下，在高下渗率地区，即地下水较丰富的地区，CN 值较小。

如果最上层土壤上冻，持水系数修正为下式：

$$S_{frz} = S_{max} \cdot [1 - \exp(-0.000\,862 \cdot S)] \tag{7-2-11}$$

式中，S_{frz} 调整为冻期的持水系数（mm）；S_{max} 为 CN_1 时的持水系数（mm）；S 为式（7-2-6）求出的持水系数。这样，考虑土壤含水量的径流曲线数可以由求持水系数的公式改变而求得当日的径流曲线数：

$$CN = 25\,400/(S + 254) \tag{7-2-12}$$

但是在较大流域中，汇流时间一般多于一天，而我们以天为时段长，所以只有一部分产流可以在一天内到达主河道。需要耦合一个表达这种滞后特征的函数：

$$Q_{surf} = (Q'_{surf} + Q_{stor,i-1}) \cdot \left(1 - \exp\left[\frac{-surlag}{t_{conc}}\right]\right) \qquad 7-2-13$$

式中，Q_{surf} 为实际到达主河道的产流量(mm)；Q'_{surf} 为一天子流域的产流量，就是由刚才 SCS 法计算的产流量(mm)；$Q_{stor,i-1}$ 为前一天滞后的地表径流量(mm)；surlag 为滞后系数，如果没有输入值，就取值为 4.0。t_{conc} 为子流域的汇流时间(h)。

$$t_{conc} = t_{ov} + t_{ch} \qquad (7-2-14)$$

式中，t_{ov} 为坡面流汇流时间(子流域内最远点到河道时间)(h)；t_{ch} 为河道汇流时间(从上游河道到出口的时间)(h)。

下面我们来详细地介绍一下求解子流域汇流时间的过程。求解水文响应单元的过程基本和这个过程相同；不同点在于求解过程中河道长度乘了 HRU 面积占子流域面积比例。

$$t_{ov} = L_{slp}/3\ 600 \cdot v_{ov} \qquad (7-2-15)$$

式中，L_{slp} 为子流域的坡长(m)；v_{ov} 为坡面流的速度；3 600 是单位转换因

$$v_{ov} = q_{ov}^{0.4} \cdot slp^{0.3}/n^{0.6} \qquad (7-2-16)$$

式中，q_{ov} 为平均坡面流(m³/s)；slp 为子流域平均坡度；n 为曼宁糙率系数。假设平均流速为 6.35 mm/h，转换单位后有：

$$v_{ov} = 0.005 \cdot L_{slp}^{0.4} \cdot slp^{0.3}/n^{0.6} \qquad (7-2-17)$$

于是有

$$t_{ov} = L_{slp}^{0.4} \cdot n^{0.6}/18 \cdot slp^{0.3} \qquad (7-2-18)$$

这样，坡面流时间 t_{ov} 便得到了。河道汇流时间 t_{ch} 可以由下式计算：

$$t_{ch} = l_c/3.6 \cdot v_c \qquad (7-2-19)$$

式中，l_c 为子流域平均河道长度(km)；v_c 为平均河道速率(m/s)；3.6 为单位转换因子。

平均河道长可以用下式估计：

$$L_c = \sqrt{L \cdot L_{cen}} \qquad (7-2-20)$$

式中，L 为最远点到子流域出口的长度(主河道长度)(km)；L_{cen} 为沿着河道到子流域质心的距离；假设 $L_{cen} = 0.5L$，那么 $L_c = 0.71L$。

河道的平均流速由曼宁公式来估计，这里假设梯形河道 坡度比为 2∶1，底宽与深度之比为 10∶1，于是有

$$q_{ch}^* = q_0^* \cdot (100 \cdot area)^{-0.5} \qquad (7-2-21)$$

$$q_{ch} = q_{ch}^* \cdot area/3.6 \qquad (7-2-22)$$

$$v_c = 0.489 \cdot q_{ch}^{0.25} \cdot slp_{ch}^{0.375}/n^{0.75} \qquad (7-2-23)$$

式中，q_{ch}^* 为河道平均流速(mm/s)；area 为子流域面积(km²)；3.6 为单位转换因子；q_0^* 是单位面积(unit source area，即 1 hm²)流速(mm/h)，100 是转换系数；slp_{ch} 为河道坡度；n 为河道曼宁糙率系数；这里假设值为 6.35 mm/h，于是得到：

$$v_c = 0.317 \cdot area^{0.125} \cdot slp_{ch}^{0.375}/n^{0.75} \qquad (7-2-24)$$

于是式(7-2-19)可变为

$$t_{ch} = 0.62 \cdot L \cdot n^{0.75}/area^{0.125} \cdot slp_{ch}^{0.375} \tag{7-2-25}$$

area 为子流域面积(km^2)。

（3）土壤水的侧流

存储和运移于地表向下延伸至潜水面以上的土壤中的水分（包括固态水、气态水和液态水），称为土壤水，而在地球壳层以下的自由水与承压水则属于地下水。

土壤水又分为非饱和状态与饱和状态两种状况。在饱和状态下，通常是由重力驱动并且是垂直向下的；而在非饱和状态下，是由于相邻水势的梯度不同而驱动的，方向可能是各个方向。在模拟过程中，可以直接模拟饱和流，但假设在给定层中水是均匀分布的。这个假设不考虑水的水平流动的需要。非饱和流由植被根区分布与土壤水蒸发分布来间接估计。

先考虑水在土壤层中的下渗过程。这里有几个参数需要提前求解：

$$WP_{ly} = 0.4\frac{m_c \cdot \rho_b}{100} \tag{7-2-26}$$

式中，WP_{ly}为某土层凋萎点的含水量（体积含水量）；m_c为黏土含量（%）；ρ_b为土层的体密度（mg/m^3）。

田间持水量一般用下式来计算：

$$FC_{ly} = WP_{ly} + AWC_{ly} \tag{7-2-27}$$

式中，FC_{ly}为土层的田间持水量（体积含水量）；WP_{ly}同上；AWC_{ly}为土层的有效含水量（体积含水量），它一般为用户输入。饱和状态时土壤水运动的条件一般是土壤层中的水超过了田间持水量，即

$$SW_{ly,excess} = SW_{ly} - FC_{ly} \quad\quad (如果\ SW_{ly} > FC_{ly})$$
$$SW_{ly,excess} = 0 \quad\quad (如果果\ SW_{ly} \leqslant FC_{ly}) \tag{7-2-28}$$

式中，$SW_{ly,excess}$为某天因超过田间持水量而排泄的水量（mmH_2O）；SW_{ly}为某天土壤层含水量（mmH_2O）；FC_{ly}为田间持水量时的含水量。这样，

$$W_{perc,ly} = SW_{ly,excess}\left[1 - \exp\left(\frac{-\Delta t}{TT_{perc}}\right)\right] \tag{7-2-29}$$

式中，$W_{perc,ly}$为下渗到下层土壤中的水量（mmH_2O）；Δt是时段长（h）；TT_{perc}为下渗历时（h）。

$$TT_{perc} = \frac{SAT_{ly} - FC_{ly}}{K_{sat}} \tag{7-2-30}$$

式中，SAT_{ly}为土层完全饱和时含水量；K_{sat}是某层的饱和导水率（mm/h）。每一层的渗透历时是唯一的。但当土层的温度处于 0℃ 以下时，不发生下渗现象。

很显然，当高导水率土层下存在不透水层时，会产生侧流（0～2 m）。70 年代初，Kirkby 等在大量水文实验研究基础上提出了一种称为山坡水文学产流理论的新的产流理论。该产流理论认为，在两种透水性有差别的土层重叠而形成的相对不透水界面上可形成临时饱和带，其侧向流动即成为壤中径流。如果该界面上土层的透水性远远好于其下面土层的透水性，则随着降雨的继续，这种临时饱和带容易向上发展，直至上层土壤全部达到饱和含水量，这时如仍有降雨补给，则将出现地面径流现象。这样产生的地面径流有别于上述的超渗地面径流，故称为饱和地面径流（赵人俊，1984；芮孝芳等，1997）。

由此可见，前一种情况只是这种理论的一种特例。如果考虑一般情况，形成侧流时上下土层的导水率的级差关系有待探讨。有学者通过模拟试验，定量显示了侧流考虑与否。水量平衡和径流过程有明显差别，并影响下一时段的蒸发。因此在模拟大区域陆面动态时，侧向土壤水运动是不可忽视的成分。假设饱和区侧流流向是平行于不透水边界并且水力梯度等于边界的坡度。

$$SW_{\mathrm{ly,excess}} = \frac{1}{2} \cdot 1\,000 \cdot H_0 \cdot \phi_{\mathrm{d}} \cdot L_{\mathrm{hill}} \tag{7-2-31}$$

式中，$SW_{\mathrm{ly,excess}}$ 为每单位面积饱和区排水体积（$\mathrm{mmH_2O}$）；H_0 是坡地出口处垂直于坡地的饱和厚度，作为总厚度的比例来表达（mm/mm）；ϕ_{d} 为土壤的排水孔隙度（mm/mm）；L_{hill} 为坡地坡长（m）；1 000 为单位转换因子。由此式可以求得 H_0。土壤的排水孔隙度 ϕ_{d} 为：

$$\phi_{\mathrm{d}} = \phi_{\mathrm{soil}} - \phi_{\mathrm{fc}} \tag{7-2-32}$$

式中，ϕ_{soil} 为土层总孔隙度（mm/mm）；ϕ_{fc} 为土层在田间持水量时的孔隙度（mm/mm）。这样，我们计算坡地出口的侧流净流量 Q_{lat}（$\mathrm{mmH_2O}$）为：

$$Q_{\mathrm{lat}} = 24 \cdot H_0 \cdot v_{\mathrm{lat}} \tag{7-2-33}$$

式中，v_{lat} 为出口流速（mm/h）；24 为单位转换因子，把小时转换为天。而

$$v_{\mathrm{lat}} = K_{\mathrm{sat}} \cdot \sin(\alpha_{\mathrm{hill}}) = K_{\mathrm{sat}} \cdot \tan(\alpha_{\mathrm{hill}}) = K_{\mathrm{sat}} \cdot \mathrm{slp} \tag{7-2-34}$$

式中，α_{hill} 为坡度，K_{sat} 为饱和导水率，在单位坡度变化率的情况下，$\tan(\alpha_{\mathrm{hill}}) \cong \sin(\alpha_{\mathrm{hill}})$，而 $\tan(\alpha_{\mathrm{hill}}) = \mathrm{slp}$，于是，式（7-2-33）变为

$$Q_{\mathrm{lat}} = 0.024 \cdot \left(\frac{2 \cdot SW_{\mathrm{ly,excess}} \cdot K_{\mathrm{sat}} \cdot \mathrm{slp}}{\phi_{\mathrm{d}} \cdot L_{\mathrm{hill}}} \right) \tag{7-2-35}$$

如果考虑到滞后的历时，则

$$Q_{\mathrm{lat}} = (Q'_{\mathrm{lat}} + Q_{\mathrm{latstor},i-1})(1 - \exp[-1/TT_{\mathrm{lat}}]) \tag{7-2-36}$$

式中，Q_{lat} 为某天侧流总量（$\mathrm{mmH_2O}$）；Q'_{lat} 为某天子流域产生的侧流，即由式（7-2-35）所计算的值（$\mathrm{mmH_2O}$）；$Q_{\mathrm{latstor},i-1}$ 为前一天滞后的侧流量（$\mathrm{mmH_2O}$）；TT_{lat} 为侧流历时（天），由下式可得：

$$TT_{\mathrm{lag}} = 10.4 \cdot (L_{\mathrm{hill}}/K_{\mathrm{sat,mx}}) \tag{7-2-37}$$

式中，$K_{\mathrm{sat,mx}}$ 为土壤剖面中最高层的饱和导水率（mm/h）；L_{hill} 是坡地坡长（m）。

（4）地下水的基流

地下水有浅层地下水（潜水）与深层地下水（承压水）之分。浅层地下水的补给与排泄特征对有效开发和管理地下水资源十分重要。资料显示，地下水是超过大西洋沿岸 90% 的河流的补给源（Williams et al.，1990），在美国得克萨斯州占到 50% 以上（Arnold et al.，1993），Reay 等也发现忽视浅层地下水的排泄将导致在水质管理策略中产生严重错误。浅层地下水补给水库使水库有足够的水量可以维持航行、供水、水力发电及娱乐设施作用。

补给浅层地下水的过程很复杂，包括发生地、强度、降雨历时、温度、湿度、风速、土壤层与地下水面以上基质的厚度及性质、地表地形、植被、土地利用等（Memon，1995）。同时，地下水补给受大气条件、土地利用、灌溉及水文学的非均质性影响。

基流——土壤基质水流，是指地表降雨入渗水分通过非饱和带或饱和带土壤，在其层理结构作用下形成的侧向水流，或在同地下水位的关系中对地下水的补给。在层状土壤中，当土壤导水率随深度递减或上层土壤的导水率大于下层时，会形成一种相对不透水界面。入渗水分在其上积蓄并形成一种沿坡面的壤中水流运动。当上、下层土壤导水率的比率（上层大于下层）增大的时候，水流方向有时会变得接近或平等于坡面。但一般认为，这种侧向的壤中流的水流速度很慢，不会直接形成暴雨径流。因而又称为慢速壤中径流。但是当上层土壤饱和，土壤层中形成快速壤中径流时，直接补给地下水或形成侧向水流沿坡面方向运动。地下水位越高，侧向水力梯度越大，形成快速壤中流的量也越大。这种快速壤中径

流形成的特点有人称其为"地下水位效应"。

在同洪水过程线的补给关系中,壤中流也可能在降雨几天后以滞后洪峰流量的形式出现。侧向壤中流补给是这种滞后过程线形成的关键。但相对于主洪峰过程线而言,主要表现为总量响应。估计地下水的补给与排泄,通常有两种方法:在湿润地区通过水平衡理论模拟;干旱地区在渗流层(包气带),用张力计、示踪剂、悬浮测渗计等监测水的流动(Wood et al.,1987)。实际应用的办法取决于工作需要的尺度与精度。但是,由于监测水平衡的代价太高,在干燥条件下也用水平衡下渗模型来估计。

在大面积湿润与半湿润地区,有两个水平衡模型和回归曲线法(Arnold et al.,1999)在广泛应用。这里,我们选用了 SWAT 中模拟补给与基流的模型模块。模拟总地下水补给量为:①通过土壤剖面最底层的水量;②河道损失量;③池塘与水库渗透量。

浅层地下水中的水平衡可由下式来表达

$$aq_{sh,i} = aq_{sh,i-1} + W_{rchrg} - Q_{gw} - W_{revap} - W_{deep} \qquad (7-2-38)$$

式中,$aq_{sh,i}$是在第 i 天浅水层的水量(mmH$_2$O);$aq_{sh,i-1}$是在第 $i-1$ 天浅水层的水量(mmH$_2$O);W_{rchrg}是第 i 天补给浅水层的水量(mmH$_2$O);Q_{gw}是在第 $i-1$ 天进入主河道的基流量(mmH$_2$O);W_{revap}是在第 i 天水分移至土壤带的总水量(mmH$_2$O);W_{deep}是第 i 天从浅水层下渗到深层含水层的水量(mmH$_2$O)。

当水从土壤剖面中流出时,首先要进入中间带,然后再进入地下水。这就需要我们对这个情况有更加详细的了解。如中间带水的传输速度是恒定的还是变动的(很多研究中假定为恒定)、中间带的厚度、地下水位的变化等。这些在大部分地区往往无法获得。Sangrey 等使用了由 Venetis 于 1969 年提出的滞后系数的概念。SWAT 中也用了这个概念。它也就是为了说明补给到达地下水与水流出土层在时间上的不一致:

$$W_{rchrg,i} = (1 - \exp[-1/\delta_{gw}]) \cdot W_{seep} + \exp[-1/\delta_{gw}] \cdot W_{rchrg,i-1} \qquad (7-2-39)$$

$$W_{seep} = W_{perc,ly=n} \qquad (7-2-40)$$

式中,W_{seep}是第 i 天渗出土壤剖面底部的水分总量(mmH$_2$O),也就是说这可以用最底层的下渗水来代表;δ_{gw}为覆盖地质构造的延迟时间或排水时间(d);δ_{gw}参数不能直接测量,通过用不同值的模拟蓄水层补给,并将模拟的地下水位变化与观测值进行比较。

$$\alpha_{gw} = \frac{1}{N} \cdot Ln\left[\frac{Q_{gw,N}}{Q_{gw,0}}\right] = \frac{1}{BFD} \cdot Ln[10] = \frac{2.3}{BFD} \qquad (7-2-41)$$

$$Q_{gw,i} = Q_{gw,i-1} \cdot \exp[-\alpha_{gw} \cdot \Delta t] + W_{rchrg} \cdot (1 - \exp[-\alpha_{gw} \cdot \Delta t]) \qquad (7-2-42)$$

式中,α_{gw}为基流的衰退系数,是潜流对补给变化响应的正指标。其值对响应缓慢的土地的值取为 0.1~0.3,对响应快速的土地的值取为 0.9~1.0。BFD 是流域基流天数,常由雨量站来记录。Δt 为时段(d);$Q_{gw,N}$是第 N 天的地下水流量(mmH$_2$O);$Q_{gw,0}$为过程开始时的地下水流量(mmH$_2$O);W_{rchrg}是第 i 天补给浅水层的水量(mmH$_2$O)。

至于深层地下水,因为大部分都是补给流域以外的河流,所以这里不考虑(Arnold,1999)。

（5）蒸散发

蒸散发(蒸发蒸腾)在流域水量平衡中处于很重要的一个位置。落在大陆上的降水大概有 62% 蒸发了。蒸散发量在大多数河流盆地中超过径流,并在所有的大陆上都超过南极。在湿润地区,它占年雨量的近一半,在干旱地区,则要占到 90%,这使得它成为决定模型精度的重要指标。

蒸散发与降水的不同在于水资源对于人类利用和管理的可用性。因此精确的估计蒸散发,有利于估计水资源和气候与土地利用对这些资源的影响。在自然界中,蒸散发的途径多种多样,如植被蒸腾、水面蒸发、冠层蓄水蒸发、陆面蒸发等。一般将蒸散发分解为两个问题,即潜在蒸散发与实际蒸散发。潜在蒸散发主要决定于可供蒸散发的潜热;实际蒸散发则一方面决定于潜在蒸散发,一方面又受控于土壤水运动特征。

① 潜在蒸散发

下面我们先来讨论潜在蒸散发的问题。这个概念由 Thornthwaite 提出,并由 Penman 进行完善,并提出以草作为参考作物。但后来的研究者们认为 30～50 cm 的苜蓿作为参考作物更为合适。计算潜在蒸散发的模型也有很多。如彭曼(Penman-Monteith)法(Allen et al.,1989),Priestley-Taylor 法(Priestley et al.,1972);、Hargreaves 法(Hargreaves et al.,1985)等。至今为止应用最成功的、在国内也得到广泛认可的模型应属彭曼法。它把地表的能量平衡与基于物种的表面阻力结合在一起。

我们仍然沿用这一成熟的方法,但是它在长期应用过程中出现了不同应用情况下的各种不同的形式。我们采用 Jensen 的形式(Jensen et al.,1990)。

Penman-Monteith 方程总体来说,最精确的是以小时为基础时段来估计潜在蒸散发,并将之累积求得日蒸散发。日平均温度也可以提供日蒸散发值,但是这种平均也可能造成很大的误差,如每日风速、湿度、净辐射的影响等。

彭曼方程形式如下:

$$\lambda E_t = \frac{\Delta \cdot (H_{net} - G) + \gamma \cdot K_1 \cdot (0.622 \cdot \lambda \cdot \rho_{atr}/P) \cdot (e_z^0 - e_z)/\gamma_a}{\Delta + \gamma \cdot (1 + r_c/r_a)} \qquad (7-2-43)$$

式中,Δ 为饱和水蒸气压力和温度斜率;H_{net} 为净辐射($MJ \cdot m^{-2} \cdot d^{-1}$);$P$ 为大气压;λE_t 为潜热通量密度($MJ \cdot m^{-2} \cdot d^{-1}$);$E_t$ 为蒸散发率($mm \cdot d^{-1}$);e_z^0 为在 z 高度上的饱和蒸汽压;e_z 为 z 高度上的水汽压;G 为土壤热通量。

下面将对其计算流程即具体的最新的关于其他参数的求解情况进行说明。

a. 太阳净辐射 H_{net}

水一旦进入了降水系统,那么可获得的能量(温度)和太阳辐射,都会对它产生非常重要的影响。例如降雪、融雪和蒸散发。而蒸散发如上所述,对流域模拟具有举足轻重的作用。那么这些能量输入的估计与计算,就对水平衡的计算造成了重大的影响。

先来区分有关太阳辐射的几个概念。

(1) 大气上界辐射(宇宙射线)H_0。它是由太阳直接射出的射线,但它在进入地球的过程中,由于散射和吸收作用会发生损失。这些损失与大气传输效率、大气组成的浓度、传输路程及辐射波长有关。

(2) 最大太阳辐射 H_{max}。它是晴朗无云天气下到达地面的辐射。

(3) 经过大气和云的日太阳辐射 H_{day}。

(4) 净太阳辐射 H_{net}。它是入射辐射、反射短波辐射和净长波辐射或热辐射的代数和。它可再区分为年净辐射、日净辐射等。我们在这里只需要净辐射。

在我们的实验区数据中没有日太阳辐射的数据,因此需要用月观测数据来模拟或用其他的自然环境条件属性来模拟。而每小时的辐射不是简单把 H_{day} 除以 24,而是需要进一步的变换。因为精确计算小时辐射,需要了解标准时间和太阳时间之间的不同,需要添加一个表征日辐射落入这个小时的辐射量的系数。

地球表面的日太阳辐射对模拟局部、区域或全球尺度的水与能量平衡,都是一个基本变量。但是,一般在模型应用的地区很少有或根本缺乏实测值。这会给模型的运行带来困难。R_S 的值可以由卫星、云层或全球气候模型来进行确定(Gu et al.,1997),但是不论是空间分辨率还是时间分辨率,都不能满足特定地区的研究要求,不能适应地形的变化。

随机气候产生器可以从数据的均值来产生日辐射的模拟值(Friend,1998),月均太阳辐射可以从其他的气象数据来进行估计(Nikolov et al.,1992;Yin,1996)。然而,数据均值忽视了冷暖、干湿的序列问题,即水分的前期条件,但这又是一个很重要的过程。例如,对于植被的生长条件(Hunt et al.,1991)。SWRRB 模型和 SWAT 模型中的方法,尽管考虑到了对前期水分条件的影响,但是仍然要用到对太阳辐射的一些观测数据。这在缺少资料地区与城郊无资料地区等的应用还是存在一定困难。曾志远曾经应用大气上界的太阳辐射梯度数据移植研究区外 150 km 远的地面太阳辐射观测数据的方法,但这个方法需要进一步的检验。

增加估计值的数量对模型的精度显然是不利的,但是对大部分地区,日最高气温、日最低气温、经纬度、高程、年均气温等,还是有较完善的资料。因此,选择一个可以从已有资料模拟太阳辐射高精度模型尤为重要,从而可以避免没有太阳辐射实测值的困境。我们收集和比较了以下几个模型:

(a) Bristow 和 Campbell 模型(1984)

$$H_{\text{day}} = \tau H_0 \tag{7-2-44}$$

式中,H_{day} 为到达地表的日太阳辐射($\text{MJ} \cdot \text{m}^{-2} \cdot \text{d}^{-1}$),即经过大气和云后到达地面的太阳辐射;$\tau$ 为和云有关的衰减因子;用下式计算:

$$\tau = A[1 - \exp(-B \cdot \Delta T^c)] \tag{7-2-45}$$

式中,A、B、C 根据测量的太阳辐射数据确定的特定位置的经验常数。由于方程的结构,系数 A 设置了的上限,因此,A 可以看作是无云的透射率,方程的指数部分表示主要由于云覆盖而发生的透射率的每日降低。系数 B 和 C 的简单物理定义是不可能的,但 Bristow 和 Campbell 指出,B 和 C 代表了日温度范围对总入射辐射的局部敏感性。这种敏感性取决于随海拔和季节而变化的太阳能的局部划分。此外,由于回归的结构,B 和 C 是相互关联的,估计误差由一个系数迫使另一个系数的变化引入。

式(7-2-44)中的 H_0 为大气层上界太阳辐射($\text{MJ} \cdot \text{m}^{-2} \cdot \text{d}^{-1}$),即还没有进入大气以前的辐射。其值的计算式是(Klein,1977):

$$H_0 = S_c 458.37[1 + 0.033\cos(360J/365)] \cdot [\cos\phi\cos\delta\sin\eta + (\eta/57.296)\sin\phi\sin\delta] \tag{7-2-46}$$

式中,S_c 为太阳常数($8.4 \text{ J} \cdot \text{cm}^{-2} \cdot \text{d}^{-1}$ 或 $4.921 \text{ MJ} \cdot \text{m}^{-2} \cdot \text{h}^{-1}$);$\phi$ 为纬度;J 为这一年中公历的天数,范围可以从 1(1 月 1 日)到 365(12 月 31 日),2 月常被假设为有 28 天;η 是太阳升落角。它用下式计算(Keith et al.,2000):

$$\eta = \arccos(-\tan\phi\tan\delta) \quad (\text{Keith et al.,2000}) \tag{7-2-47}$$

当纬度大于 66.5°或低于 -66.5°时,$(-\tan\phi\tan\delta)$ 的值可以超过 1,这个方程便不能使用了。这种情形或者是没有日出(冬天),或者是没有日落(夏天)。δ 是太阳赤纬,由下式计算(Perrin,1975):

$$\delta = \arcsin^{-1}\left\{0.4\sin\left[\frac{2\pi}{365}(d_n - 82)\right]\right\} \tag{7-2-48}$$

式中,d_n 的意义与 J 相同,为这一年中公历的天数。

式(7-2-45)中的 ΔT 为最高气温与最小气温差,它用下式计算:

$$\Delta T = T_{\max} - T_{\min} \tag{7-2-49}$$

式中,$T_{\max}$ 为日最高气温,$T_{\min}$ 为日最低气温。

这个模型曾用在模型 MT-CLIM(Running et al.,1987)和模型 RHESSys(Running et al.,1989)中。

这个方法在大陆气候地区得到非常好的结果(Glassy et al.,1994；Thornton et al.,1997)。但是 Hunt 与 Thornton 发现它在热带与海上效果不好。

（b）VP-RAD 模型(Winslow et al.,2001)

$$H_{day} = \tau_{cf} D(1 - \beta r h^{T_{max}}) H_0 \tag{7-2-50}$$

式中，$D(1 - \beta r h^{T_{max}})$ 最大值为 1.0。下面分别说明参数的求法。

τ_{cf} 是无云大气透射率。它不是一个常数值，需要用纬度、高程与年均气温来估计：

$$\tau_{cf} = (\tau_0 \tau_a \tau_v)^{P/P_0} \tag{7-2-51}$$

τ_0 为干燥无云透射率，用下式计算：

$$\tau_0 = 0.947 - (1.033 \times 10^{-5})(|\phi|^{2.22}) \quad (当 |\phi| \leqslant 80° 时) \tag{7-2-52}$$

$$\tau_0 = 0.744 (当 |\phi| > 80° 时) \tag{7-2-53}$$

式中，$|\phi|$ 为纬度的绝对值；τ_a 为受气溶胶与臭氧影响下的透射率；τ_v 为受水蒸气影响下的透射率，用下式计算：

$$\tau_v = 0.963\,6 - 9.092 \times 10^{-5}[(T_{mean} + 30)^{1.823\,2}] \tag{7-2-54}$$

在湿润地区，τ_v 一般取值为 1。在模型运行时，常受到降雨影响。当降雨量超过 1 mm 时(湿日)，τ_v 值按减少 13% 计算(Bristow et al,1984；Liu et al.,2001)。T_{mean} 为年均温度(℃)。

P/P_0 为高程校正因子(Winslow et al.,2001)；用下式计算：

$$P/P_0 = [1 - (2.256\,9 \times 10^{-5})_z]^{5.255\,3} \tag{7-2-55}$$

式中，z 为高程；P 为大气压；P_0 为标准大气压，单位都是 kpa。研究区的气溶胶资料如果没有，可以设为 1。

D 为天长误差的校正因子。它的值随着最大温度(相对湿度达到最小值)与日落(H_{day}到达最大值)时间的差而增加。假设每天的最大温度(相对湿度最小)发生在下午 3 点左右，D 值就按下式计算(Sellers,1965)：

$$D = R_s/R_{T_{max}} = [1 - (H - \pi/4)^2/2H^2]^{-1} \tag{7-2-56}$$

式中，H 为半天长，用下式计算：

$$H = \frac{\arccos[-\tan\delta\tan\phi]}{\omega} \tag{7-2-57}$$

式中，ω 为地球自转(rotation)的角速度(angular velocity)，数值为 0.2168/h 或者 15°/h。其他同上。当纬度小于 −66.5° 或大于 66.5° 时，没有日落与日出，半天应设定为 0 或 12(天长为 0 或 24)。

饱和水汽压的估计由下式：

$$e_s(T) = 0.611 \cdot \exp[mT/(n+T)] \tag{7-2-58}$$

式中，m 和 n 为经验常数，在 $T \geqslant 0$ ℃时，m 和 n 分别为 17.269 和 237.7；当 $T < 0$ ℃时，m 和 n 分别为 21.875 和 265.3。

$$rh^{T_{max}} = e_s(T_{min})/e_s(T_{max}) \tag{7-2-59}$$

式中，$rh^{T_{max}}$ 为日最高温度时的相对湿度；$e_s(T_{min})$ 与 $e_s(T_{max})$ 分别是最高气温与最小气温时的饱和水汽压。

式 $(7-2-50)$ 中的 $1-\beta r h^{T_{\max}}$，是为了反映一天中相对湿度的下降。β 为附加参数，用下式计算：

$$\beta = \mathrm{MAX}\{1.041, 23.753 \cdot \Delta T_{\mathrm{m}}/(T_{\mathrm{mean}} + 273.16)\} \qquad (7-2-60)$$

式中，ΔT_{m} 为年均最大温度与最小温度差。在计算中，如果出现最小温度大于 20 ℃的情况，设最小值为 20 ℃会取得更好的结果。T_{mean} 为年均温度（℃）。

到此为止，求解 H_{day} 的参数全部得出，并且只需要关于最大温度、最小温度、降雨、年均温度、年均温度差、纬度及高程的日数据输入。但是，因为 VP-RAD 模型是基于典型的入射辐射随温度增加而增加的概念，所以冷暖空气的水平对流引起的温度的变化将会带来误差。

在计算净辐射时需要作一定的转换：

$$H_{\mathrm{net}} = H_{\mathrm{day}} \downarrow - \alpha \cdot H_{\mathrm{day}} \uparrow + H_{\mathrm{L}} \downarrow - H_{\mathrm{L}} \uparrow \qquad (7-2-61)$$

或
$$H_{\mathrm{net}} = H_{\mathrm{day}} \cdot (1-\alpha) + H_{\mathrm{b}} \qquad (7-2-62)$$

式中，H_{net} 为净辐射（MJ · m^{-2} · d^{-1}）；H_{day} 为到达地面的日短波太阳辐射（MJ · m^{-2} · d^{-1}）；α 为短波反射或反射率；H_{L} 为长波辐射（MJ · m^{-2} · d^{-1}）；H_{b} 为净长波辐射获得值（MJ · m^{-2} · d^{-1}）。箭头为辐射通量的方向。

这里已知的为 H_{day}。还有两个参数需要解决：α 和长波辐射 H_{L} 或 H_{b}。α 和土壤类型，植被覆盖，雪盖有关。

$$\alpha = \begin{cases} 0.8, & \text{融雪当量（融雪相当于的水量）} > 0.5 \ \mathrm{mm} \\ \alpha_{\mathrm{soil}}, & \text{融雪当量} < 0.5 \ \mathrm{mm} \ \text{且没有植被生长} \\ \alpha_{\mathrm{plant}} \cdot (1-\mathrm{cov}_{\mathrm{sol}}) + \alpha_{\mathrm{soil}} \cdot \mathrm{cov}_{\mathrm{sol}}, & \text{融雪当量} < 0.5 \ \mathrm{mm} \ \text{且有植被生长} \end{cases} \qquad (7-2-63)$$

式中，α_{soil} 是土壤反射率；α_{plant} 是植被反射率，设为 0.23。$\mathrm{cov}_{\mathrm{sol}}$ 为土壤覆盖指数，由下式计算：

$$\mathrm{cov}_{\mathrm{sol}} = \exp(-5.0 \times 10^{-5} \cdot \mathrm{CV}) \qquad (7-2-64)$$

式中，CV 为地表生物残积物（kg/ha）。

式 $(7-2-62)$ 中的 H_{b}，用下式求解（Neitsch et al.，2001）：

$$H_{\mathrm{b}} = -\left(0.9 \cdot \frac{H_{\mathrm{day}}}{H_{\mathrm{mx}}} + 0.1\right) \cdot (0.34 - 0.139\sqrt{e}) \cdot \sigma \cdot T_{\mathrm{K}}^{4} \qquad (7-2-65)$$

式中，D_{day} 为达到地面的日短波太阳辐射（MJ · m^{-2} · d^{-1}）；H_{mx} 是某一天到达地面的最大太阳辐射（MJ · m^{-2} · d^{-1}），这个公式，雷志栋曾认为采用联合国粮农组织推荐的公式为好，如下：

$$H_{\mathrm{b}} = -\left[0.9 \cdot \frac{H_{\mathrm{day}}}{H_{\mathrm{mx}}} + 0.1\right] \cdot [0.56 - 0.079\sqrt{e}] \cdot \sigma \cdot T_{\mathrm{K}}^{4} \qquad (7-2-66)$$

式中，e 为水汽压；σ 为斯特藩-玻尔兹曼（Stefan-Boltzmann）常数，取值 4.903×10^{-9} MJ · m^{-2} · d^{-1}；T_{K} 为平均绝对气温 $[t(℃)+273.15]$。

b. 土壤热通量 G

土壤热通量是一个在几小时内就有显著变化的概念，但平常是很小的。因为土壤中的热量会在冷时或晚上散失，既然几天到三十几天的热量都很小，当土壤在植被下时就更加小了，可以忽略。这就涉及模型运行时段的选择问题。当我们选择以时为单位时，就不得不考虑土壤热通量的影响。有些小时可能很大，有些小时可能很小，而在取日为单位时，则弱化了这个因子的作用。以日为单位时在 SWAT 中取值为 0。Jarvis 与很多其他学者常假设其为净辐射的 5%。我们在模型里也取 5%。

c. 空气动力学阻力 r_a

r_a 的计算采用下式(Reginatok et al. ,1985)：

$$r_a = \frac{1}{k^2 u(h)} Ln^2 \left(\frac{h-d}{h_0}\right) \qquad (7-2-67)$$

式中，$u(h)$ 是在高度 h 处的风速，k 取值 0.41，d 为偏移高度，h_0 为动量传输的粗糙长度(cm)，由下式来决定(Brutsaert,1975)：

$$当 h_c \leqslant 200\ cm\ 时, h_0 = h_c/8.15 = 0.123h_c \qquad (7-2-68)$$

$$当 h_c > 200\ cm\ 时, h_0 = 0.058(h_c)^{1.19} \qquad (7-2-69)$$

式中，h_c 为平均植被冠层高度。$d = 2/3h_c$(Monteith,1981)。这两个值 Rutteret 认为应取 $d = 0.75h_c$，$h_0 = 0.1h_c$。

d. 有关土壤、气候与作物条件的函数 r_c

许多实验证实，它受太阳辐射、大气压、叶面水势和土壤水的影响。它的计算是彭曼公式的弱点(Novák,1998)。因此前人提出过很多关于它的估算方法。

间接估计法是用 E 与 E_0 及 E/E_0 与上层土壤平均含水量的关系来代替求解 r_c 的过程，而 r_c 不出现。这种方法虽然取得了很好的结果，可是只适用于紧密与均一植被的情况，而且间接的方法容易造成概念上的混乱(Wallace,1995)。

还有很多其他的方法，但这些方法大多是基于实测的叶面阻力值，不适于进行长期的模拟。Novák 提出一个利用标准气象数据与根区平均潜在土壤水来计算 r_c 的方法。但也需要不容易满足的实测数据。Jensen 等提出一个更为简单的公式：

$$r_c = r_1/(0.5 \cdot LAI) \qquad (7-2-70)$$

$$g_1 = 1/r_1 \qquad (7-2-71)$$

$$r_c = (0.5 \cdot g_t \cdot LAI)^{-1} \qquad (7-2-72)$$

式中，g_1 为最大单叶面导率(m/s)；LAI 为冠层叶面指数；r_1 为单叶最小有效叶阻力(s/m)。

g_1 对应于各植被数据库中的值。当计算实际蒸散时，考虑到大气压的影响：

$$g_1 = g_{1,mx} \cdot [1 - \Delta g_{1,del}(vpd - vpd_{thr})] \quad (if\ vpd > vpd_{thr}) \qquad (7-2-73)$$

$$g_1 = g_{1,mx} \qquad (if\ vpd \leqslant vpd_{thr}) \qquad (7-2-74)$$

式中，$g_{1,mx}$ 为单叶最大叶面导率(m/s)；$\Delta g_{1,del}$ 是每单位气压亏缺时叶面导率降低的速度(m $\cdot$ s^{-1} $\cdot$ Pa^{-1})；vpd 为气压亏缺(kPa)；vpd_{thr} 为亏缺阈值，超过这个值会导致叶面导率的降低：

$$\Delta g_{1,del} = \frac{1 - fr_{g,mx}}{vpd_{fr} - vpd_{thr}} \qquad (7-2-75)$$

式中，$fr_{g,mx}$ 为最大叶面导率的分值，即当水汽压亏缺值为 vpd_{fr} 时叶面导率与最大叶面导率的比值。它需要实测并输入(Murray,1967)。

e. 饱和蒸汽压 e^0

$$e^0 = \exp\left(\frac{16.78 \cdot \overline{T_{av}} - 116.9}{\overline{T_{av}} + 237.3}\right) \qquad (7-2-76)$$

式中，$\overline{T}_{av}$ 为平均日气温。对此式微分，即得到饱和节蒸汽压与温度曲线斜率坡度 Δ：

$$\Delta = \frac{4\,098 \cdot e^0}{(T_{av} + 237.3)^2} \tag{7-2-77}$$

而实际水汽压 $e = R_h \cdot e^0$。R_h 为相对湿度，两者均可得到。水汽压亏缺 $e^0 - e$ 也因此可以得到。

f. 蒸发潜热 λ

λ 是使水由液变气的热量，可以由温度函数来确定。温度函数即平均气温，由日最高气温和日最低气温来确定（Harrison，1963）：

$$\lambda = 2.501 - 2.361 \times 10^{-3}\,\overline{T}_{av} \tag{7-2-78}$$

式中，$\overline{T}_{av}$ 为日平均气温。

g. 湿度计算常数 γ

湿度计算常数代表由流过湿度计空气获得的感热和变成潜热与感热间的平衡，常取值 0.647（566 气象 055）。可以由式下式来计算：

$$\gamma = \frac{c_p \cdot P}{0.622 \cdot \lambda} \tag{7-2-79}$$

$$P = 101.3 - 0.052 \cdot EL + 0.544 \times 10^{-6} \cdot EL^2 \tag{7-2-80}$$

式中，c_p 为恒压下湿气比热；P 为大气压，计算按式（7-2-80）；EL 为高程（m）。

h. 复合项

对于风速，Jensen 等人提供下面的关系式来计算：

$$K_1 \cdot 0.622 \cdot \lambda \cdot p/p = 1\,710 - 6.85 \cdot \overline{T}_{av} \tag{7-2-81}$$

式中，$\overline{T}_{av}$ 代表日平均温度（℃）。

② 实际蒸散发

实际蒸发是水循环的一部分，受土壤、大气、植被的综合影响。实际蒸散发和相关过程通过潜热，影响全球能量传输的 70%，因此在地球表面的水的再分布过程中起到了十分重要的作用。任何实际蒸散发的改变，或者是通过大气、植被的改变，都直接影响了有效水资源与产流。由于人类作用而产生的植被覆盖变化（引入或改良农业或森林的物种），局部的荒漠化，灌溉与人类引起的灾害等，都不断产生。

为了能够定量化这些地表发生的能量与水平衡变化的影响，有必要开发基于物理的、分布式的模型来估计不同尺度的蒸散发过程。这些过程包括水在土壤剖面中的垂直下渗，植被蒸腾，植被吸收水，地下水补给，通过植被水蒸气释放，裸土蒸发，植被蓄水蒸发。因为它在区分地表能量和水量的重要意义，实际蒸发空间分布的量化估计一直为水文界的研究方向。

第一种努力为地理统计分析和插值过程：用气象站的实测数据来揭示区域尺度实际蒸发的空间分布。它们假设实际蒸发为长期降雨和径流的差完成水平衡。插值的结果是蒸散发的空间模式显示出有限的空间变化性，原因是人为地在量测站之间增加的相似性。在不同土地覆盖和大气条件下，点尺度的大量实际蒸散发量测值，显示出蒸散发过程的极度不同与复杂性。这些量测确认，能量供应、温度、土壤水供应和植被生长是影响实际蒸散发的主要因素。基于这些实测值，形成了基于物理的土壤植被大气模型(SVATs)来描述这个包括不同复杂级别和点尺度的均质表面的过程。

最近的发展是由实测和模型结合的方法来揭示实际蒸散发的空间和时间变化。遥感及GIS技术结合促进了它的发展。某些遥感信息已经用来作为模型的输入。例如表面温度差,它阐述了特定的传感器经过的时间段内的变化,在无云状况下,这种方法决定了实际蒸散发的精度。但在大多数中纬度气候地区,这些方法受到限制,使所得结果不切实际。

遥感数据还可以用来确定实际蒸发模型输入参数的空间分布与时相变化。这种方法更为复杂,因为它要基于更为广泛的数据源:传统气象站信息、数字地图、遥感时间序列和某个适宜的模型控制这些基于物理的数据流。

传统的计算理论,是使用潜在蒸散发的概念。需要假设:①蒸发首先是从冠层截留开始;②然后是植被蒸腾;③最后是雪盖与土壤蒸发。

a. 植被蒸腾

蒸腾是指作物体内的水分通过气孔扩散进入大气的过程,是作物与其环境因素关系的一个重要反映,它既受到生物因素的制约,又受到环境因素的制约。植被蒸腾依赖于大气条件、叶面条件、平均气孔条件及水流属性。

日植被蒸腾也可以用Penman-Monteith公式来估计,已经可以显示出很好的估计精度,并得到了广泛的应用与验证(Roberts et al.,1993;Zhang et al.,1996;Running et al.,1988)。

1953年Penman通过对气孔的研究,首次提出了计算单张叶片气孔蒸腾的模型(Penman,1956)。Monteith在Penman等工作基础上,得出了计算整个冠层的农田蒸散计算模型(Monteith,1965,1981)。该模型全面考虑了影响田间水分耗散的大气因素和作物生理因素,为蒸腾和蒸散的研究开辟了一条新的途径。

在模拟作物条件下的土壤水时,需要描述植被的吸水状况。根区吸水是随时间与空间变化的,并受土壤属性、作物特性和天气条件控制。有两种不同的方法来量化根区的吸水:微观法与宏观法。微观法认为,放射状土壤水向单个土壤根区的入流和出流可以由一个均一半径的无限长柱形及吸水属性来代表(Gardner,1960)。这个模型用柱坐标来实现,并由合适的边界条件在根区表面或一定深度进行求解。但是,生长的根区系统的细节形状的测量是费时且代价昂贵的,而且水的渗透率是沿着根系不同的位置而发生变化的,因此这种类型的模型就目前来说不实用。

更为经验的宏观方法是将根区水的运移作为一个整体,不考虑单个根的影响。基于这种思想的模型,不需要完全洞知植被吸水的物理过程,因此减少了获取土壤和植被参数的需要。已经有很多线性和非线性的根区分布函数开发出来(Prasad,1988;Li et al.,1999;Lai et al.,2000)。但是,这些模型都不允许某层实际吸水超过这个层的潜在蒸散发,这暗示发生在特定层的水亏缺不能通过增加其他湿层的吸水而得到补偿。尽管如此,一些研究却表明,当上层水亏缺而不能满足蒸散发时,可以由下层更湿的土层中吸水进行补充(补充蒸散发,而不是补充上层的亏缺)。

从土壤表面到根区任何深度的潜在吸收水可以用以下公式来估计:

$$W_{up,z} = \frac{E_t}{1 - \exp(-\beta_w)} \cdot \left[1 - \exp\left(-\beta_w \cdot \frac{z}{z_{root}} \right) \right] \qquad (7-2-82)$$

式中,$W_{up,z}$为给定日期潜在的从土壤表面到特定深度的吸收水量(mmH_2O);E_t是最大的植被蒸腾;β_w为水利用分布参数;z为到土壤表面的深度;z_{root}为土壤中根区发育深度。

对于Z_{root}的求法需要按植被类型区别对待。例如,对多年生植物与树,假定其在成长的整个过程都处于最大浓度状态。即$z_{root} = z_{root,max}$,单位均为mm;对其他植物,则是由0变化到最大深度(即$fr_{PHU} = 0.40$),即

$$Z_{root} = 2.5 \cdot fr_{PHU} \cdot Z_{root,mx} \qquad 当 fr_{PHU} \leqslant 0.40 \qquad (7-2-83)$$

$$Z_{\text{root}} = Z_{\text{root,mx}} \qquad\qquad \text{当 } fr_{\text{PHU}} > 0.40 \qquad (7-2-84)$$

式中，z_{root}为某天根系深度（mm）；fr_{PHU}为植物在生长季节里到某天聚集的（从生长第一天开始计算的）能量占潜热单位的比例。$Z_{\text{root,max}}$为植物生长的最大深度（mm）。最大深度对特定植被来说是个定值，受两个因素影响：一是植被所能生长的最大深度；二是特定土壤中植被所能达到的最大深度。一般是在这两个数据库中提取同一植被参数进行比较，取较小的深度为植被所能生长的最大深度。fr_{PHU}的计算式如下：

$$fr_{\text{PHU}} = \frac{\sum\limits_{i=1}^{d} \text{HU}_i}{\text{PHU}} \qquad (7-2-85)$$

式中，HU 为第 i 天聚集的热量单位；PHU 为植被生长期（从播种到成熟期）所需要的总的热量单位。PHU 的计算式如下：

$$\text{PHU} = \sum\limits_{d=1}^{m} \text{HU} \qquad (7-2-86)$$

式中，m 为植物成熟所需要的成长时间（天）。PHU 也常称为潜在热量单位。对大多数植被，成熟期是有资料可以查的。HU 的计算式如下：

$$\text{HU} = \overline{T}_{\text{av}} - T_{\text{base}} \qquad \text{当 } \overline{T_{\text{av}}} > T_{\text{base}} \qquad (7-2-87)$$

式中，$\overline{T}_{\text{av}}$为日平均温度（℃）；T_{base}为植物生长所需要的最低或基本温度（℃）。

任何土壤层的植被吸收水，都可以通过用求解此土壤层上界和下界的吸水量的差得到：

$$W_{\text{up,ly}} = W_{\text{up,zl}} - W_{\text{up,zu}} \qquad (7-2-88)$$

式中，$W_{\text{up,ly}}$为 ly 层潜在吸收水量（mmH_2O）；$W_{\text{up,zl}}$为此层下界潜在吸收水量（mmH_2O）；$W_{\text{up,zu}}$为此层上界潜在吸收水量（mmH_2O）。

既然根的密度是在土壤表面最大，并随着深度的增加而降低，那么就可假设植物从上层吸收的水比下层的多。水利用分布参数 β_{w}，可以设为 10。取这个值时吸收的水的 50% 都将发生在根区的上部 6% 的部分。发生在给定天吸收的水量 SW，可以由关于植被蒸腾需要的水量 E_{t} 和土壤中有效水量公式来计算。公式（7-2-82）只是蒸腾需水量，公式（7-2-88）只是在公式（7-2-82）中定义的深度分布的函数。

用以下步骤来修正给定层初始潜在吸收水量以反应土壤有效水量深度分布。如果上层土壤不包含足够的水来满足公式（7-2-88）中潜在吸收水，用户可以用其下面的层来补偿。调整的潜在吸收水公式为：

$$W'_{\text{up,ly}} = W_{\text{up,ly}} + W_{\text{demand}} \cdot \text{epco} \qquad (7-2-89)$$

式中，$W'_{\text{up,ly}}$为 ly 层的调整潜在吸收水（mmH_2O）；$W_{\text{up,ly}}$用公式（7-2-88）计算的潜在吸收水；W_{demand}为叠加层不满足的吸收水；epco 为植物吸收补偿因子，范围可以从 0.01 到 1.00，由用户进行设置。当 epco 接近 1.00 时，模型允许更多的下层土壤补偿植被吸收水。当 epco 接近 0.0 时，模型允许式（7-2-82）描述的深度分布更小的发生概率。

当土壤含水量减少的时候，土壤中的水被土壤粒子结合得更紧密，植被吸收水便更困难。为了反映这种植被从干燥土壤吸收水效率的减少，潜在吸收水修正为以下公式：

$$W''_{\text{up,ly}} = W'_{\text{up,ly}} \cdot \exp\left\{ 5 \cdot \left(\frac{SW_{\text{ly}}}{25AWC_{\text{ly}}} - 1 \right) \right\} \qquad \text{当 } SW_{\text{ly}} < 25AWC_{\text{ly}} \qquad (7-2-90)$$

$$W''_{\text{up,ly}} = W'_{\text{up,ly}} \qquad\qquad\qquad\qquad\qquad \text{当 } SW_{\text{ly}} \geqslant 25AWC_{\text{ly}} \qquad (7-2-91)$$

式中，$W''_{up,ly}$为根据含水量调整的潜在吸收水（mmH_2O）；$W'_{up,ly}$是 ly 层调整潜在吸收水（mmH_2O）；SW_{ly}是给定天土壤层中的含水量（mmH_2O）；AWC_{ly}是 ly 层有效持水量，由下式求解：

$$AWC_{ly} = FC_{ly} - WP_{ly} \qquad (7-2-92)$$

式中，AWC_{ly}为 ly 层的有效水量（mmH_2O）；FC_{ly}为 ly 层的田间持水量（mmH_2O）；WP_{ly}为 ly 层的凋萎点水量（mmH_2O）。一旦潜在吸收水已经根据土壤水条件进行了调整，土壤层的实际吸收水量就变为

$$W_{ctualup,ly} = \min[W''_{up,ly} \cdot (SW_{ly} - WP_{ly})] \qquad (7-2-93)$$

式中，$W_{ctualup,ly}$为 ly 层实际吸收水量（mmH_2O）；SW_{ly}为给定天土壤层的水量（mmH_2O）；WP_{ly}为 ly 层在凋萎点的水量。这天总的吸收水量为

$$W_{actualup} = \sum_{ly=1}^{n} W_{actualup,ly} \qquad (7-2-94)$$

式中，$W_{actualup}$为给定天总的植被吸收水量（mmH_2O）；$W_{actualup,ly}$为 ly 层实际吸收水量（mmH_2O）；n 为土壤剖面的层数。用式（7-2-94）计算的给定天总植被吸收水同时也为这天实际蒸散发总量：

$$E_{t,act} = W_{actualup} \qquad (7-2-95)$$

式中，$E_{t,act}$是给定天的实际蒸腾量；$W_{actualup}$是给定天总的植被吸收水量（mmH_2O）。

水的亏缺 W_{strs}，由下式来表示：

$$W_{strs} = 1 - \frac{E_{t,act}}{E_t} = 1 - \frac{W_{actualup}}{E_t} \qquad (7-2-96)$$

式中，W_{strs}为给定天的水亏缺；E_t为最大的植被蒸腾量；$E_{t,act}$为给定天实际蒸腾量；$W_{actualup}$为总的植被吸收水量。

b. 土壤和雪蒸发

升华量和土壤蒸发量将受到遮蔽程度的影响。某天的最大的升华/土壤蒸发总量 E_s 用下面的方程计算：

$$E_s = E'_0 \cdot cov_{sol} \qquad (7-2-97)$$

式中，E_s 是某天的最大升华/土壤蒸发总量；E'_0 是对冠层蒸发调整后的潜在蒸散总量（mmH_2O）；cov_{sol} 是土被指数（土壤覆盖指数），它的计算公式见式（7-2-64）。植物高用水期间的升华/土壤蒸发最大量会降低，用以下关系式计算：

$$E'_s = \min\left[E_s, \frac{E_s \cdot E'_0}{E_s + E_t}\right] \qquad (7-2-98)$$

式中，E'_s 是考虑植物用水作调整后最大升华/土壤蒸发量，E_s 是某一天的最大升华/土壤量，E'_0 是对林冠中自由水蒸发调整后的潜在蒸散（mmH_2O）；E_t 是指定某一天的蒸腾量（mmH_2O）（由彭曼公式计算）。当 E_t 较低时，$E'_s \to E_s$，当 E_t 接近于 E'_0 时，

$$E'_s \to \frac{E_s}{1 + cov_{sol}} \qquad (7-2-99)$$

c. 升华

一旦某天的最大的升华/土壤蒸发量计算出来，首先从积雪场中转移水分满足蒸发要求。如果积雪

场中含水量大于最大的升华/土壤蒸发量,那么

$$E_{sub} = E'_s \qquad (7-2-100)$$

$$SNO_{(f)} = SNO_{(i)} - E'_s \qquad (7-2-101)$$

$$E''_s = 0 \qquad (7-2-102)$$

式中,E_{sub} 是某天的升华量(mmH_2O);E'_s 是对用水(water use)作调整后最大升华/土壤蒸发量(mmH_2O);$SNO_{(i)}$ 是在升华前期某天的积雪场含水量(mmH_2O);$SNO_{(f)}$ 是在升华后某天积雪场含水量(mmH_2O);E''_s 是某天的土壤最大土壤水分蒸发量。如果积雪场的含水量小于最大的升华/土壤蒸发需求量,那就有

$$E_{sub} = SNO_{(i)} \qquad (7-2-103)$$

$$SNO_{(j)} = 0 \qquad (7-2-104)$$

$$E''_s = E'_s + E_{sub} \qquad (7-2-105)$$

d. 土壤水分蒸发

当一次蒸发作用需要土壤水分时,必须将不同层之间的蒸发需求分开。深度分布常用来确定最大允许蒸发量:

$$E_{soil,z} = E''_s \frac{z}{z + \exp(2.734 - 0.007\,13 \cdot z)} \qquad (7-2-106)$$

式中,$E_{soil,z}$ 为深度 z 处需要的蒸发量(mmH_2O);E''_s 是某天的最大土壤水分蒸发量;z 是在地表以下的深度(m)。该方程选择系数后,50% 蒸发量是从上部 10 mm 深土层得到,95% 以上蒸发量是从上部 100 mm 深土层得到。

计算出的土壤层的上边界及下边界之间的蒸发需要量的差值,就可确定土壤层的蒸发需求量:

$$E_{soil,ly} = E_{soil,zl} - E_{soil,zu} \qquad (7-2-107)$$

式中,$E_{soil,ly}$ 是 ly 层的蒸发需求量(mmH_2O);$E_{soil,zl}$ 是土壤层下边界的蒸发需求量(mmH_2O);$E_{soil,zu}$ 是土壤层上边界的蒸发需求量(mmH_2O)。从实际上看,应该是 50 mm 水是 50%,这是顶层不能满足的需求,但不允许不同的层去补偿无力满足蒸发需求的另一层,某土壤层不能满足蒸发需求导致 HRU 中实际蒸发量的降低。方程 7-2-107 加了一个系数,允许用户修改深度分布以满足土壤蒸发需求。修正方程为:

$$E_{soil,ly} = E_{soil,zl} - E_{soil,zu} \cdot esco \qquad (7-2-108)$$

式中,$E_{soil,ly}$ 是 ly 层的蒸发需求量(mmH_2O);$E_{soil,zl}$ 是土壤层下边界的蒸发需求量(mmH_2O);$E_{soil,zu}$ 是土壤层上边界的蒸发需求量(mmH_2O)。当 esco 值降低时,该模型能够从较低的层获得更多的蒸发需求量。当土壤层的含水量低于田间持水量时,土壤层蒸发需求量按下列方程减少:

$$E'_{soil,ly} = E_{soil,ly} \cdot \exp[2.5 \cdot (SW_{ly} - FC_{ly})/(FC_{ly} - WP_{ly})] \quad 当 SW_{ly} < FC_{ly} \qquad (7-2-109)$$

$$E'_{soil,ly} = E_{soil,ly} \qquad\qquad 当 SW_{ly} > FC_{ly} \quad (7-2-110)$$

式中,$E'_{soil,ly}$ 是 ly 层考虑含水量的蒸发需求量(mmH_2O);$E_{soil,ly}$ 是 ly 层的不考虑土层含水量的蒸发需求量(mmH_2O);SW_{ly} 是 ly 层的土壤含水量(mmH_2O);FC_{ly} 是 ly 层在田间持水量时的含水量。为了限制干燥条件下蒸发移动的水量,需要定义一个任何时候转移的水分的最大值,这个最大值为某天植物有效水分的 80%。这天植物有效水分定义为土壤层的土壤总含水量减去土壤层在凋萎点的含水量。

如下：

$$E''_{soil,ly} = \min[E'_{soil,ly}, 0.8(SW_{ly} - WP_{ly}]$$ (7-2-111)

式中，$E''_{soil,ly}$ 是 ly 层通过蒸发转移的水分；$E'_{soil,ly}$ 是 ly 层对含水量作调整后的蒸发需求量（mmH_2O）；SW_{ly} 是 ly 层的土壤含水量（mmH_2O）；WP_{ly} 是 ly 层在凋萎点的含水量（mmH_2O）。

(6) 河道汇流模拟

许多传统的产汇流计算方法或模型中，把汇流看作只是河网内的地表水流过程，把山坡看作产流系统，河网看作汇流系统，忽略径流在山坡阶段的汇流过程。这是因为传统水文学概念认为山坡产流主要是超渗产流，而山坡的长度较一般流域的河长要短得多，山坡地表水的汇流时间相比河道汇流时间可忽略不计。并且在降雨中扣除下渗到地面以下的水量，于是产汇流就成为发生在流域表面上的过程。但是近代大量山坡水文学的研究成果表明，许多情况下，暴雨洪水的主要产流机制是山坡上部表层流在山坡下部出露，并汇合饱和面上的直接降水构成的饱和坡面流。地下水流虽然在洪水期一般较小，但是总径流中也常常可以达到很大的比例，因此在计算产流时，应该统一考虑。正如我们在计算流域汇流时间时所采取的计算方法时一致，在流域的物理过程中，有两种汇流状况需要同时考虑：一种就是坡面汇流，另一种就是河道汇流。

在宏观尺度上模拟河道汇流，没必要采用动力学微积分的途径，可以通过概念分析的方法，直接建立宏观模型。河道汇流模型的选择决定于模型的时间分辨率和汇流滞时的相对关系。汇流滞时是指水流在系统中的平均贮留时间。坡面地表径流的贮留时间仅数十分钟，壤中流的贮留时间一般数日，地下径流的贮留时间，循环较快的浅层地下水可达数月，循环较慢的可长达数年，乃至数百数千年。河网贮留时间决定于河长与所考虑的流域大小有关。数百至数千公里的流域，河网汇流时间，大约为数十小时。因此，对 10^5 km^2 的流域，以月为时段的模型，径流只需要分为两种：①快速的地表及壤中流；②地下径流。地表和壤中流均可以不考虑滞时，即在产流的本时段就全部流出系统。但在时间尺度为日的情况下，径流有必要分为三种：地表径流，壤中流和地下径流。

在子流域离散方式中，考虑坡面汇流时间，但坡面流量常设为 0，即假设水流在进入下一个子流域前总是进入了河道中。这样在计算过程中只需要考虑河道汇流，以降低计算的实现与复杂程度。由上所述，因为我们采取的是以日为基本时间尺度，所以这里所谓的进入河道的流量，并不只是子流域的产流，而是指实际进入河道的流量，包括地表径流、壤中流、基流(回流)(已考虑蒸散发与河道损失作用)、滞后流量，并进入下一级河道，参与河道的洪水演进过程计算，直到流域的出口。实际上这种方法已经用一种简化的方式兼考虑了产汇流的几种途径。

河道汇流的基本根据是圣维南方程组。由于圣维南方程组动力学求解方法过程复杂，在水文模型中一般先对圣维南方程组进行简化，然后再进行求解。通常将圣维南方程组简化为运动波、扩散波或惯性波方程，然后再进行求解。杜格将忽略惯性项的圣维南方程组线性化，求得了扩散方程与马斯京根法，并导出了马斯京根洪水演算法及其 x 值的理论公式。由此可知，洪水演算法相当于求解扩散波方程。常见的洪水演算方法有马斯京根法、特征河长法与槽蓄法。我们采用了槽蓄(variable storage routing method)法，来进行洪水演进的运算。

① 模型结构

槽蓄法是由 Williams 研制，在 HYMO 和 ROTO 模型中用到此方法。对于指定的河段，槽蓄演算建立在连续方程的基础上：

$$V_{in} - V_{out} = \Delta V_{stored}$$ (7-2-112)

式中，V_{in} 是在时间步长内流入量的体积（$m^3 H_2O$）；V_{out} 是在时间步长内流出量的体积（$m^3 H_2O$）。ΔV_{stored} 是在时间步长内蓄水量的变化（$m^3 H_2O$），计算公式可写为

$$\Delta t \cdot \left(\frac{q_{in,1}+q_{in,2}}{2}\right) - \Delta t \cdot \left(\frac{q_{out,1}+q_{out,2}}{2}\right) = V_{stored,2} - V_{stored,1} \tag{7-2-113}$$

式中，Δt 是时间步长（s）；$q_{in,1}$ 是在该时间步长初的流入速率（m^3/s）；$q_{in,2}$ 是在该时间步长结束时的流入速率（m^3/s）；$q_{out,1}$ 是在该时间步长初的流出速率（m^3/s）；$q_{out,2}$ 是在该时间步长末的流出速率（m^3/s）；$V_{stored,1}$ 是在时间步长开始时的蓄水量（$m^3 H_2O$）；$V_{stored,2}$ 是在时间步长结束时的蓄水量（$m^3 H_2O$）。重新整理方程，使所有已知变量都在方程的左边。

$$q_{in,ave} + \frac{V_{stored,1}}{\Delta t} - \frac{q_{out,1}}{2} = \frac{V_{stored,2}}{\Delta t} + \frac{q_{out,2}}{2} \tag{7-2-114}$$

式中，$q_{in,ave}$ 是在该时间步长内平均的流入速率（m^3/s），用下式计算：

$$q_{in,ave} = \frac{q_{in,1}+q_{in,2}}{2} \tag{7-2-115}$$

通过将河道中水量按流量划分来计算历时：

$$TT = \frac{V_{stored}}{q_{out}} = \frac{V_{stored,1}}{q_{out,1}} = \frac{V_{stored,2}}{q_{out,2}} \tag{7-2-116}$$

式中，TT 是历时（s）；V_{stored} 是蓄水量（$m^3 H_2O$）；q_{out} 是泄水速率（discharge rate）（m^3/s）。为得到历时与蓄水系数之间的关系，有

$$q_{in,ave} + \frac{V_{stored,1}}{\left(\frac{\Delta t}{TT}\right) \cdot \left(\frac{V_{stored,1}}{q_{out,1}}\right)} - \frac{q_{out,1}}{2} = \frac{V_{stored,2}}{\left(\frac{\Delta t}{TT}\right) \cdot \left(\frac{V_{stored,2}}{q_{out,2}}\right)} + \frac{q_{out,2}}{2} \tag{7-2-117}$$

可简化为

$$q_{out,2} = \left(\frac{2 \cdot \Delta t}{2 \cdot TT + \Delta t}\right) \cdot q_{in,ave} + \left(1 - \frac{2 \cdot \Delta t}{2 \cdot TT + \Delta t}\right) \cdot q_{out,1} \tag{7-2-118}$$

该方程可写为

$$q_{out,2} = SC \cdot q_{in,ave} + (1-SC) \cdot q_{out,1} \tag{7-2-119}$$

SC 是蓄水系数，用下式计算：

$$SC = 2 \cdot \Delta t / (2TT + \Delta t) \tag{7-2-120}$$

于是有：

$$(1-SC) \cdot q_{out} = SC \cdot V_{stored} / \Delta t \tag{7-2-121}$$

将其代入方程 7-2-119 得：

$$q_{out,2} = SC \cdot (q_{in,ave} + V_{stored,1}/\Delta t) \tag{7-2-122}$$

为表示单位体积值，方程两边都乘以时间步长：

$$V_{out,2} = SC \cdot (V_{in} + V_{stored,1}) \tag{7-2-123}$$

② 传输损耗

河流根据是否有地下水补给可分为季节性河流、间歇性河流和常流河。季节性河流在一次降雨事

件(storm event)期间或该事件之后有水流,在本年的其余的时间干枯。间歇性河流在一年中有一部分时间干枯,当地下水升到足够高和降雨事件期间或之后会有水流。常流河能得到地下水持续的补给,全年都有水流。

在河流没有任何地下水补给期间,水经过边坡和河道底部传输,而在河道中可能损耗。传输损耗用下式估算:

$$t_{loss} = K_{ch} \cdot TT \cdot P_{ch} \cdot L_{ch} \tag{7-2-124}$$

式中,t_{loss}是河道传输损耗($m^3 H_2O$);K_{ch}是河道淤积层的有效导水率(mm/h);TT是水流历时(h);P_{ch}是湿周(m);L_{ch}是河道长度(km)。假设主河道的传输损失,进入河岸蓄水层或深部含水层。

不同淤积层物质的典型K_{ch}值在表7-2-1中给出。对于有连续地下水贡献的常流河,有效导水率为零。

表7-2-1　不同河床质的水力传导率

河床类别	河床性质	导水率
非常高流失率	非常均匀的砂砾石	>127 mm/h
高流失率	均匀沙砾石,田间条件	51~127 mm/h
中高流失率	沙砾石混合低比例的泥质粉砂	25~76 mm/h
中流失率	沙砾石混合高比例的泥质粉砂	6~25 mm/h
不明显到低流失率	固结河床,高壤土黏土成分	0.025~2.5 mm/h

③ 蒸发损失

河段的蒸发损失计算为:

$$E_{ch} = coef_{ev} \cdot E_0 \cdot L_{ch} \cdot W \cdot fr_{\Delta t} \tag{7-2-125}$$

式中,E_{ch}是某天河道中的蒸发量($m^3 H_2O$);是一个用户校准参数,可在0.1~1.0之间变动。$coef_{ev}$是蒸发系数;E_0是潜在蒸发($mm H_2O$);L_{ch}是河道长度(km);W是水平面的宽度(m);$fr_{\Delta t}$是时段长与水在河道中流动时间之比。

④ 河道水平衡

在时段末河段的蓄水量计算为

$$V_{stored,2} = V_{stored,1} + V_{in} - V_{out} - t_{loss} - E_{ch} \tag{7-2-126}$$

式中,$V_{stored,2}$是在时段末河段的水量($m^3 H_2O$);$V_{stored,1}$是在时段初河段的水量($m^3 H_2O$);V_{in}是在该时段流入河段的水量($m^3 H_2O$);V_{out}是在该时段流出河段的水量($m^3 H_2O$);t_{loss}是河段中通过河床经传输的水损失量($m^3 H_2O$);E_{ch}是当天河段的蒸发量($m^3 H_2O$)。

我们假定槽蓄法计算的结果是河道的净出流量。当传输损失、河段蒸发和其他水损失计算后,到下一河段的流量因而减少;当出流和所有损失相加后,总数值将与槽蓄法所得值相等。对低于满槽流量的渠道流,已经取得一致意见,可以作为一个一维特征来表现(Knight et al.,1996)。但流量超过满槽流量时,情况变得复杂。在洪积平原上的流动很显然是二维流,在渠道与洪积平原的界面的强剪切层导致强烈的湍流为三维流。这就使我们在模拟前无法确定在洪水模型中到底应该具有哪些必要的过程。现在在模拟这种情况时的河道汇流,在技术上还不是很成熟。

2) 固体径流模拟

土壤侵蚀是产沙原动力,这是一个很复杂的物理过程,包括风蚀、水蚀、沟蚀等。没有一个现有的模型可以同时模拟所有这些因素。基于遥感机理的产沙模型倾向于模拟水蚀。因为现在有很成熟的技术可以模拟估计降雨-径流,但没有办法从遥感图像来估计风的影响(地表的风速)。

图 7-2-5 是我们的模拟水力侵蚀和产沙过程的流程图。

产沙是在流域范围内的土壤侵蚀、输移和沉积过程,由在流域出口处的点荷载估计得到(Lane et al.,1997)。河流载沙量(sediment load)是在给定时段里流出流域的总的泥沙量,而产沙量(sediment yield)是相对于整个流域面积来说的泥沙总量。河流载沙量包括推移质(bed load)与悬移质(suspended load)。但常常只有悬移质可以测量,并且只适于低含沙量与细颗粒的情形。推移质常常被认为具有很小的作用,尽管在有某些实例中,它可以达到 50% 以上比例。

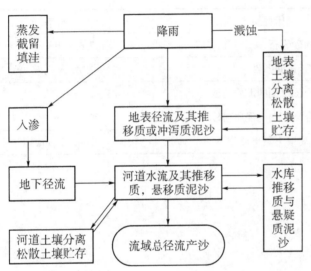

图 7-2-5　模拟水力侵蚀和产沙过程示意图

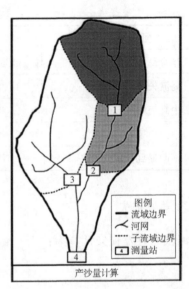

图 7-2-6　子流域产沙计算层次示意图

对河流泥沙的计算,在一个较大面积并包括几个层次子流域的流域内,一般不是直接测量的(如图 7-2-6),有两种方法:一是用两个上下流域子流域测量站的测量值计算悬移质,再除以子流域的面积增量。这种方法可能会得到负值。特别是在下游的子流域内泥沙可能在河道里或洪积平原上沉积的情况下。这时河道泥沙可以看作是净侵蚀量,因为到达流域出口的泥沙,可能已经在洪积平原、湖泊和宽河道内经过几次沉积作用。这种方法有效地区分了各阶段的泥沙产生与沉积作用。另外一个方法是总的泥沙量除以总测量站上游的流域面积。这意味着各部分的空间均质作用增加了,需要其他办法来减少这种空间均质作用的影响。

认识产沙与产水之间的关系的重要性,有助于更好地理解许多限制我们水资源利用的物理、化学与特征过程。已经增加了许多沙水相关的研究与评估项目,以助于相关政策的调整,国际交流与合作也日益紧密。在 1999 年 9 月 13 日于北京召开的第 8 届水沙作用大会上,再一次确立了水沙作用的重要性,并从产沙的物理动态运动(侵蚀、运移、湖积、海湾与江口的再悬浮)、产沙中的养分与生物量、产沙的化学过程和管理、评估与纠正四个方面,进行了深入讨论(Evans,2001)。

估算土壤侵蚀量基于以下理由:确认需采取水土保持的地域,通过确定引起水土流失的关键因子,制定相应的措施,探讨土壤侵蚀与土地生产力之间的关系(游松财等,1999)。

就现阶段而言,要构建一个完全物理意义上的模拟模型时机还不成熟,主要有两类途径进行研究:一类是直接应用河流动力学理论,将流域下垫面划分成细小计算单元,用数值法求解;另一类是一些概念性模型与经验相关的统计模型,如 ANGPS、WEPP、USLE、ANSWERS、MUSLE 等。国内有卜兆宏模型和我国的黄土高原模型（周斌，2000）；包为民提出的完全物理概念化的坡面产沙计算公式；吴伟民等提出的一维全沙模型；蔡强国等提出的黄土地区产沙模拟等。

地理信息系统与土壤侵蚀模型的结合，是当前土壤侵蚀模拟研究的一个发展趋势，可以充分利用遥感图像提供的数据源，如侵蚀退化信息、航测地形图、降雨观测数据、土壤普查和土地利用/土地覆盖资料等。土壤侵蚀模型的计算能力、GIS 空间分析、过程模拟与动态表达的强大功能，经过各因子算式及监测模型运算，逐个计算出各像元的年均流失量，最终获得全研究区的流失总量。

Price 指出，在总的土壤流失量与辐射之间存在紧密的相关关系。这个关系的存在是因为许多影响土壤侵蚀的因子对地表与大气的辐射施加影响，如地形、植被覆盖、粒径、表面糙率、土壤和岩石类型、土壤有机质含量、降雨、土壤含水量与孔隙度等。这使遥感估计土壤侵蚀成为可能，其中一些方法已经得到共识并广为使用。

但是，还存在一些问题，如：①因素对波谱反应的影响过小（如孔隙度，地表糙率在可见光波段与近红外波段）；②有些参数对波谱的影响效果相似，使得无法精确估计（如有机质与土壤湿度信息在可见光波段与近红外波段）；③对波谱效应产生最大影响的波长现在还处在不可操作阶段；④对一些因素的估计在技术上还没有解决，例如土壤有机质含量，尽管也有人进行过探索（曾志远，1987）。因此，即使是可以提供海量数据的遥感信息，在现阶段也不可能提供模型所需要的所有条件。一部分还必须由野外资料或间接的模型计算来获得。模拟模型在空间反映上已经由集总式向分布式模型转变（Nearing 等，1994）。在 SWAT 等已建成的模型中，水沙汇流过程均作为重要内容，水沙输移过程以及侵蚀和产沙的空间分布，已经成为流域侵蚀和产沙模拟研究的热点（刘高焕等，2003）。

USLE 是 Smith 和 Wischmeier 把从美国 21 个州 36 个地区所获得的 8 000 多个小区一年的土壤侵蚀研究资料进行了汇编，并对各种影响土壤流失量的因子进行了重新评价后所导出的土壤流失方程式。由于它不受局部地理、气候因素的限制而能广泛应用，故称为通用方程。尽管柯克比等曾对这种简单相乘的算式结构表示异议，认为其缺点在于允许各因子之间存在线性关系，但在实际工作中，该模型表现出比其他模型往往能更好地满足需要，因此仍被广泛采用（Hession et al.，1988；陈亚宁等，1995；周斌，2000；游松财等，1999）。卜兆宏等对 USLE 进行了一系列的中国本地化应用研究，并认为由于地表径流难以全面实测和遥感，故定量遥感中宜选用 USLE 为监测模型（卜兆宏等，2003）。虽然他采用的监测模型与 USLE 具有相同的表达式，但其因子算式、算法系由我国实测资料所建，因此据称更适合我国土壤流失的实际情况。

MUSLE 为 USLE 的改进形式（Williams，1995）。在 MUSLE 中，径流因子取代了降雨能量因子。这提高了产沙量的预测，消除了传输率概念的需要，允许模型模拟单个洪水事件，而且降雨侵蚀力只代表分离能力，而径流因子既代表分离能力又代表输移能力。这个因子在国内外出现过大量修正和简便的算法。国外主要修正单位雨量动能，最终使暴雨总动能变小。国内集中于修正 I_{30}，如王万忠在黄土地区修正为 I_{10}，周伏建等在闽南修正为 I_{60}。卜兆宏等也提出一个降雨侵蚀力的新算法：

$$R_j = 0.128\ 1 \cdot I_{30B} \cdot P_f - 0.157\ 5 \cdot I_{30B} \tag{7-2-127}$$

式中，I_{30B} 为侵蚀性降雨最大 30 min 雨强的年代表值；P_f 为汛期月份总雨量；它们均作了更适合侵蚀实际的算法规则的改进（单位均为美国常用单位）。但其强调的是在中国国情下的应用，适宜于北纬 $25°\sim42°$、东经 $105°\sim123°$ 的区域。在应用时，只需要将常数项改为 224.2，其他项算法除坡度因子要改变外，算法单位可以保持不变。这样就可以用卜兆宏算法来计算符合国际单位制（t/km^2）并符合中国国情的应用。

综合现在阶段的研究进展，并结合我们自己的条件，我们选用了 MUSLE 模型。在 MUSLE 中，产沙预测因为考虑了前期含水量条件，也得到了提高。径流因子同时代表了分离与输沙两种能量：

$$sed = 11.8 \cdot (Q_{surf} \cdot q_{peak} \cdot area_{hru})^{0.56} \cdot K_{usle} \cdot C_{usle} \cdot P_{usle} \cdot LS_{usle} \cdot CFRG \tag{7-2-128}$$

式中，sed 为某天的产沙量（m^3/t）；Q_{surf} 为地表径流（mmH_2O/ha）；q_{peak} 为峰流量（m^3/s）；$area_{hru}$ 为 HRU 的面积（hm^2）；K_{usle} 为 USLE 可蚀性因子（$0.013 \ h/m^3$）。C_{usle} 为 USLE 覆盖与管理因子；P_{usle} 为 USLE 实践因子。

（1）土壤侵蚀因子值 K

在其他因素相同的情况下，有些土壤要比其他的土壤侵蚀得厉害一些。其中起作用的因素就是土壤可蚀性。土壤侵蚀因子值 K 是土壤的颗粒组成、有机质含量、土壤结构状况及土壤渗透性能的函数，是一项评价土壤被降雨侵蚀力分离、冲蚀和搬运难易程度的指标，也是 USLE 及其修正模型中的一项重要因子值。对于获取 K 值，实测法费时费力，一般不采用。现在常用的有公式计算法与查表法。Williams 提出一个公式来计算 K 值：

$$K_{usle} = f_{csand} \cdot f_{cl\text{-}si} \cdot f_{orgc} \cdot f_{hisand} \qquad (7-2-129)$$

式中，f_{csand} 为高粗沙量低 K 值与低沙量高 K 值土壤的因子；$f_{cl\text{-}si}$ 为高黏土对粉砂低 K 值土壤因子；f_{orgc} 为高有机碳含量降低 K 值土壤因子；f_{hisand} 为极高含沙量降低 K 值土壤因子。

$$f_{csand} = 0.2 + 0.3 \cdot \exp\left[-0.256 \cdot m_s \cdot \left(\frac{m_{silt}}{100}\right)\right] \qquad (7-2-130)$$

$$f_{cl\text{-}si} = \left(\frac{m_{silt}}{m_c + m_{silt}}\right)^{0.3} \qquad (7-2-131)$$

$$f_{orgc} = 1 - 0.25 \cdot orgC / [orgC + orgC + \exp(3.72 - 2.95 \cdot orgC)] \qquad (7-2-132)$$

$$f_{hisand} = 1 - \frac{0.7 \cdot \left(1 - \frac{m_s}{100}\right)}{\left(1 - \frac{m_s}{100}\right) + \exp\left[-5.51 + 22.9 \cdot \left(1 - \frac{m_s}{100}\right)\right]} \qquad (7-2-133)$$

式中，m_s 为沙含量比（$0.05\sim2.00 \ mm$ 粒径）；m_{silt} 为粉砂量比（$0.002\sim0.05 \ mm$ 粒径）；m_c 为黏土含量比（$<0.002 \ mm$ 粒径）；$orgC$ 为有机碳含量比（%）。

第二个计算 K 值的方法是查表法。柯克比等提出了一种较为简便的查表法，只需知道土壤的质地名称及其有机质含量，即可在表中查找相应的 K 值。卜兆宏等继续发展了这一方法，针对原表只列出有机质 $\leqslant 4\%$ 的土壤，而缺乏高有机质含量的 K 值，提出了一个修正系数表。当土壤有机质含量大于 4% 时，先按 4% 查出 K 值，再用查修正表得的修正系数乘上它，则得高有机质含量土壤的 K 值。

（2）C 因子

C 是植被覆盖与管理因子。其含义是特定作物的土壤流失与相应的连续休耕地流失量之比。它受到诸如植被、作物种植顺序、作物类型与高度、生长季长短、栽培措施、作物残余物管理、降雨分布等众多因素的控制，这使得 C 因子值的直接计算往往难以进行。游松财等、卜兆宏等都进行过尝试，但都具有很大的局限性。TM 图像的分类图也被尝试用来估计这个因子。这虽然令人兴奋，但是由于 USLE 模型模拟的时间和空间尺度的原因而受到限制。考虑以上这些因素，模型采用了下式来进行计算 C 值：

$$C_{usle} = \exp([\ln(0.8) - \ln(C_{usle,mn})] \cdot \exp[-0.00115 \cdot rsd_{surf}] + \ln[(C_{usle,mn})] \qquad (7-2-134)$$

式中，$C_{usle,mn}$ 为不同土地利用 C 因子的最小值；rsd_{surf} 为土壤表面的生物残积量（kg/ha）。最小 C 因子可以由已经知道的年均 C 因子来计算：

$$C_{\text{usle,mn}} = 1.463\ln(C_{\text{usle,aa}}) + 0.103\,4 \qquad (7\text{-}2\text{-}135)$$

式中，$C_{\text{usle,mn}}$ 为不同土地利用 C 因子（植被覆盖与管理因子）的最小值；$C_{\text{usle,aa}}$ 为不同植被覆盖年均 C 因子值。如果知道这个值，可以求 C 值。还可以通过附表直接查相对植被的 $C_{\text{usle,mn}}$ 值，进而求得 C 值。

（3）P 因子（侵蚀防治措施因子）

P 是指采用专门侵蚀防治措施后的土壤流失量与采用顺坡种植时的土壤流失量的比值。通常，包含这一因子的侵蚀控制措施有：等高耕作、等高带状种植、梯田等。常用 P 值的取值，Wischmeier et al.，1978）作了详细的总结。

卜兆宏认为，P 值变化于 0～1 之间，0 代表根本不发生侵蚀的地区，而 1 代表了未采取任何控制措施的地区。在自然植被区和坡耕地的 P 因子，一般取值为 1；凡修了水平梯田的为 0.01，介于两者之间的治理措施的坡耕地则取值于 0.02～0.7。

（4）LS 因子

LS 为地形因子或侵蚀动力因子。它表示在其余条件均相同的情况下某一给定坡度和坡长的坡面上土壤流失量与标准径流小区典型坡面土壤流失量的比值：

$$LS_{\text{usle}} = \left(\frac{L_{\text{hill}}}{22.1}\right)^m \cdot \left[65.41 \cdot \sin^2(\alpha_{\text{hill}}) + 4.56 \cdot \sin\alpha_{\text{hill}} + 0.065\right] \qquad (7\text{-}2\text{-}136)$$

$$m = 0.6 \cdot \left[1 - \exp(-35.835 \cdot \text{slp})\right] \qquad (7\text{-}2\text{-}137)$$

$$\text{slp} = \tan\alpha_{\text{hill}} \qquad (7\text{-}2\text{-}138)$$

式中，L_{hill} 为坡长（m）；m 为指数项；α_{hill} 为坡度；slp 为 HRU 的坡度（m/m）；22.1 为标准径流小区的坡长值。McCool 等对坡长指数 m 的算法做了修改，令 $m = \beta/(1+\beta)$。其中 β 用下式表示：

$$\beta = \frac{\sin(\theta/0.089\,6)}{3.0 \times \sin^{0.8}\theta + 0.56} \qquad (7\text{-}2\text{-}139)$$

式中，θ 为坡度角。但是美国耕地坡度大都小于 29%（11.3°），而我国山丘耕地却有相当数量达到 46.6%（即 25°）以上。因此需研究适于我国情况的 S 计算式。卜兆宏根据我国的实际资料，提出对应的公式形式：

$$\text{均质土} \qquad S = 0.631\,5 \times 1.093\,5\theta \qquad (7\text{-}2\text{-}140)$$

$$\text{非均质土} \qquad S = 0.834\,1 \times 1.035\,9\theta \qquad (7\text{-}2\text{-}141)$$

式中，θ 为坡度角；单位为度（°）。卜兆宏又给出了消除其他因子影响的 S 因子算式：

$$S = 0.743 \times 1.059\,5^\alpha \qquad (\alpha\text{ 为坡度}) \qquad (7\text{-}2\text{-}142)$$

Liu 等提出：当坡度≥9%时，

$$S = 21.91\sin(-0.96) \qquad (7\text{-}2\text{-}143)$$

坡长的定义是指从地表径流开始产生的起点至坡度降低到开始出现沉积处或者至径流进入界限分明的沟渠那一点的任意斜坡距离。由于目前坡长因子一般都是通过 DEM 计算得出，所以在实际工作中使用的往往是基于像元的坡长算式，即：

$$L = \frac{\sum_{i=1}^{n}(\lambda_i^{m+1} - \lambda_{i-1}^{m+1})}{\lambda_e(22.13)^m} \qquad (7\text{-}2\text{-}144)$$

287

式中，λ_i 为由坡顶沿流水线到第 i 个像元末端的距离(m)；λ_{i-1} 为由坡顶沿流水线到第 i 个像元上端的距离(m)；λ_e 为总坡长(m)。

(5) CFRG 因子

CFRG 是粗糙因子。由下式计算：

$$CFRG = \exp(-0.053 \cdot rock) \tag{7-2-145}$$

式中，rock 为第一层砂砾所占的百分比。所谓砂砾即指直径大于 2 mm 的颗粒。

(6) 雪盖因素

$$sed = sed'/\exp(3 \cdot SNO/25.4) \tag{7-2-146}$$

式中，sed 为某天的产沙量(t)；sed' 为用 MUSLE 计算的产沙量(t)；SNO 为雪盖的水当量(mmH_2O)。

(7) 径流滞后因素

由于地表径流的滞后效应，使得注入主河道的泥沙也相应滞后。

$$sed = (sed' + sed_{stor,i-1}) \cdot [1 - \exp(surlag/t_{conc})] \tag{7-2-147}$$

式中，sed 为某天实际注入主河道的泥沙量(t)；sed' 为 HRU 中某天产生的河流泥沙量(t)；$sed_{stor,i-1}$ 为前一天滞后的泥沙量(t)；surlag 为地表径流滞后系数；t_{conc} 为 HRU 中汇流时间(h)。

以上即为每天由地表径流作用产生的流域产沙量。由侧流与基流产生的泥沙量则由下式计算：

$$sed_{lat} = (Q_{lat} + Q_{gw}) \cdot area_{hru} \cdot conc_{sed}/1\,000 \tag{7-2-148}$$

式中，sed_{lat} 为侧流与基流中的含沙量(t)；Q_{lat} 为某天的侧流(mmH_2O)；Q_{gw} 为某天的基流(mmH_2O)；$area_{hru}$ 为 HRU 的面积(km^2)；$conc_{sed}$ 为两者的浓度(mg/L)。除非这两者流量很大，否则产沙量将非常小，可以忽略不计。

(8) 水体中的其他泥沙变化

$$sed_{flowout} = conc_{sed,f} \cdot V_{flowout} \tag{7-2-149}$$

$$conc_{sed,f} = (conc_{sed,i} - conc_{sed,eq}) \cdot \exp(-K_s \cdot t \cdot d_{50}) + conc_{sed,eq} \tag{7-2-150}$$

$$(if\ conc_{sed,i} > conc_{sed,eq})$$

$$conc_{sed,f} = conc_{sed,I} \tag{7-2-151}$$

$$(if\ conc_{sed,i} \leqslant conc_{sed,eq})$$

$$conc_{sed,i} = (sed_{wb,i} + sed_{flowin})/(V_{stored} + V_{flowin}) \tag{7-2-152}$$

$$d_{50} = \exp\left(0.41\frac{m_c}{100} + 2.71\frac{m_{silt}}{100} + 5.7\frac{m_s}{100}\right) \tag{7-2-153}$$

上面各式中，$sed_{flowout}$ 为水体出流时带走的泥沙量(t)；$conc_{sed,f}$ 为水体最终的泥沙浓度(mg/m^3)；$V_{flowout}$ 为出流体积($m^3 H_2O$)；$conc_{sed,I}$ 为水体中泥沙初始浓度(mg/m^3)；$conc_{sed,eq}$ 为水体悬浮质的平衡浓度

(mg/m^3)；K_s为滞后常数，假定99%的1粒径颗粒在25天内全部沉积，那么K_s值为0.184；t为时段长；d_{50}为入流泥砂粒径中值。

（9）泥沙演进

$$sed_{out} = sed_{ch} \cdot V_{out}/V_{ch} \tag{7-2-154}$$

式中，sed_{out}是河道中输出的泥沙量（t）；sed_{ch}为河道中的悬移质量（t）；V_{out}为时段内出流量（$m^3 H_2O$）；V_{ch}为河段的水量（$m^3 H_2O$）。

sed_{ch}由下式来计算：

$$sed_{ch} = sed_{ch,i} - sed_{dep} + sed_{deg} \tag{7-2-155}$$

式中，$sed_{ch,i}$为模拟开始时初始悬沙量（t）；sed_{dep}为河道内沉积沙量（t）；sed_{deg}为在河道内再获得的泥沙量（t）。

泥沙在河道内运移过程中，泥沙的沉降与剥蚀随时都在发生，是一个相互不断转换的过程，就如同蒸发与液化过程一样，只是不同的过程中，两种形式在交换着支配作用。为了模拟的方便，我们假设：只有在初始泥沙浓度大于临界浓度时才发生沉积作用，只有当初始泥沙浓度小于临界浓度时才发生剥蚀作用。

$$conc_{sed,ch,mx} = c_{sp} \cdot v_{ch,pk} \cdot spexp \tag{7-2-156}$$

式中，$conc_{sed,ch,mx}$为可以被水输移的泥沙的最大浓度（t/m^3或 kg/L）；c_{sp}为由用户定义的系数；$v_{ch,pk}$为渠道的最高流速（m/s）；spexp 是由用户定义的指数，这个指数通常在1.0～2.0间变化。

$$v_{ch,pk} = q_{ch,pk}/A_{ch} \tag{7-2-157}$$

$$q_{ch,pk} = prf \cdot q_{ch} \tag{7-2-158}$$

式中，$q_{ch,pk}$为渠道的最高流速（m/s）；q_{ch}为渠道平均流速（m/s）；prf 为调整因子；A_{ch}为渠道的水流横截面面积（m^2），它的求法可见洪水演算。

$$sed_{dep} = (conc_{sed,ch,i} - conc_{sed,ch,mx}) \cdot V_{ch} \quad if \quad conc_{sed,ch,i} > conc_{sed,ch,mx} \tag{7-2-159}$$

$$sed_{dep} = (conc_{sed,ch,mx} - conc_{sed,ch,i}) \cdot V_{ch} \cdot K_{CH} \cdot C_{CH} \tag{7-2-160}$$

$$(if \quad conc_{sed,ch,i} < conc_{sed,ch,mx})$$

式中，$conc_{sed,ch,i}$为河道初始泥沙浓度（kg/L 或 t/m^3）；K_{CH}为河道侵蚀因子（$cm \cdot h^{-1} \cdot Pa^{-1}$）；$C_{CH}$是覆盖与管理因子。河道侵蚀因子概念上与 USLE 中的土壤可蚀性因子相似，是河床性质或河岸物质的函数。Hanson 定义了一个射流指数，来计算河道侵蚀因子。

$$K_{CH} = 0.003 \cdot exp(385 \cdot J_t) \tag{7-2-161}$$

式中，J_t为射流指数。一般来说，河道的侵蚀因子比土壤可蚀性因子要小。K_{CH}的值应该在0.0～1.0之间，0代表河道没有侵蚀，1代表河道对侵蚀没有抵抗力。河道覆盖与管理因子 C_{CH}为特定植被覆盖下的剥蚀与没有植被覆盖下剥蚀的比值。植被对剥蚀的影响是通过减少河床底部流速进而降低侵蚀力。这个值也在0.0～1.0之间，0代表河道完全不受剥蚀，1代表没有植被在河道底部。这两个参数只有在剥蚀现象发生时才需要。

（10）河道的下切与拓宽作用

这是个可选项，之所以要考虑河道的下切与拓宽作用，是因为自然界的事物是在持续变化的。当水流在河道中演进,必然要与河床进行相互作用,如剥蚀作用,沉积作用,下切作用等。因此模型允许河道在运行过程中发生深度与宽度上的变化。条件是用户选择运行此选项,并且河道中的水量超过 1.4×10^6 m³ 时才会激活此选项。河流下切深度用下式计算(Allen et al.,1989):

$$\text{depth}_{\text{dcut}} = 358 \cdot \text{depth} \cdot \text{slp}_{\text{ch}} \cdot K_{\text{ch}} \tag{7-2-162}$$

式中,$\text{depth}_{\text{dcut}}$ 为下切深度(m);depth 为河道中水的深度(m);slp_{ch} 为河道坡度(m/m)。

新的满槽宽度为

$$\text{depth}_{\text{bnkfull}} = \text{depth}_{\text{bnkfull},t} + \text{depth}_{\text{dcut}} \tag{7-2-163}$$

式中,$\text{depth}_{\text{bnkfull}}$ 是新的满槽宽度(m);$\text{depth}_{\text{bnkfull},i}$ 是以前的满槽宽度;$\text{depth}_{\text{dcut}}$ 是下切深度(m)。

新的河槽宽度为

$$W_{\text{bnkfull}} = \text{ratio}_{\text{WD}} \cdot \text{depth}_{\text{dcut}} \tag{7-2-164}$$

式中,W_{bnkfull} 为新的河道顶宽(m);ratio_{WD} 为河道宽深比。

新的河道坡度为

$$\text{slp}_{\text{ch}} = \text{slp}_{\text{ch},i} - \text{depth}_{\text{dcut}}/1\,000 \cdot L_{\text{ch}} \tag{7-2-165}$$

式中,slp_{ch} 为新的河道坡度(m/m);$\text{slp}_{\text{ch},i}$ 为以前的河道坡度(m/m);L_{ch} 为河道长度(km)。

另外,Thornes 也提出了一个很有发展前景的模型

$$E = k \cdot OF^2 \cdot s^{1.67} \cdot e^{-0.07} \cdot v \tag{7-2-166}$$

式中,E 为时段的侵蚀(mm/d 或 mm/m);k 为由土壤粒径计算的土壤可蚀性因子(但与 USLE 不完全相同);OF 为坡面流(mm/d),这由其他的子模型来获得;s 为坡度(度);v 植被盖度(%)。这个模型的优点是可以在 GIS 中执行,其中每个参数都可以由遥感来进行估计,因此对遥感图像的时间和空间分辨率有较高的要求。这是基于遥感图像的模型的一个缺点,并且对求解 K 值的方法,由于我们没有查到相关的文献,没有办法使用。但其应用潜力很大,有待进一步探讨。Drake 等对其在全球与区域尺度进行了应用,并对其前景进行了详尽的探讨,可以作为参考。

3) 融雪过程模拟

降雪对于产流也具有积极作用。但是相对于降雨来说,更为复杂。例如对于一次降水,可以存在很多形式,可以全部是雪,也可是雨夹雪,边降边融化。如采用的时段较长,还可以是时段初降雪,时段末随温度升高而融化,或上年末的雪到次年春暖才融化流出等。在模型中,如果这些机制一一考虑,势必使模型太复杂。常常是采用气温这一关键因素来模拟雪的累积和融化(图7-2-7)。

图中有关于降雨和参与径流过程两部分,即融入了图7-2-4的地表水循环过程中,在此不再重复。这个示意图体现出了气温、积雪过程、积雪面积对融雪径流模拟的重要作用,而融雪模拟模块的主体部分即为融雪过程的模拟。

降雪对于产沙影响很小,因为雪不会击碎地面。当融雪产生径流时,由于地面积雪作用而使地面受到保护,不会引起坡面侵蚀。只有到雪将融尽时,才会产生坡面侵蚀作用,但量也不大。所以我们在模拟中不考虑融雪的产沙问题。在考虑降雪对模拟的影响时,首先要考虑的是温度。降雨随着高程的不同而发生变化,总体框架我们采用的是能量守恒方程。

一般的模型(包括大型模型)应用在山区条件时精度不高。除了因为地形梯度变化的影响外,还有两个重要的因素,就是降雪与融雪的问题。其根本就是因为在山区中存在着局部的小气候。因此,这些地区模型应用对融雪模型的要求更高。

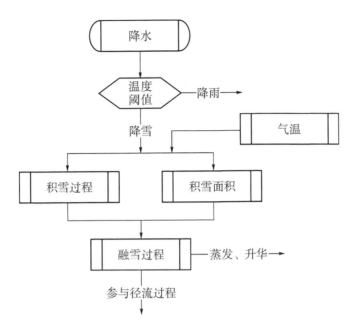

图 7-2-7　融雪径流作用概念结构框架图

（1）气温校正

为精确代表不同高程子流域的温度变化，每个高程带应通过一定模式来代表这种变化（Hartman et al.，2002）。各高程的平均温度由下式计算（Fontaine et al.，2002）：

$$T_b = T + (Z_b - Z)\mathrm{d}T/\mathrm{d}Z \tag{7-2-167}$$

式中，T_b 是某高程的平均温度；Z_b 为某高程中点高度；Z 为测量站的高度。$\mathrm{d}T/\mathrm{d}Z$ 为温度递减率（℃/km），这个值的求法是用几个测量站的年均温度与高程线性回归关系的梯度。如果没有输入的话，默认值可以设为一般的温度随高程的递减率 -6 ℃/km。这个值可以在所有子流域中使用。

（2）降水量校正

由于流域面积大，地形复杂，区域降水变化非常大。但是可用气象站的数目相对不足，需要对不同高程带的降水进行调整。降水是随着高程的增加而增加的，但实际的降水由于暴雨系统和移动方向有关，造成降水在各高程的增加率不是一个定值。然而在中纬度地区，降雨量常常是随着高程的升高而连续增加。Hanson 的研究显示，在迎风面与背风面的降雨量的变化都与高程有强线性关系，并且这种关系在平流作用最强的冬季最为明显。夏季由于对流作用的影响，使得这种关系变弱。为了表达流域尺度与天气尺度的影响，在雪模型中引用降雨增率的概念（Hartman et al.，1999）。这种调整只在雪模型中，因为如上所述在无雪期特别是夏季，这种线性关系不明显。模型对所有子流域应用同一个降雨增率。与温度类似，求解的方程为：

$$P_b = P + (Z_b - Z)\mathrm{d}P/\mathrm{d}Z \tag{7-2-168}$$

式中，P_b 为某高程的降雨量；P 为测量站的降雨量；Z_b 为某高程带中间点的高程。$\mathrm{d}P/\mathrm{d}Z$ 为降雨增率，可以由年均降雨量与高程的回归关系的梯度求得。事件尺度的降雨增加率，是把年均降雨增率在全年降雨事件中平均分布。如果没有高程带的划分，则各个子流域统一用相同的降雨数据。

（3）温度阈值确定

决定降水是雨还是雪，一般考虑子流域的日均温度（Aizen et al.，1997）。但是如果对子流域进行高程分带，且这个带的平均温度低于阈值，那么这个带的降水就认为是降雪。大量用来决定降水类型阈值的研究，都是基于统计方法。大多数模型都是采用阈值的办法来决断降水的类型。曾有学者研究，在喜马拉雅山，这个阈值是在 500 m 时接近 1 ℃，而在 3 500～4 000 m 时接近 4 ℃。

Glazirin 开发了一个利用高程来计算的阈值温度计算公式（SWAT）：

$$T_{cr} = 1.25 + 0.016z + 0.207z^2 \tag{7-2-169}$$

式中，T_{cr} 为这时的地表空气温度；z 是高程（km）。

（4）模拟前期假设条件

对雪的模拟首先要满足以下条件：①降雪或融雪只是在截留量满足以后才到达地面，每个子流域的平均融雪量是按土地利用的面积加权而得，正如蒸散发计算一样；②在雪盖下面的植被是不活动的，即实际蒸散发为零，但是雪可以升华；③融雪到达地面后，是补给地表径流还是下渗到土壤中由土壤的下渗能力来决定；④可以与主模型的目标兼容，向面积很大、资料有限或没有的流域提供有效的、连续的模拟，并在不需要率定的情况下可以提供合理的精度。

我们在这里选用的是一层融雪模型 ESCIMO（Energy Balance Snow Cover Integrated Model）。它是基于物理的、小时时段的能量模拟，与雪盖的能量平衡、水平衡及融解速率有关。要模拟能量平衡需要考虑短波和长波的辐射、感热、潜热，固态和液态降雨的能量及土壤热通量（常数）。雪的反照率要考虑雪盖的时间与表面温度。这个模型由 Strasser 等作过由点尺度到区域尺度的验证，并分别应用于 PROMET 模型和 SHE 模型（Abbott et al.，1986a，b）。我们采用了这个方法并对它进行了局部调整。

在这个模型模拟过程中，计算步骤为：①计算能量平衡；②决定降雨为固体还是液体（如果没有实测值的话）；③基于没有融雪发生的假设，计算水和能量的质量平衡；④比较总能量和 273.16 K 时雪盖保持为雪的能量；⑤计算剩余能量造成的融雪量；⑥更新水的质量与能量计算。模型所需要的参数见表 7-2-2。下面我们通过融雪过程模拟所涉及因素分别进行详细的论述。

表 7-2-2　ESCIMO 融雪模型常用的参数值列表

参数	符号	值	单位
土壤热通量	B	2	W
最小反照率	a_{min}	0.4	
最大反照率	$(a_{min} + a_{add})$	0.84	
回归系数（$T > 273.16$ K）	k	0.12	
回归系数（$T < 273.16$ K）	k	0.05	
雪的表面密度	ρ_s	500	$kg \cdot m^{-2}$
雪的比热容	c_{ss}	1.84×10^3	$J \cdot kg^{-1} \cdot K^{-1}$
水的比热容	c_{sw}	4.2×10^3	$J \cdot kg^{-1} \cdot K^{-1}$
雪的溶解热	c_i	3.37×10^5	$J \cdot kg^{-1}$
雪的升华热	l_s	2.84×10^5	$J \cdot kg^{-1}$

参数	符号	值	单位
雪的热导率	ε	1	
相变温度阈值		273.16	K
斯特藩－玻尔兹曼常量	σ	5.67×10^{-8}	$W\cdot m^{-2}\cdot K^{-4}$

（5）融雪模型结构

一般地，雪盖能量平衡模型表现为：

$$Q+H+V+A+B=\Delta E \qquad (7-2-170)$$

式中，Q 为辐射平衡；H 为感热；V 为潜热；A 为固体液体能量；B 为土壤热通量；ΔE 为雪盖能量在这个时段的变化。

这里需要用到雪的反照率 a 的概念。它依赖于很多因素：雪粒的大小、密度和杂质（impurity）含量，并且随不同的波段大小不同（Conway et al.，1996）。在 ESCIMO 模型中，用时间曲线方法来模拟：

$$a=a_{min}+a_{add}e^{-kn} \qquad (7-2-171)$$

式中，K 为依赖于雪的表面温度的衰减系数；n 为自从上一次大量降雪以来的天数；每一次降雨发生，雪的反照率就又恢复到最大值。这就包含了雪表面雪粒的物理属性随时间改变的性质。如果在时段内没有融雪发生，雪盖表面温度的变化由下式来计算：

$$\Delta T_s=2\Delta E\sqrt{t/\pi k_s\rho_s c_{ss}} \qquad (7-2-172)$$

$$Q_{l\uparrow}=-\sigma\varepsilon T_s^4 \qquad (7-2-173)$$

长波辐射 $Q_{l\uparrow}$ 由辐射率 ε 和 Stefan-Boltzmann 常量 σ 来确定：
感热通量 H 为

$$H=\alpha(T-T_s) \qquad (7-2-174)$$

式中，T 为量测温度；α 为热传输指数，由下式确定：

$$\alpha=5.7\sqrt{W} \qquad (7-2-175)$$

式中，W 为量测风速。

潜热由下式计算（Kuchment et al.，1996），其中假设绝热层为普朗型边界层（adiabatic stratification in a Prandtl-type boundary layer）：

$$V=32.82(0.18+0.098W)(e_1-e_s) \qquad (7-2-176)$$

式中，e_1 为测量高度的水汽压；e_s 为雪表面的饱和水汽压。两者都可以用马格纳斯（Magnus）公式来计算，在计算太阳辐射一节中已有涉及。

由升华引起的小的质量变化，就可以由下式来决定：

$$\delta e=Vt/l_s \qquad (7-2-177)$$

式中，V 和 t 与上面一致；l_s 为雪的升华热。

至于水平对流能量 A，它依赖于降雨的相（固态、液态），如果没有实测值，就需要由一个临界温度来区分是降雨还是降雪，雨夹雪不考虑。这样受降雨（雪）影响的 A，可以用下面的二式分别计算：

如果是降雨：

$$A = P[273.16c_{ss} + c_i + c_{sw}(T - 273.16)] \tag{7-2-178}$$

如果是降雪：

$$A = P \cdot 273.16c_{ss} \tag{7-2-179}$$

式中，c_i 是雪的溶解热；c_{sw} 是水的比热容。

这样，既然不考虑这个时段的最终积雪，就可以求出雪盖的暂时能量状态。因此，它将在下一步进行转变，如果这个能量状态足够产生融雪的话。为精确计算融雪，雪盖能量与融雪之间的关系要清楚。

融雪需要的最小的能量状态 E_s 用下式来表达：

$$E_s = 273.16c_{ss}Z \tag{7-2-180}$$

式中，Z 是这个雪盖的雪当量或雪水当量 SWE(snow water equivalent)，即相当于多少水量。这个能量代表了整个雪盖在 273.16 K 时的等温状态。如果雪盖的能量状态超过了 E_s，多余的能量将用来融雪。因此，融雪当量(melt snow water equivalent)，即融解雪相当的水量 M，可以用下式计算：

$$M = \frac{E - E_s}{C_s} \tag{7-2-181}$$

在减掉因为多余能量融解的雪后，这个时段的能量状态与 SWE 都要进行更新。

在大部分地区，温度与融雪也具有很强的线性关系(Rango et al.，1995；Cline，1997)。最明显的情况是平均气温从最低点逐渐上升到 0 ℃ 这个时段过程中，雪水当量 SWE 随着平均气温的升高而升高，当平均气温达到 0 ℃ 时，雪水当量 SWE 达到最大值(如图 7-2-8)。此后平均气温继续升高，而雪水当量陡降到 0。这意味着融雪期的开始是在气温开始大于 0 ℃ 时。此后雪水当量与平均气温的相关度降低，气温继续升高，到达顶点后又开始下降，但在这整个升高又下降的过程中，雪水当量始终为 0。直到平均气温降至最低点又开始升高时，雪水当量再又开始随着它的升高而升高，进入下一次循环。因此在计算时，需要一个融雪系数。

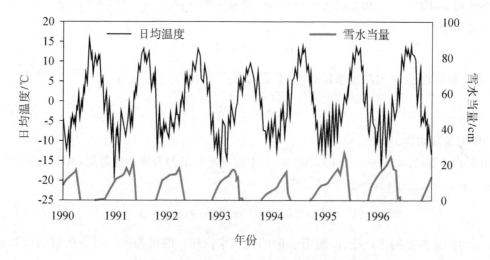

图 7-2-8　美国某气象站(2 936 m)10 天间所测日均气温与雪水当量关系图

(资料来源 Fontaine et al.，2002)

(6) 相对于积雪面积的调整

以上我们求出的只是潜在的融雪量。实际的融雪不仅与雪水当量和气温有关，而且还与积雪及其覆盖面积有关(Shook et al.，1997)。因为风向的变化、雪的飘移、地形的影响以及子流域中的雪盖往往不均一,都会导致一部分地区是没有雪的。要精确计算融雪,这一情况需要考虑。但是,这些影响因素每年相似,由此可以以每个子流域单独定义一个雪盖面积消融曲线(Elder et al.,1991;Hartman et al.,1999)。这里我们采用 SWAT 模型中应用的由 Anderson 开发的雪盖面积消融曲线方程,对此模型进行了完善与处理。

$$cov = yy[yy + \exp(cov_1 - cov_2 \cdot yy)] \qquad (7-2-182)$$

$$yy = SWE/cov_{100} \qquad (7-2-183)$$

式(7-2-183)与 SWAT 模型中的 SNO/SNO_{100} 意义完全相同,但更好理解一些。yy 为雪水当量相对于100%雪覆盖时的比例;SWE 为某高程的雪水当量;cov_{100} 是当100%雪覆盖时 SWE 的(阈)值。式(7-2-182)中的 cov_1 和 cov_2 是形状系数;cov 是雪盖覆盖面积比例。如图 7-2-9 所示,雪盖面积消融曲线的形状在融雪模拟前是不变的,由三个固定点(0,0),(0.95,0.95),(0.5,cov_{50})来确定。cov_{50} 为100%覆盖时的 SWE 与50%覆盖时的 SWE 的比值,它的取值范围从 0 到 1,允许用户进行调整,以代表不同地区的消融曲线。图 7-2-9 所示就是当 cov_{50} 取为 0.75 时的示意图。将这几个固定点的坐标代入公式(7-2-182),就可以求出两个形状系数。由此,式(7-2-182)的形式便可以确定。最终的融雪量应该为

$$M_{act} = M \cdot cov \qquad (7-2-184)$$

式中,M_{act} 为实际融雪量;M 为式(7-2-181)所求得的解。这样,某高程带的雪水当量 SWE 低于100%覆盖时的雪水当量 SWE 值(SWE 阈值)时,意味着这个高程区没有完全被大雪覆盖。当 SWE 超过了 SWE 阈值时,意味着整个高程区都被大雪覆盖。这时,融雪应该是潜在融雪,即 cov=1.0。此时消融曲线法不再适用。由此可见,消融曲线法考虑了雪的暴露、风向风力、植被分布、雪的飘移作用等。

此模型存在问题是能量的初始状态应该为 E_s,即刚开始降雪时,能量应该是雪盖的能量状态,应该处于临界状态。cov_{50} 与 cov_{100} 的值需要根据实际情况而定。

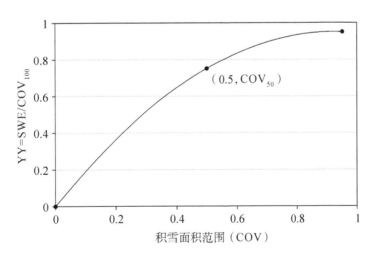

图 7-2-9　雪盖面积消融曲线示意图(资料来源 Fontaine et al.,2002)

在没有输入的情况下,前者可以设为 0.5 mm,后者在起伏较大地区可以设为 300 mm,在较平坦地区可以设为 100 mm。

4) 水库过程模拟

由于水库在蓄水、灌溉以及其他生态环境等方面的巨大作用,使得我们在模型开发过程中,不能忽视。模型成功地耦合了水库的模拟过程。水库在河道演算与河道汇流过程中同时计算。在计算中我们

首先要假设：①水库总是处在主河道上；②水库总是处在所在河道的出口处；③水库汇集所在河道及上游所有河道的流量；④水库输出水量重新进入河道并参与河道的洪水演进过程及河道汇流过程；⑤空间离散过程中，子流域划分得越细，由水库模块模拟误差越小。

水库由于规模与生产用途的不同，其模拟方式也有所不同。基本上可以分为四类，详见下面介绍。但在物理过程上，我们基本上是遵循如图 7-2-10 所示的过程进行模拟。

水库的水量平衡方程为：

$$V = V_{\text{stored}} + V_{\text{flowin}} - V_{\text{flowout}} + V_{\text{pcp}} - V_{\text{evap}} - V_{\text{seep}} \tag{7-2-185}$$

式中，V 为某天结束时的蓄水量（$m^3 H_2O$）；V_{stored} 为某天开始时的蓄水量（$m^3 H_2O$）；V_{flowin} 为某天流入水体的体积（$m^3 H_2O$）；V_{flowout} 为某天流出水体的体积（$m^3 H_2O$）；V_{pcp} 为某天水体面积上降雨量（$m^3 H_2O$）；V_{evap} 为某天水体蒸发量（$m^3 H_2O$）；V_{seep} 为水体下渗量（$m^3 H_2O$）。

初始含沙量（sediment concentration）一般都很小（200～700 ppm）。假设为 400 ppm 是较为合理的值。水库底部的导水率可以设为 0.08 mm/h（SWRRB）。

要计算这些物理量，最重要的概念是水体的表面积。这个量值是随时间发生变化的。

$$SA = \beta_{\text{sa}} \cdot V^{\exp sa} \tag{7-2-186}$$

$$\exp sa = \frac{\log_{10}(SA_{\text{em}}) - \log_{10}(SA_{\text{pr}})}{\log_{10}(V_{\text{em}}) - \log_{10}(V_{\text{pr}})} \tag{7-2-187}$$

$$\beta_{\text{sa}} = \left(\frac{SA_{\text{em}}}{V_{\text{em}}}\right)^{\exp sa} \tag{7-2-188}$$

式中，SA 为水体的表面积（hm^2）；β_{sa} 为系数；V 为水体的体积（$m^3 H_2O$）；$\exp sa$ 为指数；SA_{em} 为水库在水位到达紧急泄洪道时的表面积（ha）；SA_{pr} 为水位到达正常泄洪道时的表面积（ha）；V_{em} 为当水位到达紧急泄洪道时的体积（$m^3 H_2O$）；V_{pr} 为水位到达正常泄洪道时的体积（$m^3 H_2O$）。

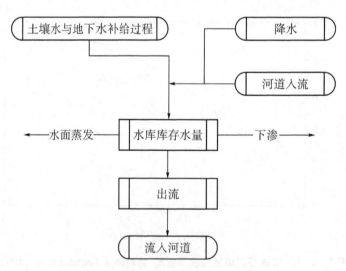

图 7-2-10 水库水文模拟过程示意图

（1）降雨

$$V_{\text{oco}} = 10 \cdot R_{\text{day}} \cdot SA \tag{7-2-189}$$

式中，R_{day} 为某天落在水体中的降雨（$mm H_2O$）；10 是单位转换系数。

（2）水面蒸发模型

水资源与淡水生态系统的管理增大了开放水蒸发估计的必要性。但水面量测蒸发率或者是其他的气象因素，都不太容易估计。所以一般的方法是采用由地面环境实际值驱动的模型来估计水面蒸发过程。因为入射太阳辐射由水体本身吸收，而不是停留在表面，致使水面的能量平均与地面不同。而且蓄热也是水平衡的一个重要组分，在季节性辐射与蒸发之间可能存在着滞后现象。

精确地估计水体蓄热变化是十分必要的。开放水体在进行模拟时，一般假设在水体内部没有热分层现象。Edinger 等首先提出了"温度平衡"概念，即温度变化由蓄热变化驱动。当净热交换为 0 时，水处在温度平衡状态，这个概念得到广泛使用（de Bruin，1982；Finch，2001）。Finch 提出温度平衡法（equilibrium temperature method），Finch 等又提出有限差分法。水温用迭代法来估计，并改进了计算太阳辐射与风速的方法，提高了模拟精度。但是，这两种方法所需的参数还是不能够保证，如水温、水深、长短波辐射、反照率等。

就我国而言，较常用的有气候指数模型和质量转移模型。气候指数模型虽是一个经验性的模型，但有一定物理基础，经实验资料验证，精度较高。质量转移模型是从紊流扩散原理导出的有着一定的理论基础的，但大量资料显示其精度较差。

影响水面蒸发的因素有水汽压差，风速还有相对湿度。风速大小表现在它对紊流扩散的强弱和干湿空气交换快慢的影响上：风速愈大，紊动愈烈；干湿空气交换愈快，故蒸发也愈大。相对湿度是空气中实际水汽压与该气温下的饱和水汽压之比，它能反映出空气中的水汽压含量与饱和水汽压含量之间的距离。施成熙 1984 年集中了全国 19 个蒸发实验站的资料，分别以湿润区、半干旱区和干旱区为环境条件，给出了 6 个水面蒸发模型。李万义在比较前人模型基础上，给出了一个适用于全国范围的水面蒸发量计算模型。我们这里暂时采用李万义的模型，来试计算水库地区的水面蒸发。

模型假设蒸发是由于水面水汽压大于其上空大气的水汽压，使逸出水面的水分子多于从大气中返回水面的水分子的结果。不断由水面供给的水汽速度，由两者的水汽压差以及流经水面上空空气的湿度和速度来决定。

为此通过测定水面和其上空某一高度的水汽压以及风速和湿度，来计算水面蒸发量。

$$E = c(e_0 - e_{150})W^{\alpha_w} \tag{7-2-190}$$

式中，E 是水面蒸发量（mm/d）；c 是水面蒸发系数；e_0 是水面水汽压（hPa）；e_{150} 是水面上空 150 cm 处水汽压（hPa）；W 是水面以上 150 cm 处风速（m/s）；α_w 是风速指数；α 是 W 的函数。

风速指数 α_w 的大小，与测量风速的高度以及下垫面的粗糙度有关。高度越大，粗糙度越大，风速指数越小。因为下垫面粗糙度越大，风速梯度也越大，作用于水面上的有效风速变小使紊流扩散减弱。风速指数可以由式（7-2-191）求出：

$$\alpha_w = 0.85W(W+2) \tag{7-2-191}$$

水面蒸发系数由式（7-2-192）给出：

$$c = 0.1 + 0.24(1-U^2)^{0.5} \tag{7-2-192}$$

这里，U 为相对湿度，以小数计。于是完整的模型应为：

$$E = [0.1 + 0.24(1-U^2)^{0.5}](e_0 - e_{150})W^{0.85W/(W+2)} \quad W > 0, \alpha_w < 0.85 \tag{7-2-193}$$

蒸发系数中的相对湿度，采用水面外围陆地上的观测值。这是因为陆地的相对湿度小于水面，它能反映水汽向外扩散和交换的抑制程度。此模型的最大优点是它的两个参数（蒸发系数 c 和风速指数 α_w）不是定值，而是变量。蒸发系数 c 是随着相对湿度的增大而减小的；风速指数 α_w 则随着风速的增加而增大。

（3）库底渗透

$$V_{\text{seep}} = 246 \cdot K_{\text{sat}} \cdot SA \qquad (7-2-194)$$

式中，K_{sat} 为库底有效饱和导水率(mm/h)；SA 为水体的表面积(ha)。

（4）出流

出流要根据手中的资料来选择计算方法。根据实际水库的情况分别用四种方法进行模拟：

①实测日出流法

$$V_{\text{flowout}} = 86\ 400 \cdot q_{\text{out}} \qquad (7-2-195)$$

式中，q_{out} 为出流量(m^3/s)。

②实测月出流法

模型形式如式(7-2-170)，但是 q_{out} 为实测月出流量，与原来所代表的意义不同。

③非控制水库年均释放量

这是对非控制水库来说的，即当水库的水面上升到正常泄洪道以后自动泄水。又分两种情况：

i. 当水面上升到正常泄洪道时，

$$V_{\text{flowout}} = V - V_{\text{pr}} \quad \text{if} \quad V - V_{\text{pr}} < q_{\text{rel}} \cdot 86\ 400 \qquad (7-2-196)$$

$$V_{\text{flowout}} = q_{\text{rel}} \cdot 86\ 400 \quad \text{if} \quad V - V_{\text{pr}} > q_{\text{rel}} \cdot 86\ 400 \qquad (7-2-197)$$

ii. 当水面超出紧急泄洪道时，

$$V_{\text{flowout}} = (V - V_{\text{em}}) + (V_{\text{em}} - V_{\text{pr}}) \quad \text{if} \quad V_{\text{em}} - V_{\text{pr}} < q_{\text{rel}} \cdot 86\ 400 \qquad (7-2-198)$$

$$V_{\text{flowout}} = (V - V_{\text{em}}) + q_{\text{rel}} \cdot 86\ 400 \quad \text{if} \quad V_{\text{em}} - V_{\text{pr}} > q_{\text{rel}} \cdot 86\ 400 \qquad (7-2-199)$$

这里，q_{rel} 是日均泄洪道流量(m^3/s)；86 400 为单位转换因子，来自一天等于 86 400 s。

④目标容量法

这个方法把正常泄洪道体积对应于最大洪水控制，紧急泄洪道对应于无洪水控制。模型需要输入洪水季节的起始月，在无洪期需要无洪水控制体积，目标容量即为紧急泄洪道体积。在洪水季节最大洪水控制是土壤含水量的函数。洪水控制在湿润季节设最大值，在干旱季节设为最大值的 50%。目标容量法可以由用户设定为基于月控制的或基于洪水季节与土壤含水量的函数。

$$V_{\text{targ}} = \text{starg} \qquad (7-2-200)$$

式中，V_{targ} 为某天的目标容量($\text{m}^3\,\text{H}_2\text{O}$)，starg 为某月的目标容量($\text{m}^3\,\text{H}_2\text{O}$)。如果这个没有定义，那么目标容量由下式来计算：

$$V_{\text{targ}} = V_{\text{em}} \quad (\text{如果 } mon_{\text{fld,beg}} < \text{mon} < \text{mon}_{\text{fld,end}}) \qquad (7-2-201)$$

$$V_{\text{targ}} = V_{\text{pr}} + \left(1 - \min\left[\frac{SW}{FC}, 1\right]\right)(V_{\text{em}} - V_{\text{pr}})/2 \quad (\text{如果 } \text{mon} \leqslant \text{mon}_{\text{fld,beg}} \text{ or } \text{mon} \geqslant \text{mon}_{\text{fld,end}})$$

$$(7-2-202)$$

式中，V_{em} 为充满紧急泄洪道时的水库持水体积（$m^3 H_2O$）；V_{pr} 为正常泄洪道时水库的持水体积（$m^3 H_2O$）；SW 为子流域平均土壤含水量（mmH_2O）；FC 为子流域田间持水量时的含水量（mmH_2O）；mon 为这年的月份；$mon_{fld,beg}$ 为洪水季节的开始；$mon_{fld,end}$ 为洪水季节的结束。

一旦目标容量定义了，出流就可以用下式计算：

$$V_{flowout} = (V - V_{targ})/ND_{targ} \qquad (7-2-203)$$

式中，$V_{flowout}$ 为出流量（$m^3 H_2O$）；V 为水库中的水的体积（$m^3 H_2O$）；ND_{targ} 为水库到达目标容量所需要的天数。

当出流用上面四个方法之一计算出以后，用户可以定义一个最小与最大的出流量。如果初始出流量不满足最小流量或超出了最大出流量，要对这些量对应的给定值进行改变：

$$V_{flowout} = V'_{flowout} \quad if \quad q_{rel,mn} \cdot 86\,400 \leqslant V'_{flowout} \leqslant q_{rel,mx} \cdot 86\,400 \qquad (7-2-204)$$

$$V_{flowout} = q_{rel,mn} \cdot 86\,400 \quad if \quad V'_{flowout} \leqslant q_{rel,mx} \cdot 86\,400 \qquad (7-2-205)$$

$$V_{flowout} = q_{rel,mx} \cdot 86\,400 \quad if \quad V'_{flowout} > q_{rel,mx} \cdot 86\,400 \qquad (7-2-206)$$

式中，$V'_{flowout}$ 为某天的初始出流量（$m^3 H_2O$）；$q_{rel,mn}$ 为某月的日均最小出流量（m^3/s）；$q_{rel,mx}$ 为某月的日均最大出流量（m^3/s）。

5）流域汇流模拟

传统上研究流域汇流计算的方法有两种途径：一种是单位线，另一种是等流时线。前者属于黑箱子模型，后者属于概化推理模型。

单位线法由舍尔曼于 1932 年提出。从那时起，单位线与下渗理论成为流域水文模型中两个最基本的支柱。Zoch 建立了线性水库和瞬时单位线的概念。Clark 将等流时线与线性水库两种概念相结合，建立了瞬时单位线法（芮孝芳，1999）。Nash 提出了具有 Gamma 函数分布形式的瞬时单位线。Dooge 明确将系统概念引入流域汇流，提出了一般性流域汇流单位线，相继提出了时变水文系统概念和各种流域非线性汇流理论和计算方法。Dodriguez-Iturbe 和 Gupta 等人基于流域河网定理提出地貌瞬时单位线的概念。加里宁、周文德等都进一步发展了单位线法的应用。

但这些方法基本上属于黑箱子方法，以数学方程的拟合为主，与流域上发生的水力状态没有直接联系，因而还有缺陷。等流时线则在概念上说明了出流流量是从各块面积上的出流经过一定时间后集合而成的。这进一步模拟了汇流过程，并为瞬时单位线提供了物理解释。但是它没有考虑由于断面流速分布的不均匀性与各种蓄水滞水作用而造成的河网调节作用，认为在一定等流时线上的水质点，能同时到达出流断面。

如果按照物理概念来改进这个方法，就必然走上用水力学计算的老路，完全用水力学来求解流域汇流，在小面积上可以做到，而在较大面积上，就过于复杂，不太实用了（赵人俊，1984）。

我们在进行流域汇流计算时采用了一种新的方法，具有一定物理意义。详述如下：

（1）假设

①河网是不同非线性河道相互连接而成的网络结构。②每级河道之间相互关连（保证所有河道参与河道汇流过程），同一级河道之间没有水沙交换。③第一级节点没有水量调蓄作用，也没有泥沙量的变化，而其他节点接收连通上级河道所有的来水来沙，并且有水库存在。先进行水库的计算，输出后重新汇入河道终节点，发生调蓄作用。④非线性河道与水库（河道）蓄水量之间为非线性关系，但对于每一水库（河道）的水量及整个河网总水量保持守恒。⑤水库的输沙与水库（河道）的蓄沙之间是非线性关

系,对于每一水库(河道)的泥沙总量及整个河网总沙量保持守恒。

(2) 模型

$$V_{i,\text{out}} = f(\sum_m V_{i-1,\text{out}} + V_{i,\text{wy}}) \tag{7-2-207}$$

式中,$V_{i,\text{out}}$为第 i 级河道的出流量(m^3);f 为槽蓄法;m 为相邻上一级河道的总数;$V_{i-1,\text{out}}$为相邻上一级河道的出水量(m^3);$V_{i,\text{wy}}$为第 i 级河道所在子流域进入河道的总水量(m^3)。

(3) 计算过程

①因为自然界中河道的洪水演进过程与流域的汇流过程是同时发生的,所以我们把这两个过程合并到一起来计算,并同时计算泥沙的演进过程。②各河道在每一计算时段都是同时存在入流与出流现象的,在对各河道进行洪水演进时我们采用的是槽蓄法,所计算的结果是在同一时段入流情况下的出流量,而此出流量同时在此时段也参与了下一级河道的入流过程,即所有的演进(入流、出流)或汇流过程,都是在每一时段同时进行的。③每一个子流域中都有单一河道,我们采用的方法是利用生成的河道之间的拓扑关系,搜索各河道的汇流级别,先搜索源河道(没有上游河道的河道),定为 1 级,每次搜索完,排除已定级河道再循环来搜索余下河道的源河道,再将河道依次定级为 2,3……级等,一直搜索到流域出口河道为止。④每一时段中,从第一级河道开始计算,通过所在子流域流入河道的产流,利用槽蓄法进行洪水演进计算,得出的流量并入相应的 2 级河道,作为此 2 级河道的入流量。这样在对 2 级河道进行洪水演进计算时,入流量已经包括了所有上一级子流域的产流量,以此类推,一直计算到流域出口所在河道为止。这最高一级河道的出流量就是此时段全流域的总出流量。

7.2.5　模型集成软件系统设计与实现

在开发过程中,我们以 SWAT 模型建模过程为基础,参考国外模型的建模经验与参数计算方法,分析系统中各要素之间的相互联系和相互制约的关系以及系统与环境之间物质和能量的交换过程,给出描述这些关系和过程的数学模型。模型中许多经验参数的赋值都适当参考国内研究的成果,继而有可能做一个适合在我国国情下运行,并能较精确模拟实际情况的流域模拟模型系统。

分布式模型属于物理模型范畴。它不仅是单纯的数学模型,还包括了空间结构关系及其分析等,因而决定了模型的复杂性。而模型(包括流域模型)一旦与所描述的对象或过程联系起来,涉及模型随时间的动态变化特征,需要考虑时间对模型目标的影响及数据的可能更新周期等问题(王桥等,1997)。

与传统的数学模型相比,一个完整的分布式模型集成应用系统需要更强大的数据采集与处理功能,更强调模型数据的存储与有效组织,更重视模型运行结果的形象化表达与空间应用分析。其中的空间分析与模型分析都是 GIS 所具有的高级功能。因此,在现有以解决地学领域问题为目标的系统中,GIS 与模型的集成方式和模型在 GIS 中的性能,已经成为考察一个系统优劣的指标(闾国年等,2001)。

1. 系统硬件配置与软件开发环境

因为模型需要的基础数据中有大量卫星图像及其他图像,同时要存放大量的基础数据,并且图像处理与模型运算都需要计算机具有良好的性能,因此对计算机的硬件配置具有一定的要求。系统运行环境需要 PentiumⅢ500 以上微机,硬盘容量不少于 20G,内存不少于 128 MB,推荐用 256 MB。

在软件开发环境方面,早期最常用的流域模型与 GIS 的集成是标准交换文件方式。它通过 GIS 与模型的导入导出功能,通过生成的一个标准的数据交换文件来实现数据的共享。这种方式可充分利用已有的专业模型,并可利用现有分析软件实现数据的分析,同时又便于用高级语言开发新的专业模拟模型及数据分析模型。这种方式比较容易实现,但实现过程中对所有的 GIS 辅助提取参数项,均要增加一次文件的存取,也需要在两个独立的软件系统之间来回切换,这会严重影响模型运行的时间和空间效率。

目前地理信息系统的开发大体上分为两种模式:

(1) 底层开发,即自主设计空间数据的数据结构和数据库,利用可视化的编程语言(VC,VB)从底层进行开发。但这种开发必须具备雄厚的科研力量与足够的开发费用,并且要随着研究的不断深入而不断更新系统。这主要用于开发商品化的 GIS 软件,如 ESRI,MAPInfo 公司等。

(2) 二次开发。二次开发是目前 GIS 应用模型系统的主流开发方式。但二次开发又可以分为两种模式:一种是利用专业的 GIS 工具软件(ArcView、MapInfo)为开发平台,利用其提供的二次开发工具(ArcInfo 的 AML,ArcView 的 Avenue,MapInfo 的 MapBasic 等),结合自己的应用目标开发。这种方法比较简便易行,主要的缺点是移植性差;并且受开发工具的限制,不能脱离原系统软件环境而独立运行(张世强,2000)。二次开发的另一种模式是建立在对象链接与嵌入技术基础上的,又称为嵌入式 GIS技术,即利用 GIS 工具软件生产商所提供的建立在 ActiveX 技术基础上的 GIS 功能控件,直接将 GIS 功能嵌入在支持面向对象技术的高级语言中(VC,Delphi,VB),最终向用户提供可执行的独立运行的应用程序。

组件式 GIS 开发方法是随着 20 世纪 90 年代组件技术的发展而兴起的。它的特点是开发周期短、成本低,可以在任何符合工业标准的开发环境中使用。它可以脱离大型商业 GIS 软件平台而独立发布运行,为不熟悉 GIS 技术的团体和个人提供使用上的便利,是未来 GIS 开发的重要方向。

现阶段影响比较大的有 Mapobjects 与 MapX 等。系统采用 VB6.0＋MapObjects2.2＋ADO＋Access＋ArcView 结合的开发方式,进行模型集成及模型与 GIS 集成,开发的技术解决方案如图 7-2-11所示。

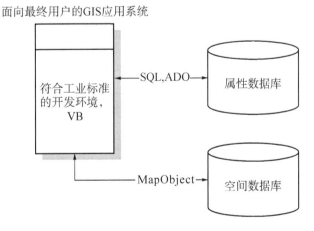

面向最终用户的GIS应用系统

图 7-2-11 模型与 GIS 集成技术解决方案

MO 用 DAO 访问数据。DAO 允许程序员操纵 Microsoft Jet 数据库引擎的第一个面向对象的接口。Jet 数据库引擎是一种用来访问 Microsoft Access 表和其他数据源的记录和字段的技术。对于单一系统的数据库应用程序来说,依然很受欢迎并且非常有效。而 ADO ActiveX 数据对象(ADO)方式是DAO 方式的继承者,是 Microsoft 处理关系数据库和非关系数据库中信息的最新技术。通过 ADO 能访问和操作数据库中的数据,其主要优点是易于使用、速度快等。使用 ADO 能够构建 C/S 和 B/S 结构的应用程序。

ADOX 是对 ADO 对象和编程模型的扩展。ADOX 包括用于模式创建和修改的对象,以及安全性。由于它是基于对象实现模式操作,所以用户可以编写对各种数据源都能有效运行的代码,而与它们原始语法中的差异无关。ADOX 是核心 ADO 对象的扩展库。它显露的其他对象可用于创建、修改和删除模式对象,如表格和过程。它还包括安全对象,可用于维护用户和组,以及授予和撤销对象的权限。

研究开发的系统通过 ADO 对象进行实测数据与部分属性数据的存取,输入数据与模型的输出结果都存放在微软 Access 数据库中。

MapObjects 与 ArcGIS、ArcView 等传统 GIS 软件的空间数据接口具有一致性。它所接受的矢量数据为 Shapefile 的格式。这是一种简单的、用非拓扑关系的形式来存储几何位置和地理特征的属性信息的格式。这种文件格式使用存储在同一工作区的不同扩展名的文件来表示,分别是:

.shp——存储几何特征;

.shx——存储几何特征的索引;

.dbf——这是一个数据库文件,它存储特征的属性信息;

.sbn 和.sbx——存储特征的空间索引;

.ain 和.aih——存储数据库中或 ArcView GIS 中专题的属性表中被激活字段的索引。

通过 MapObjects 可以直接调用 shape 文件、图像文件、属性表或通过 ESRI 的专用数据库引擎连接的专用数据库。MapObject2.2 也支持遥感及其他栅格 GIS 数据与图像的显示和操作。我们的研究通过模型主界面可以调用与模型运行相关的各种 shape 文件。当执行导入模型参数命令时,程序将自动调用图层的属性文件。通过字段索引,将相应的值赋给模型运算数组,从而完成模型 GIS 辅助参数赋值的无缝自动进行,而不存在文件格式的转换问题。

2. 模型软件系统设计框架

模型集成系统是建立在 Windows 平台上,具有基本的空间数据输入与处理,属性数据的查询处理,模型运算,结果存放在 Access 数据库中,并可以对运算结果可视化显示等功能。系统功能模块详细划分如图 7-2-12 所示。这样在模型运行前期,可以对由其他 GIS 软件(暂时只限定 ArcView+avswat 2000 扩展模块)所提取的模型所需要的参数进行部分处理与确认,对于其他非空间属性可以进行输入与修改,但启动产水产沙模型运行期间,程序将不能中断,一直到模型运行结束为止。

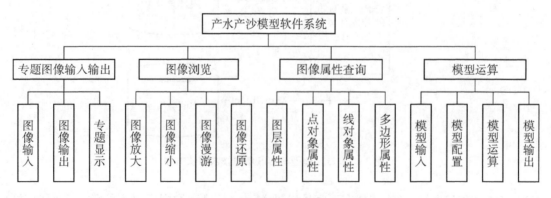

图 7-2-12　模型应用软件系统设计框架

模型集成系统是建立在 Windows 平台上,具有基本的空间数据输入与处理,属性数据的查询处理,模型运算,结果存放在 Access 数据库中,并可以对运算结果可视化显示等功能。这样在模型运行前期,可以对由其他 GIS 软件(暂时只限定 ArcView+avswat 2000 扩展模块)所提取的模型所需要的参数进行部分处理与确认,对于其他非空间属性可以进行输入与修改,但启动产水产沙模型运行期间,程序将不能中断,一直到模型运行结束为止。

3. 系统主要功能特点

双重控制:系统采用菜单和工具按钮的双重控制方式。无论是用菜单还是在工具按钮,都可以实现对图层的操作与地点间的切换,进行空间位置与属性间的交互性查询,及属性的显示、图像的放大缩小等。

二级复选菜单:利用二级复选菜单中任一要素与正在显示的区域相同,则只处理所选要素图层。如选择的要素与正在显示的区域不同,则系统会先将显示的中心区域移到所选区域,并重画目标区域内应用要求的要素。

标准按钮:常用的工具全部用微软或 MapObjects 的标准按钮,具有形象化的特点并在鼠标停留上方显示使用提示,包括打印、全图显示、放大、缩小、漫游等 GIS 基本功能按钮。

比例尺功能:在图形放大方面,可通过鼠标直接选取目标区域矩形框,对其全屏放大,也可以通过改变比例尺而实现上述效果。显示内容还可以随显示比例尺而调整,主要是考虑在中文环境下,如对于不同比例尺时采用同样的字体大小,则当比例尺较小时,显示全部标记文本时会显得很拥挤,文字甚至会叠加在一起,当比例尺比较大时,文字相对图像又显得太小,这样把显示功能与比例尺联系起来,可以使界面更美观。

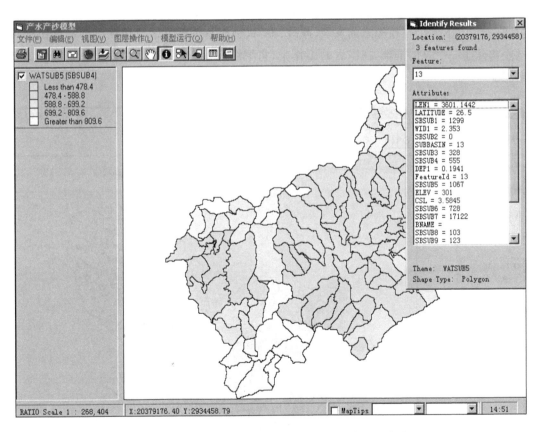

图 7 - 2 - 13　1991 年模拟各子流域产水的空间分布图

基本 GIS 操作功能:在赋值的前期工作中,本研究可以对所用图层进行以下操作:(1) 显示多图层地图(道路、河流、边界)与多种格式的栅格图像文件;(2) 放大、缩小、漫游;(3) 生成图形元素,如点、线、圆、多边形;(4) 说明注记;(5) 识别地图上被选中的元素;(6) 通过线、方框、区域、多边形、圆来拾取物体;(7) 拾取距某参照物特定范围内的物体;(8) 通过 SQL 描述来选择物体;(9)对选取物体进行基本统计;(10)对所选地图元素的属性进行更新、查询;(11)绘制专题图;(12)标注地图元素;(13)从航片或卫星图片上截取图像;(14)动态显示实时或系列时间组数据;(15)在图上标注地址或定位;(16)用特定的方法对特征进行着色处理;(17)用字段值的字符来标注特征;(18)向缺省打印机输出地图控件上的当前显示;(19)对选择的特征进行基本的统计。

模型输出的可视化显示:将科学可视化引入GIS,不仅在于改善地理参照数据的显示,而且通过将数据库功能与图形功能结合,实现数据库的维持与操作过程的可视化,可根本性地改善GIS的数据管理和分析功能,从而可大大提高GIS的实际应用价值(倪绍祥,1996)。输出结果主要是以微软Access数据库的mdb格式进行存放,通过主界面模型运行菜单项下的建立关联选项可以把模型输出结果通过subbasin字段与空间数据库相关联,并可以进行相关属性的分级显示,如图7-2-13所示。图中为1991年模拟各子流域产水的空间分布图。但是在操作过程中,要注意只有关联表与图层具有相同字段时,关联才能成功,并且如果关联表中不能再有与图层记录集中同名的字段。

4. 模型集成系统主界面设计

如图7-2-14所示,本研究在模型集成系统中采用了流域模拟模型与GIS统一的界面。该系统具有GIS软件所具有的漫游、放大、缩小,显示地图属性、空间坐标、空间比例尺、显示主题属性、查询空间位置、添加属性标签等基本功能,并具有一定的编辑功能。由于时间的关系,现在模型集成系统对GIS参数的提取与处理功能还是基于现有的GIS软件实现的,系统做的还只是在导入模型参数值之前,对所要处理主题一目了然,便于在模拟之前发现、修改、编辑、补充有关模型运行所需要参数存在的问题。但本研究已经构建了一个总的框架,在以后的工作中,将继续完善,进而实现GIS辅助参数获取方法的全部自主实现。

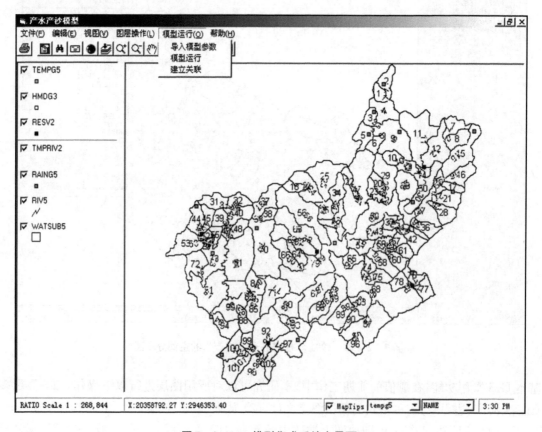

图7-2-14 模型集成系统主界面

调出所有与模型运行相关空间属性图层，并按需要进行修改编辑后，执行"模型运行"菜单项下的导入模型参数命令项，就可以进行模型的部分 GIS 辅助获取参数的自动导入工作，模型集成系统将图层的记录集下所包括的所有有用信息直接导入到模型运行所需要的赋值数组。所有导入过程在后台进行。导入参数结束后，就可以进入产水产沙模型的运行窗体（如图 7-2-15），进行模型运行前的其他准备工作，如土壤数据的输入，气象数据的输入，及降雨、气温、相对湿度等。模型运行中所需要的设置与功能项，可以通过菜单，也可以通过在面板上完成。在这一界面中，可以选定模型需要模拟的起始时间、终止时间，以及其他的如预热年限、产水、产沙等输出的时间与空间尺度选项，可选的模拟选项目前只包括水库模块与沟道形态变化模块。当所有的前期准备已经完成就可以点击模型运行命令按钮进入模型运算阶段。需要注意的是，当模型进行运算程序后，将不能终止程序，直到运算结束为止。

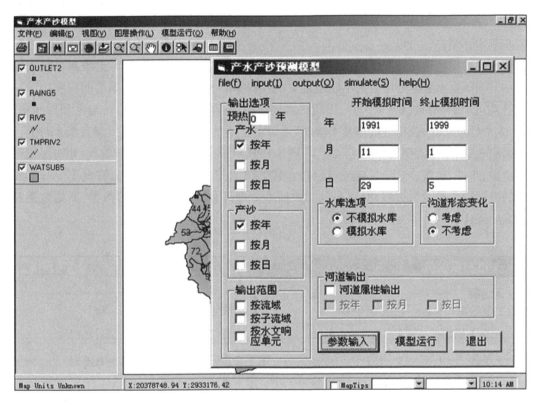

图 7-2-15　模型集成系统参数设置示意图

5. 模型参数的输入界面设计

模型中变量的尺度是不同的，有些变量是在全流域内统一的，有些是子流域或水文响应单元范围内一致的。输出数据的计算与存储文件的设计是基于不同方案进行的。输出时是按照属性进行分类，如土壤属性输入、降水数据录入，气温数据录入。水文响应单元是本模型模拟的最小计算单元。子流域的计算基本上是在水文响应单元基础上累加得来的。流域内的总降雨为各子流域面积加权得到。流域总产水与总产沙均为在流域出口处得到。

对于模型的参数，还需要做好以下几个方面：

（1）求解模型所必需的部分参数。这需要广泛搜索与查询国内外模型实例，使一部分模型的参数归结到可以实现的，或可以实测的，或容易获得的数据源，以提高模型的易用性及在缺少资料地区或无资料地区的应用能力。

（2）经验型参数。在模型中，存在许多系数、指数等，这些参数中有些已经约定俗成，有些为常用固定常数，有些是专家在大量考证之下获得的可以相信的经验值。这些值的获得，大大有利于模型的运行与使用,但是尽量要查证这些参数获得的条件及应用的限制,以减少模型应用错误。

(3) 可自行模拟产生的参数。这也是一项重要的工作。在应用过程中,存在着在一定的应用地域中缺少模型运行所需要的实测数据源的情况。例如进行日时段模拟时,只有月平均值资料或根本就没有实测可用资料。为保证模型的顺利运行与模拟的成功实现,需要对这部分参数进行科学的估计,已经比较成熟的有对太阳辐射,风速及气温的自行模拟产生算法。耦合这些成熟模型将对提高模型不同地区兼容性及生命力起到至关重要的作用。

(4) 可率定参数。在模拟中常遇到这样一些参数,其正确值不易确定,但是从物理意义角度,其取值却有一定的规律可循,即通常具有最大值与最小值两个临界值的可率定参数。在模拟中常遇到这样一些参数,其正确值不易确定,但是从物理意义角度,其取值却有一定规律可循,即通常具有最大值与最小值两个临界值的限定(Arnold et al.,2000)。由此角度来说,这些参数的初始值的赋值是经验性的或是武断的,需要在模拟过程中根据需要进行调节,以确定最优取值,称为参数的率定过程。更详细的内容将在 7.2.6 节中介绍。

模型输入的数据量还是比较大的,而且随着模拟时间序列的增加而增加。土壤属性数据输入界面如图 7－2－16 所示,土壤的分层最大不能超过 10 层,基本的土壤数据包括土壤层的深度(mm)、体密度(g/cm³)、孔隙度(%)、有效含水量(%)、田间持水量(%)、饱和导水率(mm/h)。当饱和导水率(本研究区只取了 13 个样点)无法获得或数据量不够时,可以由土壤结构、体密度及有机碳含量来计算。其他包括气象数据输入(具体输入项目如图 7－2－17 所示)、降雨数据输入、气温数据输入、相对湿度数据输入以及有关植被、水库、融雪、地下水、全流域通用参数的输入等。出于篇幅原因,在此不一一图示。这些只是专用的模型输入界面与过程,模型还包括数据库管理部分,可以对输入的数据、原始数据及生成的数据进行编辑操作。

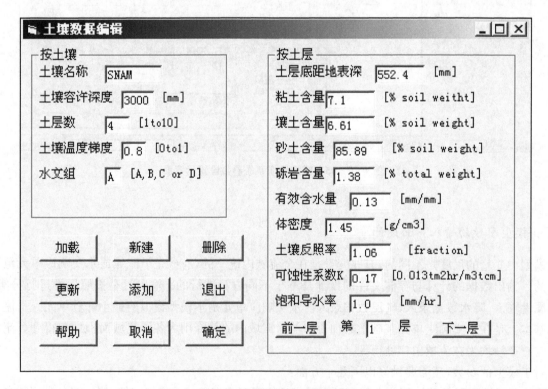

图 7－2－16　土壤数据输入界面

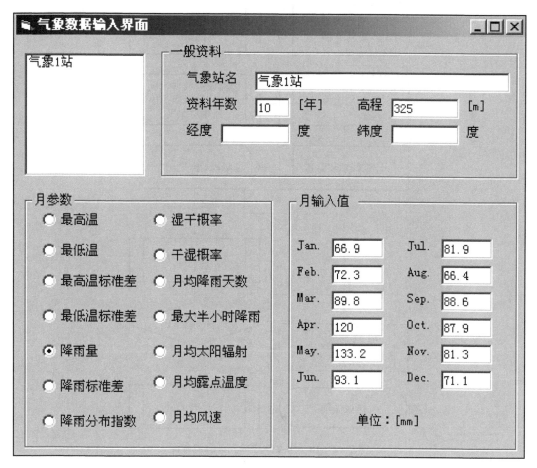

图 7 - 2 - 17　气象属性数据输入界面

6. 系统的程序结构组织

模型运算的最小单位为水文响应单元(如图 7 - 2 - 18),时间尺度为日。水文响应单元从赋值数组中获取运行所需要的初值。其中某些参数值在为水文响应单元级,各不相同。一些参数值为子流域内统一赋值,一些参数值为面积加权值。水文响应单元是没有空间位置与空间属性的。模型是最大精度只精确到子流域级。

模型集成系统主体实现过程中,需要正确处理好模型运行的时间与空间的关系、流域整体与离散单元的关系、产流与汇流的关系、流域河网汇流与水库的关系。以学科分类,主体程序主要包括水文、气象、植被、产沙四大模块之间的关系(图 7 - 2 - 19)。每一部分都要包括初始化过程,都要调用气象模块,为每一子流域,每一水文响应单元赋值,存为赋值数组。这个过程在整个模拟过程中只进行一次,即气象模块在程序运行过程中只运行一次,大大减少了程序与文件之间的交换过程,提高了运算所需机时。

从模块之间的继承关系来看,模型集成系统构建过程中,基本上是以水的流动的物理过程为主要媒介,通过与之相互作用的各种物理过程来模拟流域总体的自然地理过程的变化。图 7 - 2 - 20 描述了主体程序模块结构及其互相之间的关系。

模型集成系统源程序包含各类窗体 51 个、模块 105 个、类模块 3 个和代码(加注释行)共 22 127 行。模型程序部分模块如表 7 - 2 - 3。

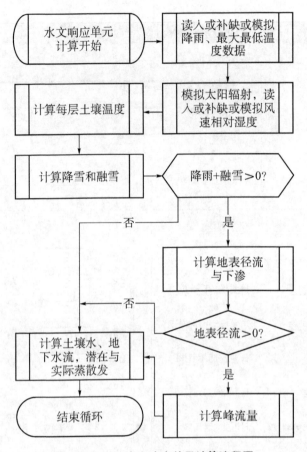

图 7 - 2 - 18　水文响应单元计算流程图

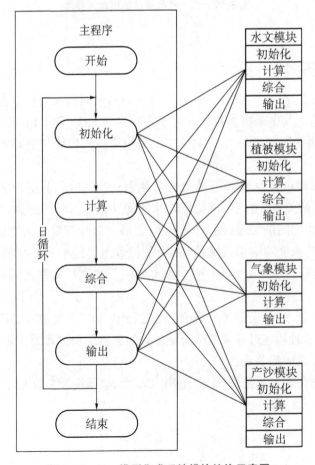

图 7 - 2 - 19　模型集成系统模块结构示意图

7. 模型的调试

模型实现初期还只是基于流域的物理结构构建起来的雏形,但是各种不同流域的地理情况也是千变万化,涉及参数输入值、参数初始值和参数的获取程度等,都会有所不同,因此模型的不同地区的应用,都会经过必要的调试过程。在某种程度上,这种调试过程是决定模型发挥效力的程度,模型模拟精度的主要因素,也是降低各种不确定因素的必要过程。本节选择了江西省潋水河流域作为研究区,并基于此地区进行了模型应用的调试工作,详细内容将在第7-2-6节模型应用与结果分析中进行阐述。

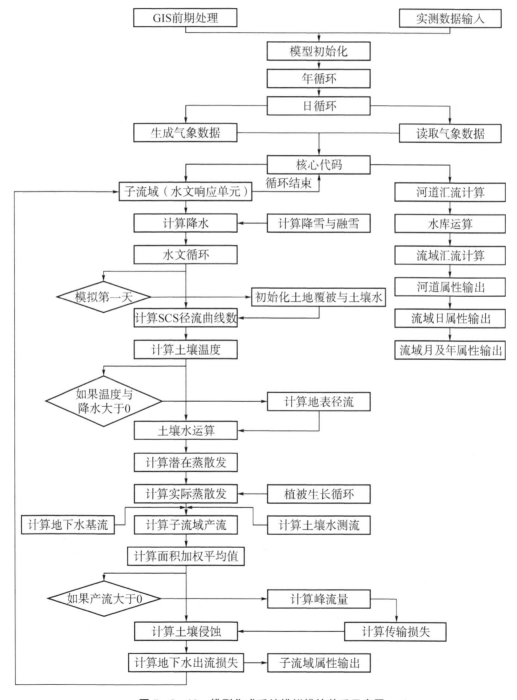

图 7 - 2 - 20 模型集成系统模拟模块关系示意图

7.2.6　模型应用

1. 研究区与研究基础

研究区还是潋水流域研究区。它的概况与研究基础，参看本书第三章第二节。

2. 软件系统

前期图像处理工作主要结合使用了美国的 ENVI 3.5 与 EARDAS 8.5，同时在尝试阶段，还使用了水文建模软件同为 RSI 公司的产品 Rivertools 2.0 进行了效果分析。GIS 软件平台使用美国 ESRI 公司的 ArcView 3.3＋Avswat 2000＋ Spatial Analysis＋Network Analysis＋3D Analysis。模型运行系统要求为 CPU 赛扬 800 以上，内存 128 MB 以上，操作系统在 Win 98 以上。

表 7-2-3　模型集成系统部分模块列表

模块名	模块功能	模块名	模块功能
main()	模型集成系统主程序	hydroinit()	流域水文初始化
simulate()	模拟程序	surfst_h$_2$o()	净地表流量
pmeasset()	一些数据的初始化	pkq()	峰流量
bandset()	一些属性的高程带分布	eiusle()	计算 usle_ei 值
albedoset()	反照率初化	ysed()	用 musle 计算产沙量
hydroiniset()	水文属性初始化	percmain()	土壤下渗过程
sol_phys()	土壤物理属性初始化	percmicro()	计算下渗与侧流
xmon()	给定公元日计算月份	grow()	调整叶面指数
clicon()	气候属性初始	etpot()	计算潜在蒸散发
pmeas()	读取降雨数据	etact()	计算实际蒸散发
tmeas()	读取温度数据	swu()	计算根区植被利用水
smeas()	读取太阳辐射数据(暂时只允许模拟此项)	gwmod()	计算地下水
hmeas()	相对湿度数据读取	gwmodset()	地下水属性初始化
wmeas()	读取风速数据	lasted()	侧流泥沙补给
weatgn()	气象模拟随机因子生成	latsedset()	侧流泥沙浓度
tgen()	模拟温度	surfstor()	计算地表产流产沙
rhgen()	模拟相对温度	substor()	计算侧流
wndgen()	模拟风速	watbal()	水文水单元平衡控制
subbasin()	控制陆相水循环模拟	sumv()	HRU 的物理量总结
curno()	计算径流曲线数	virtual()	多 HRU 的物理量总结
varinit()	陆相水循环初始化	routeprev()	河道汇流
routebase()	河道汇流初始化	route()	模拟河道演进
albedo()	计算反照率	rtday()	变蓄系数法

模块名	模块功能	模块名	模块功能
solt()	计算土层温度	reachout()	河道输出
surface()	计算地表水	routres()	水库计算
canopyint()	冠层初始化	res()	水库蒸发与渗透
volq()	计算地表产流	output()	模型输出

3. 研究区基础数据

本研究中所用的投影系统为和我国基础地形图相一致的高斯-克吕格投影。

所有的图件和相关的点位坐标(气象站,水文站)都采用了高斯-克吕格投影的坐标体系。由于 ArcView 3.3 系统并不支持高斯-克吕格投影,所有的投影转换工作均在 ENVI 系统下进行,转换成统一的地图格网坐标系统后,再输入 ArcView GIS 进行分析。

1) 地形、河道数据

地形、河道数据包括研究区的数据高程模型(DEM)和流域界限以及数字河网图。研究区的 DEM 是基于 1974 年出版的 1∶10 万地形图而生成的。首先在数字化仪上将地形图上的等高线手工进行数字化,每一根等高线所代表的高程值作为其属性值。这样得到的数字化等高线图是矢量形式的,然后通过矢量→栅格转化将其转为栅格形式,每个格网的高程值由等高线所具有的属性值空间内插得到,格网的大小为 25 m×25 m,全研究区共 1 441 行×1 441 列。在 DEM 基础上作出了坡度图。在本研究中,此 DEM 以 ArcView GIS 的 Grid 文件形式存放。

数字河网图是从 1∶5 万地形图上将水系手工数字化得到。地形图数字化得到的河网主要用来辅助精确生成河网图,实际使用的流域河网是通过 DEM 自动生成的。

流域界线是在 1∶10 万地形图上沿分水岭划出流域界线,然后将其手工数字化得到。

2) 气象观测数据

日最高气温、日最低气温、风速和相对湿度的数据来源于江西省兴国县气象局(兴国县城内)的逐日观测资料,时段为 1991—2000 年。

降水数据为研究区内,东村、莲塘、古龙岗三处雨量站的逐日降水量观测值,时段为:1991—2000 年。同时,也搜集了樟木、兴江和兴国县城的部分年份的逐日降水资料,时段为:1993—1995 年。其他的资料还有:兴国县 1957—1990 年累年逐月的平均水气压、平均相对湿度、平均风速等多要素月统计资料,源自气象统计年鉴。以上资料经手工录入后,均以 ArcView 的 dbf 格式文件存贮。

3) 遥感卫星图像数据

遥感图像资料有 1995 年 12 月 7 日和 2000 年 12 月 7 日的美国陆地卫星 5(Landsat-5)的 TM 影像(曾志远等,2000a,2001;张运生等,2005)。2000 年的 TM 4,3,2 波段彩色合成图像参看第三章第二节。

4) 土壤数据

土壤资料包括土壤物理、土壤化学和土壤类型空间分布资料,均源于 1982 年全国第二次土壤普查后汇编的《兴国县土壤》一书。数字土壤图为此书所附 1：20 万土壤类型图经手工数字化得到。具体的处理方法如下：①将扫描后的附图存为 TIF 图像格式，读入 ENVI 系统；②选择高斯-克吕格地图投影系统（投影带号为 20），从地形图上选择土壤图上相应的同名地物点（河道、道路交叉点、高程注记点等）按照数字图像几何校正的方式输入图面坐标进行几何校正（Geocoding）；③将校正好的土壤图以 GeoTIF 的形式导出，在 3D 模块支持下以图像方式读入 ArcView 系统。这时的土壤图在 ArcView 中就具有和地形图Ⅴ相一致的坐标系统；④以校正的土壤图为底图，在 ArcView 中以多边形 shp 形式进行屏幕数字化，多边形的属性值为相应的土壤类型编号。就生成了以 ArcView 多边形 shp 文件格式存贮的数字土壤图，将 shp 文件经栅格化转换就生成 ArcView 的 Grid 格式的土壤图，如彩色版Ⅳ图 4-4-4 所示。

土壤的物理属性资料包括部分土壤类型分层的质地采样数据。土壤化学属性资料为部分土壤类型中的养分含量，包括有机质、全氮、全磷、碱解氮、速效磷等。

5）土地利用数据

1993 年土地利用图为兴国县土地局提供的 1：5 万土地利用图，经扫描后在 ENVI 软件中进行图像配准，然后输出成 Geotif 格式，在 ArcView 中进行数字化编辑和处理，具体步骤与土壤类型图相同。另一期是根据 2000 年 12 月 7 日的美国陆地卫星 Landsat-5 的 TM 4，3，2 彩色合成图像和实地考察建立土地利用分类体系和标志经人机交互解译，并到实地进行验证而成的。

6）水文资料

水文资料来自流域出口断面所在地东村水文站的产水量、产沙量实际观测值，时间为 1991—2000 年，包括逐日径流、泥沙观测值。录入后，以 ArcView 的 dbf 格式文件存贮。所具有原始资料的记录内容与格式有：

（1）关于降雨观测。使用人工观测雨量器，口径：20 cm；型式：标准；器口离地面高度：0.7 m；人工观测段数及起讫时期：1～3 月和 10～12 月二段制，4～9 月，四段制，以每日 8 时作为日分界；放置地点：梅窑、古龙岗、樟木、东村、莲塘、兴江；降水量表记录项（降水量以 mm 计）：日降水量、月降水量、月降水日数、月最大日量、月最大量日期、年总降水量、年降水日数、年最大日降水量、年最大降水量日期。部分具有时段雨量统计资料：最大 1 日及发生月、日，最大 3 日及开始月、日。

（2）关于输沙观测。输沙记录包括（每平方公里输沙率，kg/s）：日输沙记录、月总量、月平均量、月最大量、月最大量日期、年总量、年最大日平均输沙率、年最大平均输沙率日期、年平均输沙率、年输沙量（万 t）、年 侵蚀模数（t/km^2）。

（3）关于平均流量。平均流量记录包括（流量，m^3/s）：日输沙记录、年总量、年最大流量及月、日，年最小流量及月、日，年平均流量，年径流量（亿 m^3），年径流模数（dm^3·s^{-1}·km^2），年径流深度（mm），以及上年度 12 月 27 日、28 日、29 日、30 日、31 日的水位及流量，本年 1 月 1 日、2 日、3 日、4 日、5 日的水位及流量以年头年尾的检查。

7）水库资料

流域内共有大小 5 个水库，所有水库都属于非控水库，其相应的资料如表 7-2-4 所示。

表 7-2-4　研究区水库统计数据

名称	地理位置东经/北纬	上游集水区面积/km²	水位到达紧急泄洪道时表面积/hm²	水位到达紧急泄洪道时体积/10⁴ m³	水位到达正常出水道时表面积/hm²	水位到达正常出水道时体积/10⁴ m³	出水涵洞最大排水能力/m³·s⁻¹	泄洪道最大泄量/m³·s⁻¹	水库底部土壤特性(估算库底导水率参考)
桐林	115°47′30″ 26°32′00″ (兴江附近)	14.6	40	680	30	500	10	101	红色石英砂土,风化岩
竹坑	115°48′05″ 26°24′40″ (梅窖附近)	0.675	4.3	34.6	2.6	23.7	2.5	7.66	花岗岩风化地区,轻度流失
黄圹	115°39′40″ 26°26′57″ (古龙岗附近)	4.68	4.7	37.4	2.7	19.9	0.4	45.0	花岗岩基,红壤土,植被好
雄心	115°38′53″ 26°20′24″ (樟木附近)	2.40	12	127	8	97	0.8	36.5	风化花岗岩,中度流失,红色石英砂土
立新	115°32′34″ 26°27′16″ (东村附近)	8.0	5.3	79.6	2.2	37.8	0.4	117	红色石英砂土,风化岩,红壤土,中度流失,植被一般

8) 农业管理数据

流域内农业管理资料包括作物类型、灌溉措施、耕作方式、轮作的大概时间等。本研究在实地考察时进行了调查,属于描述性概括资料。

4. 模型参数率定

1) 模型试运行的初步结果

模型是基于连续时段(日)的分布式动态模拟模型。它可以按照模拟者设定的时段(模拟起始时间至结束时间的年、月、日),分别输出水文响应单元、子流域及整个流域三个地域级别的若干个物理量的模拟结果,包括流域产水过程(降雨、地表径流、侧流、基流、入渗水,土壤含水量,潜在蒸散发,实际蒸散发),产沙过程、输水、输沙、水库过程等。而其他在运算过程中所涉及的植被生长、生物量、太阳辐射、地下水变化等过程变量虽然都有计算,但暂时还没有输出文件。

输出选项上只有日、月或年的水文响应单元、子流域、全流域级产水与产沙情况,可以选择的选项有:是否模拟水库、是否考虑河流的下切与拓宽作用等。模拟各物理过程所用模型详见第四章各节。

这次模型的实验性应用,主要采用江西省兴国县境内的濊水河流域的数据,为充分利用分布式流域模型的特点,并判断模型在空间高精细度情况下的模拟情况,利用 GIS 软件将研究区划分成 102 个子流域(如图 7-2-21)和 649 个水文响应单元。

尽管在模拟过程中按照我们设计的模型体系涉及很多其他地理过程及相互作用因子,但是研究区内没有相应的大量观测数据进行对比,因此本研究只选择了有实测值的输出项目径流和泥沙两项进行模拟精度分析。

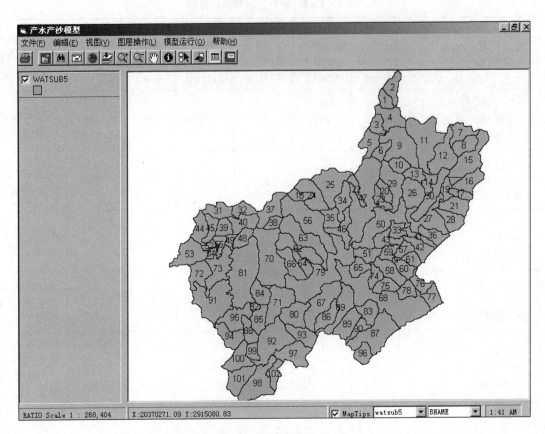

图 7-2-21 潵水河流域空间离散为 102 个子流域的示意图

研究区共有 1991—2000 年 10 年的资料,时间序列长度较短,而且输出项目资料的空间尺度只限制在潵水河流域尺度上,在更细的空间范围级别,如子流域、水文响应单元等则没有相应的实测值,因此模型的运行结果只能在流域尺度上进行验证。

下面本研究分别以月模拟结果、年模拟结果、有水库模块参与模拟结果和无水库模块参与模拟结果来讨论模型的试运行精度及各种情况下对本地区应用结果的影响。

首先,设置预热期为 1 年,预热期的意义在于因为一部分参数(系数或指数)在模型运行初期,前期条件不明或无法确定时,都是取初值为 0 或一假定值来进行计算的,这样很显然不符合模型运行期间的实际自然条件与自然过程,因此在计算过程的前期会出现必然错误现象。一般经过一年的模型运算后,这些值逐步取得不为 0 的计算值,这些值会更接近正常值,又重新起到为模型正常运行赋初值的作用,使模型行为逐渐接近正常。预热期内模型还是运算的,只是结果不参加输出,但因为时间序列短,且为了方便以后的对比,本研究暂时输出,并参与计算。

产水量与产沙量的运行模拟结果与实测值间的比较如表 7-2-5。仅仅从数值上看,误差很大。那么,两者之间会不会存在着某种关系使模拟精度进一步提高?研究发现,产水与产沙模拟的模拟值与实测值的年际动态变化具有相似性与相关性。如图 7-2-22 和图 7-2-23 所示。现在还没有排除预热期,即第一年的值。其中因为产沙量误差过大,在图 7-2-23 的比较中,为方便比较两者的相关性,将模拟值做了除 20 的处理。

如以产水量为例来说明模拟情况,则如图 7-2-24 所示,模拟值与实测值之间具有很强的相关性,证明模型的结构与物理机理基本上是正确的,只是在参数取值上,存在着一些问题,或者说,参数取值的不确定性影响了最终的模拟结果。这说明参数的率定工作是必不可少的,且至关重要。

从水库模块引入与否来分析,因为水库对水的调节能力,一定会带来实验结果的不同,但在本地区所有水库都属于小水库,而且都为非控制水库,所以影响不大,这从本研究的实验性模拟中得到了验证。

无水库模拟组分时的模拟相关性分析见图 7-2-25。

表 7-2-5　参数率定前 10 年径流模拟值与观测值的对比

年份	径流量对比/mm		产沙量对比/(t·hm⁻²)		年份	径流量对比/mm		产沙量对比/(t·hm⁻²)	
	模拟值	观测值	模拟值	观测值		模拟值	观测值	模拟值	观测值
1991	449.34	738.78	41.40	2.71	1996	811.40	1 031.21	76.65	3.03
1992	1 181.47	1 618.71	113.95	7.11	1997	1 277.23	1 812.82	123.09	4.88
1993	553.48	794.53	52.16	2.02	1998	1 137.79	1 727.17	108.76	8.17
1994	956.77	1 439.27	91.50	4.89	1999	855.30	1 123.28	82.22	4.21
1995	927.35	1 343.32	88.78	4.48	2000	540.72	802.59	50.38	1.44

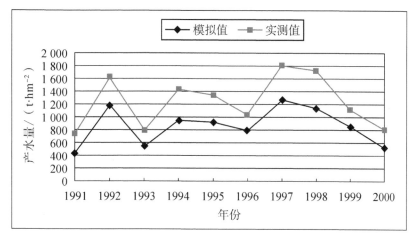

图 7-2-22　参数率定前 10 年径流模拟值与观测值动态变化图

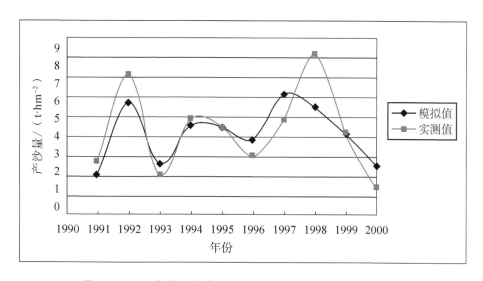

图 7-2-23　参数率定前 10 年产沙模拟值与观测值动态变化图

对于月流域产流域产沙,与年模拟值对比情况相似,绝对值误差不理想,但是通过 10 年月均动态的对比,仍然可以得出通过正确的率定可以提升精度空间的结论,如图 7-2-26、图 7-2-27。产水的月均模拟的走向仍然与实测值具有相似的特征,效果较年模拟值要好,而产沙模拟不仅反映出了与实际情况相似的趋势,更重要的是几个波峰与波谷都吻合得较好。而产沙的年际模拟与实测值相比,在 1997—

1998 年时间段明显表现得有些不同步,这种情况可能与 1997—1998 年我国气候变化异常有关。侧面证明,本书模型模拟年内变化相对于年际变化情况要好,同时模型对于气候异常等突发事件预测能力较弱。

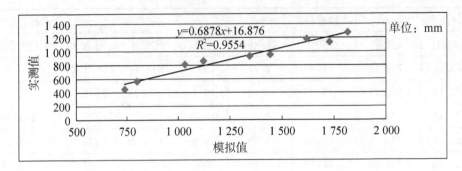

图 7-2-24　引入水库模块时 10 年产水模拟值与实测值回归分析

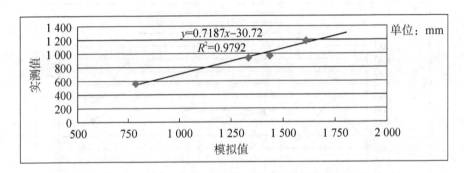

图 7-2-25　不引入水库模块时 10 年产水模拟值与实测值回归分析

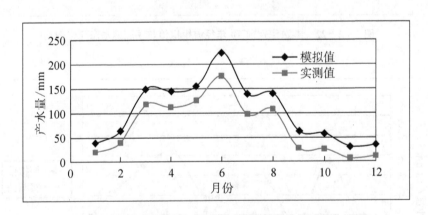

图 7-2-26　研究区 10 年月均产水量模拟值与实测值对比图

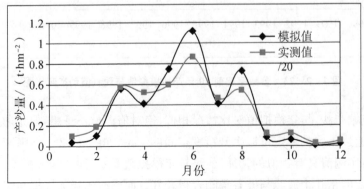

图 7-2-27　研究区 10 年月均产沙量模拟值与实测值对比图

2) 参数的调整与敏感性分析

大多数流域模型都是在点尺度、小尺度和较小时间尺度下研究和建立的,用到更大的空间或不同时间尺度,就意味着改变了模型本身的适用尺度,因此也就不可能使模型按理想的情况与精度运作。

当所需实测数据不能满足时,则不得不用其他来源的、精度较差的数据来代替,由此也会带来模型的不确定性。模型输入数据的误差被认为是巨大的、潜在的不确定性的来源。因此,除了统计自身的误差之外,还有两种主要的不确定性来源:一是参数所固有的,二是数据源的尺度或分辨率差异造成的。

任何模型在开发期间,都经过一个参数率定过程,即调整参数使模型模拟结果尽可能反映现实的过程。应用模型指导和调整的数据收集方案可能并不是最为经济的。模型敏感性分析过程有助于将数据收集集中到最为相关的信息上。通过这些分析,可以判断出模型结果对方程或者变量等模型组件轻微变动的敏感程度。在模型建立阶段,敏感性较小的组件可以被安全地忽略掉;有些变量常常因为开发时间限制、专业技能缺乏和资金不足等问题,被开发人员去除。模型建成后,可以就不同变量的重要性展开正式的敏感性分析。这会发现部分变量对模型结果影响很小,而其他变量影响显著。

敏感性分析并不容易实现,特别是具有大量参数的模型。何况有些参数是相互影响的,反复调整也会使模型运行周期增加,但对最终结果影响不大。

虽说从物理机制本身来调整模型以缩小模拟值与实测值之间差别,是完善型的最终途径。但在无法对自然地理过程完全模拟的情况下,许多参数都只能知晓其变化范围而无法给出确定值。因为:第一,本研究无法得知此物理量的确切取值;第二,在这个非均质的世界中,不易有完全相同自然性质的研究区可以类推。

这些都对人的素质有很高的要求,每一个参数调整到什么程度,调整后对其他参数产生什么影响,至今在流域模拟科学的理论上也没有得到完全解决。从第四章内容中可以看出,尽管在模型集成过程中,总是围绕着遵循自然规律的物理模式出发,但在集成前期仍然要进行许多假设。例如,本研究没有考虑地表的填洼作用和池塘作用等。模型运行中仍然需要人为经验确定的或资料演算的系数。它们都会为最后的精度带来不确定性,且会因实验区和操作人员不同和实测资料的缺少带来不同的结果。

值得庆幸的是,我们的多年研究已奠定了分布式物理模型应用的基础,所以在参数率定过程中,首先要借鉴前人的研究成果,将文献中的成果与自己的研究相比较,只筛选出一定的参数进行敏感度测试。如果还没有明显地提高模拟精度,那就要在剩余的参数中寻找敏感因子,并在其物理意义所允许的范围内进行调整,寻找最佳的取值。

由此可见,最终被选择出来的参数还是较多的,对每个参数都进行调整仍然是不现实的。为从不确定的参数海洋中脱身,高效完成模型参数率定过程,Eckhardt 等曾提出两个率定的原则:

(1)只从选择的参数中挑选一小部分来进行率定。某个参数率定时其他参数假定不变,或以预定义的比率同时进行调整。这样可大大减少对每一个参数变化跟踪的必要和调整工作量。例如导水率,在率定过程中如果全流域都用统一值,那么将会大大减少率定的周期。

(2)保证率定过程中每对参数间所具有的物理关系不变。

因为模型模拟最后的输出项目很多,本研究根据实际情况只选取几个重要的输出选项来进行对比,包括产水量、产沙量、潜在蒸散发、最大峰流量以及土壤水变等。工作中参照了西班牙特瓦河流域模拟中采用的标准进行模型参数敏感度的衡量标准,如表7-2-6。

表7-2-6　参数敏感度判断标准表

输入参数值的变化(%)对输出选项的影响程度						
	<0.1	0.1~<0.5	0.5~<2.5	2.5~<7.5	7.5~<12.5	12.5~<17.5	≥17.5
输入参数对输出选项的影响	没有或几乎没有影响	微度影响	轻度影响	中度影响	较大影响	很大影响	极大影响

3) 模型参数率定的过程

物理模型的每个参数都有相应的物理意义,所以模型敏感度测试的文献可以提供一定的参考,同时根据本研究对每个子模型物理意义的理解和开发过程中的经验,选择了模型参数率定的范围。对于产水模拟主要率定如降水校正因子、径流曲线数、河道水传导率、基流的因子、温度随温度的变化率、最大最小融雪率、植被成熟所需要热量单位、土壤体密度、有效田间持水量等。对于产沙模拟除上述部分参数外,还包括河道曼宁系数、子流域的平均坡度、土壤黏粒含量、土壤通用流失方程MUSLE的因子P与K等。

我们按表7-2-6的标准进行了大量计算与统计,得出了各个模型参数的敏感度,并决定了参数率定的次序,依次是:降水校正因子、径流曲线数、土壤热通量、河道曼宁系数、河道水传导率,第一层土壤体密度,田间持水量,土壤黏粒含量,最大叶面指数等。部分参数率定的结果如表7-2-7所示。率定的目标是使模型的模拟值与实测值尽可能接近,接近的标准一般由目标函数来确定。本研究选用的目标函数是确定性系数(Madsen,2000,2002),公式如式(7-2-208):

表7-2-7　部分参数率定结果表

率定参数	参数取值下限	参数取值上限	率定值
土壤热通量(作为太阳净辐射的比例)	0	0.05	0.05
地表径流滞时/d	0.1	1	0.35
松类树木最大叶面指数	4	14	8.4
地下水衰退系数/d^{-1}	0.03	1	0.048
地下水补给滞时/d	1	500	31
河道曼宁系数(m$^{-1/3}$/s)	−0.01	0.3	0.16
融雪率[mm/(d·℃)]	1	3	1.06
深层含水层下渗系数	0	0.8	0.05
地下水产生基流阈值(mm)	0	5 000	0
浅层地下水初始深度(mm)	0	1 000	0.5
河床传导率(mm/h)	−0.01	150	40
松类树木地区径流曲线数	50	60	59.5
……			

$$R^2 = 1 - \frac{\sum_{i=1}^{N} W_i^2 [Q_{\text{obs},i} - Q_{\text{sim},i}]^2}{\sum_{i=1}^{N} W_i^2 [Q_{\text{obs},i} - \overline{Q_{\text{obs}}}]^2} \qquad (7-2-208)$$

式中,R^2 为确定性系数;$Q_{\text{obs},i}$ 为 i 时刻观测水量(流量序列),$Q_{\text{sim},i}$ 为 i 时刻模拟量。N 是在校正时期流量序列个数。W_i 是权重函数(通常取 $W_i = 1$);$\overline{Q_{\text{obs}}}$ 是平均观测流量,这里常取 $W_i = 1$。

公式(7-2-208)中的 R^2 值的范围为负无穷大到1。当为0时,相当于模拟值为常数并与实测值的平均值相等;当为1时,意味着模拟值与实测值完全拟合,当为0.7~0.8时,就表明模型结果已经很好了。

表7-2-8　研究区部分子流域输出的某些地理过程10年按月平均模拟结果表

子流域	降水量/mm	地表径流/mm	潜在蒸散发/mm	实际蒸散发/mm	产水量/mm	产沙量/t	土壤剖面渗出水量/mm
1	91.61	8.94	42.29	32.48	30.32	531.30	20.00
2	91.61	8.70	42.28	32.48	30.69	847.07	19.39
3	85.37	8.80	42.27	32.60	23.08	328.69	18.24
4	85.37	7.09	42.25	32.25	22.73	642.93	21.77
5	91.61	9.24	42.31	32.84	28.43	861.84	19.36
6	91.61	8.30	42.29	32.57	30.65	640.93	18.31
年径流值/mm				10年月均径流值			

5. 模型的验证

模型参数率定后,将率定后的模型值与实测值进行对比,进行模型的验证。部分运算结果如表7-2-8,表7-2-9,表7-2-10所示。从表7-2-8中可以看到,很多参数在子流域级就已经得到了确定性的模拟值,但没有相应的记录值可比较。

表7-2-11和表7-2-12中,年和月的产水量和产沙量的模拟值都更接近于实测值,模拟精度显著提高。这证明参数的率定起了很大作用。

表7-2-9　参数率定后的部分10年产水量和产沙量模拟值与观测值的对比

时间/年	径流量对比/mm		产沙量对比/(t/hm²)		时间(年)	径流量对比/mm		产沙量对比/(t/hm²)	
	模拟值	观测值	模拟值	观测值		模拟值	观测值	模拟值	观测值
1991	597.7	738.78	24.27	2.71	1996	1 042.54	1 031.21	44.85	3.03
1992	1 434.13	1 618.71	63.38	7.11	1997	1 546.57	1 812.82	67.83	4.88
1993	723.85	794.53	29.80	2.02	1998	1 391.88	1 727.17	60.25	8.17
1994	1 171.24	1 439.27	50.50	4.89	1999	1 053.93	1 123.28	46.05	4.21
1995	1 157.55	1 343.32	49.31	4.48	2000	730.71	802.59	29.46	1.44

表7-2-10　研究区1991—2000年按月平均的产水量和产沙量模拟结果

月	径流量对比/mm		产沙量对比/(t/ha)		月	径流量对比/mm		产沙量对比/(t/ha)	
	实测值	模拟值	实测值	模拟值		实测值	模拟值	实测值	模拟值
1	39.15	25.43	0.038	1.002	7	139	126.20	0.416	5.372
2	63.53	47.97	0.104	2.012	8	140.56	133.11	0.727	5.918
3	150.36	136.83	0.55	6.199	9	62.55	45.82	0.086	1.663
4	144.77	138.41	0.412	5.888	10	57.57	39.55	0.063	1.520
5	154.2	153.80	0.749	6.648	11	31.06	15.98	0.012	0.476
6	225.23	203.46	1.112	9.237	12	35.19	18.46	0.024	0.634

表 7-2-11　率定后 10 年产水模拟值与实测值的误差分析

年径流量/mm			10 年月均径流量/mm			
时间/年	观测值	模拟值	相对误差/%	时间/月	观测值	模拟值	相对误差/%
1991	738.78	597.76	−19.09	1	39.15	25.43	−35.04
1992	1 618.71	1 434.13	−11.40	2	63.53	47.97	−24.49
1993	794.53	723.85	−8.90	3	150.36	136.83	−9.00
1994	1 439.27	1 171.24	−18.62	4	144.77	138.41	−4.39
1995	1 343.32	1 157.55	−13.83	5	154.2	153.80	−0.26
1996	1 031.21	1 042.54	1.10	6	225.23	203.46	−9.67
1997	1 812.82	1 546.57	−14.69	7	139	126.20	−9.21
1998	1 727.17	1 391.88	−19.41	8	140.56	133.11	−5.30
1999	1 123.28	1 053.93	−6.17	9	62.55	45.82	−26.75
2000	802.59	730.71	−8.96	10	57.57	39.55	−31.30
合计	12 431.68	10 850.16	−12.72	11	31.06	15.98	−48.55
				12	35.19	18.46	−47.54
平均精度	87.78%	确定性系数	75.39%	平均精度	79.04%	确定性系数	94.33%

表 7-2-12　校正后产沙模拟值与实测值的误差分析

年产沙值/(t/hm²)			10 年月均产沙值/(t/hm²)			
年份	观测值	模拟值	相对误差/%	时间/月	观测值	模拟值	相对误差/%
1991	2.71	24.27	796	1	0.038	1.00	2 532
1992	7.11	63.38	791	2	0.104	2.01	1 833
1993	2.02	29.80	1 375	3	0.55	6.20	1 027
1994	4.89	50.50	933	4	0.412	5.89	1 330
1995	4.48	49.31	1 001	5	0.749	6.65	788
1996	3.03	44.85	1 380	6	1.112	9.24	731
1997	4.88	67.83	1 290	7	0.416	5.37	1 191
1998	8.17	60.25	637	8	0.727	5.92	714
1999	4.21	46.05	994	9	0.086	1.66	1 830
2000	1.44	29.46	1 946	10	0.063	1.52	2 313
合计	42.94	465.7	1 014	11	0.012	0.48	3 900
				12	0.024	0.63	2 525

　　现在需要仔细比较率定后模拟的精度。先进行年产水量的模拟值与实测值的对比,如图 7-2-28。可以看出,模拟值已接近实测值,但没有完全吻合,绝对误差还是比较大,总体上模拟值高于实测值,但两者有一定的线性关系。总体来说,波谷时段的模拟结果好于波峰时段。在 1997—1998 年间仍存在提前现象。

　　产沙量年均模拟值与实测值比较,绝对误差仍然很大。为方便对比,对模拟值采取了除以 10 的简单处理。由图 7-2-29 可以看出,两者的动态变化走向趋势与图 7-2-23 基本相似,模拟值仍然保持了持了本身的平滑趋势,还是没有反映出 1997—1998 年的天气异常。

10 年月平均产水量和产沙量模拟值与实测值的比较,如图 7－2－30 和图 7－2－31。月平均产水量的模拟已经到达了较高精度,并且与实测值的趋势趋于一致,而产沙量经过调整后,变化趋势没有很大改进,还需要对所耦合的产沙模型的结构与相关参数的率定做进一步的研究。表 7－2－11 和表 7－2－12 为产水量和产沙量模拟精度计算表。由表 7－2－11 可见,4～8 月的模拟明显好于其他月份,而这个时期正是研究区降雨比较集中的时期。

这里的模拟精度仍然采用相对误差与确定性系数指标(公式(7－2－208))相结合来进行比较。

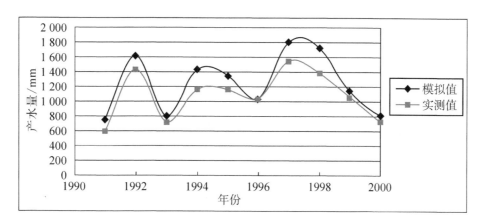

图 7－2－28 率定后模型 10 年产水模拟与实测结果动态变化对比图

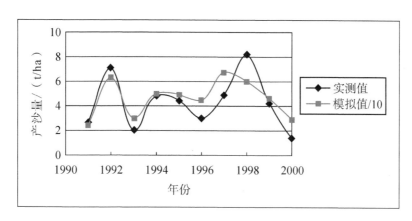

图 7－2－29 参数率定后模型 10 年产沙模拟与实测结果动态变化对比图

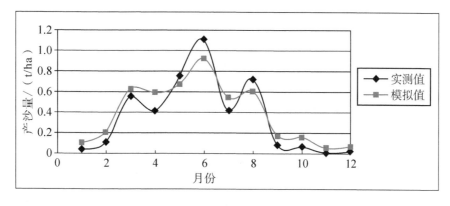

图 7－2－30 率定后模型 10 年月平均产水模拟值与实测值对比图

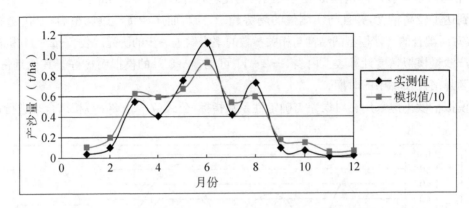

图 7-2-31   率定后模型 10 年月平均产沙模拟值与实测值对比图

从表 7-2-11 中可以看出,产水量年模拟值的相对误差虽然还是比较大,但比率定前已经有了相当大的改善。就目前情况来看,年内与年际的动态变化还是基本合理的,且年内模拟比年际模拟要好得多。

产沙量模拟绝对误差太大,有待进一步研究,但其年内与年际模拟值的趋势都与实测值大致相同。我们有理由相信,这里存在着一个系统的误差,通过适宜参数的进一步率定将会大大提高模拟精度。

需要注意的是,这里的模拟时间仍然是从 1991 年开始,这是考虑到模型的运行需要一定预热期。

6. 模型模拟运行中预热期的研究

模型模拟运行时常常显示需要一定的预热期。那么,预热期到底多长? 它对模拟结果有何影响? 一直以来,在已经公开发表的文献中还没给出一个明确答案。

本研究在自己的资料长度范围内,分别从 1991—2000 年、1993—2000 年、1995—2000 年和 1997—2000 年四个时段进行实验,又分别从 1991 年 2 月、3 月、4 月和 6 月开始,模拟到 1993 年 1 月止进行试验。从而得出结论:预热期取一年是比较合适的。详细情况请参看第四章第六节。

这里仅以产水量为例,采取预热期为一年,最终的模拟结如表 7-2-13 所示。其中 1991 年参与模型运算,但不作为模型模拟有效值,因而不作为输出时段。1992—2000 年 9 年平均径流值的精度是 88.55%,而 1991—2000 年 10 年的平均径流值的精度是 87.78%(表 7-2-11),即平均精度上升了 0.77 个百分点,而确定性系数下降了 4.23 个百分点。1992—2000 年 9 年的月平均径流的模拟精度为 81.80%;而 1991—2000 年 10 年的月平均模拟精度为 79.04(表 7-2-11),即上升了 2.76 个百分点,而确定性系数上升了 1.07 个百分点。

在模型的月模拟中,1991 年参与模型运算,但不作为模拟有效值,因而不作为输出时段。1992—2000 年 9 年平均径流值的精度是 88.55%,而 1991—2000 年 10 年的平均径流值的精度是 87.78%(表 7-2-11),即平均精度上升了 0.77 个百分点,而确定性系数下降了 4.23 个百分点。1992—2000 年 9 年的月平均径流的模拟精度为 81.80%,而 1991—2000 年 10 年的月平均模拟精度为 79.04(表 7-2-11),即上升了 2.76 个百分点,而确定性系数上升了 1.07 个百分点。同时还证明了,模型的月模拟精度明显好于年模拟。月均模拟结果的提高可能是因为 4~8 月的模拟误差得到大幅度减少的缘故。

7.2.7　结论与展望

1. 结论

表 7-2-13　最终模拟结果产水模拟值与实测值的误差分析

年径流值/mm				10 年月均径流值		
时间/年	观测值	模拟值	相对误差/%	时间/月	观测值	模拟值	相对误差/%
				1	39.15	26.18	−33.13
1992	1 618.71	1 434.13	−11.40	2	63.53	52.13	−17.94
1993	794.53	723.85	−8.90	3	150.36	128.14	−14.78
1994	1 439.27	1 171.24	−18.62	4	144.77	143.23	−1.07
1995	1 343.32	1 157.55	3.83	5	154.20	162.38	5.31
1996	1 031.21	1 042.54	1.10	6	225.23	220.62	−2.04
1997	1 812.82	1 546.57	−14.69	7	139.00	138.39	−0.44
1998	1 727.17	1 391.88	−19.41	8	140.56	146.49	4.22
1999	1 123.28	1 053.93	−6.17	9	62.55	49.70	−20.55
2000	802.59	730.71	−8.96	10	57.57	37.18	−35.42
合计	12 431.68	10 850.16	−12.72	11	31.06	15.36	−50.55
				12	35.19	19.35	−45.01
平均精度	88.55%	确定性系数	71.16%	平均精度	81.80%	确定性系数	95.40%

遥感、GIS、全球定位、数学建模、计算机模拟和数字地球等技术,都是流域模拟及其他地理过程模拟不可缺少的,也使自然地理过程的定量化成为可能。将这些技术无缝地连接在一起,已成为分布式模拟技术发展的主流。它可以更准确地提供参数,减少参数率定的比例,并实现参数的自动化赋值,减少模拟时间。

我们在这一领域进行的深入探索主要有以下几个方面:

(1) 针对中国的具体国情,在以水土资源为中心的地理过程模型数据库建立的基础上,研发了适应中国流域的水土资源地理过程模拟模型体系。

(2) 对流域模型分类、流域模拟技术、流域模型集成方法及其与遥感技术、GIS 技术相互集成应用的理论、方法、实践都作了系统的研究,并成功利用了在地理空间上建立分布式离散单元的技术,在 102 个子流域 649 个水文响应单元基础上,进行了模型的集成与演算工作。工作深入到较细划分子流域、用于较大流域,并可在部分资料欠缺情况下,进行流域模拟。

(3) 流域模拟受流域干流和支流空间变异的复杂性、地理地质条件的多变性和人类活动以及水文水力条件的随机性等综合影响,流域的径流量和输沙量是受众多因素影响的随机变量,实测资料只能算是随机变量的样本观测值,它是随机变量的真实反映,但具有较大的波动性。当模拟值与实测值的波动性一致或有很强相关性时,证明模拟的物理机理过程基本上是正确的,只具有系统误差。后者可通过参数率定进行校正,以消除地区性影响。本研究在产水量模拟方面,年模拟平均精度为 85.55%,确定性系数为 71.16%;月均模拟平均精度为 81.80%,确定性系数为 95.40%,两者都达到了较高精度。产沙量模拟虽然存在一些问题,但已经向正确模拟方向前进了一步。

(4) 成功实现了离散单元部分参数的 GIS 提取和自动赋值技术。在研究区现有数据基础上,部分通过野外实测资料,部分通过遥感与 GIS 技术结合应用,提取了包括流域地形、土壤、气象、土地利用等多方面的参数,进行了土壤参数的计算、气温、降水等参数的空间校正,又按照离散单元间的空间关系和河道的拓扑关系,逐级演算,在流域出口得到了模拟结果。

(5)实现了根据观测数据模拟日太阳辐射值的研究与应用,取得了很好的结果。计算过程中发现需要日太阳辐射值数据的潜在蒸散发的计算值偏大(与 SWAT 模型模拟值比较约高 20%～30%),影响到地表产流和流域总产流的计算,影响程度如何需要在以后的研究工作中予以确认。

(6)在研究中可以看到,在激水河这样一个较大的、地理因素复杂的流域内,年径流量和月径流量的模拟精度较高,产沙量模拟精度尚可,说明流域水和泥沙径流过程的中、长期年际定量监测是可以实现的,还可用于径流观测不全的流域资料的插补。产沙的模拟动态变化曲线显示,尽管绝对误差还不容乐观,但它是可以显示产沙量随时间序列的动态变化的,在实践中是有一定应用价值的。

因为本书不是模型操作手册,也出于篇幅原因,有关模型各部分具体操作无法一一作详细地叙述。

2. 存在问题与改进方法

(1)研究中采用的是 1:25 万比例尺的土壤类型分布图为基础的数字化土壤图。此图与地形图、遥感图像监督分类的土地利用图等相比,比例尺太小。在此条件下,不得不做出相应调整,使土壤图与土地利用图叠加产生子流域水文响应单元过程中,产生单元划分误差。

(2)实测资料精度限制。例如用于输入的实测数据较少,时间序列短。流域内部没有气温、太阳辐射、相对湿度的实测值,部分选用了兴国县城的观测值,虽对气温按高差进行了校正,但对风速没有做校正;太阳辐射值是根据同一时段的降水、风速和温度等进行模拟产生;校正后的参数是依照水文统计系列的对照,求出误差大小以核定精度。这样一来,研究中资料系列长度不够的矛盾就更显突出。各个子流域地下部分的资料更为欠缺,如土壤层数、各层性质、地下水水位、河道的贮水量等,多半需要根据经验值或以 0 作为初始值,因此不得不设预热年限以消除这些因素的影响。但预热年限设置及其影响,文献上未见系统分析。

(3)模型验证的时间序列问题。模型模拟的正确性一般靠实测资料来验证,但只是根据某一时段的流域过程的规律建立的。要使这一特殊性转变为普遍性,需要更多的资料、更长的系列来检验。自我验证只能说明模型构建没错,不能说明它是否适用于其他时段系列和其他地区。而校正期的时段原则上与验证期的时段不应是连续的序列,而且每个时段的资料长度不应太短。我们没有这样的条件。

(4)部分参数野外实测值过少,代表性不足。以饱和导水率为例,全区只在 2003 年设置了 13 个样点进行调查。由于土壤本身的复杂性和多变性,只有通过长期定位观测,才能了解土壤性质的动态变化本质。更为突出的是,有些国外引进模型的适用环境差异带来的问题无法得到完全解决,某些模型用的是美式单位或应用领域的分类体系差异,处理不好都会带来很大的误差。如土壤分类,在中国就存在两大分类体系,这两者之间也不能进行简单的转换,跟国际分类接轨也有一定的难度(周慧珍,2002)。

(5)需要进一步解决的问题包括:①模型对日产水量与日产沙量的模拟精度与分析问题。②参数的 GIS 辅助提取与自动赋值。现在已有很多成熟的 GIS 软件可资利用。用户在使用 GIS 时都需要对模型运行及参数提取有一定程度的了解,这无形中对用户素质提出了过高要求。这些因素不利于 GIS 与专业模型的无缝集成,也为模型模拟增加了不确定因素。因此要自主开发一个完全集成的 GIS 水文模块与专业模块的模型架构,以保证模型在不受其他外界因素影响下准确、高效的运作。③本研究旨在集成一些遥感机理模型以取代某些传统模型,集成一些本土化模型以取代外国模型应用不佳的模型。但这项工作还只是刚刚起步。研究中发现某些文献中应用较好的 GIS 辅助模型在本区有不足甚至不能应用之处,模型中也有些参数定义不明确,直至有印刷错误。有些问题曾尽力与作者联系但未能解决,有些作者也无法联系,只能放弃。④影响流域水沙变化的因素有两大类:一类是气候因素,另一类是人类活动因素。在某些地区,后者已经成为主要因素。例如,知道流域内各时期水利工程拦水、拦沙、引水、引沙及工农业需水因素变化对水沙的影响,就可把人类活动影响分为水土保持因素和其他人类活动因素影响,从而评估一个流域水土保持工程措施的效果,为水土保持方针和泥水治理规划提供科学依据。⑤我们的研究区属于乡村流域,人类活动只限于农业管理范围,水库只是非控小水库,对产水产沙影响很小。又因为资料原因暂时还没有涉及人类活动对模拟的影响。如果对黄河等已经开发的大流域进行模拟,则必须考虑这些因素的影响。研究中往往做天然的假设,但天然是相对的,非天然是绝对的。气候因素的改变对流域水沙量影响很大,但并不影响水沙运动的基本规律,也不会影响物理模型的结构与参数,而人类活动则会不同程度地改变上述情况。因此,考虑与分析人类活动的影有待进一步加强。

3. 展望

几年来,研究者身陷文献与数据的海洋之中不能自拔,虽在一点一滴积累知识基础的同时,努力探索流域模拟及其技术的前沿领域,但是在深入的过程中感到这项工程特别浩大,需要多种理论和技术的支撑,在理论上和实践上都需要完善。如果以下几个方面能得到加强,必能促进分布式模拟技术及其在资料不完善地区的应用发展。

(1) 模型参数化方法研究。模型运行时参数初始化尤为重要。我国基础地理数据库的建设刚刚起步,这是限制我国流域模拟发展的关键问题之一。如何利用遥感与GIS技术的优势,获取气象参数、地形参数甚至地下参数,建立GIS与流域模拟模型间无缝的接口等,无论现在还是将来都是重点的研究方向。

(2) 模型本土化与本土模型应用结合。我国在流域模拟研究中,普遍采用欧美等发达国家开发的模型。经过调整后,一定程度上可以使用并应用到生产实践中去,但是往往在应用时需要解决模型的兼容性问题,这甚至与野外考察一样费时。因为每一种模型都有它自身的独特模型结构、严格的数据要求、不同的开发背景与数据基础等,这些都是模型广泛应用的瓶颈。将国内外地理属性划分、分类规范、数据标准之间的差异合理地整合在一起,改变部分模型结构与参数以适应我国地理环境,或将我国科研人员开发的模型无缝地集成到比较成熟的模型中,都是值得探索并具有深远意义的工作。

(3) GIS化模型的发展。现在已经有这样一种趋势:在进行流域模拟的某些局部过程中,尝试开发或使用所有参数或部分参数都可以由GIS技术求解的模型;或对一些经典模型进行GIS化,通过直接或间接方法求得参数值。这样发展下去,有助于GIS与流域模拟模型的紧密集成,有利于资料缺乏地区的模拟和得到更加精确的流域模拟结果,从而向自然地理过程高度定量化迈出一步。

第八章

潋水河流域水土资源数据库与信息系统的建设及其应用研究

第一节　潋水河流域水土资源数据库的建立与应用研究

8.1.1　引言

1. 国际上数据库技术的发展

水土资源是人类赖以生存与发展的最重要的物质基础。流域是水土资源最集中、融合性最好的区域,是生态建设的基本单元。

20 世纪 50 年代以来,世界上不少国家对大河大湖进行了综合治理与开发。它们以流域为基本单位,以水资源的综合开发为核心,合理组织布局生产力,促进了流域内经济持续健康的发展(范兆轶等,2013)。

流域开发利用的一个重要内容就是流域水土资源的管理,涉及很多方面,其中土壤侵蚀和水土流失是重要内容。以前的水土资源管理大多局限于文件处理系统管理,将所需数据存储在不同文件中,需要时查阅这些文件。数据库与数据库管理系统的出现,使数据的统一管理和共享成为可能。

自从 1946 年世界上出现第一台计算机以来,随着计算机硬件和软件的发展,数据管理技术经历了人工管理、文件系统和数据库三个阶段(吴洪潭,2003):

(1) 人工管理阶段(20 世纪 50 年代中期以前)。计算机主要用于科学计算,没有管理数据的软件。数据处理方式是批处理,数据不保存,编写程序时要安排数据的物理存储,数据面向程序。各程序之间数据不能共享,数据重复严重,冗余度大。

(2) 文件系统阶段(50 年代后期到 60 年代中期)。计算机外存有了磁盘,软件有了操作系统。人们设计开发了一种专门管理数据的计算机软件,即文件系统。计算机不仅用于科学计算,也大量用于数据处理。数据以文件形式长期保存,数据的物理结构与逻辑结构有了区别,但仍比较简单。文件形式多样化,程序与数据之间有一定的独立性。缺陷是数据重复存储,冗余度大、一致性差和数据联系弱。

(3) 数据库系统阶段(20 世纪 60 年代后至今)。数据量急剧增加,数据共享的要求越来越高。磁盘技术取得了重要的进展,为数据库技术的发展提供了物质条件。人们研制了一种新的、先进的数据管理办法,即数据库系统。其特点是:①数据共享。这是区别于文件系统的最大特点,也是其技术先进性的重要体现。②面向全组织的数据结构化。它是按照某种数据模型,将整个组织的全部数据组织成一个结构化的数据整体,不仅描述数据的本身特性,还描述了数据与数据之间的种种联系,能够描述复杂的数据结构,有利于实现数据共享。③数据具有独立性,独立于应用程序而存在。两者互不依赖,不因某一方的改变而改变。④数据冗余度小,因为数据不必重复。⑤具有统一数据控制功能。数据库提供数据安全性控制、完整性控制、并发控制和数据恢复等数据控制功能。

　　真正的数据库技术产生于 1960 年代末,它通过各种数据库管理系统对数据进行集中管理、编辑和应用。从那时到现在,数据库系统已从第一代的层次数据库和网状数据库、第二代的关系数据库,发展到第三代以面向对象模型为主要特征的数据库、面向不同应用的时态数据库、演绎数据库等。它们已向人们展示了数据库技术的广阔应用前景(石树刚等,1993)。

　　20 世纪 60 年代后期到 70 年代的层次数据库系统和网状数据库系统,是数据库系统的最早期形式。他们分别支持层次数据模型和网状数据模型(前者是后者的特例)。其典型代表是美国 IBM 公司1968 年研制成功、1969 年推出第一代数据库管理系统——层次型的数据库管理系统(Information Management System)。1969 年,美国数据系统语言协会 CODASY(Conference on Data System Language)下属的数据库任务组,进行了系统的研究、探讨,于 60 年代末 70 年代初提出的 DBTG 报告,确定并建立了数据库系统的许多概念、方法和技术,对数据库系统的实现和发展具有普遍意义。这是网状模型的典型代表,是网状数据库系统。

　　20 世纪 70 年代末和 80 年代初,出现了商品化的关系型数据库管理系统。1970 年,IBM 公司 San Jose 研究室的研究员 Codd 发表了题为《大型共享数据库数据的关系模型》的论文,首次提出了数据库系统的关系模型(Date,1977),开创了数据库理论和方法研究,为关系数据库技术奠定了理论基础(黄上腾等,1996)。它在 70～80 年代得到了长足的发展和广泛而有效的应用。

　　关系数据库以 IBM San Jose 实验室开发的 System R 和 Berkeley 大学研制的 INGRES(数据库系统)为典型代表。在 70 年代还进行了大量的关系数据库管理系统(RDBMS)的原型系统的开发工作,攻克了系统实现中查询优化、并发控制、故障恢复等一系列关键技术。这不仅大大丰富了 DBMS 实现技术和数据库理论,更重要的是促进了 RDBMS 产品的蓬勃发展和广泛应用。

　　20 世纪 80 年代,几乎所有新开发的数据库系统均是关系型的,关系数据库成为市场主流,并取代了层次和网状数据库。它在计算机数据管理的发展史上是一个重要的里程碑。计算机厂商研制出的数据库管理系统几乎都支持关系模型,非关系系统的模型也大都加上了关系接口。商用数据库系统的运行,使数据库技术日益广泛地应用到企业管理、情报检索、辅助决策等各个方面。

　　关系数据库具有数据结构化、最低冗余度、较高的程序与数据独立性、易于扩充、易于编制应用程序等优点。它是用数学方法来处理数据库中的数据的,有严格的理论基础。

　　90 年代,"事务处理技术"对于解决数据库中数据的规模越来越大、结构越来越复杂以及共享用户越来越多的情况下,保障数据的完整性、安全性、并发性以及故障的恢复能力等重大技术问题方面,发挥了关键作用。

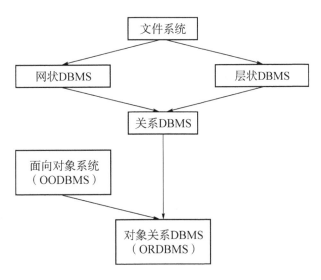

图 8-1-1　数据库演化的示意图

数据库技术的历史演化如图8-1-1所示(Khoshafian et al.,1998)。成熟的关系型数据库技术的进一步发展,是实现对传统、非传统应用及其与数据库体系结构的集成的支持和对关系型数据库面向对象的扩展。这就是当前数据库技术与应用领域的新热点——对象关系型数据库系统。

数据库发展到今天已展示出多个新方向(大卫,1998;Wei.,2011):①面向对象的数据库(Object Oriented Database,OODB)。它是数据库技术与面向对象技术相结合的产物。起源于程序设计语言,把面向对象的相关概念与程序收集技术相结合。20世纪80年代晚期,开始出现一些面向对象数据库的商品,但都是由特定开发语言写成,限制了其在一般商业领域的应用。它是一项相对较新的技术,还缺乏统一的语言标准和坚实的理论基础,在技术上也不是很成熟。因此目前很多尚处于评估和初步的原型应用开发阶段,作为数据库产品,OODB还是不够成熟。②分布式数据库(Distributed Database,DDB)。它是数据库技术与计算机网络技术的结合。在数据库领域研究中已有多年的历史,出现过一批支持分布数据管理的系统。但分布式系统结构、分布式数据库由于其实现技术上的问题,当前并没有完全达到预期的目标。③多媒体数据库(Medium Database,MDB)。它是数据库技术与多媒体技术的结合,是当前最有吸引力的一种技术,至今很少见到商品化的产品。④知识数据库(Knowledge Database,KD)。它是数据库技术与人工智能技术的结合。其功能是如何把有大量的事实、规则、概念组成的知识存储起来进行管理,并向用户提供方便快速的检、查询手段。⑤并行数据库(Parallel Database,PDB)。它是数据库技术与并行计算机技术的结合,能发挥多处理器结构的优势,将数据库在多个磁盘上分布存储,利用多个处理器对磁盘数据进行并行处理,从而提高处理速度,解决磁盘"I/O"瓶颈问题。并行数据库系统作为一个新兴的方向,需要深入研究的问题还很多。⑥模糊数据库(Fuzzy Database,FDB)。它是数据库技术与模糊技术的结合,由于理论和实现技术上的困难,它在近年来的发展不是很理想,但已经在模式识别、过程控制、案情侦破、医疗诊断、工程设计、营养咨询、公共服务以及专家系统等领域得到了较好的应用,显示了广阔的应用前景(大卫,2001)。

美国在数据库和数据库管理与应用方面处于领先地位。1993年9月,美国提出"国家信息基础设施行动(NII)计划"。1994年9月,美国又提出"全球信息基础设施(GII)倡议",旨在实现全球范围的信息共享。1995年2月,西方七国在部长级会议上提出建设GII示范项目,建立全球信息库等多项计划,用全球数据和全球宽带网的建设带动计划实施。其中特别突出了资源的可互操作性和分布式计算。1995年5月,亚太经济合作组织提出了亚太信息基础设施建设的目标和核心原则。1995年11月,在曼谷召开全球信息基础设施委员会(GIIG)亚洲地区会议,讨论亚洲国家信息基础设施规划及其对经济和社会发展的影响问题。1996年5月,在南非召开"信息社会与发展大会",讨论发展中国家如何进入信息社会的有关问题。这一系列有关信息化的国际会议,促进辽国际信息化浪潮的形成。到1998年1月31日,美国副总统戈尔在加利福尼亚科学中心召开的OGC(开放地理空间信息联盟)年会上,又提出了"数字地球"(Digital Earth)概念,要建立"数字化的地球""信息化的地球"。

数字地球是把网络和地理信息以及相关技术相结合的伟大设想,它很快得到很多国家的响应。它是指以统一的数学空间为依靠的,具有多分辨率、多时相、多尺度要素的、由海量多源数据组成的、能虚拟沉浸表现的、存在于计算机网络中的数字虚拟地球(郭华东,2009)。

数字地球计划是继信息高速公路之后又一全球性的科技发展战略目标,是NSDI的重要应用,是万维网、仿真与虚拟技术,遥感等现代科技的高度综合和升华。

除了数据库与数据库管理系统本身,它们在流域管理和流域可持续发展研究中的应用,也早已引起世界各国经济界、环保界及科学界的极大关注(师守祥等,2002)。这种关注多半是源于流域内不合理的资源开发利用模式,特别是不合理的土地利用方式引起的严重水土流失和生态退化。

20世纪50年代以来,世界上不少国家对大江、大河、大湖进行了综合治理与开发。如果从防洪和航运起算的话,实际历史更长,有200多年。这个过程的形成,经过了几个阶段:①19世纪20年代到19世纪末:1820年以前,各国对流域水土资源研究,最初目标仅仅是防洪和扩大航运能力。这一阶段以美国密西西比河为代表(Goulding et al.,1996)。工业革命使人们走出传统的手工业劳动,走进工厂、纺织业、化学和煤气制造业,技术有了突飞猛进的发展。因水体污染严重,治理目标开始有了新方向,即治理水污染。英国泰晤士河于 1850—1900 年开始第一次污染治理,主要目标是改善水质,修建污水管道(Wood,1982)。②20 世纪初到 80 年代:随着社会经济的发展,工农业对水土资源的利用加剧,水土水资源受到不同程度的破坏。水土污染、水土流失等环境问题使得各国建立流域机构,以促进流域水土资源统一管理,制定有一定法律效力的协定、协议及条约,以减轻对水土资源的破坏、污染和流域生态环境压力(郑春宝等,1999)。③20 世纪 80 年代中后期到现在:流域治理进入了新阶段,加深了对流域及其生态环境的相关性、一体化、整体性以及可持续发展性的认识和理解,尤其是注重于流域水土资源的可持续发展。

2. 国内数据库技术的进展

我国很早就开始了对数据库技术的研究,但由于技术、资金和市场的原因,一直处于较落后状态,江河流域数据库建设和开发治理尤其滞后。1998 年长江、松花江等江河的特大水灾,暴露了我国在流域治理和管理上的问题,为此国家开始加大治理开发力度(彭文启等,2018)。

"六五""七五"计划期间(1982—1991 年),我国开始引进数据库系统,其中大型数据库系统有 IBM 大型机上的层次数据库系统 IMS、网状数据库系统 IDS、关系数据库系统 SQL/DS、DB2 等,但数量很少。应用中绝大多数是 dBase 微机数据库管理系统。从"七五"以后,进入国内的关系数据库系统产品(RDBMS),主要有 Oracle、Sybase、Informix、SQL、Ingres 等。

我国数据库建设是从 1975 年开始的,比国外晚约 10～15 年。我国一直非常注重开发自主产权的数据库。随着改革开放的深入,我国数据库产品也很快发展,初具雏形。在国家机关、图书馆、信息中心等部门,都在开发各种数据库产品。1988 年,我国第一个拥有自主版权的汉字关系数据库管理系统 CRDS,获得国家科技进步奖一等奖(冯玉才,1988)。在此基础上先后又研制出 HDB、ADB、KDB、GDB、MDB、WMDB 及 DMI 等知识、图形、图像地图、多媒体网络的面向对象的 DBMS 的原型产品(李东等,2000)。特别是在"八五"期间,分布式多媒体数据库管理系统 DM2 的研究成功,标志着我国数据库已接近 90 年代的国际先进水平。CRDS 和 DB2 均符合 SQL 标准,可与符合 SQL 的 DBMS,如 Oracle 等系统互访,用户在这些 DBMS 上建成的应用系统可不加修改地在 DM2 上运行。1997 年中国建筑技术研究院信息所开发研制的"建设科技信息数据库系统"荣获建设部 1998 年度科技进步三等奖。

"九五"期间,国家 863 计划对国家数据库软件产品的开发给予特别支持,极大地推动了国产数据库软件的成长和市场开拓。1999 年末,由国家信息中心和北京高新创业投资公司以风险投资的运作模式,组建了北京国信贝斯软件公司,并正式面向市场推出了基于 B、S 结构的 iBASE 数据库系统软件。这标志着我国第一个具有自主知识产权的通用数据库软件完全商品化,并在政府部门、企业事业单位信息化建设中广泛应用,走出了国产数据库软件发展的新思路。2002 年 3 月 8 日,由中国极地研究所承担的科技部基础性科研项目——我国第一个国家级的"中国极地科学数据库系统"首期建设任务,在上海通过了国家验收。2000 年 9 月 28 日,国内首款嵌入式移动数据库——人大金仓嵌入式移动数据库 Linux 版 1.0 版本在京发布。这是我国数据库在移动计算、普及计算日益发展的潮流下取得的新突破,填补了国内数据库领域的空白(www.basesoft.com.cn)。

到目前为止,国产数据库软件在技术上已经有了深层次性和广泛性,在产品开发上也积累了一定的基础。具有一定影响的国产数据库软件,除国信贝斯公司的 iBASE 数据库外,自行开发享有自主版权的 RDBMS,主要有 COBASE(北京大学、中国人民大学、中软总公司等联合开发)、HIBASE(华胜公司)、ITBASE(清华三艾公司)、TIDE(长城公司)、CDB(中科院数学所)、EasyBASE/PBASE(中国人民大学与知识工程研究所)、DM(华中理工大学)等(http://www.mdmp3.yesky.com/)。

在流域治理、开发与流域数据库建设方面,我国存在的主要问题有:河湖水资源严重短缺,水污染严重。近十几年来,我国不断加大大流域的治理开发力度,取得了良好效果。中国科学院武汉文献情报中心从 80 年代中期开始,就长江流域的资源环境与可持续发展,开展了战略情报调研,承担和完成了一系列的课题和项目,继"长江流域与环境科学文献数据库"之后,又就长江流域的灾害问题开展了多学科、多领域的全面系统研究。在此基础上,精心搜集有关长江流域主要自然灾害和减灾防灾等方面的文献资料,进行认真细致的整理、分析,于 1999 年完成了"长江流域自然灾害数据库"的建库工作(徐霞等,2000)。它是迄今为止第一个全面记述长江流域发生的各类自然灾害的大型事实性文献资料数据库,具有科学性、史料性、理论性和实践性的特点(http://www.cas.ac.cn/index/OR/21/22/13/Idex.htm.)。该数据库收录了流域内青海、西藏、云南、贵州、四川、重庆、甘肃、陕西、河南、湖北、湖南、广西、广东、福建、江西、安徽、江苏、浙江、上海等 19 个省、市、自治区的气象灾害(水灾、旱灾、风灾、热带气旋、低温霜冻灾害、冰雹,其他),地质灾害(地震、山崩、滑坡、泥石流、地面下沉、海岸侵蚀,其他),生物灾害(虫害、鸟害、兽害及其他森林灾害、农作物灾害、畜牧业疫情等)记录,共 1 934 条,另外专列地震数据 406 条。时间跨度从公元前 186 年至 1999 年,长达 22 个世纪。每条记录包括了灾害名称、发生时间、发生地点、受灾情况、灾害原因、减灾防灾措施、经验教训及其他字段(http://www.whlib.ac.cn/cbw/200001/newpage135.htm.)。

中国高等教育文献保障系统(CALIS)建立的"长江资源数据库"是立足长江流域各省市,面向国内外,围绕长江流域资源、生态环境、区域经济、社会持续发展等重要方面,汇集各种长江流域与生态环境研究,资源综合开发利用与生态环境保护,国内外其他江河开发整治的文献信息,统计信息、地图信息、气象信息等。涉及农业、林业、气象、能源、水利、土地管理、旅游、人口、生物、地理环保等多门学科,分别建立了文献库、论文库、图像库、网站导航等数据库。利用计算机技术、多媒体技术、数据库技术、图像处理技术、网络技术等,实现了长江资源信息数据库管理和网上信息服务(http://162.105.139.99/.)。

1998 年 1 月,中国科学院寒区旱区环境与工程研究所承担的"西北干旱区内陆河流域水资源形成与变化的基础研究"项目,开始对黑河流域水资源的形成与变化、黑河流域生态环境等课题进行深入研究,初步建立了黑河流域水文、气候和水文地质资料数据库,1:25 万水资源地理信息系统,水资源和生态与环境评价数据库,水资源管理数据库,1:50 万土地类型图,1:50 万退化土地图。首次把黑河流域的生态状况变化的分析和水资源承载能力的分析,共同纳入持续发展的范畴,进行综合集成研究,使黑河流域水资源系统的研究提高到了一个新的高度,为建立"数字黑河流域"提供基础。

亚洲国际河流中心国际河流澜沧江-湄公河流域数据库,包含水资源信息,如流经国家、境内水电站、水库、规划水库、支流信息、水质监测、统计等;社会经济信息,如云南省背景数据、流域 39 县情况等(http://airc.ynu.edu.cn/.)。

2001 年 7 月 25 日,黄委会主任在"关于黄委信息化工作会议"上宣布,黄委正式启动"数字黄河"工程,加快黄河信息化建设的步伐(http://www.sdhh.gov.cn/santiaohh/ygkjsd.htm.)。

当前我国流域管理多是跨行政区的。如长江流域的数据库自不必说,小河流如黑河流域数据库,就涉及三个省、区。涉及方面太多,难以达到精确、理想的结果,而数据管理时空间数据与属性数据分开存储,也不利于数据一体化管理。

中国的社会信息化先后出现过三次浪潮。第一次是在 20 世纪 80 年代中期,受世界新技术革命影响,有技术驱动的特点。其表现是政府部门和大型企业管理信息系统建设的兴起。第二次是 90 年代前期,受世界信息高速公路建设的推动。其表现是以"金桥""金卡""金关"等重点信息工程以及数据通信网建设为标志的国家信息基础设施的发展。第三次是 90 年代末期,"数字地球"这一人类历史上最大的信息系统建设,在中国 21 世纪发展议程中占有突出地位。以 1999 年 11 月数字地球国际会议在北京召开为标志,提出要加紧"数字中国"的建设,力争在建设中实现跨越式发展(刘后昌,2001)。

20 世纪 90 年代以来,计算机技术、数学和信息科学等相关的现代科学技术日趋完善,促进了各学科的发展(承继成等,1999),地学也不例外。信息技术包括遥感、地理信息系统、全球定位系统、数字传输网络等一系列现代技术。这为解决流域模拟和更广泛、更高的区域水土资源问题提供了全新的分析方法和技术保证(周勇等,2001)。

我国是世界上水土流失最严重的国家之一。据国务院 1990 年遥感调查,全国各类水土流失面积达 $3.67 \times 10^6\ km^2$,占国土总面积的 38.2%(李壁成,1995)。其中黄河、长江、海河、淮河、松花江、辽河、珠江、太湖等七大流域,水土流失面积占我国水土流失总面积的近一半(李智广等,2008)。我国南方的红壤和黄壤地区为严重性仅次于黄土高原的水土流失地区。江西省兴国县自古以来都是水土流失最严重的地区之一(赵其国等,1999;何长高等,2017)。利用数据库技术为流域水土资源管理提供高质量的科学决策支持是当前研究的重点(李晓华等,2000;王春玲等,2016)。

3. 激水河流域数据库建设

我们团队从 1992 年以来一直从事流域模拟和水土资源研究。如 1992—1993 年,曾志远和 Mejerink 的西班牙特瓦河流域水径流和泥沙径流的模拟研究;1995—1999 年,曾志远和潘贤章的江西激水河流域水径流和泥沙径流的模拟研究;2001—2003 年,李硕、张运生等的激水河流域水径流、泥沙径流和化学径流的模拟研究等。这些研究为本研究提供了大量的数据和有用的结论。

建设激水河流域水土资源数据库,目的是将流域的水土资源数据以数据库技术管理,为流域水土资源研究和管理服务。

研究在国家自然科学基金项目"流域土壤和水资源模拟模型的集成和系统化及其应用"(批准号 40071043)的支撑下,应用数据库技术,在 MS SQL Server 2000 数据库管理平台下,以凉激水河流域水土资源为数据,建设了激水河流域水土资源数据库。应用 C♯和 MO2.2 开发应用程序,实现数据的装载入库,开发形成激水河流域数据管理系统,对数据库内的数据进行统一管理。

图 8-1-2 是本研究的研究方案和步骤。左半部表示数据库设计过程,右半部表示激水河流域数据管理系统的功能设计及其实现。

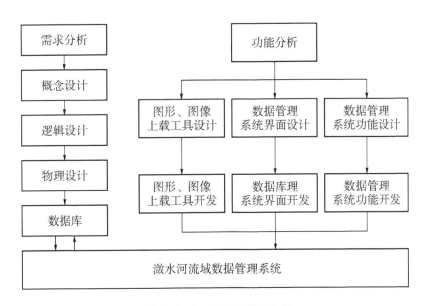

图 8-1-2　研究方案和步骤

研究取得的主要结果如下:①通过数据分析、数据库概念设计、逻辑设计以及物理设计,在 MS SQL Server 2000 数据库管理系统下,完成了数据库的建设。激水河流域数据量大,类型多,既有原始遥感图像、土地利用图等非文本资料,又有气温、降水、产水量、产沙量、风速等文本资料。②针对数据性质不同,通过录入、导入和装载三种方式,将数据入库,用 C♯和 MO2.2 开发用户定制程序,实现非文本数据的装载。③将面向对象的思想引入数据库,将图形、图像数据作为一个对象,图形图像数据和属性数据作为一个记录,统一管理。

激水河流域水土资源数据库实现了以下功能：①浏览功能。对数据库内各表格的内容进行查看、查询、检索、更新；②编辑功能。对表格内数据进行删除、插入等操作；③数据获取及编辑功能。包括矢量数据、栅格数据的输入与编辑；④空间数据的分析管理功能。包括：a. 空间管理功能，图上定位查询（点、矩形和多边形的选择）；图形显示（放大、缩小、漫游、全图显示、刷新等）。b. 属性数据的管理功能，属性数据项的定义、修改，数据库文件的增加、删除、修改及与外部文件的交互操作，数据查询和检索等。⑤输出功能。包括地图、表格文本的输出和屏幕三维透视等。

8.1.2　研究区及基础数据

1. 研究区概况

研究区是江西省南部的激水河流域，第三章已有详细叙述，这里不再重复。

2. 基础数据

主要数据参考第五章第三节。

本研究所采用的投影系统为高斯-克吕格投影。所有图件和相关的点位坐标（气象站、水文站等）都是这一坐标体系。由于 ArcView 3.3 系统不支持高斯-克吕格投影，所以需要投影转换。这一工作都在 ENVI 图像处理系统下进行，然后在 ArcView GIS 中进行统一分析。

地形、河道数据：包括数据高程模型和流域界限以及数字河网图。

气象观测数据：包括日最高气温、日最低气温风速和相对湿度的数据等。

遥感卫星图像数据：包括 1987 年、1991 年、1995 年、1996 年和 2000 年美国 Landsat-5 的 TM 图像（李硕，2002）。

土壤数据：包括土壤物理、土壤化学和土壤类型空间分布资料。

土地利用数据：包括扫描的 1993 年兴国土地利用图的激水河流域部分和 2000 年 Landsat-5 TM 4、3、2 波段彩色合成图像解译的土地利用图。含灌溉水田、灌木林地、果园、旱地、荒草地、居民地、裸地、有林地、疏林地、水体等 10 个类。代码分别是 11、14、21、31、32、33、52、71、81 和 85。图 8-1-3 是 1993 年的各类土地利用面积统计。

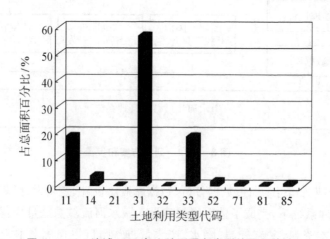

图 8-1-3　流域 1993 年土地利用各类型的面积统计

水文和水库资料：包括来自流域出口断面所在地东村水文站的产水量、产沙量实际观测值；逐日径流、逐日泥沙观测值；时间 1991—2002 年；还有五个水库的资料。录入后，均以 dbf 格式存储。

8.1.3　流域水土资源数据库的建立

1．数据模型

在建库之前,要选择合适的数据模型(Data Model),根据数据库设计步骤进行需求分析、概念结构设计、逻辑结构设计、数据库物理设计,才能进行数据库的实施和维护。

数据模型是现实世界数据特征的抽象,是数据库系统的核心。现有的数据库系统均是以某种数据模型为基础的。目前使用的数据模型基本上分为两种类型。一种是概念模型(也称信息模型),这种模型不涉及信息在计算机中的表示与实现,是按用户的观点对数据与信息建模,强调语义表达能力、直观、清晰、易理解;另一种是数据模型,是面向数据库中数据逻辑结构的,如关系模型、层次模型、网状模型和面向对象的数据模型等(黄上腾等,1996;信俊昌等,2019)。

模型的好坏直接影响数据库的性能。数据模型的设计方法决定着数据库的设计方法。

1）概念模型(信息模型)

概念模型是一种为了理解事物而对事物作出的一种抽象,是信息世界中对实体及其联系的描述。它是指仅依据用户观点对数据和信息建模,与具体的 DBMS 无关(王能斌,1995)。

概念模型的表示方法有很多。其中用得最多、最著名的是由 PPSChen 于 1976 年提出的实体-关系图解法(Entity-Relationship Diagram),简称 E-R 图法(Chen.,1976,1980)。该方法是用 E-R 图描述现实世界的概念模型(刘云生,1992)。E-R 数据模型与传统的数据模型(如层次模型、网状模型和关系模型)不同,它不是面向实现的,而是面向现实世界的。设计这种模型的出发点是有效和自然地模拟现实世界,这是它用得最成功和最广泛的地方。本研究将它作为数据库概念设计的数据模型。

E-R 图包括三个要素,即三个基本成分:实体、联系和属性。

实体(型)(Entity):是现实世界中可区别于其他对象的一个事件或物体,是现实世界的抽象或物理对象。用矩形框表示,并在框内注明实体名称。

联系(Relationship):表示现实世界中实体之间的相互关系。用菱形表示。

属性(Attribute):描述实体或联系的特性。用椭圆形表示,并用连线与实体连接起来。如果属性较多,为了使图形更加简明,一般将实体与其相关的属性另外单独表示;实体之间的联系用菱形框表示,在框内注明联系名称,并用连线将菱形框分别与有关实体相连,并在连线上注明联系类型。E-R 模型的三种基本成分的图形见图 8-1-4 所示。包括其中(a)实体,(b)联系,(c)属性。

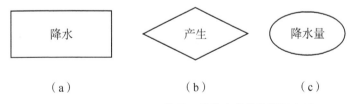

（a）　　　　　　　　　　　（b）　　　　　　　　　　　（c）

图 8-1-4　E-R 模型三种基本成分的图形表示

2）数据模型

传统的数据模型包括层次模型、网状模型和关系模型,此外还有面向对象模型。

（1）层次模型:是数据库最早使用的模型。它的数据结构是一颗"有向树(tree)"。它将客观问题抽象为一个严格的自上而下的层次关系,具有层次分明、结构清晰的特点,适用于描述那些客观存在的事物中有主次之分的结构关系(图8-1-5)。

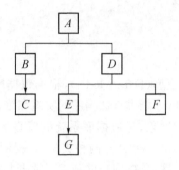

图8-1-5　层次模型有向树示意

(2) 网状模型:是一个以记录为节点的网络,它反映现实世界中较复杂事物之间的联系。它的基本特征是一个双亲允许有多个子女,一个子女也可以有多个双亲。它的表达能力较强,能够反映复杂的关系,既能表达实体间的纵向联系,也能表达其横向联系。但它在概念上、结构上和使用上都比较复杂,对计算机的软件和硬件环境要求较高(图8-1-6)。

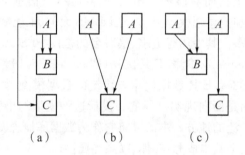

(a)　　　　　(b)　　　　　(c)

图8-1-6　网状模型示意举例

(3) 关系模型:是发展较晚的一种,然而发展最快。现在的数据库产品90%以上都是以关系模型为基础的。实际上成了唯一可选的数据库。

1970年,IBM公司San Jose研究室的研究员Codd的论文《大型共享数据库的关系模型》为关系数据库技术奠定了理论基础(Codd,1970)。

关系模型是用二维表格结构来表示实体以及实体间联系的模型。其数据结构是一个"二维表框架"组成的集合,每个二维表(Two-dimensional table)又可称为关系。它使用表格来描述实体间的关系。关系模型的优点是:数据结构简单、概念清楚、符合习惯。它能够直接反映实体之间一对一、一对多和多对多的三种关系。它全部都是表格框架,通过公共属性可以建立表与表、实体与实体之间的联系。它具有严格的理论基础,以最小重复方式存储,减少其他存储方式易产生的某些错误。

(4) 面向对象模型:20世纪80年代,出现了大量新一代数据库应用。如CAD/CAM、CIM、CASE(计算机辅助软件工程)、OIS(办公信息系统)、地理信息系统、超文本数据、知识库系统、实时系统等。关系数据库模型等传统数据模型在这些新的应用需求面前显得无能为力,为此人们提出了许多新的数据模型。

面向对象数据库系统(Object Oriented Database System,简称OODBMS)是数据库技术与面向对象程序设计方法相结合的产物。它尽管有很吸引人的潜力和市场,但存在的问题也非常多。主要表现在两个方面:一是理论方面,面向对象数据模型的数学基础是什么;二是技术方面,由于表示的灵活性导致了系统操作语义的复杂性,这种复杂性对实用性造成严重影响。此外,面向对象数据库系统的实际工作效率还是一个令人头痛的问题。因此这个系统还不是很成熟的(左凤朝等,2001;冯猛,2000;李志刚,2013)。

2. 数据库设计

数据库设计的任务是在DBNS的支持下,按照应用要求,为某一部门或组织设计一个结构合理、使用方便、效率较高的数据库及其应用系统(萨师煊等,2000)。

数据库是应用系统处理信息的核心和基础。因而数据库设计是数据库应用系统设计与开发的关键性工作。它是在现代DBMS支持下进行的,包括信息新系统数据模型的静态模型——模式与子模式的设计,及数据库的结构设计和在模型上的动态操作——应用程序设计,即数据库的行为设计(李昭原,1999)。

数据库设计是进行数据库系统开发的重要内容,是建立数据库及其应用系统的第一步。其内容是指根据信息要求、处理要求和给定的数据库支持环境,设计出相应的数据模式(包括外模式、内模式和逻辑模式),并建立数据库及其应用程序,使之能够有效地存储数据,满足各种用户的应用需求(信息要求和处理要求)(闪四清,2001;黄旭等,2019)。

在数据库应用软件的开发过程中,数据库模型的设计是一项非常重要的内容。由于信息结构复杂,应用环境多样,在相当长一段时间内,数据库设计主要采用手工试用法(manual cut and try method)(特里等,1986),凭设计人员的经验和水平进行,缺乏科学的理论和工程原则支持。这种方法很难保证设计质量。经过探索,人们提出了基于软件工程的思想和方法的各种规范化设计法(黄上腾等,1996)。规范化设计法中比较著名的有新奥尔良法(New Orleans),它将数据库设计分为四个阶段(萨师煊等,2000),如图8-1-7所示。还有生命周期法(System Life Cycle、Life-Cycle Approach),它将数据库设计分为六个阶段(特里等,1986),如图8-1-8所示。

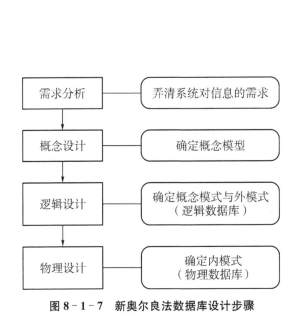

图8-1-7　新奥尔良法数据库设计步骤

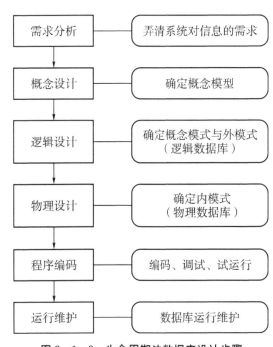

图8-1-8　生命周期法数据库设计步骤

还有基于E-R模型的数据库设计、3NF的设计和抽象语法规范设计等方法,都是在数据库设计的不同阶段上实现的具体技术和方法。在设计中,每一阶段完成时要进行设计分析,以求最后实现的数据库能够比较精确地模拟现实世界,较准确地反映用户的需求。图8-1-9给出了关系数据库设计的步骤。对数据库不同阶段的设计对应着数据库的各级模式的设计,如图8-1-10所示。

数据库通过三个设计步骤来进行建模:

第一步:采用高层次的概念数据模型(conceptual data model)来组织所有与应用相关的可用信息。本研究采用实体-联系(Entity-Relationship,E-R)模型。

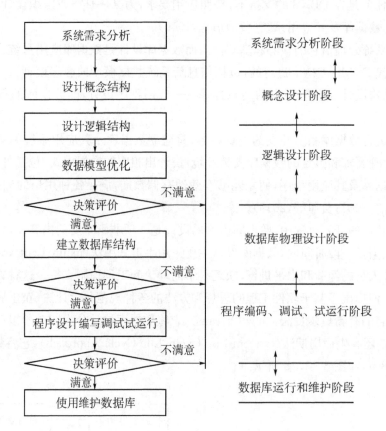

图8-1-9　关系数据库设计步骤

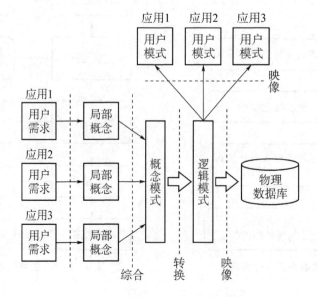

图8-1-10　数据库设计的各级模式

E-R 模型是所有概念模型设计工具中最为流行的一种。

第二步:逻辑建模阶段。与概念数据模型在商用 DBMS 上具体实现有关。商用 DBMS 中的数据由实现模型来组织。实现模型的例子有:层次模型、网状模型和关系模型。其中关系模型是数十年来商用数据库所实现的最为广泛的模型之一。

第三步:物理设计的建模。它解决数据库应用在计算机中时方方面面的细节。

数据库设计的概念设计阶段,常用 E-R 模型将现实世界的实体与联系转化为概念世界的实体与联系,完成现实世界到机器世界的第一层抽象。数据库的逻辑设计和物理设计是数据库设计的核心与关键。

人们对数据库设计的方法进行了比较广泛与深入的研究,提出了许多行之有效的方法。如常见的基于 E-R 图的数据库设计方法、扩充数据项图法、扩充 E-R 图法等。这些方法对数据库的发展及其应用起到了重要的推动作用。特别是 E-R 图模型具有直观、易理解、语义表达能力丰富、易于向各种数据模型转化、提供计算机人员和用户交互的共同语言等特点,因而被大多数计算机人员所接受。

3. 需求分析

需求分析是进行数据库系统设计的第一步,也是最重要、最困难、最费时的一步。它是数据库设计后续阶段的基础和首要条件。一般而言,需求分析有以下几个步骤(文家焱等,2002):

1)收集资料

了解用户的需求并收集资料是需求分析的第一步。在漩水河流域水土资源数据库的设计过程中,主要收集了流域内土壤资源和水资源利用状况、土壤类型图、土壤侵蚀等级图、土地利用现状图,气象资料如降水、气温以及水文站产水、产沙资料,还有进行流域计算机模拟的输入、输出文件及一些重要的中间结果。

此数据库面向的对象为流域内水土资源管理部门、水土保持部门等。

2)分析和整理资料

目的是分析和表达用户需求。在资料收集过程中和结束后,就可以进行资料的分析和整理工作,并用数据流程图来描述系统。

一般的应用系统中,数据库的内容都是复杂多样的。按照王桂芝和李道峰等的分类,依数据源不同可分为原始数据集、中间数据集和最终数据集三大类;依数据类型可分为矢量图形、栅格图像和文本资料。因此本研究将涉及的数据划分为以下几种:原始遥感图像、气温、降水、风速、湿度辐射、土地利用、土壤侵蚀、土壤属性(包括土壤机械组成、饱和导水率、田间持水量、容重等)、河网数据、DEM 等。

数据库涉及的数据格式有文本文件,非文本的原始遥感图像、DEM 高程图等。漩水河流域水土资源数据库的数据流程如图 8-1-11 所示。

需求分析的最后结果需要整理成"需求说明"。需求说明中将包含已经确定了的数据库中应包含的数据及其有关特性。

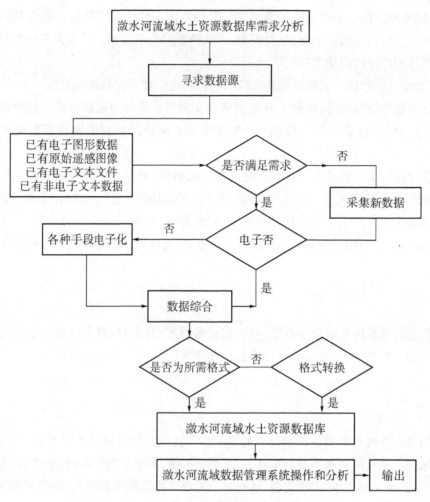

图 8-1-11　激水河流域水土资源数据库流程图

4. 数据库概念设计

数据库概念结构的设计是整个数据库设计的关键。概念结构独立于数据库逻辑结构,也不依赖于计算机系统和具体的 DBMS。概念结构设计阶段的任务是把各式各样的信息要求经过描述和综合,变成初步的数据库设计。这一阶段将得到一个关于数据库结构的高级表示——概念结构。

要使数据模型能很好地反映现实世界中的实体及其联系,首先必须搞清楚现实世界要反映在数据库的各种实体和它们之间的联系。我们用来表示概念模型最有力的工具是 E-R 模型。在这种模型中,采用 E-R 图来表示现实世界中的实体和联系。E-R 图中包括三种基本成分实体、联系和属性。用 E-R 模型来描述现实世界,不必考虑信息的存储结构、存储路径等与计算机有关的问题。E-R 模型是面向问题的、概念性的模型,与数据库管理系统 DBMS 无关,不考虑数据在 DBMS 中如何实现。它比一般的数据模型更接近于现实世界。图 8-1-12 为激水河流域水体资源数据库 E-R 图。

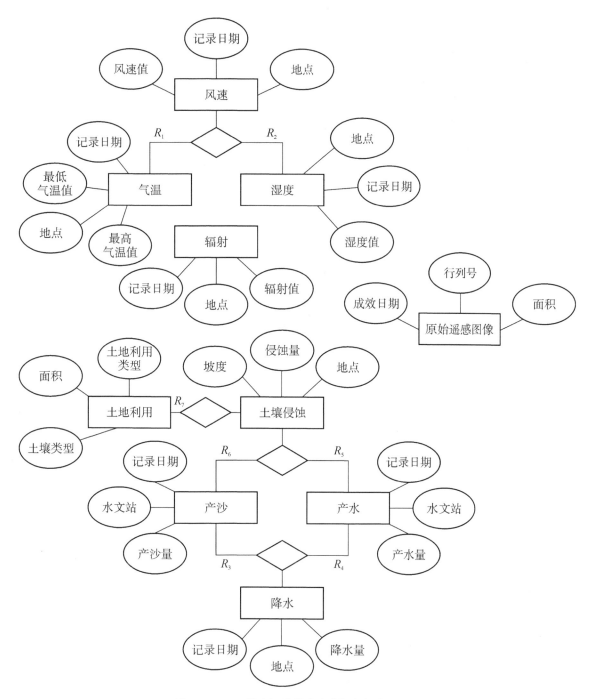

图 8‐1‐12　激水河流域水土资源数据库 E-R 图

5. 数据库逻辑设计

E-R 模型表示的概念模型是用户模型,需要把它转化为某个具体的数据库管理系统所支持的数据模型。

结构的设计与具体的 DBMS 有关,并受到 DBMS 所支持的数据模型的约束。因此,逻辑设计的过程就是根据数据库的概念结构和数据库管理系统的特性,把概念结构转化为逻辑结构的过程。这也就是说,把概念结构转换为由选用的 DBMS 支持的数据模型上的结构表示。最流行的 DBMS 支持的数据模型有三种:层次模型、网状模型和关系模型。由于关系模型具有严格的理论基础、最小冗余度等特点,本研究就采用它来完成数据库的逻辑设计。

关系数据库的逻辑结构由一组关系式组成。下面是一个例子：

降水(地点,记录日期,降水量)

气温(地点,记录日期,最高气温,最低气温)

产水(地点,记录日期,产水量)

产沙(地点,记录日期,产沙量)

⋮　　　⋮　　　⋮　　　⋮

形成了一般的数据模型后,下一步就是向特定的 DBMS 规定的模型转换。

由于关系模型的逻辑结构是一组关系模式,用概念结构到关系逻辑结构的转换就是从 E-R 图转换为关系模式。

6. 数据库物理设计

数据库物理设计是从一个满足用户需求的、以确定的逻辑数据库结构研制出一个有效的、可实现的物理数据库结构的过程,也就是对一个给定的逻辑数据模型选取一个最适合应用环境的物理结构的过程。数据库的物理结构旨在物理设备上的存储结构与存取方法。物理数据库结构主要由存储记录格式、访问路径结构以及记录在物理设备上的安排组成。

数据库物理结构的设计任务是使数据库的逻辑结构能在实际的物理存储设备上得以实现,建立一个具有较好性能的物理数据库。数据库物理结构主要解决以下三个问题:恰当地分配存储空间,决定数据的物理表示和决定存储结构。它在很大程度上与选用的数据库管理系统有关。

经过物理设计,潏水河流域水体资源数据库中表的设计,包括字段名、类型、长度、说明、各个表之间的联系等内容。各个表的详细结构见表 8-1-1 到表 8-1-8。

表 8-1-1　图形图像表结构

列名	数据类型	字段长度	是否允许为空
图像名称	nvarchar	50	不允许
成像时间	datetime	8	允许
文件类型	nvarchar	10	不允许
图像数据	image	16	允许
应用主题	nvarchar	50	允许
图层	nvarchar	50	允许
备注	nvarchar	100	允许

图像名称即存放文件名,对于原始遥感图像来说,成像时间即为具体的日期;对于经过处理的图像而言,则是指处理的时间。文件类型指的是文件的扩展名。应用主题指该图像的主要用途。图像名称和文件类型两个字段为主键,用来唯一标识某个图像文件。图形图像包括:土壤侵蚀表、原始遥感图像、土地利用表、土壤类型表等。

表 8－1－2　气温表结构

列名	数据类型	字段长度	是否允许为空
记录日期	datetime	8	不允许
最高气温	float	8	不允许
最低气温	float	8	不允许
备注	nvarchar	50	允许

表 8－1－3　降水表结构

列名	数据类型	字段长度	是否允许为空
记录日期	datetime	8	不允许
降水量	Float	8	不允许
备注	nvarchar	50	允许

气温、降水表由东村、兴江、莲塘、兴国 4 个原始表合并而成，用来存储 1991 年—2002 年的气象、降水数据。表中各字段的详细情况见表 8－1－2 和表 8－1－3。其他各项分别见表 8－1－4 至表 8－1－8。

表 8－1－4　风速表结构

列名	数据类型	字段长度	是否允许为空
记录日期	datetime	8	不允许
风速	Float	8	不允许
备注	nvarchar	50	允许

表 8－1－5　产水产沙表结构

列名	数据类型	字段长度	是否允许为空
记录日期	datetime	8	不允许
产水量	Float	8	不允许
产沙量	Float	8	不允许
备注	nvarchar	50	允许

表 8－1－6　辐射表结构

列名	数据类型	字段长度	是否允许为空
记录日期	datetime	8	不允许
辐射	Float	8	不允许
备注	nvarchar	50	允许

表 8 - 1 - 7   湿度表结构

列名	数据类型	字段长度	是否允许为空
记录日期	datetime	8	不允许
湿度	float	8	不允许
备注	nvarcha	50	允

表 8 - 1 - 8   DEM 数据表结构

列名	数据类型	字段长度	是否允许为空
数据源名称	nvarchar	50	不允许
数据类型	nvarchar	50	不允许
文件名称	nvarchar	50	不允许
文件类型	nvarchar	50	不允许
DEM 数据	Image	16	允许

7. 激水河流域水土资源数据库的实施

数据库实施是根据逻辑设计和物理设计的结果,利用 DBMS 提供的可视化工具或者直接利用 SQL 命令,在计算机上建立起实际的数据库结构,整理并装载数据,进行测试和运行。因此数据库的实施是所设计数据库系统的"最终实现"(文家焱等,2002)。这一阶段的工作是建立库文件,编写应用程序和录入部分数据(邱建德等,1995)。

基于以上的分析,本研究在 MS SQL Server 2000 平台支持下,采用 C♯、MO2.2 进行程序设计,建设激水河流域水土资源数据库。

本研究利用 MS SQL Server 2000 数据库管理系统,进行数据库物理设计。SQL Server 2000 提供了几种建库的方法(袁鹏飞,1998)。它们分别是:①利用企业管理器。在企业管理器的控制台根目录中,右键单击"数据库",在弹出的菜单中单击"新建数据库"命令,依次设置数据库名、事务日志,选择数据库存放位置以及文件增长方式。②数据库创建向导。在工具菜单中选择"向导"命令,单击"创建数据库向导"项,依次给数据库、事务日志文件命名,指定位置,定义数据库文件的增长方式。③利用 SQL 语句建库。建库的 SQL 命令是 CREAT DATABASE。用 SQL 命令建库时,对数据库特性的设定要增加相应的参数来完成。下面是该命令的格式:

CREAT DATABASE 激水河流域水土资源数据库'设置新数据库的名称'
［ON PRIMARY
　　　　(NAME='激水河流域水土资源数据库 Primary',
　　　　FILENAME='f:\激水河流域水土资源、激水河流域水土资源数据库_Prm. mdf'
　　　　SISE=4,
　　　　MAXSISE=10)
FILEGROUP'激水河流域水土资源数据库_FG1',
　　　　(NAME='激水河流域水土资源数据库_FG1_Dat1',
　　　　FILENAME='f:\激水河流域水土资源、激水河流域水土资源数据库_FG1_1. ndf',
　　　　SISE=1 MB,
　　　　MAXSISE=10,
　　　　GILEGROWTH=1),

```
(NAME='潋水河流域水土资源\潋水河流域水土资源数据库_FG1_Dat2',
FILENAME='f:潋水河流域水体资源\潋水河流域水体资源数据库_FG1_2.ndf',
SISE=1 MB,
MAXSISE=10,
FILEGROWTH=1)
LOG ON
(NAME='潋水河流域水土资源数据库_log',
FILENAME='f:\潋水河流域水体资源\潋水河流域水土资源数据库_1dbf',
SISE=1,
MAXSISE=10,
FILEGROWTH=1)
GO
```

1）数据库构成

本研究涉及数据类型很多，包括图形、图像、文本、流域模拟的原始数据以及中间结果，最终存储在潋水河流域水土资源数据库中的 11 个表内。它们分别是土壤侵蚀表、原始遥感图像表、土地利用表、土壤类型表、DEM 数据表、气温表、降水表、风速表、产水产沙表、辐射表、湿度表。

2）表结构设计

数据库中表的设计，包括字段名、类型、长度、说明、各个表之间的联系等内容。

可以用 3 种方法来设计表结构。一种是在 SQL 查询分析器中利用 SQL 脚本设计；另一种是在 SQL 控制台下进行设计；还有一种是在导入数据后对导入的表结构进行整合。

（1）用 SQL 脚本设计表结构。如建立风速表和气温表的 SQL 命令如下所示：

```
CREAT TABLE[潋水河流域水体资源数据库].[风速表]
([记录日期] datatime NOT NULL,
[风速] float NOT NULL,
[备注] avarchar(50)NULL)
CREAT TABLE[潋水河流域水土资源数据库].[dbo].[气温表]
([记录日期] datetime NOT NULL,
[最低气温] float NOT NULL,
[最高气温] float NOT NULL,
[备注] nvarchar(50)NULL)
```

（2）在数据库中设计表。依次输入列名、数据类型、长度和是否允许为空等内容。

（3）将数据导入数据库后对表结构进行整合。如把 de_ish 修正.dbf 作为东村降水的原数据。其中 PCP 代表降水量，后四列分别代表 300 m、400 m、500 m 和 600 m 的高程修正量，而我们仅仅需要记录日期和降水量两个属性，在导入后需将 DATE 修改成"记录日期"，将 PCP 修改成"降水量"，将后 4 列删除。

DATE	PCP	300	400	500	600

整合后的表格如下：

记录日期	降水量

3) 数据入库

我们已经在 SQL Server 2000 平台下建立了潋水流域水土资源数据库。接下来的任务是针对数据性质不同,采用不同的方法将其入库。

(1) 录入数据

可以在 SQL Server 2000 控制台下,直接向表中依次输入记录,如图 8－1－13 所示;也可在潋水流域水土资源数据管理系统主界面下录入数据,如图 8－1－14 所示。

记录日期	最高气温	最低气温	备注
1991-1-1	9.6	7	摄氏度
1991-1-2	10.8	6.2	摄氏度
1991-1-3	8.7	5.2	摄氏度
1991-1-4	6	3.6	摄氏度
1991-1-5	6.4	2.7	摄氏度

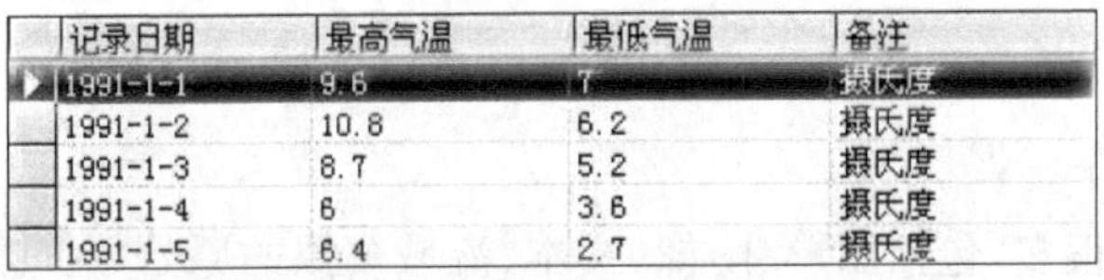

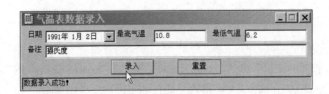

图 8－1－13　在 SQL Server 控制台下录入数据

图 8－1－14　数据管理系统界面下录入数据

(2) 导入数据

如果所需数据已经存在于 Excel、DBF、Access 等文件中时,可以应用 MS SQL Server 企业管理器中的"数据转换服务导入/导出向导",将数据导入数据库中。具体步骤如下:第一步,选择数据源的类型及名称;第二步,选择目的数据库;第三步,指定从数据源复制表和视图;第四步,选择要复制的表或视图,完成数据导出。

(3) 装载数据

对于那些非文本文件,SQL 自身没有类似的服务向导,研究人员要开发定制程序,将非文本文件上载到数据库中。

a. 装载数据的原理(宋今,2001):装载文件,可以使用工具(如 Lex、Yace、Yace＋＋)来生成装载文件的代码,也可以自行编辑代码。通常可以使用两步法实现文件装载。第一步,创建对象和链接,并构造一个将每个主关键字映射到一个对象标识符的索引:从文件读出所有的数据,并将其保存在内存中。必须获得阈值,创建对象,对每个对象设置属性值。当创建每个对象时,也可以在索引中添加一项,将主关键字值映射到对象标识符。第二步,使用索引来将外关键字引用转换为内存中的指针:扫描外关键字,并使用索引,将外关键字引用分解为内存引用。这种外关键字转换是直截了当的编程,但第二步并非是非做不可的。

b. 装载数据：由于本研究中包含了大量的非文本数据，在数据库中不能详细查看它们，所以在 C♯和 MO2.2 的支持下，开发了潵水河流域数据库管理系统，从而对数据库中的数据进行统一管理。

图 8-1-15 是潵水河流域数据管理系统的主界面。在该界面下进行数据的装载、管理和应用。数据管理包括数据录入、数据查询、数据维护、栅格影像操作、矢量图形操作，以及 DEM 数据操作等。此外还有工具栏、窗口和帮助。

装载数据通过数据录入进行。录入界面如图 8-1-16 所示。无论是录入数据还是装载数据都可以在数据录入中进行。

图 8-1-15　潵水河流域数据管理系统的主界面

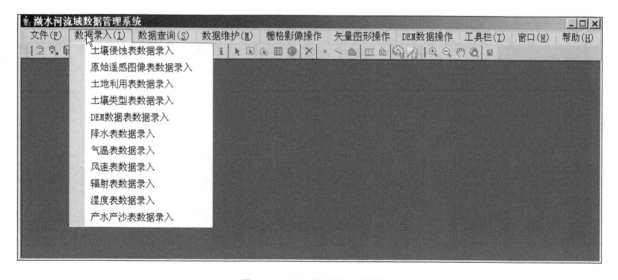

图 8-1-16　数据录入界面

在数据入库的基础上，通过潵水河流域数据管理系统对该数据库内的数据进行管理并加以应用。数据查询、数据维护界面和数据录入界面一样，都是将数据库中所有的表列在下面，统一管理。

下面我们选择几个有代表性的数据文件，来说明怎样装载到数据库中。

① 矢量数据

在这里仅仅是 shape 文件。选择"土地利用表数据录入"，将 1993 年土地利用图装载到潵水河流域数据库中。土地利用是 shape 的矢量面层,因而在文件类型中选择矢量面层。共涉及 3 个文件,分别是 dbf、shp 和 shx,然后选择文件,进行装载。见图 8-1-17(a)、(b)。

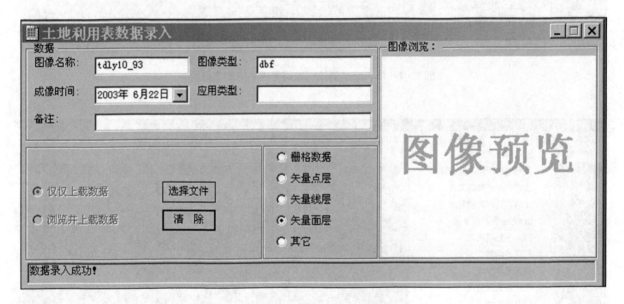

(a)

(b)

图 8-1-17　土地利用表数据输入

② 影像数据

影像的含义比较广泛。影像数据的录入方法和矢量数据录入方法基本上是一样的。在文件类型中选择影像。这里我们以土壤侵蚀表(影像 jpg)为例,见图 8-1-18(a)、(b)。

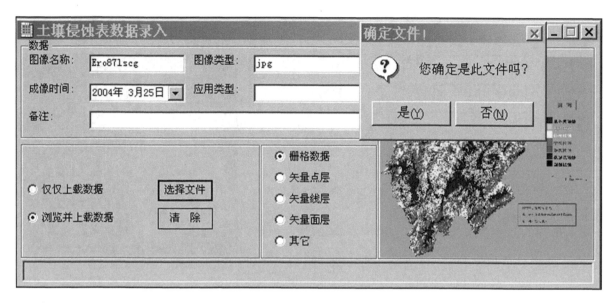

(a)

(b)

图 8‑1‑18　土壤侵蚀表数据录入

③ 原始遥感图像

装载方法和栅格、矢量是一样的。我们以 2000 年的图像(img)为例,见图 8‑1‑19。

事实上,直接装载遥感图像在录入时并不能浏览到图像。我们将原始遥感图像转化成能浏览的图像格式,以相同的图像名称存入数据库。当需要对原始图像进一步操作时,浏览能够显示的文件,看是否是转化过的文件,再将原始遥感图像存到本地,进行处理。

④ DEM 数据录入见图 8‑1‑20。

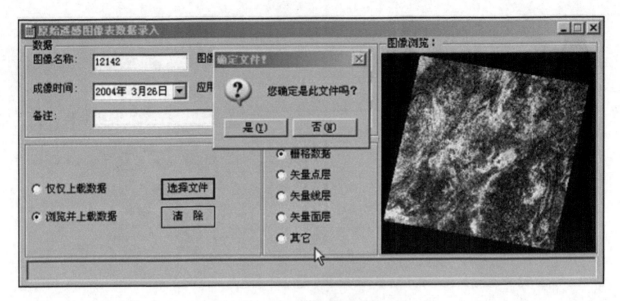

图 8 - 1 - 19　原始遥感图像录入

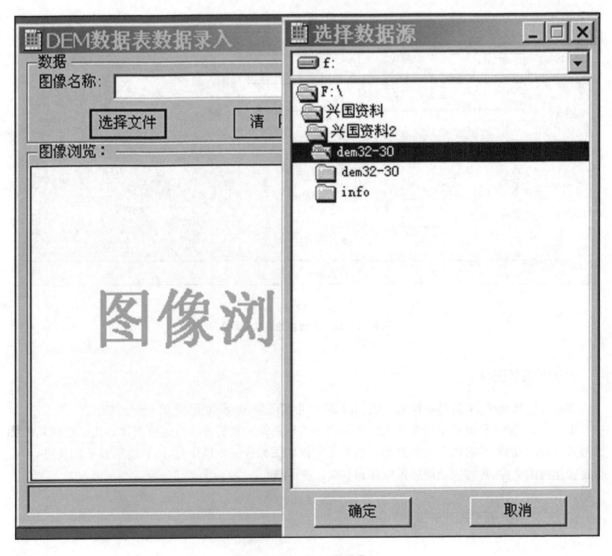

图 8 - 1 - 20　DEM 数据录入

⑤ 气温、降水、产水、产沙、风速、辐射等数据的录入以产水产沙表数据录入为例，见图 8 - 1 - 21。

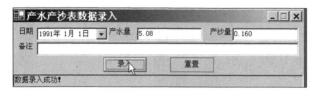

图 8 - 1 - 21　产水产沙表数据录入

8.1.4　潋水河流域水土资源数据库的应用

对于保存到潋水河流域水土资源数据库中的数据的管理，主要有查询、检索、浏览、编辑、更新以及对图形、图像的显示和输出等。

1. 查询、检索和浏览

查询可以根据特定条件或者是全部查询方式进行。在土地利用表中，查询出共有 3 条记录。在数据浏览中，分别显示图像名称、类型、成像时间和图层信息。同时在图像预览中，可以浏览图像，单击图像文件还可以对图像进一步操作。

例如，气温表中最低、最高气温的查询。本系统支持 SQL 查询。如在 SQL Server 管理器下查询前 15 条记录的最低、最高气温：

SELECT TOP 15 *

FROM 气温表

其结果如图 8 - 1 - 22 所示。

▶	1991-1-1	9.6	7	摄氏度
	1991-1-2	10.8	6.2	摄氏度
	1991-1-3	8.7	5.2	摄氏度
	1991-1-4	6	3.6	摄氏度
	1991-1-5	6.4	2.7	摄氏度
	1991-1-6	5.7	4.2	摄氏度
	1991-1-7	9	5.7	摄氏度
	1991-1-8	7.1	4.3	摄氏度
	1991-1-9	8.6	2.7	摄氏度
	1991-1-10	9	6.4	摄氏度
	1991-1-11	9.4	5.1	摄氏度
	1991-1-12	12.6	1.4	摄氏度
	1991-1-13	9.8	6.7	摄氏度
	1991-1-14	8.3	4.8	摄氏度
	1991-1-15	12.2	.6	摄氏度

图 8 - 1 - 22　从气温表中用 SQL 命令查询前 15 条记录

本系统也支持在激水河流域数据管理系统中查询。最低、最高气温查询结果如图8－1－23所示。

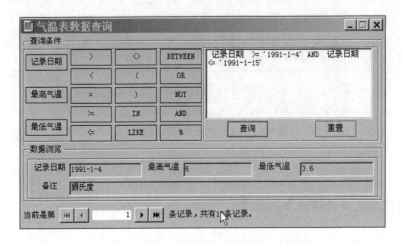

图8－1－23　满足条件气温表查询结果

又如，土地利用数据表的查询，其查询结果，如图8－1－24所示。再如，原始遥感图像的查询，其查询结果如图8－1－25(a)、(b)所示。

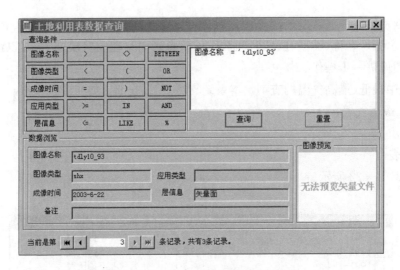

图8－1－24　土地利用表数据查询结果

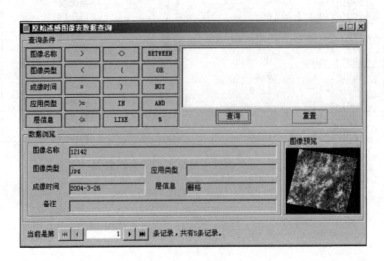

(a)

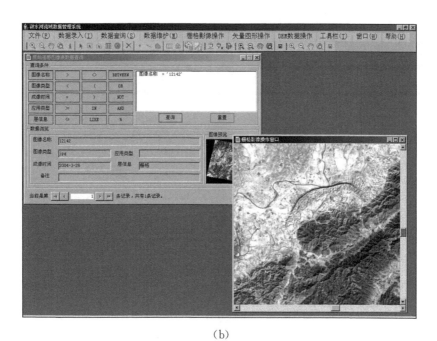

（b）

图 8‑1‑25　原始遥感图像查询结果

2. 图形图像显示、操作

1）矢量数据显示操作

图形图像的显示操作，都可以用图形图像矢量操作工具栏来实现（图 8‑1‑26）。

图 8‑1‑26　图形图像矢量操作工具栏

在图 8‑1‑26矢量工具栏中，依次为放大、缩小、平移、原图显示、信息查询、点选、矩形选择、多变性选择，以及属性表和清除选择。删除和添加点、线和多边形，后面是距离量算、面积量算和保存矢量数据到文件和更新数据库。

具体的矢量数据显示操作，见图 8‑1‑27、8‑1‑28 和 8‑1‑29。

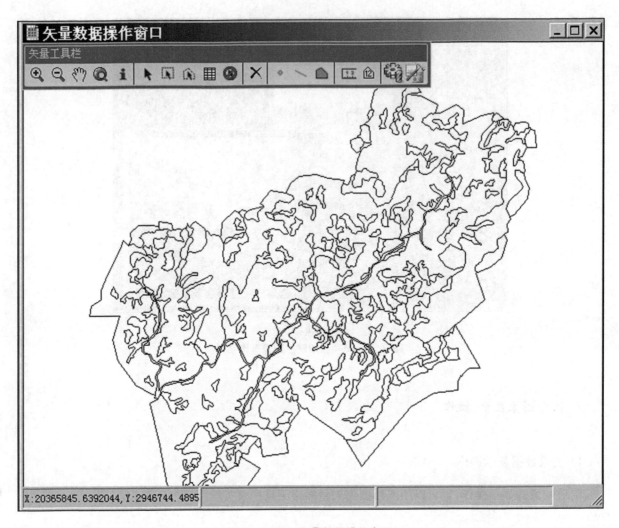

图 8-1-27　矢量数据操作窗口

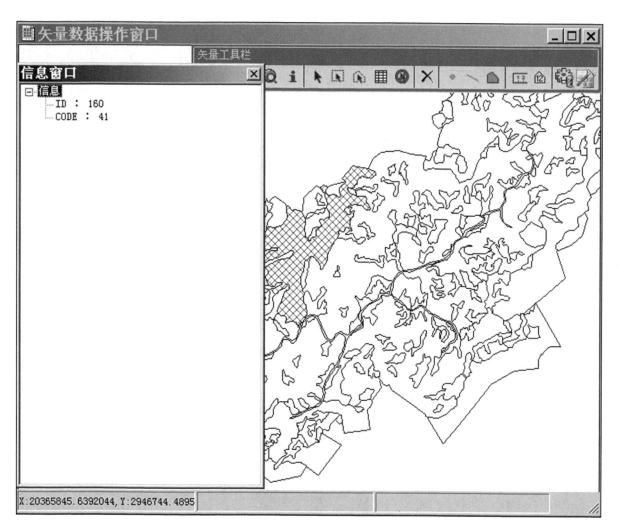

图 8-1-28　矢量信息窗口

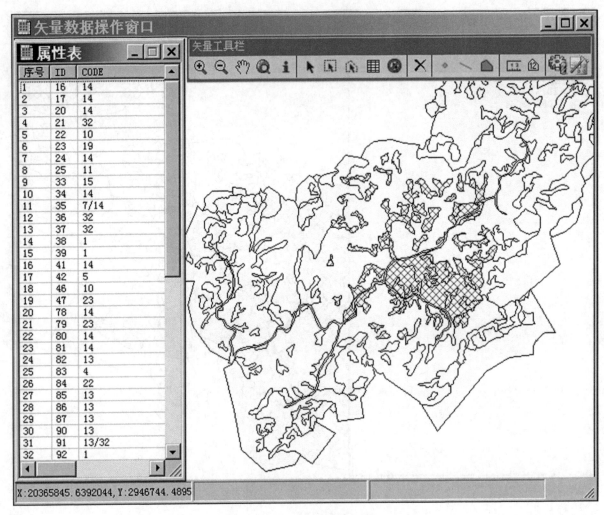

图 8 - 1 - 29　矢量属性表信息

2）影像数据显示操作

在栅格影像工具栏中,依次为放大、缩小、平移、原图显示和保存栅格数据到文件等。如图 8‑1‑30
所示。

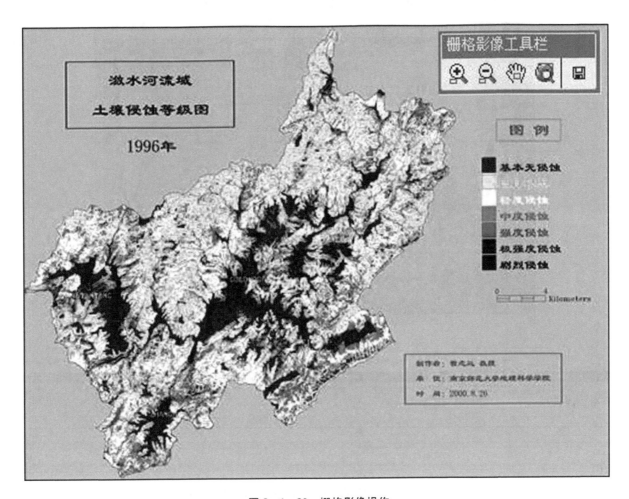

图 8‑1‑30　栅格影像操作

3）原始遥感图像的显示操作

原始遥感图像的操作，同样包括放大、缩小、原图显示和保存到本地文件等（图 8-1-31 和图 8-1-32）。

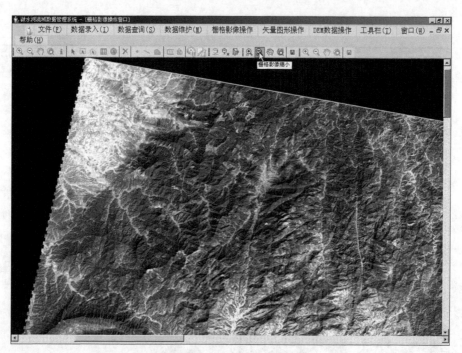

图 8-1-31　原始遥感图像操作

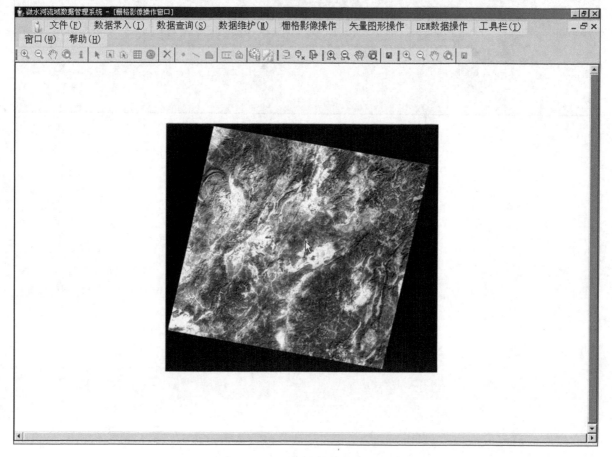

图 8-1-32　缩小的原始遥感图

3. 编辑和更新

在数据维护中,可以实现编辑功能,它包括记录、添加、删除图形图像的更新和数据库更新。土壤侵蚀表和气温数据表维护,分别见图 8-1-33 和图 8-1-34。

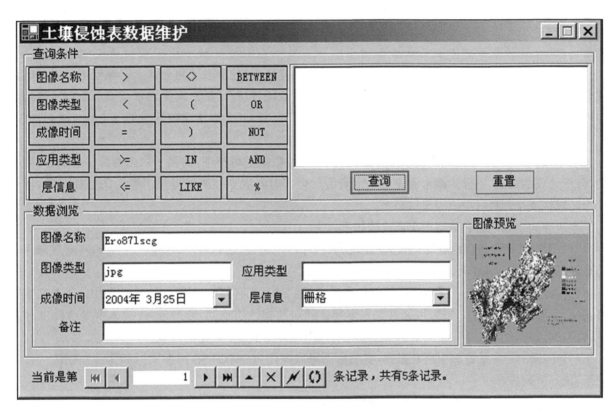

图 8-1-33　土壤侵蚀表数据维护

图 8-1-34　气温表数据维护

4. 输 出

输出功能包括地图输出、表格文本输出和屏幕三维透视。

8.1.5　结论

本研究以国家自然科学基金项目《南方典型地区小流域模拟、动态监测与水土资源管理研究》和《流域土壤和水资源研究模型的集成和系统化及其应用》为依托,进行了激水河流域水土资源数据库的构建和应用,探讨了在 MS SQL Server 2000 平台下,应用 C♯ 和 MO2.2 构建数据库的理论和方法,为数据库的应用奠定了基础。

利用数据库技术,对流域内的水土资源调查、研究的数据进行整理,加强了水土资源信息的存储、收集、分析处理的方式,不仅为激水河流域水土资源管理、利用、规划和决策提供了有力的数据支持,还可以为区域性或全球性有关研究提供参考。

本研究的主要内容和取得的主要成绩如下:

(1) 通过数据分析、数据库的概念设计、逻辑设计以及物理设计,在 NS SQL Server 2000 数据库管理系统下,完成了激水河流域水体资源数据库的建设。

(2) 激水河流域水土资源数据库涉及数据量大、类型多,既有原始遥感图像、土地利用图等非文本资料,又有气温、降水、产水、产沙、风速等文本资料。针对数据性质不同,通过录入、导入和装载等 3 种方式,将数据入库,用 C♯ 和 MO2.2 开发用户定制程序,实现非文本数据的装载。

(3) 将面向对象的思想引进数据库,将图形图像数据作为一个对象,图形数据和属性数据统一作为记录,统一管理。

(4) 对激水河流域水土资源数据库进行开发,形成激水河流域数据管理系统。该系统实现了以下功能:①浏览功能。对数据库内的各个表的内容进行查看、查询、检索和更新;②编辑功能。对表内记录进行删除、插入等操作;③数据获取及编辑功能,包括矢量、栅格数据的输入与编辑;④空间数据的分析管理功能:a. 空间管理功能,图上定位查询(点选择、矩形选择、多边形选择等),图形显示(放大、缩小、漫游、全图显示、刷新等);b. 属性数据的管理功能,包括属性数据项的定义、修改,数据库文件的增加、删除、修改,以及与外部文件的交互操作,数据查询和检索等;⑤输出功能,包括地图输出、表格文本输出和屏幕三维透视等。

由于数据量大、类型多,尽管我们在研究中作了很大努力,仍存在以下不足之处:①目前系统支持的矢量文件格式只有 ArcView shape 文件;②在对图像装载入库时没有进行压缩处理,造成读取速度慢,装载、查询效率低,数据库存储空间消耗较大等问题;③没有建立合适的栅格图像索引机制,造成图像查找、读取不能分层进行。

在以后研究中将逐步去掉这些缺陷,具体方法如下:①增加系统支持的矢量文件格式,如 mapInfo 的 mif,ESRI 的 coverage 等;②在图像入库时,采取有效的压缩方式,提高读取速度、查询效率;③建立栅格图像索引机制,实现分层查找。

第二节　潋水河流域水土资源信息系统的构建及其应用

8.2.1　小引

一个学科对其研究对象的认识,都是一个由经验到理性,由概念到量化的过程。地理学作为一门传统学科,以往对其客观事物的认识主要采取定性的方式(石元春,2000)。进入 1960 年代以后,计算机技术、数学、信息科学、统计学等学科和地理学日趋聚合和趋同,从而使地理学的定量研究日趋深入和成熟(承继成等,1999)。因此有了大量的新技术和新方法应用到地理学的定量研究中。其中特别突出的是遥感(RS)、地理信息系统(GIS)、全球定位系统(GPS)、地学数学建模、计算机地学过程模拟和可视化等。遥感既为地学定量研究提供了新方法,也为它提供了新的数据源。地理信息系统则是地理空间数据管理和空间分析的最好手段,而数学建模和计算机模拟和可视化则成为地理过程高度定量化的核心(曾志远,2004)。

对地观测系统、信息管理和空间分析、过程模拟、变化预测等方面的研究,都离不开现代信息技术和数学建模。同时,信息技术的高速发展和数学方法的丰富,已为这些领域的研究提供了可能(伍水秋,2000)。

流域土壤侵蚀和水土流失作为区域环境乃至全球环境的变化的主要因素之一(潘剑君等,1999),不仅严重地破坏了以土地资源为主的自然资源,而且还造成严重的生态环境问题。因此,流域水土资源研究也越来越受到全世界的广泛关注。以遥感技术做宏观动态监测,配以流域监测得到的第一手资料,利用 GIS 技术以空间数据库为基础,结合专业模型,进行流域模拟,为水土资源管理提供高质量的科学决策支持,是研究的热点(潘剑君等,1999)。

我们的国家自然科学基金资助项目,以自然流域为单位,在遥感和地理信息系统的支持下,通过建立数学模型来模拟自然界的真实状况,并为水土资源的管理和决策提供科学依据。在项目的进行过程中,图像处理和分析需要大量原始遥感影像数据,同时产生大量中间成果图,而在使用 SWRRB 和 SWAT 模型进行流域模拟时,需要多年连续的水文和气象观测资料。所有这些数据都需要一个信息系统进行管理,并希望能把数据管理、图像处理和分析以及流域模型集成到同一界面下。同时,通过对小流域的模拟和监测,结合信息系统的建立,为地方水土管理部门提供管理和决策支持。

本研究的研究方向主要是基于组件方式的模型库和方法库的决策支持系统。这也是现在系统研究和开发的主要方向。无论 GIS 的功能和 RS 的功能,都采用控件方式存在。例如,GIS 可分为空间数据管理和查询控件、数据编程控件、空间分析控件、符号设计控件、制图控件,而 RS 可分为几何校正控件、图像处理和分类控件等。所有这些控件都存入数据库,形成空间方法库,用户可根据需要,灵活、动态地调用各种功能控件。各类专业模型根据类型封装成控件,也存入数据库,形成模型库。在以上模型库和方法库的基础上,结合特定领域的专家知识和特定领域的规则建立知识库和规则库,形成一个完整的决策支持系统。

系统目标的实现主要分为以下三个阶段:

第一阶段:初步集成。课题研究中涉及的统计数据采用数据库集中管理,矢量数据以文件的方式进行管理,影像数据以统一文件目录存储,文件路径存入数据库,进行集中管理。地理信息系统软件、遥感软件和流域模型松散集中在同一界面下,数据以外部文件方式进入流域模型进行流域模拟。系统结构见图 8-2-1。

第二阶段:高度集成的空间信息系统。各类影像数据、栅格数据、矢量数据等空间数据,采用面向对

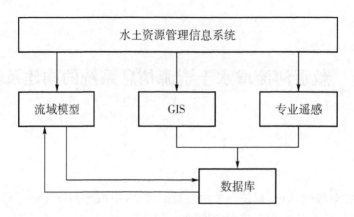

图 8-2-1　水土资源管理信息系统结构图

象数据库统一管理。影像处理、地理信息系统空间分析和流域模拟,以组件方式无缝集成,形成一个动态的、可伸缩的水土资源信息系统(张基温,1999)。系统结构见图 8-2-2。

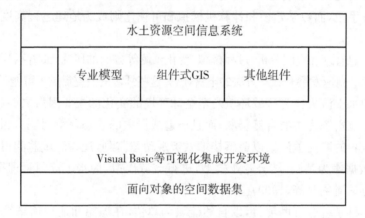

图 8-2-2　水土资源空间信息系统结构图

第三阶段:水土资源空间决策支持系统。它是以空间数据库、统计数据库、专业模型库和空间分析与统计方法库为基础的面向半结构化问题的计算机信息系统。它主要由四库(数据库、模型库、方法库和知识库)组成,为决策者进行分析、决策提供各种数据、图形、图像等背景资料,建立决策推理模型,并提供决策方案(宋关福,1998)。水土资源空间决策支持系统是在第二阶段的地理信息系统的基础上,以原有空间数据库为基础,建立流域模拟和空间统计模型库,结合区域社会经济资料进行决策分析(林海滨等,2000;高洪深,2000)。系统结构见图 8-2-3。

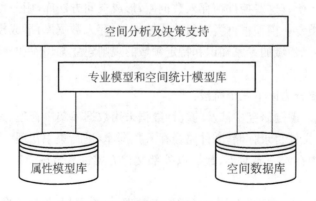

图 8-2-3　水土资源空间决策支持系统结构示意图(高洪深,2000)

以上系统开发第一阶段主要满足国家自然科学基金项目《南方典型地区小流域模拟、动态监测与水土资源管理研究》(1996—1999)的研究要求。第二、第三阶段主要结合以上基金项目的后续国家自然科学基金项目《流域土壤和水资源研究模型的集成和系统化及其应用》(2001—2003)的研究进行开发。

本书以上面的研究结果为基础,并结合实际开发成果,研究了基于 GIS、RS 和地学模型集成的流域水土资源信息系统的开发思路、方法、发展方向及应用前景。

8.2.2　流域水土资源信息系统研究现状、特点及趋势

1. 流域水体资源信息系统的定义、结构和特点

流域水土资源信息系统作为一种区域地理信息系统,是建立在一定的计算机技术系统基础之上的,以区域自然和社会经济特征综合研究为目标,并为区域管理和决策服务的信息系统。所以,它既是一个技术系统,也是一个管理和决策支持系统。

1) 地理信息系统的概念、特征和分类

信息是一种加工处理过的数据,它对其接受者的行为有一定的影响,也是为一定目的服务的一切有用知识的集合,是描述事物特征或状态的量(姜同强,2000)。地理信息是描述现实世界中某一地理实体的特征或状态的量。它与空间信息同义,包括三个潜在成分:a. 属性信息,用来描述该实体的特征、变量值和其他性质等;b. 位置信息,用来描述该实体在空间上与其他实体相关的位置;c. 时间信息,用来描述属性和位置信息有效的时刻或时间区间(姜同强,2000)。

信息系统是一集成系统,其目的是对组织的业务数据进行采集、处理和交换,以支持和改善组织的日常业务运作,满足管理人员解决问题和制定决策的各种信息需求。就信息系统概念本身而言,并没有涉及计算机硬件系统和软件系统。换言之,计算机系统只是信息系统进行信息处理的一种工具和手段。但是,由于计算机的强大信息处理功能,信息系统一般都是利用计算机系统来实现的。因此,计算机系统除了一般特征和组成要素以外,还有其他五个组成要素:数据、人员、处理过程、软件和硬件(姜同强,2000)。

地理信息系统是计算机信息处理和空间分析相互结合的产物,可以从不同角度来认识:①从应用的角度。地理信息系统是由若干个子系统组成。子系统把地理数据转换成有用的信息,分别完成输入、存储、查询、分析和输出的任务。根据系统处理的信息类型可以把地理信息系统分为:自然信息系统、城市信息系统、地籍管理信息系统等(王学军等,1993)。②从工具箱的角度。GIS 应是一个用来处理空间数据的一组复杂的计算机过程和算法的集合。这个定义强调地理信息系统的软件功能及其有机结合。③从数据库的角度。GIS 可以看作是一个采集、存储、管理、分析和描述地球表面与地理区域分布相关的空间数据信息管理系统(吴信才等,2000)。④从管理工具和决策支持系统的角度。GIS 可以被认为是管理人员和政策制定者在自然与人口资源管理和决策中的管理工具,并把空间数据综合到一个问题求解环境中去,为决策提供支撑(王学军等,1993)。

简言之,地理信息系统是一个以具有地理位置的空间数据为研究对象,以空间数据库为核心,采用空间分析方法和空间建模方法,适时提供多种空间的和动态的资源与环境信息,为科研、管理和决策服务的计算机信息系统(吴信才等,2000)。

GIS 可以从可视化、计算和逻辑上对现实空间从功能上进行模拟,通过计算机程序运行和各类数据变换对现实世界进行仿真。有一定地学知识的用户,还可以在地理信息系统支持下,提取现实空间模型的不同侧面、不同层次的空间和时间特征以模拟自然过程演变、预测试验结果,来选择优化方案

(邹月等,2000)。

与一般的管理信息系统相比,地理信息系统作为一种特殊的计算机信息系统,具有以下基本特征:①采集、管理、分析和输出的多种地理空间信息具有空间性和动态性;②以地理研究和决策为目的,以地理模型方法为手段,具有区域空间分析、多要素综合分析和动态预测的能力;③由计算机系统支持,实施空间数据管理,并模拟常规或专门的地理分析方法,作用于空间数据,产生有用信息(邹月等,2000)。

地理信息系统依照其应用领域,可分为土地信息系统、资源管理信息系统、地学信息系统等。根据其使用的数学模型可分为矢量、栅格和混合型信息系统等。根据服务对象,可分为专题的和区域的信息系统。分类如图8-2-4所示。

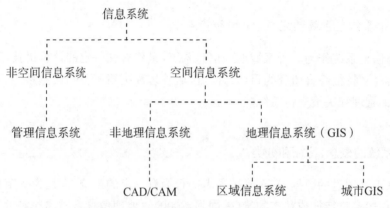

图 8-2-4 信息系统的分类(陈述彭等,2000)

2) 地理信息系统的构成和功能

(1) 地理信息系统的构成

一般由硬件、软件平台、数据和功能模型四个要素组成。一般的地理信息系统通常是在一定的通用地理信息系统技术平台上开发并用于特定目的的数据、模型和计算机程序的总和(赵玉霞等,2000)。

硬件和软件平台可合称为计算机系统。其硬件部分包括中央处理器、存储设备和数字化仪、扫描仪、绘图仪、打印机和彩色显示仪等外围设备;软件系统包括数据输入、数据处理、管理、图形显示和空间分析的计算机程序等。

数据一般是以数据库的形式存在。它们可以分为几何数据和属性数据。前者表明地理实体的空间位置、大小、形状,表达形式是栅格或矢量(陈述彭等,2000)。

地理信息系统的功能模型可以分为通用模型和专业模型。前者一般包括网络分析、3D分析、缓冲区分析、数字地形模型分析等,通用地理信息平台都应该具有;后者是在通用模型基础上开发或集成的特定目的和应用的数学模型。如空间统计模型、流域土壤侵蚀和水土流失模型、流域水文模型、应用于城市规划及其区域扩张的 CA 模型和环境模型等(曹中初,1999)。另外,从系统数据流程来看,地理信息系统是由数据输入子系统、数据存储与检索子系统、数据处理和分析子系统和输出子系统组成。

(2) 地理信息系统的功能

地理信息系统作为信息自动处理与分析系统的功能,包括数据采集-数据分析-决策应用的全部过程,又可细分为基本功能和高级功能。基本功能按系统中的数据流程又可分为:①数据采集、检验与编辑:主要用于获取数据,保证地理信息系统数据库中的数据在内容与空间上的完整性和数据逻辑的一致性等。②数据处理:包括数据的格式化、转换、概化。③数据的存储和组织:包括对空间和属性数据的组织,建立地理系统数据库。④查询、检索、统计、计算功能。⑤显示和制图:主要是地图的输出功能,可以是计算机屏幕显示,也可以是报告、表格、地图等硬拷贝图件(曹中初,1999)。高级功能分为空间分析和模型分析。前者包括缓冲区分析、空间叠置分析、3D分析等;后者主要是根据专业应用而集成或开发的专业模型。

3) 流域水土资源信息系统的定义、构成和特点

流域水土资源信息系统作为一种面向特定领域的综合地理信息系统,既有一般地理信息系统的结构和特点,也有自身的结构和特点。

(1) 流域水土资源信息系统的定义

它是以流域土壤、植被、降水、地形和社会经济数据等控件和属性数据为研究对象,以空间数据库和模型数据库为核心,利用空间分析和空间建模的方法,为区域水土资源科学研究、管理和决策服务的计算机信息系统。它不仅是管理、处理和分析流域空间数据的工具,也是以此为基础,结合空间统计模型、专业流域模型和社会经济统计模型的决策支持系统(曹中初,1999)。

(2) 流域水土资源信息系统的构成

如图 8 - 2 - 5 所示。

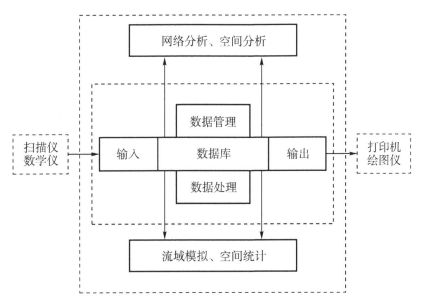

图 8 - 2 - 5 流域水土资源信息系统结构图

(3) 流域水土资源信息系统的特点

①数据源的多样性。这个系统需要处理的数据包括空间数据和属性数据。空间数据有研究区多年的遥感图像、地形图、土壤类型图、数字高程模型 DEM 等。其中遥感图像包括原始影像、中间处理图像、最终成果图像等。属性数据包括研究区的自然状况、基本地理要素、多年社会经济统计等。

②功能模型的复杂性。系统由于数据的多样性,数据处理和分析涉及专业遥感图像处理软件、地理信息系统软件,以及以上数据都要输入流域模型进行分析和处理等因素,使得其功能模型有很大的复杂性。

③流域模型数据的自动处理。我们进行流域模拟所采用的模型,主要是 SWRRB 模型和它的扩展高级版 SWAT 模型。在第二章中已有详细介绍,这里不再重复。

综上所述,流域水土资源信息系统是集成 RS\GIS 和地学模型为一体的空间信息系统。

2. 基于 RS、GIS 和地学模型集成的流域水土资源信息系统

1) 遥感图像处理技术和地理信息系统技术的现状

(1) 主要专业遥感图像处理软件介绍

目前国内使用的遥感图像处理软件主要包括:ENVI、ERDAS IMAGINE、PCI 和 ErMapper。

ENVI 是美国 RSI 公司的产品。它除了具有通常的遥感图像处理软件基本功能外,主要特点是完全由 RSI 公司的旗舰产品 IDL(基于矩阵的、用于二维及多维数据可视化表现和分析的第四代开发语言)开发,方便灵活,可扩展性强,用户完全可以利用它提供的 Activex,通过 ODE 的方式,利用通用开发语言进行二次开发(http://www.supresoft.com.cn/chinese/product/envi/envi-function.htm.)。

ERDAS IMAGINE 是美国 ERDAS 公司的产品,是目前世界上销售量最高的专业遥感图像处理软件。它具有功能强大、跨操作系统的特点,由于它和全球最大的 GIS 软件厂商 ESRI 具有战略合作关系,为 GIS 软件 arcView 开发了 Image Analyst 扩展模块,使得 GIS 可以更方便地管理、显示、处理各种大小的影像数据文件,已满足用户对复杂或综合的地理成像和图像处理的需要(富融科技公司,http://www.superfull.com.cn.)。

PCI 是最著名的专业遥感软件生产商加拿大的 PCI 公司产品,它可以说是全球最早、功能最强大的遥感图像处理软件,按用户不同的需求从普通应用到专业分析共分为三个商业软件包和五个专业扩展模块。三个软件包为 IMAGE-WORS、EASI/PACE Image processing Kit * w/Visual Modeler(包括 IMAGEWORKS 全部功能)和 EASI/PACE IMAGEPRO(包括前两者的全部功能)。五个专业扩展模块为大气校正(Atmospheric Correction)、图像锁数据融合(Imagelock data fusion)、极化雷达分析(Polarimetric Radar Analysis)、PCI 作者(PCI Author)和软件工具箱目标库(Software Toolbox Object Libraries)。PCI 自身提供二次开发的宏语言,有一定的扩展能力(加拿大阿波罗科技公司北京办事处,http://www.apollo TG.com)。

ErMapper 是澳大利亚 ErMapper 公司的产品。它的特点是容易学习,使用方便。它使用了一个叫做算法的概念。每一个图像处理的过程都存储在一个算法文件中,使得图像处理的每一过程的结果都动态可见,并且不用存储大量的临时文件或中间过程文件(澳大利亚 ErMapper 软件公司,http://www.Ermapper.com)。

(2) 主要地理信息系统 GIS 软件介绍

目前国内较流行的商用 GIS 软件主要包括:外国的 Arc/Info、MapInfo、arcView、GeoMedia;国产的 MapGIS、GeoSta、SuperMap 等。

Arc/Info 是美国 ESRI 公司的产品,也是目前应用最为广泛的基于客户/服务器方式的大型 GIS 软件,其功能非常强大。它以前的 8.0 版本的主要特点是:采用地理关系数据模型(如带属性的 Coverage

和 shape),提供强大的空间操作和分析功能,采用模块式结构,提供宏语言 AML 实现二次开发,独立于硬件,运行于不同的操作系统平台(王学军等,1993)。其最新升级的版本 8.0,利用软件工程和 GIS 理论中最新的概念经过重新设计和构建,除了兼容以前版本的所有功能外,还引入新的组件对象数据模型。同是 Arc/Info 8.0 Desktop 版的数据管理工具 Arc Catalog 和制图编辑工具 Arc Map,已是完全基于微软的组件对象(COM)开发的。所以完全可以利用支持 COM 的开发语言,如 Visual C++、Visual Basic、Delfhi 或 Java 在 Arc catalog 和 Arc Map 的外面实现其功能(富融科技公司,http://www.superfill.com.cn)。

MapInfo 是美国 MapInfo 公司的产品。它是标准的桌面地图信息系统软件,具有面向中小型用户、灵活、简单的特点,并具有强大的数据可视化和图形编辑功能。MapInfo Professional 可嵌入到已存在的应用系统内或完整地集成到用户系统中,从而创建出用户定制的解决方案。集成的地图化-OLE Automation 技术,使开发者能够将 MapInfo Professional 集成到通用编程语言中的开发应用系统,如 Visual Basic、Power Builder 和 C++。MapInfo 自带的宏语言-MapBasic 是一种强大的地图化编程语言,可创建特定应用的用户界面,添加菜单和选项,增强特性和功能,实现过程的自动调用和把 MapInfo 集成到其他应用中(MapInfo 中国公司,http://www.mapinfo.com.cn)。

ArcView 也是美国 ESRI 公司的产品。它不同于 ArcInfo 的庞大和复杂的体系,而是基于桌面的地理信息系统。它除了空间数据管理、编辑和基本分析功能外,大部分的高级空间分析功能都以扩展模块的形式提供给用户,有着较强的灵活性和伸缩性。同时,ArcView 也提供了叫做 Avenue 的脚本语言,用于在 ArcView 平台上拓展其功能(富融科技公司,http://www.superfill.com.cn)。

GeoMedia 是美国 Intergraph 公司的产品。它是较早完全基于微软组件对象模式开发的 GIS 软件,它提供一系列的控件和组件对象,便于用户进行自定义开发。所以 GeoMedia 即使作为最终用户产品,也是一个可以创建自定义应用的开发平台。GeoMedia 基于客户/服务器框架。GeoMedia 是客户端,数据(或者数据仓库)既可以存储于客户机,也可以存放在远程计算机上[因特尔格拉(Intergra)公司]。

MapGIS 是中国武汉中地信息工程公司的产品,它是我国拥有自主版权的跨平台通用 GIS 软件。它除了具有较强的图像编辑功能外,还有海量无缝图库管理、高性能的空间数据库管理、完备的空间分析工具、实用的网络分析功能和一定的图像分析与处理能力(武汉中地信息工程公司,http://www.mapgis.com.cn)。

GeoStar 是武汉吉奥公司的产品。它完全采用面向对象技术进行开发,基于 NT 平台的企业级 GIS 软件。GeoStar 的核心模块是空间数据管理平台,它可以同时管理 GIS 中的图形数据、影像数据、属性数据和 DEM 数据,是一个完整的、无缝的集成化解决方案。同时,从这个空间数据管理平台上抽象出一套应用开发函数,上层数据处理和应用基于它来开发数据采集、空间查询、空间分析、DEM 分析及其应用。GeoStar 也提供了一套 GIS 控件——GeoMap。后者包括了 GIS 图形的基本操作、空间查询、数据交换、空间分析等功能。用户可以利用这套控件自主开发不同于 GeoStar 的全新系统(龚健雅,1999)。

SuperMap 是北京超图公司推出的完全基于 COM/Activex 技术规范的全组件式 GIS 开发工具。它包括核心组件 SuperMap Control、Super Workspace control,拓扑组件 SuperTopo Control,三维组件 Super3 D Control,桌面排版组件 Super-Layout Control,图例组件 Super-Legend Control,辅助开发组件 SuperWksp-Manager Control,网格组件 SuperGrid Control 等多个模块。用户可以用任何开发语言如 VB、VC、Delphi、C++bild 和 Java,基于以上组件开发用户自己的系统。

就当前 GIS 发展状况来看,有两个主要的趋势:一是网络化技术,二是基于组件式技术。网络化技术是指 GIS 软件纷纷从传统的 internet 下的 C/S 方式向基于 internet 下的分布式 B/S 方式转移。组件化技术由于其软件可编程、可重用和可扩展的特点,真正实现了 GIS 软件开发的高度集成化和应用专业化(吴信才等,2000)。

(3) 组件技术及其在 GIS 和 RS 软件技术开发中的应用

组件式软件技术已经成为当今软件技术的潮流之一。基于组件开发（Com-ponent-Based Development,简称 CBD）是软件开发的一次革命,也是一种广泛的体系结构,支持包括设计、开发和部署在内的整个生命周期计算的理念革新。由于基于组件开发具有高度的重用性和互用性,所以它将影响应用程序构成的各个方面,包括所有类型的客户机、应用程序服务器和数据库服务器,将对应用程序开发的各个方面产生深刻影响。组建技术使二十年来兴起的面向对象技术进入到成熟的实用化阶段。在组建技术的概念模式下,软件系统可以被视为相互协同工作的对象集合。其中每个对象都会提供特定的服务,发出特定的消息,并且以标准形式公布出来,以便其他对象了解和调用。组件间的接口通过一种与平台无关的语言 IDL（Interface Define Language）来定义,而且是二进制兼容的。使用者可以直接调用执行模块来获得对象提供的服务。早期的数据库提供的是源代码级的重用,只适用于比较小规模的开发形式,而组件则封装得更加彻底,更易于使用,并且不限于 C++之类的语言,可以在各种开发语言和开发环境中使用。

由于组件技术的出现,软件产业的形势也随之发生了很大变化。大量组件商涌现出来,并推出各具特色的组件产品。软件集成商则利用适当的组件快速生产出用户需要的某些应用系统。大而全的通用产品逐渐减少。很多相对较为专业但用途广泛的软件,如 GIS、语音识别系统等,都以组件的形式组装和扩散到一般的软件产品中。

基于组件开发的两个重要规范分别是 Microsoft 的 COM/DCOM 和 OMG 的 CORBA muqianMicrosoft。由于 Windows 系列操作系统在市场上占领导地位,所以基于 COM/DCOM 的开发技术已经得到广泛应用,并逐渐成为业界标准。基于 COM/DCOM,Microsoft 推出了 AtiveX 技术,这个控件是当今可视化程序设计中应用最为广泛的标准组件。COM 是对象模型（Component Object Model）的英文缩写,是一种允许对象之间跨进程、跨计算机进行交互（Interact）的技术,并且使得这种交互容易得好像在本地计算机同一进程中进行一样。COM 是 OLE 和 AtiveX 共同的基础。COM 不是一种面向对象的语言,而是一种二进制标准。它定义了组件对象之间基于这些技术标准进行交互的方法。COM 所建立的是一个软件模块与另一个软件模块之间的链接。当这种连接建立之后,模块之间就可以通过称之为"对象接口"（Interface on Object）的机制来进行通信,进而实现 COM 对象与同一程序或者其他程序甚至远程计算机上另一个对象之间进行交互,而这些对象可以是使用不同的开发语言,以不同的组织方式开发而成的。

COM 定义了一种基础性接口。这种接口为所有以 COM 为基础的技术提供了公共函数。COM 允许组件对其他组件开放其功能调用,既定义了组件如何开放自己以及组件如何跨程序、跨网络实现这种开放,也定义了组件对象的生命周期。早期的 COM 技术不具备跨计算机的远程调用能力。这种通过通用接口操纵其他对象的功能仅仅局限于同一计算机的不同应用程序之间。例如 Microsoft Visual Basic 可以通过 COM 通信机制控制和操纵统一计算机中安装的 Microsoft Excel 的一个拷贝,但不能直接执行其他计算机上的 Excel。后来的 COM 标准增加了保障系统和组件完整的安全机制,扩展到分布式环境。这种基于分布式环境下的 COM,被称作 DCOM（Distribute COM）。DCOM 使用一种基于标准的远程过程调用,提供了网络透明及通信自动化,可以使运行于不同机器上的对象之间进行无缝互操作（Seamless Interaction）,而且一个对象无需了解另一个对象的位置。分布式对象技术也可以使全局的网络和信息资源看上去像是本地的,这就使得用户可以更容易也更快地访问重要的业务信息。通过分布式 COM 和远程自动化,用户可以在整个网络内放置和执行部件,而无需知道所处理的信息来自数千里之外的地方。因此使用 DCOM 进行开发,不要求接口的使用者（Interface Consumer）与接口的提供者（Interface Provider）必须在同一计算机上。值得一提的是,从纯粹的本地操作移植到分布式操作,只需要对现有代码进行少量的修改,有时甚至不需要进行任何修改。一旦 COM 提供跨网络的工作能力,任何不局限于本地激活模式的接口,都具备了分布式的能力。当接口的使用者对某个接口提出请求,该接口可以由另一个计算机上的一个运行着的或者即将运行的对象提供。COM 内部的分布式机制,提供了建立使用者和提供者之间连接的途径。使用者进行的方法调用(Method Calls)将出现在提供者一端,并在这里执行。任何返回值将被送回使用者。

在 COM 和 DCOM 规范上发展起来的技术,是 OLE 对象技术和 ActiveX 技术。OLE 的全称是对象链接与嵌入(Object Linking and Embedding),表示跟链接与嵌入有关的技术,包括 Windows 对象的链接、嵌入、就地激活与可见编辑、组件对象、结构化存储、统一数据传送、拖放(Drag-and-Drop)支持、复合文件技术等。在 ActiveX 概念提出以前,OLE 还包括 OLE 控件(现在叫 ActiveX 控件)和 OLE 自动化对象(现在叫自动化,在 OLE 和 ActiveX 中都得到支持)。MapInfo 公司的 MapInfo Professional 为用户提供的正是基于 OLE 自动对象的开发方式(潘爱明,1999)。

ActiveX 则是基于 COM 的可以使软件组件在网络环境中进行互操作,而不管该组件使用何种语言创建的技术,是 Microsoft 的分布式计算平台的接口标准。这一技术可以用来创建桌面应用程序和 Internet 应用程序。ActiveX 包括三方面内容:ActiveX 控件(ActiveX controls)、ActiveX 文档(ActiveX Documents)、ActiveX 脚本(ActiveX Scripting)。ActiveX 控件是对 OLD 控件概念的扩充。它是一种可编程、可重用的、基于 COM 的对象(COM-Based Objects)。它不仅可以用在一般的 ActiveX 容器程序(比如 Visual Basic、Delphi、Visual C++、Borland C++等)中,而且可以用在 Internet 的 Web 页面中。Web 页面中的控件通过脚本实现互相通信。Intergraph 公司的 GeoMedia、ESRI 公司的 MapObjects、MapInfo 公司的 MapX 和北京超图公司的 SuperMap 就是 ActiveX 控件技术在 GIS 软件的典型应用(潘爱明,1999)。

GIS 的应用涉及农业、林业、地质、水利、能源、电力、通信、交通以及城市规划与管理、土地管理、资源与环境评价等领域。GIS 应用系统的开发是一项复杂而艰巨的工程。它可能涉及不同的数据源并需要不同的数据处理和分析工具,在不同领域有着不同专业模型集成到系统中。同时,随着 RS 技术的日益发展,遥感数据的空间分辨率的大幅度的提高,遥感数据正作为地理信息应用系统的主要数据来源。对遥感数据的处理和分析成为地理信息系统必不可少的功能。所以 GIS 应用系统的可重用性、可扩展性和可集成性非常重要。而基于 COM/DCOM 开发的组件式 GIS 与传统 GIS 在软件的重用性、可扩展性和可集成性方面有着无比的优越性。

GIS 技术的发展,在软件模式上经历了功能模块、包式软件、核心式软件,从而发展到组件式 GIS 和 WebGIS 的过程。传统 GIS 虽然在功能上已经比较成熟,但是由于这些系统多是基于十多年前的软件技术开发的,属于独立封闭的系统。同时,GIS 软件变得日益庞大,用户难以掌握,费用昂贵,阻碍了 GIS 的普及和应用。组件式 GIS 的出现,为传统 GIS 面临的多种问题,提供了全新的解决思路。

组件式 GIS 的基本思想,是把 GIS 的各大功能模块划分为几个控件,每个控件完成不同的功能。各个 GIS 控件之间,以及 GIS 控件与其他非 GIS 控件之间,可以方便地通过可视化的软件开发工具集成起来,形成最终的 GIS 应用。控件如同一堆各式各样的积木,分别实现不同的功能,包括 GIS 功能和非 GIS 功能。根据需要把实现各种功能的积木搭建起来,就构成应用系统。

把 GIS 的功能适当抽象,以组件形式供开发者使用,将会带来许多传统 GIS 工具无法比拟的优点。其特点如下:

(1)小巧灵活、价格便宜。由于传统 GIS 结构的封闭性,往往使得软件本身变得越来越庞大,不同系统的交互性差,系统的开发难度大。在组件模型下,各组件都集中地实现与自己最紧密相关的系统功能。用户可以根据实际需要选择所需控件,最大限度地降低了用户的经济负担。组件化的 GIS 平台集中提供空间数据管理能力,并且能以灵活的方式与数据库系统连接。在保证功能的前提下,系统表现得小巧灵活,而其价格仅是传统 GIS 开发工具的十分之一,甚至更少。这样用户便能以较好的性价比,获得或开发 GIS 应用系统。

(2)无需专门的 GIS 开发语言,直接嵌入 GIS 开发工具。传统 GIS 往往具有独立的二次开发语言,对用户和应用开发者而言,存在学习上的负担。而且使用系统所提供的二次开发语言开发往往受到限制,难以处理复杂问题。而组件式 GIS 建立在严格的标准之上,不需要额外的 GIS 二次开发语言,只需实现 GIS 的基本功能函数,按照 Microsoft 的 ActiveX 控件标准开发接口进行。这有利于减轻 GIS 软件开发者的负担,而且增强了 GIS 软件的可扩展性。GIS 应用开发者,不必掌握额外的 GIS 开发语言,只需熟悉基于 Windows 平台的通用集成开发环境,以及 GIS 各个控件的属性、方法和事件,就可以完成应用系统的开发和集成。目前,可供选择的开发环境很多,例如 Visual C++、Visual Basic、Visual FoxPro、Borland C++、Delphi、C++ Builder 以及 Power Builder 等,都可直接成为 GIS 或 GMIS 的优秀开发工具,它们各自的优点都能够得到充分发挥。这与传统 GIS 专门性开发环境相比,是一种质的飞跃。

(3) 强大的 GIS 功能。新的 GIS 组件都是基于 32 位系统平台的,采用进程内直接调用形式,所以无论是管理大数据能力还是处理速度方面,均不比传统 GIS 逊色。小小的 GIS 组件完全能提供拼接、裁剪、叠合、缓冲区等空间处理能力和丰富的空间查询与分析能力。

(4) 开发简捷。由于 GIS 组件可以直接嵌入 MIS 开发工具中,对于广大开发人员来讲,就可以自由选用他们熟悉的开发工具。而且,GIS 组件提供的 API 形式非常接近 MIS 工具的模式,开发人员可以像管理数据库表一样,熟练地管理地图等空间数据,无需对开发人员进行特殊的培训。

(5) 更加大众化。组件式技术已经成为业界标准,用户可以像使用其他 ActiveX 控件一样使用 GIS 控件,使非专业的普通用户也能够开发和集成 GIS 应用系统,推动了 GIS 大众化进程。组件式 GIS 的出现使 GIS 不仅是专家们的专业分析工具,也是普通用户对地理相关数据进行管理的可视化工具。

但是,专业遥感软件因为目前应用于科研较多,所以还没有基于 COM/DCOM 开发的组合式遥感软件。RSI 公司的遥感图像处理软件 ENVI 的开发语言 IDL 提供了一个 ActiveX 控件。用户可以利用此控件,通过传递字符串的方式,调用 IDL 进行功能开发。但这种方式其实并不能叫做组件式开发。

当前在我国应用较为广泛的 GIS 软件中,真正完全基于组件式的也只有 GeoMedia 和 SuperMap。

ESRI 公司的 Arc/Info 8.0 Desk Top 版(包括 Arc Map、Arc Catalog、Arc Toolbox)虽然自称全面采用对象组建模型进行开发,但其用于数据转换、叠加处理、缓冲区生成和投影转换等空间数据处理和分析的 Arc Toolbox,则是利用 VB6.0 开发的 ODE 应用程序。MapObjects 从严格意义上讲并不是 GIS 控件,而只是一个地图控件,因为它的图形编辑功能和地理空间分析能力较弱。MapInfo 公司的 MpX 在图形编辑和制图功能上强于 MapObjects,但它同地理信息平台软件(如 Arc/Info、MapInfo)相比,其地理空间分析能力仍然较弱。

作为完全基于组件技术构建的 GeoMedia 和 SuperMap,其不同之处在 Geo-Media 不但可给用户提供了具有所有地理信息系统功能的组件,同时也给用户提供了一个完整的桌面系统。所以 GeoMedia 既是最终用户产品,也是一个可以创建自定义应用的开发平台。而 SuperMap 由于刚刚推出,只给用户提供了具有强大 GIS 功能的 6 个控件。

2) 流域模型研究现状

(1) 数学模型在当代地学研究中的意义

地理学是研究地理环境的组成、结构、功能、动态及其空间分异规律的学科。地理学的研究对象的特点是综合性、地域性和复杂的人地关系。由于地理学研究对象的极端复杂性,而地理学本身无较强的方法论,所以长期以来地理学只能以定性的方法描述研究对象(王让会,2000)。在 20 世纪 60~80 年代的计算机革命浪潮中,地理学家试图用数学方法来替代传统的地学研究方法。但由于是抽象数学模型的应用,往往注重并强调模型的机理而不符合实际地理情况(刘妙龙等,2000)。因此引入数学模型虽然是对传统描述方法的创新,但忽视了地理定性研究的基础,流于形式,从而失去了地学研究的意义,数学应用也变成了数学游戏。

1980 年代以后,随着 GIS 的发展,数量地理学似乎正在被遗忘。由于 GIS 是一种通用型的技术系统,虽然有较强的空间分析功能,但就具体应用领域来说,存在一定的局限性,不能满足特定的专业需要(杜培军,2000)。因此 GIS 的空间模型和专业模型的结合就成为 GIS 在当前研究和应用的热点。地理学的研究对象是一个复杂系统,应该从宏观处入眼,微观处着手,也就是说研究应该从一些具体的、可操作的问题上入手。全球环境变化是当前科学界和决策界都很关注的重要问题,但地理学家往往是从区域的综合影响和响应来研究全球环境变化的,而且着重近现代的变化,所以区域自然环境的数学建模或地理计算,又成为地学研究的重要手段之一。

(2) 流域模型的发展现状及其在地学研究中的应用

流域是一个复杂系统,物质和能量流动频繁,土壤性质、土地利用、地形等地理条件差异较大。一个流域的自然变化受外界和内部诸多因素的影响,如降水、气温、融雪、地形、土壤结构、土壤化学成分、植被覆盖度和人类经济活动等因素。因为流域是复杂完整的而相对独立的系统,所以利用数学模型研究自然状况和动态变化,最好是以流域为基本单位,它涵盖了其中的气候、气象、水文、生物、土壤、地形等众多地理因素(Sidney,1995;Lai et al.,2016)。

当前流域模型研究应用较多的是水土资源综合模型,它们从不同专业角度来模拟流域自然状况,实际上考虑的是综合自然地理因素。

模型 SWRRB 和 SWAT 是两个典型。它们综合考虑自然地理因素和过程,用几百个物理性数学方程把它们联系起来进行定量计算,主要针对的是土壤资源和水资源的综合,而土壤和水是地理环境的重要组成部分,通过土壤和水又可把其他地理组成部分,如大气、地貌、岩石、生物等联系起来,构成地理因素和过程完整而统一的体系。所以它们实际上也就是一个地理模型体系。

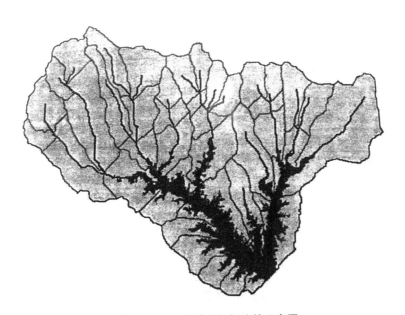

图 8-2-6　流域子区划分的示意图

SWRRB 是包括了 198 个物理数学方程的集成和庞大的流域模型。但其主要缺点是只适用于较小的流域,模型最多只能将一个流域划分成 10 个亚区,各参数在亚区内只能取平均值(Arnold et al.,1990)。它的扩展和升级版 SWAT 包括 701 个数理方程,研究范围可以扩展到数千平方千米甚至百万平方千米,一个大的流域也可以划分成几百几千个子流域、子区或格网,从而大大扩展了研究地区,提高了模拟的精度,也完全适合于地学的定量研究。SWAT在进行流域模拟时,是以流域子区或格网为模拟单元,在每一个流域子区或格网内获取气候、土壤、地形、植被和农业管理状况的数据,以一定的格式输入到模型之中(Arnold,2000;Neitsch et al.,2000)。流域子区划分的例子,如图8-2-6所示。

由于流域区域范围大,划分的格网、子流域或子区数量大,而每个格网内的参数多,输入模型内的数据非常庞大,手工输入很不现实,必须利用GIS集成SWAT模型,通过GIS的空间分析功能(GRID的生成和处理)来自动划分模拟单元,并结合遥感(RS)技术,获得流域模拟所需要的地形、植被等参数,通过GIS的数据库系统管理和输入模拟参数,把模型分析的结果在GIS的支持下,以图形的方式显示。因此如何把GIS、RS和流域模型有机地结合在一起,成为能否有效利用流域模型进行专业化研究的重要前提。我们进行GIS和流域模型集成的关键也就在此。

3) GIS、RS和流域模型的集成

(1) 集成的概念

这里谈的集成是指不同地理空间和模型之间管理和组织技术层次的集成。如何将流域模型SWAT与GIS结合,既充分利用GIS的数据管理能力和空间分析能力,又充分利用流域模型进行专业分析,就成为系统集成的最终目的(Wegener,1998)。研究人员可以充分利用GIS的空间数据库和数据分析能力来构建模型,利用GIS的图形表达功能来展示可视化模拟结果。就集成的方式来看,对比GIS、RS和流域模型之间的关系可知,RS技术主要是为流域模拟提供所需的参数,GIS主要是对流域模拟所需的空间数据进行处理和管理,并为模型提供所需数据的输入和图形显示。如图8-2-7。

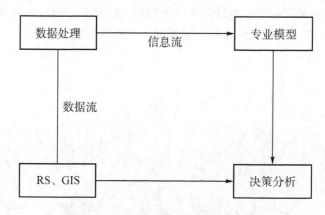

图 8 - 2 - 7　系统集成的数据流程示意图

(2) 集成的形式

从不同的结合水平、体系结构来看,GIS与专业模型集成主要有四种形式:

a. 以数据为中介的松散集成方式。这是最简单,也是最容易实现的方法。GIS和专业模型分别属于两个独立的系统,各有自己的用户界面,两者同中间数据文件进行数据交换。GIS能够为专业模型提供数据,而专业模型的分析结果可以在GIS中以图形方式显示和处理。如图8-2-8。

b. 采用共同用户界面的集成方式。在这种集成方式下,GIS和专业模型仍然是两个独立系统,但在两者间建立了用户界面,通过用户界面来对GIS和专业模型的运行进行控制、协调。其工作流程为:用户界面驱动GIS处理专业模型所需的数据,然后调用专业模型从GIS数据库中提取信息进行处理,并将结果返回GIS,利用GIS对模拟结果进行显示、分析。如图8-2-9。

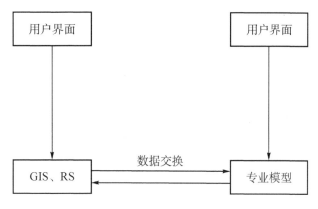

图 8-2-8 松散式集成

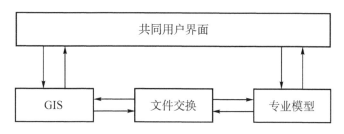

图 8-2-9 采用公共用户界面的集成

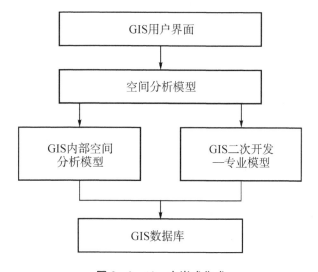

图 8-2-10 内嵌式集成

　　c. 完全一体化的内嵌式集成。以上两种方式都是通过中间文件进行数据交换,其 GIS 和专业模型仍然是独立的。最有效的集成方式是利用 GIS 二次开发语言进行开发,使专业模型真正成为 GIS 空间分析功能的一部分,实现功能模块的无缝集成。这使专业模型不仅能直接读取 GIS 处理后的数据,还实现了系统内核一体化。如图 8-2-10。

　　d. 基于组件模型的无缝而可扩展的集成。内嵌式集成的缺点是灵活性小,专业模型的可重用性小。克服这一问题的方式,是基于组件式 GIS 和组件式模型的高度集成的无缝和可扩展的专业应用系统。GIS 和专业模型都用可视化编程工具,以组件技术开发,并以控件形式存在,然后无缝集成。如图 8-2-11。

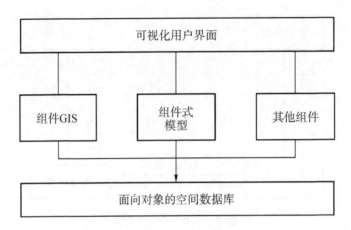

图 8-2-11　组件式集成

至于 RS 技术,既可以看做 GIS 的遥感数据处理功能模块的一部分,也看做独立的应用软件。以上对 RS 技术的集成方式,都是把 RS 技术当做 GIS 功能模块的一部分。但对于实际技术系统而言,专业遥感图像处理,往往是以独立的应用软件或以扩展模块的方式存在(张健挺等,1999)。

以上四种集成方式中,第一种通过数据接口交换的松散集成方式,开发量小,难度小,专业模型只要是可执行文件就行。第二种采用共同用户界面的方式,开发量相对较大,需要专业模型具有源代码。第三种内嵌式集成方式,开发量非常大,难度也大,需要熟悉某个专业 GIS 软件的二次开发语言,如 ArcView 的 Avenue,Arc/Info 的 AML,MapInfo 的 MapBasic 等,同时需要了解专业模型的体系结构和编程思路(多用 Fortran 语言编写),这样开发的模型从来都是可重用性较弱。第四种基于组件模型集成,是最有效的方式,它可以实现专业模型动态导入,易于扩展和重用。选择何种集成方式应根据实际需求和专业模型形式。

4) 基于 RS、GIS 和流域模型集成的流域水土资源信息系统

在课题研究中,所采用的模型是 SWAT,它是由 Fortran 90 编写。我们拥有 SWAT 99 的 Fortran 源代码和 SWAT 99 的 Windows 界面的可执行文件和 ArcView 的扩展模块。

正如前面所介绍的,遥感图像处理软件一般是以独立运行程序方式存在。现在还没有任何一家遥感图像处理软件厂商提供组件式遥感图像处理软件,同时具有 GIS 功能和遥感图像处理功能的 GIS 软件较少。Erdas 公司的 ERSI 的 ArcView 提供的 Image Analysis 扩展模块,也只具有简单的图像处理功能。

按照当前工作的实际需求和技术条件,我们采用两种开发和集成方式:

(1) 它是最方便最实际的形式:以 ArcView 3.2 为基础,利用其 Image Analysis 扩展模块和 USDA-ARS 提供的 SWAT 的 ArcView 扩展模块,进行方便的集成。缺点是扩展性较差,所有进行流域模拟的数学模型必须依靠 USDA-ARS 的发展和提供。同时,ArcView 的 Image Analysis 扩展模块只具有简单的图像处理功能。对于深入的研究,它不可能完全满足实际工作的需要。

(2) 它是最灵活、可扩展性最强和集成度最高的基于组件式的集成开发形式,其系统结构如图 8-2-12 所示。

由于遥感图像处理都是以独立运行程序方式存在,所以可采用其他方式的有限集成。一是专业遥感图像处理软件以可执行文件方式集成,二是采用 RSI 公司的 IDL 语言进行开发图像处理和专业模型。后者的系统结构图如图 8-2-13。但这种开发方式难度大,开发时间长,所以在实际中采用逐步实现的方式。

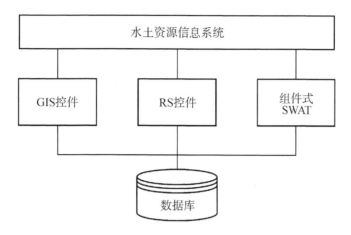

图 8 - 2 - 12　基于组件的水土资源信息系统

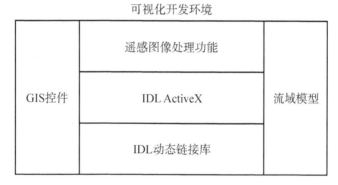

图 8 - 2 - 13　基于 IDL 的水土资源信息系统

8.2.3　流域水土资源信息系统的构建

1. 系统分析

涉及的数据包括:江西省南部兴国地区的 11 幅数字化地形图、一幅土壤类型图、美国 Landsat 卫星 4 个年份的 4 幅 TM 图像和一个年份的 1 幅 MSS 图像、流域范围的数字高程模型 DEM、已完成流域的多年监督分类和非监督分类图像。

此外还有在研究过程中产生的大量中间图件,比如兴国地区多年观察或统计的气温、降水和社会经济数据。

图 8 - 2 - 14 是土壤侵蚀动态研究的数据流程。它的结果可以较好地反映流域侵蚀状况。在进行流域模拟时,大量观测数据是以文件方式作为数据 I/O 的通道。

根据以上的数据流分析,研究过程中的主要工作是进行各类数据的处理和分析。所以其工作流程如图 8 - 2 - 15 所示。根据以上数据流和工作流,系统初步的任务是对所有数据采用数据库的方式有效管理,并使图形处理和编辑、图像处理和流域模拟能在统一界面下完成。

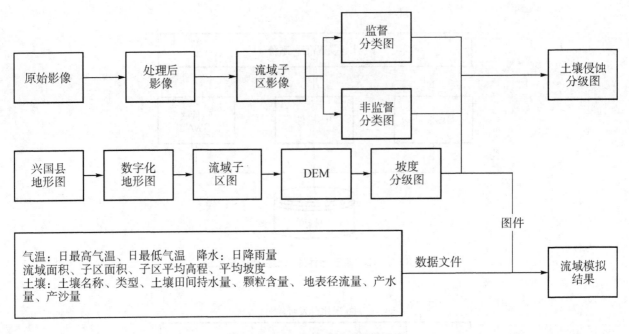

图 8-2-14　土壤侵蚀研究数据流

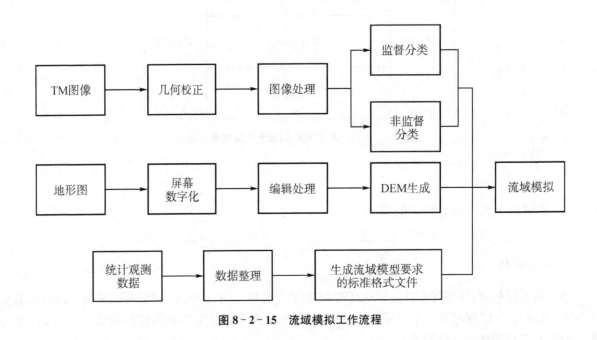

图 8-2-15　流域模拟工作流程

2. 系统设计

1) 系统总体设计

本系统实际上是一个基于图像数据和属性数据的管理系统。数据库的管理不仅包括通常的属性数据,还包括大量的遥感影像数据以及部分矢量数据。目前的地理信息系统软件和图像处理系统软件,很难把遥感图像数据、矢量数据和属性数据进行统一管理和分析。因此本系统的属性数据用通用的关系型数据库管理,矢量数据用 GIS 软件以文件方式管理,而遥感影像数据则采用扩展关系型数据方式进行,即将图像文件的路径存入数据库中,真实的图像文件则存入以索引方式组织的磁盘文件中。

本系统由于集成了 GIS 软件,遥感影像软件和专业模型,所以考虑把流域模拟专业模型用通用开发语言编写成 ActiveX 形式,在组件式 GIS 软件基础上,通过直接调用遥感图像软件的可执行文件,形成系统的有效集成。

2）系统详细设计

（1）系统平台

a. 硬件平台:P300 以上内存不低于 64 MB 微机。

b. 软件平台:Windows 系列操作系统、通用编程语言（VB、VC）、组件式地理信息系统软件（MapObjects 2.0）、遥感图像处理软件（ENVI 3.2）。

（2）系统结构

a. 本系统由 VB 构建统一图形界面,集成 3 个模块:专业模型和组件式 GIS 软件模块、图像处理软件模块（由 VB 直接调用 EXE 文件）、数据管理模块。系统结构图如图 8-2-16。

b. 由于所涉及的矢量数据相对较少,所以矢量数据采用 Shapefile 的文件格式保存。将来随着矢量数据量的增加和功能的扩展,系统完全可以扩展到客户、服务器体系,矢量数据采用数据库方式进行管理,而当前的数据流程如图 8-2-17 所示。

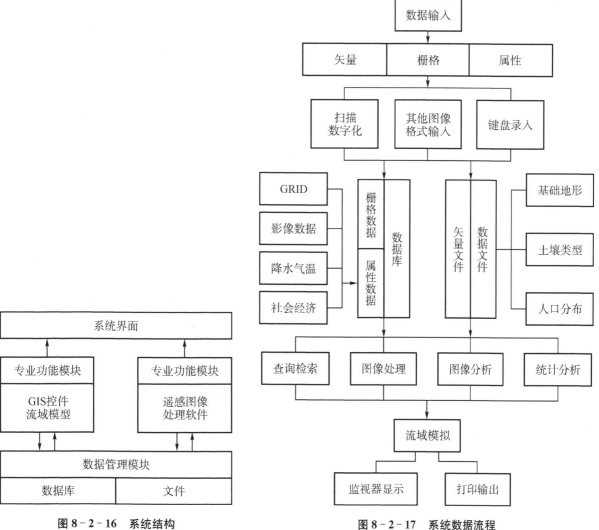

图 8-2-16　系统结构　　　　　　　　　图 8-2-17　系统数据流程

c. 围绕以上数据流程，系统的工作流程相应建立。如图 8-2-18。

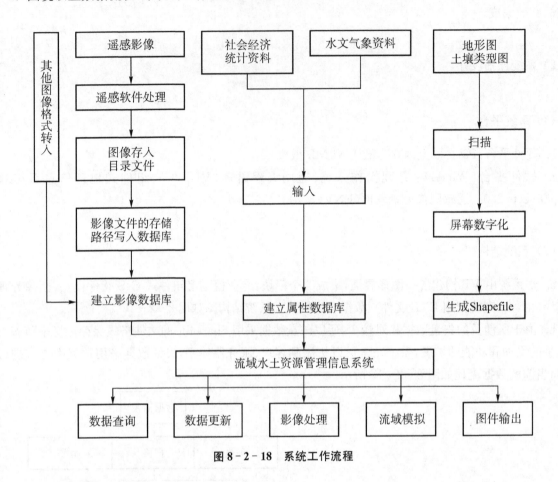

图 8-2-18　系统工作流程

3）数据存储结构设计和数据库的建立

系统涉及的数据包括矢量数据、栅格数据和文本数据。文本数据用 Access 数据库进行管理。影像和图形数据通过建立文件目录体系以文件方式进行集中管理，数据的存储路径和描述信息存入数据库。影像和图形文件目录体系如图 8-2-19。

数据库由 Access 构建。共有 6 个表：矢量文件、通用图像、原始影像、专业影像、实测数据和社会经济统计数据。矢量文件数据表有 3 个字段：文件名称、文件类型、存储路径。原始影像数据有 11 个字段：影像名称（命名规则为：以图像所在区域地名大写英文字母＋年份＋影像类型[TM、SPOT、MSS＋波段]）、影像类型（SPOT、TM、MSS、航空相片等）、影像波段、成像年份、成像月份、影像行号、影像列号、影像区域范围（覆盖地面区域的大小）、影像效果（是否有云、条纹）、影像属性（原始影像、中间图像或成果图）、存储路径。

专业影像数据共 9 个字段：影像名称、专业软件（如 ENVI）、波段、成像年份、成像月份、影像属性、成像区域、影像属性、存储路径。

实测数据包括水文、气象、土壤等类型。社会经济统计数据包括人口、工业、农业等类型。

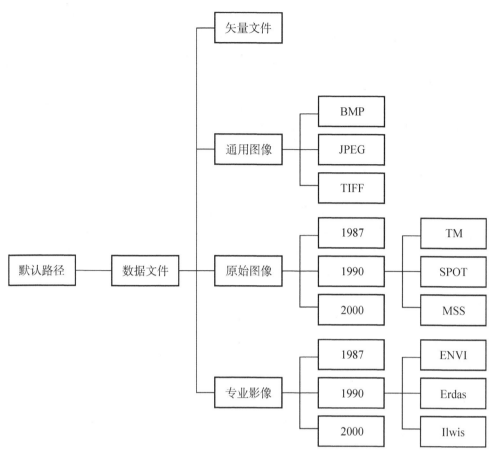

图 8 - 2 - 19　数据文件目录体系

4）功能模块设计

根据系统的数据流和工作流，系统划分为数据输入、数据管理、图形处理、图像处理、流域模拟和制图输出（邢志军，2000）。如图 8 - 2 - 20 所示。

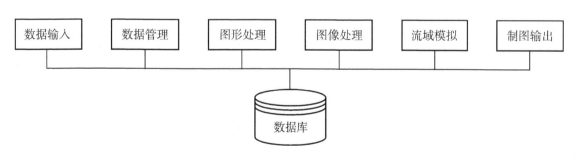

图 8 - 2 - 20　系统功能模块

数据输入模块的功能是把研究涉及的图形、影像、DEM 和属性数据集中管理。对于图形和图像数据采用特定的文件目录进行管理，存储路径和相关属性自动存入 Access 数据库，便于查询和检索，同时也提供只存储文件路径进入数据库的方式。

数据管理模块包括各类图像、图形和属性数据的查询、编辑、删除和添加功能、属性数据的统计分析和 2D、3D 显示分析结果。

图形处理主要是处理矢量图形。采用 MapObjects 2 进行开发，支持 Shape 文件格式，可扩展成基于客户/服务器的 SDE＋大型数据库结构。功能包括图形的显示、编辑、图到属性和属性到图的多种查询、图层属性的编辑、图例编辑和图形分类设色显示、比例尺的动态显示、以点和线为中心的 buffer 分析。图像处理包括图像的显示和处理(采用专业遥感图像软件)。

流域模拟调用 SWAT 的 Windows 界面。流域数据通过数据库生成 SWAT 的标准文件输入。流域模拟的结果输入数据库可进行分析和图形显示。

制图输入包括矢量图形的输出和影像图像的输出。矢量图形的输出采用 MapObject 2 的 Layout 控件制作。影像图像输出调用专业遥感图像处理软件。

3. 主要问题

系统对于图像处理,是通过直接调用专业遥感图像处理软件,集成度很低。考虑到系统当前主要功能是数据功能和基本处理,所以通过调用 Windows API 编写程序直接读取遥感影像。TM 图像是以二进制格式存在,只要知道图像的行、列号,就能够利用内存映射文件的方式读入内存,并进行处理和显示。目前存在的主要问题是效率太低。显示一幅 TM 图像(56 MB)大约要 2~3 min。此外程序对图像的处理功能较弱,只有色彩增强、线性拉伸等功能。

系统的流域模拟所采用的模型 SWAT 是用 Fortran 90 编写。它主要由 700 多个数学方程构成,通过特定的文件格式进行数据的输入和输出。集成度最高是利用 VC++改写 SWAT 的 Fortran 源代码,并封装成 ActiveX,而数据的输入和输出与数据库结合起来,形成数据的自动输入。但这种方式的难度和工作量都很大,因为 SWAT 的源代码共有 3 000 多行,要进行改写必须熟悉模型的构成体系和模型的数百个数学方程的意义和数据要求(Arnold,2000)。

SWAT 提供 Windows 界面和其他 GIS 的扩展模块(如 ArcView 和 Grass)。其 Windows 界面主要是给使用者提供可视化的数据输出和模拟结果图形显示的界面。其数据采用 mdb 方式临时存储和管理,然后转换为 SWAT 可接受的文件方式输入模型。但这种方式必须要求用户手工输入大量数据,工作量巨大。同时模拟结果不能够和流域地形图或 DEM 叠置显示,难以利用 GIS 的空间分析功能进行分析和处理(Neitsch et al.,2000)。

4. 开发方向

系统目前的开发方向是解决系统集成度较低、可扩展性较差的问题。

首先解决原始影像读取效率较低的问题。主要采用对原始形象分块或隔行抽取读入的方法,并增加影像的直方图显示和线性拉伸等功能。对于流域模型的集成,则通过改写 SWAT 的 Windows 源程序,使 SWAT 的数据输入输出和整个系统有机地结合,即流域模型通过数据库与 GIS 和 RS 自动地进行数据交流。

但系统将来的开发方向是基于组件式的流域水土资源决策支持系统,即系统的图像处理功能模块和流域模型完全用 ActiveX 重新构建。在通用可视化开发环境下,结合有区域水土资源管理的相关管理法规和章程构成的知识库,形成一个具有管理和分析管理的流域水土资源决策系统。

8.2.4　流域水土资源信息系统的功能

系统的功能模块包括:数据输入、数据管理、图形显示和处理、影像显示和处理、流域模拟(荆志军,2000)。系统功能结构如图 8-2-21 所示。

系统采用 Windows 标准图形界面,包括菜单栏、工具条、图形显示主界面、图例栏和状态栏。系统主界面如图 8-2-22 所示。

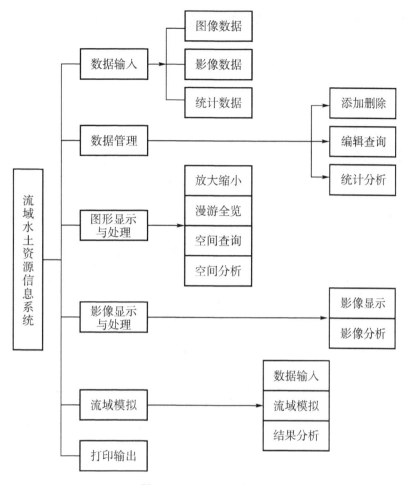

图 8 - 2 - 21　系统功能图

1. 数据输入

数据输入主要是把各类影像数据、矢量数据、DEM 数据和统计数据,输入到系统的数据库之中。影像数据、矢量数据和 DEM 数据可以导入自动建立的文件目录,并把数据的相关属性和存储路径自动写入数据库中。

2. 数据管理

数据管理功能包括:数据的添加、删除、编辑、查询和统计分析。以上功能结合在一个一定的界面下进行。用户可以通过选择不同的数据表(统计数据、模拟结果和图件数据),对数据库中的数据进行操作。界面如图 8 - 2 - 23 所示。

同时也可以选中数据表中的任意记录数据进行统计分析和 2D、3D 图形显示。其界面如图 8 - 2 - 23 和 8 - 2 - 24 所示。

图形显示和分析功能模块主要是对矢量图形的显示和分析。其功能主要包括:①地图显示操作。图形放大、缩小、漫游、全览、多窗口显示。②地图的分层处理。不同地理要素的分层显示、隐含、排序、叠加和影像背景图的添加。③图层显示设置。可设置、修改图层的显示颜色、符号和线型。④查询。可以从图形到属性查询、从属性到图形查询,可以用鼠标点击查询,可以以画线、画圆、画多边形查询,也可以输入关键字查询并以高亮或放大查询区域。⑤缓冲区分析。在一定的范围内,以点、线、多边形进行缓冲区分析和显示。⑥生成 Shape 文件。可以把当前的查询结果另存为 Shape 格式的矢量文件。

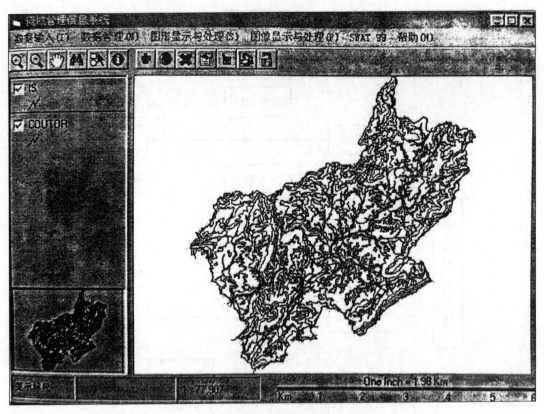

图 8-2-22　系统主界面

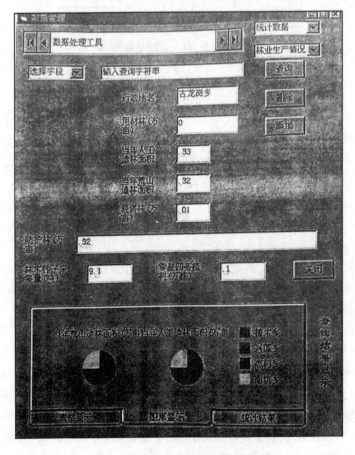

图 8-2-23　统计数据的图形显示

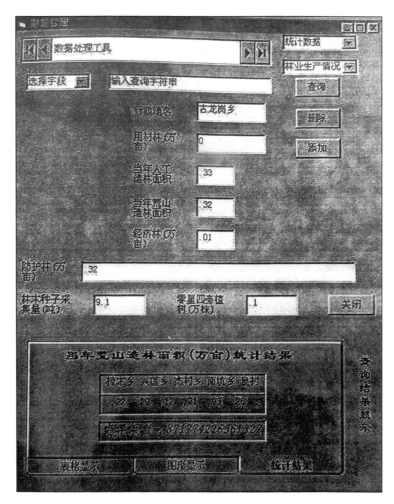

图 8－2－24　数据的统计分析

3. 图像显示和分析

遥感图像主要是以二进制的方式读入原始图像,进行图像的显示和简单处理。对图像的监督分类、非监督分类和比值分析等高级功能,主要是通过调用专业遥感影像处理软件来完成。

4. 流域模拟

流域模拟主要包括数据输入、流域模拟和结果的显示和分析。我们采用的流域模型 SWAT 把流域分为若干子区,以子区为单元进行数据的采集和分析。SWAT 模型以图形化的方式显示划分的流域子区,用户通过图形化的方式添加、编辑和删除流域子区,并以表格的方式接收数据的输入。对于流域模拟的结果,可以用各类图形的方式显示和分析。

8.2.5　流域水土资源信息系统的应用

研究区是江西省兴国县境内的激水河流域。在第三章第二节中已有详细描述。如前面所述,当前系统主要功能侧重于各种数据的管理和分析,以数据流为基础,把流域模拟的过程用相对松散的方式集成在一起。如图 8-2-25。

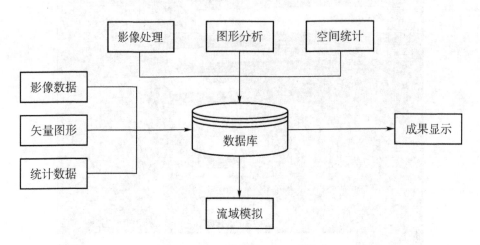

图 8-2-25　流域模拟和流域管理

　　系统的工作流程主要是基于流域模拟的工作流程。就系统当前的功能水平,既是流域模拟结果的数据管理,也是将来流域模拟工作的平台。所以根据已经完成的工作,并结合系统的实际状况,用系统进行了流域数据的管理和分析。在此前实际基金项目的研究中,已经完成了流域模拟研究和流域植被与土壤侵蚀动态监测研究。流域模拟需要大量数据。其中的气象数据(如各亚区的平均降雨量、日最高气温、日最低气温等)、土壤数据和一些社会经济统计数据,是通过对实际观测数据的整理计算后以手工输入到流域模型中的;与地形和坡度有关的数据,是通过地理信息系统软件对兴国县 1∶5 万和 1∶10 万地形图数字化并生成数字高程模型得到的;与植被及其地面覆盖度有关的数据,则通过遥感图像处理软件由卫星数字图像得到。流域植被和土壤侵蚀动态监测,主要采用 1987、1995 和 1996 年的陆地卫星TM 图像,利用遥感图像处理软件进行监督分类和非监督分类,得到流域各监测年份的平均覆盖度,再经过计算,得到相应的植被盖度图和植被盖度分级图。同时利用已存在的流域数字高程模型 DEM,获得流域地面坡度图和坡度分级图,由各年的植被分级图和坡度分级图得到对应的土壤侵蚀等级图,从而实现了土壤侵蚀年际变化的动态监测(曾志远,2004)。

　　以上工作中积累了大量的影像图、矢量图、气象数据和社会经济统计数据。在流域水土资源信息系统中,把它们都以数据库的方式管理起来。同时根据将来需要,补充输入了兴国县行政区划图、土壤类型图以及数字化兴国县道路交通图和水库图。后者的获得途径首先是扫描兴国县地形图,在 MapInfo 终端通过屏幕跟踪数字化,然后以 mif 格式存储并转为 ArcVew 和 MapObjects 支持的 Shapefile 文件格式。

　　对以上影像、矢量和栅格数据采用 Access 建立一图像数据库 imagedb,其中包括 DEM、通用图像、原始影像、专业影像和矢量文件五个数据表。DEM 数据表中包括 5 个字段:ID、DEM 名称、区域、面积、格网大小。通用图像数据库表包括 5 个字段:ID、图像名称、图像属性、图像类型、图像存储路径。原始影像包括 12 个字段:ID、影像名称、影像类型、波段、成像年份、成像月份、影像大小、影响区域范围、影像效果、影像属性、影像存储路径、命名规则。专业影像包括 9 个字段:ID、图形名称、专业软件、波段、成像年份、成像月份、影响区域、影像属性、影像存储路径。矢量文件包括 4 个字段:ID、文件名称、文件类型、存储路径。

　　气象数据库按年份分为若干数据库表。每个表包括 13 个字段:ID、月份、平均气温(摄氏)、极端最高(摄氏)、极端最高发生日期、极端最低(摄氏)、极端最低发生日期、降水天数(天)、降水总量(m)、最大降水量(m)、发生日期(最大降水量)、日照(小时)、蒸发量(m)。现在,已经建立了 1992 年气象数据库,包括以上 1～12 月和全年的数据。其数据库表如表 8-2-1。

表 8-2-1 兴国县 1992 年气象统计资料

月份	平均气温/℃	极端最高/℃	极端最高日期	极端最低/℃	极端最低日期
1	7.8	25.3	29	−2.8	15
2	8.7	25.3	29	1.0	1
3	10.4	25.9	15	3.1	5
4	20.5	32.5	29	10.1	2
5	22.6	31.4	24	15.2	10
6	25.7	33.4	22	19.4	8/9
7	28.4	39.0	31	20.2	7
8	28.2	36.8	4	22.1	1
9	26.1	37.0	14	17.3	28
10	18.8	35.6	3	8.3	19
11	14.0	29.8	1	0.9	10
12	11.5	25.4	20	0.7	16
全年	18.6	39.0	7 月 31 日	−2.8	1 月 15 日

社会经济统计数据库包括 6 个表：①耕地变化[字段、乡镇名称、年初水田面积(亩)、年初旱田面积、当年增加面积、当年国家基建面积、集体基建占地、农民建房占地]；②林业生产情况[字段：行政地名、当年荒山造林面积(万亩)、当年人工造林面积、用材林、经济林、防护林、零星四旁植树、林木种子采集量(吨)、育苗面积(亩)、幼林抚育实际面积、幼林抚育作业面积、统计年份]；③农村劳动力资源(字段：乡镇名称、劳动年龄内人口、上学的学生数、料理家务的人数、丧失劳动力人数、不足劳动年龄而参加劳动的人数、超过劳动年龄而参加劳动的人数、农村实有劳动力、统计年份、农作物面积和产量)；④农作物面积和产量(字段：乡镇名称、稻谷播种面积、稻谷收获面积、稻谷播种面积亩产、稻谷总产量、小麦播种面积、小麦收获面积、小麦播种面积亩产、小麦总产量、红薯播种面积、红薯收获面积、红薯播种面积亩产、红薯总产量、玉米播种面积、玉米收获面积、玉米播种面积亩产、玉米总产量、蚕豆播种面积、蚕豆收获面积、蚕豆播种面积亩产、蚕豆总产量)；⑤人口统计(字段：行政地名、总户数、男性人口数、女性人口数、非农业人口数、出生男性人口、出生女性人口、死亡男性人口、死亡女性人口、统计年份)。⑥水土流失治理面积[字段：乡镇名称、水土轻度流失面积(累计治理)、水土中度流失面积(累计治理)、水土强度流失面积(累计治理)、单位、统计年份]。

其中兴国县 1992 年水土流失治理面积见表 8-2-2，人口统计见表 8-2-3。

表 8-2-2 兴国县 1992 年水土流失治理面积

乡镇名称	轻度流失/万亩	中度流失/万亩	强度流失/万亩	统计年份
樟木乡	0	0.03	0.01	1992-12-01
兴莲乡	2.12	4.77	0.26	1992-12-01
杰村乡	4	3.7	0.93	1992-12-01
南坑乡	4.77	1.46	0.4	1992-12-01
良村乡	4.44	3.05	0.02	1992-12-01
城岗乡	0	5.66	0.69	1992-12-01
长岗乡	2.4	3.98	0.77	1992-12-01

注：1 亩≈666.667 m²。

表 8-2-3　兴国县 1992 年人口统计

行政地名	总户数	男性人口数	女性人口数	非农业人口数	出生男性人口	出生女性人口	死亡男性人口	死亡女性人口	统计年份
古龙岗乡	6 632	16 556	15 585	1 200	212	123	83	70	1992-12-1
樟木乡	2 204	5 863	5 520	112	38	47	37	25	1992-12-1
兴莲乡	3 030	8 543	7 451	285	119	69	46	32	1992-12-1
杰村乡	3 608	8 661	7 685	461	78	53	59	55	1992-12-1
南坑乡	2 428	5 833	4 713	301	59	47	60	45	1992-12-1
良村乡	4 772	11 502	10 257	631	141	83	68	63	1992-12-1
城岗乡	5 094	12 581	11 671	671	216	212	107	100	1992-12-1
长岗乡	7 988	18 679	18 605	863	344	241	95	36	1992-12-1

同时,系统已为地方部门进行水土资源管理提供了技术支撑。利用系统可以方便管理各类数据,并利用系统的空间分析和流域模型对区域水土资源状况进行动态监测。当然,数据的管理和分析最终是为决策者提供可靠的信息和科学的依据,因此系统的最终目标是成为水土资源空间决策支持系统。

8.2.6　结语和讨论

本研究以两个国家自然科学基金项目为支撑,在技术系统构建的基础上,讨论了 GIS、RS 和流域模型集成的水土资源信息系统的意义、方法和发展方向。就技术而言,还处于开发的第一阶段,即松散集成阶段。组件式集成的水土资源信息系统,是第二阶段开发研究的重点。可以考虑把现阶段的图像处理功能增强,并封装成 ActiveX 方式,而流域模型则利用组件技术重新构建,来实现 GIS、RS 和地理过程模型的无缝的高度集成。后一基金课题研究的一个目标是在 SWAT 模型的基础上,收集更多模型,进行整理、分类、建成以流域水土资源为中心的地理模型数据库,在原有 SWAT 模型基础上,根据模型的内在关系,重新构建流域模型,从而实现流域范围内遥感、地理信息系统和地理过程模型等技术的高度集成。本书提供的基于组件式方式重新构建流域模型的思路,对此有所帮助。

系统开发的第三阶段,即流域水土资源决策支持系统的建立。但支持系统的实现,不只是技术问题,而且和地方管理部门的管理水平和认识程度分不开的。一个有效的决策支持系统,首先必须有充分、完备的数据,还要有适合于特定区域的分析思路和方法,因为不同区域水土资源情况不同。以上两点都离不开管理部门的协作和支持,我们只能为将来的开发和研究提供一点思路。

区域水土资源管理,不仅涉及区域自然环境因素,还涉及人类活动因素。对于区域水土资源管理者来说,由于管理对象的复杂性(包括具有空间属性的自然要素和社会经济要素)、模糊性和不稳定性,很难仅用某一专业领域的知识来认识和理解管理对象。随着系统科学的发展,对于任何复杂的研究对象,都可采用系统科学的思想和技巧来认识,而客观世界的任何事物都有其地理空间属性,于是随着现代信息技术和管理科学的发展,以空间信息技术为支撑和系统工程和管理科学为依托的空间决策支持系统就产生了。空间决策支持系统是以空间数据和社会经济统计数据为基础,利用地理信息技术的空间分析功能,结合专业模型和社会经济分析工具为管理者提供决策依据。一个空间决策支持系统的建立,首先是以系统分析的方法分析研究对象,然后建立包括空间和属性数据库、空间分析方法库、专业模型库和知识库为基础的技术系统(顾培亮,1998)。

流域水土资源决策支持系统则是以流域水土资源信息系统为基础,结合空间统计分析和社会经济统计分析的专业系统。系统进行决策分析的思路如图 8-2-26 所示(林海滨等,2000)。

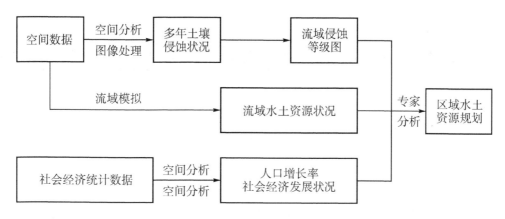

图 8-2-26　决策分析思路示意

空间决策支持系统除了利用空间数据获得区域自然状况外,还包括大量社会经济数据的统计分析,以获得当前的并预测将来的社会经济发展状况,为区域水土资源管理和规划提供参考。其主要内容有:①利用人口模型,在多年人口数的基础上,预测将来流域人口数量;②利用农业经济统计资料,计算各产业结构和农林牧渔的占地面积;③利用统计资料,计算各主要作物的产量(小麦、玉米、水稻)和各占的比重;④利用统计资料,计算工业各产业在社会国民经济中的比重和历年的工业产值比(高洪深,2000)。

通过以上社会经济发展状况和区域人口数,结合流域水土资源状况,试图获得社会经济发展和流域水土资源之间的相互关系,从而为区域水土资源的管理和规划,制定正确的方案。

基于以上思路和数据流,我们建立了流域决策分析的数据结构,它以空间数据和社会经济统计数据为基础,利用各种分析方法,结合知识库进行推理分析(Albrecht,1998)。决策分析结构如图 8-2-27所示。

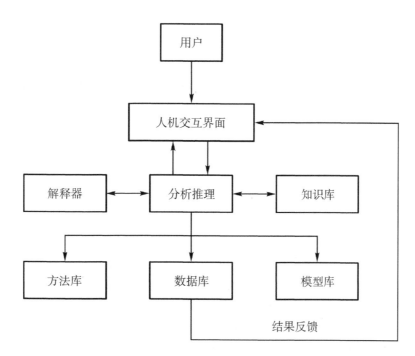

图 8-2-27　决策分析结构示意

第一节 六十年来自然地理过程定量化基础学科的大发展为它的高度定量化奠定了基础

自然地理学在其漫长的发展史中,主要是定性或半定量的描述,由于其研究对象、因素和过程都极为复杂,定量研究十分困难,所以它基本上属于定性描述学科。尽管如此,自然界因素相互影响、相互作用与相互制约过程或自然地理过程的高度定量化研究,始终是二十世纪以来地理科学家的梦想。

钱学森先生曾经说:"地学现象是自然、经济、社会各因素在地球表面相互作用而形成的综合结果,是一个复杂的巨系统",应该用"从定性到定量的综合集成方法",研究地球表层系统的结构与功能。他强调这是地学的重要基础科学(钱学森,1994)。由于地理系统是一个复杂的巨系统,因而在系统论指导下,进行地理现象和过程的规律性研究,是地理学发展的重要方向(彭书时等,2018)。

地理过程定量化研究是和科学技术发展水平密切相关的。回顾过去的一百多年,随着社会的发展以及科技水平的提高,人们欣喜地发现,自然地理过程的定量化基础研究已经取得了飞跃的进步和瞩目的成就。

20世纪40年代已开始较多地注意地理过程定量这个问题。例如,坚尼的《土壤形成因素》一书就是一个地理学定量研究的先驱之作。20世纪60~70年代,在西方更兴起了一个地理学数量化研究的高潮。北美与欧洲国家的一些地理学家,已不满足于传统地理学研究中单纯的文字描述和解释,试图利用数学方法和物理模式来定量解释地理过程的发生、发展及其变化规律。1962年出版的美国地理学家威廉·邦奇的《理论地理学》可作为这方面的代表。作者利用了前人的大量研究成果,理论联系实际,阐述了一系列地理理论,在方法论上有了不少突破。特别值得称道的是,他将数学方法引入地理学,特别是其第四章"描述数学"极具开创性。该书出版以后,在西方地理学界产生重大的影响,被推崇为一本名著。

正是从60年代初开始,地球表面各种地理因素和过程的定量化研究,逐渐成为自然地理综合研究的一个前沿领域和重要方向(丁永建等,2013)。其研究趋势可以归纳为:由定性的鉴别向定量试验发展,由单个过程研究向多种过程的综合分析发展,由中小尺度的局地地理过程向全球尺度的地理环境过程研究发展,由单纯认识自然地理过程向预测、预报其动态趋势的方向发展(郑度,1999)。

但由于地理学研究对象的复杂性,以及当时技术手段和认知水平的限制,建立的模型未能很好地反映客观现实,求解模型所需的大量实测数据和模型参数无法获得,所建立的许多模型停留在某一地域或某种特殊事例的理论研究的层面上,无法在实际中推广应用(Dobson,1993)。

尽管如此,近百年来,尤其近60年来,我国在地理学方面的进步还是非常巨大的。这种进步的主要体现是曾志远在1999年纪念中国地理学会成立90周年大会上提交的研究论文中,认为百年来特别是近60年来地理过程的定量化研究的进步,是过去历史上无与伦比的。这些进步超过了此前历史进步的总和,主要体现在以下6个方面:①遥感(RS-Remote Sensing);②地理信息系统(GIS-Geographic

Information Systems)；③全球定位系统(GPS-Global Positioning System)或地面定位系统(Ground Positioning System)；④地学数学建模(MMG-Mathematic Modeling in Geoscience)；⑤地学计算机模拟(CSG-Computer Simulation in Geoscience)；⑥数字地球(DE-Digital Earth)(曾志远,2001)。

遥感技术和地理信息系统技术,可以说是自然地理过程定量化有效而广泛应用的手段。这已经成为大家的共识。下面仅提及我们所进行的点滴探索。

早在1970年代后半期,在还没有数字卫星图像引入的情况下,我们就曾用卫星照片的底片进行密度值测量,并利用照片或底片下边的灰阶值,与对应的辐射值建立关系方程,从而得到了各种植被-土壤类型的回归方程,确定了它们各自的 a、b、c 数值特征,作为其定量指标(曾志远,1981)。接着又使用英国进口的密度计扫描底片,获得密度值,换算出不同土壤类型的地表辐射值与其化学分析值的关系,确定了有机质、有机碳、全氮量与辐射值的数量关系,建立了相应的指数方程和多元非线性回归方程,实现了对土壤肥力的卫星遥感探测(曾志远,1987)。至于用遥感图像进行信息提取和自动分类以解决地学问题方面,更是进行了长期而广泛地研究。

除此之外,我们在地理信息系统、计算机模拟等技术的研究和应用方面,也进行了一些探索和研究。

第二节　数学建模和流域计算机模拟是自然地理 过程定量化的核心

而今在地学研究的这六大定量研究领域,更多的研究工作者着眼于"3S"技术(RS、GIS 和 GPS 技术)及其应用研究,甚至扩展到数字地球技术及其应用研究。而数学建模和计算机模拟技术两项,相对来说,仍显得认识不够,宣传不够,投入不够,因而声势也不够。

可是在这六大研究领域中,地学数学建模和地学计算机模拟才是自然地理过程定量化研究的核心(Fu, et al. ,2016)。

迄今为止,遥感、地理信息系统、全球定位技术和数字地球技术,主要解决的问题是地学的数字描述、数据源、数据组织、数据管理、可视化显示和分析等非模型处理问题。遥感技术为地学研究提供了巨大空间规模和时间规模的数据源,地理信息系统技术提供了强有力的数据管理、空间分析和可视化工具,全球定位系统提供了准确的空间定位与时间跟踪手段,数字地球在更大的尺度上解决数据源和空间、时间跟踪和处理手段(Meer,2012)。这些基础性技术研究无疑都是十分重要的。

但是,要真正揭示众多的、复杂的自然因素在时间、空间上相互影响、相互制约的实质、机理和过程,真正实现自然过程的高度定量化,则必须依靠大规模的地学建模和计算机模拟技术。只有它们才能将自然地理过程动态地、连续地表现出来。因此,只有数学建模和计算机模拟技术及其应用研究才是自然地理过程定量化研究的核心。

以不同尺度的地理过程模型为支撑的过程计算机模拟,已逐渐成为地学专家、学者的共识。国际上也是一再倡导地学建模和地学计算机模拟的研究,特别是在20世纪末期和21世纪之交以来,计算机模拟得到了较快的发展,取得了瞩目的成就。主要表现在:①对于地理过程机理的研究更加深入;②开发了多种类型、多种尺度的地理过程模型;③研究范围不断朝微观深入方向和宏观开拓方向扩展;④注重多种地理过程的综合研究;⑤遥感、地理信息系统和环境模型的综合集成研究;⑥从模型理论研究、模型试验研究逐渐过渡到模型的实际应用研究。

Dobson 在其《遥感、地理信息系统和地理学集成(integration)大纲》一文中,将研究(Study)意义上的地理学定义为地点(Place)意义上的地理学(景观)的研究,将地理信息系统定义为地点意义上的地理学的数字表述。由此他认为:"遥感和地理信息系统如果不在技术上与过程模型(process model)联结起来,它们的价值就不能被充分估价;也不可能被其他科学团体所理解"。他又说:"遥感和地理信息系统的联结和两者最终与环境的传输模型(transport model)和过程模型的联结,仍然是对下一轮地理信息系统发展的主要挑战"。他还说:"指责地理信息系统'没有分析',也主要是由于现有的地理信息系统缺乏环境过程模型"(Dobson,1993)。

正是在这样一个认识的推动之下,美国国家地理信息与分析中心(NCGIA)制订了集成遥感与地理信息系统的研究计划(Star,1991)。这个中心还通过两次国际会议制定了集成地理信息系统与环境建模的研究计划(Goodchild et al. ,1993)。

近年来,随着数字地球提出和热门起来的同时,也提出了地球建模(或建模地球)的概念。这一概念被认为是与数字地球相似的概念(承继成等,1999)。

就是在国内,地学建模和地理过程的计算机模拟的认识也在不断加深,热度也在迅速上升。例如,中国地理学会数量地理专业委员会就认为:"面向 21 世纪,地理数学模型方法的研究应成为数量地理学研究的主流";并认为:"进行地理系统分析,从中抽象出本质的东西建立地理数学模型,在计算机上进行系统的模拟分析……,是颇具前途的方法"。它还介绍说,在计算机模拟普遍取得成功的条件下,以Openshaw 为首的一批英国里兹大学地理系的地理工作者,充分认识到地理模拟的重要性,提出了计算地理学的新方向。目前正在进行的为期 4 年(1996—1999)的 SPS 研究项目,考虑了自然、气候等多方面因素来预测地中海地区 50 年的土地利用退化的变化趋势。其模型的空间分辨率高达 1 km(Openshaw,1990)。

由此可见,国际、国内对建模和模拟重要性的认识正在加深,热度也正在迅速上升。让我们大家都来关注它、发展它,把自然地理过程的高度定量化研究推向一个新的水平。

第三节　水循环是自然地理过程物质和能量循环的主要介质和基础

20 世纪 60 年代,黄秉维院士综合了当时地理学家门的共识,提出了地表热量与水分平衡、地理环境中化学元素的迁移转化以及生物群落与其环境之间的物质、能量交换等地理学的三个研究方向。显然,物质和能量交换在这三大方向的研究中都占有十分重要的地位,水分的平衡和循环也是十分重要的。(黄秉维,1999)。

但是我们可以看到,绝大多数物质和能量的循环都是通过水循环来实现的。水循环本身就是水这种自然界最重要的物质之一及其所载荷的物质和能量的循环。

除了水之外,泥沙、化学、生物等物质形态及其所载荷的光能、热能、化学能和其他形式的能量的循环,也都和水的运动有关。这不仅指它们在河川、湖海、沼泽、冰雪中的运动,也包括它们在岩石圈、土壤圈、大气圈和生物圈中的运动。就是纯粹的太阳能光合作用和动植物生长中热能的积累,其能量和物质的循环和运动也是离不开水的存在和运动的。

流域模拟首先是模拟河川、湖泊、水库、土壤中的水径流(液体径流),然后才是和水一起运动的泥沙径流(固体径流)和化学径流,还包括热量消耗和转化、生物量的积累、农作物产量的形成等(赖锡军,2019)。因此,自然地理定量化是离不开水循环,因而也离不开流域模拟,而且是以它为基础的。

第四节　以流域为基本地域单位是实现自然地理
过程定量化的可行之路

在本书的诸多研究中,流域尺度(Basin Scale)的多种地理过程的计算机模拟研究始终处在中心地位。它们都选择流域作为地理过程高度定量化研究的地域单位,采用了先进的流域模型体系,在 GIS、遥感技术的辅助下,确定了适宜的空间离散单元,进行流域内部多种地理过程的分布式模拟,向实现流域内部多种地理过程的高度定量化迈出了一步。同时,也利用模型的模拟结果进一步研究了流域土壤、水资源现状,为流域土壤、水资源的科学管理和利用提供了依据。

选择流域作为地理过程高度定量化研究的地域单位,主要有以下原因(梁玉华,1997;曾志远等,2000a,b):

(1)地学建模的主要物理基础是物质和能量的守恒以及系统动力学理论,这种守恒通常建立在一个具有相对完整的物质、能量循环过程的自然单元上。与此对应,陆地水循环过程,也是在一定的自然地理单元中进行的。由于陆地水文联系具有这种单元性,因而和水循环运动有关的其他自然过程和经济过程也就有了单元性,这个自然地理单元就是流域。以水循环为纽带,多种自然过程与经济过程在流域中相互联结,相互影响,形成一个复杂的自然经济综合系统。而任何一个某级流域组成的系统又是相对独立的(梁玉华,1997),完全可以作为地学建模中多种地理过程综合作用的地域单元。

(2)流域之间存在着等级划分。一个大流域套着若干小流域,每个小流域又套着若干更小的流域,所以,流域系统还是一个等级系统。而流域又是一个被水网连接在一起的天然整体,所以,以流域作为地理过程定量化的研究单元,研究范围可大可小,既可以分解,又可以综合。分解可以得到地理过程在较高空间分辨率(如:地块尺度)下的定量描述;综合可以进行较大尺度(如:全球变化的区域响应)的地理过程定量研究。所以,以流域作为研究单元,有利于多尺度的变化研究。

(3)迄今为止,在不同的研究领域,以流域为研究的地域单位,已经取得许多重要的成果。在自然方面,关于流域地貌结构和流域水文特征的研究已经取得较大进展,在流域研究的基础上获取了大量参数和确定了主要变量,并找到某些重要的关系曲线和建立起相应的方程;在经济方面,广泛开展了以水资源和土地资源综合利用为中心的流域规划、流域开发治理方案,已经在经济决策中起着重要的作用。所以,以流域为研究地域单元,可以利用现有成果,又可以把研究结果直接应用到流域土壤、水资源利用的决策制定中。

流域是一个特殊而复杂的自然地理单元。以流域为地理过程高度定量化研究的基本地域单位是比较科学和可行的,国内的研究也比较肯定这一点。这里我们引用黄秉维院士的一段话,他说:"英国在 70 年代很重视系统,出了几本书,大概在 20 世纪 90 年代左右,*Geographer* 里边有篇文章,总结 20 年系统研究,主要成就在什么地方,他们好像感觉到以流域为单位的研究进展比较突出,别的都还不够好。我没有花功夫来看,这个结论对不对,要赞成还是要反对它,还得看很多东西,不过大致可以相信它。因为一个流域的界限很明显,很多人都是以流域为单位来做研究。一条河流可以做,有的河流本身就可以划做一个地理单元。以流域做工作,结果可以系统地综合起来,结果比较好。这个还是可以的。"

由这段话可知,以流域为自然地理过程定量化的基本地域研究单位有可能被达成共识。

本书作者们自 1992 年起,进行了二十几年的流域模拟研究。1992—1994 年的西班牙特瓦河流域的计算机模拟研究和 1995 年至今的中国江西激水河流域的计算机模拟研究(李硕,2002;张运生,2005),都取得了可喜的研究成果。我们从这些研究中深切地感到,流域是比一般意义上的区域更加独立的体系,因为它通过网一般的水系将环境中的地理要素和地理过程联结成一个统一的整体。流域中发生的水文过程和其他有关过程也都是自然地理过程的一部分,同时也涉及人类经济活动过程。由这一点来说,最好以流域作为地域划分的基本单位来进行环境和地理过程的定量化研究。而且流域的界线也是比较客观的、确定的、易于划定的,不像其他区域界线那样引起众多的分歧。所以,以流域为自然地理过程定量化的基本单位是科学和可行的。而且,流域的液体径流、固体径流和化学径流的模拟研究,自然就会延伸为流域自然地理过程及其发展变化的动态研究,或者说,最终必然要导向自然地理过程的高度定量化研究。

如果要研究的一个区域而不是一个流域,只需把它划分为若干流域即可。上一节中使用 SWAT 模型研究整个欧洲大陆的例子说明,一个区域无论如何大,即使大到一个大陆,也可以当做流域来处理,无非把其中的各个流域都划出来而已。如果划出来的某些流域过大,还可以再分为若干亚流域或子流域。

关于是否存在理性化的地理过程响应的时间尺度和空间尺度的最小单元,这个问题相对比较复杂,也一直是地学工作者研究的热点。

在激水河流域内部进一步划分子流域和水文响应单元的研究及其多种阈值的选择研究,也就是合理地划分最小的地理响应的空间尺度问题。我们在实践中通过试验、摸索,已经初步找到了地理过程的响应变异达到最小的空间尺度。这也是我们在实践中选择多种离散尺度的目的所在。

第五节　SWRRB、SWAT 和我们自己建立的 GPMSW 流域模拟模型体系在本质上都是地理过程模型体系

本书介绍的流域模拟研究中,使用的模型是 SWRRB 模型和 SWAT 模型。它们包含了各种地理因素和过程,远远超出了一般水文模型(Hydrological model)的范畴。首先它加进了沉积物或泥沙(sediment)模型,又加进了作物生长(crop growth)模型,人类活动如耕作(tillage)、灌溉(irrigation)等模型,还加入了化学物和农药(Chemical and pesticide)模型。关于后一点,模型设计者已经说明:(a)SWRRB 模型是由 CREAMS 模型进化而来,而 CREAMS 中的 C 指的就是 Chemicals;(b)SWRRB 还有一个特别的含 Pesticide 的模型版本(Arnold et al.,1990)。

最初的 SWRRB 模型被称为水资源模型,而后来的 SWRRB 模型,即我们现在所用的模型,则被模型开发者称作土壤资源和水资源管理模型。这说明模型内涵的广大,体现在如下几个方面:

①可以同时计算多个子区,预测整个流域的产水量;②增加了回流组件;③增加了水库和池塘组件;④增加了气象模拟模型组件,考虑到降雨、太阳辐射和气温等,可以从时间、空间两个方面模拟长期气象输入数据;⑤开发了更好的方法来预测径流峰值率(peak runoff rate);⑥增加了作物生长模型;⑦增加了水流演算组件;⑧增加了模拟泥沙在水库、池塘、河流以及山谷里运动的组件,可以计算传输损失等。

经过这些修改后推出的 SWRRB 模型可以应用到面积达几百平方公里的流域(黄秉维,1999)。显然,模型包含了地理环境中的两个十分重要的客体——土壤和水,或土圈(Pedosphere)和水圈(Hydrosphere)。由土壤和水又可综合更多的地理组分大气(圈)、岩石(圈)、生物(圈)等。这些圈层的集合也就是钱学森所说的地球表层系统(Adu, et al,2018)。

在 SWRRB 模型中,与这些自然过程有关的物理数学方程已经达到 198 个,子程序达到 36 个,程序语句达到 2 680 个(Arnold et al.,1990),等等。由此可见其表达的自然地理因素和过程的相互联系、相互影响和相互作用的广度和深度。

SWRRB 模型发展到 SWAT 模型以后,功能变得更强大。因为其物理数学方程数目从 198 个扩展到 701 个,达 3.5 倍以上。由此可知其表达的自然地理因素和过程的相互联系、相互影响和相互作用的广度和深度,非原来模型所能比的,尤其在以下几个方面:

A. 气象方面。①降水量:由一级马尔可夫链模型来模拟。输入数据需要多年日降水资料的多项概率统计数值。②气温和太阳辐射:日最高、最低气温,太阳辐射(通过由干湿状态概率校正的正态分布统

计产生）。校正因子由长期日记录统计的标准差计算。③风速和相对湿度：日风速通过修正的指数公式模拟，输入需要多年每月的日风速的平均值。日平均相对湿度由长期的月平均值通过三角分布模拟产生，并且随着气温和太阳辐射的变化进行调整。

　　B. 土壤温度和蒸发蒸腾方面。①土壤温度：每一层土壤中心部分日平均土壤温度由日最高气温、日最低气温以及雪盖、植被、田间残留等因素模拟计算。需要土壤容重和土壤水分等参数作为输入数据。②蒸发蒸腾：有三种估计蒸散发的方法：a. Hargreaves 法；b. Priestly-Taylor 法；c. Penman-Monteith 法。第一种方法需要日太阳辐射、日气温、日风速以及日相对湿度数据。其他两种方法不需要。模型分别计算土壤蒸发和植被蒸腾。前者用土壤深度和含水量的指数函数计算；后者用潜热和叶面指数函数计算。

　　C. 液体径流（水径流）方面。①表面径流：可由降雨量直接计算径流量，通过修改的 SCS 径流曲线数(Modified SCS Curve Number)方法计算。径流曲线数表示为流域每一土被组合的持水能力函数，随土壤干湿条件等呈非线性变化，它把土壤类型、土地利用和管理措施和径流量联系在一起。对于冻土(Frozen Soil)地区的径流计算，模型还有特别的版本。降雨强度为降雨量的函数，通过随机方法计算。坡面径流和河道径流积聚时间通过曼宁公式(Manning's formula)计算。②下渗：采用土壤蓄水演算技术计算植被根带每层土壤之间的水的流动。如果土壤层的含水量超过了田间持水量，而且下层土壤含水量没有达到饱和状态，水会向下流动，反之就向上流动。土壤温度对水的入渗也产生一定的影响，如某一土壤层温度为零或零下，此层就不会有水的流动。③侧流：土壤层 0～2 m 范围内的侧流是和入渗同时计算的，采用动力学蓄水容量模型对每一土层分别计算。④传输损失：它是河道宽度、长度和径流历时的函数，模型利用 SCS 的 Lane's Method 计算。⑤地下水径流：它对总产水量的贡献通过浅水带蓄水模型来模拟。地下水的补给路径从土壤根带由入渗水补给到浅水层。它也可以通过日径流观测值计算回推系数，从而计算出浅水带的出流量。⑥融雪径流(Snow Melt)：如果雪被存在，当日最高温度超过 0 ℃时就会产生融雪。融雪量通过一个气温的线性函数来计算。

　　D. 固体径流（产沙量）和有关因子方面。①产沙量用修正的通用土壤流失方程(MUSLE)对于每个离散单元分别计算。地表径流量和峰值率由水文模型模拟值产生。②植被管理因子（C 因子）：由地面生物量、地表残茬量和最小的 C 因子计算。③其他因子，如 P 因子、K 因子等，文献中都有详细的说明。

　　E. 化学径流方面。①氮素(Nitrogen)：包含在径流、侧流和入渗中的 NO_3 通过水量和平均聚集度来计算。降雨造成有机氮的流失用 McElroy 等人开发并由 Williams and Hann 修改的模型来计算。既考虑了氮元素在上层土壤和泥沙中的集聚，考虑了作物生长的吸收。②磷素(Phosphorus)：溶解态磷在地表径流中的流失，用 Leonard 和 Wanchop 法计算。此法将磷素分成溶解和沉淀两种状态来考虑，同样也考虑在表层土壤中的聚集和作物生长的吸收。③农药/杀虫剂：用 GLEAMS(Leonard et al. ,1987)模型法，考虑了它们在地表径流、渗漏水和泥沙中的传输和在土壤表面蒸发。杀虫剂在大气中的挥发通过挥发率计算。农药/杀虫剂类型不同有不同的参数设计，如溶解度、半衰期、冲刷比率、有机碳吸收系数等，这是它们在植物表面和土壤中的降解是半衰期的指数函数。它们在径流和泥沙中传输的计算针对每一次降雨进行，当有渗漏水时，也考虑渗漏水。

　　F. 作物生长方面。有一个单独的作物生长模型。生长所需的能量获取表示为太阳辐射和作物叶面指数的函数。生物量的日增加用作物参数和获取的能量转化计算。叶面指数通过热量单位的变化模拟。作物产量用收割指数模型，后者是热量单位的非线性函数，随热量值变化，且从作物种植开始到作物成熟呈非线性增加。以作物种植时为零，不同的作物有不同的优化值。收割指数还可根据生长期内的水紧张(stress)因子予以调节。

　　G. 农业管理因素方面。可以模拟多年生植被的轮作，一年内可以模拟三季轮作。可以输入灌溉、施肥和农药/杀虫剂的数据来模拟多种农业管理措施的影响。耕作和残茬组件可以把地面生物量分解成收割量、入土量和残茬三个部分。灌溉的模拟分成多种情况考虑。如有灌溉，则必须确定灌溉用水量和作物的水紧张因子阈值，到了定义的紧张水平值时，自动产生灌溉操作，直到土壤根带的含水量达到田间持水量为止。

由以上叙述可知,SWRRB 和 SWAT 模型不是简单的单纯水文模型或水资源模型,而是一个集成和系统化的庞大的地理过程模型体系。通过它们把地理环境中的绝大多数地理因素和相当多的地理过程联系起来了。

还有一个重要方面,就是 SWRRB 和 SWAT 模型的模拟对象在空间上也远远超出了一般的较单纯的小流域(Small watershed, small catchment 或 small basin)。通常的小流域只具有单一土地利用、单一土壤和单一管理实践的地块大小的区域(field-size areas),而 SWRRB 和 SWAT 模型同时可用来模拟大的、复杂的,包括许多不同地理性质区域(亚区)的乡村或城乡混合的大流域。尤其是 SWRRB 发展成为 SWAT 以后,由于改变了从子区出口跨越很大的距离直接接口到流域出口的模式,提供了新的河道演算方法,使得子区的数目不受限制,因而实际上可以模拟几千、几万以致几百万平方千米的大流域,甚至可以集成许多流域的大区域,使模拟面积达到上千万、几千万的国家和大洲的区域成为可能。换句话说,就是使国家以致洲际区域的自然地理过程的定量化成为可能(Adu,J. T.,et al,2018)。

Abbaspour 等人的《大陆尺度的欧洲水文和水质模型:高分辨率大比例尺 SWAT 模型的定标和不确定性》,就讨论了整个欧洲大陆空间细分到亚流域(子流域)、时间细分到月的流域模拟问题。模拟对象也已经扩展到了氮载荷和农作物产量问题(Abbaspour et al.,2015)。

根据模型的上述这些特点,我们将 SWRRB 模型,特别是 SWAT 模型更多地理解为自然地理过程模型,除了可以用它们进行流域模拟以外,还可以用它们实现任意区域的自然地理过程的高度定量化。

第六节　已达到的模拟精度证明自然地理过程高度定量化是可以实现的

从激水流域水径流和泥沙径流模拟研究 I 来看,其三年产水量的年模拟已经分别达到了 99.98%、99.75% 和 95.24%。月模拟精度平均达 83.86%,且其中有 6 个月精度达 90% 以上,有 4 个月达 97% 以上。这表明较大和复杂流域的年际径流模拟和动态监测已近乎达到实用的程度,实现月际径流模拟和动态监测也是很有希望的。泥沙模拟的精度虽然还不理想,但三年平均的月平均精度也达到了 44.21%。从研究 I 的 1992—1998 年的 8 年模拟来看,年产水量模拟精度分别为 97.64%,96,75%,96.71%,91.56%,71.94%,92.59%,89.98% 和 84.96;平均为 90.27%。年产沙量模拟精度分别为 64.45%,96.62%,75.20%,79.19%,86.43%,98.35%,61.03% 和 98.81%,平均为 82.51%。8 年的月平均产水量模拟精度达到了 86.05%,月平均产沙量模拟精度达到了 59.70%。这些模拟精度都是比较高的。

从激水流域水径流和泥沙径流模拟研究 II 来看,28 个子流域和 314 个水文响应单元 1991—2000 年的 10 年模拟结果中,产水量模拟精度分别为 97.82%,88.34%,90.64%,87.89%,89.85%,93.41%,90.13%,80.88%,95.65% 和 89.23%,10 年平均为 90.38%。产沙量的 10 年月平均达到了 92.65%。产沙量 10 年的年平均精度达到了 74.13%,10 年的月平均精度达到了 74.30%。这些模拟精度值也应该看成是较高的了。

关于激水河流域化学径流的模拟(研究 I 和研究 II)现在还处在初级阶段。但也展示了其可能性和良好的前景。我们的研究也作了很好的尝试,并取得了可喜的成果。化学径流模拟中,硝态氮、有机氮、有机磷的模拟基本可以反映流域的实际流失状况。可溶性矿物磷的模拟精度较低,其原因需要进一步的研究。由于 SWRRB 模型和 SWAT 模型,尤其是后者,在这方面下了不少功夫,模型渐趋完善。相信随着研究的深入,其模拟精度还会逐渐提高。

在农作物生长和生物量方面,因为 SWRRB 和 SWAT 中包括有生长潜力(potential growth)模型、叶面积指数(leaf area index)模型、作物产量(crop yield)模型、生长限制因素(growth constraints)模型——水紧张因子(water stress)模型和温度紧张因子(temperature stress)模型,等等。输出项目中也有生物量和潜热单位(卡路里)等项。尽管这方面目前尚无实测值可资比较和进行精度评价。但进一步研究也是可以设法比较和评价并提高其精度的。而且生物潜力模型、叶面积指数模型和作物产量模型等,实际上已超出了纯自然地理过程而带有人类生产经济过程的性质。因此自然地理过程的定量化也在某种程度上扩展到了人类经济文化活动的领域。

总之,从模拟精度方面看,自然地理过程的高度定量化也是可能的,尽管需要做的工作和要解决的问题还很多。

进一步提高精度可考虑三个方面。一是进一步改进模拟模型和设计新模型;二是提高模型集成和系统化的空间精细度;三是提高观测数据的范围和数量以及改善输入数据估算和估计方法的多样性和精确性。

第七节　完善的河湖网区分布式建模将自然地理定量化推进一步

我们在流域过程计算机模拟和自然地理定量化研究方面,已经初步形成了较为完整的研究体系,后期研究着重于分布式建模方法的完善,尤其是在太湖流域平原河网区的应用方面,取得了一定程度的突破,这使自然地理过程研究的高度定量化又向前推动了一步。主要进展如下:

(1) 针对平原河网区地势平坦、湖泊水体众多、圩区、交叉河网相互嵌套的水文结构特征(李硕等,2013),提出了一种基于数字河湖网络的平原河湖区流域结构划分的新方法。该方法通过构建平原河网区水文空间要素数据模型和数据结构,搭建起包含平原河网区真实河网、湖泊、水库和圩区等要素及它们之间水文拓扑关系的数字河湖网络框架,通过矢量河网流向定义、多流向栅格编码、坡面栅格流向修正等一系列算法,结合 DEM 实现了平原河网区的集水单元划分,实现了对平原河网区交叉/环状河网结构、多出入口湖泊与水库、多排灌站圩区的完整表达,解决了传统方法在平原河网区应用存在的平行河道、河道不连续、强迫枝状结构、无法勾画湖库与圩区等问题。该方法划分的集水单元包含了湖泊、水库、圩区和坡面集水单元四种类型,比单纯依据地形划分的坡面集水单元更加合理,河段、河流节点、集水单元之间的上下游拓扑关系也得到了完整的表达。该方法由于不需再从 DEM 中提取河网,而是直接采用真实的河湖网络进行流域集水单元的划分,其结果能完整保留平原河湖复杂的水网结构与流向拓扑,并能合理勾画出流域内的湖泊、水库、圩区和坡面集水单元。相对于传统 D8 算法和"Stream Burning"法具有很大优势,解决了 D8 算法内在局限性导致的生成伪河网和集水单元划分不合理的问题。此外,本方法采用真实河湖网络进行流域划分的思路,避免了设定汇流累积阈值不确定性导致河流源头不准确的问题;只需根据应用尺度的需要对真实数字河湖网络进行不同程度的合理概化即可实现对划分的集水单元大小和数量的控制。平原河湖区流域划分的新方法较为真实地体现了平原河网区复杂的空间结构和水文特征,为后期的分布式流域水文建模奠定了基础。此方法可适用于平原河网区这样的水文空间特征复杂的流域,同样也可以作为传统方法的改进应用于其他地貌类型的流域,根据实际的河网实现子流域的空间离散。

(2) 平原圩区是太湖流域普遍存在的一种水利设施,通过沿河筑堤成圩使得圩内免受圩外河道高水位的威胁,通过圩堤上修建的排灌站实现圩内外的水量交换,从而实现旱涝保收的目的。圩区的存在改变了区域水文特征,而且圩区内外的水量调配受人为排灌操作的影响,圩区的存在改变了流域自然的水流路径,人工的排灌措施也增加了流域水文过程的复杂性。针对平原河网地区的圩区水文过程开发了圩区排涝与灌溉模型,并将其集成在分布式流域水文模型中,开发了 SWATpld 圩区模型。SWATpld模型通过计算圩区内河过量的蓄水来模拟圩区的排涝过程,通过结合圩区稻田各阶段的需水量与灌溉措施来模拟圩区的引水灌溉过程。SWATpld 模型在溧阳流域的应用结果,表明能够模拟出圩堤对自然出流的隔离效应,阻止了圩内外自然的水量交换;能够对圩区人为的排涝措施进行模拟,自动估算圩区的排涝量。考虑了稻田灌溉措施中水层深度的建立,结合稻田需水量的计算,模拟从圩区外河引水至圩内灌溉的过程。圩区排涝与灌溉模型的开发实现了对圩区水文过程更为准确的描述,其与分布式流域水文模型的集成提高了现有分布式流域水文模型在平原河网地区的适用性,解决了现有模型无法考虑圩区水文过程的问题(Zheng et al.,2018)。

(3) 耦合 SWATpld 模型和河道水动力 HEC-RAS 模型,进行了平原河网区坡面/圩区水文过程与交叉/环状河网水动力过程的联合模拟实验。SWATpld 和 HEC-RAS 耦合模型通过将流域内具有完整拓扑结构的干流河网单独提取进行河网水动力建模,将 SWATpld 模型模拟的子流域坡面产流量、圩区排涝与灌溉水量和较小的支流河道汇流量作为 HEC-RAS 干流河网水动力计算的边界条件输入,模拟得到整个流域枝状与交叉/环状结构完整河网的水文过程。耦合模型在溧阳流域的应用结果表明,其对于被概化打断河段直接影响的下游径流过程的模拟精度相对原 SWAT 模型和 SWATpld 模型都有很大的提高,能够十分准确地模拟出河道的径流峰值,对于流域其他河道径流的时间变化趋势也有明显的改善,使流域单元内的水量分配更为合理(赖正清,2017)。

(4) 天目湖流域是中国南方典型的受农业非点源污染困扰的流域。多年来,流域内的大溪、沙河水库的水生态环境始终处于亚健康状态,其中尤以水体中氮、磷污染甚为严重。利用 SWAT 模型对天目湖流域非点源污染过程进行了模拟计算,在综合考虑氮、磷污染负荷总量与污染负荷强度的因素下,锁定了流域内的关键污染源区。在此基础上进一步溯源了污染源区的氮、磷污染成因和不同土地利用的具体污染贡献情况。总的来说,茶园和稻田是大溪水库的主要非点源污染源,而沙河水库非点源污染源主要为茶园、果园、农田和部分林地(Chang D et al.,2021)。以流域经济与生态环境协同、可持续发展为理念,基于流域生态景观格局与非点源污染负荷的潜在作用机制,并结合天目湖流域的实际情况,提出了切实可行的流域水土资源管理策略。结果表明:流域景观格局会显著影响农田、茶园、果园和草地的养分流失,景观格局指数可有效预测农田、茶园、果园和草地的养分损失。综合考虑流域实际的自然和生产情况及养分流失与景观格局之间的关系,提出了 6 种可供选择的管理策略,分别为:沿等高线种植茶树(S1)、在茶园和果园下游建设植被过滤带(S2)、优化果园形态(S3)、控制居民区的养分排放(S4)、退耕还林(S5)、S1-S5 的组合(S6)。SWAT 模型的模拟结果表明,我们提出的这 6 种流域管理措施可在降低流域内水库非点源污染负荷的同时大大减少经济损失,均优于当地政府所提出的将茶园转化为林地的措施,与 2019 年现状相比,水库的氮、磷负荷总量预计可分别减少 51.64% 和 58.96%,与此同时,经济损失将远低于政府所提出的措施(Zheng et al.,2021.),研究结果可为我国南方流域水土资源安全高效管理、改善流域生态环境提供决策支持。

(5) 为了更好地研究侵蚀环境下植被恢复的水文效应,通过统计趋势分析和 SWAT 模型模拟手段,对江西激水流域长期的水沙变化特征以及植被恢复前后的产水和产沙特征进行了定量分析,研究发现随着植被覆盖的恢复,造林前后两个时段流域内多年平均径流量减少了 7.8%,流域产沙量减少了28%,以植被恢复为主要手段的小流域治理,在激水流域成效显著,但剧烈侵蚀环境下植被恢复工程真正发挥水土保持作用至少需要 20 年时间(乔雪等,2018)。

第八节　模拟和定量化研究近期向广度和深度两方面延伸的刍议

综观以上可知,我们在流域过程计算机模拟和自然地理定量化研究方面,已经初步形成了较为完整的研究体系,而且在研究过程中已经培养了一批研究骨干,一部分留在学校继续深造,大部分已经分散到全国各个科研领域。这为本研究今后向广度和深度方面延伸奠定了基础。

广度方面,眼前可见的是,可考虑由留校且早已成为教授和博导的流域模拟资深研究者,组织在校或在外地的师弟、师妹群体并联合国内其他学者,申请和完成一项超级大课题——全中国流域过程的计算机模拟。这也是自然地理定量化在全国范围内的一个普及,并是完全可以实现的,因为 7 年前世界上已有学者完成了全欧洲的流域计算机模拟(Abbaspour et al.,2015)。欧洲陆地面积 1 016 万 km²,中国陆地面积 960 万 km²,两者相差不多,既然别人许多年前就能完成,可以预见,以我们的研究基础和团队之力,完全可以做得比他们更深更细。

2001 年星球地图出版社出版的《中国地图册》,上面有一张中国水系图,全面而详细,可作为基本底图来设计。比如说,如果现有人员可以组成课题组的话,他们可以分别就所在或所熟悉的地域负责,有人能负责中国中部的长江流域,有人能负责东北的黑龙江流域和辽河流域,有人能负责华南的珠江流域,有人能负责华北和西北的黄河流域,有人可负责海河流域……中国水系图上已画出了中国内流河流域和外流河流域的界限,可以直接应用。

深度方面,眼前可考虑的首先是我们研发的 SWATpld 模型及其与河道水动力 HEC-RAS 模型的耦合模型(李硕等,2013;赖正清,2017;Zheng,et al. Lai 等,2021),它们已经付诸应用并显示了较好的应用前景。可以考虑由他们团队在此基础上进一步深化和改进。

其次是我们主持研制的适合中国国情流域模拟模型 GPMSW(参看本书第七章),虽然已经做出了试验性的研究结果,但还不完善,可以由原研究者和地理模型数据库的建立者共同组织团队,将现有的模型完善化并继续试运行。需解决的关键问题是:它的中国特色究竟在哪里? 与美国模型相比是不是有优越性? 正如美国麻省理工学院教授黄亚生的专著中《中国模式到底有多独特》所问的一样,是不能光凭嘴说的。

深度研究的再一个方面,是将已取得初步成绩的化学径流模拟进一步精准化,并向生物化学径流和生物径流延伸。流域中除了河流还有湖泊,进入河、湖的有机质、腐殖质和富营养化物质,还有水生生物或陆生生物的残骸,都能形成生物化学径流或者生物体径流。

在这方面,现有团队已经利用 SWAT 模型,对江苏省的天目湖流域的非点源污染过程进行了模拟计算,在综合考虑氮、磷污染负荷总量与污染负荷强度的因素下,锁定了流域内的关键污染源区。在此基础上进一步溯源了污染源区的氮、磷污染成因和不同土地利用的具体污染贡献情况(Chang D et al.,2021)。

原团队成员之一研究了浮游动物和微生物对湖泊生态的影响(王倩红等,2019),这就是湖泊和与之相联系的河流中生物体运动的表现之一。此外本书第一作者于 2011 年、2013 年和 2019 年在美国休斯敦观察到,自西向东穿过休斯敦市的野牛-牛轭湖河(Buffalo bayou),洪水期都有许多蓬草顺河漂流,且有连年增大趋势。2019 年河面蓬草密集,如浮冰般互相撞击着快速向下淌流,蔚为壮观,这是典型可见的生物体径流。生物体径流可能还有其他形式,例如山洪暴发时河流中漂流的大树、灌木、草垛、草类残骸等,有待深入调查研究。还有,SWRRB 和 SWAT 模型中也均有作物生长模型,输出中也都有各亚区生物产量一项,将来这些都可考虑纳入生物化学径流或生物径流。

附带说明,Buffalo bayou 这个河名中的 Buffalo 一词,在《牛津现代高级英语双解词典》(商务印书馆,1990)上的解释是:亚洲、欧洲、非洲的水牛;北美洲的野牛。在《英汉大词典》(上海译林出版社,

1992)上的解释是:[亚洲]水牛,[美洲]野牛。后一字典上还有 Buffalo Bill 一词,解释是"野牛比尔",他善捕野牛,供美国当年横贯东西大铁路的修路大军食用。现美国西北部的典型牛仔城 Cody,就是以他的名字命名的。因此这个词在美国就是野牛,不是水牛,译成水牛城是错误的。应译作"野牛城"。关于此词的读音,上述二词典的注音都是[bʌfələu]。因此音译以"巴菲洛"为好。

本书着重说明了以流域为基本单位实现自然地理过程定量化的原理,但流域不能囊括一切。非流域的自然地理过程的定量化,例如大气环流引起的,地球从南到北热量带引起的,地球从东到西或从西到东湿度带引起的,地球从海平面到极高山垂直带引起的以及其他因素引起的自然地理过程定量化等,也需要进行探索和研究。

参考文献

Abbaspour K C, Rouholahnejad E, Vaghefi S, et al, 2015. A continental-scale hydrology and water quality model for Europe: Calibration and uncertainty of a high-resolution large-scale SWAT model[J]. Journal of Hydrology, 524: 733 - 752.

Abbott M B, Bathurst J C, Cunge J A, et al, 1986. An introduction to the European Hydrological System—Systeme Hydrologique Europeen, "SHE", 1: History and philosophy of a physically-based, distributed modelling system[J]. Journal of Hydrology, 87(1/2): 45 - 59.

Abbott M B, Bathurst J C, Cunge J A, et al, 1986. An introduction to the European Hydrological System—Systeme Hydrologique Europeen, "SHE", 2: Structure of a physically-based, distributed modelling system[J]. Journal of Hydrology, 87(1/2): 61 - 77.

Acock B, Reddy V R, 1997. Designing an object-oriented structure for crop models[J]. Ecological Modelling, 94(1): 33 - 44.

Adu J, Kumarasamy M V, 2018. Assessing non-point source pollution models: A review[J]. Polish Journal of Environmental Studies, 27(5): 1913 - 1922.

Aizen V B, Aizen E M, Melack J M, 1997. Snow distribution and melt in central Tien Shan, susamir valley[J]. Arctic and Alpine Research, 29(4): 403.

Albrecht J, 1998. Universal analytical GIS operations-A task-oriented systematisation of data structure-independent GIS functionality[M]//Geographic Information Research. Boca Raton: CRC Press: 577 - 592.

Allen R G, Jensen M E, Wright J L, et al, 1989. Operational estimates of reference evapotranspiration [J]. Agronomy Journal, 81(4): 650 - 662.

Anderson M G, 1985. Hydrological Forecasting[M]. Chichester: John Wiley & Sons Ltd Press.

Andrea E, Rizzoli, 1998. Model and data integration and re-use in environmental decision support systems[J]. Decision Support Systems, 24(2): 127 - 144.

Angima S D, Stott D E, O'Neill M K, et al, 2003. Soil erosion prediction using RUSLE for central Kenyan highland conditions[J]. Agriculture, Ecosystems & Environment, 97(1/2/3): 295 - 308.

Anon, 1997. Library of model for simulation and control in ecology and environment protection [J]. Simulation Practice and Theory, 5(3): 30.

Arnold J G, 1996. Estimating hydrologic budgets for three Illinois watersheds[J]. Journal of Hydrology, 176(1/2/3/4): 57 - 77.

Arnold J G, Allen P M, Bernhardt G, 1993. A comprehensive surface-groundwater flow model [J]. Journal of Hydrology, 142(1/2/3/4): 47 - 69.

Arnold J G, Muttiah R S, Srinivasan R, et al, 2000. Regional estimation of base flow and groundwater recharge in the Upper Mississippi River Basin[J]. Journal of Hydrology, 227(1/2/3/4): 21 - 40.

Arnold J G, Williams J R, 1995a. SWRRB—A watershed scale model for soil and water resources management[M]//Singh V P. Computer models of watershed hydrology. Colorado：Water Resources Publications：847－908.

Arnold J G，Williams J R，Maidment D R，1995b. Continuous-time water and sediment-routing model for large basins[J]. Journal of Hydraulic Engineering，121(2)：171－183.

Arnold J G，Williams J R，Nicks A D，1990. A Basin Scale Simulation Model for Soil and Water Resources Management[M]. College Station：Texas A & M University Press.

Baban S M J，Yusof K W，2001. Modelling soil erosion in tropical environments using remote sensing and geographical information systems[J]. Hydrological Sciences Journal，46(2)：191－198.

Bagnold R A，1977. Bed load transport by natural rivers[J]. Water Resources Research，13(2)：303－312.

Banerjee S，Basu A，1993. Model type selection in an integrated DSS environment[J]. Decision Support Systems，9(1)：75－89.

Beasley D B，Huggins L F，et al，1982. Modeling sediment yield from agricultural watersheds[J]. Journal of Soil and Water Conservation，37(2)：113－117.

Belmans C，Wesseling J G，Feddes R A，1983. Simulation model of the water balance of a cropped soil：SWATRE[J]. Journal of Hydrology，63(3/4)：271－286.

Bergsma，1998. Flood hazard prediction from soil properties by remote sensing and genographic information system：A case study of mae rim watershed，Chiang Mai Province，Thailand[J]. 土壤圈(英文版)，8(1)：71－78.

Biftu G F，2001. Semi-distributed，physically based，hydrologic modeling of the Paddle River Basin，Alberta，using remotely sensed data[J]. Journal of Hydrology，244(3/4)：137－156.

Binley A，Beven K，1992. Three dimensional modelling of hillslope hydrology[J]. Future of Distributed Modelling，6(3)：347－359.

Blöschl G，Kirnbauer R，Gutknecht D，1991. Distributed snowmelt simulations in an alpine catchment：1. model evaluation on the basis of snow cover patterns[J]. Water Resources Research，27(12)：3171－3179.

Blöschl G，Sivapalan M，1995. Scale issues in hydrological modelling：A Review[J]. Scale Issues in Hydrological Modelling，9(3/4)：251－290.

Boegh E，Thorsen M，Butts M B，et al，2004. Incorporating remote sensing data in physically based distributed agro-hydrological modelling[J]. Journal of Hydrology，287(1/2/3/4)：279－299.

Bristow K L，Campbell G S，1984. On the relationship between incoming solar radiation and daily maximum and minimum temperature[J]. Agricultural and Forest Meteorology，31(2)：159－166.

Brutsaert W，1975. Comments on surface roughness parameters and the height of dense vegetation [J]. Journal of the Meteorological Society of Japan，53(1)：96－98.

Cammeraat E L H，2004. Scale dependent thresholds in hydrological and erosion response of a semi-arid catchment in southeast Spain[J]. Agriculture，Ecosystems & Environment，104(2)：317－332.

C C C R，1941. Factors of soil formation，a system of quantitative pedology[J]. Agronomy Journal，33(9)：857－858.

Chang D，Lai Z Q，Li S，et al，2021. Critical source areas' identification for non-point source pollution related to nitrogen and phosphorus in an agricultural watershed based on SWAT model[J]. Environmental Science and Pollution Research，28(34)：47162－47181.

Chappell N，Ternan L，1992. Low path dimensionality and hydrological modelling. Future of Distributed Modelling，6(3)：327－345.

Chapra S C,1997. Surface water-quality modelling[M]. Boston:McGraw Hill.

Chen P P,1976. The entity-relationship model-toward a unified view of data. ACM Transaction on Database System,1(1):9-36.

Chen P P,1980. Entity relationship approach to system analysis and design[M]. Amsterdam:North-Holland.

Chorely R J, Kennedy B A, 1971. Physical Geography:A systems approach[M]. London:Prentice-Hall Inter,Inc..

Chowdary V M, 2004. A coupled soil water and nitrogen balance model for flooded rice fields in India[J]. Agriculture, Ecosystems & Environment, 103(3):425-441.

Chow V T,Maidment D R, Mays L W,1988. Applied Hydrology[M]. New York:McGraw-Hill, Inc.

Chun-Ta, Lai, 2000. The dynamic role of root-water uptake in coupling potential to actual transpiration[J]. Advances in Water Resources, 23(4):427-439.

Chu S T, 1978. Infiltration during an unsteady rain[J]. Water Resources Research, 14(3):461-466.

Cline D W, 1997. Effect of seasonality of snow accumulation and melt on snow surface energy exchanges at a continental alpine site[J]. Journal of Applied Meteorology, 36(1):32-51.

Cochbrane T A, Flanagan D C,1999. Assessing water erosion in small watersheds using WEPP with GIS and digital elevation models[J]. Journal of Soil and Water Conservation,54(4):678-685.

Codd E F,1970. A Relation Model of Data for Large Shared Databanks[J]. Communication of the ACM,13(6):377-387.

Codd E F,2000. The relational model for database management[M]. Upper Saddle River:Addison Wesley Publishing Company.

Conway H, Gades A, Raymond C F, 1996. Albedo of dirty snow during conditions of melt[J]. Water Resources Research, 32(6):1713-1718.

Crowder B M, Pionke H B, Epp D J, et al, 1985. Using CREAMS and economic modeling to evaluate conservation practices:An application[J]. Journal of Environmental Quality, 14(3):428-434.

Daniel R, Dolk, 1993. Model integration and a theory of models[J]. Decision Support Systems, 9(1):51-63.

Date C J, 1977. An introduction to database systems [M]. 3rd edition. Upper Saddle River:Addison Wesley Publishing Company.

De Brichambaut C P,1975. Supplément au no I[R]. Paris:Européennes Thermique et Industrie.

De Bruin H, 1982. Temperature and energy balance of a water reservoir determined from standard weather data of a land station[J]. Journal of Hydrology, 59(3/4):261-274.

De Roo A P J, Wesseling C G, Ritsema C J, 1996. Lisem:A single-event physically based hydrological and soil erosion model for drainage basins. i:Theory, input and output[J]. Hydrological Processes, 10(8):1107-1117.

Dobson J E, 1993. Commentary:A conceptual framework for integrating remote sensing, GIS, and geography[J]. Photogrammetric Engineering and Remote Sensing,55(10):1491-1496.

Donigian A S Jr,Huber W C,1991. Modeling of Nonpoint Source Water Quality in Urban and NonUrban Areas[R]. Athens,GA:United States Environmental Protection Agency. Office of Research and Development. Environmental Research Laboratory.

Donohue I, Styles D, Coxon C, et al, 2005. Importance of spatial and temporal patterns for assessment of risk of diffuse nutrient emissions to surface waters[J]. Journal of Hydrology, 304(1/2/

3/4): 183 - 192.

Drake N A, Zhang X Y, Berkhout E, et al, 1999. Modelling Soil Erosion at Global and Regional Scales Using Remote Sensing and GIS Techniques, Advances in Remote Sensing and GIS Analysis [M]. Chichester: John Wiley & Sons: 241 - 261.

Duchon C E, O'Malley M S, 1999. Estimating cloud type from pyranometer observations[J]. Journal of Applied Meteorology, 38(1): 132 - 141.

Edinger J E, Duttweiler D W, Geyer J C, 1968. The response of water temperatures to meteorological conditions[J]. Water Resources Research, 4(5): 1137 - 1143.

Elder K, Dozier J, Michaelsen J, 1991. Snow accumulation and distribution in an Alpine Watershed[J]. Water Resources Research, 27(7): 1541 - 1552.

Eric F, Wood, 1988. Effects of spatial variability and scale with implications to hydrologic modeling[J]. Journal of Hydrology, 102(1/2/3/4): 29 - 47.

Evans B M, Miller D A, 1988. Modeling Nonpoint Pollution at the Watershed Level with the Aid of a Geographic Information System[C]//Novotny V. Proceedings of the Symposium on Nonpoint Pollution: 1988 - Policy, Economy, Management, and Appropriate Technology. Bethesda: American Water Resources Association: 283.

Evans D R, 2001. Interactions between sediments and water: Summary of the Eighth International Symposium[J]. Science of the Total Environment, 266(1/2/3): 1 - 5.

Feldman A D, 1981. Hec models for water resources system simulation: Theory and experience [M]//Advances in Hydroscience. Amsterdam: Elsevier: 297 - 423.

Ficher M M, Nijkamp P, 1993. Geography information system, Spatial modeling and policy evaluation[M]. Berlin: Springer-Verlag Press.

Finch J W, 2001. A comparison between measured and modelled open water evaporation from a reservoir in south-east England[J]. Hydrological Processes, 15(14): 2771 - 2778.

Finch J W, Gash J H C, 2002. Application of a simple finite difference model for estimating evaporation from open water[J]. Journal of Hydrology, 255(1/2/3/4): 253 - 259.

Fischer M M, Nijkamp P, 1993. Design and use of geographic information systems and spatial models[M]//Fischer MM, Nijkamp P. Geographic Information Systems, Spatial Modelling and Policy Evaluation. Berlin, Heidelberg Springer: 1 - 13.

Fischer M M, Scholten H J, Unwin D, 2019. Geographic information systems, spatial data analysis and spatial modelling: An introduction[M]//Spatial Analytical Perspectives on GIS. London: Routledge: 3 - 20.

Fistikoglu O, Harmancioglu N B, 2002. Integration of GIS with USLE in assessment of soil erosion[J]. Water Resources Management, 16(6): 447 - 467.

FitzHugh T W, 2000. Impacts of input parameter spatial aggregation on an agricultural nonpoint source pollution model[J]. Journal of Hydrology, 236(1/2): 35 - 53.

Flanagan D C, Laflen J M, 1997. The USDA water erosion prediction project (WEPP)[J]. Eurasian Soil Science, 30(5): 524 - 530.

Flügel W, 1995. Delineating response units by geographical information system analyses for regional hydrological modeling using PRMS/MMS in the drainage basin of the river Bröl, Germany [M]// Kalma J D, Sivapalan M. Scale Issues in Hydrological Modeling. Chichester: John Wiley & Sons, 181 - 202.

Fontaine T A, 2002. Development of a snowfall-snowmelt routine for mountainous terrain for the soil water assessment tool (SWAT)[J]. Journal of Hydrology，262(1/2/3/4)：209 – 223.

Freeze R A，Harlan R L，1969. Blueprint for a physically-based，digitally-simulated hydrologic response model[J]. Journal of Hydrology，9(3)：237 – 258.

Friend A D，1998. Parameterisation of a global daily weather generator for terrestrial ecosystem modelling[J]. Ecological Modelling，109(2)：121 – 140.

Fu B J，Pan N Q，2016. Integrated studies of physical geography in China：Review and prospects [J]. Journal of Geographical Sciences，26(7)：771 – 790.

Garbrecht J，Martz L，Syed K H，et al，1999. Determination of representative catchment propertiesfrom digital elevation models[C]//International Water Resources Engineering Conference. Seattle.

García-Ruiz J M，Beguería S，Lana-Renault N，et al，2017. Ongoing and emerging questions in water erosion studies[J]. Land Degradation & Development，28(1)：5 – 21.

Gardner W R，1960. Dynamic aspects of water availability to plants[J]. Soil Science，89(2)：63 – 73.

Ghosh D，Agarwal R，1991. Model selection and sequencing in decision support systems[J]. Omega，19(2/3)：157 – 167.

Glassy J M，Running S W，1994. Validating diurnal climatology logic of the MT-CLIM model across a climatic gradient in Oregon[J]. Ecological Applications，4(2)：248 – 257.

Goodchild M F，Parks B O，Steyaert L T，2011. Environmental modeling with GIS[M]. New York：Oxford University Press.

Gore A，1998. The digital earth[J]. Australian Surveyor，43(2)：89 – 91.

Gore A L，1998. The Digital Earth：Understanding Our Planet in the 21th century[R]. Annual Meeting of Open GIS Consortium.

Gorte B R，Wind J，1988. The ILWIS software kernel[J]. ITC，(1)：15 – 22.

Goulding，Dennis，Mahar J，1996. Floods of fortune：Ecology and economy along the Amazon [M]. New York：Columbia University Press.

Green W H，Ampt G A，1911. Studies on soil physics，The flow of air and water through soils [J]. Journal of Agricultural Sciences，4：11 – 24.

Grunwald S，2000. Calibration and validation of a non-point source pollution model [J]. Agricultural Water Management，45(1)：17 – 39.

Gu J J，Smith E A，1997. High-resolution estimates of total solar and PAR surface fluxes over large-scale BOREAS study area from GOES measurements[J]. Journal of Geophysical Research：Atmospheres，102(D24)：29685 – 29705.

Guo H D，Liu Z，Zhu L W，2010. Digital Earth：Decadal experiences and some thoughts[J]. International Journal of Digital Earth，3(1)：31 – 46.

Gyasi-Agyei Y，Willgoose G，De Troch F P，1995. Effects of vertical resolution and map scale of digital elevation models on geomorphological parameters used in hydrology[J]. Scale Issues in Hydrological Modelling，9(3/4)：363 – 382.

Haith D A，1976. Land use and water quality in New York Rivers[J]. Journal of the Environmental Engineering Division，102(1)：1 – 15.

Hammer M J，Mac K，1981. Hydrology and quality of water resources[M]. Toronto：John Wiley & sons，Inc.

Hanson C L，1982. Distribution and stochastic generation of annual and monthly precipitation on a mountainous watershed in southwest Idaho [J]. Journal of the American Water Resources

Association，18(5)：875 - 883.

Hanson G J，1991. Development of a jet index to characterize erosion resistance of soils in earthen spillways[J]. Transactions of the ASAE，34(5)：2015 - 2020.

Haregeweyn N，Yohannes F，2003. Testing and evaluation of the agricultural non-point source pollution model (AGNPS) on Augucho Catchment，western Hararghe，Ethiopia[J]. Agriculture，Ecosystems & Environment，99(1/2/3)：201 - 212.

Hargreaves G H，Samani Z A，1985. Reference crop evapotranspiration from temperature[J]. Applied Engineering in Agriculture，1(2)：96 - 99.

Harrison L P，1963. Fundamental concepts and definitions relating to humidity[M]// Wexler A. Humidity and moisture. N. Y.：Reinhold Publishing Company.

Hartman M D，Baron J S，Lammers R B，et al，1999. Simulations of snow distribution and hydrology in a mountain basin[J]. Water Resources Research，35(5)：1587 - 1603.

Hartmann A K，2009. Practical Guide to Computer Simulations [M]. Singapore：World Scientific.

Hession W C，et al，1988. A geographic information system for targeting nonpoint-source agricultural pollution[J]. Journal of Soil and Water Conservation，43(3)：264 - 266.

H，Hengsdijk，2005. Modeling the effect of three soil and water conservation practices in Tigray，Ethiopia[J]. Agriculture，Ecosystems & Environment，105(1/2)：29 - 40.

Hockman E L，1981. Evaluation of the universal soil loss equation on a selected reclaimed eastern surface mine area[J]. Journal of Soil and Water Conservation，39：99 - 104.

Hunt E R Jr，Piper S C，Nemani R，et al，1996. Global net carbon exchange and intra-annual atmospheric CO2 concentrations predicted by an ecosystem process model and three-dimensional atmospheric transport model[J]. Global Biogeochemical Cycles，10(3)：431 - 456.

Hunt E R，Martin F C，Running S W，1991. Simulating the effects of climatic variation on stem carbon accumulation of a ponderosa pine stand：Comparison with annual growth increment data[J]. Tree Physiology，9(1/2)：161 - 171.

Hutchinson M F，Dowling T I，1991. A Continental hydrological assessment of a new grid-based digital elevation models of Australia[J]. Digital Terrain Modelling in Hydrology，5(1)：45 - 58.

Imeson C A，Prinsen H A M，2004. Vegetation patterns as biological indicators for identifying runoff and sediment source and sink areas for semi-arid landscapes in Spain [J]. Agriculture，Ecosystems & Environment，104(2)：333 - 342.

Jacobson I，Booch G，Rumbaugh J，1999. The unified software development process[M]. Upper Saddle River：Addison-Wesley Professional.

Jensen J R，1986. Introductory digital image processing：A remote sensing perspective[M]. New York：Pearson Education. Jenson S K，1992. Applications of hydrological information automatically extracted from digital elevation models [M]//Beven K J，Moore I D. Analysis and Distributed Modeling in Hydrology. Chichester：John Wiley & Sons Ltd.

Jensen M E，Burman R D，Allen R G，1990. Evapotranspiration and irrigation water requirements [R]. ASCE Manuals and Reports on Engineering Practice No. 70. N. Y.：332.

Jensen S K，Domingue J O，1988. Extracting topographic structure from digital elevation data for geographic information system analysis [J]. Photogrammetric Engineering and Remote Sensing，54 (11)：1593 - 1600.

Johanson R C，Imhoff J C，Kittle J L Jr，et al，1984. Hydrological simulation program：Fortran (HSPF)：

User's Manual for Release 8. EPA-600/3-84-066[S]. Athens, GA: U. S. Environmental Protection Agency.

JOrgens C, Fander M, 1993. Soil erosion assessment and simulation by means of SGEOS and ancillary digital data[J]. International Journal of Remote Sensing, 14(15): 2847 – 2855.

Jurgen, Garbrecht, 1997. The assignment of drainage direction over flat surfaces in raster digital elevation models[J]. Journal of Hydrology, 193(1/2/3/4): 204 – 213.

Kasamatsu, Chihiro, 2013. Gleeble® systems: Pioneering thermal mechanical simulation for over 50 years[C]. ICPNS. The 7th International Conference on Physical and Numerical Simulation of Materials. Oslu.

K, Eckhardt, 2001. Automatic calibration of a distributed catchment model[J]. Journal of Hydrology, 251(1/2): 103 – 109.

Keith F, Kreider J F, 2000. Principles of Solar Engineering[M]. Boca Raton: CRC Press.

Khoshafian S, Baker A, 1998. Mutimedia and Imaging Database[J]. IEEE Communications Magazine, 36(2): 28 – 30.

Kim S B, Corapcioglu M Y, 2002. Contaminant transport in riverbank filtration in the presence of dissolved organic matter and bacteria: A kinetic approach[J]. Journal of Hydrology, 266(3/4): 269 – 283.

King K W, Arnold J G, Bingner R L, 1999. Comparison of green-ampt and curve number methods on Goodwin creek watershed using swat[J]. Transactions of the ASAE, 42(4): 919 – 926.

Kirkby M J, Naden P S, Burt T P, et al, 1987. Computer Simulation in Physical Geography[M]. [S. l.]: John Wiley & Sons Ltd Press.

Kite G W, Kouwen C D, 1995. NDVI, LAI, and evapotranspiration in hydrological modeling [C]//Kite G W, Pietroniro A, Pultz T D. Proceedings of the Symposium on Application of Remote Sensing in Hydrology. Saskatoon: NHRI.

Kite G W, Kouwen N, 1992. Watershed modeling using land classifications[J]. Water Resources Research, 28(12): 3193 – 3200.

Klein S A, 1977. Calculation of monthly average insolation on tilted surfaces[J]. Solar Energy, 19(4): 325 – 329.

Knight D W, Shiono K, 1996. River channel and floodplain hydraulics[M]// Anderson M G, Walling D E, Bates P D. Floodplain Processes. Chichester: Wiley.

Knisel W G, 1980. CREAMS: A Field Scale Model for Chemicals, Runoff and Erosion from Agricultural Management Systems[R]. USDA Conservation Research Report No. 26: 643 – 644.

Kouwen N, Soulis E D, Pietroniro A, et al, 1993. Grouped response units for distributed hydrologic modeling[J]. Journal of Water Resources Planning and Management, 119(3): 289 – 305.

Krysanova V, Meiner A, Roosaare J, et al, 1989. Simulation modelling of the coastal waters pollution from agricultural watershed[J]. Ecological Modelling, 49(1/2): 7 – 29.

Kuchment L S, Gelfan A N, 1996. The determination of the snowmelt rate and the meltwater outflow from a snowpack for modelling river runoff generation[J]. Journal of Hydrology, 179(1/2/3/ 4): 23 – 36.

Kwon O B, Park S J, 1996. RMT: A modeling support system for model reuse[J]. Decision Support Systems, 16(2): 131 – 153.

K Y, Li, 2001. An exponential root-water-uptake model with water stress compensation[J]. Journal of Hydrology, 252(1/2/3/4): 189 – 204.

Laflen J M, 2000. Agricultural and environmental sustainability—a global perspective[M]// Tian J, Huang C H. Soil Erosion and Dryland Farming. Boca Raton: CRC Press: 21 – 28.

Lai Z Q, Li S, Deng Y, et al, 2018. Development of a polder module in the SWAT model: SWATpld for simulating polder areas in south-eastern China[J]. Hydrological Processes, 32(8): 1050 - 1062.

Lai Z Q, Li S, Lv G N, et al, 2016. Watershed delineation using hydrographic features and a DEM in plain river network region[J]. Hydrological Processes, 30(2): 276 - 288.

Lane L J, 1983. Chapter 19: Transmission Losses [S]//Soil Conservation Service. National engineering handbook, section 4: hydrology. Washington, D. C. : U. S. Government Printing Office: 1911 - 1921.

Lane L J, Hemandez M, Nichols M, 1997. Processes controlling sediment yield from watersheds as functions of spatial scale[J]. Environmental Modelling & Software, 12(4): 355 - 369.

Larson K M, 2019. Unanticipated uses of the global positioning system[J]. Annual Review of Earth and Planetary Sciences, 47: 19 - 40.

Lawrence W, Martz, 1995. Automated recognition of valley lines and drainage networks from grid digital elevation models: A review and a new method—Comment[J]. Journal of Hydrology, 167(1/2/3/4): 393 - 396.

Leonard R A, Knisel W G, Still D A, 1987. GLEAMS: Groundwater loading effects of agricultural management systems[J]. Transactions of the ASAE, 30(5): 1403 - 1418.

Lü G N, Batty M, Strobl J, et al, 2019. Reflections and speculations on the progress in Geographic Information Systems (GIS): A geographic perspective [J]. International Journal of Geographical Information Science, 33(2): 346 - 367.

Lü G N, Batty M, Strobl J, et al, 2019. Reflections and speculations on the progress in Geographic Information Systems (GIS): A geographic perspective [J]. International Journal of Geographical Information Science, 33(2): 346 - 367.

Liang C J, MacKay D S, 2000. A general model of watershed extraction and representation using globally optimal flow paths and up-slope contributing areas[J]. International Journal of Geographical Information Science, 14(4): 337 - 358.

Li K Y, Boisvert J B, Jong R D, 1999. An exponential root-water-uptake model[J]. Canadian Journal of Soil Science, 79(2): 333 - 343.

Lilburne L, Sparling G, Schipper L, 2004. Soil quality monitoring in New Zealand: Development of an interpretative framework[J]. Agriculture, Ecosystems & Environment, 104(3): 535 - 544.

Li R, Yang Q K, 2000. Remote sensing monitoring information system of soil and water conservation on the Loess Plateau. Soil erosion and dryland farming[M]// Laflen J M, Tian J L, Huang C H. Soil Erosion and Dryland Farming. Boca Roton: CRC Press.

Li S, Xu M, Sun B, 2014. Long-term hydrological response to reforestation in a large watershed in southeastern China[J]. Hydrological Processes, 28(22): 5573 - 5582.

Liu B Y, Nearing M A, Risse L M, 1994. Slope gradient effects on soil loss for steep slopes[J]. Transactions of the ASAE, 37(6): 1835 - 1840.

Liu D L, Scott B J, 2001. Estimation of solar radiation in Australia from rainfall and temperature observations[J]. Agricultural and Forest Meteorology, 106(1): 41 - 59.

Liu Y B, Gebremeskel S, De Smedt F, et al, 2003. A diffusive transport approach for flow routing in GIS-based flood modeling[J]. Journal of Hydrology, 283(1/2/3/4): 91 - 106.

Loumagne C, Normand M, Riffard M, et al, 2001. Integration of remote sensing data into hydrological models for reservoir management[J]. Hydrological Sciences Journal, 46(1): 89 - 102.

Maidment, David R, 1993. GIS and hydrology modeling[M]// Goodchild M F, Parks B O, Steyaert

L T. Environmental Modeling with GIS. New York: Oxford University Press:147 - 167.

Maidment D R,1993. Developing a spatial distributed unit hydrography by using GIS[M]// Kovar K, Nachtnebel H P. Application of Geographic Information System in Hydrology and Water Resource Managenment. Wallingford: International Association of Hydrological Sciences.

Maitre V, Cosandey A C, Desagher E, et al, 2003. Effectiveness of groundwater nitrate removal in a river riparian area: The importance of hydrogeological conditions[J]. Journal of Hydrology, 278 (1/2/3/4): 76 - 93.

Ma J, 1995. An object-oriented framework for model management[J]. Decision Support Systems, 13(2): 133 - 139.

Margaret K M, 1998. Future trends in model management systems: Parallel and distributed extensions[J]. Decision Support Systems, 22(4): 325 - 335.

Martz L W, 1992. Numerical definition of drainage network and subcatchment areas from Digital Elevation Models[J]. Computers & Geosciences, 18(6): 747 - 761.

Martz L W, Jong E D, 1988. CATCH: A FORTRAN program for measuring catchment area from digital elevation models[J]. Computers & Geosciences, 14(5): 627 - 640.

McCown R L, Hammer G L, Hargreaves J N G, et al, 1996. APSIM: A novel software system for model development, model testing and simulation in agricultural systems research[J]. Agricultural Systems, 50(3): 255 - 271.

McGinnis D F Jr, Tarpley J D, 1985. Vegetation cover mapping from NOAA/AVHRR[J]. Advances in Space Research, 5(6): 359 - 369.

Mein R G, Larson C L, 1973. Modeling infiltration during a steady rain[J]. Water Resources Research, 9(2): 384 - 394.

Melton M A, 1959. A derivation of strahler's channel-ordering system[J]. The Journal of Geology, 67(3): 345 - 346.

Memon B A, 1995. Quantitative analysis of springs[J]. Environmental Geology, 26(2): 111 - 120.

Menzel R G, 1960. Transport of strontium-90 in runoff[J]. Science, 131(3399): 499 - 500.

M F, Hutchinson, 1989. A new procedure for gridding elevation and stream line data with automatic removal of spurious pits[J]. Journal of Hydrology, 106(3/4): 211 - 232.

Mitchell J K, Engel B A, Srinivasan R, et al, 1993. Validation of agnps for small watersheds using an integrated agnps/gis system[J]. Journal of the American Water Resources Association, 29 (5): 833 - 842.

M. J. 柯克比,R. P. C. 摩根,1987. 土壤侵蚀[M]. 王礼先 ,吴斌,洪惜英,译. 北京:水利电力出版社.

Monteith J L,1965. The state and movement of water in living organisms[M]//19 th Symposia of the Society for Experimental Biology. London: Cambridge University Press:205 - 234.

Monteith J L, 1981. Evaporation and surface temperature[J]. Quarterly Journal of the Royal Meteorological Society, 107(451): 1 - 27.

Moore I D, Gallant J C,1991. Overview of hydrological and water quality modeling[M]// Moore I D. Modeling the Fate of Chemicals in the Environment. Canberra: Australian National University.

Moore I D, Grayson R B, Ladson A R,1992. A Review of hydrological, Geomorphological and Biological applications[M]// Beven K J, Moore I D. Terrain Analysis and Distributed Modeling in Hydrology. Chichester: John Wiley & Sons Ltd.

Moore I D, Turner A K, Wilson J P, et al,1993. GIS and land-surface-subsurface process modeling[M]// Goodchild M F,Parks B O,Steyaert L T. Environmental Modeling with GIS. New

York: Oxford University Press:196 - 230.

Morari F, Lugato E M, 2004. An integrated non-point source model-GIS system for selecting criteria of best management practices in the Po Valley, North Italy[J]. Agriculture, Ecosystems & Environment, 102(3): 247 - 262.

Murray F W, 1967. On the computation of saturation vapor pressure[J]. Journal of Applied Meteorology, 6(1): 203 - 204.

Natahan R J, 1990. Evaluation of automated techniques for baseflow and recession analyses[J]. Water Resources Research, 26(7): 1465 - 1473.

Nearing M A, Liu B Y, Risse L M, et al, 1996. Curve numbers and green-ampt effective hydraulic conductivities[J]. Journal of the American Water Resources Association, 32(1): 125 - 136.

Neitsch S L, Arnold J G, Wiliams J R, 2001. Soil And Water Assessment Tool User's Manual. Version 2000[R]. College Station: Texas Water Resources Institute.

Neitsch S L, Arnold J G, Williams J R, 1999. Soil and water assessment tool user's manual 99. 2 [R]. Agriculture Research Service and Grassland Soil and Water Research Laboratory:45 - 68.

Neitsch S L, Arnold J G, Williams J R, et al, 2002. Soil and Water Assessment Tools Theoretical Documentation: Version 2000[R]. College Station: Texas Water Resources Institute.

Nikolov N T, Zeller K F, 1992. A solar radiation algorithm for ecosystem dynamic models[J]. Ecological Modelling, 61(3/4): 149 - 168.

Novák V. A, 1998. canopy resistance estimation method to calculate transpiration[J]. Physics and Chemistry of the Earth, 23(4): 449 - 452.

Nyerges T L, 1993. Understanding the scope of GIS: Its relationship to environmental modeling [M]//Goodchild M F, Park B O, Steyaert L T. Environmental modeling with GIS. New York: Oxford University Press:75 - 93.

O'Callaghan J F, Mark D M, 1984. The extraction of drainage networks from digital elevation data[J]. Computer Vision, Graphics, and Image Processing, 28(3): 323 - 344.

Openshaw S, 1990. Spatial analysis and geographical information systems: a review of progress and possibilities[M]//Scholten HJ, Stillwell JCH. Geographical Information Systems for Urban and Regional Planning. Dordrecht: Springer: 153 - 163.

Openshaw S, Clarke G, 2019. Developing spatial analysis functions relevant to GIS environments [M]// Fischer M. Spatial Analytical Perspectives on GIS. London: Routledge: 21 - 38.

Pannkuk C D, McCool D K, Laflen J M, 2000. Evaluation of WEPP for transient frozen soil [M]// Laflen J M, Tian J L, Huang C H. Soil Erosion and Dryland Farming. Boca Roton: CRC Press: 567 - 571.

Paz D J M, 2004. Simulation of nitrate leaching for different nitrogen fertilization rates in a region of Valencia (Spain) using a GIS-GLEAMS system[J]. Agriculture, Ecosystems & Environment, 103 (1): 59 - 73.

Penman H L, 1956. Evaporation: An introductory survey [J]. Netherlands Journal of Agricultural Science, 4(1): 9 - 29.

Perrone J, Madramootoo C A, 1999. Sediment yield prediction using AGNPS[J]. Soil And Water Conservation, 54(1):415 - 419.

Philip J R, 1957. The theory of infiltration: The infiltration equation and its solution[J]. Soil Scicence, 8(3): 345 - 357.

Pieterse N M, 2003. Contribution of point sources and diffuse sources to nitrogen and phosphorus loads in lowland river tributaries[J]. Journal of Hydrology, 271(1/2/3/4): 213 - 225.

Pinker R T, Laszlo I, 1992. Modeling surface solar irradiance for satellite applications on a global scale[J]. Journal of Applied Meteorology, 31(2): 194 - 211.

Piyathilake I D U H, Udayakumara E P N, Gunatilake S K, 2021. GIS and RS based soil erosion modelling in Sri Lanka: A review[J]. Journal of Agricultural Sciences-Sri Lanka, 16(1): 143.

Prasad R, 1988. A linear root water uptake model[J]. Journal of Hydrology, 99(3/4): 297 - 306.

Price K P, 1993. Detection of soil erosion within pinyon-juniper woodlands using Thematic Mapper (TM) data[J]. Remote Sensing of Environment, 45(3): 233 - 248.

Pricope N G, Mapes K L, Woodward K D, 2019. Remote sensing of human-environment interactions in global change research: A review of advances, challenges and future directions[J]. Remote Sensing, 11(23): 2783.

Priestley C H B, Taylor R J, 1972. On the assessment of surface heat flux and evaporation using large-scale parameters[J]. Monthly Weather Review, 100(2): 81 - 92.

Pu L J, Bao H S, Pen B Z, et al,1998. Distribution and assessment of soil and land degradation in subtropical China: A case study of the Dongxi River Basin, Fujian Province[J]. Pedosphere,8(3): 201 - 210.

Qian H, Wang,Z, Hao,R, et al,2022. Host dependence of zooplankton-associated microbes and their ecological impactions in fresh lakes[J]. Water,13:24 - 49.

Quinn P, Beven K, Chevallier P, 1992. The prediction of hillslope flow paths for distributed hydrological modeling using digital elevation models[M]// Beven K J, Moore I D. Terrain Analysis and Distributed Modeling in Hydrology. Chichester: John Wiley & Sons Ltd: 63 - 84.

Rango A, Martinec J, 1995. Revisiting the degree-day method for snowmelt computations[J]. Journal of the American Water Resources Association, 31(4): 657 - 669.

Rawls W J, Brakensiek D L, 1986. Comparison between green-ampt and curve number runoff predictions[J]. Transactions of the ASAE, 29(6): 1597 - 1599.

Reay W G, Gallagher D L, Simmons G M, 1992. Groundwater discharge and its impact on surface water quality in a Chesapeake Bay inlet[J]. Journal of the American Water Resources Association, 28 (6): 1121 - 1134.

Reginato R J, Jackson R D, Pinter P J Jr, 1985. Evapotranspiration calculated from remote multispectral and ground station meteorological data[J]. Remote Sensing of Environment, 18(1): 75 - 89.

Renard K G, Foster G R, Weeies G A, et al,1997. Predicting soil erosion by water:A Guide to Conservation Planning with the Revised Universal Soil Loss Equation (RUSLE)[M]. USDA Agricultural Handbook No. 703. Washington DC: US Government Print Office.

Renschler C S, Diekkrüger B, Mannaerts C,2000. Regional soil erosion risk evaluation using an Event based GIS-model-scenario techniques[M]// Laflen J M, Tian J L, Huang C H. Soil Erosion and Dryland Farming. Boca Roton: CRC Press: 365 - 380.

Roberts J, Cabral O, Fisch G, et al, 1993. Transpiration from an Amazonian rainforest calculated from stomatal conductance measurements[J]. Agricultural and Forest Meteorology, 65(3/4): 175 - 196.

Ronald L. Bingner, Fred D. Theurer,2001. Topographic factors for RUSLE in the continuous-simulation, watershed model for predicting agricultural, non-point source pollutants (AnnAGNPS) [J]. International Symposium on Soil erosion research for the 21st century:1 - 4.

Running S W, Coughlan J C, 1988. A general model of forest ecosystem processes for regional applications I. Hydrologic balance, canopy gas exchange and primary production processes [J].

Ecological Modelling, 42(2): 125 - 154.

Running S W, Nemani R R, Hungerford R D, 1987. Extrapolation of synoptic meteorological data in mountainous terrain and its use for simulating forest evapotranspiration and photosynthesis[J]. Canadian Journal of Forest Research, 17(6): 472 - 483.

Running S W, Nemani R R, Peterson D L, et al, 1989. Mapping regional forest evapotranspiration and photosynthesis by coupling satellite data with ecosystem simulation[J]. Ecology, 70(4): 1090 - 1101.

Rutter A J, Kershaw K A, Robins P C, et al, 1971. A predictive model of rainfall interception in forests, 1. Derivation of the model from observations in a plantation of Corsican pine[J]. Agricultural Meteorology, 9: 367 - 384.

Sagar B S D, Venu M, Srinivas D, 2000. Morphological operators to extract channel networks from digital elevation models[J]. International Journal of Remote Sensing, 21(1): 21 - 29.

Sangrey D A, Harrop-Williams K O, Klaiber J A, 1984. Predicting ground-water response to precipitation[J]. Journal of Geotechnical Engineering, 110(7): 957 - 975.

Saunders W K, Maidment D R, 1996. A GIS assessment of nonpoint source pollution in the san antonio-nueces coastal basin[R]. Austin: Center for Research in Water Resources.

Schreiner S P, Gaughan M, Myint T, et al, 1997. The exposure models of library and integrated model evaluation system: A modeling information system on a CD-ROM with world-wide web links [J]. Water Science and Technology, 36(5): 243 - 249.

Sellers W D, 1965. Physical climatology[M]. Chicago: The University of Chicago Press.

Shook K, Gray D M, 1997. Synthesizing shallow seasonal snow covers[J]. Water Resources Research, 33(3): 419 - 426.

Shu J H, C Q M, 2000. GIS-based hydrogeological-parameter modeling[J]. Journal of China University of Geosciences, 11(2): 131 - 133.

Sidney A V, 1995. Model evaluation process, USDA: Water erosion project(WEEP)[R]. West Lafayette: National Soil Erosion Research Laboratory.

Silberschatz A, Korth F H, Sudarshan S, 2000. Database system concepts[M]. 3rd ed. New York: McGraw-Hill Education.

Singh V P, 1997. Computer models of watershed hydrology[J]. International Society of Soil Science, 29: 88 - 90.

Sivapalan M, Beven K, Wood E F, 1987. On hydrologic similarity: 2. A scaled model of storm ru noff production[J]. Water Resources Research, 23(12): 2266 - 2278.

Smith R E, 1992. Opus: An Integrated Simulation Model for Transport of Nonpoint Source Pollutants at the Field Scale[R]. Beltsville: U. S. Department of Agriculture. Agriculture Research Service.

Song X M, Zhang J Y, Zhan C S, et al, 2015. Global sensitivity analysis in hydrological modeling: Review of concepts, methods, theoretical framework, and applications[J]. Journal of Hydrology, 523: 739 - 757.

Sparling G P, Schipper L A, Bettjeman W, et al, 2004. Soil quality monitoring in New Zealand: Practical lessons from a 6-year trial[J]. Agriculture, Ecosystems & Environment, 104(3): 523 - 534.

Spieksma J F M, Schouwenaars J M, Blankenburg J, 1996. Combined modelling of groundwater table and open water level in raised mires[J]. Hydrology Research, 27(4): 231 - 246.

Squire D, 2004. Software engineering: Analysis and design-CSE3308[D]. Melbourne: Monash

University.

Star J L, 1991. Improved integration of remote sensing and geography information systems background to NCGIA initiative 12[J]. Photogrammetric Engineering & Remote sensing,57(6): 643 - 645.

Steyaret L T, 1993. A perspective on the state of environmental simulation modeling[M]// Goodchild M F, Parks B O, Steyaert L T. Environmental Modeling with GIS. New York: Oxford University Press.

Su Z, 2000. Remote sensing of land use and vegetation for mesoscale hydrological studies[J]. International Journal of Remote Sensing, 21(2): 213 - 233.

Tao T, Kouwen N, 1989. Remote sensing and fully distributed modeling for flood forecasting[J]. Journal of Water Resources Planning and Management, 115(6): 809 - 823.

Tarboton DG, Bras R L, Rodriguez I, et al, 1992. On the extraction of channel networks from digital elevation models[M]// Beven K J, Moore I D. Terrain Analysis and Distributed Modeling in Hydrology. Chichester: John Wiley & Sons Ltd: 85 - 106.

Tarpley J D, Schneider S R, Money R L, 1984. Global vegetation indices from the NOAA-7 meteorological satellite[J]. Journal of Climate and Applied Meteorology, 23(3): 491 - 494.

Thomann R, Mueller J A, 1987. Principles of surface water quality modeling and control[M]. New York: Harper & Row, Inc.

Thornthwaite C W, 1948. An approach toward a rational classification of climate [J]. Geographical Review, 38(1): 55.

Thornton P E, Running S W, 1999. An improved algorithm for estimating incident daily solar radiation from measurements of temperature, humidity, and precipitation[J]. Agricultural and Forest Meteorology, 93(4): 211 - 228.

Thornton P E, Running S W, White M A, 1997. Generating surfaces of daily meteorological variables over large regions of complex terrain[J]. Journal of Hydrology, 190(3/4): 214 - 251.

Tim U S, Jolly R, 1994. Evaluating agricultural nonpoint-source pollution using integrated geographic information systems and hydrologic/water quality model[J]. Journal of Environmental Quality, 23(1): 25 - 35.

Townshend J R G, Goff T E, Tucker C J, 1985. Multitemporal dimensionality of images of normalized difference vegetation index at continental scales[J]. IEEE Transactions on Geoscience and Remote Sensing, GE-23(6): 888 - 895.

Tripathi M P, 2003. Identification and prioritisation of critical sub-watersheds for soil conservation management using the SWAT model[J]. Biosystems Engineering, 85(3): 365 - 379.

UANSE Laboratory, 1995. USDA-water erosion predication project hillslope profile and watershed model documention[R]. West Lafayette: USDA-ARS National Soil Erosion Research Laboratory.

Ullman J D, 1979. Principles of database systems[M]. Potomac, Md: Computer Science Press.

Ulrich, Strasser, 2001. Modelling the spatial and temporal variations of the water balance for the Weser Catchment 1965—1994[J]. Journal of Hydrology, 254(1/2/3/4): 199 - 214.

United States Environmental Protection Agency,1973. Methods for Identifying and Evaluating the Nature and Extent of Non-point Sources of Pollutants, No. 430/973014[R]. Washington D. C. : EPA.

Vachaud G, Chen T, 2002. Sensitivity of a large-scale hydrologic model to quality of input data obtained at different scales: distributed versus stochastic non-distributed modelling[J]. Journal of

Hydrology, 264(1/2/3/4): 101 - 112.

Valenzuela C R,1988. ILWIS overview[J]. ITC Journal,(1): 4 - 14.

Van der Meer F, 2012. Remote-sensing image analysis and geostatistics[J]. International Journal of Remote Sensing, 33(18): 5644 - 5676.

Vieux B E, Needham S, 1993. Nonpoint-pollution model sensitivity to grid-cell size[J]. Journal of Water Resources Planning and Management, 119(2): 141 - 157.

Vijay P S,2000. 水文系统流域模拟 [M]. 戴东,牛玉国, 赵卫民等,译. ,郑州:黄河水利出版社.

Villa F, Costanza R, 2000. Design of multi-paradigm integrating modelling tools for ecological research[J]. Environmental Modelling & Software, 15(2): 169 - 177.

Wainwright J, Parsons A J. Thornes, J. B, 2010. 1985: The ecology of erosion. geography 70, 222—35[J]. Progress in Physical Geography: Earth and Environment, 34(3): 399 - 408.

Wallace J S, 1995. Calculating evaporation: Resistance to factors[J]. Agricultural and Forest Meteorology, 73(3/4): 353 - 366.

Wegener M,1998. Spatial models and GIS[M]//Geographic Information Research. Boca Raton: CRC Press: 115 - 128.

Wei X M, 2011. The development of database technology[J]. Advanced Materials Research, 204/205/206/207/208/209/210: 769 - 772.

Williams J,1995. Geographic information from space[M]. Chichester: John Wiley & Sons.

Williams J B, Pinder J E, 1990. Ground water flow and runoff in a coastal plain stream[J]. Journal of the American Water Resources Association, 26(2): 343 - 352.

Williams J, Hann R,1978. Optimal operation of large agricultural watersheds with water quality constraints [R]. College Station:Texas Water Resources Institute.

Williams J R, 1969. Flood routing with variable travel time or variable storage coefficients[J]. Transactions of the ASAE, 12(1): 100 - 103.

Williams J R,1972. Sediment-yield prediction with universal equation using runoff energy factor [R]// Sedimentyield Workshop. Present and Prospective Technology for Predicting Sediment Yield and Sources. Oxford: USDA Sedimentation Lab: 40.

Williams J R, 1980. Spnm, A model for predicting sediment, phosphorus, and nitrogen yields from agricultural basins[J]. Journal of the American Water Resources Association, 16(5): 843 - 848.

Williams J R, Hann R. Hymo, 1972. A problem-oriented computer language for building hydrologic models[J]. Water Resources Research,8(1):79 - 86.

Williams J R, Nicks A D, Arnold J G, 1985. Simulator for water resources in rural basins[J]. Journal of Hydraulic Engineering, 111(6): 970 - 986.

Winslow J C, Hunt E R Jr, Piper S C, 2001. A globally applicable model of daily solar irradiance estimated from air temperature and precipitation data[J]. Ecological Modelling, 143(3): 227 - 243.

Wischmeier W H,Smith D D,1965. Predicting rainfall eroison losses from crop land east of the Rocky Mountains [Z]. USDA Agricultural Handbook No. 292. Washington D. C: Government Printing Office.

Wischmeier W H,Smith D D, 1978. Predicting rainfall losses: A guide to conservation planning [Z]. USDA Agricultural Handbook No. 537. Washington D. C: Government Printing Office.

Wold A L, Bruce C H,1984. New Webster's Computer Dictionary [M]. New York: Delair Publishing Company.

Wood E F, Sivapalan M, Beven K, 1990. Similarity and scale in catchment storm response[J].

Reviews of Geophysics，28(1)：1.

Wood F L，2005. Evaluating diffuse and point phosphorus contributions to river transfers at different scales in the Taw Catchment, Devon, UK[J]. Journal of Hydrology，304(1/2/3/4)：118－138.

Wood L B,1982. The restoration of the thames[M]. London：Adam Hilger Ltd.

Wuepper D, Borrelli P, Finger R, 2019. Countries and the global rate of soil erosion[J]. Nature Sustainability，3(1)：51－55.

Yang J, Liang J P, Yang G H，et al, 2020. Characteristics of non-point source pollution under different land use types[J]. Sustainability，12(5)：2012.

Yin X W，1996. Reconstructing monthly global solar radiation from air temperature and precipitation records：A general algorithm for Canada[J]. Ecological Modelling，88(1/2/3)：39－44.

Young R A, Onstad C A, Bosc D D, 1986. Agricultural nonpoint source pollution model：A watershed analysis tool[R]. USDA. Agriculture Research Service.

Young R A, Onstad C A, Bosc D D, 1989. AGNPS：A nonpoint-source pollution model for evaluating agricultural watersheds[J]. Soil And Water Conservation,44(2):168－173.

Young R A,Onstad C A,Bosch D D,et al,1986. Agricultural nonpoint source pollution model：A watershed analysis tool[R]. USDA. Agriculture Research Service.

Zeng Z,2011. Using remote sensing techniques to study land use in the subtropic region of China：Proceedings of Symposium on space technology and applications for sustainable development, Beijing, China, September 19～21,1994 [C]. United Nations economic and social commision for Asianpacific.

Zeng Z Y,2001. Fully automatic mapping for vegetation and soil erosion monitoring using remote sensing, mathematical modeling and GIS techniques [C]. The 20th International Cartographic Conference Mapping the 21st Century, Beijing,China,August 6～10,2001：702－709.

Zeng Z Y, 2007a. A new method of data transformation for satellite images：I. Methodology and transformation equations for TM images[J]. International Journal of Remote Sensing，28(18)：4095－4124.

Zeng Z Y, 2007b. A new method of data transformation for satellite images：II. Transformation equations for SPOT, NOAA, IKONOS, Quick Bird, ASTER, MSS and other images and application [J]. International Journal of Remote Sensing，28(18)：4125－4155.

Zeng Z Y, Cao J Z, Gu Z J，et al, 2013. Dynamic monitoring of plant cover and soil erosion using remote sensing, mathematical modeling, computer simulation and GIS techniques [J]. American Journal of Plant Sciences，4(7)：1466－1493.

Zeng Z Y, Meijerink A J,2002a. Water yield and sediment simulations for teba catchment in Spain using SWRRB model：I. Model input and simulation experiment. Pedosphere,12(1)：41－48.

Zeng Z Y, Meijerink A J,2002b. Water yield and sediment simulations for teba catchment in Spain using SWRRB model：II. Simulation result. Pedosphere,12(1)：49－58.

Zhang L, Dawes W R, Hatton T J, 1996. Modelling hydrologic processes using a biophysically based model—Application of WAVES to FIFE and HAPEX-MOBILHY[J]. Journal of Hydrology，185(1/2/3/4)：147－169.

Zhao Q G, Xue S K, Shi H，et al, 1991. Preliminary study on element leaching and current soil-forming process of red soils. Pedosphere,1(2):117－126.

Zhao Y Q, Huang L, Chen Y C, 2018. Nitrogen and phosphorus removed from a subsurface flow multi-stage filtration system purifying agricultural runoff[J]. Environmental Technology，39(13)：1715－1720.

Zheng F L，Shao Z K，Gao X T，2000. Relation of erosion and sediment yield and mechanism of different erosion zones on the loess plateau of China[M]//Soil Erosion and Dryland Farming. Boca Roton：CRC Press：667 - 678.

Zheng Q，Lai，2022. Optimizing land use systems of an agricultural watershed in China to meet ecological and economic requirements for future sustainability[J]. Global Ecology and Conservation，33：e01975.

Zhi，Huang，2004. Estimating foliage nitrogen concentration from HYMAP data using continuum removal analysis[J]. Remote Sensing of Environment，93(1/2)：18 - 29.

Zhu Q D，Sun J H，Hua G F，et al，2015. Runoff characteristics and non-point source pollution analysis in the Taihu Lake Basin：A case study of the town of Xueyan，China[J]. Environmental Science and Pollution Research，22(19)：15029 - 15036.

Zingg A，1940. Degree and length of land slope as it affects soil loss in Run-off[J]. Agricultural Engineering，21：59 - 64.

白清俊，刘亚相，1999. 流域坡面综合产流数学模型的研究[J]. 土壤侵蚀与水土保持学报(3)：54 - 58.

包为民，1993. 格林—安普特下渗曲线的改进和应用[J]. 人民黄河，15(9)：1 - 3.

包为民，1997. 流域水沙变化原因分类定量分析[J]. 地理科学，17(1)：41 - 46.

包为民，陈耀庭，1994. 中大流域水沙耦合模拟物理概念模型[J]. 水科学进展，5(4)：287 - 292.

毕华兴，朱金兆，吴斌，1996. 晋西黄土区防护林体系水沙效益评价和预测系统的研究[J]. 土壤侵蚀与水土保持学报(1)：69 - 74.

卜兆宏，1992. 降雨侵蚀力因子的算法[J]. 土壤学报，29(4)：408 - 417.

卜兆宏，卜宇行，陈炳贵，等，1999. 用定量遥感方法监测 UNDP 试区小流域水土流失研究[J]. 水科学进展，10(1)：31 - 36.

卜兆宏，孙金庄，周伏建，等，1997. 水土流失定量遥感方法及其应用的研究[J]. 土壤学报，34(3)：235 - 245.

卜兆宏，唐万龙，1999. 降雨侵蚀力(R)最佳算法及其应用的研究成果简介[J]. 中国水土保持(6)：16 - 17.

卜兆宏，唐万龙，潘贤章，1994. 土壤流失量遥感监测中 GIS 像元地形因子算法的研究[J]. 土壤学报，31(3)：322 - 329.

卜兆宏，唐万龙，杨林章，等，2003. 水土流失定量遥感方法新进展及其在太湖流域的应用[J]. 土壤学报，40(1)：1 - 9.

卜兆宏，赵宏夫，刘绍清，等，1993. 用于土壤流失量遥感监测的植被因子算式的初步研究[J]. 遥感技术与应用，8(4)：16 - 22.

蔡崇法，丁树文，史志华，等，2000. 应用 USLE 模型与地理信息系统 IDRISI 预测小流域土壤侵蚀量的研究[J]. 水土保持学报，14(2)：19 - 24.

蔡强国，陈浩，1989. 影响降雨击溅侵蚀过程的多元回归正交试验研究[J]. 地理研究，8(4)：28 - 36.

蔡强国，陆兆熊，王贵平，1996. 黄土丘陵沟壑区典型小流域侵蚀产沙过程模型[J]. 地理学报，51(2)：108 - 117.

蔡强国，王贵平，陈永宗，1998. 黄土高原小流域侵蚀产沙过程与模拟[M]. 北京：科学出版社：188 - 199.

曹慧，杨浩，唐翔宇，等，2001. 137Cs 技术对长江三角洲丘陵区小流域土壤侵蚀初步估算[J]. 水土保持学报，15(1)：13 - 15.

曹中初，孙苏南，1999. CA 与 GIS 的集成用于地理信息的动态模拟和建模[J]. 测绘通报(11)：7 - 9.

查小春，贺秀斌，1999. 土壤物理力学性质与土壤侵蚀关系研究进展[J]. 水土保持研究，6(2)：98 - 104.

陈利顶，傅伯杰，2000. 农田生态系统管理与非点源污染控制[J]. 环境科学，21(2)：98 - 100.

陈明华，聂碧娟，1995. 土壤侵蚀转折坡度的研究[J]. 福建水土保持(3)：35-38.

陈明华，周伏建，黄炎和，等，1995. 土壤可蚀性因子的研究[J]. 水土保持学报，9(1)：19-24.

陈仁升，康尔泗，杨建平，等，2003. 内陆河流域分布式日出山径流模型：以黑河干流山区流域为例[J]. 地球科学进展，18(2)：198-206.

陈述彭，1990. 遥感大辞典[M]. 北京：科学出版社.

陈述彭，2000. 地理信息系统导论[M]. 北京：科学出版社：5,45.

陈文伟，2000. 决策支持系统及其开发[M]. 2版. 北京：清华大学出版社.

陈欣，郭新波，2000. 采用AGNPS模型预测小流域磷素流失的分析[J]. 农业工程学报，16(5)：44-47.

陈亚宁，刘兴文，1995. GIS技术在土壤侵蚀量模拟计算中的应用：以新疆头屯河山区流域为例[J]. 土壤侵蚀与水土保持学报(1X)：73-78.

陈一兵，K. O. Trouwborst，1997. 土壤侵蚀建模中ANSWERS及地理信息系统ARC/INFO˙R的应用研究[J]. 土壤侵蚀与水土保持学报(2)：1-13.

陈元芳，2000. 随机模拟中模型与参数不确定性影响的分析[J]. 河海大学学报(自然科学版)，28(1)：32-35.

陈赞廷，1988. 黄河流域的水文预报方案[J]. 人民黄河(6)：14-18.

陈志伟，陈永宝，郭志民，2000. 植被因子算式在土壤侵蚀定量监测中的应用研究[J]. 福建水土保持(3)：42-46.

承继成，2000. 数字地球导论[M]. 北京：科学出版社.

承继成，李琦，易善桢，1999. 国家空间信息基础设施与数字地球[M]. 北京：清华大学出版社：192-195.

程波，张泽，陈凌，等，2005. 太湖水体富营养化与流域农业面源污染的控制[J]. 农业环境科学学报，24(S1)：118-124.

大卫·克若因克，1998. 数据库处理基础、设计与实现[M]. 北京：电子工业出版社.

大卫·克若因克，2001. 数据库处理[M]. 施伯乐，顾宁，译. 北京：电子工业出版社.

丁训静，姚琪，阮晓红，2003. 太湖流域污染负荷模型研究[J]. 水科学进展，14(2)：189-192.

丁永建，周成虎，邵明安，等，2013. 地表过程研究进展与趋势[J]. 地球科学进展，28(4)：407-419.

董雨亭，1995. 降雨强度和细沟间土壤侵蚀与坡度比之间的关系[J]. 水土保持科技情报(2)：9-13.

董哲仁，2001. GIS技术在水利中的应用研讨会论文集[M]. 南京：河海大学出版社.

杜培军，2000. 地理信息系统(GIS)与房地产评估专业模型的结合[J]. 北京测绘(1)：22-24.

段永惠，张乃明，张玉娟，2005. 施肥对农田氮磷污染物径流输出的影响研究[J]. 土壤，37(1)：48-51.

樊红，1999. ARC/INFO应用与开发技术[M]. 武汉：武汉测绘科技大学出版社：11-29.

范兆轶，刘莉，2013. 国外流域水环境综合治理经验及启示[J]. 环境与可持续发展，38(1)：81-84.

冯猛，2000. GIS中模型的表述[J]. 海洋测绘，24(1)：20-22.

冯玉才，1988. 汉字关系数据库管理系统CRDS[J]. 软件学报，41(9)：38-48.

冯兆东，刘勇，陈发虎，2000. 半干旱区流域水文的景观生态研究与设计：地理信息系统辅助的过程模拟[J]. 中国沙漠，20(2)：217-222.

符素华，刘宝元，吴敬东，等，2002. 北京地区坡面径流计算模型的比较研究[J]. 地理科学，22(5)：604-609.

符素华，吴敬东，段淑怀，等，2001. 北京密云石匣小流域水土保持措施对土壤侵蚀的影响研究[J]. 水土保持学报，15(2)：21-24.

傅伯杰，2018. 新时代自然地理学发展的思考[J]. 地理科学进展，37(1)：1-7.

傅国斌，刘昌明，2001. 遥感技术在水文学中的应用与研究进展[J]. 水科学进展，12(4)：547-559.

高洪深，2000．决策支持系统(DSS)：理论·方法·案例[M]．2版．北京：清华大学出版社．

葛全胜，赵名茶，郑景云，等，2003．中国陆地表层系统分区：对黄秉维先生陆地表层系统理论的学习与实践[J]．地理科学，23(1)：16．

龚健雅，1999．当代GIS的若干理论与技术[M]．武汉：武汉测绘科技大学出版社．

顾培亮，1998．系统分析与协调[M]．天津：天津大学出版社．

顾培，沈仁芳，2005．长江三角洲地区面源污染及调控对策[J]．农业环境科学学报，24(5)：1032-1036．

郭红岩，王晓蓉，朱建国，等，2003．太湖流域非点源氮污染对水质影响的定量化研究[J]．农业环境科学学报，22(2)：150-153．

郭洪鹏，张维，宋文华，等，2018．农业非点源污染研究方法分析[J]．环境科学与管理，43(2)：135-138．

郭华东，2009．数字地球：10年发展与前瞻[J]．地球科学进展，24(9)：955-962．

郭瑛，1982．一种非饱和产流模型的探讨[J]．水文(1)：1-17．

哈维，大卫，1996．地理学中的解释[M]．北京：商务印书馆．

郝振纯，1994．黄土地区降雨入渗模型初探[J]．水科学进展，5(3)：186-192．

何长高，刘茂福，张利超，等，2017．江西省水土流失治理历程及成效[J]．中国水土保持(8)：10-14．

贺宝根，周乃晟，高效江，等，2001．农田非点源污染研究中的降雨径流关系：SCS法的修正[J]．环境科学研究，14(3)：49-51．

洪小康，李怀恩，2000．水质水量相关法在非点源污染负荷估算中的应用[J]．西安理工大学学报，16(4)：384-386．

胡世雄，靳长兴，1999．坡面土壤侵蚀临界坡度问题的理论与实验研究[J]．地理学报，54(4)：347-356．

华孟，王坚，1993．土壤物理学[M]．北京：北京农业大学出版社：280-290．

黄秉维，1999．陆地系统科学与地理综合研究[M]．北京：科学出版社．

黄洪峰，1997．土壤植被大气相系作用原理及模拟研究[M]．北京：气象出版社．

黄满湘，章申，唐以剑，等，2001．模拟降雨条件下农田径流中氮的流失过程[J]．土壤与环境(1)：6-10．

黄满湘，章申，张国梁，等，2003．北京地区农田氮素养分随地表径流流失机理[J]．地理学报，58(1)：147-154．

黄上腾，王绍英，1996．数据库原理[M]．上海：上海交通大学出版社．

黄梯云，吴菲，卢涛，2001．模型自动选择方法研究的进展[J]．计算机应用研究，18(4)：6-8．

黄旭，圣文顺，李会，2019．数据库设计的重要性及原则[J]．网络安全技术与应用(8)：74-75．

黄亚生，2011．"中国模式"到底有多独特？[M]．北京：中信出版社．

江忠善，王志强，刘志，1996．黄土丘陵区小流域土壤侵蚀空间变化定量研究[J]．土壤侵蚀与水土保持学报(1)：1-9．

姜同强，2000．计算机信息系统开发：理论、方法与实践[M]．北京：科学出版社．

姜彤，许朋柱，1997．太湖地区西苕溪流域水文模型的设计[J]．地理科学，17(2)：150-157．

金鑫，2005．农业非点源污染模型研究进展及发展方向[J]．山西水利科技(1)：15-17．

荆志军，2000．基于组件技术的配电自动化系统的研究[D]．南京：河海大学：30-35．

赖锡军，2019．流域水环境过程综合模拟研究进展[J]．地理科学进展，38(8)：1123-1135．

赖正清，2017．平原河网区分布式水文建模与水文模拟研究[D]．南京：南京师范大学．

雷廷武，邵明安，李占斌，等，1999．土壤侵蚀预报模型及其在中国发展的考虑[J]．水土保持研究，6(2)：162-166．

雷志栋，1988．土壤水动力学[M]．北京：清华大学出版社．

李本纲,陶澍,2000. 用数字高程模型进行地表径流模拟中的几个问题[J]. 水土保持通报,20(3): 47-49.

李壁成,1995. 小流域水土流失与综合治理遥感监测[M]. 北京:科学出版社.

李道峰,丁晓雯,刘昌明,2003. GIS平台构建在黄河流域水循环研究中的应用[J]. 水土保持学报,17(4): 102-104.

李德仁,李清泉,1999. 地球空间信息学与数字地球[J]. 地球科学进展,14(6): 535-540.

李东,冯玉才,王元珍,2000. DM2分布式管理技术研究[J]. 计算机应用研究,17(3): 40-42.

李怀恩,2000. 估算非点源污染负荷的平均浓度法及其应用[J]. 环境科学学报,20(4): 397-400.

李纪人,1997. 遥感和地理信息系统在分布式流域水文模型研制中的应用[J]. 水文,17(3): 8-12.

李俊然,陈利顶,郭旭东,等,2000. 土地利用结构对非点源污染的影响[J]. 中国环境科学,20(6): 506-510.

李凯,汪家权,李堃,等,2017. 淮河流域瓦埠湖流域水体污染研究与现状评价(2011—2015年)[J]. 湖泊科学,29(1): 143-150.

李兰,2000a. 流域水文数学物理耦合模型[C]//朱尔明. 中国水利学会优秀论文集. 北京:中国三峡出版社:322-329.

李兰,2000b. 流域水文分布动态参数反问题模型[C]//朱尔明. 中国水利学会优秀论文集. 北京:中国三峡出版社,48-54.

李丽华,李强坤,2014. 农业非点源污染研究进展和趋势[J]. 农业资源与环境学报(1): 13-22.

李琪,1998. 全国水文预报技术竞赛参赛流域水文模型分析[J]. 水科学进展,9(2): 187-195.

李清河,李昌哲,齐实,等,2000. 流域降雨径流路径的数字模拟技术[J]. 地理研究,19(2): 209-216.

李荣刚,夏源陵,吴安之,等,2000. 江苏太湖地区水污染物及其向水体的排放量[J]. 湖泊科学,12(2): 147-153.

李硕,2002. GIS和遥感辅助下流域模拟的空间离散化与参数化研究与应用[D]. 南京:南京师范大学.

李硕,赖正清,王桥,等,2013. 基于SWAT模型的平原河网区水文过程分布式模拟[J]. 农业工程学报,29(6): 106-112.

李硕,孙波,曾志远,等,2004. 遥感、GIS辅助下流域空间离散化方法研究[J]. 土壤学报,41(2): 183-189.

李硕,孙波,曾志远,等,2004. 遥感的GIS辅助下流域养分迁移过程的计算机模拟[J]. 应用生态学报,15(2):278-282.

李万彪,刘盈辉,朱元竞,等,1998. GMS-5红外资料反演大气可降水量[J]. 北京大学学报(自然科学版),34(5): 631-638.

李万义,2000. 适用于全国范围的水面蒸发量计算模型的研究[J]. 水文,20(4): 13-17.

李香敏,徐进、姜世锋,等,2000. SQL Server 2000 Programme's Guide 编程员指南[M]. 北京:北京希望电子出版社.

李晓华,李铁军,张俊生,等,2000. 大凌河流域水土流失的地理环境分析与防治对策[J]. 水土保持学报,14(S1): 58-62.

李昭原,1999. 数据库原理与应用[M]. 北京:科学出版社.

李志刚,2013. 面向对象数据库系统初步探讨[J]. 中国管理信息化(9): 60-62.

李智广,曹炜,刘秉正,等,2008. 中国水土流失现状与动态变化[J]. 中国水土保持(12): 7-10.

梁涛,王红萍,张秀梅,等,2005. 官厅水库周边不同土地利用方式下氮、磷非点源污染模拟研究[J]. 环境科学学报,25(4): 483-490.

梁音,史学正,1999. 长江以南东部丘陵山区土壤可蚀性K值研究[J]. 水土保持研究,6(2): 47-52.

梁玉华,1997. 流域系统:概念和方法[J]. 贵州师范大学学报(自然科学版),15(1):13-17.

廖学诚,黄琼,漆升忠,1999. 应用数值地形模型萃取上游森林集水区河川网路之研究[J]. 水土保持研究,6(3):2-8.

林海滨,任爱珠,朱东海,2000. 基于 GIS 的澜沧江下游区旱灾决策支持系统[J]. 经济地理,20(6):1-4.

林年丰,汤洁,2000. GIS 与环境模拟在环境地学研究中的作用和意义[J]. 土壤与环境(4):259-262.

刘宝元,史培军,1998. WEPP 水蚀预报流域模型[J]. 水土保持通报,18(5):6-12.

刘宝元,张科利,焦菊英,1999. 土壤可蚀性及其在侵蚀预报中的应用[J]. 自然资源学报,14(4):345-350.

刘昌明,孙睿,1999. 水循环的生态学方面:土壤—植被—大气系统水分能量平衡研究进展[J]. 水科学进展,10(3):251-259.

刘昌明,岳在祥,周成虎,2000. 地理学的数学模型以应用:1934—1999 年《地理学报》中的数学模型及公式汇编[M].北京:科学出版社.

刘枫,王华东,刘培桐,1988.流域非点源污染的量化识别方法及其在于桥水库流域的应用[J]. 地理学报,43(4):329-339.

刘高焕,蔡强国,朱会义,等,2003.基于地块汇流网络的小流域水沙运移模拟方法研究[J]. 地理科学进展,22(1):71-78.

刘后昌,2001. 信息化浪潮的形成及发展趋势[J]. 中国测绘(2):34-35.

刘继龙,马孝义,张振华,等,2013. 土壤饱和导水率的多尺度预测模型与转换关系[J]. 水科学进展,24(4):568-573.

刘妙龙,李乔,罗敏,2000. 地理计算:数量地理学的新发展[J]. 地球科学进展,15(6):679-683.

刘琪璟,汪宏清,2003. 生态恢复的卫星遥感监测:江西省兴国县为例(英文)[J]. 江西科学,21(3):147-150.

刘松林,1995. "通用公式"(USLE)中降雨侵蚀因子(R)的推求[J]. 南昌水专学报(2):14-17.

刘新仁,1997. 系列化水文模型研究[J].河海大学学报,25(3):7-14.

刘学,王兴奎,王光谦,1999. 基于 GIS 的泥石流过程模拟三维可视化[J]. 水科学进展,10(4):388-392.

刘岩峰,崔冠楠,白鑫宇,等,2021. 广西武鸣河流域非点源氮磷污染特征及源解析[J]. 中国环境科学,41(6):2821-2830.

刘云生,1992.数据库系统概论[M].武汉:华中理工大学出版社.

刘增文,1997. 美国水力侵蚀预测模型 WEPP 介绍[J]. 中国水土保持(12):26-27.

刘正杰,1997. 土壤分散力、降雨特性和坡度对土壤侵蚀的影响[J]. 水土保持科技情报(4):28-30.

卢乃锰,吴蓉璋,1997. 强对流降水云团的云图特征分析[J]. 应用气象学报,8(3):269-275.

陆谷孙,1993. 英汉大词典:缩印本[M]. 上海:上海译文出版社.

闾国年,钱亚东,陈钟明,1998a. 基于栅格数字高程模型提取特征地貌技术研究[J]. 地理学报,53(6):562-570.

闾国年,钱亚东,陈钟明,1998b. 黄土丘陵沟壑区沟谷网络自动制图技术研究[J]. 测绘学报,27(2):131-137.

闾国年,钱亚东,陈钟明,1998c.流域地形自动分割研究[J].遥感学报,2(4):298-304.

闾国年,张书亮,龚敏霞,2001. AM/FM/GIS 应用系统建设中若干问题的探讨[J]. 中国图象图形学报(A 辑)(9):895-899.

罗良国,陈崇娟,赵天成,等,2016. 植物修复农田退水氮、磷污染研究进展[J]. 农业资源与环境学报(1)：1-9.

马超飞，马建文，布和敖斯尔，2001. USLE 模型中植被覆盖因子的遥感数据定量估算[J]. 水土保持通报，21(4)：6-9.

马千程，间国年，施毅，1999. GIS 支持下计算格网自动生成技术[J]. 水科学进展，10(1)：37-41.

毛战坡，尹澄清，王雨春，等，2003. 污染物在农田溪流生态系统中的动态变化[J]. 生态学报，23(12)：2614-2623.

孟庆枚，1996. 黄土高原水土保持[M]. 郑州：黄河水利出版社.

牟金泽，1983. 雨滴速度计算公式[J]. 中国水土保持(3)：13-17.

倪绍祥，1996. 可视化与 GIS[J]. 地图(1)：36-38.

潘爱明，1999. COM 原理与应用[M]. 北京：清华大学出版社.

潘剑君，张桃林，赵其国，1999. 应用遥感技术研究余江县土壤侵蚀时空演变[J]. 土壤侵蚀与水土保持学报(4)：81-84.

潘剑君，赵其国，张桃林，2002. 江西省兴国县、余江县土壤侵蚀时空变化研究[J]. 土壤学报，39(1)：58-64.

潘贤章，1999. 用劈窗技术由卫星数据反演地表温度并用于流域模拟研究[D]. 北京：中国科学院.

彭秋桐，李中强，邓绪伟，等，2019. 城市湖泊氮磷沉降输入量及影响因子：以武汉东湖为例[J]. 环境科学学报，39(8)：2635-2643.

彭书时，朴世龙，于家烁，等，2018. 地理系统模型研究进展[J]. 地理科学进展，37(1)：109-120.

彭文启，刘晓波，王雨春，等，2018. 流域水环境与生态学研究回顾与展望[J]. 水利学报，49(9)：1055-1067.

钱学森，1994. 论地理科学[M]. 杭州：浙江教育出版社.

钱亚东，间国年，陈钟明，1997. 基于格点数字高程模型生成流域水沙运移路径图的研究[J]. 泥沙研究(3)：24-31.

乔雪，李硕，陈伊郴，2018. 侵蚀环境下植被恢复的水文效应分析：以江西兴国激水流域为例[J]. 水土保持研究，25(5)：136-142.

邱建德，唐燕琼，朱稳，1995. 海南省农业资源信息管理系统(MIS)的设计、建立和优化[J]. 热带作物学报，16(1)：111-119.

任立良，2000. 流域数字水文模型研究[J]. 河海大学学报(自然科学版)，28(4)：1-7.

任立良，刘新仁，1999. 数字高程模型在流域水系拓扑结构计算中的应用[J]. 水科学进展，10(2)：129-134.

任立良，刘新仁，2000. 基于 DEM 的水文物理过程模拟[J]. 地理研究，12(4)：369-376.

任立良，刘新仁，2000. 数字高程模型信息提取与数字水文模型研究进展[J]. 水科学进展，11(4)：463-469.

阮仁良，1997. 苏州河截流区外非点源污染调查[J]. 上海环境科学，1(16)：20-22.

芮孝芳，1999. 地貌瞬时单位线研究进展[J]. 水科学进展，10(3)：345-350.

芮孝芳，姜广斌，1997. 产流理论与计算方法的若干进展及评述[J]. 水文，17(4)：16-20.

萨师煊，王珊，1991. 数据库系统概论[M]. 2 版. 北京：高等教育出版社.

萨师煊，王珊，2000. 数据库系统概论[M]. 3 版. 北京：高等教育出版社.

闪四清，2001. 数据库系统原理与应用教程[M]. 北京：清华大学出版社.

师守祥，张智全，李旺泽，2002. 小流域水可持续发展概论：兼论洮河流域资源开发与可持续发展[M]. 北京：科学出版社.

石高玉，2012. 理论地理学[M]. 石高俊，译. 北京：商务印书馆.

石树刚，郑振梅，1993. 关系数据库[M]. 北京：清华大学出版社.

石元春,2000. 土壤学的数字化和信息化革命[J]. 土壤学报,37(3):289-295.

史德明,梁音,吕喜玺,等,1995. 江西省兴国县土壤侵蚀动态监测研究[J]. 长江流域资源与环境,4(3):257-263.

史德明,石晓日,李德成,等,1996. 应用遥感技术监测土壤侵蚀动态的研究[J]. 土壤学报,33(1):48-58.

史衍玺,唐克丽,1996. 林地开垦加速侵蚀下土壤养分退化的研究[J]. 土壤侵蚀与水土保持学报(4):26-33.

宋关福,1998. 组件式地理信息系统研究[D]. 北京:中国科学院地理研究所.

宋今,2001. 面向对象的建模与设计在数据库中的应用[M]. 赵丰年,译. 北京:北京理工大学出版社:215-218.

苏丽萍,2017. 地表水的氮磷污染及检测方法分析[J]. 环境与发展,29(4):124-125.

汤国安,赵牡丹,曹菡,2000. DEM地形描述误差空间结构分析[J]. 西北大学学报(自然科学版),30(4):349-352.

汤立群,陈国祥,1997. 大中流域长系列径流泥沙模拟[J]. 水利学报,28(6):19-26.

唐克丽,张科利,雷阿林,1998. 黄土丘陵区退耕上限坡度的研究论证[J]. 科学通报,43(2):200-203.

唐锡晋,2001. 模型集成[J]. 系统工程学报,16(5):322-329.

唐翔宇,杨浩,赵其国,等,2000. Cs示踪技术在土壤侵蚀估算中的应用研究进展[J]. 地球科学进展,15(5):576-582.

唐小明,李长安,1999. 土壤侵蚀速率研究方法综述[J]. 地球科学进展,14(3):274-278.

唐政洪,蔡强国,2002. 侵蚀产沙模型研究进展和GIS应用[J]. 泥沙研究(5):59-66.

特里,1986. 数据库结构设计[M]. 张大鸿,译. 成都:四川科技出版社.

万洪涛,万庆,周成虎,2000. 流域水文模型研究的进展[J]. 地球信息科学(1):46-50.

汪志荣,张兴昌,李军,2004. 农田生态系统中的物质迁移研究进展[J]. 干旱地区农业研究,22(1):156-164.

王船海,李光炽,1996. 流域洪水模拟[J]. 水利学报(3):44-50.

王春玲,孟丹,王冬梅,等,2016. 我国水土保持信息化建设的现状与建议[J]. 中国水土保持(3):69-72.

王贵平,曾伯庆,陆兆熊,等,1992. 晋西黄土丘陵沟壑区坡面土壤侵蚀及预报研究[J]. 中国水土保持(5):15-21.

王桂芝,2001. 国家基础地理数据在专题系统中的应用[J]. 北京测绘(1):2-4.

王国庆,王云璋,1998. 产汇流及产沙输沙数学模型研究综述[J]. 西北水资源与水工程(3):27-31.

王建,李文君,1999. 中国西部大尺度流域建立分带式融雪径流模拟模型[J]. 冰川冻土,21(3):264-268.

王劲峰,李连发,葛咏,等,2000. 地理信息空间分析的理论体系探讨[J]. 地理学报,55(1):92-103.

王能斌,1995. 数据库系统[M]. 北京:电子工业出版社.

王鹏,高超,姚琪,等,2005. 环太湖丘陵地区农田氮素随地表径流输出特征[J]. 农村生态环境(2):46-49.

王倩红,刘正文,甄伟,等,2019. 不同密度团头鲂对轮叶黑藻和密刺苦草群落结构的影响[J]. 湖泊科学,31(3):862-868.

王桥,吴纪桃,1997. GIS中的应用模型及其管理研究[J]. 测绘学报,26(3):280-282.

王让会,2000. GIS与地理分析[J]. 地理科学进展,19(2):104-109.

王珊,1995. 数据库与数据库管理系统[M]. 北京:电子工业出版社.

王万忠,1983.黄土地区降雨特性与土壤流失量关系的研究Ⅱ 降雨侵蚀力指标R值的探讨[J].水土保持通报,(5):62-64.

王万忠,焦菊英,1996.黄土高原降雨侵蚀产沙与黄河输沙[M].北京:科学出版社.

王晓燕,胡秋菊,朱凤云,等,2001.密云水库流域降雨径流土壤中氮磷流失规律:以石匣试验区为例[J].首都师范大学学报(自然科学版),22(2):79-85.

王晓燕,田均良,2001.核素示踪法研究农耕地土壤侵蚀的定量模型及其评价[J].土壤与环境(4):335-338.

王秀英,曹文洪,陈东,1998.土壤侵蚀与地表坡度关系研究[J].泥沙研究(2):36-41.

王学军,贾冰媛,1993.地理信息系统[M].北京:中国环境出版社.

王燕生,1989.遥感水文模型及其应用[J].水文,9(5):20-24.

王中根,穆宏强,2001.分布式流域水文模型的一般结构[J].水文水资源(1):12-15.

韦鹤平,1993.环境系统工程[M].上海:同济大学出版社.

魏文秋,谢淑琴,1992.遥感资料在SCS模型产流计算中的应用[J].环境遥感(4):243-250.

文家焱,施平安,2002.数据库原理与应用[M].北京:冶金工业出版社.

文康,李琪,1994.地表径流过程的数学模拟[M].北京:水利电力出版社.

吴春玲,尹静章,2014.基于情景分析的农业非点源污染最佳管理模式研究:以太湖流域为例[J].人民珠江,35(6):128-130.

吴发启,赵晓光,刘秉正,1998.黄土高原南部坡耕地土壤侵蚀预报[J].土壤侵蚀与水土保持学报(2):72-76.

吴洪潭,2003.数据库原理[M].北京:国防工业出版社.

吴青柏,李新,李文君,2000.青藏公路沿线冻土区域分布计算机模拟与制图[J].冰川冻土,22(4):323-326.

吴伟明,李义天,1992.一种新的河道一维水流泥沙运动数值模拟方法[J].泥沙研究(1):1-8.

吴险峰,刘昌明,2002.流域水文模型研究的若干进展[J].地理科学进展,21(4):341-348.

吴信才,2000.地理信息系统发展现状及展望[J].计算机工程与应用(4):8-9,38.

伍水秋,2000.环境演变的信息管理和应用[J].第四纪研究,20(3):282-294.

夏岑岭,2000.特小流域汇流模拟研究[J].合肥工业大学学报(自然科学版),23(6):979-983.

向峰,周修萍,1993.ILWAS模型:老虎岭流域酸化模拟[J].中国环境科学,13(6):445-450.

信俊昌,王国仁,李国徽,等,2019.数据模型及其发展历程[J].软件学报,30(1):142-163.

邢廷炎,史学正,于东升,1998.我国亚热带土壤可蚀性的对比研究[J].土壤学报,35(3):296-302.

邢志军,2000.基于组件技术的配电自动化系统研究[D].南京:河海大学.

熊立华,郭生练,1998.三层耦合流域水文模型:(Ⅱ)应用比较与评价[J].武汉水利电力大学学报(1):32-36.

徐霞,王静爱,王文宇,2000.自然灾害案例数据库的建立与应用:以中国1998年洪水灾害案例数据库为例[J].北京师范大学学报(自然科学版),36(2):274-280.

徐雨清,王兮之,梁天刚,等,2000.遥感和地理信息系统在半干旱地区降雨—径流关系模拟中的应用[J].遥感技术与应用,15(1):28-31.

许云涛,李华,李春葆,等,1999.多种GIS系统集成模式的讨论[J].测绘信息与工程(4):16-21.

阎伍玖,王心源,1998.巢湖流域非点源污染初步研究[J].地理科学,18(3):263-266.

晏维金,尹澄清,孙濮,等,1999.磷氮在水田湿地中的迁移转化及径流流失过程[J].应用生态学报,10(3):312-316.

杨浩,杜明远,赵其国,等,1999.基于 ^{137}Cs地表富集作用的土壤侵蚀速率的定量模型[J].土壤侵蚀与水土保持学报(3)：42-48.

杨金玲，张甘霖，2005. 皖南低山丘陵地区流域氮磷径流输出特征[J]. 农村生态环境(3)：34-37.

杨林章，孙波，刘健，2002. 农田生态系统养分迁移转化与优化管理研究[J]. 地球科学进展，17(3)：441-445.

杨明义，田均良，石辉，等，1997. 核分析技术在土壤侵蚀研究中的应用[J]. 水土保持研究，(2)：100-112.

杨勤科，李锐，1998. LISEM：一个基于 GIS 的流域土壤流失预报模型[J]. 水土保持通报，18(3)：82-89.

杨艳生，1999. 我国南方红壤流失区水土保持技术措施[J]. 水土保持研究，6(2)：117-120.

杨艳生，史德明，1982. 关于土壤流失方程中 K 因子的探讨[J]. 中国水土保持(4)：39-42.

杨子生，1999a. 滇东北山区坡耕地降雨侵蚀力研究[J]. 地理科学，19(3)：265-270.

杨子生，1999b. 滇东北山区坡耕地土壤侵蚀的地形因子[J]. 山地学报，17(S5)：16-18.

杨子生，1999c. 滇东北山区坡耕地土壤侵蚀的水土保持措施因子[J]. 山地学报，17(S5)：22-23.

杨子生，1999d. 滇东北山区坡耕地土壤侵蚀的作物经营因子[J]. 山地学报，17(S5)：19-21.

杨子生，1999e. 土壤流失方程在山区耕地可持续利用适宜性评价与土地利用规划中的应用[J]. 山地学报，17(S5)：36-44.

叶青，刘衍洪，2000. 浅析兴国县农田养分现状及调整对策[J]. 土壤，32(1)：50-53.

佚名，2005. 当代地理科学的前沿领域与发展趋势[EB/OL]. (2005-04-09)[2022-01-01]. http://znzx. csedu. gov. cn/zyzx/dlpd/pddt8/content_96971.

游松财，李文卿，1999. GIS 支持下的土壤侵蚀量估算：以江西省泰和县灌溪乡为例[J]. 自然资源学报，14(1)：62-68.

于东升，史学正，梁音，等，1997. 应用不同人工模拟降雨方式对土壤可蚀性 K 值的研究[J]. 土壤侵蚀与水土保持学报(2)：53-57.

于冷，1999. 流域水资源模拟的系统动力学模型设计[J]. 农业技术经济(6)：39-42.

于兴修，杨桂山，欧维新，2003. 非点源污染对太湖上游西苕溪流域水环境的影响[J]. 湖泊科学，15(1)：49-55.

袁鹏飞，1998. SQL Server 数据库应用开发技术[M]. 北京：人民邮电出版社.

袁鹏飞，2001. SQL Server 2000 设计实务[M]. 北京：人民邮电出版社.

曾志远，1981. 卫星图像密度辐射量算与土壤资源探测[J]. 自然资源(4)：52-66.

曾志远，1984a. 小密度采样卫片扫描数据的微型机处理及其在土壤分类制图中的应用[M]// 国家科委科技成果管理办公室，中国科学技术情报研究所. 遥感技术研究与应用资料汇编. 北京：科学技术文献出版社：158-169.

曾志远，1984b. 卫星图像土壤类型自动识别与制图研究Ⅰ：计算机分类及其结果的光谱学和地理学分析[J]. 土壤学报，21(2)：182-193.

曾志远，1985. 卫星图像土壤类型自动识别与制图研究Ⅱ：自动识别的成图及其与常规图的比较[J]. 土壤学报，22(3)：265-273.

曾志远，1986. 土壤遥感非监督分类中的几个问题[J]. 土壤专报(40)：91-107.

曾志远，1987. 土壤肥力的卫星遥感探测[J]. 土壤，19(2)：73-78.

曾志远，1988. 陆地卫星数据的 LBV 变换[J]. 土壤学报，25(4)：410-413.

曾志远，1990. 陆地卫星数据信息提取的一个新方法[J]. 环境遥感(5)：128-139.

曾志远，2001. 流域计算机模拟——自然地理过程的高度定量化研究[C]//中国地理学会. 地理学的理论与实践：纪念中国地理学会成立九十周年学术会议文集. 北京：科学出版社：107-113.

曾志远，2004. 卫星遥感图像计算机分类与地学应用研究[M]. 北京：科学出版社.

曾志远，曹锦铎，1991. 分数维几何学在地学和土壤制图学上的应用[J]. 土壤，23(3)：117-122.

曾志远,林培,鲁铁相,等,1985.南京幅卫星图像 CCTs 数据的处理及其结果[J].土壤,17(2):75-85.

曾志远,潘贤章,1996.利用遥感和地理信息系统进行流域环境模拟探讨[J].遥感新发展与发展战略(3):200-204.

曾志远,潘贤章,曹志宏,1991.卫星图像数据变换新方法在彩色合成中的应用[J].遥感信息,6(2):2-4.

曾志远,潘贤章,杨艳生,等,2000a.江西潋水河流域自然过程的计算机模拟研究:Ⅰ模型和方法及模拟输入研究[M]//林玡.流域管理科学化的探索与实践.南昌:江西科学技术出版社:70-75.

曾志远,潘贤章,杨艳生,等,2000b.江西潋水河流域自然过程的计算机模拟研究:Ⅱ结果和分析兼论自然地理过程的高度定量化[M]//林玡.流域管理科学化的探索与实践.南昌:江西科学出版社:76-80.

张大弟,周建平,陈佩青,1997.上海市郊 4 种地表径流深度的测算[J].上海环境科学(9):1-3.

张芳杰,1988.牛津现代高级英语双解词典[M].北京:商务印书馆.

张甘霖,2001.服务于可持续农业的最佳管理措施的概念与内涵[J].科技导报,19(1):22-24.

张光辉,2001.土壤水蚀预报模型研究进展[J].地理研究,20(3):274-281.

张基温,1999.信息系统开发案例(第二辑)[M].北京:清华大学出版社.

张建,1995.CREAMS 模型在计算黄土坡地径流量及侵蚀量中的应用[J].土壤侵蚀与水土保持学报,1(1):54-57.

张建云,何惠,1998.应用地理信息进行无资料地区流域水文模拟研究[J].水科学进展,9(4):345-350.

张健挺,万庆,1999.地理信息系统集成平台框架结构研究[J].遥感学报,3(1):77-83.

张荣保,姚琪,计勇,等,2005.太湖地区典型小流域非点源污染物流失规律:以宜兴梅林小流域为例[J].长江流域资源与环境,14(1):94-98.

张世强,邹松兵,刘勇,2000.基于 MapObjects 的 GIS 应用开发浅析[J].遥感技术与应用,15(3):194-198.

张文建,卢乃锰,冉茂农,1999.淮河流域试验中尺度强暴雨系统的卫星微流遥感研究[M].淮河流域能量与水分循环研究(一).北京:气象出版社:102-108.

张宪奎,1992.黑龙江省土壤流失预报方程中 R 指标的研究[J].水土保持科技情报(4):47-48.

张晓萍,杨勤科,1998.中国土壤侵蚀环境背景数据库的设计与建立[J].水土保持通报,18(5):35-39.

张勇传,王乘,2001.数字流域:数字地球的一个重要区域层次[J].水电能源科学,19(3):1-3.

张运生,曾志远,李硕,2005.GIS 辅助下的江西潋水河流域径流的化学组成计算机模拟研究[J].土壤学报,42(4):559-569.

赵华,张先智,肖娴,2021.氮磷营养盐控制与湖泊蓝藻水华治理研究进展[J].环境科学导刊,40(3):12-15.

赵焕勋,1998.小流域土壤侵蚀估算模型的应用对皇甫川流域土壤侵蚀规律的再认识[J].水土保持研究,5(3):101-105.

赵玲,赵冬至,张丰收,1998.基于 GIS 的海域环境质量评价模型研究[J].遥感技术与应用,13(3):61-65.

赵其国,王明珠,1996.江西省农业持续发展与生态环境的建设[J].土壤,28(1):1-7.

赵人俊,1984.流域水文模拟:新安江模型与陕北模型[M].北京:水利电力出版社.

赵玉霞,赵俊琳,2000.GIS 技术及其在区域水环境管理中的应用[J].水科学进展,11(3):339-344.

浙江农业大学,1980.农业化学[M].上海:上海科学技术出版社.

郑春宝,马水庆,沈平伟,1999.浅谈国外流域管理的成功经验及发展趋势[J].人民黄河,21(1):

44 - 45.

郑度，1999. 自然地理综合研究的主要进展与前沿领域[J]. 学会(6)：5 - 7.

郑粉莉，刘峰，杨勤科，等，2001. 土壤侵蚀预报模型研究进展[J]. 水土保持通报，21(6)：16 - 18.

郑一，王学军，2002. 非点源污染研究的进展与展望[J]. 水科学进展，13(1)：105 - 110.

中国地理学会数量地理专业委员会，1999. 面向 21 世纪的数量地理学[M]// 吴传钧，刘昌明，吴履平. 世纪之交的中国地理学. 北京：人民教育出版社：190 - 201.

钟科元，陈莹，陈兴伟，等，2015. 基于农业非点源污染模型的桃溪流域日径流泥沙模拟[J]. 水土保持通报，35(6)：130 - 134.

周斌，2000. 浅谈水土流失遥感定量模型及其因子算法[J]. 地质地球化学(1)：72 - 77.

周斌，杨柏林，洪业汤，等，2000. 基于 GIS 的岩溶地区水土流失遥感定量监测研究：以贵州省(原)安顺市为例[J]. 矿物学报，20(1)：13 - 21.

周伏建，陈明华，林福兴，等，1989. 福建省降雨侵蚀力指标的初步探讨[J]. 福建水土保持(2)：58 - 60.

周慧珍，2002. 中国土壤信息共享研究：1：400 万中国土壤分布式查询数据库[J]. 土壤学报，39(4)：483 - 489.

周亮，徐建刚，孙东琪，等，2013. 淮河流域农业非点源污染空间特征解析及分类控制[J]. 环境科学，34(2)：547 - 554.

周勇，李学垣，贺纪正，2001. 土壤资源持续利用与信息技术[J]. 中国人口·资源与环境，11(S1)：136 - 137.

朱安宁，张佳宝，陈德立，2000. 土壤饱和导水率的田间测定[J]. 土壤(4)：215 - 218.

朱雪芹，潘世兵，张建立，2003. 流域水文模型和 GIS 集成技术研究现状与展望[J]. 地理与地理信息科学，19(3)：10 - 13.

朱元竞，胡成达，甄进明，等，1994. 微波辐射计在人工影响天气研究中的应用[J]. 北京大学学报(自然科学版)，30(5)：597 - 606.

庄大方，熊利亚，2002. 构建地球科学研究的时空数据平台[J]. 计算机工程与应用，38(23)：105 - 107.

邹月，王建平，2000. 地理信息系统软件面面观[J]. 现代计算机(1)：11 - 14.

左凤朝，王文德，2001. 面向对象数据模型的研究[J]. 计算机工程与应用，37(16)：110 - 112.

1. 从流域西北小镇加涅特向东南望全流域

2. 从流域东南峡谷口处向西北望全流域

3. 亚区Ⅰ典型景观:农地为主

4. 亚区Ⅱ的典型景观:灌木草地为主

5. 特瓦河中段河床及沿河林带

6. 特瓦河流域丘岗上网格状橄榄林

7. 特瓦河流域出口处的流量自动观测站

8. 特瓦河终端的瓜达豪斯湖

彩色版Ⅰ　图 3-1-1　西班牙特瓦河流域的景观（曾志远摄影翻拍）

红-裸露地；绿-密植被；兰-水体；黄(红＋绿)－稀疏植被；

品红(红＋兰)-潮湿裸露地；青(兰＋绿)-水或湿地与植被混合体。

彩色版Ⅱ　图 3-1-3　西班牙特瓦河地区 TM 图像的 LBV 变换生成的彩色合成图像

左上角—樟木盆地；右上角—莲塘河谷；左下角—雄心水库；右下角—古龙岗丘陵

彩色版Ⅱ　图 3 - 2 - 2　潋水流域的自然景观(李硕摄影)

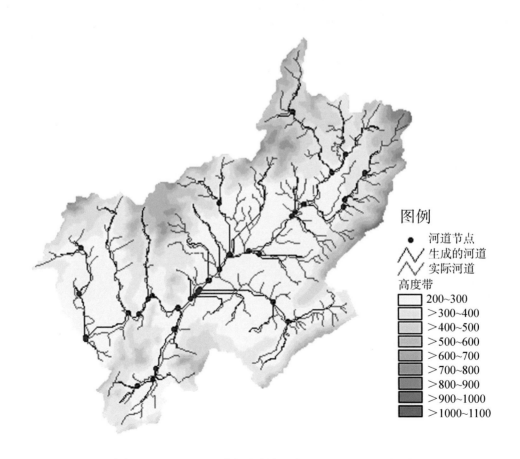

彩色版Ⅲ　图 4 - 3 - 5　直接生成的流域河网和实际河网的比较

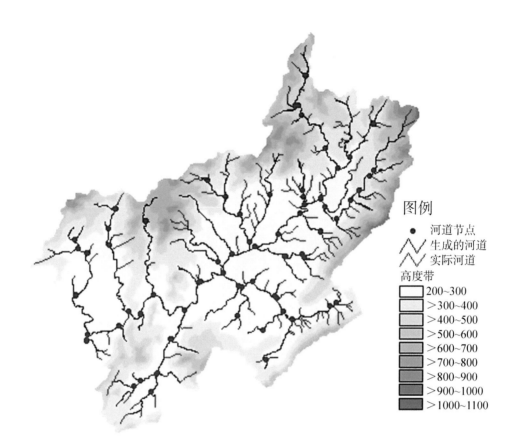

图例

● 河道节点

∿ 生成的河道

∿ 实际河道

高度带

☐ 200~300
☐ >300~400
☐ >400~500
☐ >500~600
☐ >600~700
☐ >700~800
☐ >800~900
☐ >900~1000
☐ >1000~1100

彩色版 Ⅲ　图 4‑3‑6　上游集水区面积阈值为 200 ha 时，生成的流域河网图

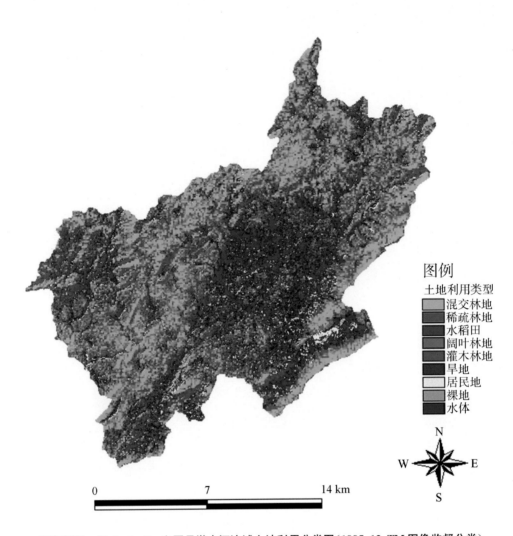

图例

土地利用类型

混交林地
稀疏林地
水稻田
阔叶林地
灌木林地
旱地
居民地
裸地
水体

N
W · E
S

0   7   14 km

彩色版Ⅳ　图 4 - 4 - 3　兴国县潋水河流域土地利用分类图（1995. 12. TM 图像监督分类）

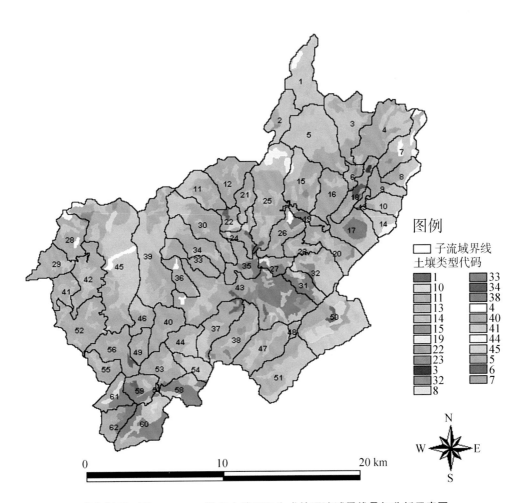

图例

子流域界线

土壤类型代码

彩色版Ⅳ　图 4 - 4 - 4　数字土壤图和生成的子流域界线叠加分析示意图

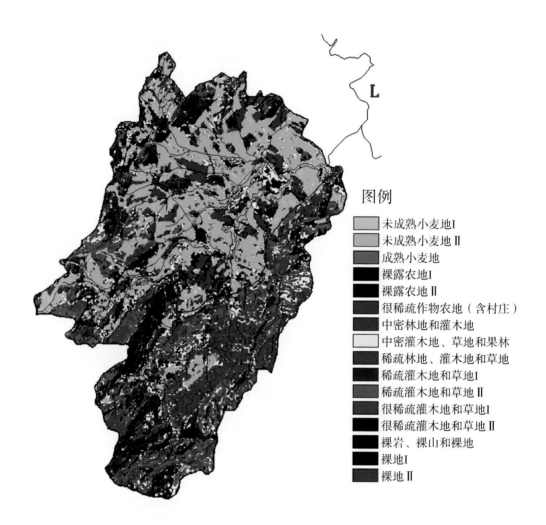

彩图版Ⅴ 图 5-1-1 西班牙特瓦河流域地面覆盖和土地利类型图（1991.5.2. TM 图像监督分类）

Figure 2. 2 Map of land cover and land use types in the Teba river basin，Spain（Su-pervized classification of TM images，received on May 2，1991）

图例从上到下依次是：未成熟小麦地Ⅰ；未成熟小麦地Ⅱ；成熟小麦地；裸露农地Ⅰ；裸露农地Ⅱ；很稀疏作物农地（含村庄）；中密林地和灌木地；中密灌木地、草地和果林；稀疏林地、灌木地和草地；稀疏灌木地和草地Ⅰ；稀疏灌木地和草地Ⅱ；很稀疏灌木地和草地Ⅰ；很稀疏灌木地和草地Ⅱ；裸岩、裸山和裸地；裸地Ⅰ；裸地Ⅱ

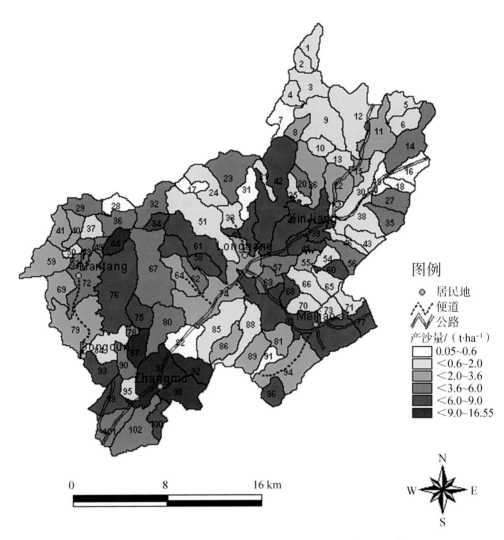

图例

○ 居民地

⋌ 便道

Ⓝ 公路

产沙量/（t·ha⁻¹）

□ 0.05~0.6

☐ <0.6~2.0

▨ <2.0~3.6

▨ <3.6~6.0

▩ <6.0~9.0

■ <9.0~16.55

0   8   16 km

N

W ✦ E

S

彩色版 V   图 5‐3‐9   利用模拟结果生成的潋水河流域水土流失的空间分布图（单位：t/ha·a）

作者简介

曾志远，本名立铸，又名宪鹏，字志远，以字行。中国科学院研究员，中华人民共和国教育部学部委员，南京师范大学教授、博士生导师。湖北省郧县人。1940 年生。他在家乡上小学，其间任乡儿童团团长。1953 年以全县第一名考入竹山县初级中学，兼任少先队大队部学习委员。1956 年保送入郧阳高级中学，兼任校刊《青年前哨》第一副主编，《钢铁快报》主编。1959 年考取北京大学地质地理系六年制自然地理专业。1963 年任留学生辅导员，他辅导的留学生在 1963 年 10 月 1 日，代表在中国的外国留学生，登上天安门，发表了讲话。1964 年被评为北京大学校三好学生。1965 年考取中国科学院研究生院（今科学院大学）四年制研究生，兼任研究生院共青团总支委员会宣传委员。毕业后留在中国科学院南京土壤研究所，从事土地资源调查、制图和干旱区地球化学研究。1976 年转而从事遥感技术与应用研究。1992 年研究扩大到流域计算机模拟和自然地理过程定量化。1978 年"文革"后首次职称评审，晋升为助理研究员。1985—1987 年在加拿大首都渥太华国家遥感中心（CCRS）和加拿大土地资源研究中心（LRRC）作访问学者，兼任加拿大渥太华留学生和访问学者联谊会总会计。1987 年回国，晋升副研究员，主持长江三峡水电站工程论证中国家和中国科学院投资 100 万元的三级课题。有 2 项研究成果被专家鉴定委员会鉴定为国际先进水平，获中国科学院科学技术进步一等奖、中国科学院科学发明二等奖、国家科学技术进步三等奖，取得国家科技发明专利 1 项，荣获国家科技攻关突出贡献者称号、中国科学院先进工作者称号。后作为参加者又获中国科学院科技进步特等奖。1991 年破格晋升为研究员（教授），享受国务院政府津贴。1992—1993 年获得欧共体（现欧盟）居里夫人研究奖金（Marie Curie Research Bursary），在荷兰恩斯赫德国际地球信息科学与地球观测学院（ITC）作访问教授，并作博士后研究。1997 年作为人才引进调入南京师范大学地理科学学院，任教授、博士生导师、院学术委员会委员、地图与遥感研究所副所长，为争得学院的地图与地理信息系统学科博士点和整个地理学学科博士点，做出了较大贡献。1999 年任国家教育部地学部委员，是南京师范大学唯一学部委员。2001 年又有 2 项科研成果被专家鉴定委员

会分别鉴定为国际先进水平和国内领先水平。2004 年获得 1 项发明专利。历任中国科学院南京土壤研究所遥感技术与应用研究组组长,地理研究室副主任、代主任,所学术委员会委员,中国土壤学会遥感与信息专业委员会首届和第二届主任,中国科学院遥感联合中心常务理事。2006 年退休,2007 年返聘工作 1 年。

发表学术论文 70 多篇,包括在英国国际遥感杂志 *International Journal of Remote Sensing*(SCI)上,发表英语论文 2 篇,在美国植物科学杂志 *American Journal of Plant Sciences* 上发表英语论文 1 篇。出版外文译著《遥感技术在土壤和水资源研究中的应用》(科学出版社 1981,本人翻译占该书的 56%,含英文和法文);出版俄文译著《表生带地球化学》(科学技术文献出版社,1992,独译);中文专著《土壤和环境研究中的数学方法与建模》(农业出版社,1987,二人合著,第二作者);《卫星遥感图像计算机分类与地学应用研究》(80 万字,科学出版社,2004,独著);即将出版的《流域计算机模拟与自然地理过程定量化研究》(70 万字,东南大学出版社)。2021 年和 2023 年在山东齐鲁音像出版社出版了《唐诗琼林》上、中、下册(133.6 万字),2024 年还将在香港华夏文学出版社出版《古今词荟萃》(140 万字,已订出版合同)。

李硕,南京师范大学教授,博士生导师。1989 年武汉测绘科技大学摄影测量与遥感系本科毕业,1998 年兰州大学地理系硕士毕业,2002 年南京师范大学地理科学学院博士毕业。2002—2006 年在中科院南京土壤研究所作博士后。2006—2008 年和 2014—2015 年分别在美国罗格斯大学遥感和空间分析中心、美国欧道明大学水文研究中心作访问学者。主要从事遥感、地理信息系统、流域地理过程计算机模拟等领域的科研工作。主持国家自然科学基金 2 项,主持/承担中国科学院、省部委和地方政府研究项目 30 余项。发表研究论文 30 余篇。

赵寒冰,华南农业大学副教授。吉林省九台县(今长春市九台区)人。1975 年生。1994—2001 年在兰州大学攻读本科、硕士,2004 年在南京师范大学博士毕业。2004 年至今在华南农业大学信息(软件)学院和资源环境学院任教。主要研究领域遥感与地理信息系统应用与土地科学。参与国家自然科学基金项目,主持广东省科技攻关项目、省教育改革项目、省农业科技项目等。发表中英文论文约 20 篇。